OFFICE FOR NATIONAL STATISTICS

STANDARD OCCUPATIONAL CLASSIFICATION 2000

Volume 2
The coding index

London: The Stationery Office

About the Office for National Statistics

The Office for National Statistics (ONS) is the Government Agency responsible for compiling, analysing and disseminating many of the United Kingdom's economic, social and demographic statistics, including the retail prices index, trade figures and labour market data, as well as the periodic census of the population and health statistics. The Director of ONS is also Head of the Government Statistical Service (GSS) and Registrar-General in England and Wales and the agency carries out all statutory registration of births, marriages and deaths there.

Editorial policy statement

The Office for National Statistics works in partnership with others in the Government Statistical Service to provide Parliament, government and the wider community with the statistical information, analysis and advice needed to improve decision-making, stimulate research and inform debate. It also registers key life events. It aims to provide an authoritative and impartial picture of society and a window on the work and performance of government, allowing the impact of government policies and actions to be assessed.

Information services

For general enquiries about official statistics, please contact:

The National Statistics Public Enquiry Service: TEL 020-7355 5888
TEXTPHONE (MINICOM) 01633 812399

Alternatively write to the National Statistics Public Enquiry Service, Zone DG/18, 1 Drummond Gate, London, SW1V 2QQ. Fax 0171 533 6261 or e-mail **info@ons.gov.uk**

Most National Statistics publications are published by The Stationery Office and can be obtained from The Publications Centre, P.O. Box 276, London, SW8 5DT. Tel 0870 600 5522 or fax 0870 600 5333

ONS can be contacted on the Internet at **http://www.ons.gov.uk**

© Crown copyright 2000. Published with the permission of the Office for National Statistics on behalf of the Controller of Her Majesty's Stationery Office.

If you wish to reproduce any items in this publication, contact the ONS Copyright Manager, Zone B1/09, 1 Drummond Gate, London, SW1V 2QQ. Tel 020 7533 5674 or fax 020 7533 5685.

ISBN 0 11 621389 2

Cover artwork by **Shain Bali,** *onsdesign*

CONTENTS

Standard Occupational Classification 2000 Volume 2

The Coding Index

	Page
Introduction	v
Coding Index	
Section 1 General notes	vii
Section 2 Coding conventions	xii
Section 3 Index entries which refer to notes	xiii
Alphabetical index for coding occupation	1

Standard Occupational Classification 2000: Volume 2

Introduction

The Standard Occupational Classification (SOC) manual comprises two volumes.

Volume 1 - The structure of the classification with descriptions of the unit groups. Outlines SOC principles and concepts, and gives an explanation of continuity between SOC 1990 and SOC 2000.

Volume 2 - The coding index. Lists job titles alphabetically and includes notes on coding.

Volume 3 of SOC 1990 included the derivation tables for the social classifications; Social Class based on occupation and Socio-economic Groups. Both of these social classifications have been superseded with the introduction of National Statistics Socio-economic Classification (NS-SEC), which was initially designed on SOC 1990. Information on the NS-SEC as based on SOC 2000, including the derivation tables, will be available after the classification has been re-based on SOC 2000.

The Job Title Coding Index

1 Volume 2 of the Standard Occupational Classification 2000 provides the coding index for the classification. The basic design of the index is the same as that used in the second edition of the SOC 1990 index but there are two noticeable differences.

- the SOC 2000 unit group code has four digits
- the SOC 1990 unit group code is also listed.

The numbering system for SOC 2000 is described in Volume 1.

2 The SOC 2000 coding index has been compiled so that users can achieve good quality coding to SOC 2000; new index entries have been added and some deleted. The SOC 1990 equivalent of the SOC 2000 code has been given but not all of the index entries required for the finer points of coding to SOC 1990 have been retained. Where the link to SOC 1990 is known to be less reliable, the SOC 1990 code is printed in italics. Users needing to code closely to SOC 1990 should consult the coding index within SOC volume 2 published in 1995.

3 In the SOC 1990 coding index, and the 1995 edition of the index, some codes were prefixed by **M** or **F** to denote the two employment statuses Manager and Foreman/Supervisor respectively. Employment status is needed to derive the social classifications. The M and F prefixes to SOC 1990 codes are not shown in this index. However some SOC 2000 codes are prefixed by **S** to denote the employment status of Foreman/Supervisor, which is used in the derivation of the National Statistics Socio-economic Classification.

4 The coding index for SOC 2000 contains 26,160 entries, including 10,309 changes (6,616 additions, and 3,693 deletions) to deal with new job titles, changes in usage and some removal of redundant titles. Only the SOC 2000 code will be given in the examples quoted in these notes.

5 The index in SOC 2000 volume 2 follows the principles and layout style which were first adopted in the *Classification of Occupations 1960* to improve the efficiency of clerical coding. The main principle is listing job titles in reverse word order, for example, 'Pest control inspector' will be found as:

6292 Inspector, control, pest

This locates related titles in a single list and with a default code for cases where one code covers many variations. The index is compiled in this way so that the user only needs to search in one place.

Updating the index

1 All index entries have been examined in the process of allocating them to the groups of SOC 2000. Staff in the Occupational Information Unit have also gathered information on new occupation titles from advertisements for job vacancies and scrutinised queries from all sources to identify changes to update the index. The main sources are the queries raised from allocating occupation codes to:

the 1991 Census of Population,

the Labour Force Survey, and

Deaths registration records.

Another useful source of information was the extract of anonymised job seeker and vacancy records from the Employment Service.

Electronic version of the index

1 As with the second edition of the SOC 1990 volume 2, the coding index of SOC 2000 will be available in a file from the Occupational Information Unit, ONS, Titchfield. This file contains the contents of the coding index. It is not a coding package such as **CASOC** (Computer Assisted Standard

Occupational Coding[1]) which was published in 1993 and designed to make the coding of occupational information simple, quicker and more reliable. The development of **CASOC 2000** is being considered and those interested should contact Professor Peter Elias in the Institute for Employment Research at the University of Warwick.

2 If you are interested in obtaining a file of the job titles in the index please contact staff in the Occupational Information Unit to discuss your requirements.

Keeping in touch

1 The use of job titles changes over time and new titles are introduced. The Occupational Information Unit seeks to increase its knowledge of jobs, their titles and associated tasks. SOC 2000 users are invited to forward information which will help in the compilation of the job title index and feed into the work for the next update. Also contact the Occupational Information Unit if you wish to register as a user of SOC 2000 and receive news on SOC and related classifications.

Please contact:

    Occupational Information Unit
    Office for National Statistics
    Segensworth Road
    Titchfield
    Fareham
    Hampshire
    PO15 5RR

    Telephone   01329 813640
    Facsimile   01329 813532
    Email   occupation.information@ons.gov.uk

For all other statistical enquiries:

    Telephone   020 7533 5888
    Email   info@ons.gov.uk

---

[1] Peter Elias, Keith Halstead and Ken Prandy. *Computer Assisted Standard Occupational Coding.* ISBN 0 11 691359 2 HMSO, 1993.

Section 1 General notes

1.1 Indexing word

Job titles are arranged **alphabetically** under **indexing** words. The **indexing** word is usually the word which describes the job. However some indexing words are very general terms which give no indication of the work being performed, such as:

> Boy
> Employee
> Girl
> Hand
> Lad
> Man
> Woman
> Worker
> Workman

Please note that in previous editions of the coding index these general terms were not treated as indexing words.

1.2 Equivalent words

The feminine form of a job title is not indexed unless it is very common or its coding is different from the coding of the masculine form, so actor is in the index but not actress. Similarly, use index entries listed as man for 'woman' (where there is no index entry for **woman**), and 'person'.

1.3 Job titles

Sometimes a job title is just a single word which links exactly to an index entry and therefore is simple to code.

> **3413** Actor
> **2411** Solicitor

The indexing word is rarely sufficient to enable the job title to be correctly coded. Frequently an indexing word is made specific by the use of a qualifying term, for example to code, 'Brass turner' use the indexing word 'Turner' and the qualifying word 'brass'.

1.4 Reverse word order

The entries in the index generally appear in reverse word order, for example:

'Billiard table cushion maker' will be found under

> **8115** Maker, cushion, table, billiard

1.5 Qualifying terms

In most cases the job title is made specific by words which are called **qualifying terms.** There are occupational, industrial and additional qualifying terms.

1.6 Occupational qualifying terms

Words shown separated from the indexing word by a comma are called **occupational qualifying terms** and **must** precede the indexing word in the job title being coded. For example, use the index entry

> **3564** Adviser, careers

to code 'Careers adviser'

Occupational qualifying terms are indexed in reverse word order, for example the job title 'Medical laboratory scientific officer' is indexed as:

> **2112** Officer, scientific, laboratory, medical

A job title may contain a further qualifying word that is not listed in the index. For example, there is no index entry 'Controller, depot, freight' but the job title 'Freight depot controller' is coded using the index entry:

> **4133** Controller, depot

Similarly, 'White clay modeller' is coded from the index entry:

> **5491** Modeller, clay

and 'Boot buckler' is coded from the index entry:

> **8139** Buckler

It is important to work in the order of the words. For example 'Sales office manager' must be coded from:

> **1152** Manager, office
> **NOT**
> **1132** Manager, sales

Sometimes a job title is recorded with the indexing word written before the occupational qualifying term, for example 'Controller purchasing'. Where no other words are recorded in the job title, the corresponding index entry can be used, for this example:

> **3541** Controller, purchasing

1.7 Compound words

For compound words, such as 'Caddymaster', where the last element is an indexing word, go to the list for that indexing word:

    6211 Master, caddy

and 'Storekeeper' is indexed under

    9149 Keeper, store

Some very common terms have also been indexed in their natural word order, for example, 'Stockbroker' under letter **S** and 'Coastguard' under letter **C**.

1.8 Use of 'ad', 'and', 'at', 'de', 'for', 'in', 'of', 'on', 'the', 'to'

Some job titles may be qualified by a clause following the indexing word, for example:

    2419 Clerk of the court

Titles like these are indexed in their alphabetical position at the end of the list for the relevant indexing word, but before any hyphenated double-barrelled entries, for example:

    3535 Inspector of taxes

is in the clause entries at the end of the Inspector list.

These job titles are usually very specific so the index entries must be used with special care. For example, 'Council clerk' must **NOT** be coded from the index entry:

    1113 Clerk to the council

1.9 Double-barrelled job titles

Sometimes a job title is expressed as two titles connected by a hyphen. Commonly used hyphenated job titles are listed in the index at the end of the list for the first job title. Do not reverse the order of the words, so for example to code 'Loader-checker' go to the end of list for indexing word 'Loader' to find

    9149 Loader-checker

Do not use the second title in the pair which would lead to:

    4134 Checker-loader

The hyphen can be read as an oblique. For example, 'Receptionist/typist' is coded from:

    4216 Receptionist-typist

Where a double-barrelled job title does not appear in the index, look up the first title. For example 'Cataloguer-lister', is coded from:

    4131 Cataloguer

Only use the second title if the first is not in the index. For example, 'Pestman-fumigator' is coded from:

    6292 Fumigator

See also note 3.5.

1.10 Industrial and additional qualifying terms

These qualifying terms can be more freely interpreted than the strict observance of occupational qualifying terms. They may be used where they are part of the job title, or where they can be inferred from it, or they may have been provided in answer to a question other than one asking for details of a person's job title. Some examples are shown in the notes which follow.

1.11 Industrial qualifying terms

Industrial qualifying terms are shown within brackets and in italics and can take the form of an industry or branch of industry in which the person works. The abbreviation 'mfr' is used to cover manufacturing, making, building and repairing.

The industrial qualifying term *food products mfr* does not include *flour confectionery mfr* or *sugar confectionery mfr*. The industrial qualifying term *government* includes both government departments and government agencies.

An industrial qualifying term is used in the example, 'Tractor driver on a farm', which is coded from the index entry:

    8223 Driver, tractor (*agriculture*)

Similarly, the job title 'Furnaceman' – industry 'steelworks' is coded from the index entry:

    8117 Furnaceman (*metal trades*)

1.12 Additional qualifying terms

Sometimes the qualifying term is more easily stated in terms of the type of material worked with, the machinery used or the process involved. These additional qualifying terms enable a number of specific terms to be summarised in a more general word and are shown in the index within brackets. Two examples of additional qualifying terms are:

The job title 'Steel drawer' is be coded from the index entry:

   8117 Drawer (metal)

because steel is a metal.

The job title 'Gold leaf cutter' is coded from the index entry:

   5495 Cutter, leaf (precious metals)

because gold is a precious metal.

Additional qualifying terms can also, in a few cases, take the form of professional qualifications to differentiate between occupations. Two examples are:

The job title 'Cost Accountant' has the following index entries:

   2422 Accountant, cost (qualified)
   4122 Accountant, cost

The job title 'Thermal Engineer' has the following index entries:

   2129 Engineer, thermal (professional)
   5314 Engineer, thermal

The coder is referred to the Engineer (professional) list so that any information on the professional specialism can be used to reach the appropriate occupation code. For example, for the job title 'Marine technical consultant' go to the index entry:

   Consultant, technical - *see also* Engineer
      (professional)

to use

   2122 Engineer (professional, marine)

1.13 Order of qualifying terms

The list for an indexing word may contain some or all types of qualifying terms. Use the qualifying terms in the order they are listed in the index: occupational, additional, industrial.

1.14 Default index entries

Where a code number appears against an indexing word, the indexing word is used as a **default** index entry.

The default index entry is used to code all job titles which include the indexing word but which cannot be coded from any of the index entries with occupational, additional, or industrial qualifying terms. The following examples explain the **default** convention.

The job title 'Cinema Cashier' is coded from the default index entry:

   7112 Cashier

because 'cinema' is not in the list of occupational qualifying terms and none of the additional or industrial qualifying terms for indexing word 'cashier' relate to 'cinema'.

For job title 'School laboratory technician' the default index entry:

   3111 Technician, laboratory

is used since none of the other index entries for 'laboratory technician' include the word 'school'. In the same way, the job title 'Sales office manager' is coded from:

   1152 Manager, office

because sales is not in the list of other index entries for 'office manager', the default entry is used. As mentioned previously, the order of the words is significant. The index entry:

   1132 Manager, sales

must **NOT** be used for 'Sales office manager'.

Another example of the use of a default code is the entry:

   9233 Cleaner

There are several entries for the indexing word 'Cleaner' with occupational, additional and industrial qualifying terms.

The default entry is used when

a) none of the qualifying terms apply, or,

b) only the word 'Cleaner' has been recorded with **NO** other occupational, additional or industrial information.

The use of the default entry, as described in item b) above, does not apply when there is an 'nos' entry in the list for the indexing word, see 1.15.

1.15 Use of 'nos' - not otherwise specified

An index entry with nos listed as an occupational qualifying term is used more precisely than a default index entry. The abbreviation nos is used to denote that the index entry can only be used where the job title has been recorded without any other information to use as occupational, additional or industrial qualifying terms.

For example the list of index entries for Chemist has an nos entry and a default entry.

The job title 'Pigment chemist' is coded using the default index entry:

    2111 Chemist

because the word 'pigment' does not appear in the occupational qualifying terms in the list for chemists.

The job title 'Chemist' working in the retail trade is coded using the index entry:

    2213 Chemist (*retail trade*)

The job title 'Chemist', with **no** other information, is coded using the index entry:

    2213 Chemist, nos

1.16 Use of '*see.....*' and '*see also.....*'

Where the list for one indexing word can be used for another indexing word the coder is directed to '*see...*' or '*see also...*'. These referral statements are used in different ways.

For a job title that has alternative spellings, for example:

    Advisor - *see* Adviser

Where a job title is sufficiently similar in its coding to that of all, or some of the entries, for another job title, for example:

    Minder, machine - *see* Machinist

A pair of brackets indicates words enclosed by brackets, so only use that part of the list which starts at the end of the occupational qualifying terms, for example:

    Manager, section - *see* Manager ( )

use the manager entries starting at Manager (catering)

The words '*see also..*' appear where the coder must check the entries at that point in the index before going to the other list, for example:

    1231 Factor, estate (Scotland)
    3232 Factor, housing (Scotland: *local government*)
    1231 Factor, housing (Scotland)
    1234 Factor, motor
        Factor - *see also* Dealer

use the Dealer list only after checking the entries for Factor.

1.17 Abbreviations

It is common for some job titles to be abbreviated and these abbreviations are indexed at the beginning of each relevant letter, for example:

    1111 MEP

is the index entry for MEP (which is the abbreviation for Member of the European Parliament) and it is in the list of abbreviations at the beginning of letter **M.**

    3312 WPC

is the index entry for WPC (which is the abbreviation for Woman Police Constable) and it is at the beginning of letter **W.**

Sometimes grades or qualifications are used as job titles and written as abbreviations. These are listed in the index.

For example:

    5243 T2B (*telecommunications*)

for Technician grade 2B in the telecommunications industry, and

    2213 MPS

for Member of the Pharmaceutical Society.

The abbreviations 'cnc' and 'nc' are occupational qualifying terms which stand for computer numerically controlled, and numerically controlled. They are most often used with job titles such as Press Setter, Machine Setter, Programmer and Operator.

1.18 Assistant, Deputy, Principal, etc.
   - as prefixes

Job titles prefixed by words which indicate a position in a hierarchy, for example, 'apprentice', 'assistant', 'chief', 'departmental', 'deputy', 'head', 'principal', 'trainee', 'under', are normally coded as though the prefix words were not present.

For example, the job title 'Deputy accounts manager' is coded from:

   1152 Manager, accounts

The job title 'Assistant Funeral Director' is coded from:

   6291 Director, funeral

There are a few exceptions where the coding is altered by such a qualifying word and in those instances the complete title is indexed, for example:

   2441 Secretary, private, principal
   4215 Secretary, private

See note 3.1 for the conventional coding of certain apprentices and trainees, and 3.6 for terms used with Engineer.

1.19 Assistant, Deputy, Principal, etc.
   - as indexing words

As well as prefixing a job title, 'assistant', 'deputy', and 'principal' can also be titles in their own right.

For example, in the job title 'Manager's assistant', assistant is the indexing word so this title is coded using the index entry:

   4150 Assistant, manager's

Similarly, 'Funeral director's assistant' is coded from:

   6291 Assistant, director's, funeral

1.20 Major organisation

Some of the entries in the index include the term *major organisation*, which is defined as a company or organisation that employs 500 or more persons. In some data collections, for practical purposes, this is based on the number of employees at the workplace.

Section 2 Coding conventions

2.1 Conversion to job title

Occupation information is not always given as a job title and sometimes the response has to be converted before it can be found in the index. Verbs or parts of verbs are normally converted to nouns, **except in the following instances:**

> Banking
> Building
> Catering
> Engineering
> Printing

For example, 'engineering' is **not** converted to Engineer and 'banking' is **not** converted to Banker but descriptions such as 'packing' can be converted to 'Packer'.

Similarly convert 'inspection' to Inspector, 'repair' to Repairer and 'work' to Worker, except for 'shop work' and 'brick work'.

2.2 The Armed Forces and the Civil Service

Many members of the Armed Forces and, to a lesser extent the Civil Service, have jobs which are unique to those industrial sectors. The most common job titles for Forces personnel are included in the index, for example:

> Commander
> Corporal
> Sergeant

Where the specific term is not given, for members of the Armed Forces, if officer rank is known, code to **1171**, otherwise code to **3311**.

Similarly many terms used in the Civil Service will be found in the index.

However where members of the Armed Forces and the Civil Service give job titles that equate to jobs found outside these organisations, for example, 'Vehicle mechanic', 'Radio operator', 'Statistician', use these titles to code the occupation, rather than rank or grade.

2.3 Diplomatic personnel

Members of foreign or Commonwealth diplomatic staffs are coded **1111**.

2.4 Polytechnic

To reflect changes in the educational system, the word polytechnic is treated as synonymous with university. If an occupation includes polytechnic use the entry for university.

For example the job title 'Lecturer in polytechnic' is coded from:

> **2311** Lecturer (*higher education, university*)

2.5 Teaching staff

Teaching staff are generally coded according to the type of educational establishments where they work.

Higher educational establishments (for example, university, law college, medical school)	**2311**
Further educational establishments (for example, agricultural college, secretarial college, technical college)	**2312**
Secondary schools (and middle schools deemed secondary schools)	**2314**
Primary schools and nursery schools (and middle schools deemed primary schools)	**2315**
Teachers of children, at different levels of education, who have special needs are coded	**2316**
Teachers of recreational subjects at evening institutes and similar establishments, and private tutors of music and dancing, are coded	**2319**
Vocational and industrial trainers teaching occupational skills are coded.	**3563**

Section 3 Index entries which refer to notes

3.1 Apprentice/Graduate apprentice/ Management trainee/Trainee

All persons in training for an occupation or profession should be coded to the relevant occupation or profession for which they are training.

In cases where it is **NOT** possible to determine the occupation or profession for which they are in training, the following conventions apply for these specific cases:

'Management trainee'   code **1239**

'Graduate apprentice'   code **2129**
'Student apprentice'   code **2129**

'Apprentice', with no occupational qualifying terms where there is information on industry

construction trades   code **5319**
electrical trades   code **5249**
engineering   code **5223**

where there is **NO** information on industry

code **5499**

3.2 Foremen, Supervisors, and Team Leaders

Although the index includes lists for these job titles, for those responses that also include a specific job title, use the relevant index entry for that job title.

For example, the job title 'Foreman carpenter' is coded from index entry:

5315 Carpenter

There are no index entries for foreman over particular groups of workers, so for example 'Foreman of labourers' is coded from the index entries for Labourer.

The job tile 'Supervisor of telephonists' is coded from the index entry:

4141 Telephonist

The following terms are regarded as synonymous with Supervisor[2] or Foreman:

Boss
Chargehand
Chargeman
Gaffer
Ganger
Headman
Overlooker
Overseer
and also assistant foreman, assistant supervisor, etc.

All these job titles are indexed in their own right but to aid coding also refer to the index entries for Foreman.

3.3 Company Director/Director/Director of/ Managing Director

Directors with specific titles, for example, 'Sales director' are coded as shown in the index or from the list for Managers with occupational qualifying terms.

Where 'Company Director', 'Director', or 'Managing director' is recorded without any occupation qualifying terms code as follows:

(a) if it is known that the person works for a *major organisation*, code to **1112**

(b) if any industry information is available code from the Manager ( ) entries.

(c) if no other information is available code to **1239**.

3.4 Chairman

Apart from the industry of glass blowing, where chairman is a specific job title, a chairman is regarded as a company chairman and coded as a Company Director (see note 3.3).

3.5 Owner/Partner/Proprietor

The list for indexing word Owner is also used for Partner and Proprietor but where another job title is stated, code to that job title. For example, 'Owner taxi driver' is coded from the index entry:

8214 Driver, taxi

The job title 'Partner bookkeeper' is coded from the index entry:

4122 Bookkeeper

The job title 'Proprietor and hairdresser' is coded from the index entry:

6221 Hairdresser

Where no other job title is stated, refer to the index entries for Owner.

---

[2] The term 'Supervisor' is not always a synonym for Foreman. For example when used in the context of supervising children with the job title 'Playground supervisor'.

3.6 Engineer

The job title engineer presents difficulty in coding because it is commonly used in a variety of circumstances. The index includes various job titles for specific engineers that may be used by both professional engineers (usually classified in Major group 2) and by those who are not regarded as professional within the classification. If the title to be coded is prefixed by the terms 'advisory', 'chief', 'chartered', 'consultant', 'design', 'development', 'principal', 'research', 'senior', it can be assumed that the person is a professional engineer. A list of professional specialisms is included at the end of the index entries for Engineer.

For example 'Chief aviation engineer' is coded from the index entry:

2122 Engineer, aviation (professional)

Where there is only a single index entry that links to a professional unit group, that can used, so for example, the job title 'Senior quality engineer' is coded from the index entry:

2128 Engineer, quality

The job title 'Senior engineer in public health' is coded from the index entries:

Engineer, senior – see Engineer (professional)

which leads to

2121 Engineer (professional, public health)

In cases of doubt, the person is regarded as non-professional.

There are a few industries in which the job titles 'Engineer' and 'Electrical engineer' are used in a specific sense so these industries are listed as industrial qualifying terms in the index entries for:

Engineer, nos
Engineer, electrical, nos

For example, where the job title 'Electrical engineer' is recorded with no other information, except that the person is working on merchant vessel Oil Mariner, it is coded from the index entry:

3513 Engineer, electrical, nos (*shipping*)

3.7 Journeyman

The word 'journeyman' is ignored when it is used with another job title. For example, 'Bookbinder journeyman' is coded from:

5423 Bookbinder

3.8 Leading hand

Where another job title is stated, code to that job title. For example, 'Leading hand precision engineer' is coded from:

5224 Engineer, precision

Where no other job title is stated, refer to the index entries for Leading hand indexed as Hand, leading.

ALPHABETICAL INDEX FOR CODING OCCUPATIONS

A

SOC 1990	SOC 2000		SOC 1990	SOC 2000	
103	**2441**	A (*Cabinet Office*)	410	4122	Accountant, financial (*coal mine*)
103	**2441**	A (*Northern Ireland Office*)	250	2421	Accountant, financial
400	**4112**	A1 (*Benefits Agency*)	410	4122	Accountant, group
103	**2441**	A1 (*Dept for International Development*)	250	2421	Accountant, incorporated
			251	2422	Accountant, management (qualified)
400	**4112**	A1 (*Office for National Statistics*)			
400	**4112**	A1 (*Scottish Office*)	*410*	4122	Accountant, management
400	**4112**	A2 (*Benefits Agency*)	250	2421	Accountant, principal
103	**2441**	A2 (*Dept for International Development*)	*362*	3535	Accountant, tax
			362	3535	Accountant, taxation
400	**4112**	A2 (*Office for National Statistics*)	691	6211	Accountant, turf
400	**4112**	A2 (*Scottish Office*)	251	2422	Accountant, works (qualified)
400	**4112**	A3 (*Benefits Agency*)	410	4122	Accountant, works
103	**3561**	A3 (*Dept for International Development*)	251	2422	Accountant (qualified, cost and works accountancy)
400	**4112**	A3 (*Office for National Statistics*)	251	2422	Accountant (qualified, management accountancy)
400	**4112**	A3 (*Scottish Office*)			
400	**4112**	A4 (*Benefits Agency*)	250	2421	Accountant (qualified)
400	**4112**	A4 (*Scottish Office*)	250	2421	Accountant (*government*)
400	**4112**	A5 (*Benefits Agency*)	410	4122	Accountant
400	**4112**	A6 (*Benefits Agency*)	410	4122	Accountant and auditor
400	**4112**	A7 (*Benefits Agency*)	240	2419	Accountant of Court (Scotland)
400	**4112**	AA (*government*)	250	2421	Accountant-secretary (*coal mine*)
600	**3311**	AB (*armed forces*)	999	9131	Acetoner
880	**8217**	AB (*shipping*)	820	8114	Acidifier
250	**2421**	ACA	384	3413	Acrobat
127	**1131**	ACIS	384	3413	Actor
251	**2422**	ACWA	384	3413	Actor-manager
100	**1111**	AM (*National Assembly*)	252	2423	Actuary
400	**4112**	AO (*government*)	220	2211	Acupuncturist (medically qualified)
401	**4113**	AP(T) (*local government*: grade 1,2,3)	346	3229	Acupuncturist
102	**3561**	AP(T) (*local government*: grade 4,5)	350	3520	Adjudicator (national insurance regulations)
893	**8124**	APA (*power station*)			
250	**2421**	ASAA	*350*	3520	Adjudicator (*Home Office*)
292	**2444**	Abbot	*361*	3531	Adjuster, average
421	**4135**	Abstractor (press cuttings)	516	5223	Adjuster, brake
385	**3415**	Accompanist	361	3531	Adjuster, claims
250	**2421**	Accountant, bank	517	5224	Adjuster, compass
410	**4122**	Accountant, barrack	860	8133	Adjuster, dial (*telephone mfr*)
410	**4122**	Accountant, barracks	569	8121	Adjuster, envelope
250	**2421**	Accountant, borough	899	8129	Adjuster, lift
250	**2421**	Accountant, branch	361	3531	Adjuster, loss
250	**2421**	Accountant, certified	569	8121	Adjuster, machine (*paper goods mfr*)
250	**2421**	Accountant, chartered	516	5223	Adjuster, machine (*textile mfr*)
250	**2421**	Accountant, chief, group	529	5249	Adjuster, relay
250	**2421**	Accountant, chief	516	5223	Adjuster, spring, set
250	**2421**	Accountant, company	540	5231	Adjuster, unit
251	**2422**	Accountant, cost (qualified)	899	8129	Adjuster, weight
410	**4122**	Accountant, cost	517	5224	Adjuster (instruments)
251	**2422**	Accountant, cost and management (qualified)	540	5231	Adjuster (motor vehicles)
			516	5223	Adjuster (scales)
251	**2422**	Accountant, cost and works (qualified)	860	8133	Adjuster (telephones)
			517	5224	Adjuster (watches, clocks)
410	**4122**	Accountant, cost and works	516	5223	Adjuster (weighing machines)
250	**2421**	Accountant, district	150	1171	Adjutant

Standard Occupational Classification 2000 Volume 2

SOC 1990	SOC 2000		SOC 1990	SOC 2000	
150	**1171**	Adjutant-General	420	**4122**	Administrator, purchasing
410	**4122**	Administrator, account	430	**4150**	Administrator, QA
410	**4122**	Administrator, accounts	430	**4150**	Administrator, quality
176	**4150**	Administrator, arts	363	**3562**	Administrator, recruitment
179	**4122**	Administrator, bonus	103	**2441**	Administrator, registration, senior (*Land Registry*)
430	**4150**	Administrator, business			
430	**4150**	Administrator, catering	363	**3562**	Administrator, resources, human
190	**4114**	Administrator, charity	121	**3542**	Administrator, sales
179	**4150**	Administrator, church	420	**4213**	Administrator, school
420	**4132**	Administrator, claim (*insurance*)	430	**7212**	Administrator, service, customer
430	**4150**	Administrator, clerical	430	**4150**	Administrator, service
450	**4211**	Administrator, clinic	420	**4134**	Administrator, services, fleet
430	**4150**	Administrator, commercial	420	**4134**	Administrator, shipping
320	**4136**	Administrator, computer	440	**4133**	Administrator, stock
420	**4131**	Administrator, conference	141	**4133**	Administrator, stores
122	**3541**	Administrator, contracts, purchasing	420	**4132**	Administrator, surrenders (*insurance*)
121	**3543**	Administrator, contracts, sales	361	**3532**	Administrator, swaps
420	**4122**	Administrator, cost	320	**3131**	Administrator, system
420	**4131**	Administrator, court	320	**3131**	Administrator, systems
420	**4131**	Administrator, courts	391	**3563**	Administrator, training
190	**4114**	Administrator, covenant	140	**4134**	Administrator, transport (*company transport*)
320	**3131**	Administrator, database			
441	**4134**	Administrator, distribution	120	**3537**	Administrator, trust (*banking*)
401	**4113**	Administrator, electoral	191	**2317**	Administrator, university
420	**4131**	Administrator, export	441	**4133**	Administrator, warehouse
191	**4114**	Administrator, faculty	430	**4150**	Administrator, warranty
410	**4122**	Administrator, finance	400	**4112**	Administrator (*armed forces*)
410	**4122**	Administrator, financial	190	**4114**	Administrator (*charitable organisation*)
140	**4134**	Administrator, fleet, car			
420	**4134**	Administrator, fleet	400	**4112**	Administrator (*government*)
410	**4122**	Administrator, holding, fund	190	**2317**	Administrator (*higher education, university*)
199	**3561**	Administrator, hospital			
250	**2421**	Administrator, insolvency (qualified)	199	**3561**	Administrator (*hospital service*)
			420	**4132**	Administrator (*insurance*)
361	**3537**	Administrator, insolvency	303	**3121**	Administrator (*local government: town planning*)
410	**4132**	Administrator, insurance			
320	**3131**	Administrator, internet	401	**4113**	Administrator (*local government*)
441	**4133**	Administrator, inventory	190	**4114**	Administrator (*trade union*)
361	**3532**	Administrator, investment	150	**1171**	Admiral
490	**4136**	Administrator, IT	150	**1171**	Admiral of the Fleet
410	**4122**	Administrator, ledger	123	**3543**	Advertiser
451	**4212**	Administrator, legal	301	**3113**	Adviser, aeronautical
430	**4131**	Administrator, letter (*PO*)	201	**2112**	Adviser, agricultural
130	**4121**	Administrator, loans	381	**3416**	Adviser, art
441	**4133**	Administrator, logistics	384	**3416**	Adviser, arts
121	**3543**	Administrator, marketing	399	**3539**	Adviser, ballot
450	**4211**	Administrator, medical	430	**7211**	Adviser, banking, telephone
410	**4132**	Administrator, mortgage	661	**6222**	Adviser, beauty
320	**3131**	Administrator, network	401	**4113**	Adviser, benefit (*local government*)
139	**4150**	Administrator, office	400	**4112**	Adviser, benefits (*government*)
420	**4131**	Administrator, order, sales	401	**4113**	Adviser, benefits (*local government*)
179	**4150**	Administrator, parish	371	**3232**	Adviser, benefits
441	**4133**	Administrator, parts	411	**4123**	Adviser, branch (*bank, building society*)
410	**4122**	Administrator, pay			
410	**4122**	Administrator, payroll	364	**2423**	Adviser, business
139	**4132**	Administrator, pensions	430	**7212**	Adviser, care, customer
363	**3562**	Administrator, personnel	392	**3564**	Adviser, careers
420	**4131**	Administrator, practice	174	**5434**	Adviser, catering
440	**4133**	Administrator, production	441	**3539**	Adviser, cellar (*catering*)

SOC 1990	SOC 2000		SOC 1990	SOC 2000	
420	**4132**	Adviser, claim (*insurance*)	363	**3562**	Adviser, relations, industrial
132	**4111**	Adviser, claimant	*123*	**3433**	Adviser, relations, public
400	**4112**	Adviser, claims (*government*)	*371*	**3231**	Adviser, relations, race
430	**7211**	Adviser, communications (*telecommunications*)	363	**3562**	Adviser, resources, human
			371	**3232**	Adviser, rights, welfare
201	**3551**	Adviser, conservation	*396*	**3567**	Adviser, safety
710	**7212**	Adviser, consumer (*retail trade*)	*792*	**7113**	Adviser, sales (telephone sales)
394	**3565**	Adviser, consumer	*720*	**7111**	Adviser, sales
364	**3539**	Adviser, contract	*209*	**2321**	Adviser, scientific
201	**3551**	Adviser, countryside	*132*	**4111**	Adviser, security, social
411	**4123**	Adviser, customer (*bank, building society*)	615	**9241**	Adviser, security
			719	**3542**	Adviser, service, home (*gas supplier*)
720	**7111**	Adviser, customer (*retail trade*)			
430	**7212**	Adviser, customer	540	**4216**	Adviser, service (*garage*)
391	**3563**	Adviser, development, employee	719	**7212**	Adviser, service
253	**2423**	Adviser, development, management	*719*	**7212**	Adviser, services, customer
391	**3563**	Adviser, development, training	*361*	**3534**	Adviser, services, financial
347	**3229**	Adviser, diet	253	**2423**	Adviser, services, management
252	**2423**	Adviser, economic	*371*	**3232**	Adviser, services, student
232	**2313**	Adviser, education	252	**2423**	Adviser, statistical
132	**4111**	Adviser, employment (*government*)	320	**2131**	Adviser, systems
363	**3562**	Adviser, employment	362	**3535**	Adviser, taxation
383	**3422**	Adviser, fashion	250	**2421**	Adviser, technical (accountancy)
250	**3534**	Adviser, financial	*361*	**3534**	Adviser, technical (*insurance*)
202	**2113**	Adviser, geological	301	**3113**	Adviser, technical
371	**3232**	Adviser, health	*430*	**7211**	Adviser, telebanking
396	**3567**	Adviser, health and safety	*430*	**7211**	Adviser, telephone
219	**2129**	Adviser, heating (professional)	219	**2129**	Adviser, textile
532	**5314**	Adviser, heating	*396*	**3567**	Adviser, toxicology
201	**2112**	Adviser, horticultural	399	**3539**	Adviser, traffic
371	**3232**	Adviser, housing	124	**3563**	Adviser, training
361	**4132**	Adviser, insurance	399	**3539**	Adviser, transport
361	**3534**	Adviser, investment	*177*	**6212**	Adviser, travel
242	**2419**	Adviser, legal	*362*	**3535**	Adviser, VAT
430	**7211**	Adviser, lines, personal	371	**3232**	Adviser, welfare
380	**3412**	Adviser, literary	201	**2112**	Adviser (agricultural)
361	**3534**	Adviser, loans, financial	242	**2419**	Adviser (law)
253	**2423**	Adviser, management	121	**3543**	Adviser (marketing)
399	**3539**	Adviser, marine	371	**3232**	Adviser (*Citizens Advice Bureau*)
220	**2211**	Adviser, medical	232	**2313**	Adviser (*education*)
719	**7129**	Adviser, membership	*132*	**4111**	Adviser (*Job Centre*)
411	**3534**	Adviser, mortgage			Advisor - see Adviser
340	**3211**	Adviser, nurse	241	**2411**	Advocate
720	**7111**	Adviser, optical	384	**3413**	Aerialist
720	**7111**	Adviser, parts (*retail trade*)	202	**2113**	Aerodynamicist
252	**3534**	Adviser, pension	591	**5491**	Aerographer (*ceramics mfr*)
363	**3562**	Adviser, personnel	596	**5491**	Aerographer
430	**7211**	Adviser, phonebank	719	**3542**	Agent, agricultural
261	**2432**	Adviser, planning, county	719	**7121**	Agent, assurance
361	**3534**	Adviser, planning, financial	719	**7129**	Agent, bank
363	**3562**	Adviser, policy, equalities	179	**3539**	Agent, bloodstock
399	**3539**	Adviser, political	*630*	**6212**	Agent, booking (*travel agents*)
201	**2112**	Adviser, poultry	719	**7129**	Agent, brewer's
123	**3433**	Adviser, PR	719	**7129**	Agent, brewery
611	**3313**	Adviser, prevention, fire	111	**1122**	Agent, builder's
217	**2127**	Adviser, production	719	**3542**	Agent, business
371	**3232**	Adviser, promotion, health	701	**3541**	Agent, buying
363	**3562**	Adviser, recruitment	420	**4134**	Agent, cargo (*airport*)
430	**7212**	Adviser, relations, customer	720	**7111**	Agent, cleaner's, dry

SOC 1990	SOC 2000		SOC 1990	SOC 2000	
730	7121	Agent, club	384	3416	Agent, model's
412	7122	Agent, collecting	361	3534	Agent, money
113	1123	Agent, colliery	361	3534	Agent, mortgage
179	3539	Agent, commercial	719	7129	Agent, naturalisation
179	3539	Agent, commission (farm produce)	179	1234	Agent, news
710	3542	Agent, commission (manufactured goods)	179	1234	Agent, newspaper
			420	4134	Agent, operations, cargo
703	3539	Agent, commission (raw materials)	241	3539	Agent, parliamentary
703	3542	Agent, commission (*commission agents*)	190	3539	Agent, party (*political party*)
			630	6214	Agent, passenger
719	7129	Agent, commission (*insurance*)	719	7129	Agent, passport
710	3542	Agent, commission (*manufacturing*)	219	2129	Agent, patent
			190	3539	Agent, political
691	6211	Agent, commission (*turf accountants*)	412	7122	Agent, pools, football
			350	3520	Agent, precognition
179	3539	Agent, commission (*wholesale, retail trade*)	380	3431	Agent, press
			170	3544	Agent, property
719	7129	Agent, company's, tug	123	3433	Agent, publicity
384	3416	Agent, concert	710	3542	Agent, publisher's
111	1122	Agent, contractor's	701	3541	Agent, purchasing
730	7121	Agent, credit	719	7129	Agent, railway
421	S 4135	Agent, cutting, press	931	8218	Agent, ramp
941	9211	Agent, delivery	720	7111	Agent, receiving, laundry
719	7121	Agent, district (*insurance*)	170	3544	Agent, relocation
720	7111	Agent, dyer's	*630*	6214	Agent, reservation, airline
190	3539	Agent, election	*177*	6212	Agent, reservation
719	7129	Agent, emigration	*430*	7212	Agent, reservations (*hotel*)
710	3542	Agent, engineer's	*177*	6212	Agent, reservations
111	1122	Agent, engineering, civil	*792*	7113	Agent, sales, telephone
615	9241	Agent, enquiry	710	3542	Agent, sales
384	3416	Agent, entertainment	*615*	9241	Agent, security
170	3544	Agent, estate	630	6214	Agent, service, customer (travel)
702	3536	Agent, export	630	6214	Agent, service, passenger
160	5111	Agent, farm	*931*	8218	Agent, service, ramp
384	3416	Agent, film	*630*	6214	Agent, service (*airlines*)
361	3534	Agent, financial	630	6214	Agent, services, customer (travel)
719	7129	Agent, foreign	*430*	7212	Agent, services, customer
719	7129	Agent, forwarding	630	6214	Agent, services, passenger
719	7129	Agent, general	*702*	3536	Agent, ship's
630	6214	Agent, handling, passenger	140	3536	Agent, shipping
719	7129	Agent, hiring, film	170	3544	Agent, site (agricultural estate)
170	3544	Agent, house	111	1122	Agent, site
702	3536	Agent, import	384	3442	Agent, sports
702	3536	Agent, import-export	113	1123	Agent, surface
719	7121	Agent, insurance	710	3542	Agent, textile
170	3544	Agent, land	384	3416	Agent, theatrical
170	3544	Agent, land and estate	177	6212	Agent, tourist
720	7111	Agent, laundry	399	3539	Agent, trademark
242	2419	Agent, law	719	7129	Agent, traffic (*canals*)
121	3543	Agent, leasing (car hire)	124	3563	Agent, training
170	3544	Agent, letting	170	3544	Agent, transfer, business
380	3412	Agent, literary	*177*	6212	Agent, travel, business
719	3532	Agent, Lloyd's	*177*	6212	Agent, travel
710	3542	Agent, manufacturer's	719	3533	Agent, underwriter's
121	3543	Agent, marketing	384	3416	Agent, variety
719	7129	Agent, mercantile	*719*	7129	Agent, viewing
703	3532	Agent, metal	123	3543	Agent (advertising)
113	1123	Agent, mine	170	3544	Agent (agricultural estate)
384	3416	Agent, model	719	7121	Agent (assurance)

SOC 1990	SOC 2000		SOC 1990	SOC 2000	
719	**7121**	Agent (insurance)	*220*	**2211**	Anaesthetist, consultant
710	**3542**	Agent (manufacturer's)	220	**2211**	Anaesthetist
177	**6212**	Agent (travel)	300	**3111**	Analyser
111	**1122**	Agent (*building and contracting*)	253	**2423**	Analyst, business
730	**7121**	Agent (*mail order house*)	200	**2111**	Analyst, chief
710	**3542**	Agent (*manufacturing*)	*661*	**6222**	Analyst, colour
113	**1123**	Agent (*mining*)	320	**2132**	Analyst, computer
730	**7121**	Agent (*wholesale, retail trade: credit trade*)	420	**4131**	Analyst, cost
			200	**2111**	Analyst, county
730	**7121**	Agent (*wholesale, retail trade: door-to-door sales*)	*361*	**3534**	Analyst, credit
			214	**2132**	Analyst, data (computing)
730	**7129**	Agent (*wholesale, retail trade: party plan sales*)	*364*	**3539**	Analyst, data
			214	**2132**	Analyst, database
179	**3542**	Agent (*wholesale, retail trade*)	252	**2423**	Analyst, economic
719	**7121**	Agent and collector (*insurance*)	*363*	**3562**	Analyst, evaluation, job
170	**3544**	Agent and valuer, land	361	**3534**	Analyst, financial
412	**7122**	Agent-collector	300	**3111**	Analyst, geophysical
160	**5111**	Agriculturist	*214*	**2132**	Analyst, implementation
201	**2112**	Agroclimatologist	*214*	**2132**	Analyst, information (computing)
201	**2112**	Agronomist	*399*	**2329**	Analyst, information
201	**2112**	Agrostologist	*390*	**2329**	Analyst, intelligence, criminal
644	**6115**	Aid, care	361	**3534**	Analyst, investment
293	**2442**	Aid, family	300	**3111**	Analyst, laboratory
644	**6115**	Aid, home	*364*	**3539**	Analyst, management
864	**8138**	Aid, laboratory	*364*	**3543**	Analyst, marketing
641	**6111**	Aid, nurse's	*309*	**3111**	Analyst, material
652	**6124**	Aid, teacher's	*309*	**3111**	Analyst, materials
652	**6124**	Aid, teaching	*121*	**3543**	Analyst, media
641	**6111**	Aid (*hospital service*)	364	**3539**	Analyst, methods
644	**6115**	Aide, care	364	**2132**	Analyst, network
390	**3433**	Aide, communications	364	**3539**	Analyst, o and m
293	**2442**	Aide, family	320	**2132**	Analyst, operations (computing)
644	**6115**	Aide, home	364	**3539**	Analyst, organisation and methods
864	**8138**	Aide, laboratory	364	**3539**	Analyst, performance
641	**6111**	Aide, nurse's	124	**3562**	Analyst, personnel
652	**6124**	Aide, teacher's	*361*	**3534**	Analyst, pricing
652	**6124**	Aide, teaching	200	**2111**	Analyst, public
641	**6111**	Aide (*hospital service*)	420	**4131**	Analyst, purchase
150	**1171**	Aide-de-Camp	121	**3543**	Analyst, research, market
150	**1171**	Air-Marshal	364	**3539**	Analyst, research, operational
600	**3311**	Aircraftman	*361*	**2423**	Analyst, risk
600	**3311**	Aircraftwoman	*361*	**3531**	Analyst, scoring, credit
600	**3311**	Aircrew, master (*armed forces*)	320	**2132**	Analyst, software
830	**8117**	Airman, hot	252	**2423**	Analyst, statistical
600	**3311**	Airman (*armed forces*)	310	**3122**	Analyst, stress (*construction, engineering*)
898	**8123**	Airwayman (*mine: not coal*)			
850	**8131**	Aligner (radio, television)	364	**3539**	Analyst, study, work
516	**5223**	Aligner (typewriters)	*121*	**3543**	Analyst, support, sales
430	**4150**	Allocator, chalet	*214*	**2132**	Analyst, support (computing)
884	**8216**	Allocator, traffic	*364*	**3539**	Analyst, system, business
420	**4131**	Allocator	*320*	**2132**	Analyst, system
830	**8117**	Alloyman (copper)	*364*	**3539**	Analyst, systems, business
293	**2442**	Almoner	364	**3539**	Analyst, systems, office
814	**8113**	Alterer, loom	320	**2132**	Analyst, systems
814	**8113**	Alterer, pattern (*carpet, rug mfr*)	*399*	**3539**	Analyst, tachograph
814	**8113**	Alterer (*textile mfr*)	*320*	**3131**	Analyst, technical (computing)
100	**1111**	Ambassador (*Foreign and Commonwealth Office*)	*364*	**3539**	Analyst, time and motion
			310	**3122**	Analyst, tool
642	**6112**	Ambulanceman	364	**3539**	Analyst, value

SOC 1990	SOC 2000		SOC 1990	SOC 2000	
121	3543	Analyst (market research)	*411*	3534	Arranger, mortgage
320	2132	Analyst (programming)	385	3415	Arranger, music
364	3539	Analyst (work study)	507	5323	Artexer
361	3534	Analyst (*financial services*)	517	5224	Artificer, instrument
320	2132	Analyst-programmer	*600*	3311	Artificer, marine
201	2112	Anatomist	600	3311	Artificer, naval
839	8117	Anchorer	516	5223	Artificer
652	6124	Ancillary, classroom	382	3422	Artist, boot and shoe
293	3232	Ancillary, service, probation	591	5491	Artist, ceramic
652	6124	Ancillary (*education*)	381	3421	Artist, commercial
381	3411	Animator (cartoon films)	*381*	3421	Artist, computer
823	8112	Annealer, pot	381	7125	Artist, display
823	8112	Annealer (ceramics)	381	3411	Artist, fashion
820	8114	Annealer (chemicals)	384	3413	Artist, film
823	8112	Annealer (glass)	791	5496	Artist, floral
833	8117	Annealer	381	3421	Artist, graphic
384	3432	Announcer (*broadcasting*)	381	3421	Artist, layout
384	3413	Announcer (*entertainment*)	381	3421	Artist, lettering
463	4142	Announcer (*transport*)	430	3421	Artist, litho
834	8118	Anodiser	430	3421	Artist, lithographic
291	2322	Anthropologist	*381*	3421	Artist, Mac
291	2322	Antiquary	661	6222	Artist, make-up (films)
902	5119	Apiarist	381	3411	Artist, medical (*hospital service*)
347	3229	Apothecary	560	5421	Artist, paste-up
859	8139	Applicator, film	386	3434	Artist, photographic
929	9129	Applicator, mastic	591	5491	Artist, pottery
399	3539	Appraiser	381	3411	Artist, press
360	3531	Appraiser and valuer	381	3411	Artist, scenic
430	4150	Apprentice, commercial	382	3422	Artist, shoe
		Apprentice - *see also notes*	381	3421	Artist, technical
902	6139	Aquarist	591	5491	Artist (*ceramics decorating*)
361	3532	Arbitragist	384	3413	Artist (*entertainment*)
360	3531	Arbitrator (*valuing*)	591	5491	Artist (*glass decorating*)
904	9112	Arboriculturist	507	5499	Artist (*mask mfr*)
904	9112	Arborist	381	3411	Artist
291	2322	Archaeologist	381	3411	Artist and designer, fashion
292	2444	Archbishop	384	3413	Artiste
292	2444	Archdeacon	506	8149	Asphalter, mastic
500	5312	Archer, brick	923	8142	Asphalter
260	2431	Architect, chartered	219	2129	Assayer
214	2131	Architect, data	219	2129	Assayist
260	2431	Architect, landscape	850	8131	Assembler, accumulator
211	2122	Architect, naval	593	5494	Assembler, action, piano
214	2131	Architect, software	516	8139	Assembler, action
214	2132	Architect, systems (computing)	850	8131	Assembler, aerial
214	2131	Architect, technical, migration (software)	516	8139	Assembler, aircraft
			859	8139	Assembler, ammeter
260	2431	Architect	850	8131	Assembler, apparatus (*electricity supplier*)
271	2452	Archivist			
500	5312	Archman (brick)	850	8131	Assembler, armature
590	5491	Archman (glass)	850	8131	Assembler, Bakelite
899	8129	Armourer, cable	850	8131	Assembler, battery
899	8129	Armourer, hose	850	8131	Assembler, belt
516	5223	Armourer	516	8139	Assembler, bench (*engineering*)
347	3229	Aromatherapist	859	8139	Assembler, bi-focal
384	3416	Arranger, fight	859	8139	Assembler, binocular
791	5496	Arranger, floral	859	8139	Assembler, block, carbon
791	5496	Arranger, flower	850	8131	Assembler, board, circuit, printed
690	6291	Arranger, funeral	851	8132	Assembler, body (vehicle)

SOC 1990	SOC 2000	
859	8139	Assembler, box
851	8132	Assembler, brake
851	8132	Assembler, brass
859	8139	Assembler, brush, carbon
859	8139	Assembler, brush
859	8139	Assembler, cabinet
850	8131	Assembler, cable
859	8139	Assembler, camera
851	8132	Assembler, car
859	8139	Assembler, card (*printing*)
859	8139	Assembler, carton
859	8139	Assembler, case (*electrical, electronic equipment mfr*)
820	8114	Assembler, cell (*chemical mfr*)
850	8131	Assembler, change, record
859	8139	Assembler, clock
859	8139	Assembler, clothing
850	8131	Assembler, coil
850	8131	Assembler, commutator
850	8131	Assembler, component (electrical, electronic)
851	8132	Assembler, component (mechanical)
850	8131	Assembler, components (electrical, electronic)
851	8132	Assembler, components (mechanical)
850	8131	Assembler, computer
923	8142	Assembler, concrete
516	8139	Assembler, conveyor
850	8131	Assembler, cooker, electric
851	8132	Assembler, cooker, gas
850	8131	Assembler, core (*electrical engineering*)
531	5212	Assembler, core (*foundry*)
859	8139	Assembler, cosmetics
850	8131	Assembler, crystal, quartz
516	8139	Assembler, cutlery
851	8132	Assembler, cycle
851	8132	Assembler, detonator
859	8139	Assembler, doll
850	8131	Assembler, dynamo
850	8131	Assembler, electronic
850	8131	Assembler, electronics
851	8132	Assembler, engine
850	8131	Assembler, equipment, video
859	8139	Assembler, fencing
850	8131	Assembler, filament
569	5423	Assembler, film
851	8132	Assembler, filter (*machinery mfr*)
850	8131	Assembler, fire, electric
859	8139	Assembler, firework
859	8139	Assembler, flask, vacuum
859	8139	Assembler, footwear
851	8132	Assembler, frame, bed
859	8139	Assembler, frame, spectacle
516	8139	Assembler, frame (*engineering*)
859	8139	Assembler, furniture
441	9149	Assembler, grocer's
516	8131	Assembler, gun (hand)
851	8132	Assembler, gun
814	8113	Assembler, harness, jacquard
850	8131	Assembler, instrument, electrical
859	8139	Assembler, instrument, optical
850	8131	Assembler, instrument, telephone
859	8139	Assembler, instrument
851	8132	Assembler, jewellery
850	8131	Assembler, lamp, electric
851	8132	Assembler, lamp
859	8139	Assembler, ligature, surgical
441	9149	Assembler, load
851	8132	Assembler, lock
851	8132	Assembler, machine
850	8131	Assembler, magnet
554	8139	Assembler, mattress
859	8139	Assembler, meter
520	8131	Assembler, motor (electric)
851	8132	Assembler, motor (*engineering*)
560	5421	Assembler, mould (monotype)
569	5423	Assembler, negative (films)
859	8139	Assembler, optical
441	9149	Assembler, order
859	8139	Assembler, pad, stamp
850	8131	Assembler, PCB
859	8139	Assembler, pen
593	5494	Assembler, pianoforte
859	8139	Assembler, plastics
859	8139	Assembler, poppy
859	8139	Assembler, pottery
850	8131	Assembler, radar
850	8131	Assembler, radio
850	8131	Assembler, recorder, video
850	8131	Assembler, rectifier
851	8132	Assembler, refrigerator
850	8131	Assembler, relay
851	8132	Assembler, rifle
851	8132	Assembler, seat, spring
850	8131	Assembler, sign, neon
851	8132	Assembler, spring
850	8131	Assembler, stator
850	8131	Assembler, stove (electric)
851	8132	Assembler, stove
520	8131	Assembler, switchboard (electrical power)
850	8131	Assembler, switchboard
850	8131	Assembler, switchgear
850	8131	Assembler, system, stereo
850	8131	Assembler, telephone
850	8131	Assembler, television
516	8131	Assembler, temple
859	8139	Assembler, toy
850	8139	Assembler, transformer
554	8139	Assembler, trim
851	8132	Assembler, tub
859	8139	Assembler, tube (*plastics goods mfr*)
553	8139	Assembler, umbrella
851	8132	Assembler, valve (engineer's valves)

SOC 1990	SOC 2000	
850	8131	Assembler, valve
851	8132	Assembler, vehicle, motor
441	9149	Assembler, warehouse
859	8139	Assembler, watch
573	5493	Assembler, wax (*aircraft mfr*)
859	8139	Assembler, woodwork
813	8113	Assembler, yarn
850	8131	Assembler (*accumulator mfr*)
850	8131	Assembler (*calculating machines mfr*)
851	8132	Assembler (*cycle mfr*)
850	8131	Assembler (*electrical, electronic equipment mfr*)
851	8132	Assembler (*engineering*)
851	8132	Assembler (*gun mfr*)
851	8132	Assembler (*jewellery, plate mfr*)
859	8139	Assembler (*leather goods mfr*)
851	8132	Assembler (*metal trades: motor vehicle mfr*)
850	8131	Assembler (*metal trades: radio, television, video mfr*)
850	8131	Assembler (*metal trades: telecommunications equipment mfr*)
851	8132	Assembler (*metal trades*)
560	5421	Assembler (*photo-lithographic plates mfr*)
441	9149	Assembler (*retail trade*)
518	5495	Assembler (*silver goods mfr*)
813	8113	Assembler (*textile mfr*)
441	9149	Assembler (*wholesale trade*)
851	8132	Assembler (*window and door mfr*: metal frames)
859	8139	Assembler
516	8139	Assembler-fitter
410	4122	Assessor, bonus
371	3232	Assessor, care, community
371	3232	Assessor, case (*social services*)
361	3531	Assessor, claims
361	3531	Assessor, insurance
391	3563	Assessor, NVQ
364	3539	Assessor, study, work
301	3113	Assessor, technical
391	3563	Assessor, training
364	3539	Assessor (work, time and motion)
361	3531	Assessor
410	4122	Assistant, account
410	4122	Assistant, accountancy
411	4123	Assistant, accountant's, turf
410	4122	Assistant, accountant's
410	4122	Assistant, accounts
252	2423	Assistant, actuarial
400	4112	Assistant, administration (*armed forces*)
400	4112	Assistant, administration (*government*)
401	4113	Assistant, administration (*local government*)
430	4150	Assistant, administration
400	4112	Assistant, administrative (*armed forces*)

SOC 1990	SOC 2000	
400	4112	Assistant, administrative (*government*)
139	4150	Assistant, administrative (*hospital service*)
102	4113	Assistant, administrative (*local government*)
430	4150	Assistant, administrative
420	4131	Assistant, admissions (*college*)
719	4150	Assistant, advertising
411	4123	Assistant, agent's, commission
719	7129	Assistant, agent's, estate
556	5414	Assistant, alteration
640	6111	Assistant, anaesthetic
864	8138	Assistant, analyst's
864	8138	Assistant, anatomical
652	6124	Assistant, ancillary (*education*)
699	9226	Assistant, arcade
303	3121	Assistant, architect's
303	3121	Assistant, architectural
421	4135	Assistant, archives
899	8129	Assistant, armouring
430	4150	Assistant, arts
219	2129	Assistant, assay
219	2129	Assistant, assayer's
931	9149	Assistant, auctioneer's
410	4122	Assistant, audit
652	6124	Assistant, auxiliary (*education*)
800	8111	Assistant, bakehouse
580	5432	Assistant, baker's
800	8111	Assistant, bakery
411	4123	Assistant, bank
889	8122	Assistant, banksman's (*coal mine*)
953	9223	Assistant, bar, snack
953	9223	Assistant, bar (non-alcoholic)
622	9225	Assistant, bar
919	9139	Assistant, barker's
732	7124	Assistant, barrow
441	9149	Assistant, bay, loading
829	8121	Assistant, beater's
829	8121	Assistant, beaterman's
958	9233	Assistant, bedroom (*hotel*)
401	4113	Assistant, benefit (*local government*)
401	4113	Assistant, benefits (*local government*)
562	5423	Assistant, binder's
562	5423	Assistant, bindery
699	9229	Assistant, bingo
809	8111	Assistant, blender's (margarine)
590	8112	Assistant, blower's, glass
809	8111	Assistant, boiler's, sugar
562	5423	Assistant, bookbinder's
720	7111	Assistant, bookseller's
720	7111	Assistant, bookstall
597	8122	Assistant, borer's (*coal mine*)
862	9134	Assistant, bottling
411	4123	Assistant, branch (*bank, building society*)
673	9234	Assistant, branch (*laundry, launderette, dry cleaning*)
801	8111	Assistant, brewery

SOC 1990	SOC 2000		SOC 1990	SOC 2000	
921	9121	Assistant, bricklayer's	400	4112	Assistant, clerical (*government*)
410	4122	Assistant, budget	421	4135	Assistant, clerical (*library*)
304	3114	Assistant, building	401	4113	Assistant, clerical (*local government*)
863	8134	Assistant, bundler's (metal)	401	4113	Assistant, clerical (*police service*)
430	4150	Assistant, bureau	*420*	4213	Assistant, clerical (*schools*)
913	9139	Assistant, burner's	430	4150	Assistant, clerical
410	4122	Assistant, bursar's	420	4131	Assistant, clerk's, justices
581	5431	Assistant, butcher's	430	4150	Assistant, clerk's
953	9223	Assistant, buttery	349	6131	Assistant, clinic, animal
420	4131	Assistant, buyer's	641	6111	Assistant, clinic
701	3541	Assistant, buying (*wholesale trade*)	220	2211	Assistant, clinical (qualified)
420	4131	Assistant, buying	641	6111	Assistant, clinical
953	9223	Assistant, café	412	7122	Assistant, collection
953	9223	Assistant, cafeteria	401	4113	Assistant, collector's, rate
821	8121	Assistant, calender (*paper mfr*)	597	8122	Assistant, collier
552	8113	Assistant, calender (*textile mfr*)	597	8122	Assistant, collier's
821	8121	Assistant, calenderman's (*paper mfr*)	430	4150	Assistant, commercial
386	3434	Assistant, cameraman's	*380*	3431	Assistant, communications (*press, public relations*)
953	9223	Assistant, canteen			
719	7121	Assistant, canvassing (*insurance*)	*463*	4142	Assistant, communications
642	6112	Assistant, care, ambulance	*399*	3539	Assistant, compliance (*banking*)
902	6139	Assistant, care, animal	490	4136	Assistant, computer
659	6122	Assistant, care, child	720	7111	Assistant, confectioner and tobacconist's
430	7212	Assistant, care, customer			
640	6111	Assistant, care, foot	580	5432	Assistant, confectioner's (*flour confectionery mfr*)
720	7111	Assistant, care, health (*retail chemist*)			
			809	8111	Assistant, confectioner's (*sugar, sugar confectionery mfr*)
644	6115	Assistant, care			
392	3564	Assistant, careers	720	7111	Assistant, confectioner's
672	6232	Assistant, caretaker's	430	4150	Assistant, conference
920	9121	Assistant, carpenter's	430	4150	Assistant, consular
310	3122	Assistant, cartographic	420	4131	Assistant, contracts
721	7112	Assistant, cash and wrap	410	4121	Assistant, control, credit
411	4123	Assistant, cashier's	630	6214	Assistant, control, passenger (*air transport*)
953	9223	Assistant, caterer's			
953	9223	Assistant, catering	420	4131	Assistant, control, production
902	6139	Assistant, cattery	420	4131	Assistant, control, quality (clerical)
659	6123	Assistant, centre, play	864	8138	Assistant, control, quality (*chemical mfr*)
720	7111	Assistant, centre, service			
643	6113	Assistant, chairside, orthodontic	*869*	8133	Assistant, control, quality
721	7112	Assistant, check-out	569	5423	Assistant, control, sensitometric
912	9139	Assistant, checker's, iron	440	4133	Assistant, control, stock
869	8133	Assistant, checker's (*metal trades*)	463	4142	Assistant, control, traffic, air
864	8138	Assistant, chemical	410	4122	Assistant, control (*investment company*)
720	7111	Assistant, chemist's (*retail trade*)			
864	8138	Assistant, chemist's	411	4123	Assistant, controller (*banking*)
421	4135	Assistant, chief (*library*)	420	4131	Assistant, conveyancing
102	4113	Assistant, chief (*local government*)	952	9223	Assistant, cook's
344	6111	Assistant, chiropody	952	9223	Assistant, cookery
809	8111	Assistant, churner's	420	4131	Assistant, correspondence
430	4150	Assistant, circulation	410	4122	Assistant, cost
430	4150	Assistant, civil	410	4122	Assistant, costing
430	4150	Assistant, civilian (*police service*)	411	4123	Assistant, counter (*bookmakers, turf accountants*)
410	4132	Assistant, claims			
652	6124	Assistant, class, nursery	953	9223	Assistant, counter (*catering*)
652	6124	Assistant, classroom	421	4135	Assistant, counter (*library*)
410	4122	Assistant, clerical, accounts	411	4123	Assistant, counter (*PO*)
411	4123	Assistant, clerical (*bank, building society*)	720	7111	Assistant, counter (*take-away food shop*)

SOC 1990	SOC 2000		SOC 1990	SOC 2000	
720	7111	Assistant, counter	934	9149	Assistant, driver's (*road transport*)
242	2419	Assistant, court (qualified)	821	8121	Assistant, dryerman's (paper)
400	4112	Assistant, court	814	8113	Assistant, dyer's (*textile mfr*)
820	8114	Assistant, craft (*chemical works*)	252	2423	Assistant, economic
913	9139	Assistant, craft (*railways*)	430	4150	Assistant, editor's, newspaper
650	6121	Assistant, crèche	380	3412	Assistant, editorial
999	6291	Assistant, crematorium	652	6124	Assistant, educational
641	6111	Assistant, CSSD	913	9139	Assistant, electrician's
411	4123	Assistant, customer (*bank, building society*)	302	3112	Assistant, electronics
			839	8117	Assistant, electroplating
959	9259	Assistant, customer (*retail trade*)	590	8112	Assistant, embosser's
822	8121	Assistant, cutter's, paper	420	4131	Assistant, employment
557	8136	Assistant, cutter's (*clothing mfr*)	913	9139	Assistant, engineer's (maintenance)
822	8121	Assistant, cutter's (*paper mfr*)	301	3113	Assistant, engineer's
822	8121	Assistant, cutter's (*paper pattern mfr*)	304	3114	Assistant, engineering, civil
			301	3113	Assistant, engineering
720	7111	Assistant, dairy (*retail trade*)	420	4131	Assistant, establishment
809	8111	Assistant, dairyman's (*milk processing*)	412	7122	Assistant, estates
			410	4122	Assistant, estimating
720	7111	Assistant, dairyman's (*retail trade*)	410	4122	Assistant, estimator's
720	7111	Assistant, dealer's	590	8112	Assistant, etcher's
720	7111	Assistant, delicatessen	*363*	3562	Assistant, evaluation, job
643	6113	Assistant, dental	*399*	3539	Assistant, events
641	6111	Assistant, department, operating	139	4132	Assistant, executive (*insurance*)
881	S 8216	Assistant, depot (railways)	199	4215	Assistant, executive
871	S 8219	Assistant, depot (road)	309	3119	Assistant, experimental
310	3122	Assistant, design	420	4131	Assistant, export
441	9149	Assistant, despatch	825	8116	Assistant, extrusion (plastics)
121	3543	Assistant, development, business	824	8115	Assistant, extrusion (rubber)
640	6111	Assistant, dialysis	*941*	9211	Assistant, facilities
834	8118	Assistant, dip, hot	919	9139	Assistant, factory
869	8139	Assistant, dipper's	699	9226	Assistant, fairground
699	6291	Assistant, director's, funeral	*903*	9119	Assistant, farm, fish
430	4150	Assistant, director's	902	9119	Assistant, farm, mink
346	3217	Assistant, dispensary	900	9111	Assistant, farm
346	3217	Assistant, dispenser's	386	3434	Assistant, film
346	3217	Assistant, dispensing	410	4122	Assistant, finance
954	9251	Assistant, display, evening (shelf filling)	410	4122	Assistant, financial
			420	4131	Assistant, fingerprint
954	9251	Assistant, display (shelf filling)	611	3313	Assistant, fireman's
790	7125	Assistant, display (*retail trade*: merchandising)	582	5433	Assistant, fishmonger's
			913	9139	Assistant, fitter's
791	7125	Assistant, display (*retail trade*)	401	4113	Assistant, fixing, rate
892	8126	Assistant, distribution (*water company*)	912	9139	Assistant, flanger's
			720	7111	Assistant, floor, shop (*retail trade*)
929	9129	Assistant, diver's, sea	720	9251	Assistant, floor (*retail trade*)
410	4132	Assistant, divisional (*insurance*)	720	7111	Assistant, florist's
958	9233	Assistant, domestic	*952*	9223	Assistant, food, fast
641	6111	Assistant, donor, blood	*721*	7112	Assistant, forecourt
720	7111	Assistant, draper's	839	8117	Assistant, forge
491	3122	Assistant, draughtsman's	953	9223	Assistant, frier's, fish
310	3122	Assistant, drawing, technical	*699*	9226	Assistant, front of house (*leisure services*)
934	9149	Assistant, drayman's			
932	9141	Assistant, driver's, crane	720	7111	Assistant, fruiterer's
889	9149	Assistant, driver's, dumper	*410*	4122	Assistant, fund
893	8124	Assistant, driver's, engine	699	6291	Assistant, funeral
934	9149	Assistant, driver's, lorry	699	9226	Assistant, funfair
893	8124	Assistant, driver's, turbine	830	8117	Assistant, furnace (*metal trades*)
934	9149	Assistant, driver's, van	720	7111	Assistant, furrier's

10   Standard Occupational Classification 2000 Volume 2

SOC 1990	SOC 2000	
719	**3542**	Assistant, gallery, art (*retail trade*)
619	**9249**	Assistant, gallery, art
912	**9139**	Assistant, galvaniser's
540	**5231**	Assistant, garage
595	**5112**	Assistant, gardener's (*horticultural nursery*)
595	**5112**	Assistant, gardener's (*market gardening*)
594	**5113**	Assistant, gardener's
862	**9134**	Assistant, general (packing)
900	**9111**	Assistant, general (*agriculture*)
953	**9223**	Assistant, general (*catering*)
958	**9233**	Assistant, general (*cleaning*)
652	**6124**	Assistant, general (*education*)
660	**6221**	Assistant, general (*hairdressing*)
644	**6115**	Assistant, general (*home for the disabled*)
595	**9119**	Assistant, general (*horticulture*)
958	**9229**	Assistant, general (*hotel*)
673	**9234**	Assistant, general (*laundry, launderette, dry cleaning*)
699	**9226**	Assistant, general (*leisure services*)
644	**6115**	Assistant, general (*old people's home*)
891	**9133**	Assistant, general (*printing*)
721	**7112**	Assistant, general (*retail trade*: check-out)
720	**9251**	Assistant, general (*retail trade*)
953	**9223**	Assistant, general (*school meals*)
430	**9219**	Assistant, general
839	**8117**	Assistant, gilder's (electro-gilding)
899	**8129**	Assistant, glazer's
921	**9121**	Assistant, glazier's
381	**3421**	Assistant, graphics
590	**8112**	Assistant, grinder's (plate glass)
912	**9139**	Assistant, grinder's
731	**7123**	Assistant, grocer's (mobile)
720	**7111**	Assistant, grocer's
954	**9251**	Assistant, grocery
699	**6211**	Assistant, gym
720	**7111**	Assistant, haberdashery
660	**6221**	Assistant, hairdresser's
660	**6221**	Assistant, hairdressing
953	**9223**	Assistant, hall, dining
839	**8117**	Assistant, hammerman's
912	**9139**	Assistant, hardener's
900	**9119**	Assistant, hatchery
830	**8117**	Assistant, heater's (*metal trades*)
410	**4122**	Assistant, holding, fund
595	**5112**	Assistant, horticultural
430	**9229**	Assistant, hotel
958	**9233**	Assistant, house, boarding
809	**8111**	Assistant, house, char (sugar)
952	**9223**	Assistant, house, cook
814	**8113**	Assistant, house, dye
869	**8139**	Assistant, house, green (*ceramics mfr*)
595	**5112**	Assistant, house, green
864	**8138**	Assistant, house, test (*steelworks*)
958	**9233**	Assistant, household
958	**9233**	Assistant, housekeeping
401	**4113**	Assistant, housing
640	**6111**	Assistant, HSDU
821	**8121**	Assistant, hydropulper
958	**9233**	Assistant, hygiene
410	**4122**	Assistant, income
420	**6213**	Assistant, information, tourist
430	**4150**	Assistant, information
490	**4136**	Assistant, input
411	**4123**	Assistant, inspector's (*banking*)
401	**4113**	Assistant, inspector's (*local government*)
869	**8133**	Assistant, inspector's (*metal trades*)
410	**4132**	Assistant, insurance
720	**7111**	Assistant, jeweller's
920	**9121**	Assistant, joiner's
913	**9139**	Assistant, jointer's
672	**6232**	Assistant, keeper's, hall (*local government*)
672	**6232**	Assistant, keeper's, school
441	**9149**	Assistant, keeper's, store
902	**6139**	Assistant, kennel
829	**8119**	Assistant, kiln
720	**7111**	Assistant, kiosk (*retail trade*)
952	**9223**	Assistant, kitchen
891	**9133**	Assistant, lab, photo
864	**8138**	Assistant, laboratory
590	**8112**	Assistant, ladler's (glass)
821	**8121**	Assistant, laminating (*paper mfr*)
239	**2319**	Assistant, language
673	**9234**	Assistant, launderette
673	**9234**	Assistant, laundry
659	**6123**	Assistant, leader's, play
410	**4122**	Assistant, ledger
350	**3520**	Assistant, legal
699	**6211**	Assistant, leisure
891	**9133**	Assistant, letterpress
401	**4113**	Assistant, lettings (*local government*)
430	**7212**	Assistant, liaison, customer
421	**4135**	Assistant, library
622	**9225**	Assistant, licensee's
913	**9139**	Assistant, lifter's
699	**9249**	Assistant, lighting, street
913	**9139**	Assistant, linesman's
919	**9139**	Assistant, linotype
869	**8139**	Assistant, lithographer's
560	**5421**	Assistant, lithographic
420	**4131**	Assistant, litigation
902	**6139**	Assistant, livestock (*retail trade*)
919	**9139**	Assistant, loader's
420	**4131**	Assistant, lottery
953	**9223**	Assistant, lunchtime (preparing, serving food)
619	**9244**	Assistant, lunchtime (*schools*)
		Assistant, machine - *see* Machinist
430	**9219**	Assistant, mailing
990	**8126**	Assistant, mains (*water company*)
894	**8129**	Assistant, maintenance (machinery, plant)

SOC 1990	SOC 2000		SOC 1990	SOC 2000	
899	9129	Assistant, maintenance	595	5112	Assistant, nursery (*agriculture*)
913	9139	Assistant, maker's, boiler	650	6121	Assistant, nursery
699	6211	Assistant, maker's, book (betting)	640	6111	Assistant, nursing
809	8111	Assistant, maker's, cheese	720	7111	Assistant, off-licence
913	9139	Assistant, maker's, coach	*411*	4123	Assistant, office, box
591	5491	Assistant, maker's, crucible	*412*	7122	Assistant, office, cash
559	5419	Assistant, maker's, dress	491	3122	Assistant, office, drawing
814	8113	Assistant, maker's, rope	720	7111	Assistant, office, post (sub-post office)
555	5413	Assistant, maker's, shoe			
912	9139	Assistant, maker's, tool	411	4123	Assistant, office, post
821	8121	Assistant, man's, machine (*paper mfr*)	720	7111	Assistant, office, receiving
430	4150	Assistant, management, housing	720	7111	Assistant, office, sub-post
430	4150	Assistant, manager's	420	4131	Assistant, office
732	7124	Assistant, market	889	8122	Assistant, onsetter's
411	3543	Assistant, marketing, sales	889	8219	Assistant, operations (freight handling)
792	7113	Assistant, marketing, telephone			
420	4131	Assistant, marketing	*720*	7111	Assistant, optical
921	9121	Assistant, mason's	*720*	7111	Assistant, optician's
814	8113	Assistant, matcher's, colour	800	8111	Assistant, oven (*bakery*)
440	4133	Assistant, materials	869	8139	Assistant, painter's
958	9233	Assistant, matron's	*720*	7111	Assistant, parts
953	9223	Assistant, meals, school	140	6215	Assistant, passenger (*railways*)
953	9223	Assistant, mealtime (preparing, serving food)	720	7111	Assistant, pawnbroker's
			410	4122	Assistant, payroll
619	9244	Assistant, mealtime (*schools*)	410	4132	Assistant, pensions
364	3539	Assistant, measurement, work	720	7111	Assistant, perfumer's
913	9139	Assistant, mechanic's	459	4215	Assistant, personal, manager's
640	6111	Assistant, medical (*armed forces*)	459	4215	Assistant, personal (managerial)
641	6111	Assistant, medical (*hospital service*)	644	6115	Assistant, personal (*welfare services*)
190	4114	Assistant, membership			
720	7111	Assistant, mercer's	459	4215	Assistant, personal
720	7111	Assistant, merchant's	363	3562	Assistant, personnel
309	3119	Assistant, metallurgical	*721*	7112	Assistant, petrol
202	2113	Assistant, meteorological	*720*	7111	Assistant, pharmaceutical (*retail chemists*)
913	9242	Assistant, meter			
364	3539	Assistant, methods	*441*	4133	Assistant, pharmacy (*hospital service*)
659	9244	Assistant, midday (*schools*)			
802	8111	Assistant, mill, offal (*tobacco mfr*)	720	7111	Assistant, pharmacy
839	8117	Assistant, mill, rolling	386	3434	Assistant, photographer's
990	9139	Assistant, mill	386	3434	Assistant, photographic
809	8111	Assistant, miller's (food)	343	6111	Assistant, physiotherapy
557	8136	Assistant, milliner's	839	8117	Assistant, pickler's (galvanised sheet)
913	9139	Assistant, millwright's			
891	9133	Assistant, minder's, machine (*printing*)	303	3121	Assistant, planning, town
			303	3121	Assistant, planning (*local government*)
814	8113	Assistant, minder's (*cotton mfr*)			
829	8114	Assistant, mixer's, colour	399	3539	Assistant, planning
699	6291	Assistant, mortuary	913	9139	Assistant, plant, pilot
591	5491	Assistant, moulder's (*abrasives mfr*)	921	9121	Assistant, plasterer's
881	8216	Assistant, movement (*railways*)	913	9139	Assistant, plater's
881	8216	Assistant, movements (*railways*)	839	8117	Assistant, plating (*electroplating*)
619	9241	Assistant, museum (security)	*650*	6123	Assistant, play
271	6211	Assistant, museum	*619*	9244	Assistant, playground (*schools*)
720	7111	Assistant, NAAFI	659	6123	Assistant, playgroup
652	6124	Assistant, needs, special (*education*)	913	9121	Assistant, plumber's
			590	8112	Assistant, polisher's, glass
720	7111	Assistant, newsagent's	411	4123	Assistant, postal (*PO*)
954	9251	Assistant, night (shelf filling)	829	8119	Assistant, pot, melting (electric cable)
652	6124	Assistant, non-teaching (*schools*)			

SOC 1990	SOC 2000	
590	8112	Assistant, potter's
720	7111	Assistant, poulterer's
900	9111	Assistant, poultry
650	6121	Assistant, pre-school
952	9223	Assistant, preparation, food
569	5423	Assistant, presentation (*printing*)
891	9133	Assistant, press (*printing*)
131	4123	Assistant, principal (*bank, building society*)
102	4113	Assistant, principal (*local government*)
891	9133	Assistant, printer's
891	9133	Assistant, printing
293	3232	Assistant, probation
569	5423	Assistant, process (*printing*)
954	9251	Assistant, produce
384	3432	Assistant, producer's (*broadcasting*)
384	3416	Assistant, producer's (*entertainment*)
384	3432	Assistant, production (*broadcasting*)
809	8111	Assistant, production (*food processing*)
869	8139	Assistant, production (*manufacturing*)
420	4131	Assistant, production (*publishing*)
420	8139	Assistant, production
262	2434	Assistant, professional (*local government: surveyor's dept*)
384	3432	Assistant, programme (*broadcasting*)
420	4131	Assistant, progress
720	7111	Assistant, provision
381	3421	Assistant, publications (desk top publishing)
380	3431	Assistant, publications
123	3433	Assistant, publicity
441	4133	Assistant, publisher's
381	3421	Assistant, publishing (desk top publishing)
380	3431	Assistant, publishing
701	3541	Assistant, purchasing (*wholesale trade*)
420	4131	Assistant, purchasing
640	6111	Assistant, radiographer's
401	4113	Assistant, rating
430	4150	Assistant, reader's
420	4131	Assistant, records
401	4113	Assistant, recovery (*local government*)
699	6211	Assistant, recreation
821	8121	Assistant, reelerman's (*paper mfr*)
953	9223	Assistant, refectory
820	8114	Assistant, refiner's
420	4131	Assistant, registrar's
420	4132	Assistant, registration (*insurance*)
400	4112	Assistant, registration (*Land Registry*)
420	4213	Assistant, registry (*schools*)
919	9121	Assistant, regulator's, gas
430	7212	Assistant, relations, customer
420	3562	Assistant, relations, employee
420	3433	Assistant, relations, public
931	9149	Assistant, remover's, furniture
913	9139	Assistant, repairer's, wagon
910	8122	Assistant, repairer's (*coal mine*)
954	9251	Assistant, replenishment
490	9219	Assistant, reprographic
420	4137	Assistant, research, marketing
201	2112	Assistant, research (*agricultural*)
201	2112	Assistant, research (*biochemical*)
201	2112	Assistant, research (*biological*)
201	2112	Assistant, research (*botanical*)
200	2111	Assistant, research (*chemical*)
212	2123	Assistant, research (*engineering, electrical*)
213	2124	Assistant, research (*engineering, electronic*)
211	2122	Assistant, research (*engineering, mechanical*)
202	2113	Assistant, research (*geological*)
399	2322	Assistant, research (*historical*)
201	2112	Assistant, research (*horticultural*)
300	3111	Assistant, research (*medical*)
202	2113	Assistant, research (*meteorological*)
202	2113	Assistant, research (*physical science*)
201	2112	Assistant, research (*zoological*)
399	2329	Assistant, research (*broadcasting*)
399	2322	Assistant, research (*government*)
399	2329	Assistant, research (*journalism*)
399	2329	Assistant, research (*printing and publishing*)
230	2329	Assistant, research (*university*)
300	2329	Assistant, research
420	7212	Assistant, reservations (*hotel*)
913	9139	Assistant, reshearer's
363	3562	Assistant, resource, human
953	9223	Assistant, restaurant
720	7111	Assistant, retail
400	4112	Assistant, Revenue, Inland
400	4112	Assistant, revenue (*government*)
410	4122	Assistant, revenue
410	4122	Assistant, rights (*broadcasting, publishing*)
839	8117	Assistant, roller's
811	8113	Assistant, room, blowing
463	4142	Assistant, room, control (*emergency services*)
557	8136	Assistant, room, cutting (*clothing mfr*)
569	5423	Assistant, room, dark
953	9223	Assistant, room, dining
893	8124	Assistant, room, engine
441	9149	Assistant, room, grey
441	9149	Assistant, room, linen
891	9133	Assistant, room, machine (*newspaper printing*)
940	9211	Assistant, room, mail
441	9149	Assistant, room, pattern (*textile mfr*)
940	9211	Assistant, room, post
490	9133	Assistant, room, print (*engineering*)

SOC 1990	SOC 2000	
891	**9133**	Assistant, room, print
420	**4131**	Assistant, room, publishing
889	**9139**	Assistant, room, receiving (*tailoring*)
809	**8111**	Assistant, room, retort (*food products mfr*)
931	**9149**	Assistant, room, sale (*auctioneers*)
720	**7111**	Assistant, room, sale (*wholesale, retail trade*)
441	**9149**	Assistant, room, sample
553	**8137**	Assistant, room, sewing
720	**7111**	Assistant, room, show
953	**9223**	Assistant, room, still
441	**4133**	Assistant, room, stock
440	**4133**	Assistant, room, store
953	**9223**	Assistant, room, tea
869	**8133**	Assistant, room, test (electrical)
958	**9233**	Assistant, room (*hotel*)
891	**9133**	Assistant, rotary (*printing*)
410	**4122**	Assistant, salaries
699	**9226**	Assistant, sales, book (*bingo hall*)
720	**7111**	Assistant, sales
420	**3543**	Assistant, sales and marketing
660	**6221**	Assistant, salon (*hairdressing*)
809	**8111**	Assistant, sample (*chocolate mfr*)
920	**9121**	Assistant, sawyer's
721	**7112**	Assistant, scanner (*retail trade*)
721	**7112**	Assistant, scanning (*retail trade*)
652	**6124**	Assistant, school, nursery
659	**6123**	Assistant, school, play
652	**6124**	Assistant, school
652	**6124**	Assistant, schools, nursery
659	**6123**	Assistant, schools, play
652	**6124**	Assistant, schools
300	**3111**	Assistant, scientific
381	**3411**	Assistant, sculptor's
459	**4215**	Assistant, secretarial
430	**4150**	Assistant, secretary's
615	**9241**	Assistant, security
720	**7111**	Assistant, seedsman's
401	**4113**	Assistant, senior (*CSSD*)
401	**4113**	Assistant, senior (*local government*)
720	S **7111**	Assistant, senior (*retail trade*)
430	S **4150**	Assistant, senior
953	**9223**	Assistant, service, catering
953	**9223**	Assistant, service, counter (catering)
411	**4123**	Assistant, service, customer (*bank, building society*)
430	**7212**	Assistant, service, customer
953	**9223**	Assistant, service, food
630	**6214**	Assistant, service, passenger
293	**2443**	Assistant, service, probation
621	**9224**	Assistant, service, room (*hotel*)
641	**6111**	Assistant, service, sterile
330	**3511**	Assistant, service, traffic, air
953	**9223**	Assistant, services, catering
411	**4123**	Assistant, services, client (*bank, building society*)
411	**4123**	Assistant, services, customer (*bank, building society*)

SOC 1990	SOC 2000	
430	**7212**	Assistant, services, customer
411	**4123**	Assistant, services, financial (*bank, building society*)
958	**9233**	Assistant, services, hotel
630	**6214**	Assistant, services, passenger
410	**4122**	Assistant, services, payroll
293	**2443**	Assistant, services, probation
641	**6111**	Assistant, services, sterile
330	**3511**	Assistant, services, traffic, air
953	**9223**	Assistant, serving (catering)
410	**4122**	Assistant, settlement
420	**4134**	Assistant, shipping
913	**9139**	Assistant, shipwright's
953	**9223**	Assistant, shop, coffee
912	**9139**	Assistant, shop, machine
869	**8139**	Assistant, shop, paint
899	**8129**	Assistant, shop, spreading (cables)
720	**7111**	Assistant, shop (*take-away food shop*)
411	**4123**	Assistant, shop (*turf accountants*)
720	**7111**	Assistant, shop
597	**8122**	Assistant, shotfirer's (*coal mine*)
384	**3413**	Assistant, showman's
834	**8118**	Assistant, silverer's
898	**8123**	Assistant, sinker's
291	**2322**	Assistant, site, archaeologist
822	**8121**	Assistant, slitter's (*films*)
913	**9139**	Assistant, smith's, boiler
913	**9139**	Assistant, smith's, copper
839	**8117**	Assistant, smith's
420	**4131**	Assistant, solicitor's
940	**9211**	Assistant, sorting (*PO*)
386	**3434**	Assistant, sound
814	**8113**	Assistant, spinner's (*textile mfr*)
802	**8111**	Assistant, spinner's (*tobacco mfr*)
699	**6211**	Assistant, sports
919	**9139**	Assistant, spreader's, colour
363	**3562**	Assistant, staff (*railways*)
420	**4131**	Assistant, staff
720	**7111**	Assistant, stall, book
732	**7124**	Assistant, stall
839	**8117**	Assistant, stamper's (*drop forging*)
401	**4113**	Assistant, standards, trading
721	**7112**	Assistant, station, petrol
893	**8124**	Assistant, station (*electricity supplier*)
631	**6215**	Assistant, station (*underground railway*)
720	**7111**	Assistant, stationer's
252	**2423**	Assistant, statistical
814	**8113**	Assistant, stenter
814	**8113**	Assistant, stenterer's
560	**5421**	Assistant, stereotyper's
641	**6111**	Assistant, sterilising
930	**9141**	Assistant, stevedore
630	**6219**	Assistant, steward's
954	**9251**	Assistant, stock (shelf filling)
441	**4133**	Assistant, stock
893	**8124**	Assistant, stoker's

SOC 1990	SOC 2000		SOC 1990	SOC 2000	
720	7111	Assistant, stores (*retail trade*)	912	9139	Assistant, temperer's
441	9149	Assistant, stores	821	8121	Assistant, tender's, machine, pasteboard
814	8113	Assistant, stretcher			
386	3434	Assistant, studio	889	8219	Assistant, terminals (*transport*)
420	4131	Assistant, study, time	309	3119	Assistant, test
420	4131	Assistant, study, work	869	8133	Assistant, tester's, meter
893	8124	Assistant, sub-station	641	6111	Assistant, theatre, operating
721	7112	Assistant, supermarket	*699*	6219	Assistant, theatre (*entertainment*)
659	9244	Assistant, supervisory, midday (*schools*)	*641*	6111	Assistant, theatre (*hospital service*)
			347	6111	Assistant, therapy, occupational
659	9244	Assistant, supervisory (school meals)	590	8112	Assistant, thrower's
			721	7112	Assistant, till
659	9244	Assistant, supervisory (*schools*: midday)	597	8122	Assistant, timberman (*coal mine*)
			597	8122	Assistant, timberman's (*coal mine*)
441	9149	Assistant, supplies	*619*	9244	Assistant, time, lunch (*schools*)
320	3132	Assistant, support, computer	*619*	9244	Assistant, time, meal (*schools*)
652	6124	Assistant, support, learning	410	4122	Assistant, timekeeper's
652	6124	Assistant, support (*education*)	913	9139	Assistant, trade (*shipbuilding*)
644	6115	Assistant, support (*welfare services*)	732	7124	Assistant, trader's, market
643	6113	Assistant, surgeon's, dental	732	7124	Assistant, trader's, street
349	6131	Assistant, surgeon's, veterinary	913	9139	Assistant, trades (*shipbuilding*)
643	6113	Assistant, surgery, dental	913	9139	Assistant, tradesman's (*metal trades*)
460	4216	Assistant, surgery (*general medical service*)	630	6214	Assistant, traffic, passenger (*air transport*)
641	6111	Assistant, surgery (*hospital service*)	462	4142	Assistant, traffic (*telecommunications*)
641	6111	Assistant, surgery			
889	8219	Assistant, survey, hydrographic	*140*	4134	Assistant, traffic
929	9129	Assistant, survey (*government*)	430	4150	Assistant, training
401	4113	Assistant, survey (*local government*)	420	4134	Assistant, transport
			177	6215	Assistant, travel (*railways*)
929	9129	Assistant, surveying	420	6212	Assistant, travel
312	2433	Assistant, surveyor's, quantity	410	4122	Assistant, treasurer's
929	9129	Assistant, surveyor's	*410*	4122	Assistant, treasury
556	5414	Assistant, tailor's	902	6139	Assistant, trek (*equestrian trekking centre*)
863	8134	Assistant, taster's, tea			
400	4112	Assistant, tax (*government*)	559	5419	Assistant, trimmer's (*upholstering*)
401	4113	Assistant, tax (*local government*)	*959*	9259	Assistant, trolley (*wholesale, retail trade*)
410	4122	Assistant, tax			
400	4112	Assistant, taxation (*government*)	641	6111	Assistant, TSSU
401	4113	Assistant, taxation (*local government*)	699	6291	Assistant, undertaker's
			410	4132	Assistant, underwriter's
410	4122	Assistant, taxation	*410*	4132	Assistant, underwriting
652	6124	Assistant, teacher's	553	8137	Assistant, upholsterer's
652	6124	Assistant, teaching	410	4122	Assistant, valuation
640	6111	Assistant, team, clinical	999	8129	Assistant, valveman's
953	9223	Assistant, tearoom	*412*	7122	Assistant, vending
919	9139	Assistant, teaser	349	6131	Assistant, veterinary
312	2433	Assistant, technical, surveyor's, quantity	410	4122	Assistant, wages
			641	6111	Assistant, ward
349	6131	Assistant, technical, veterinarian's	699	6211	Assistant, wardrobe
312	2433	Assistant, technical (quantity surveying)	569	5423	Assistant, warehouse, printing
			441	9149	Assistant, warehouse
304	3114	Assistant, technical (*civil engineering*)	441	9149	Assistant, warehouseman's
			958	9233	Assistant, wash, car
349	6131	Assistant, technical (*veterinary surgery*)	*619*	3319	Assistant, watch (*coastguards*)
			814	8113	Assistant, weaver's
309	3119	Assistant, technical	537	5215	Assistant, welder's
792	7113	Assistant, telemarketing	*619*	9244	Assistant, welfare, dinner
792	7113	Assistant, telesales	652	6124	Assistant, welfare, school

SOC 1990	SOC 2000		SOC 1990	SOC 2000	
619	**9244**	Assistant, welfare (*schools*: lunchtime)	202	**2113**	Astrophysicist
652	**6124**	Assistant, welfare (*schools*)	387	**3441**	Athlete
371	**3232**	Assistant, welfare	399	**3539**	Attaché
913	**9139**	Assistant, wireman's	859	**8139**	Attacher
371	**3232**	Assistant, work, social	889	**8122**	Attendant, aerial (*mine: above ground*)
342	**6111**	Assistant, x-ray	889	**8218**	Attendant, aerodrome
990	**9139**	Assistant, yard	641	**6111**	Attendant, aid, first
953	**9223**	Assistant (*catering*)	893	**8124**	Attendant, alternator
559	**5419**	Assistant (*dressmaking*)	642	**6112**	Attendant, ambulance
673	**9234**	Assistant (*laundry, launderette, dry cleaning*)	959	**9239**	Attendant, amenity
			699	**9226**	Attendant, amusement
421	**4135**	Assistant (*library*)	902	**6139**	Attendant, animal
615	**9241**	Assistant (*PO: investigation branch*)	834	**8118**	Attendant, anode
			902	**9119**	Attendant, aquarium
	7111	Assistant (*retail trade*)	699	**9226**	Attendant, arcade
556	**5414**	Assistant (*tailoring*)	889	**9139**	Attendant, ash
	7111	Assistant (*take-away food shop*)	841	**8125**	Attendant, auto
851	**8132**	Associate, general (*vehicle mfr*)	841	**8125**	Attendant, automatic
121	**3543**	Associate, marketing	814	**8113**	Attendant, backwash
790	**7125**	Associate, merchandise	953	**9223**	Attendant, bar, snack
851	**8132**	Associate, production (*vehicle mfr*)	953	**9223**	Attendant, bar (non-alcoholic)
201	**2112**	Associate, research (agricultural)	622	**9225**	Attendant, bar
201	**2112**	Associate, research (biochemical)	809	**8111**	Attendant, basin, outflow
201	**2112**	Associate, research (biological)	834	**8118**	Attendant, bath, copper (*glass mfr*)
201	**2112**	Associate, research (botanical)	833	**8117**	Attendant, bath, salt
200	**2111**	Associate, research (chemical)	699	**9229**	Attendant, bath
252	**2322**	Associate, research (economic)	834	**8118**	Attendant, baths, copper (*glass mfr*)
212	**2123**	Associate, research (engineering, electrical)	833	**8117**	Attendant, baths, salt
			699	**6211**	Attendant, baths (*swimming pool*)
213	**2124**	Associate, research (engineering, electronic)	699	**9229**	Attendant, baths
			990	**9139**	Attendant, battery (*mine: not coal*)
211	**2122**	Associate, research (engineering, mechanical)	899	**8129**	Attendant, battery
			540	**5231**	Attendant, bay, lubrication
202	**2113**	Associate, research (geological)	641	**6111**	Attendant, bay, sick
399	**2322**	Associate, research (historical)	999	**8129**	Attendant, bay, wash
201	**2112**	Associate, research (horticultural)	990	**8126**	Attendant, bed, bacteria
300	**2321**	Associate, research (medical)	892	**8126**	Attendant, bed, filter (*water works*)
202	**2113**	Associate, research (meteorological)	590	**8112**	Attendant, belt, casting
			889	**9139**	Attendant, belt
210	**2329**	Associate, research (mining)	699	**9229**	Attendant, bingo
202	**2113**	Associate, research (physical science)	959	**9239**	Attendant, block, amenity
			893	**8124**	Attendant, board, control
201	**2112**	Associate, research (zoological)	811	**8113**	Attendant, board, spread
399	**2329**	Associate, research (*broadcasting*)	462	**4141**	Attendant, board, switch (telephones)
399	**2322**	Associate, research (*government*)			
399	**2329**	Associate, research (*journalism*)	893	**8124**	Attendant, board, switch
399	**2329**	Associate, research (*printing and publishing*)	880	**8217**	Attendant, boat
			809	**8111**	Attendant, boiler, temper (margarine)
230	**2329**	Associate, research (*university*)			
209	**2329**	Associate, research	809	**8111**	Attendant, boiler, vacuum (margarine)
720	**7111**	Associate, retail			
719	**3534**	Associate, sales (*insurance*)	893	**8124**	Attendant, boiler
720	**7111**	Associate, sales (*retail trade*)	893	**8124**	Attendant, booster
361	**3532**	Associate, securities	412	**7122**	Attendant, booth, toll
860	**8133**	Assorter (galvanised sheet)	590	**8112**	Attendant, box, dod
860	**8133**	Assorter (tinplate)	811	**8113**	Attendant, box, drawing
699	**6222**	Astrologer	811	**8113**	Attendant, box, gill
202	**2113**	Astronomer	863	**8134**	Attendant, bridge, weigh

SOC 1990	SOC 2000	
889	8219	Attendant, bridge
953	9223	Attendant, buffet
889	9139	Attendant, bunker
829	8114	Attendant, burner (coalite)
630	6219	Attendant, bus, school
863	8134	Attendant, cabin, weigh
630	6214	Attendant, cabin
886	8221	Attendant, cage
829	8119	Attendant, calender (linoleum)
821	8121	Attendant, calender (paper)
824	8115	Attendant, calender (rubber)
552	8113	Attendant, calender (textiles)
959	9229	Attendant, camp
953	9223	Attendant, canteen
621	9224	Attendant, car, dining
889	8122	Attendant, car, mine
621	9224	Attendant, car, restaurant
630	6215	Attendant, car, sleeping
955	9245	Attendant, car (*airport*)
889	9139	Attendant, car (*steel mfr*)
811	8113	Attendant, card (*textile mfr*)
644	6115	Attendant, care
630	6215	Attendant, carriage (*railways*)
560	5421	Attendant, caster, monotype
990	6291	Attendant, cemetery
699	6211	Attendant, centre, sports
820	8114	Attendant, centrifugal (*chemical mfr*)
809	8111	Attendant, centrifugal (*food products mfr*)
814	8113	Attendant, centrifugal (*textile mfr*)
959	9229	Attendant, chair
644	6115	Attendant, charge
652	6124	Attendant, children's
820	8114	Attendant, chlorination
699	9226	Attendant, cinema
652	6124	Attendant, class
958	9233	Attendant, cleaning
958	9239	Attendant, cleansing
641	6111	Attendant, clinic
699	9226	Attendant, club
959	9229	Attendant, coach
889	8122	Attendant, coal
820	8114	Attendant, composition (matches)
893	8124	Attendant, compression, air
893	8124	Attendant, compressor
999	9131	Attendant, condenser (*blast furnace*)
893	8124	Attendant, condenser (*power station*)
820	8114	Attendant, condenser
821	8121	Attendant, conditioner (*paper mfr*)
802	8111	Attendant, conditioner (*tobacco mfr*)
811	8113	Attendant, converter, tow-to-top
889	9139	Attendant, conveyor
809	8111	Attendant, cooler
615	9241	Attendant, court
913	9139	Attendant, craft (*electricity supplier*)
932	9141	Attendant, crane
650	6121	Attendant, crèche
821	8121	Attendant, creel, sisal
889	8122	Attendant, creeper (*coal mine*)
999	6291	Attendant, crematorium
883	8216	Attendant, crossing (railways)
619	9243	Attendant, crossing (road)
619	9243	Attendant, crossing (*schools*)
890	8123	Attendant, crusher
830	8117	Attendant, cupola
441	9149	Attendant, customs
802	8111	Attendant, cylinder (*tobacco mfr*)
643	6113	Attendant, dental
910	8122	Attendant, depot (*coal mine*)
809	8111	Attendant, diffuser
869	8139	Attendant, dipper's
929	9129	Attendant, diver's
889	8219	Attendant, dock
641	6111	Attendant, donor, blood
699	9249	Attendant, door
829	8119	Attendant, dryer (macadam)
829	8119	Attendant, dryer (plasterboard)
893	8124	Attendant, dynamo
809	8111	Attendant, earth, fuller's (margarine)
834	8118	Attendant, electrolytic
919	9139	Attendant, elevator, char, wet
441	9149	Attendant, elevator, goods
886	8221	Attendant, engine, winding
880	8217	Attendant, engine (*shipping*)
893	8124	Attendant, engine
990	9139	Attendant, engineer's (*DETR*)
809	8111	Attendant, equipment, automatic (*food products mfr*)
809	8111	Attendant, evaporator, steepwater
809	8111	Attendant, evaporator (*food products mfr*)
820	8114	Attendant, evaporator
999	9139	Attendant, exhaust
999	9139	Attendant, exhauster
809	8111	Attendant, expeller, oil (edible oils)
441	9149	Attendant, explosive (*coal mine*)
441	9149	Attendant, explosives (*coal mine*)
999	9139	Attendant, fan
821	8121	Attendant, felt (*paper mfr*)
699	9226	Attendant, field, playing
809	8111	Attendant, filter (*starch mfr*)
892	8126	Attendant, filter (*water works*)
820	8114	Attendant, filtration
630	6214	Attendant, flight
722	7112	Attendant, forecourt
812	8113	Attendant, frame, twist
890	8123	Attendant, frame (*mine: not coal*)
811	8113	Attendant, frame (*textile mfr*)
699	9226	Attendant, funfair
830	8117	Attendant, furnace, blast
999	6291	Attendant, furnace, crematorium
820	8114	Attendant, furnace (*chemical mfr*)
823	8112	Attendant, furnace (*glass mfr*)
833	8117	Attendant, furnace (*metal trades: annealing*)

SOC 1990	SOC 2000		SOC 1990	SOC 2000	
830	8117	Attendant, furnace (*metal trades*)	829	8119	Attendant, house, slip
699	6211	Attendant, games	673	9234	Attendant, house, wash
540	5231	Attendant, garage	821	8121	Attendant, humidifier
893	8124	Attendant, gas (*steelworks*)	959	9229	Attendant, hut, beach
889	8219	Attendant, gate, flood	673	9234	Attendant, hydro (*laundry, launderette, dry cleaning*)
412	7122	Attendant, gate, toll			
615	9241	Attendant, gate	699	6111	Attendant, hydrotherapy
820	8114	Attendant, gear, extractor (*gas works*)	999	9139	Attendant, incinerator (*hospital service*)
893	8124	Attendant, gear (*coal mine*)			
889	9139	Attendant, gearhead	820	8114	Attendant, instrument (*chemical mfr*)
893	8124	Attendant, generator	830	8117	Attendant, instrument (*steelworks*)
999	9139	Attendant, governor (*gas works*)	644	6115	Attendant, invalid
821	8121	Attendant, grainer (*paper mfr*)	809	8111	Attendant, inversion
441	8111	Attendant, granary	811	8113	Attendant, jigger (*asbestos opening*)
699	6211	Attendant, green, bowling			
829	8119	Attendant, grinder (cement)	889	8122	Attendant, journey (*coal mine*)
699	9226	Attendant, ground, fair	902	6139	Attendant, kennel
659	9244	Attendant, ground, play	823	8112	Attendant, kiln (glass)
594	5113	Attendant, ground	823	8112	Attendant, kiln (*brick mfr*)
912	9139	Attendant, gun	829	8119	Attendant, kiln (*cement mfr*)
699	6211	Attendant, gymnasium	823	8112	Attendant, kiln (*ceramics mfr*)
699	9226	Attendant, hall, billiard	829	8114	Attendant, kiln (*glaze and colour mfr*)
699	9229	Attendant, hall, bingo	720	7111	Attendant, kiosk
699	9226	Attendant, hall, dance	952	9223	Attendant, kitchen
953	9223	Attendant, hall, dining	990	8138	Attendant, laboratory
672	6232	Attendant, hall, town	441	9149	Attendant, lamp (*coal mine*)
349	6131	Attendant, health, animal	990	9249	Attendant, lamp (*railways*)
401	4113	Attendant, health (*local government*)	959	9249	Attendant, lamp
820	8114	Attendant, heat	889	8122	Attendant, landing (*coal mine*)
893	8124	Attendant, heating	889	8122	Attendant, landsale
820	8114	Attendant, heats	*699*	9226	Attendant, lane
886	8221	Attendant, hoist	824	8115	Attendant, lathe, rubber
910	8122	Attendant, hopper (*coal mine*)	840	8125	Attendant, lathe
990	9139	Attendant, hopper (*mine: not coal*)	673	9234	Attendant, launderette
990	9235	Attendant, hopper (*refuse destruction*)	673	9234	Attendant, laundry
			959	9239	Attendant, lavatory
641	6111	Attendant, hospital	880	8217	Attendant, leg, marine
959	9229	Attendant, hostel	823	8112	Attendant, lehr
699	9226	Attendant, hotel	699	6211	Attendant, leisure
699	9229	Attendant, house, bath	421	4135	Attendant, library
999	9139	Attendant, house, blower	516	8117	Attendant, lid, carbonising
893	8124	Attendant, house, boiler	955	9245	Attendant, lift
820	8114	Attendant, house, boiling	699	9249	Attendant, light
893	8124	Attendant, house, booster	521	5241	Attendant, light and bell
893	8124	Attendant, house, compressor	521	5241	Attendant, light and power
999	9139	Attendant, house, engine	699	9249	Attendant, lighting
999	9139	Attendant, house, exhaust	889	8122	Attendant, loader (*coal mine*)
890	8123	Attendant, house, filter (*mine: not coal*)	930	9141	Attendant, loading, barge
			699	9222	Attendant, lobby
892	8126	Attendant, house, filter (*water works*)	912	9139	Attendant, locomotive
			615	9241	Attendant, lodge
829	8114	Attendant, house, filter	552	8113	Attendant, loom
430	9139	Attendant, house, meter (*gas works*)	540	5231	Attendant, lubrication (motor vehicles)
441	9149	Attendant, house, powder			
893	8124	Attendant, house, power	894	8129	Attendant, lubrication
892	8126	Attendant, house, press	959	9249	Attendant, luggage, left
999	9139	Attendant, house, pump	*412*	7122	Attendant, machine, vending
820	8114	Attendant, house, retort			Attendant, machine - *see also* Machinist
990	9139	Attendant, house, screen			

SOC 1990	SOC 2000	
894	8129	Attendant, machinery, lift
893	8124	Attendant, machinery
829	8119	Attendant, magazine, plasterboard
441	9149	Attendant, magazine
919	9139	Attendant, main, hydraulic
990	9232	Attendant, market
619	9249	Attendant, mayor's
953	9223	Attendant, meals, school
641	6111	Attendant, medical
953	9223	Attendant, mess
614	9242	Attendant, meter, parking
659	9244	Attendant, midday (school meals)
829	8119	Attendant, mill, mortar
516	8117	Attendant, mill, rod
897	8121	Attendant, mill, saw
820	8114	Attendant, mill, wash
821	8121	Attendant, mill, wood
829	8119	Attendant, mill (*cement mfr*)
516	8125	Attendant, mill (*metal goods mfr*)
516	8117	Attendant, mill (*rolling mill*)
959	9259	Attendant, minibar
829	8119	Attendant, mixer, concrete
829	8112	Attendant, mixer (*ceramics mfr*)
809	8111	Attendant, mixer (*food products mfr*)
809	8111	Attendant, molasses
809	8111	Attendant, montejuice
699	6291	Attendant, mortuary
893	8124	Attendant, motor
886	8221	Attendant, mouth, drift (*coal mine*)
809	8111	Attendant, multiplex (margarine)
619	9249	Attendant, museum
809	8111	Attendant, neutraliser
644	6115	Attendant, night (*home for the disabled*)
641	6111	Attendant, night (*hospital service*)
644	6115	Attendant, night (*old people's home*)
595	9119	Attendant, nursery (*horticulture*)
650	6121	Attendant, nursery
641	6111	Attendant, nursing
839	8117	Attendant, oven, core
820	8114	Attendant, oven, drying, cylinder
820	8114	Attendant, oven, gas
800	8111	Attendant, oven (*bakery*)
823	8112	Attendant, oven (*ceramics mfr*)
820	8114	Attendant, oven (*chemical mfr*)
820	8114	Attendant, oven (*coke ovens*)
809	8111	Attendant, oven (*food products mfr*)
889	8122	Attendant, paddy (*coal mine*)
809	8111	Attendant, pan (*food products mfr*)
820	8114	Attendant, paraffin
699	9226	Attendant, park, amusement
955	9245	Attendant, park, car
699	9226	Attendant, park, theme
615	9241	Attendant, park
955	9245	Attendant, parking
722	7112	Attendant, petrol
811	8113	Attendant, picker, waste
699	9226	Attendant, pier (*entertainment*)
889	8219	Attendant, pier
900	9111	Attendant, pig
441	9149	Attendant, plan
820	8114	Attendant, plant, acid
820	8114	Attendant, plant, ammonia
999	9139	Attendant, plant, ash
893	8124	Attendant, plant, auxiliary
841	8125	Attendant, plant, blast, shot
893	8124	Attendant, plant, boiler
829	8114	Attendant, plant, breeze
820	8114	Attendant, plant, chlorination
999	9139	Attendant, plant, cleaning, air
890	8123	Attendant, plant, coal
889	9139	Attendant, plant, coke
999	9139	Attendant, plant, conditioning, air
820	8114	Attendant, plant, cooling, dry
890	8123	Attendant, plant, crushing, ore
999	9139	Attendant, plant, drainage (*mining*)
893	8124	Attendant, plant, electric
899	8129	Attendant, plant, fume (*lead mfr*)
820	8114	Attendant, plant, gas
829	8114	Attendant, plant, grading, coke
890	8123	Attendant, plant, lime
892	8126	Attendant, plant, purifying, water
999	9139	Attendant, plant, refrigerating
820	8114	Attendant, plant, retort
892	8126	Attendant, plant, sewage
892	8126	Attendant, plant, softening, water
820	8114	Attendant, plant, sulphate
820	8114	Attendant, plant, tar
892	8126	Attendant, plant, treatment, water
999	9139	Attendant, plant, washing, vehicles
820	8114	Attendant, plant, water
537	5215	Attendant, plant, welding
820	8114	Attendant, plant (*chemical mfr*)
820	8114	Attendant, plant (*gas works*)
890	8123	Attendant, plant (*quarry*)
893	8124	Attendant, plant
809	8111	Attendant, plodder (margarine)
889	9139	Attendant, point, transfer, conveyor
884	8216	Attendant, point
591	5491	Attendant, polisher's, glass
699	6211	Attendant, pool, swimming
699	6211	Attendant, pool
590	8112	Attendant, potter's
900	9111	Attendant, poultry
590	8112	Attendant, press (*ceramics mfr*)
820	8114	Attendant, press (*chemical mfr*)
809	8111	Attendant, press (*sugar refining*)
820	8114	Attendant, producer, gas
959	9249	Attendant, property, lost
809	8111	Attendant, pump, air (*sugar refining*)
893	8124	Attendant, pump, air
722	7112	Attendant, pump, petrol
722	7112	Attendant, pump (*garage*)
892	8126	Attendant, pump (*sewage works*)
999	8126	Attendant, pump
999	8126	Attendant, pumping

SOC 1990	SOC 2000		SOC 1990	SOC 2000	
841	8125	Attendant, punch	622	9225	Attendant, saloon
820	8114	Attendant, purifier	958	9239	Attendant, sanitary
830	8117	Attendant, pyrometer (*metal mfr*)	919	9139	Attendant, scale, green
919	9139	Attendant, quencher, coke	863	8134	Attendant, scale
999	9139	Attendant, refrigerator	959	9249	Attendant, school
929	9129	Attendant, reservoir	829	8112	Attendant, screen (*ceramics mfr*)
820	8114	Attendant, retort (*coal gas, coke ovens*)	829	8114	Attendant, screen (*gas works*)
			890	8123	Attendant, screen (*mine*)
699	9226	Attendant, rides	999	9131	Attendant, scrubber (*coke ovens*)
929	9129	Attendant, river	811	8113	Attendant, scutcher
839	8117	Attendant, roll, cold	959	9229	Attendant, seat
829	8113	Attendant, roll, milling (asbestos)	*615*	9241	Attendant, security
590	8112	Attendant, roller, edge	*621*	9224	Attendant, service, room (*hotel*)
641	6111	Attendant, room, aid, first	892	8126	Attendant, sewage
642	6112	Attendant, room, ambulance	892	8126	Attendant, sewerage
699	9226	Attendant, room, ball	990	8219	Attendant, shed (*transport*)
699	9229	Attendant, room, bath	884	8216	Attendant, shunter
999	9139	Attendant, room, battery	802	8111	Attendant, sieve, rotary (*tobacco mfr*)
811	8113	Attendant, room, blowing			
893	8124	Attendant, room, boiler	441	9149	Attendant, silo
959	9229	Attendant, room, changing	889	8219	Attendant, sluice
959	9249	Attendant, room, cloak	892	8126	Attendant, softener, water
801	8111	Attendant, room, cold (*brewery*)	892	8126	Attendant, sprinkler
893	8124	Attendant, room, compressor	953	9223	Attendant, stall, coffee
953	9223	Attendant, room, dining	732	7124	Attendant, stall, market
959	9229	Attendant, room, dressing	699	9226	Attendant, stall (*amusements*)
880	8217	Attendant, room, engine (*shipping*)	642	6112	Attendant, station, ambulance
999	9139	Attendant, room, engine	722	7112	Attendant, station, filling
441	9149	Attendant, room, grey	722	7112	Attendant, station, petrol
809	8111	Attendant, room, ice	893	8124	Attendant, station, power
959	9239	Attendant, room, ladies'	999	8126	Attendant, station, pumping
441	9149	Attendant, room, lamp	722	7112	Attendant, station, service
441	9149	Attendant, room, linen	893	8124	Attendant, station, sub (*electricity supplier*)
959	9249	Attendant, room, locker			
959	9249	Attendant, room, luggage	999	9139	Attendant, station (*gas works*)
940	9211	Attendant, room, mail	934	9149	Attendant, statutory
641	6111	Attendant, room, medical	801	8111	Attendant, sterilizer (*distillery*)
953	9223	Attendant, room, mess	641	6111	Attendant, sterilizer (*medical services*)
441	9149	Attendant, room, plan			
940	9211	Attendant, room, post	820	8114	Attendant, still
893	8124	Attendant, room, power	820	8114	Attendant, storage, liquor
891	9133	Attendant, room, print	801	8111	Attendant, store, liquor
999	8126	Attendant, room, pump	441	9149	Attendant, store
953	9223	Attendant, room, refreshment	720	7111	Attendant, stores (*retail trade*)
959	9229	Attendant, room, rest	441	9149	Attendant, stores
861	8133	Attendant, room, sample (*food products mfr*)	839	8117	Attendant, stove, core
			809	8111	Attendant, stove, starch
720	7111	Attendant, room, show	959	9249	Attendant, studio
641	6111	Attendant, room, sick	893	8124	Attendant, substation
953	9223	Attendant, room, still	641	6111	Attendant, surgery
441	9149	Attendant, room, stock	884	8216	Attendant, switch (*coal mine*)
441	9149	Attendant, room, tool	672	6232	Attendant, synagogue
959	9249	Attendant, room, waiting	999	8126	Attendant, syphon
621	9224	Attendant, room, ward	599	9139	Attendant, tank (*cable mfr*)
959	9239	Attendant, room, wash	990	9139	Attendant, tank (*local government*)
958	9233	Attendant, room (*hotel*)	809	8111	Attendant, tank (*sugar refining*)
889	8122	Attendant, rope (*coal mine*)	820	8114	Attendant, tar and liquor
811	8113	Attendant, rotary (asbestos)	811	8113	Attendant, teaser
396	3567	Attendant, safety (*chemical works*)	462	4141	Attendant, telephone

SOC 1990	SOC 2000		SOC 1990	SOC 2000	
641	**6111**	Attendant, theatre (*hospital service*)	892	**8126**	Attendant (*sewage farm*)
699	**9226**	Attendant, theatre	892	**8126**	Attendant (*water works*)
821	**8121**	Attendant, thickener	839	**8117**	Attender (*tinplate mfr*)
590	**8112**	Attendant, thrower's	241	**2411**	Attorney
990	**9235**	Attendant, tip	659	**6122**	Au pair
889	**8122**	Attendant, tipper (*coal mine: above ground*)	719	**3544**	Auctioneer
			719	**3544**	Auctioneer and valuer
597	**8122**	Attendant, tipper (*coal mine*)	346	**3218**	Audiologist
889	**8122**	Attendant, tippler (*coal mine*)	346	**3218**	Audiometrician
959	**9239**	Attendant, toilet	*309*	**3115**	Auditor, assurance, quality
883	**8216**	Attendant, traffic (*coal mine*)	250	**2421**	Auditor, chief (*coal mine*)
881	**8216**	Attendant, train (*coal mine*)	*320*	**3131**	Auditor, computer (technical)
630	**6215**	Attendant, train	*869*	**8133**	Auditor, control, quality
893	**8124**	Attendant, transformer	410	**4122**	Auditor, internal
630	**6213**	Attendant, travel	*869*	**8133**	Auditor, quality
892	**8126**	Attendant, treatment, water	420	**4133**	Auditor, stock
959	**9259**	Attendant, trolley (*wholesale, retail trade*)	250	**2421**	Auditor (qualified)
			250	**2421**	Auditor (*government*)
673	**9234**	Attendant, tumbler	410	**4132**	Auditor (*insurance*)
893	**8124**	Attendant, turbine	250	**2421**	Auditor (*local government*)
411	**9229**	Attendant, turnstile	410	**4122**	Auditor
890	**8123**	Attendant, unit, cracker	240	**2419**	Auditor of Court (Scotland)
999	**9139**	Attendant, valve	*214*	**2132**	Author, software, application
934	**9149**	Attendant, van	*214*	**2132**	Author, software
552	**8114**	Attendant, vat (*textile bleaching, dyeing*)	*214*	**2132**	Author, technical, software
			380	**3412**	Author, technical
999	**9139**	Attendant, ventilation	380	**3412**	Author (technical)
889	**8219**	Attendant, wagon	380	**3412**	Author
641	**6111**	Attendant, ward	519	**5221**	Auto-setter (*metal trades*)
809	**8111**	Attendant, washer, beet	863	**8134**	Auto-weigher
820	**8114**	Attendant, washer	919	**9139**	Auxiliary, craft (*DETR*)
809	**8111**	Attendant, washer's	346	**6113**	Auxiliary, dental
890	**8123**	Attendant, washery (*coal mine*)	*652*	**6124**	Auxiliary, needs, special
999	**8126**	Attendant, water	349	**6131**	Auxiliary, nursing, animal
863	**8134**	Attendant, weighbridge	640	**6111**	Auxiliary, nursing
371	**3232**	Attendant, welfare	612	**3314**	Auxiliary, prison
930	**9141**	Attendant, wharf, oil	652	**6124**	Auxiliary, school
886	**8221**	Attendant, winch	652	**6124**	Auxiliary, teaching
990	**8126**	Attendant, works, outfall	*652*	**6124**	Auxiliary (*education*)
901	**8223**	Attendant (agricultural machinery)	331	**3512**	Aviator
959	**9239**	Attendant (public conveniences)	904	**9112**	Axeman
934	**9149**	Attendant (road goods vehicles)			
642	**6112**	Attendant (*ambulance service*)			
619	**9249**	Attendant (*art gallery*)			
699	**6211**	Attendant (*baths: swimming*)			
699	**9229**	Attendant (*baths*)			
953	**9223**	Attendant (*catering*)			
699	**9226**	Attendant (*cinema*)			
670	**6231**	Attendant (*domestic service*)			
699	**9226**	Attendant (*entertainment*)			
820	**8114**	Attendant (*gas works*)			
941	**9211**	Attendant (*government*)			
644	**6115**	Attendant (*home for the disabled*)			
641	**6111**	Attendant (*hospital service*)			
699	**9226**	Attendant (*leisure centre*)			
959	**9239**	Attendant (*local government*)			
619	**9249**	Attendant (*museum*)			
644	**6115**	Attendant (*old people's home*)			
902	**6139**	Attendant (*racing stables*)			

ALPHABETICAL INDEX FOR CODING OCCUPATIONS

B

SOC 1990	SOC 2000		SOC 1990	SOC 2000	
132	**4111**	B1 (*Benefits Agency*)	619	**9249**	Bailiff
132	**4111**	B1 (*Cabinet Office*)		**5414**	Baister
103	**3561**	B1 (*Dept for International Development*)	580	**5432**	Baker, master
			800	**8111**	Baker, oven, hand
103	**3561**	B1 (*Northern Ireland Office*)	580	**5432**	Baker (*bakery*)
132	**4111**	B1 (*Office for National Statistics*)	580	**5432**	Baker (*flour confectionery mfr*)
132	**4111**	B1 (*Scottish Office*)	809	**8111**	Baker (*food products mfr*)
132	**4111**	B2 (*Benefits Agency*)	179	**5432**	Baker (*retail trade*)
103	**3561**	B2 (*Cabinet Office*)	580	**5432**	Baker (*shipping*)
132	**4111**	B2 (*Dept for International Development*)	552	**8113**	Baker (*textile mfr*)
			580	**5432**	Baker
103	**3561**	B2 (*Northern Ireland Office*)	580	**5432**	Baker and confectioner (*bakery*)
132	**4111**	B2 (*Office for National Statistics*)	179	**5432**	Baker and confectioner (*retail trade*)
103	**3561**	B2 (*Scottish Office*)	*580*	**5432**	Baker and confectioner
132	**4111**	B3 (*Benefits Agency*)	520	**5241**	Balancer, armature
103	**3561**	B3 (*Scottish Office*)	860	**8133**	Balancer, dynamic
132	**4111**	B4 (*Benefits Agency*)	860	**8133**	Balancer, dynamics
132	**4111**	B5 (*Benefits Agency*)	516	**5223**	Balancer, flyer
839	**8117**	Babbitter	860	**8133**	Balancer, shaft, crank
550	**5411**	Backer, carpet	386	**3434**	Balancer, sound
834	**8118**	Backer, mirror	599	**5499**	Balancer, wheel (*abrasives mfr*)
821	**8121**	Backer, paper, stencil	860	**8133**	Balancer, wheel (*railway workshops*)
899	**8129**	Backer, saw			
839	**8117**	Backer, spindle (*rolling mill*)	599	**5499**	Balancer (*abrasives mfr*)
553	**8137**	Backer (*clothing mfr*)	860	**8133**	Balancer (*engineering*)
552	**8113**	Backer (*fustian, velvet mfr*)	901	**8223**	Baler, hay
829	**8119**	Backer (*linoleum mfr*)	862	**9134**	Baler, paper
821	**8121**	Backer (*paper mfr*)	862	**9134**	Baler, salle
839	**8117**	Backer (*rolling mill*)	899	**8129**	Baler, scrap
920	**9121**	Backer-up (*sawmilling*)	999	**9139**	Baler (*oil wells*)
839	**8117**	Backer-up (*steelworks*)	862	**9134**	Baler
814	**8113**	Backwasher	813	**8113**	Baller, cross
201	**2112**	Bacteriologist	813	**8113**	Baller, wool
591	**5491**	Badger	813	**8113**	Baller (*twine*)
862	**9134**	Bagger, cake	813	**8113**	Baller (*yarn*)
862	**9134**	Bagger, coal	829	**8112**	Baller (*ceramics mfr*)
862	**9134**	Bagger, fibre (*asbestos mfr*)	830	**8117**	Baller (*iron works*)
555	**5413**	Bagger (*footwear mfr*)	811	**8113**	Baller (*wool combing*)
862	**9134**	Bagger	384	**3414**	Ballerina
862	**9134**	Bagger-off (*starch mfr*)	202	**2113**	Ballistician
553	**8137**	Bagger-out	*387*	**3449**	Balloonist
862	**9134**	Bagman (*cement mfr*)	*100*	**1111**	Band 0 (*Health and Safety Executive*)
		Bailer - *see* Baler			
619	**9249**	Bailiff, auctioneer's	*400*	**4112**	Band 1 (*Customs and Excise*)
619	**9249**	Bailiff, certificated	*103*	**2441**	Band 1 (*Health and Safety Executive*)
619	**9249**	Bailiff, court			
160	**5111**	Bailiff, estate	*100*	**1111**	Band 1B (*Meteorological Office*)
160	**5111**	Bailiff, farm	*100*	**1111**	Band 1C (*Meteorological Office*)
160	**5111**	Bailiff, land	*400*	**4112**	Band 2 (*Customs and Excise*)
619	**9249**	Bailiff, rent	*103*	**2441**	Band 2 (*Health and Safety Executive*)
929	**9129**	Bailiff, reservoir			
395	**3566**	Bailiff, river	*103*	**2441**	Band 2C (*Meteorological Office*)
395	**3566**	Bailiff, water	*400*	**4112**	Band 3 (*Customs and Excise*)
929	S **9129**	Bailiff (*level, sewer commissioners*)	*103*	**3561**	Band 3 (*Health and Safety Executive*)

SOC 1990	SOC 2000	
103	**3561**	Band 3A (*Meteorological Office*)
103	**3561**	Band 3B (*Meteorological Office*)
103	**3561**	Band 3C (*Meteorological Office*)
132	**4111**	Band 3D (*Meteorological Office*)
400	**4112**	Band 4 (*Customs and Excise*)
103	**3561**	Band 4 (*Health and Safety Executive*)
400	**4112**	Band 4A (*Meteorological Office*)
400	**4112**	Band 4B (*Meteorological Office*)
400	**4112**	Band 4C (*Meteorological Office*)
132	**4111**	Band 5 (*Customs and Excise*)
132	**4111**	Band 5 (*Health and Safety Executive*)
132	**4111**	Band 6 (*Customs and Excise*)
400	**4112**	Band 6 (*Health and Safety Executive*)
103	**3561**	Band 7 (*Customs and Excise*)
103	**3561**	Band 8 (*Customs and Excise*)
103	**3561**	Band 9 (*Customs and Excise*)
103	**3561**	Band 10 (*Customs and Excise*)
103	**2441**	Band 11 (*Customs and Excise*)
103	**2441**	Band 12 (*Customs and Excise*)
400	**4112**	Band A (*Lord Chancellor's Dept*)
400	**4112**	Band A (*Welsh Office*)
400	**4112**	Band B (*Lord Chancellor's Dept*)
400	**4112**	Band B (*Welsh Office*)
103	**2441**	Band B1 (*Inland Revenue*)
103	**2441**	Band B2 (*Inland Revenue*)
132	**4111**	Band C (*Lord Chancellor's Dept*)
132	**4111**	Band C (*Welsh Office*)
103	**3561**	Band C1 (*Inland Revenue*)
103	**3561**	Band C2 (*Inland Revenue*)
132	**4111**	Band D (*Inland Revenue*)
103	**3561**	Band D (*Lord Chancellor's Dept*)
103	**3561**	Band D (*Welsh Office*)
103	**3561**	Band E (*Lord Chancellor's Dept*)
103	**3561**	Band E (*Welsh Office*)
103	**2441**	Band F (*Lord Chancellor's Dept*)
103	**2441**	Band F (*Welsh Office*)
103	**2441**	Band G (*Lord Chancellor's Dept*)
103	**2441**	Band G (*Welsh Office*)
850	**8131**	Bander, armature
862	**9134**	Bander, cigar
591	**5491**	Bander, clay
862	**9134**	Bander, coil
591	**5491**	Bander, glass
591	**5491**	Bander, wash
862	**9134**	Bander (*boot polish mfr*)
569	**8121**	Bander (*cardboard box mfr*)
591	**5491**	Bander (*ceramics mfr*)
869	**8139**	Bander (*envelope mfr*)
862	**9134**	Bander (*iron and steelworks*)
824	**8115**	Bander (*rubber tyre mfr*)
552	**8114**	Bander (*textile mfr: textile bleaching, dyeing*)
894	**8129**	Bander (*textile mfr*)
385	**3415**	Bandmaster
385	**3415**	Bandsman
809	**8111**	Bandyman (*provender milling*)
131	**1151**	Banker, business
120	**1131**	Banker, international
120	**1131**	Banker, investment
120	**1131**	Banker, merchant
411	**4123**	Banker, personal
411	**7211**	Banker, telephone
500	**5312**	Banker (stone working)
131	**1151**	Banker (*finance*)
886	**8221**	Banker (*mine: not coal*)
812	**8113**	Banker (*yarn warping*)
120	**1131**	Banker
889	**8219**	Bankman, rail
912	**9139**	Bankman (*rolling mill*)
932	**9141**	Banksman, crane
886	**8221**	Banksman, pit, staple
912	**9131**	Banksman (*blast furnace*)
929	**9129**	Banksman (*canal contractors*)
932	**9141**	Banksman (*civil engineering*)
863	**8134**	Banksman (*coal mine: opencast*)
886	**8221**	Banksman (*coal mine*)
932	**9141**	Banksman (*manufacturing*)
886	**8221**	Banksman (*mine: not coal*)
886	**8221**	Banksman (*salt works*)
622	**9225**	Bar-cellarman
660	**6221**	Barber
880	**8217**	Bargee
880	**8217**	Bargeman
552	**8113**	Barker (*rope, twine mfr*)
953	**9223**	Barmaid, coffee
622	S **9225**	Barmaid, head
953	**9223**	Barmaid, tea
622	**9225**	Barmaid
953	**9223**	Barman, coffee
622	S **9225**	Barman, head
953	**9223**	Barman, tea
622	**9225**	Barman
622	S **9225**	Barperson, head
622	**9225**	Barperson
842	**8125**	Barreller
809	**8111**	Barrelman (rice starch)
555	**5413**	Barrer (*footwear mfr*)
241	**2411**	Barrister
622	S **9225**	Barstaff, head
622	**9225**	Barstaff
622	**9225**	Bartender
622	S **9225**	Barworker, head
622	**9225**	Barworker
385	**3415**	Bassoonist
556	**5414**	Baster
829	**8119**	Batcher, concrete
811	**8113**	Batcher (*textile finishing*)
829	**8112**	Batchman (*glass mfr*)
810	**8114**	Bater
809	**8111**	Bathman (*bacon, ham, meat curing*)
699	**9229**	Bathman (*baths*)
670	**6231**	Batman (civilian)
814	**8113**	Batter, felt
590	**5491**	Batter (*pottery mfr*)
841	**8125**	Batterer

SOC 1990	SOC 2000		SOC 1990	SOC 2000	
540	**5231**	Bayman, service	534	**5214**	Bender, plate
912	**9139**	Bayman (*steelworks*)	839	**8117**	Bender, spoke (*cycle mfr*)
503	**5316**	Beader (double glazing)	530	**5211**	Bender, spring (*spring mfr*)
541	**5232**	Beader (*coach building*)	536	**5319**	Bender, steel
553	**8137**	Beader (*embroidering*)	579	**5492**	Bender, timber
555	**5413**	Beader (*footwear mfr*)	590	**5491**	Bender, tube (glass)
841	**8125**	Beader (*tin box mfr*)	899	**8129**	Bender, tube
534	**5214**	Beamer (*shipbuilding*)	899	**8129**	Bender, wire
814	**8113**	Beamer (*textile mfr*: *textile finishing*)	569	**8121**	Bender (*cardboard box mfr*)
552	**8113**	Beamer (*textile mfr*)	590	**5491**	Bender (*glass mfr*)
899	**8129**	Beamer (*wire weaving*)	839	**8117**	Bender (*rolling mill*)
699	**9249**	Bearer, mace	579	**5492**	Bender (*stick making*)
699	**6291**	Bearer (*funeral directors*)	579	**5492**	Bender (*wood products mfr*)
673	**9234**	Beater, carpet	536	**5319**	Bender and fixer, bar
814	**8113**	Beater, feather	569	**8121**	Bender and slotter (cardboard)
893	**8124**	Beater, fire	*953*	**9224**	Berister
518	**5495**	Beater, gold	555	**5413**	Beveller (*footwear mfr*)
839	**8117**	Beater, leaf	591	**5491**	Beveller (*glass mfr*)
533	**5213**	Beater, panel (*metal trades*)	569	**9133**	Beveller (*printing*)
542	**5232**	Beater, panel	620	**5434**	Bhandary
518	**5495**	Beater, silver	380	**3412**	Bibliographer
814	**8113**	Beater (*feather dressing*)	839	**8117**	Billeter (*rolling mill*)
555	**5413**	Beater (*footwear mfr*)	850	**8131**	Binder, armature
533	**5213**	Beater (*metal trades*)	553	**8137**	Binder, blanket
821	**8121**	Beater (*paper mill*)	562	**5423**	Binder, book
552	**8113**	Beater (*textile finishing*)	553	**8137**	Binder, carpet
542	**5232**	Beater and sprayer, paint	559	**5419**	Binder, chair
802	**8111**	Beater-up (*tobacco mfr*)	912	**9139**	Binder, iron
829	**8119**	Beaterman (*asbestos-cement mfr*)	553	**8137**	Binder, leather, hat
820	**8114**	Beaterman (*celluloid mfr*)	562	**5423**	Binder, leather
821	**8121**	Beaterman (*paper mfr*)	562	**5423**	Binder, printer's
902	**6139**	Beautician, canine	562	**5423**	Binder, publisher's
661	**6222**	Beautician	555	**5413**	Binder, slipper
829	**8112**	Bedder (*ceramics mfr*)	562	**5423**	Binder, stationer's
958	**9233**	Bedder (*college*)	901	**8223**	Binder, straw
829	**8119**	Bedman (*asphalt mfr*)	559	**5419**	Binder, umbrella
830	**8117**	Bedman (*blast furnace*)	562	**5423**	Binder, vellum
902	**5119**	Beekeeper	553	**8137**	Binder (*blanket mfr*)
552	**8113**	Beetler	562	**5423**	Binder (*bookbinding*)
644	**6115**	Befriender (*social services*)	599	**5499**	Binder (*broom, brush mfr*)
839	**8117**	Behinder	553	**8137**	Binder (*canvas goods mfr*)
579	**5494**	Bellyman, piano	569	**8121**	Binder (*cardboard box mfr*)
842	**8125**	Belter (forks and spades)	553	**8137**	Binder (*fabric glove mfr*)
555	**5413**	Beltman, machine	859	**8139**	Binder (*footwear mfr*: *rubber footwear*)
890	**8123**	Beltman (*coal mine*: *above ground*)			
889	**8122**	Beltman (*coal mine*)	555	**5413**	Binder (*footwear mfr*)
555	**5413**	Beltman (*engineering*)	553	**8137**	Binder (*hat mfr*)
919	**9139**	Beltman (*patent fuel mfr*)	553	**8137**	Binder (*hosiery, knitwear mfr*)
839	**8117**	Bender, arch	562	**5423**	Binder (*printing*)
839	**8117**	Bender, bar, handle	809	**8111**	Binman, tempering
536	**5319**	Bender, bar	933	**9235**	Binman (*local government*: *cleansing dept*)
850	**8131**	Bender, copper (generators)			
850	**8131**	Bender, element	990	**9235**	Binman (*local government*)
899	**8129**	Bender, frame (shipyard)	201	**2112**	Biochemist
590	**5491**	Bender, glass	380	**3412**	Biographer
899	**8129**	Bender, hook, fish	201	**2112**	Biologist
530	**5211**	Bender, iron	202	**2113**	Biophysicist
899	**8129**	Bender, knife	*201*	**2112**	Biotechnologist
899	**8129**	Bender, pipe	292	**2444**	Bishop

SOC 1990	SOC 2000		SOC 1990	SOC 2000	
569	**8121**	Bitter (*cardboard box mfr*)	829	**8114**	Blender (*man-made fibre mfr*)
591	**5491**	Blacker (*ceramics mfr*)	820	**8114**	Blender (*mineral oil refining*)
869	**8139**	Blacker	809	**8111**	Blender (*mineral water mfr*)
869	**8139**	Blacker-in (enamelled slate)	814	**8113**	Blender (*oilskin mfr*)
530	**5211**	Blacksmith	820	**8114**	Blender (*petroleum storage and distribution*)
530	**5211**	Blacksmith-engineer			
516	**5223**	Blader (turbines)	829	**8116**	Blender (*plastics goods mfr*)
809	**8111**	Blancher (fruit, vegetables)	802	**8111**	Blender (*tobacco mfr*)
844	**8125**	Blaster, grit	811	**S 8113**	Blender (*wool blending*)
579	**5492**	Blaster, sand (*briar pipe mfr*)	820	**8114**	Blender
591	**5491**	Blaster, sand (*ceramics mfr*)	*561*	**5422**	Blocker, foil
844	**8125**	Blaster, sand	557	**8136**	Blocker, fur
844	**8125**	Blaster, shot	569	**5422**	Blocker, gold
844	**8125**	Blaster, vapour	559	**5419**	Blocker, hat
830	**8117**	Blaster (furnace)	590	**5491**	Blocker, lens
898	**8123**	Blaster (*mine: not coal*)	562	**5423**	Blocker (*bookbinding*)
552	**8114**	Bleacher, yarn	590	**5491**	Blocker (*brick mfr*)
552	**8114**	Bleacher (feather)	555	**5413**	Blocker (*footwear mfr*)
809	**8111**	Bleacher (flour)	559	**5419**	Blocker (*hat mfr*)
820	**8114**	Bleacher (oil)	673	**9234**	Blocker (*laundry, launderette, dry cleaning*)
821	**8121**	Bleacher (paper)			
552	**8114**	Bleacher (textiles)	555	**5413**	Blocker (*leather goods mfr*)
821	**8121**	Bleacher (wood pulp)	590	**5491**	Blocker (*lens mfr*)
552	**8114**	Bleacher and dyer	516	**5223**	Blocker (*lifting tackle mfr*)
820	**8114**	Blender, batch	814	**8113**	Blocker (*textile mfr*)
809	**8111**	Blender, butter	897	**8121**	Blocker (*wood heel mfr*)
820	**8114**	Blender, coal (*coke ovens*)	581	**5431**	Blockman (*butchers*)
829	**8114**	Blender, coal (*steel mfr*)	582	**5433**	Blockman (*fishmongers*)
809	**8111**	Blender, cocoa	912	**9139**	Blockman (*metal trades*)
809	**8111**	Blender, coffee	500	**5312**	Blockman (*mine: not coal*)
820	**8114**	Blender, colour (*chemical mfr*)	590	**5491**	Blower, bottle
811	**8113**	Blender, colour (*textile spinning*)	590	**5491**	Blower, bulb (lamp, valve)
809	**8111**	Blender, flour	531	**5212**	Blower, core
820	**8114**	Blender, grease (mineral oil)	552	**8113**	Blower, dry
829	**8114**	Blender, liquor	814	**8113**	Blower, fur
820	**8114**	Blender, oil	590	**5491**	Blower, glass
820	**8114**	Blender, pigment (chemicals)	591	**5491**	Blower, glaze
811	**8113**	Blender, rag	844	**8125**	Blower, sand
811	**8113**	Blender, shade (wool)	844	**8125**	Blower, shot
809	**8111**	Blender, spice	893	**8124**	Blower, soot (*power station*)
809	**8111**	Blender, tea	825	**8116**	Blower, steam
820	**8114**	Blender, varnish	590	**5491**	Blower, thermometer
801	**8111**	Blender, whisky	591	**5491**	Blower (*ceramics mfr*)
809	**8111**	Blender (margarine)	893	**8124**	Blower (*chemical mfr*)
801	**8111**	Blender (spirits)	552	**8113**	Blower (*cotton mfr*)
801	**8111**	Blender (wines)	590	**5491**	Blower (*glass mfr*)
811	**S 8113**	Blender (wool)	825	**8116**	Blower (*plastics goods mfr*)
809	**8111**	Blender (*animal feeds mfr*)	830	**8117**	Blower (*steelworks*)
820	**8114**	Blender (*arc welding electrode mfr*)	552	**8113**	Blower (*textile finishing*)
811	**8113**	Blender (*asbestos composition goods mfr*)	811	**8113**	Blower-up (*textile mfr*)
			673	**9234**	Bluer (*laundry, launderette, dry cleaning*)
829	**8114**	Blender (*candle mfr*)			
811	**8113**	Blender (*carpet, rug mfr*)	552	**8113**	Bluer (*textile mfr*)
829	**8119**	Blender (*cast stone products mfr*)	903	**S 9119**	Bo'sun (*fishing*)
820	**8114**	Blender (*chemical mfr*)	880	**S 8217**	Bo'sun
820	**8114**	Blender (*explosives mfr*)	552	**8113**	Boarder (*hosiery, knitwear mfr*)
809	**8111**	Blender (*food products mfr*)	580	**5432**	Boardman (*bakery*)
814	**8113**	Blender (*fur fibre mfr*)	699	**6211**	Boardman (*bookmakers, turf accountants*)
829	**8119**	Blender (*linoleum mfr*)			

Standard Occupational Classification 2000 Volume 2   25

SOC 1990	SOC 2000		SOC 1990	SOC 2000	
880	8217	Boatman, foy	600	3311	Bombardier
880	8217	Boatman	559	5419	Bonder, garment, rainproof
903	S 9119	Boatswain (*fishing*)	850	8131	Bonder (electrical)
880	S 8217	Boatswain	834	8118	Bonderiser
534	5214	Boatwright	859	8139	Boner (corsets)
842	8125	Bobber, emery	582	5433	Boner (fish)
930	9141	Bobber, fish	581	5431	Boner (meat)
842	8125	Bobber (metal goods)	562	5423	Bookbinder
579	5492	Bobber (wood products)	410	S 4122	Bookkeeper, chief
842	8125	Bobber (*arc welding electrode mfr*)	410	4122	Bookkeeper
919	9139	Bobber (*embroidery mfr*)	410	4122	Bookkeeper-cashier
930	9141	Bobber (*fish dock*)	410	4122	Bookkeeper-typist
842	8125	Bobber and polisher, spur	691	6211	Bookmaker
813	8113	Bobbiner	893	8124	Booster, gas (*steelworks*)
579	5492	Bodger, chair	898	8123	Borer, artesian
615	9241	Bodyguard	599	5499	Borer, brush
542	5232	Bodyworker (*garage*)	511	5221	Borer, cylinder
829	8114	Boiler, acid	511	5221	Borer, fine, barrel
800	8111	Boiler, biscuit	511	5221	Borer, horizontal
829	8114	Boiler, fat	511	5221	Borer, iron
809	8111	Boiler, fruit	898	8123	Borer, ironstone
820	8114	Boiler, glue	511	5221	Borer, jig
820	8114	Boiler, grease	597	8122	Borer, methane (*coal mine*)
809	8111	Boiler, gum (*sugar, sugar confectionery mfr*)	511	5221	Borer, room, tool
			511	5221	Borer, scissors
552	8114	Boiler, gum (*textile bleaching, dyeing*)	898	8123	Borer, shot
			511	5221	Borer, spill (barrel, small arms)
809	8111	Boiler, jelly	511	5221	Borer, tong (tubes)
809	8111	Boiler, liquorice	509	8149	Borer, tunnel
814	8113	Boiler, oil (*oilskin mfr*)	511	5221	Borer, tyre
820	8114	Boiler, oil	511	5221	Borer, universal
809	8111	Boiler, pan (*sugar refining*)	511	5221	Borer, vertical
821	8121	Boiler, rag	898	8123	Borer, well
820	8114	Boiler, salt	511	5221	Borer, wheel
809	8111	Boiler, sauce	579	5492	Borer, wide (tobacco pipes)
820	8114	Boiler, size	897	8121	Borer, wood
820	8114	Boiler, soap	599	5499	Borer (*broom, brush mfr*)
820	8114	Boiler, starch	599	8123	Borer (*coal mine: above ground*)
893	8124	Boiler, steam	597	8122	Borer (*coal mine*)
809	8111	Boiler, sugar	899	8129	Borer (*fancy comb, slide mfr*)
929	9129	Boiler, tar (*building and contracting*)	511	5221	Borer (*metal trades*)
820	8114	Boiler, tar (*gas works*)	898	8123	Borer (*mine: not coal*)
821	8121	Boiler, woodpulp	534	5214	Borer (*shipbuilding*)
820	8114	Boiler (chemicals)	897	8121	Borer (*woodwind instruments mfr*)
552	8113	Boiler (flax)	897	8121	Borer and cutter, cross
809	8111	Boiler (food products)	113	1123	Boss, mine
809	8111	Boiler (sugar confectionery)	699	6211	Boss, pit (*casino*)
821	8121	Boiler (*paper mfr*)	898	S 8123	Boss, shift
552	8113	Boiler (*textile finishing*)			Boss - see also Foreman
809	8111	Boilerman (*food products mfr*)	903	S 9119	Bosun (*fishing*)
820	8114	Boilerman (*gelatine, glue, size mfr*)	880	S 8217	Bosun
821	8121	Boilerman (*paper mfr*)	201	2112	Botanist
814	8113	Boilerman (*textile waste merchants*)	862	9134	Bottler
893	8124	Boilerman	569	8121	Bottomer (*cardboard box mfr*)
597	8122	Bolter, roof (*coal mine*)	841	8125	Bottomer (*metal goods mfr*)
534	5214	Bolter (*metal trades*)	555	5413	Bottomer (*surgical footwear mfr*)
862	9134	Bolter (*textile bleaching, dyeing*)	552	8113	Bouker
839	8117	Bolter-down (*metal trades*)	699	6211	Boule de table
851	8132	Bolter-up (*metal trades*)	699	9249	Bouncer

SOC 1990	SOC 2000	
552	**8113**	Bowker
912	**9139**	Bowler, tyre
912	**9139**	Bowler (*steelworks*)
579	**5492**	Bowyer
387	**3441**	Boxer (sports)
569	**5422**	Boxer (*carpet, rug mfr*)
862	**9134**	Boxer
517	**5224**	Boxer-in
862	**9134**	Boxer-up (*ceramics mfr*)
830	**8117**	Boxman (*steel mfr*)
732	**7124**	Boy, barrow (*retail trade*)
913	**9139**	Boy, best
630	**6219**	Boy, cabin (*shipping*)
699	**9226**	Boy, call (*entertainment*)
631	**6215**	Boy, call (*railways*)
		Boy, cellar - *see* Cellarman
929	**9129**	Boy, chain
386	**9229**	Boy, clapper
912	**9139**	Boy, clay (*metal mfr*)
731	**7123**	Boy, delivery (*bakery*)
731	**7123**	Boy, delivery (*dairy*)
941	**9211**	Boy, delivery
699	**9249**	Boy, door (*hotels, catering, public houses*)
891	**9133**	Boy, machine (*printing*)
953	**9223**	Boy, messroom
941	**9211**	Boy, newspaper
430	**9219**	Boy, office
941	**9211**	Boy, paper (*newsagents*)
590	**5491**	Boy, post (*glass mfr*)
720	**7111**	Boy, programme
621	**9224**	Boy, saloon
902	**6139**	Boy, stable
953	**9223**	Boy, tea
953	**9223**	Boy, trolley (*catering*)
732	**7124**	Boy, trolley (*street trading*)
959	**9259**	Boy, trolley (*wholesale, retail trade*)
590	**5491**	Boy, wire
814	**8113**	Braider, asbestos
814	**8113**	Braider, net
814	**8113**	Braider, twine (*fishing net mfr*)
599	**5499**	Braider, whip
899	**8129**	Braider, wire
599	**5499**	Braider (*basket mfr*)
899	**8129**	Braider (*cable mfr*)
553	**8137**	Braider (*clothing mfr*)
814	**8113**	Braider (*cordage mfr*)
814	**8113**	Braider (*fishing net mfr*)
899	**8129**	Braider (*flexible tubing mfr*)
824	**8115**	Braider (*rubber hose mfr*)
899	**8129**	Braider (*telephone mfr*)
814	**8113**	Braider (*textile smallwares mfr*)
559	**5419**	Braider (*vehicle building*)
		Brakeman - *see* Brakesman
872	**8219**	Brakeman and steersman
889	**8219**	Braker, wagon
889	**8123**	Braker (*mine*: *not coal*)
889	**9139**	Brakesman, engine
800	**8111**	Brakesman (*biscuit mfr*)

SOC 1990	SOC 2000	
889	**9131**	Brakesman (*blast furnace*)
889	**8122**	Brakesman (*coal mine*)
889	**8123**	Brakesman (*mine*: *not coal*)
891	**9133**	Brakesman (*printing*)
881	**8216**	Brakesman (*transport*: *railways*)
872	**8219**	Brakesman (*transport*)
569	**8121**	Brander
537	**5215**	Brazer
537	**5215**	Brazier
839	**8117**	Breaker, bear
899	**8129**	Breaker, billet
899	**8129**	Breaker, boiler
809	**8111**	Breaker, cake
811	**8113**	Breaker, can
899	**8129**	Breaker, car
890	**8123**	Breaker, coal
811	**8113**	Breaker, cotton
809	**8111**	Breaker, egg
899	**8129**	Breaker, engine
902	**6139**	Breaker, horse
911	**9131**	Breaker, iron
829	**8119**	Breaker, ore (*blast furnace*)
899	**8129**	Breaker, rail
929	**9129**	Breaker, rock (*construction*)
890	**8123**	Breaker, rock
899	**8129**	Breaker, scrap
899	**8129**	Breaker, ship
839	**8117**	Breaker, skull
829	**8114**	Breaker, slag
890	**8123**	Breaker, stone (*mine*: *not coal*)
829	**8119**	Breaker, stone
889	**8219**	Breaker, wagon
811	**8113**	Breaker, waste
821	**8121**	Breaker, woodpulp
912	**9131**	Breaker (*blast or puddling furnace*)
890	**8123**	Breaker (*mine*: *not coal*)
821	**8121**	Breaker (*paper mfr*)
839	**8117**	Breaker (*rolling mill*)
899	**8129**	Breaker (*scrap merchants, breakers*)
814	**8113**	Breaker (*textile finishing*)
811	**8113**	Breaker (*textile spinning*)
890	**8123**	Breaker and filler
839	**8117**	Breaker-down (*rolling mill*)
843	**8125**	Breaker-off (*foundry*)
590	**5491**	Breaker-off (*glass mfr*)
899	**8129**	Breaker-off (*type foundry*)
912	**9139**	Breaker-up
821	**8121**	Breakerman, rag
911	**9131**	Breakerman (*foundry*)
821	**8121**	Breakerman (*paper mfr*)
		Breaksman - *see* Brakesman
897	**8121**	Breaster, heel (wood)
555	**5413**	Breaster, heel
201	**2112**	Breeder, plant (*research establishment*)
169	**5119**	Breeder (bloodstock)
169	**5119**	Breeder (cat)

SOC 1990	SOC 2000	
169	5119	Breeder (dog)
903	9119	Breeder (fish)
169	5119	Breeder (game)
169	5119	Breeder (horse)
160	5111	Breeder (livestock)
902	9119	Breeder (maggot)
902	9119	Breeder (mealworm)
160	5111	Breeder (pig)
814	8113	Breeder (*fishing net mfr*)
809	8111	Brewer, beer, ginger
219	2129	Brewer, head
219	2129	Brewer, technical
219	2129	Brewer, under
219	2129	Brewer, vinegar
219	2129	Brewer, working
219	2129	Brewer (qualified)
219	2129	Brewer (*brewery*)
219	2129	Brewer (*distillery*)
809	8111	Brewer (*mineral water mfr*)
219	2129	Brewer (*vinegar mfr*)
801	8111	Brewer
500	5312	Bricker, ladles (*iron works*)
500	5312	Bricker, mould
500	5312	Bricklayer
500	5312	Bricky
889	8219	Bridgeman, sluice
863	8134	Bridgeman, weigh
889	8219	Bridgeman
889	8219	Bridgemaster
150	1171	Brigadier
820	8114	Brightener, oil
842	8125	Brightener
860	8133	Brineller
809	8111	Brineman
809	8111	Briner
840	8125	Broacher
384	3432	Broadcaster
703	3532	Broker, air
361	3532	Broker, bill
703	3532	Broker, bullion
361	3532	Broker, business
703	3532	Broker, commodities
703	3532	Broker, commodity
703	3532	Broker, diamond
361	3532	Broker, discount
361	3532	Broker, exchange, foreign
361	3532	Broker, exchange
361	3532	Broker, financial
361	3532	Broker, insurance
361	3532	Broker, investment
703	3532	Broker, jewel
132	4111	Broker, job (*Job Centre*)
361	3532	Broker, licensed
361	3532	Broker, Lloyd's
703	3532	Broker, marine
361	3532	Broker, money
361	3532	Broker, mortgage
179	1234	Broker, pawn
719	7129	Broker, printer's

SOC 1990	SOC 2000	
703	3532	Broker, produce
733	1235	Broker, scrap
361	3532	Broker, share
703	3532	Broker, ship
361	3532	Broker, stock
361	3532	Broker, stock and share
703	3532	Broker, tea
703	3532	Broker, yacht
703	3532	Broker (commodities)
703	3532	Broker (commodity)
361	3532	Broker (finance)
361	3532	Broker (insurance)
703	3532	Broker (transport)
703	3532	Broker (*wholesale, retail trade*)
834	8118	Bronzer, metal
569	5422	Bronzer, printer's
569	5422	Bronzer (*printing*)
834	8118	Bronzer
292	2444	Brother
834	8118	Browner
533	5213	Bruiser (*enamel sign mfr*)
810	8114	Bruiser (*leather dressing*)
552	8113	Brusher, cloth (*textile finishing*)
869	8139	Brusher, enamel
552	8113	Brusher, flannelette
809	8111	Brusher, flour
591	5491	Brusher, glaze
810	8114	Brusher, glove
869	8139	Brusher, paint
821	8121	Brusher, pigment
552	8113	Brusher, roller
591	5491	Brusher, sanitary
842	8125	Brusher, scratch
899	8129	Brusher, tube (*railways*)
842	8125	Brusher, wire
552	8113	Brusher (*carpet, rug mfr*)
591	5491	Brusher (*ceramics mfr*)
919	9139	Brusher (*clothing mfr*)
597	8122	Brusher (*coal mine*)
673	9234	Brusher (*dyeing and cleaning*)
912	9139	Brusher (*file mfr*)
555	5413	Brusher (*footwear mfr*)
843	8125	Brusher (*foundry*)
552	8113	Brusher (*hosiery, knitwear mfr*)
810	8114	Brusher (*leather finishing*)
899	8129	Brusher (*needle mfr*)
821	8121	Brusher (*paper mfr*)
842	8125	Brusher (*scissors mfr*)
552	8113	Brusher (*textile mfr*)
821	8121	Brusher (*wallpaper mfr*)
552	8113	Brusher (*wool spinning*)
842	8125	Brusher-in, scratch
919	9139	Brusher-off (*clothing mfr*)
869	8139	Brusher-off (*metal trades*)
555	5413	Brusher-up (*footwear mfr*)
859	8139	Buckler
890	8123	Buddler
824	8115	Buffer, band
842	8125	Buffer, blacksmith's

SOC 1990	SOC 2000	
842	8125	Buffer, blade
842	8125	Buffer, brass
842	8125	Buffer, comb (metal)
825	8116	Buffer, comb
842	8125	Buffer, cutlery
842	8125	Buffer, hollow-ware
842	8125	Buffer, lime
842	8125	Buffer, sand
500	5312	Buffer, slate
842	8125	Buffer, spoon and fork
810	8114	Buffer, wheel, emery
599	5499	Buffer (bone, etc)
811	8113	Buffer (*flax processing*)
555	5413	Buffer (*footwear mfr*)
869	8139	Buffer (*furniture mfr*)
591	5491	Buffer (*glass mfr*)
810	8114	Buffer (*leather dressing*)
842	8125	Buffer (*metal trades*)
824	8115	Buffer (*rubber goods mfr*)
842	8125	Buffer and polisher
541	5232	Builder, ambulance
500	5312	Builder, arch, brick
520	5241	Builder, armature
534	5214	Builder, barge
579	5492	Builder, barrow
824	8115	Builder, bead (tyre)
824	8115	Builder, belt (*rubber goods mfr*)
570	5315	Builder, boat
541	5232	Builder, body (vehicle)
509	5319	Builder, box (*building and contracting*)
500	5312	Builder, box (*PO*)
541	5232	Builder, caravan
541	5232	Builder, carriage
579	5492	Builder, cart
537	5215	Builder, chassis
500	5312	Builder, chimney
541	5232	Builder, coach
520	5241	Builder, commutator
850	8131	Builder, condenser
504	5319	Builder, contractor
516	5223	Builder, conveyor
850	8131	Builder, core
500	5312	Builder, cupola
516	5223	Builder, cycle
572	8121	Builder, drum (cables)
516	5223	Builder, engine
506	5322	Builder, fireplace
516	5223	Builder, frame (*cycle mfr*)
541	5232	Builder, frame (*vehicle mfr*)
500	5312	Builder, furnace
509	5319	Builder, garage
504	5319	Builder, general
814	8113	Builder, harness (*textile mfr*)
859	8139	Builder, heel
824	8115	Builder, hose
504	5319	Builder, house
509	5319	Builder, jobbing
500	5312	Builder, kiln, brick
516	5223	Builder, lathe
516	5223	Builder, loom
516	5223	Builder, machine
509	5319	Builder, maintenance
500	5312	Builder, manhole
504	5319	Builder, master
829	8112	Builder, micanite
500	5312	Builder, millstone
839	8117	Builder, mop (*steelworks*)
516	5223	Builder, motor
593	5494	Builder, organ
500	5312	Builder, oven
829	8112	Builder, plate (mica, micanite)
533	5213	Builder, radiator, car
500	5312	Builder, retort
824	8115	Builder, roller
824	8115	Builder, rubber
500	5312	Builder, sewer
534	5214	Builder, ship
570	5315	Builder, staircase
500	5312	Builder, stove
516	5223	Builder, table (sewing machine)
824	8115	Builder, tank (rubber lining)
516	5223	Builder, tool, machine
520	5241	Builder, transformer
824	8115	Builder, tread
824	8115	Builder, tyre
572	8121	Builder, vat
541	5232	Builder, vehicle
541	5232	Builder, wagon
824	8115	Builder, wheel (rubber)
851	8132	Builder, wheel (vehicles)
579	5492	Builder, wheel (wood)
570	5315	Builder, yacht
504	5319	Builder (*building and contracting*)
825	8116	Builder (*plastics goods mfr*)
504	5319	Builder and contractor
504	5319	Builder and decorator
570	5315	Builder and repairer, boat
555	5413	Builder-up, last
802	8111	Bulker (*tobacco mfr*)
931	9149	Bummaree
590	5491	Bumper (*ceramics mfr*)
889	8122	Bumper (*coal mine*)
814	8113	Bumper (*hat mfr*)
814	8113	Bumper (*textile mfr*)
841	8125	Bumper (*tin box mfr*)
814	8113	Buncher, hank
862	9134	Buncher, watercress
802	8111	Buncher (*cigar mfr*)
814	8113	Buncher (*textile mfr*)
862	9134	Bundler, bag
814	8113	Bundler, flax
863	8134	Bundler, scrap
863	8134	Bundler, sheet (metal)
862	9134	Bundler, waste (*textile mfr*)
863	8134	Bundler (*broom, brush mfr*)
859	8139	Bundler (*clothing mfr*)
863	8134	Bundler (*metal trades*)

SOC 1990	SOC 2000		SOC 1990	SOC 2000	
862	9134	Bundler	173	1221	Bursar, domestic
862	9134	Bundler and wrapper (cigarettes)	191	2317	Bursar
889	8122	Bunker (*coal mine*)	597	8122	Burster
930	9141	Bunker (*docks*)	839	8117	Busher, lead
820	8114	Bunkerman, kiln (*chemical mfr*)	873	8213	Busman
820	8114	Bunkerman, kiln (*lime burning*)	*953*	9224	Busser
889	8122	Bunkerman (*blast furnace*)	581	5431	Butcher, master
820	8114	Bunkerman (*chemical mfr*)	*178*	1234	Butcher, retail
889	9139	Bunkerman (*coal gas, coke ovens*)	582	5433	Butcher (fish, poultry)
889	8122	Bunkerman (*coal mine*)	581	5431	Butcher
990	8124	Bunkerman (*power station*)	581	5431	Butcher-driver
553	8137	Burler	178	1234	Butcher-manager
553	8137	Burler and mender	621	9224	Butler, wine
537	5215	Burner, acetylene	670	S 6231	Butler
823	8112	Burner, brick	555	5413	Butter and tacker, welt
820	8114	Burner, chalk	559	5419	Buttoner (*clothing mfr*)
820	8114	Burner, furnace, rotary (*aluminium refining*)	839	8117	Buttoner (*rolling mill*)
			899	8129	Buttoner-up (bolts and nuts)
537	5215	Burner, gas (*building and contracting*)	701	3541	Buyer, advertising
			719	7129	Buyer, job
820	8114	Burner, gas (*coal gas, coke ovens*)	701	3541	Buyer, media
820	8114	Burner, gypsum	701	3541	Buyer, print
823	8112	Burner, head (*ceramics mfr*)	701	3541	Buyer, space
823	8112	Burner, kiln (*brick mfr*)	179	3541	Buyer, store
829	8114	Burner, kiln (*carbon goods mfr*)	700	3541	Buyer (*retail trade*)
829	8119	Burner, kiln (*cement mfr*)	701	3541	Buyer (*wholesale trade*)
823	8112	Burner, kiln (*ceramics mfr*)	701	3541	Buyer
823	8112	Burner, kiln (*glass mfr*)	*700*	3541	Buyer and estimator
537	5215	Burner, lead	910	8122	Byeworker (*coal mine*)
829	8119	Burner, lime			
829	8115	Burner, mould (*rubber tyre mfr*)			
537	5215	Burner, oxy-acetylene			
537	5215	Burner, profile			
823	8112	Burner, sand			
899	8129	Burner, scrap (*scrap merchants, breakers*)			
537	5215	Burner, scrap (*steelworks*)			
823	8112	Burner, tile			
537	5215	Burner (scrap metal)			
829	8119	Burner (*cement mfr*)			
823	8112	Burner (*ceramics mfr*)			
829	8114	Burner (*charcoal mfr*)			
820	8114	Burner (*chemical mfr*)			
537	5215	Burner (*coal mine*)			
537	5215	Burner (*demolition*)			
823	8112	Burner (*glass mfr*)			
829	8119	Burner (*lime burning*)			
839	8117	Burner (*metal trades: sinter plant*)			
537	5215	Burner (*metal trades*)			
537	5215	Burner (*railways*)			
829	8114	Burner-off (incandescent mantles)			
591	5491	Burner-off (*glass mfr*)			
820	8114	Burnerman, acid			
820	8114	Burnerman			
591	5491	Burnisher, gold (*ceramics mfr*)			
591	5491	Burnisher (*ceramics mfr*)			
555	5413	Burnisher (*footwear mfr*)			
842	8125	Burnisher (*metal trades*)			
810	8114	Burrer			

ALPHABETICAL INDEX FOR CODING OCCUPATIONS

C

SOC 1990	SOC 2000		SOC 1990	SOC 2000	
132	**4111**	C (*Northern Ireland Office*)	384	**3434**	Cameraman, chief (films)
400	**4112**	C1 (*Cabinet Office*)	386	**3434**	Cameraman
400	**4112**	C1 (*Dept for International Development*)	*123*	**3543**	Campaigner
103	**3561**	C1 (*Office for National Statistics*)	385	**3415**	Campanologist
103	**2441**	C1 (*Scottish Office*)	929	**9129**	Canalman
103	**3561**	C2 (*Benefits Agency*)	597	**8122**	Canchman (*coal mine*)
400	**4112**	C2 (*Cabinet Office*)	861	**8133**	Candler, egg
400	**4112**	C2 (*Dept for International Development*)	859	**8139**	Caner (*corset mfr*)
			599	**5499**	Caner
103	**3561**	C2 (*Office for National Statistics*)	862	**9134**	Canner
103	**2441**	C2 (*Scottish Office*)	292	**2444**	Canon
103	**3561**	C3 (*Benefits Agency*)	719	**7129**	Canvasser, advertisement
103	**3561**	C3 (*Office for National Statistics*)	719	**7129**	Canvasser, advertising
103	**2441**	C3 (*Scottish Office*)	719	**7129**	Canvasser, freight
103	**3561**	C4 (*Benefits Agency*)	719	**7129**	Canvasser, insurance
103	**3561**	C4 (*Office for National Statistics*)	190	**4137**	Canvasser, political
874	**8214**	Cabbie	792	**7113**	Canvasser, tele-ad
889	**8219**	Cabman	792	**7113**	Canvasser, telephone
699	**6211**	Caddie	*792*	**7113**	Canvasser, telesales
150	**1171**	Cadet, officer	719	**7129**	Canvasser, traffic
940	**9211**	Cadet, postal	719	**7129**	Canvasser (*advertising*)
340	**3211**	Cadet (nursing)	553	**8137**	Canvasser (*clothing mfr*)
610	**3312**	Cadet (police)	719	**7129**	Canvasser (*insurance*)
642	**6112**	Cadet (*ambulance service*)	719	**7129**	Canvasser (*transport*)
332	**3513**	Cadet (*shipping*)	730	**7121**	Canvasser
886	**8221**	Cageman (*mine: not coal*)	730	**7121**	Canvasser and collector
810	**8114**	Cager	851	**8132**	Capper, bobbin
809	**8111**	Caker (liquorice)	862	**9134**	Capper, bottle
809	**8111**	Calciner, dextrin	862	**9134**	Capper, paper
829	**8119**	Calciner (*mine: not coal*)	599	**5499**	Capper (*cartridge mfr*)
820	**8114**	Calciner	862	**9134**	Capper (*polish mfr*)
814	**8113**	Calculator, colour	850	**8131**	Capper
569	**5423**	Calculator, sensitometric	899	**8129**	Capper and sealer, end
829	**8113**	Calenderer, asbestos	862	**9134**	Capsuler
824	**8115**	Calenderer, rubber	331	**3512**	Captain, airline
552	**8113**	Calenderer (*canvas hosepipe mfr*)	332	**3513**	Captain, barge
673	**9234**	Calenderer (*laundry, launderette, dry cleaning*)	332	**3513**	Captain, dredger
			332	**3513**	Captain, ferry
			153	**1173**	Captain, fire
821	**8121**	Calenderer (*paper mfr*)	332	**3513**	Captain, lighter
824	**8115**	Calenderer (*rubber mfr*)	140	**1161**	Captain, port
552	**8113**	Calenderer (*textile mfr*)	*150*	**1171**	Captain, ship's (*armed forces*)
821	**8121**	Calenderman, super	332	**3513**	Captain, ship's
829	**8114**	Calenderman (*asbestos-cement goods mfr*)	898	**S 8123**	Captain, underground
			332	**3513**	Captain (hovercraft)
829	**8119**	Calenderman (*linoleum mfr*)	331	**3512**	Captain (*airlines*)
821	**8121**	Calenderman (*paper mfr*)	150	**1171**	Captain (*armed forces*)
824	**8115**	Calenderman (*rubber mfr*)	332	**3513**	Captain (*boat, barge*)
552	**8113**	Calenderman (*textile mfr*)	292	**2444**	Captain (*Church Army*)
517	**5224**	Calibrator (instruments)	169	**5119**	Captain (*fishing*)
699	**9229**	Caller, bingo	898	**S 8123**	Captain (*mine: not coal*)
959	**9259**	Caller, checkout	*881*	**6215**	Captain (*railways*)
959	**9259**	Caller (*wholesale, retail trade*)	292	**2444**	Captain (*Salvation Army*)
441	**9149**	Caller-over (*glass mfr*)	332	**3513**	Captain (*shipping*)
381	**3411**	Calligrapher	801	**8111**	Carbonator (*brewery*)

SOC 1990	SOC 2000		SOC 1990	SOC 2000	
814	**8113**	Carboniser, cloth	921	**9121**	Carrier, hod
590	**5491**	Carboniser, nickel (*valve mfr*)	889	**9139**	Carrier, lap
814	**8113**	Carboniser, piece	872	**8211**	Carrier, nos
814	**8113**	Carboniser, rag	889	**9139**	Carrier, piece
814	**8113**	Carboniser, wool	930	**9141**	Carrier, pitwood
833	**8117**	Carboniser (*ball bearing mfr*)	930	**9141**	Carrier, prop
820	**8114**	Carboniser (*gas works*)	872	**8211**	Carrier, railway
814	**8113**	Carboniser (*textile mfr*)	899	**8129**	Carrier, rivet
833	**8117**	Carburizer	990	**9139**	Carrier, roller
811	**8113**	Carder, asbestos	441	**9149**	Carrier, set
862	**9134**	Carder, comb	930	**9141**	Carrier, timber (*docks*)
811	**8113**	Carder, cotton	889	**9139**	Carrier, ware
811	**8113**	Carder, fibre	930	**9141**	Carrier (*docks*)
811	**8113**	Carder, hair	889	**9139**	Carrier (*mine*: *not coal*: *below ground*)
811	S **8113**	Carder, head			
811	**8113**	Carder, speed	872	**8211**	Carrier (*mine*: *not coal*)
811	S **8113**	Carder, under	872	**8211**	Carrier (*transport*)
862	**9134**	Carder (*button mfr*)	889	**9139**	Carrier
862	**9134**	Carder (*hook mfr*)	889	**9139**	Carrier-away
862	**9134**	Carder (*pencil, crayon mfr*)	823	**8112**	Carrier-in (*glass mfr*)
552	**8113**	Carder (*textile mfr*: *lace finishing*)	889	**9139**	Carrier-off
811	**8113**	Carder (*textile mfr*)	810	**8114**	Carrotter
346	**3218**	Cardiographer	872	**8211**	Carter, coal
220	**2211**	Cardiologist	902	**9119**	Carter (*farming*)
902	**6139**	Carer, animal	889	**8123**	Carter (*mine*: *not coal*)
659	**6122**	Carer, child	889	**8219**	Carter (*transport*)
958	**9233**	Carer, domestic	889	**8219**	Cartman
640	**6111**	Carer, donor, blood	*310*	**3122**	Cartographer, digital
640	**6111**	Carer, donor (*National Blood Service*)	310	**3122**	Cartographer
			310	**3122**	Cartographer-draughtsman
370	**6114**	Carer, foster	862	**9134**	Cartoner
644	**6115**	Carer, home	381	**3411**	Cartoonist
642	**6112**	Carer, patient, ambulance	500	**5312**	Carver, architectural
644	**6115**	Carer, personal	579	**5492**	Carver, frame
644	**6115**	Carer (*welfare services*)	599	**5499**	Carver, gold
644	**6115**	Carer	599	**5499**	Carver, ivory
929	**9129**	Caretaker (reservoir)	599	**5499**	Carver, letter (brass)
904	**9112**	Caretaker (woodlands)	579	**5492**	Carver, letter (wood)
672	**6232**	Caretaker	500	**5312**	Carver, monumental
902	**6139**	Careworker, animal	579	**5492**	Carver, stock (gun)
370	**6114**	Careworker, child	500	**5312**	Carver, stone
644	**6115**	Careworker (*welfare services*)	579	**5492**	Carver, wood
889	**9131**	Carman (*blast furnace*)	699	**9223**	Carver (*food*)
872	**8211**	Carman (*coal merchants*)	579	**5492**	Carver (*furniture*)
887	**8229**	Carman (*coke ovens*)	579	**5492**	Carver (*wood*)
872	**8212**	Carman	899	**8129**	Caser, die
570	**5315**	Carpenter	833	**8117**	Caser (metal)
570	**5315**	Carpenter and joiner	862	**9134**	Caser (packing)
599	**5315**	Carpenter-diver	*293*	**3232**	Caseworker, family
931	**9149**	Carrier, bag (*docks*)	*400*	**4112**	Caseworker (*government*)
889	**9139**	Carrier, bag	*571*	**5492**	Caseworker (*piano, organ mfr*)
839	**8117**	Carrier, bar	*293*	**3232**	Caseworker (*social, welfare services*)
930	**9141**	Carrier, box, fish			
872	**8211**	Carrier, coal	*371*	**3232**	Caseworker (*social services*)
930	**9141**	Carrier, deal (*docks*)	411	**4123**	Cashier, bank
889	**9149**	Carrier, deal	*721*	**7112**	Cashier, check-out
889	**9139**	Carrier, dust	103	**3561**	Cashier, chief (*government*)
872	**8211**	Carrier, general	411	S **4123**	Cashier, chief
889	**9139**	Carrier, glass (*glass mfr*)	411	**4123**	Cashier, school

SOC 1990	SOC 2000		SOC 1990	SOC 2000	
411	**4123**	Cashier, society, building	839	**8117**	Catcher, roll, cold
721	**7112**	Cashier (café)	821	**8121**	Catcher, sheet (paper)
721	**7112**	Cashier (canteen)	821	**8121**	Catcher (*paper mfr*)
721	**7112**	Cashier (restaurant)	839	**8117**	Catcher (*steelworks*)
411	**4123**	Cashier (*bank, building society*)	839	**8117**	Catcher and sticker (wire)
411	**4123**	Cashier (*bookmakers, turf accountants*)	*174*	**5434**	Caterer, airline
			174	**5434**	Caterer
401	**4113**	Cashier (*local government*)	900	**9111**	Cattleman
721	**7112**	Cashier (*retail trade*)	534	**5214**	Caulker
411	**7112**	Cashier	534	**5214**	Caulker-burner
411	**4123**	Cashier-receptionist	820	**8114**	Causticizer
839	**8117**	Caster, brass	801	**8111**	Cellarer
590	**5491**	Caster, china	441	**9225**	Cellarman, bar
824	**8115**	Caster, cold (rubber)	441	**9149**	Cellarman, oil
599	**8119**	Caster, concrete	919	**9139**	Cellarman (*bacon, ham, meat curing*)
531	**5212**	Caster, die			
839	**8117**	Caster, furnace, blast	801	**8111**	Cellarman (*brewery*)
590	**5491**	Caster, hollow-ware (*ceramics mfr*)	441	**9225**	Cellarman (*catering*)
839	**8117**	Caster, ingot	441	**9225**	Cellarman (*hotel*)
839	**8117**	Caster, iron	*933*	**9225**	Cellarman (*public house*)
839	**8117**	Caster, lead (*battery mfr*)	829	**8115**	Cellarman (*rubber mfr*)
839	**8117**	Caster, metal	830	**8117**	Cellarman (*steelworks*)
560	**5421**	Caster, monotype	441	**9149**	Cellarman (*textile mfr*)
839	**8117**	Caster, needle	441	**9149**	Cellarman (*wine merchants*)
501	**5313**	Caster, parchester	441	**9149**	Cellarman (*wine mfr*)
824	**8115**	Caster, roller (printer's)	385	**3415**	Cellist
502	**5321**	Caster, rough (*building and contracting*)	862	**9134**	Cellophaner
			859	**8139**	Cementer, envelope
590	**5491**	Caster, sanitary	859	**8139**	Cementer, outsole
839	**8117**	Caster, shot	821	**8121**	Cementer, paper
599	**8119**	Caster, slab	859	**8139**	Cementer, rubber
590	**5491**	Caster, statue	506	**5322**	Cementer, ship
599	**8119**	Caster, stone	859	**8139**	Cementer, upper
839	**8117**	Caster, strip	591	**5491**	Cementer (*ceramics mfr*)
599	**8119**	Caster, tile	850	**8131**	Cementer (*electrical insulator mfr*)
839	**8117**	Caster, type	859	**8139**	Cementer (*footwear mfr*)
590	**5491**	Caster (plaster)	859	**8139**	Cementer (*lens mfr*)
599	**8119**	Caster (*cast stone products mfr*)	851	**8132**	Cementer (*metal capsule mfr*)
590	**5491**	Caster (*ceramics mfr*)	859	**8139**	Cementer (*plastics goods mfr*)
824	**8115**	Caster (*footwear mfr*)	859	**8139**	Cementer (*rubber goods mfr*)
590	**5491**	Caster (*glass mfr*)	591	**5491**	Centerer (*lens mfr*)
839	**8117**	Caster (*metal trades*)	591	**5491**	Centerer and edger (*lens mfr*)
560	**5421**	Caster (*printing*)			Centrer - *see* Centerer
531	**5212**	Caster at machine	219	**2129**	Ceramicist
900	**9111**	Castrator (farm livestock)	*592*	**3218**	Ceramist, dental
902	**9119**	Castrator	219	**2129**	Ceramist
420	**4131**	Cataloguer	861	**8133**	Certifier, order, money
839	**8117**	Catcher, bar	441	**9141**	Chainman (*docks*)
902	**9119**	Catcher, bird	889	**8123**	Chainman (*mine: not coal*)
902	**9119**	Catcher, chicken	929	**9129**	Chainman
869	**8133**	Catcher, cigarette	101	**1112**	Chairman, company (*major organisation*)
839	**8117**	Catcher, finishing			
869	**8133**	Catcher, machine	350	**2411**	Chairman (appeals tribunal, inquiry etc)
839	**8117**	Catcher, mill, sheet			
699	**6292**	Catcher, mole	590	**5491**	Chairman (*glass mfr*)
829	**8119**	Catcher, pole (linoleum)	*199*	**1181**	Chairman (*health authority*)
902	**9119**	Catcher, rabbit	101	**1112**	Chairman (*major organisation*)
699	**6292**	Catcher, rat			Chairman - *see also* notes
899	**8129**	Catcher, rivet	552	**8113**	Chalkman

SOC 1990	SOC 2000		SOC 1990	SOC 2000	
120	1131	Chamberlain, burgh	958	9233	Charwoman
120	1131	Chamberlain, city	518	5495	Chaser, gold
958	9233	Chambermaid	518	5495	Chaser, platework
958	9233	Chambermaid-housekeeper	420	4133	Chaser, production
820	8114	Chamberman (acids)	420	4133	Chaser, progress
820	8114	Chamberman (*chemical mfr*)	518	5495	Chaser, silver
441	9149	Chamberman (*cold storage*)	420	4133	Chaser, stock
841	8125	Chamferer	518	5495	Chaser (metal, precious metal)
179	1234	Chandler	899	8129	Chaser (metal)
814	8113	Changer, card	518	5495	Chaser (*manufacturing: jewellery, plate mfr*)
898	8123	Changer, drill			
814	8113	Changer, frame (carpets)	420	4133	Chaser (*manufacturing*)
834	8118	Changer, gold	874	8214	Chauffeur
824	8115	Changer, mould (*rubber mfr*)	874	8214	Chauffeur-gardener
839	8117	Changer, roll	874	8214	Chauffeur-handyman
569	8121	Changer, roller	874	8214	Chauffeur-mechanic
889	8122	Changer, rope (*coal mine*)	874	8214	Chauffeur-valet
811	8113	Changer (*flax, hemp mfr*)	861	8133	Checker, bank-note
569	8113	Changer (*textile printing*)	420	4131	Checker, coupon (competitions)
555	5413	Channeller (*footwear mfr*)	863	8134	Checker, dipper
841	8125	Channeller (*metal trades*)	420	9149	Checker, dock
898	8123	Channeller (*mine: not coal*)	310	3122	Checker, drawing
150	1171	Chaplain (*armed forces*)	615	9241	Checker, gate
292	2444	Chaplain	860	8133	Checker, gauge
		Chargehand - see Foreman	420	9149	Checker, goods
899	8129	Chargeman, battery	860	8133	Checker, ingot (*steelworks*)
922	S 8143	Chargeman, track (*railways*)	410	4122	Checker, invoice
597	8122	Chargeman (*coal mine*)	*420*	9149	Checker, inwards, goods
887	8229	Chargeman (*copper, zinc refining*)	860	8133	Checker, iron
		Chargeman - see also Foreman	441	9149	Checker, linen (*hotels, catering, public houses*)
899	8129	Charger, accumulator			
899	8129	Charger, battery	*420*	9149	Checker, load
829	8119	Charger, blunger	860	8133	Checker, machine (*engineering*)
599	5499	Charger, cartridge	310	3122	Checker, map
887	8229	Charger, coal	412	7122	Checker, meter
599	5499	Charger, cordite	869	8133	Checker, mica
889	9139	Charger, cupola	861	8133	Checker, milk
898	8123	Charger, drill	861	8133	Checker, moulding
889	9139	Charger, dust, flux	869	8133	Checker, nos
889	9131	Charger, furnace (*metal mfr*)	861	8133	Checker, paper (*paper mfr*)
820	8114	Charger, kiln	569	8133	Checker, photographic (*printed circuit board mfr*)
887	8229	Charger, ore			
887	8229	Charger, oven	420	4131	Checker, progress
887	8229	Charger, retort (*gas works*)	441	9149	Checker, steel (*coal mine*)
889	9131	Charger, spare (*blast furnace*)	440	9149	Checker, stock
912	9139	Charger, tube (*brass tube mfr*)	440	9149	Checker, stores
887	8229	Charger (*coke ovens*)	441	9149	Checker, supports
599	5499	Charger (*fireworks mfr*)	699	9229	Checker, ticket (*entertainment*)
887	8229	Charger (*gas works*)	*959*	9259	Checker, ticket (*wholesale, retail trade*)
829	8119	Charger (*linoleum mfr*)			
839	8117	Charger (*metal mfr: tinplate mfr*)	441	9149	Checker, timber
889	9139	Charger (*metal mfr*)	410	4122	Checker, time
887	8229	Charger (*mine: not coal*)	310	3122	Checker (drawing office)
829	8119	Charger (*slag wool mfr*)	860	8133	Checker (electrical, electronic equipment)
887	8229	Chargerman			
958	9233	Charlady	861	8133	Checker (*bakery*)
919	9139	Charman, wet	861	8133	Checker (*Bank of England*)
919	9139	Charman (*sugar refining*)	699	9229	Checker (*bingo hall*)
420	4131	Chartist	861	8133	Checker (*brewery*)

SOC 1990	SOC 2000	
420	4131	Checker (*building and contracting*)
869	8133	Checker (*ceramics mfr*)
864	8138	Checker (*chemical mfr*)
861	8133	Checker (*clothing mfr*)
441	9149	Checker (*coal mine*)
731	S 7123	Checker (*dairy*)
420	4131	Checker (*docks*)
869	8133	Checker (*drug mfr*)
860	8133	Checker (*electrical, electronic engineering*)
861	8133	Checker (*food products mfr*)
860	8133	Checker (*metal trades*)
420	4131	Checker (*oil refining*)
869	8133	Checker (*paint mfr*)
420	4134	Checker (*petroleum distribution*)
593	5494	Checker (*piano, organ mfr*)
861	8133	Checker (*plastics goods mfr*)
861	8133	Checker (*printing*)
861	8133	Checker (*rubber goods mfr*)
861	8133	Checker (*textile materials, products mfr*)
420	4134	Checker (*transport*)
441	9149	Checker (*warehousing*)
420	4131	Checker (*wholesale, retail trade*)
861	8133	Checker (*wood products mfr*)
862	9134	Checker and packer
441	9149	Checker and weigher
420	4134	Checker-loader
721	7112	Checker-out
863	8134	Checkweigher
863	8134	Checkweighman
179	1234	Cheesemonger
800	8111	Cheeser (*biscuit mfr*)
813	8113	Cheeser
620	S 5434	Chef, head
620	S 5434	Chef, pastry
809	8111	Chef (*food products mfr*)
620	5434	Chef
620	S 5434	Chef de cuisine
620	5434	Chef de partie
174	1223	Chef-manager
201	2112	Chemist, agricultural
200	2111	Chemist, analytical
201	2112	Chemist, biological
200	2111	Chemist, chief
200	2111	Chemist, consulting
200	2111	Chemist, development
200	2111	Chemist, electroplating
200	2111	Chemist, government
221	2213	Chemist, homeopathic
221	2213	Chemist, homoeopathic
200	2111	Chemist, industrial
200	2111	Chemist, inorganic
200	2111	Chemist, laboratory
200	2111	Chemist, managing
200	2111	Chemist, manufacturing
200	2111	Chemist, metallurgical
221	2213	Chemist, nos
200	2111	Chemist, nuclear
200	2111	Chemist, organic
221	2213	Chemist, pharmaceutical
221	2213	Chemist, photographic
200	2111	Chemist, physical
200	2111	Chemist, polymer
200	2111	Chemist, research
200	2111	Chemist, research and development
200	2111	Chemist, shift
201	2112	Chemist, soil
200	2111	Chemist, superintending
200	2111	Chemist, technical
200	2111	Chemist, textile
200	2111	Chemist, works
221	2213	Chemist (*pharmaceutical*)
221	2213	Chemist (*retail trade*)
200	2111	Chemist
221	2213	Chemist and druggist (*retail trade*)
590	5491	Chequerer
902	9119	Chick-sexer
899	8129	Chipper, pneumatic
899	8129	Chipper, steel (*steelworks*)
843	8125	Chipper, tyre
591	5491	Chipper (*ceramics mfr*)
821	8121	Chipper (*chipboard mfr*)
841	8125	Chipper (*metal trades: fish hook mfr*)
534	5214	Chipper (*metal trades: shipbuilding*)
899	8129	Chipper (*metal trades*)
869	8139	Chipper (*painting, decorating*)
923	8142	Chipper (*road surfacing*)
507	5323	Chipper and painter
912	9139	Chipper and scaler
534	5214	Chipper and scraper
839	8117	Chipper-in (*rolling mill*)
344	3215	Chiropodist
344	3215	Chiropodist-podiatrist
347	3229	Chiropractor
892	8126	Chlorinator (*water works*)
597	8122	Chocker (*coal mine*)
809	8111	Chocolatier
384	3413	Choirboy
990	9119	Chopper, firewood
809	8111	Chopper, sugar
897	8121	Chopper, wood (*sawmilling*)
811	8121	Chopperman (*paper mfr*)
384	3414	Choreographer
384	3413	Chorister
834	8118	Chromer (*metal trades*)
552	8113	Chromer
590	5491	Chummer-in (*ceramics mfr*)
809	8111	Churner
386	3434	Cinematographer
501	5313	Cladder
699	6222	Clairvoyant
569	9133	Clammer (*roller engraving*)
614	9242	Clamper, wheel
859	8139	Clamper (*pencil, crayon mfr*)
569	9133	Clamper (*roller engraving*)
552	8113	Clamper (*textile finishing*)

Standard Occupational Classification 2000 Volume 2   35

SOC 1990	SOC 2000		SOC 1990	SOC 2000	
829	8119	Clampman (*fire brick mfr*)	894	9132	Cleaner, engine (*water works*)
386	9229	Clapper-loader	990	9132	Cleaner, equipment
385	3415	Clarinettist	958	9233	Cleaner, factory
863	8134	Classer	814	8113	Cleaner, feather
902	9119	Classifier, livestock	582	5433	Cleaner, fish
863	8134	Classifier	958	9233	Cleaner, floor
825	8116	Clatter (celluloid)	957	9232	Cleaner, flue
958	9233	Cleaner, aircraft	912	9132	Cleaner, frame (cycles, motors)
999	9132	Cleaner, bag	809	8111	Cleaner, fruit
958	9233	Cleaner, bank	673	9234	Cleaner, fur
958	9233	Cleaner, bar (*catering*)	673	9234	Cleaner, garment
999	9132	Cleaner, barrel	958	9233	Cleaner, general
889	8122	Cleaner, belt (*coal mine*)	569	9133	Cleaner, glass (dry plates)
958	9233	Cleaner, berth	990	9132	Cleaner, gulley
890	8123	Cleaner, blende	829	8119	Cleaner, gut
958	9233	Cleaner, boat	559	5419	Cleaner, hat
814	8113	Cleaner, bobbin	899	9132	Cleaner, heald
990	9132	Cleaner, bogie	899	9132	Cleaner, heddle
899	9132	Cleaner, boiler	810	8114	Cleaner, hide
829	8114	Cleaner, bone	958	9233	Cleaner, hospital
990	9132	Cleaner, book	899	9132	Cleaner, house, boiler
555	8139	Cleaner, boot	958	9132	Cleaner, house, power
999	9132	Cleaner, bottle	958	9233	Cleaner, house
919	9132	Cleaner, box (*textile printing*)	894	9132	Cleaner, hydraulic
919	9132	Cleaner, brass	959	9239	Cleaner, hygiene
811	8113	Cleaner, bristle	843	8125	Cleaner, iron
990	9132	Cleaner, buddle	919	9132	Cleaner, jet
896	8149	Cleaner, building	899	9132	Cleaner, key (locks)
958	9233	Cleaner, bus	958	9233	Cleaner, kiosk, telephone
825	8116	Cleaner, button	958	9233	Cleaner, kitchen
958	9233	Cleaner, cab	958	9233	Cleaner, laboratory
958	9233	Cleaner, canteen	814	8113	Cleaner, lace
958	9233	Cleaner, car	910	8122	Cleaner, lamp (*coal mine*)
899	9132	Cleaner, card	990	9132	Cleaner, lamp
814	8113	Cleaner, cardroom	919	9132	Cleaner, lens
673	9234	Cleaner, carpet	958	9233	Cleaner, library
958	9233	Cleaner, carriage	889	9132	Cleaner, line
999	9132	Cleaner, cask	894	9132	Cleaner, loco
843	8125	Cleaner, casting	894	9132	Cleaner, locomotive
957	9232	Cleaner, chimney	814	8113	Cleaner, loom
958	9233	Cleaner, church	814	8113	Cleaner, machine (*textile mfr*)
517	5224	Cleaner, clock	990	9132	Cleaner, machine
958	9233	Cleaner, closet	990	9132	Cleaner, machinery
552	8113	Cleaner, cloth	990	9132	Cleaner, maintenance
673	9234	Cleaner, clothes	581	5431	Cleaner, meat
958	9233	Cleaner, coach	843	8125	Cleaner, metal
890	8123	Cleaner, coal	517	5224	Cleaner, meter
839	8117	Cleaner, core	958	9233	Cleaner, motor (*garage*)
894	9132	Cleaner, crane	919	9132	Cleaner, mould
912	9132	Cleaner, cycle	958	9233	Cleaner, night
912	9132	Cleaner, decomposer (*nickel mfr*)	958	9233	Cleaner, office
958	9233	Cleaner, domestic	381	3411	Cleaner, picture
958	9239	Cleaner, drain	552	8113	Cleaner, piece
919	9132	Cleaner, drum	899	9132	Cleaner, pipe
673	9234	Cleaner, dry	814	8113	Cleaner, pirn
899	9132	Cleaner, engine, carding	990	9132	Cleaner, pit (*railways*)
894	9132	Cleaner, engine (*coal mine*)	990	9132	Cleaner, plant
894	9132	Cleaner, engine (*railways*)	952	9223	Cleaner, plate (*catering*)
880	8217	Cleaner, engine (*shipping*)	569	9133	Cleaner, plate (*printing*)

SOC 1990	SOC 2000	
839	8117	Cleaner, press (*rolling mill*)
889	9132	Cleaner, printer's
811	8113	Cleaner, rag
552	8113	Cleaner, ramie
809	8111	Cleaner, rice
843	8125	Cleaner, ring
929	9129	Cleaner, river
990	9132	Cleaner, road (*mine: not coal*)
957	9232	Cleaner, road
958	9132	Cleaner, road and yard (*railways*)
814	8113	Cleaner, roller
958	9233	Cleaner, room, mess
958	9233	Cleaner, room, show
999	9132	Cleaner, sack
958	9233	Cleaner, school
802	8111	Cleaner, scrap (*tobacco mfr*)
912	9132	Cleaner, scrap
809	8111	Cleaner, seed
919	9132	Cleaner, sheet (*plastics mfr*)
958	9233	Cleaner, ship's
958	9233	Cleaner, shop
952	9223	Cleaner, silver (*domestic service*)
952	9223	Cleaner, silver (*hotels, catering, public houses*)
899	9132	Cleaner, silver
809	8111	Cleaner, skin, sausage
910	8122	Cleaner, spillage
829	8114	Cleaner, sponge
958	9233	Cleaner, station (*railways*)
896	9132	Cleaner, steam (*building and contracting*)
894	9132	Cleaner, steam (*engineering*)
958	9132	Cleaner, steam (*vehicle trades*)
843	8125	Cleaner, steel (*foundry*)
919	9132	Cleaner, still
890	8123	Cleaner, stone (*iron*)
896	8149	Cleaner, stone
957	9232	Cleaner, street
814	8113	Cleaner, table (*textile mfr*)
990	9132	Cleaner, tank
999	9132	Cleaner, tape, magnetic
958	9233	Cleaner, telephone
919	9132	Cleaner, tin (*bakery*)
919	9132	Cleaner, tin (*food canning*)
890	8123	Cleaner, tin (*mine: not coal*)
959	9239	Cleaner, toilet
919	9132	Cleaner, tray (*bakery*)
809	8111	Cleaner, tripe
899	9132	Cleaner, tube, boiler
912	9132	Cleaner, tube (*blast furnace*)
999	9132	Cleaner, tube (*lamp, valve mfr*)
899	9132	Cleaner, tube (*railways*)
958	9233	Cleaner, upholstery
673	9234	Cleaner, vacuum
990	9132	Cleaner, vat
910	8122	Cleaner, wagon (*coal mine*)
869	8139	Cleaner, ware
958	9233	Cleaner, warehouse
814	8113	Cleaner, warp (*textile mfr*)

SOC 1990	SOC 2000	
811	8113	Cleaner, waste
517	5224	Cleaner, watch
956	9231	Cleaner, window
839	8117	Cleaner, wire (*wire mfr*)
821	8121	Cleaner, wood
958	9233	Cleaner, works
958	9233	Cleaner, workshop
958	9233	Cleaner, yard
990	9132	Cleaner (machinery)
599	8119	Cleaner (*asbestos-cement mfr*)
899	9132	Cleaner (*brass musical instruments mfr*)
839	8117	Cleaner (*cartridge mfr*)
591	5491	Cleaner (*ceramics mfr*)
559	5419	Cleaner (*clothing mfr*)
910	8122	Cleaner (*coal mine*)
958	9233	Cleaner (*domestic service*)
673	9234	Cleaner (*dyeing and cleaning*)
958	9233	Cleaner (*educational establishments*)
839	8117	Cleaner (*electroplating*)
839	8117	Cleaner (*enamelling*)
958	9233	Cleaner (*entertainment*)
810	8114	Cleaner (*fellmongering*)
809	8111	Cleaner (*food products mfr*)
555	8139	Cleaner (*footwear mfr*)
843	8125	Cleaner (*foundry*)
673	9234	Cleaner (*fur goods mfr*)
834	8118	Cleaner (*galvanised sheet mfr*)
958	9233	Cleaner (*government*)
958	9233	Cleaner (*hotels, catering, public houses*)
893	8124	Cleaner (*lamp, valve mfr*)
958	9233	Cleaner (*local government*)
899	9132	Cleaner (*metal goods mfr*)
899	9132	Cleaner (*needle mfr*)
919	9132	Cleaner (*optical instrument mfr*)
869	8139	Cleaner (*piano, organ mfr*)
958	9233	Cleaner (*PO*)
919	9132	Cleaner (*printing*)
958	9233	Cleaner (*railways*)
958	9233	Cleaner (*retail trade*)
813	8113	Cleaner (*silk throwing*)
814	8113	Cleaner (*textile finishing*)
958	9233	Cleaner
516	5223	Cleaner and balancer (weighing machine)
894	9132	Cleaner and greaser
958	9233	Cleaner-doorman
894	9132	Cleaner-engineer
958	9132	Cleaner-stoker
933	9235	Cleanser (*local government*)
820	8114	Cleanser (*soap, detergent mfr*)
912	9139	Clearer, bottom, tuyere
412	7122	Clearer, credit
800	8111	Clearer, oven (*bakery*)
959	9223	Clearer, table
552	8113	Clearer, warp
812	8113	Clearer (*cotton doubling*)

SOC 1990	SOC 2000		SOC 1990	SOC 2000	
559	**5419**	Clearer (*embroidering*)	420	**4131**	Clerk, compilation
552	**8113**	Clearer (*textile finishing*)	420	**4136**	Clerk, computer
518	**5495**	Cleaver, diamond	459	**4215**	Clerk, confidential
579	**5492**	Cleaver, lath	*430*	**7212**	Clerk, consumer
579	**5492**	Cleaver, wood	430	**4150**	Clerk, continuity (*film, television production*)
518	**5495**	Cleaver (*precious stones*)			
579	**5492**	Cleaver (*cricket bat mfr*)	410	**4121**	Clerk, control, credit
292	**2444**	Clergyman	420	**4136**	Clerk, control, data
410	**4122**	Clerk, account	*440*	**4133**	Clerk, control, inventory
410	**4122**	Clerk, accountancy	420	**4134**	Clerk, control, load (aircraft)
411	**4123**	Clerk, accountant's, turf	440	**4133**	Clerk, control, material
410	**4122**	Clerk, accountant's	420	**4131**	Clerk, control, production
410	**4122**	Clerk, accounts	420	**4131**	Clerk, control, quality
420	**4131**	Clerk, actuarial	440	**4133**	Clerk, control, stock
410	**4132**	Clerk, adjuster's, average	463	**4142**	Clerk, control, traffic, air
430	**4150**	Clerk, administration	401	**4113**	Clerk, control (*local government*)
420	**4131**	Clerk, admissions	420	**4131**	Clerk, conveyancing
420	**4131**	Clerk, advertising	420	**4131**	Clerk, correspondence
420	**4134**	Clerk, agency, ships	410	**4122**	Clerk, cost
420	**6212**	Clerk, agency, travel	410	**4122**	Clerk, costing
451	**4212**	Clerk, aid, legal	411	**4123**	Clerk, counter
420	**4131**	Clerk, allocator	420	**4131**	Clerk, course (*betting*)
250	**2421**	Clerk, articled (*accountancy*)	*242*	**2419**	Clerk, court (qualified)
242	**2411**	Clerk, articled	*400*	**4112**	Clerk, court
410	**4132**	Clerk, assurance	421	**4135**	Clerk, cuttings, press
250	**2421**	Clerk, audit (qualified)	102	**1113**	Clerk, deputy (*local government*)
410	**4122**	Clerk, audit	440	**4133**	Clerk, despatch
130	**4121**	Clerk, authorisation (*bank, building society*)	430	**4134**	Clerk, distribution
			420	**4134**	Clerk, documentation
411	**4123**	Clerk, bank	420	**6213**	Clerk, enquiry, travel
350	**3520**	Clerk, barrister's	490	**4136**	Clerk, entry, data
410	**4122**	Clerk, bill	*721*	**7112**	Clerk, EPOS
410	**4122**	Clerk, billing	410	**4132**	Clerk, estimating (*insurance*)
410	**4122**	Clerk, bonus	*411*	**4123**	Clerk, exchange, foreign (*financial services*)
440	**4133**	Clerk, booking, stores			
440	**4133**	Clerk, booking, warehouse	420	**4134**	Clerk, export
420	**6212**	Clerk, booking (*travel agents*)	420	**4131**	Clerk, filing
420	**4131**	Clerk, booking	*410*	**4122**	Clerk, finance
411	**4123**	Clerk, bookmaker's	*410*	**4122**	Clerk, financial
420	**4134**	Clerk, cargo	420	**4131**	Clerk, fingerprint
411	**4123**	Clerk, cash	420	**4134**	Clerk, forwarding
401	**4113**	Clerk, charge, community	420	**4134**	Clerk, freight
420	**4131**	Clerk, charge	440	**4133**	Clerk, goods-in
420	**4134**	Clerk, chartering (*sea transport*)	400	**4112**	Clerk, grade, higher
630	**6214**	Clerk, checking-in	430	**S 4150**	Clerk, head
411	**S 4123**	Clerk, chief (*bank, building society*)	420	**4131**	Clerk, hire
			420	**4131**	Clerk, hospital
240	**2419**	Clerk, chief (*courts of justice*)	420	**4131**	Clerk, import
103	**3561**	Clerk, chief (*government*)	440	**4133**	Clerk, in, goods
410	**S 4132**	Clerk, chief (*insurance*)	*420*	**6213**	Clerk, information, tourist
102	**1113**	Clerk, chief (*local government*)	420	**6213**	Clerk, information, travel
430	**S 4150**	Clerk, chief (*PO*)	490	**4136**	Clerk, input
430	**S 4150**	Clerk, chief	410	**4132**	Clerk, insurance
410	**4132**	Clerk, claims (*insurance*)	420	**4131**	Clerk, intake
411	**4123**	Clerk, claims	*440*	**4133**	Clerk, inventory
420	**4131**	Clerk, clearance	410	**4122**	Clerk, invoice
959	**9249**	Clerk, cloakroom	410	**4122**	Clerk, invoicing
420	**4131**	Clerk, coding	440	**4133**	Clerk, inward, goods
399	**4150**	Clerk, committee	440	**4133**	Clerk, inwards, goods

SOC 1990	SOC 2000	
350	**3520**	Clerk, judge's
430	**9219**	Clerk, junior
241	**2419**	Clerk, justice's
242	**2411**	Clerk, law (articled)
420	**4131**	Clerk, law
410	**4122**	Clerk, ledger
451	**4212**	Clerk, legal
430	**7212**	Clerk, liaison, customer
421	**4135**	Clerk, library
430	**7211**	Clerk, lines, personal
420	**4131**	Clerk, litigation
959	**9249**	Clerk, luggage, left
863	**8134**	Clerk, machine, weigh (*coal mine*)
241	**2419**	Clerk, magistrate's
941	**9211**	Clerk, mailroom
242	**2411**	Clerk, managing (qualified solicitor)
399	**3537**	Clerk, managing (*accountancy*)
350	**3520**	Clerk, managing
420	**4131**	Clerk, manifest
411	**4131**	Clerk, office, booking
411	**4123**	Clerk, office, box
420	**4131**	Clerk, office, buying
410	**4122**	Clerk, office, cash
420	**4131**	Clerk, office, personnel
411	**4123**	Clerk, office, post
720	**7111**	Clerk, office, receiving
410	**7129**	Clerk, office, sales
430	**4150**	Clerk, office
412	**7122**	Clerk, officer's, sheriff
440	**7211**	Clerk, order, mail
440	**7211**	Clerk, order, sales
792	**7113**	Clerk, order, telephone
410	**4133**	Clerk, order
411	**4123**	Clerk, pay (totalisator)
410	**4122**	Clerk, pay
410	**4122**	Clerk, payroll
410	**4132**	Clerk, pensions
420	**4131**	Clerk, personnel
420	**4134**	Clerk, planning, route (*transport, distribution*)
420	**4131**	Clerk, planning
420	**4131**	Clerk, pool
420	**4131**	Clerk, pools
940	**9211**	Clerk, post
940	**9211**	Clerk, postal
941	**9211**	Clerk, postroom
410	**4133**	Clerk, pricing
103	**3561**	Clerk, principal (*government*)
102	**1113**	Clerk, principal (*local government*)
140	**4134**	Clerk, principal (*PLA*)
420	**4136**	Clerk, processing, data
440	**4133**	Clerk, processing, order
440	**4133**	Clerk, production
420	**4133**	Clerk, progress
401	**4113**	Clerk, property
420	**4131**	Clerk, purchasing
440	**7212**	Clerk, query, sales
401	**4113**	Clerk, rating
410	**4122**	Clerk, reconciliation, bank
440	**4133**	Clerk, records, stock
440	**4133**	Clerk, records, stores
420	**4131**	Clerk, records
412	**7122**	Clerk, recovery, debt
420	**6212**	Clerk, reservations (travel)
420	**7212**	Clerk, reservations
941	**9211**	Clerk, room, mail
941	**9211**	Clerk, room, post
420	**4134**	Clerk, routeing
410	**4122**	Clerk, salaries
792	**7113**	Clerk, sales, telephone
430	**4122**	Clerk, sales
721	**7112**	Clerk, scanner (*retail trade*)
721	**7112**	Clerk, scanning (*retail trade*)
420	**4131**	Clerk, schedule
420	**4134**	Clerk, schedules (*transport services*)
420	**4213**	Clerk, school
430	**4150**	Clerk, secretarial
411	**4123**	Clerk, security
401	**4113**	Clerk, senior (*local government*)
411	**4123**	Clerk, service, customer (*bank, building society*)
430	**7212**	Clerk, service, customer
430	**7212**	Clerk, services, consumer
411	**4123**	Clerk, services, customer (*bank, building society*)
430	**7212**	Clerk, services, customer
240	**2419**	Clerk, sessions, quarter
410	**4122**	Clerk, settlements, exchange, foreign
410	**4122**	Clerk, settlements (*stockbrokers*)
240	**2419**	Clerk, sheriff (Scotland)
420	**4134**	Clerk, shipping
411	**4123**	Clerk, society, building
242	**2411**	Clerk, solicitor's (articled)
420	**4131**	Clerk, solicitor's
940	**9211**	Clerk, sorting (*PO*)
102	**1113**	Clerk, staff (*local government*)
420	**4131**	Clerk, staff
420	**4131**	Clerk, statistical
420	**4131**	Clerk, statistics
440	**4133**	Clerk, stock
410	**4122**	Clerk, stockbroker's
440	**4133**	Clerk, stockroom
440	**4133**	Clerk, storekeeper's
440	**4133**	Clerk, stores
430	**S 4150**	Clerk, supervising
441	**4133**	Clerk, tally, timber
420	**4131**	Clerk, tally
401	**4113**	Clerk, tax, poll
420	**4131**	Clerk, technical
792	**7113**	Clerk, tele-ad
462	**4141**	Clerk, telephone
792	**7113**	Clerk, telesales
410	**4122**	Clerk, time
102	**1113**	Clerk, town
420	**4134**	Clerk, traffic
420	**4134**	Clerk, transport
420	**6212**	Clerk, travel

SOC 1990	SOC 2000	
132	**4111**	Clerk, valuation, grade, higher (*Inland Revenue*)
410	**4122**	Clerk, valuation
490	**4136**	Clerk, VDU
420	**6212**	Clerk, voyages
410	**4122**	Clerk, wage
410	**4122**	Clerk, wages
410	**4122**	Clerk, wages and accounts
420	**4131**	Clerk, ward
440	**4133**	Clerk, warehouse
420	**4131**	Clerk, warranty
863	**8134**	Clerk, weigh
863	**8134**	Clerk, weighbridge
863	**8134**	Clerk, weighing
420	**4131**	Clerk (*advertising, publicity*)
410	**4132**	Clerk (*assurance company*)
411	**4123**	Clerk (*bank, building society*)
420	**4131**	Clerk (*college*)
410	**4122**	Clerk (*credit card company*)
400	**4112**	Clerk (*government*)
401	**4113**	Clerk (*health authority*)
410	**4132**	Clerk (*insurance*)
400	**4112**	Clerk (*law courts*)
421	**4135**	Clerk (*library*)
401	**4113**	Clerk (*local government*)
450	**4211**	Clerk (*medical practice*)
411	**4123**	Clerk (*PO*)
401	**4113**	Clerk (*police service*)
400	**4112**	Clerk (*prison service*)
420	**4213**	Clerk (*schools*)
410	**4122**	Clerk (*stockbrokers*)
420	**4131**	Clerk (*university*)
430	**4150**	Clerk
176	**1225**	Clerk and steward
940	**9211**	Clerk and telegraphist, sorting
292	**2444**	Clerk in holy orders
240	**2419**	Clerk of arraigns
102	**1113**	Clerk of the council
176	**1225**	Clerk of the course
240	**2419**	Clerk of the court
240	**2419**	Clerk of the peace
863	**8134**	Clerk of the scales
112	**1122**	Clerk of works
102	**1113**	Clerk to the board (*local government*)
100	**1111**	Clerk to the commissioners (*Inland Revenue*)
102	**1113**	Clerk to the council
102	**1113**	Clerk to the county council
102	**1113**	Clerk to the district council
190	**4114**	Clerk to the governors
240	**2419**	Clerk to the justices
102	**1113**	Clerk to the parish council
410	**4122**	Clerk-bookkeeper
420	**4131**	Clerk-buyer
411	**4123**	Clerk-cashier
430	**S 4150**	Clerk-in-charge
430	**4150**	Clerk-messenger
430	**4150**	Clerk-packer

SOC 1990	SOC 2000	
430	**4150**	Clerk-receptionist
440	**4133**	Clerk-storekeeper
440	**4133**	Clerk-storeman
430	**4150**	Clerk-telephonist
420	**4131**	Clerk-typist (*college*)
400	**4112**	Clerk-typist (*government*)
401	**4113**	Clerk-typist (*health authority*)
401	**4113**	Clerk-typist (*local government*)
401	**4113**	Clerk-typist (*police service*)
420	**4213**	Clerk-typist (*schools*)
420	**4131**	Clerk-typist (*university*)
430	**4150**	Clerk-typist
490	**4136**	Clerk-VDU operator
440	**4133**	Clerk-warehouseman
555	**5413**	Clicker, machine
555	**5413**	Clicker, press
555	**5413**	Clicker (*footwear mfr*)
555	**5413**	Clicker (*leather goods mfr*)
560	**S 5421**	Clicker (*printing*)
535	**5311**	Climber (*constructional engineering*)
552	**8113**	Clipper, cloth
902	**6139**	Clipper, dog
902	**6139**	Clipper, horse
552	**8113**	Clipper, knot
421	**4135**	Clipper, press (*press cutting agency*)
899	**8129**	Clipper, top, card
897	**8121**	Clipper, veneer
889	**8122**	Clipper (*coal mine*)
859	**8139**	Clipper (*hosiery, knitwear mfr*)
839	**8117**	Clipper (*metal trades*)
552	**8113**	Clipper (*rope, twine mfr*)
810	**8114**	Clipper (*tannery*)
552	**8113**	Clipper (*textile finishing*)
553	**8137**	Clocker
555	**5413**	Clogger
859	**8139**	Closer, channel
958	**9233**	Closer, night (*fast food outlet*)
555	**5413**	Closer, repairs
553	**8137**	Closer (*clothing mfr*)
555	**5413**	Closer (*footwear mfr*)
839	**8117**	Closer (*foundry*)
555	**5413**	Closer (*toy mfr*)
899	**8129**	Closer (*wire rope, cable mfr*)
929	**9129**	Clothier, boiler
899	**8129**	Clothier, card
179	**1234**	Clothier (*retail trade*)
179	**1234**	Clothier and outfitter
384	**3413**	Clown
239	**3443**	Coach, fitness
387	**3442**	Coach, sports
387	**3442**	Coach (*sports*)
889	**8219**	Coachman
990	**9139**	Coaler
872	**8211**	Coalman (delivery)
619	**3319**	Coastguard
699	**9226**	Coat, blue (*holiday camp*)
699	**9226**	Coat, red (*holiday camp*)
899	**8129**	Coater, cathode

SOC 1990	SOC 2000	
829	8114	Coater, celluloid (*film mfr*)
591	5491	Coater, ceramics
809	8111	Coater, chocolate
834	8118	Coater, colour
829	8114	Coater, emulsion
899	8129	Coater, filament
814	8113	Coater, hand (*oilskin mfr*)
829	8114	Coater, paper (photographic)
821	8121	Coater, paper
829	8114	Coater, plate, dry
834	8118	Coater, powder
507	5323	Coater, prime
809	8111	Coater, sugar (*confectionery mfr*)
820	8114	Coater, sugar (*pharmaceutical mfr*)
820	8114	Coater, tablet
829	8114	Coater, tar (*coal gas, coke ovens*)
829	8119	Coater (*linoleum mfr*)
829	8114	Coater (*photographic film mfr*)
821	8121	Coater (*stencil paper mfr*)
834	8118	Coater (*tinplate mfr*)
834	8118	Coater (*wire mfr*)
809	8111	Cobberer
880	8217	Cobbleman
555	5413	Cobbler
862	9134	Coder (*manufacturing*)
420	4131	Coder
832	8117	Cogger (*rolling mill*)
839	8117	Coiler, copper
814	8113	Coiler, rope
814	8113	Coiler, tape
899	8129	Coiler (*cable mfr*)
850	8131	Coiler (*electrical goods mfr*)
814	8113	Coiler (*rope, twine mfr*)
824	8115	Coiler (*rubber tubing mfr*)
899	8129	Coiler (*spring mfr*)
839	8117	Coiler (*steel mfr*)
839	8117	Coiler (*wire mfr*)
839	8117	Coiler (*wire rod mfr*)
899	8129	Coiler (*wire rope, cable mfr*)
841	8125	Coiner
820	8114	Coker (*coal gas, coke ovens*)
562	5423	Collator (*printing*)
412	7122	Collector, arrears
889	9139	Collector, ash
400	4112	Collector, assistant (*Inland Revenue*)
581	5431	Collector, blood
874	8214	Collector, car
412	7122	Collector, cash
103	3561	Collector, chief (*Inland Revenue*)
889	9139	Collector, cloth
412	7122	Collector, club
889	9139	Collector, cop
412	7122	Collector, credit
430	4137	Collector, data (interviewing)
412	7122	Collector, debt
933	9235	Collector, dust (*local government*)
900	9111	Collector, egg (*poultry farm*)
872	8212	Collector, egg

SOC 1990	SOC 2000	
412	7122	Collector, fee, parking
902	9119	Collector, fern
959	9225	Collector, glass (catering)
889	9139	Collector, glass (dry plates)
622	9225	Collector, glass (*public houses*)
103	3561	Collector, grade, higher (*Inland Revenue*)
719	7121	Collector, insurance
903	9119	Collector, kelp
631	6215	Collector, luggage, excess
733	9235	Collector, metal, scrap
412	7122	Collector, meter
872	8211	Collector, milk
902	9119	Collector, moss
412	7122	Collector, mutuality
889	9139	Collector, pit, ash
412	7122	Collector, pools
102	1113	Collector, rate, chief
401	4113	Collector, rate
902	9119	Collector, reed
933	9235	Collector, refuse
103	3561	Collector, regional
412	7122	Collector, rent
872	8212	Collector, sack
933	9235	Collector, salvage (*local government: cleansing dept*)
889	9235	Collector, salvage
889	9139	Collector, scaleboard
889	9235	Collector, scrap
903	9119	Collector, seaweed
412	S 7122	Collector, senior (*gas supplier*)
103	3561	Collector, senior (*government*)
401	4113	Collector, senior (*local government*)
441	9149	Collector, stock (*charitable organisation*)
412	7122	Collector, subscription
102	1113	Collector, superintendent (*local government*)
400	4112	Collector, tax, assistant
132	4111	Collector, tax
631	6215	Collector, ticket (*railways*)
959	9229	Collector, ticket
412	7122	Collector, toll
811	8113	Collector, tow (flax)
959	9259	Collector, trolley (*wholesale, retail trade*)
889	9235	Collector, waste (works)
933	9235	Collector, waste
412	7122	Collector (gaming machines)
412	7122	Collector (*credit trade*)
103	3561	Collector (*Customs and Excise*)
412	7122	Collector (*electricity supplier*)
411	4123	Collector (*entertainment*)
412	7122	Collector (*finance company*)
412	7122	Collector (*football pools*)
412	7122	Collector (*gas supplier*)
132	4111	Collector (*Inland Revenue*)
719	7121	Collector (*insurance*)

SOC 1990	SOC 2000		SOC 1990	SOC 2000	
401	4113	Collector (*local government*)	670	6231	Companion
412	7122	Collector (*retail trade*)	670	6231	Companion-help
889	9139	Collector (*textile mfr*)	670	6231	Companion-housekeeper
730	7121	Collector and salesman	340	3211	Companion-nurse
441	9149	Collector of parts	597	8122	Companyman (*coal mine*)
400	4112	Collector of taxes, assistant	384	3413	Compere
132	4111	Collector of taxes	420	4131	Compiler, catalogue
719	7121	Collector-agent (*insurance*)	380	3431	Compiler, crossword
412	7122	Collector-agent	420	4131	Compiler, directory
872	8211	Collector-driver, refuse	420	4131	Compiler, index
401	4113	Collector-driver (*local government*)	441	4133	Compiler, order
730	7121	Collector-salesman	380	3412	Compiler, technical
930	9141	Collier (*boat, barge*)	385	3415	Composer (music)
597	8122	Collier (*coal mine*)	560	5421	Compositor
150	1171	Colonel	820	8114	Compounder (*chemical mfr*)
150	1171	Colonel-Commandant	809	8111	Compounder (*food products mfr*)
569	5423	Colourer, hand (picture postcard)	809	8111	Compounder (*mineral water mfr*)
569	5423	Colourer, print	829	8116	Compounder (*plastics goods mfr*)
869	8139	Colourer (artificial flowers)	824	8115	Compounder (*rubber mfr*)
814	8113	Colourer (carpets)	829	8114	Compounder
833	8117	Colourer (metal)	893	8124	Compressor, engineer's
833	8117	Colourer (steel pens)	893	8124	Compressor, gas
569	5423	Colourer (*wallpaper printing*)	555	5413	Compressor, heel
430	3122	Colourist, copy	820	8114	Compressor, tablet
569	5423	Colourist, photographic	897	8121	Concaver (*footwear mfr*)
569	5423	Colourist, postcard	820	8114	Concentrator
814	8113	Colourist	821	8121	Concentratorman (*paper mfr*)
179	5499	Colourman, artist	809	8111	Concher
829	8114	Colourman	201	2112	Conchologist
380	3431	Columnist	*672*	6232	Concierge
810	8114	Comber (*fur dressing*)	506	5322	Concreter, granolithic
811	8113	Comber (*textile mfr*)	923	8142	Concreter
814	8113	Combiner (*canvas goods mfr*)	809	8111	Condenser (*milk processing*)
821	8121	Combiner (*paper mfr*)	811	8113	Condenser (*textile mfr*)
384	3413	Comedian	999	9132	Conditioner, air
140	1161	Commandant (*airport*)	802	8111	Conditioner, leaf
150	1171	Commandant (*armed forces*)	821	8121	Conditioner, paper
153	1173	Commandant (*fire service*)	552	8113	Conditioner, yarn
332	3513	Commander (catamaran, hovercraft, hydrofoil)	809	8111	Conditioner (*food products mfr*)
			821	8121	Conditioner (*paper mfr*)
			810	8114	Conditioner (*tannery*)
199	1173	Commander (*ambulance service*)	552	8113	Conditioner (*textile mfr*)
150	1171	Commander (*armed forces*)	875	6219	Conductor, bus
153	1173	Commander (*fire service*)	385	3415	Conductor, music
152	1172	Commander (*police service*)	385	3415	Conductor, musical
332	3513	Commander (*shipping*)	889	8122	Conductor, paddy
384	3432	Commentator (*broadcasting*)	875	6219	Conductor, PSV
384	3431	Commentator (*newspaper*)	385	3415	Conductor (*entertainment*)
380	3431	Commentator	881	6215	Conductor (*railways*)
699	9249	Commissionaire	875	6219	Conductor (*road transport*)
262	2434	Commissioner, land	814	8113	Coner, wood (silk)
100	1111	Commissioner (*government*)	559	5419	Coner (*felt hood mfr*)
199	1181	Commissioner (*health authority*)	814	8113	Coner (*textile mfr*)
240	2419	Commissioner (*legal services*)	580	5432	Confectioner, flour
152	1172	Commissioner (*police service*)	809	8111	Confectioner (*sugar, sugar confectionery mfr*)
242	2411	Commissioner of oaths			
150	1171	Commodore (*armed forces*)	179	5432	Confectioner
332	3513	Commodore (*shipping*)	179	1234	Confectioner and tobacconist
380	3412	Communicator for the deaf	384	3413	Conjurer

SOC 1990	SOC 2000	
850	8131	Connector, armature
524	5243	Connector, cable
532	5314	Connector, coupling
859	8139	Connector (rubber boots and shoes)
201	3551	Conservationist, marine
201	3551	Conservationist, nature, coastal
201	3551	Conservationist
271	2452	Conservator
152	1172	Constable, chief, assistant
152	1172	Constable, chief, deputy
152	1172	Constable, chief
615	9241	Constable, market
610	3312	Constable, police
615	9241	Constable (non-statutory)
610	3312	Constable (*airport*)
610	3312	Constable (*docks*)
610	3312	Constable (*government*)
615	3312	Constable (*Kew gardens*)
610	3312	Constable (*MOD*)
610	3312	Constable (*police service*)
610	3312	Constable (*railways*)
610	3312	Constable (*Royal parks*)
211	2122	Constructor, naval
534	5214	Constructor, rig, oil
923	8142	Constructor, road
570	5315	Constructor, roof (*building*)
501	5313	Constructor, roofing
535	5311	Constructor, steel
520	5241	Constructor, switchboard
922	8143	Constructor, way, permanent
103	2441	Consul
250	2421	Consultant, accountancy
250	2421	Consultant, accounting
219	2129	Consultant, acoustics
252	2423	Consultant, actuarial
123	3543	Consultant, advertising
201	2112	Consultant, agricultural
346	3218	Consultant, aid, hearing
214	2131	Consultant, applications
260	2431	Consultant, architectural
381	3416	Consultant, art
218	2128	Consultant, assurance, quality
250	2421	Consultant, audit
361	3534	Consultant, banking
730	7121	Consultant, beauty (*retail trade*: door-to-door sales)
720	7111	Consultant, beauty (*retail trade*)
661	6222	Consultant, beauty
179	3539	Consultant, bloodstock
383	3422	Consultant, bridal
304	3114	Consultant, building
364	2423	Consultant, business
430	7212	Consultant, care, customer
361	3534	Consultant, care, health (*insurance*)
720	7111	Consultant, carpet (*retail trade*)
174	5434	Consultant, catering
219	2129	Consultant, ceramics
200	2111	Consultant, chemical
361	3531	Consultant, claims (*insurance*)
121	3543	Consultant, client (market research)
219	2129	Consultant, colour (*paint mfr*)
703	3532	Consultant, commodity
190	3433	Consultant, communications (*media*)
213	2124	Consultant, communications (*telecommunications*)
320	2131	Consultant, communications
214	2131	Consultant, computer
199	3539	Consultant, conference
304	3114	Consultant, construction
121	3539	Consultant, contracts
559	5419	Consultant, corsetry
720	7111	Consultant, cosmetics
251	2422	Consultant, cost (qualified)
410	4122	Consultant, cost
384	3416	Consultant, creative
364	3539	Consultant, defence
223	2215	Consultant, dental
381	3421	Consultant, design, graphic
381	3422	Consultant, design, interior
216	2126	Consultant, design (*engineering*)
382	3422	Consultant, design
391	3563	Consultant, development, training
252	2423	Consultant, economic
380	3412	Consultant, editorial
239	2319	Consultant, education
239	2319	Consultant, educational
521	5241	Consultant, electrical
139	3562	Consultant, employment
719	7129	Consultant, energy (*electricity, gas suppliers*)
219	2129	Consultant, energy
215	2125	Consultant, engineering, chemical
210	2121	Consultant, engineering, civil
211	2122	Consultant, engineering
384	3416	Consultant, entertainment
201	3551	Consultant, environmental
176	3539	Consultant, exhibition
176	3539	Consultant, exhibitions
702	3536	Consultant, export
201	2112	Consultant, farming
383	3422	Consultant, fashion
361	3534	Consultant, financial
396	3567	Consultant, fire
201	2112	Consultant, fisheries
239	3443	Consultant, fitness
720	7111	Consultant, food (*retail trade*)
719	7129	Consultant, food
201	2112	Consultant, forestry
123	3543	Consultant, fundraising
720	7111	Consultant, furniture
202	2113	Consultant, geological
202	2113	Consultant, geophysical
396	3567	Consultant, health and safety
219	2129	Consultant, heating (professional)
532	5314	Consultant, heating
220	2211	Consultant, hospital
661	6222	Consultant, image
218	2128	Consultant, industrial

SOC 1990	SOC 2000		SOC 1990	SOC 2000	
719	3534	Consultant, insurance	219	2129	Consultant, scientific
361	3534	Consultant, investment	615	9241	Consultant, security
214	2131	Consultant, IT	719	7212	Consultant, service, customer
380	3412	Consultant, language	304	3114	Consultant, services, building
719	3542	Consultant, leasing	719	3534	Consultant, services, financial
241	2419	Consultant, legal	253	2423	Consultant, services, management
177	6212	Consultant, leisure (travel agents)	214	2131	Consultant, services, network
364	3539	Consultant, leisure	719	3542	Consultant, shipping
170	3544	Consultant, letting	661	6222	Consultant, slimming
239	3443	Consultant, lifestyle	214	2131	Consultant, software
141	3539	Consultant, logistics	252	2423	Consultant, statistical
218	2128	Consultant, management, quality	364	3539	Consultant, study, works
253	2423	Consultant, management	214	2131	Consultant, support, software
399	3539	Consultant, marine	214	2131	Consultant, support, technical
121	3543	Consultant, marketing	320	3132	Consultant, support (computing)
123	3433	Consultant, media	320	2131	Consultant, systems
220	2211	Consultant, medical	362	3535	Consultant, tax
219	2129	Consultant, metallurgical	214	2131	Consultant, technical, computer
210	2121	Consultant, mining	361	3534	Consultant, technical, pensions
361	3534	Consultant, mortgage	710	3542	Consultant, technical (sales)
214	2131	Consultant, network			Consultant, technical - see also Engineer (professional)
364	3539	Consultant, o and m			
364	3539	Consultant, organisation and methods	214	2131	Consultant, technology, information
392	3564	Consultant, outplacement	212	2131	Consultant, telecommunications
382	3422	Consultant, packaging	214	2131	Consultant, telecoms
219	2129	Consultant, patent	121	3543	Consultant, telemarketing
252	3534	Consultant, pension	309	3119	Consultant, textile
720	7111	Consultant, perfumery	391	3563	Consultant, training
124	3562	Consultant, personnel	399	3539	Consultant, transport
661	6222	Consultant, piercing, ear	420	6212	Consultant, travel
361	3534	Consultant, planning, financial	362	3535	Consultant, VAT
261	2432	Consultant, planning, town	224	2216	Consultant, veterinary
190	3539	Consultant, political	661	6222	Consultant, wig
399	3539	Consultant, printing	710	3541	Consultant, wine
217	2127	Consultant, production	214	2131	Consultant (computing)
170	3544	Consultant, property	220	2211	Consultant (medical)
396	3567	Consultant, protection, fire	210	2121	Consultant (civil engineering)
123	3433	Consultant, publicity	719	3534	Consultant (financial services)
179	3412	Consultant, publishing	220	2211	Consultant (hospital service)
700	3541	Consultant, purchasing	253	2423	Consultant (management consultancy)
218	2128	Consultant, quality			
124	3562	Consultant, recruitment	123	3543	Contractor, advertisement
363	3562	Consultant, relations, employer	123	3543	Contractor, advertising
123	3433	Consultant, relations, public	160	5111	Contractor, agricultural
170	3544	Consultant, relocation	500	5312	Contractor, bricklaying
364	3539	Consultant, research, operational	504	5319	Contractor, builder's
399	2329	Consultant, research	504	5319	Contractor, building
420	6212	Consultant, reservations (travel agents)	872	8211	Contractor, cartage
			174	5434	Contractor, catering
253	3562	Consultant, resource, human	958	9233	Contractor, cleaning
396	3567	Consultant, safety	507	5323	Contractor, decorating
719	7212	Consultant, sales, after	896	8149	Contractor, demolition
720	7111	Consultant, sales (retail trade)	872	8211	Contractor, disposal, waste
420	6212	Consultant, sales (travel agents)	929	9129	Contractor, drainage
121	3542	Consultant, sales	521	5241	Contractor, electrical
710	3542	Consultant, sales and marketing	896	8149	Contractor, engineer's, civil
124	3563	Consultant, scheme (training)	896	8149	Contractor, engineering, civil
124	3563	Consultant, scheme (community industries)	160	5111	Contractor, farm
			929	9129	Contractor, fencing

SOC 1990	SOC 2000	
506	5322	Contractor, flooring
904	9112	Contractor, forestry
594	5113	Contractor, gardening
896	8149	Contractor, general
509	5316	Contractor, glazing, double
872	8211	Contractor, haulage
719	7129	Contractor, hire, plant
594	5113	Contractor, landscape
507	5323	Contractor, painting
929	9129	Contractor, penning
502	5321	Contractor, plastering
160	5111	Contractor, ploughing
532	5314	Contractor, plumbing
719	7129	Contractor, posting, bill
931	9149	Contractor, removal
896	8142	Contractor, road
501	5313	Contractor, roofing
901	8223	Contractor, spraying, crop
597	8122	Contractor, stone (*coal mine*)
179	5119	Contractor, timber
872	8211	Contractor, transport (road)
594	5113	Contractor, turf
896	8149	Contractor, works, public
500	5312	Contractor (bricklaying)
509	5316	Contractor (double glazing)
160	5111	Contractor (*agricultural contracting*)
896	8149	Contractor (*building and contracting*)
929	9129	Contractor (*coal mine*)
898	8123	Contractor (*mine: not coal*)
507	5323	Contractor (*painting, decorating*)
895	8149	Contractor (*pipe lagging*)
502	5321	Contractor (*plastering*)
872	8211	Contractor (*transport*)
410	4122	Controller, account
410	4122	Controller, accounts
441	4133	Controller, accounting, stock
954	9251	Controller, ambient
199	4142	Controller, ambulance
889	8218	Controller, apron
153	1173	Controller, area (*fire service*)
179	3542	Controller, area (*retail trade*)
410	4122	Controller, budget
311	3123	Controller, building (*local government*)
700	3541	Controller, buying
463	4142	Controller, cab
140	4134	Controller, cargo
411	4123	Controller, cash
174	5434	Controller, catering
889	9139	Controller, charge (*metal mfr*)
881	S 8216	Controller, chief, deputy (*railways*)
140	1161	Controller, chief (*railways*)
361	3531	Controller, claims, insurance
889	9139	Controller, coal (*metal mfr*)
959	9259	Controller, code (*wholesale, retail trade*)
412	7122	Controller, collection
412	7122	Controller, collections
463	4142	Controller, communications
126	3131	Controller, computer
430	7212	Controller, consumer
140	4134	Controller, container
420	4131	Controller, contract
830	S 8117	Controller, converter
889	8122	Controller, conveyer (*coal mine*)
410	4122	Controller, cost
130	4121	Controller, credit
490	4136	Controller, data, computer
142	4133	Controller, depot
142	4133	Controller, despatch
659	9244	Controller, dinner
381	3421	Controller, display
441	4134	Controller, distribution
199	3542	Controller, divisional
420	4131	Controller, document
420	4131	Controller, documentation
252	2423	Controller, economics
893	S 8124	Controller, electrical (*railways*)
521	5241	Controller, electrical
721	7112	Controller, EPOS
702	3536	Controller, export (*export agency*)
121	3536	Controller, export
250	2421	Controller, financial (qualified)
120	3537	Controller, financial
140	4134	Controller, fleet
142	4134	Controller, freight
830	S 8117	Controller, furnace (*metal goods mfr*)
830	S 8117	Controller, furnace (*metal mfr*)
830	S 8117	Controller, furnace (*sherardizing*)
301	3113	Controller, gas (*steelworks*)
142	4133	Controller, goods
719	7129	Controller, hire, plant
719	7129	Controller, hire
719	7129	Controller, hire and sales
552	8113	Controller, humidity
958	9233	Controller, hygiene
121	3543	Controller, information, market
141	4133	Controller, inventory
410	4122	Controller, invoice
320	3131	Controller, IT
410	4122	Controller, ledger, bought
410	4122	Controller, ledger, purchase
410	4122	Controller, ledger
411	4123	Controller, lending (*bank, building society*)
420	4134	Controller, load (aircraft)
883	8216	Controller, locomotive
441	4134	Controller, logistics
110	2128	Controller, maintenance, planned (*coal mine*)
516	5223	Controller, maintenance, planned
516	5223	Controller, maintenance, plant
441	4133	Controller, manufacturing
121	3543	Controller, marketing
141	4133	Controller, materials
174	5434	Controller, meals, school

SOC 1990	SOC 2000	
121	3543	Controller, merchandise
411	4123	Controller, mortgage
330	3511	Controller, movement, ground (*airport*)
521	5242	Controller, network (*telecommunications*)
126	3131	Controller, network
139	4150	Controller, office
320	3131	Controller, operations, computer
699	6211	Controller, operations (*leisure centre*)
140	4134	Controller, operations (*transport*)
420	6212	Controller, operations (*travel agents*)
440	4133	Controller, order
399	3119	Controller, oxygen
441	4133	Controller, pallet
441	4133	Controller, parts
139	4122	Controller, payroll
699	6292	Controller, pest
441	4133	Controller, planning
516	5223	Controller, plant
893	S 8124	Controller, power (*railways*)
430	4150	Controller, price
111	3114	Controller, production (*building and contracting*)
110	3119	Controller, production
441	4133	Controller, programme
420	4131	Controller, progress
110	2128	Controller, project (*metal trades*)
123	3543	Controller, promotions
430	4150	Controller, proof, newspaper
122	3541	Controller, purchasing
218	2128	Controller, quality (professional)
861	8133	Controller, quality (*brewery: soft drinks processing*)
861	8133	Controller, quality (*food products mfr*)
860	8133	Controller, quality (*metal, electrical, electronic goods mfr*)
861	8133	Controller, quality (*paper, paper goods mfr*)
861	8133	Controller, quality (*plastics goods mfr*)
861	8133	Controller, quality (*printing and publishing*)
861	8133	Controller, quality (*rubber materials, goods mfr*)
861	8133	Controller, quality (*textile materials, products mfr*)
861	8133	Controller, quality (*wood products mfr*)
869	8133	Controller, quality
330	3511	Controller, radar, area
463	4142	Controller, radio
103	3561	Controller, regional (*government*)
883	8216	Controller, relief, trainsman's
954	9251	Controller, replenishment, ambience
420	6212	Controller, reservation (*airlines*)
179	3542	Controller, retail

SOC 1990	SOC 2000	
440	4133	Controller, room, stock
440	4133	Controller, sabre
121	3542	Controller, sales
660	6221	Controller, salon (*hairdressing*)
420	4131	Controller, schedule
883	8216	Controller, section (*railways*)
615	S 9241	Controller, security
153	1173	Controller, senior (*fire service*)
320	3132	Controller, services, data
253	2423	Controller, services, management
892	8126	Controller, shift (*water treatment*)
110	4133	Controller, shift
140	4134	Controller, ship
140	4134	Controller, shipping
110	4133	Controller, shop (*metal trades*)
140	8219	Controller, signals
111	3539	Controller, site
386	3434	Controller, sound
441	4133	Controller, spares
363	3562	Controller, staff
252	2423	Controller, statistical
141	4133	Controller, stock
141	4133	Controller, stores
110	3539	Controller, sub-contracts (production)
111	3539	Controller, sub-contracts (*building and contracting*)
141	4133	Controller, supplies
441	4133	Controller, supply
320	3131	Controller, systems (computing)
463	4142	Controller, taxi
309	3119	Controller, technical
139	3131	Controller, telecommunications
802	8111	Controller, temperature (*tobacco mfr*)
721	S 7112	Controller, till
330	3511	Controller, traffic, air
140	4134	Controller, traffic
883	8216	Controller, train
140	4134	Controller, transport
892	8126	Controller, treatment, water
140	4134	Controller, truck
361	3533	Controller, underwriting, insurance
139	4122	Controller, wages
142	4133	Controller, warehouse
420	4131	Controller, waste
863	8134	Controller, weighbridge
110	4133	Controller, works
171	5231	Controller, workshop (*garage*)
320	3131	Controller (computing)
892	8126	Controller (water treatment)
120	3537	Controller (*banking*)
463	4142	Controller (*emergency services*: radio)
153	1173	Controller (*fire service*)
103	3561	Controller (*government*)
154	1173	Controller (*prison service*)
883	8216	Controller (*railways*)
463	4142	Controller (*taxi service*)
330	3511	Controller of aircraft

SOC 1990	SOC 2000		SOC 1990	SOC 2000	
142	4134	Controller of distribution	*381*	3421	Coordinator, design, graphic
452	S 4217	Controller of typists	330	3511	Coordinator, despatch, aircraft
889	9139	Controlman, bunker	441	4134	Coordinator, despatch
830	8117	Controlman (*blast furnace*)	941	4134	Coordinator, distribution
809	8111	Controlman (*margarine mfr*)	392	3564	Coordinator, education, careers
820	8114	Controlman	371	3231	Coordinator, education and community
190	4114	Convenor, works			
869	8139	Converter, foam	*301*	3113	Coordinator, engineering
569	8121	Converter, paper (*paper goods mfr*)	*123*	3539	Coordinator, events
821	8121	Converter, paper	*176*	3539	Coordinator, exhibition
820	8114	Converter, polythene	121	3536	Coordinator, export
830	8117	Converter, steel	*384*	3432	Coordinator, facilities, editing
897	8121	Converter, timber	*174*	3539	Coordinator, function
532	5314	Converter (*gas supplier*)	441	4133	Coordinator, goods-in
830	8117	Converter (*metal mfr*)	371	3232	Coordinator, health
825	8116	Converter (*plastics goods mfr*)	396	3567	Coordinator, health and safety
350	3520	Conveyancer	719	7129	Coordinator, hire
889	9139	Conveyor	592	3218	Coordinator, implantology
620	S 5434	Cook, chief	320	3131	Coordinator, intranet
620	S 5434	Cook, head	320	3131	Coordinator, IT
829	8119	Cook, mastic (*asphalt mfr*)	242	2419	Coordinator, legal
580	5432	Cook, pastry (*bakery*)	399	3539	Coordinator, licensing
620	5434	Cook, pastry	420	4134	Coordinator, logistics
800	8111	Cook (*bakery*)	121	3543	Coordinator, marketing
809	8111	Cook (*food products mfr*)	*121*	3543	Coordinator, marketing and sales
809	8111	Cook (*tripe dressing*)	441	4133	Coordinator, materials
620	5434	Cook	*121*	3433	Coordinator, media
620	S 5434	Cook in charge	*123*	3543	Coordinator, national, appeals, telephone
620	5434	Cook-cleaner			
620	5434	Cook-companion	*235*	2316	Coordinator, needs, special
620	5434	Cook-general	430	4150	Coordinator, NVQ
670	6231	Cook-housekeeper	720	7111	Coordinator, parts
174	1223	Cook-manager	392	3564	Coordinator, placement
620	5434	Cook-steward	561	5422	Coordinator, print
620	S 5434	Cook-supervisor	399	4133	Coordinator, production
809	8111	Cooker, crisp, potato	371	3231	Coordinator, project, community
809	8111	Cooker (*food products mfr*)	320	3131	Coordinator, project, computer
809	8111	Cookerman (*cereal foods mfr*)	371	3232	Coordinator, project, housing
801	8111	Cooler (*brewery*)	320	3131	Coordinator, project, IT
820	8114	Cooler (*chemical mfr*)	320	3131	Coordinator, project, software
809	8111	Cooler (*food products mfr*)	371	3232	Coordinator, project, welfare
862	9134	Cooper, wine	371	3231	Coordinator, project, youth
572	5492	Cooper	320	3131	Coordinator, project (computing)
123	3543	Coordinator, account (*advertising*)	371	3231	Coordinator, project (*charitable, welfare services*)
410	4122	Coordinator, account			
123	3543	Coordinator, appeals	371	3231	Coordinator, project (*community, youth work*)
218	3115	Coordinator, assurance, quality			
174	3539	Coordinator, banqueting	*304*	3114	Coordinator, project (*construction*)
310	3122	Coordinator, CAD	*191*	2317	Coordinator, project (*education*)
399	3539	Coordinator, call, conference	371	3232	Coordinator, project (*housing, welfare*)
430	7212	Coordinator, care, customer			
190	3539	Coordinator, charity	103	3561	Coordinator, project (*local government*)
410	4121	Coordinator, claim, credit			
450	4211	Coordinator, clinic	217	2127	Coordinator, project (*manufacturing*)
126	3131	Coordinator, computer	399	3539	Coordinator, project
179	3539	Coordinator, conference	*121*	3543	Coordinator, promotion
399	3539	Coordinator, contracts	*121*	3543	Coordinator, promotions
309	3115	Coordinator, control, quality	*700*	3541	Coordinator, purchasing
391	3563	Coordinator, course, training	*430*	3115	Coordinator, QA

SOC 1990	SOC 2000		SOC 1990	SOC 2000	
110	**8133**	Coordinator, quality (manufacturing)	430	**4150**	Corrector, proof, newspaper
139	**3115**	Coordinator, quality	516	**5223**	Corrector, spring (*vehicle mfr*)
363	**3562**	Coordinator, recruitment	814	**8113**	Corrector (*hosiery, knitwear mfr*)
399	**3539**	Coordinator, relations, trade	420	**4131**	Correspondent, banking
121	**3542**	Coordinator, sales	410	**4132**	Correspondent, claims
710	**3542**	Coordinator, sales and marketing	380	**3431**	Correspondent, foreign
179	**3319**	Coordinator, security	380	**3431**	Correspondent, newspaper
399	**3539**	Coordinator, seminars	380	**3431**	Correspondent, political
430	**7212**	Coordinator, service, customer	420	**7113**	Correspondent, sales
420	**4134**	Coordinator, shipping	380	**3431**	Correspondent, technical
440	**4133**	Coordinator, spares	380	**3431**	Correspondent, turf
176	**3442**	Coordinator, sports	380	**3432**	Correspondent (*broadcasting*)
441	**4133**	Coordinator, stores	380	**3431**	Correspondent (*newspaper publishing*)
701	**3541**	Coordinator, supplies	829	**8114**	Corrugator (*asbestos-cement goods mfr*)
320	**3131**	Coordinator, systems, information			
391	**3563**	Coordinator, TEC	841	**8125**	Corrugator (*galvanised sheet mfr*)
320	**3131**	Coordinator, technology, information	821	**8121**	Corrugator (*paper mfr*)
			559	**5419**	Corsetiere
177	**6212**	Coordinator, tour	661	**6222**	Cosmetologist
420	**4134**	Coordinator, traffic	732	**7124**	Coster
124	**3563**	Coordinator, training	732	**7124**	Costermonger
179	**3539**	Coordinator, translation	556	**5414**	Costumier
140	**4134**	Coordinator, transport	821	**8121**	Coucher
441	**4133**	Coordinator, warehouse	102	**1113**	Councillor (*local government*)
371	**3232**	Coordinator (*charity, welfare services*)	241	**2411**	Counsel, Queen's
			720	**7111**	Counsellor, beauty (*retail trade*)
430	**3421**	Copier, design	*364*	**3539**	Counsellor, business
822	**8121**	Copier, pattern, paper	371	**3232**	Counsellor, debt
839	**8117**	Copperer (carbon brushes)	361	**3534**	Counsellor, investment
813	**8113**	Copperman (*textile mfr*)	*392*	**3564**	Counsellor, outplacement
801	**8111**	Coppersidesman	*392*	**3564**	Counsellor, redundancy
533	**5213**	Coppersmith	371	**3232**	Counsellor, Relate
430	**4150**	Copyholder	392	**3232**	Counsellor, school
569	**5423**	Copyist, braille	392	**3232**	Counsellor, student
430	**3421**	Copyist, design	*411*	**4123**	Counsellor (*bank, building society*)
430	**3421**	Copyist, designer's	103	**3561**	Counsellor (*government*)
557	**5414**	Copyist, milliner's	371	**3232**	Counsellor (*welfare services*)
385	**3415**	Copyist, music	863	**8134**	Counter, bank-note
490	**9219**	Copyist, photo	441	**9149**	Counter, bobbin
557	**5414**	Copyist (*millinery mfr*)	861	**8133**	Counter, paper
430	**3421**	Copyist (*textile printing*)	*959*	**9259**	Counter, stock (*wholesale, retail trade*)
380	**3412**	Copywriter			
555	**5413**	Corder (*footwear mfr*)	862	**9134**	Counter (*bolt, nail, nut, rivet, screw mfr*)
859	**8139**	Corder (*printing*)			
802	**8111**	Corder (*tobacco mfr*)	863	**8134**	Counter (*mine: not coal*)
559	**5419**	Corder (*upholstering*)	861	**8133**	Counter (*paper mfr*)
555	**5413**	Cordwinder	441	**9149**	Counter (*printing*)
599	**8149**	Corer, hard	441	**9149**	Counter (*textile mfr*)
531	**5212**	Corer (*foundry*)	441	**9149**	Counter-off
859	**8139**	Corker (*fishing rod mfr*)	*411*	**4123**	Counterhand (*bookmakers, turf accountants*)
862	**9134**	Corker			
385	**3415**	Cornetist	*720*	**7111**	Counterhand (*take-away food shop*)
350	**2411**	Coroner	*720*	**7111**	Counterhand (*wholesale, retail trade*)
886	**S 8221**	Corporal, underground			
600	**3311**	Corporal	953	**9223**	Counterhand
310	**3122**	Corrector, chart (*Trinity House*)	441	**9149**	Counterman (chemicals)
515	**5222**	Corrector, die	441	**9149**	Counterman (drugs)
430	**4150**	Corrector, press	953	**9223**	Counterman (*catering*)

SOC 1990	SOC 2000	
862	9134	Counterman (*hosiery, knitwear mfr*)
720	7111	Counterman (*retail trade*)
720	7111	Counterman (*take-away food shop*)
411	4123	Counterman (*turf accountants*)
441	9149	Counterman (*wool warehouse*)
859	8139	Coupler (*hose pipe mfr*)
941	9211	Courier, bank
630	6213	Courier (*tour operator*)
941	9211	Courier
872	8212	Courier-driver
383	3422	Couturier
859	8139	Coverer, ball, tennis
899	8129	Coverer, bar, metal
800	8111	Coverer, biscuit
929	9129	Coverer, boiler
859	8139	Coverer, box (wooden fixture boxes)
859	8139	Coverer, buckle
859	8139	Coverer, button
859	8139	Coverer, cabinet (*furniture mfr*)
859	8139	Coverer, case
809	8111	Coverer, chocolate
814	8113	Coverer, elastic (*textile mfr*)
859	8139	Coverer, fireworks
506	5322	Coverer, floor
859	8139	Coverer, hat
859	8139	Coverer, heel
859	8139	Coverer, helmet
839	8117	Coverer, lead
929	9129	Coverer, pipe
554	5412	Coverer, Rexine
824	8115	Coverer, roller (*printing*)
555	5413	Coverer, roller (*textile mfr*)
501	5313	Coverer, roof
824	8115	Coverer, rubber (*cable mfr*)
814	8113	Coverer, rubber (*surgical dressing mfr*)
824	8115	Coverer, rubber (*textile mfr*)
553	8137	Coverer, umbrella
824	8115	Coverer, wheel (rubber)
824	8115	Coverer, wire (*insulated wire, cable mfr*)
562	5423	Coverer (*bookbinding*)
859	8139	Coverer (*cardboard box mfr*)
559	5419	Coverer (*coat hanger mfr*)
851	8132	Coverer (*corset mfr*)
899	8129	Coverer (*insulated wire, cable mfr*)
859	8139	Coverer (*leather goods mfr*)
859	8139	Coverer (*piano, organ mfr*)
824	8115	Coverer (*rubber goods mfr*)
859	8139	Coverer and liner, case
900	9111	Cowman
332	3513	Coxswain
552	8113	Crabber, french
552	8113	Crabber, yorkshire
903	9119	Crabber (*fishing*)
552	8113	Crabber (*textile mfr*)
809	8111	Cracker, egg
591	5491	Cracker-off
900	9111	Craftsman, agricultural
913	9139	Craftsman, assistant (*metal trades*)
532	5314	Craftsman, distribution (*gas supplier*)
521	5241	Craftsman, electrical
516	5223	Craftsman, enhanced (*power station*)
516	5223	Craftsman, engineering
904	9112	Craftsman, forest
904	9112	Craftsman, forestry
509	5319	Craftsman, general (*building*)
516	5314	Craftsman, governor (*gas supplier*)
517	5224	Craftsman, instrument
503	5316	Craftsman, light, leaded
521	5241	Craftsman, maintenance (electrical)
516	5223	Craftsman, maintenance (mechanical)
516	5223	Craftsman, mechanical
571	5492	Craftsman, museum
599	5499	Craftsman, research and development
521	5241	Craftsman, transmission (*electricity supplier*)
532	5314	Craftsman, transmission (*gas supplier*)
516	5223	Craftsman, underground (*coal mine*)
524	5243	Craftsman (*electricity supplier*)
599	5499	Craftsman (*government*)
517	5224	Craftsman (*instrument mfr*)
841	8125	Cramper (nails, needles)
829	8112	Cranker (*ceramics mfr*)
829	8112	Cranker-up (*ceramics mfr*)
891	9133	Crater (*manufacturing: printing*)
862	9134	Crater (*manufacturing*)
800	8111	Creamer (*biscuit mfr*)
555	5413	Creaser, vamp
555	5413	Creaser (*footwear mfr*)
821	8121	Creaser (*printing*)
814	8113	Creaser (*textile mfr*)
814	8113	Creaser and lapper
814	8113	Creeler
821	8121	Creosoter, timber
812	8113	Creper, silk
552	8113	Creper
387	3449	Crew, balloon
630	6214	Crew, cabin
930	9141	Crew, dock
631	6215	Crew, train
930	9141	Crewman
387	3441	Cricketer
291	2322	Criminologist
851	8132	Crimper, detonator
800	8111	Crimper, pasty
555	5413	Crimper, vamp
899	8129	Crimper (*cable mfr*)
812	8113	Crimper (*flax, hemp mfr*)
555	5413	Crimper (*footwear mfr*)
812	8113	Crimper (*textile mfr: textile spinning*)
552	8113	Crimper (*textile mfr*)

Standard Occupational Classification 2000 Volume 2   49

SOC 1990	SOC 2000		SOC 1990	SOC 2000	
380	3431	Critic	559	5419	Cutter, bandage
160	5111	Crofter (*farming*)	899	8125	Cutter, bar
552	8113	Crofter (*textile mfr*)	811	8113	Cutter, bass
900	9111	Cropper (*agriculture*)	822	8121	Cutter, belt (*abrasives mfr*)
899	8129	Cropper (*metal trades*)	555	5413	Cutter, belt
552	8113	Cropper (*textile mfr*)	559	5419	Cutter, bias
699	6211	Croupier	899	8125	Cutter, billet (*steelworks*)
823	8112	Crowder	800	8111	Cutter, biscuit
555	5413	Crowner	841	8125	Cutter, blank (*spoon, fork mfr*)
814	8113	Crozier	899	8129	Cutter, block (*linoleum mfr*)
829	8119	Crusher, bone	899	8129	Cutter, block (*wallpaper mfr*)
552	8113	Crusher, burr	557	8136	Cutter, blouse
820	8114	Crusher, calamine	814	8113	Cutter, bobbin
890	8123	Crusher, coal (*coal mine*)	898	8123	Cutter, bottom
829	8119	Crusher, coal	822	8121	Cutter, box (cardboard)
801	8111	Crusher, malt	555	5413	Cutter, brace
809	8111	Crusher, seed	800	8111	Cutter, bread (*bakery*)
890	8123	Crusher, slag	590	5491	Cutter, brick
890	8123	Crusher (abrasives)	555	5413	Cutter, bridle
820	8114	Crusher (chemicals)	591	5491	Cutter, brilliant (*glass mfr*)
890	8123	Crusher (minerals: *mines and quarries*)	581	5431	Cutter, butcher's
			899	8129	Cutter, button, pearl
829	8119	Crusher (minerals)	825	8116	Cutter, button
890	8123	Crusher (rock: *mine: not coal*)	899	8125	Cutter, cable
829	8112	Crusher (*ceramics mfr*)	557	8136	Cutter, cap
809	8111	Crusher (*seed crushing*)	822	8121	Cutter, card (*paper goods mfr*)
890	8123	Crusherman (rock: *mine: not coal*)	814	8113	Cutter, card (*textile mfr*)
202	2113	Crystallographer	506	5322	Cutter, carpet
809	8111	Cuber (*seed crushing*)	720	7111	Cutter, cheese
903	9119	Cultivator, shellfish	841	8125	Cutter, circle
160	5112	Cultivator, watercress	898	8123	Cutter, clay
841	8125	Cupper, shell	559	5419	Cutter, cloth, umbrella
292	2444	Curate	562	5423	Cutter, cloth (*bookbinding*)
346	3218	Curator, instrument	557	8136	Cutter, cloth (*clothing mfr*)
271	2452	Curator	557	8136	Cutter, cloth (*made-up textiles mfr*)
829	8114	Cureman	552	8113	Cutter, cloth (*textile mfr*)
809	8111	Curer (food products)	557	8136	Cutter, clothier's
829	8115	Curer (rubber)	557	8136	Cutter, clothing
810	8114	Curer (skins)	597	8122	Cutter, coal (*coal mine*)
814	8113	Curler, feather	824	8115	Cutter, collar (rubber)
813	8113	Curler, soft	557	8136	Cutter, collar
813	8113	Curler, yarn	904	9112	Cutter, copse
559	5419	Curler (*hat mfr*)	599	5499	Cutter, cork
810	8114	Currier	559	5419	Cutter, corset
672	6232	Custodian, castle	557	8136	Cutter, costume
619	9241	Custodian, civilian	599	5499	Cutter, cotton
615	9241	Custodian (*security services*)	559	5419	Cutter, design (*clothing mfr*)
619	9249	Custodian	899	8129	Cutter, design (*printing*)
814	8113	Cutler, cloth	559	5419	Cutter, designer
518	5495	Cutler, silver	590	5491	Cutter, diamond (*glass mfr*)
899	8129	Cutler	518	5495	Cutter, diamond
537	5215	Cutter, acetylene	569	9133	Cutter, die (engraving)
557	8136	Cutter, alteration	555	5413	Cutter, die (*footwear mfr*)
559	5419	Cutter, asbestos (*mattress, upholstery mfr*)	824	8115	Cutter, disc (*rubber mfr*)
			811	8113	Cutter, dress (fibre)
581	5431	Cutter, bacon	*557*	8136	Cutter, fabric
559	5419	Cutter, bag (canvas)	559	5419	Cutter, felt (*textile mfr*)
555	5413	Cutter, bag	811	8113	Cutter, fibre
824	8115	Cutter, band, rubber	899	8129	Cutter, file

SOC 1990	SOC 2000		SOC 1990	SOC 2000	
822	8121	Cutter, film (*photographic film mfr*)	597	8122	Cutter, machine (*coal mine*)
555	5413	Cutter, fittings	555	5413	Cutter, machine (*leather goods mfr*)
559	5419	Cutter, flag	898	8123	Cutter, machine (*mine: not coal*)
537	5215	Cutter, flame	897	8121	Cutter, maker's, box
513	5221	Cutter, flyer	811	8113	Cutter, manilla
557	8136	Cutter, fur	557	8136	Cutter, mantle
552	8113	Cutter, fustian	557	8136	Cutter, material
557	8136	Cutter, garment	557	8136	Cutter, measure
537	5215	Cutter, gas	581	5431	Cutter, meat
513	5221	Cutter, gear	537	5215	Cutter, metal, scrap
829	8114	Cutter, gimson (*brake linings mfr*)	899	8125	Cutter, metal
591	5491	Cutter, glass, optical	829	8112	Cutter, mica
590	5316	Cutter, glass	515	5222	Cutter, mould
555	5413	Cutter, glove, boxing	902	9119	Cutter, mushroom
557	8136	Cutter, glove	822	8121	Cutter, negative
899	8125	Cutter, gold	839	8117	Cutter, nut
594	5113	Cutter, grass	537	5215	Cutter, oxy-acetylene
599	8119	Cutter, guillotine (*asbestos-cement goods mfr*)	899	8125	Cutter, panel (metal)
			897	8121	Cutter, panel (wood)
555	5413	Cutter, guillotine (*leather goods mfr*)	822	8121	Cutter, paper
899	8125	Cutter, guillotine (*metal trades*)	555	5413	Cutter, pattern, iron (*footwear mfr*)
822	8121	Cutter, guillotine (*paper goods mfr*)	515	5222	Cutter, pattern, metal
897	8121	Cutter, guillotine (*wood products mfr*)	822	8121	Cutter, pattern, paper
557	8136	Cutter, hand (*clothing mfr*)	557	8136	Cutter, pattern (*clothing mfr*)
557	8136	Cutter, hat	555	5413	Cutter, pattern (*footwear mfr*)
902	9119	Cutter, hay (*farming*)	559	5419	Cutter, pattern (*fur goods mfr*)
902	9119	Cutter, heath	814	8113	Cutter, pattern (*jacquard card cutting*)
902	9119	Cutter, hedge			
811	8113	Cutter, hemp	555	5413	Cutter, pattern (*leather goods mfr*)
557	8136	Cutter, hosiery	430	5419	Cutter, pattern (*textile mfr*)
899	8129	Cutter, insulation	902	9119	Cutter, peat
840	8125	Cutter, key	809	8111	Cutter, peel
557	8136	Cutter, knife, band	552	8113	Cutter, pile
557	8136	Cutter, knife, hand	513	5221	Cutter, pin, vice
899	8125	Cutter, knife, machine (*metal trades*)	899	8125	Cutter, pin
557	8136	Cutter, knife, machine	825	8116	Cutter, plastics
557	8136	Cutter, knife (*leather glove mfr*)	599	5499	Cutter, plate (engraving)
559	5419	Cutter, laces	590	5491	Cutter, plate (*photographic film mfr*)
518	5495	Cutter, leaf (precious metals)	555	5413	Cutter, press (*footwear mfr*)
802	8111	Cutter, leaf (tobacco)	555	5413	Cutter, press (*leather goods mfr*)
562	5423	Cutter, leather (*bookbinding*)	557	8136	Cutter, press (*made-up textiles mfr*)
557	8136	Cutter, leather (*clothing mfr*)	822	8121	Cutter, press (*paper goods mfr*)
810	8114	Cutter, leather (*tannery*)	559	5419	Cutter, press (*textile mfr*)
555	5413	Cutter, leather	822	8121	Cutter, print
809	8111	Cutter, lemon	555	5413	Cutter, profile (*footwear mfr*)
591	5491	Cutter, lens	513	5221	Cutter, profile
591	5491	Cutter, letter, glass	555	5413	Cutter, puff
569	9133	Cutter, letter (*die sinking*)	569	9133	Cutter, punch
500	5312	Cutter, letter (*monumental masons*)	811	8113	Cutter, rag
557	8136	Cutter, linen (*button mfr*)	899	8125	Cutter, rail
557	8136	Cutter, lingerie	899	8125	Cutter, rasp
557	8136	Cutter, lining (*clothing mfr*)	902	9119	Cutter, reed
555	5413	Cutter, lining (*footwear mfr*)	559	5419	Cutter, rib (*hosiery, knitwear mfr*)
869	8139	Cutter, litho (*ceramics mfr*)	559	5419	Cutter, ribbon (typewriter ribbons)
809	8111	Cutter, lozenge	590	5491	Cutter, ring
591	5491	Cutter, lustre, glass	559	5419	Cutter, roll
841	8125	Cutter, machine, punching (*metal trades*)	569	9133	Cutter, roller
			899	8125	Cutter, rotary (*metal trades*)
557	8136	Cutter, machine (*clothing mfr*)	822	8121	Cutter, rotary (*paper goods mfr*)

SOC 1990	SOC 2000		SOC 1990	SOC 2000	
824	8115	Cutter, rubber	897	8121	Cutter, veneer
559	5419	Cutter, sack	800	8111	Cutter, wafer
555	5413	Cutter, saddle	814	8113	Cutter, waste (*textile mfr*)
555	5413	Cutter, sample (*footwear mfr*)	902	9119	Cutter, watercress
552	8113	Cutter, scallop	904	9112	Cutter, willow
537	5215	Cutter, scrap	811	8113	Cutter, wiper
513	5221	Cutter, screw	899	8125	Cutter, wire
569	9133	Cutter, seal	904	9112	Cutter, wood (*forestry*)
500	5312	Cutter, sett	897	8121	Cutter, wood
829	8114	Cutter, sheet, asbestos	513	5221	Cutter, worm
899	8129	Cutter, shell, pearl	599	5499	Cutter (bone, etc)
557	8136	Cutter, shirt	557	8136	Cutter (clothing)
555	5413	Cutter, shoe	518	5495	Cutter (precious stones)
581	5431	Cutter, shopman (butcher's)	822	8121	Cutter (*abrasive paper, cloth mfr*)
899	8125	Cutter, silver	559	5419	Cutter (*artificial flower mfr*)
557	8136	Cutter, skin (*clothing mfr*)	800	8111	Cutter (*bakery*)
810	8114	Cutter, skin (*tannery*)	562	5423	Cutter (*bookbinding*)
500	5312	Cutter, slate	581	5431	Cutter (*butcher's shop*)
555	5413	Cutter, slipper	599	5499	Cutter (*candle mfr*)
829	8114	Cutter, soap	559	5419	Cutter (*canvas goods mfr*)
897	8121	Cutter, sole (clog)	590	5491	Cutter (*ceramics mfr*)
555	5413	Cutter, sole	557	8136	Cutter (*clothing mfr*)
829	8114	Cutter, sponge	559	5419	Cutter (*coach trimming*)
537	5215	Cutter, steel	597	8122	Cutter (*coal mine*)
533	5213	Cutter, stencil (*metal trades*)	557	8136	Cutter (*embroidering*)
822	8121	Cutter, stencil (*printing*)	599	5499	Cutter (*fancy goods mfr*)
555	5413	Cutter, stiffening	800	8111	Cutter (*flour confectionery mfr*)
590	5491	Cutter, stilt	809	8111	Cutter (*food products mfr*)
557	8136	Cutter, stock	555	5413	Cutter (*footwear mfr*)
500	5312	Cutter, stone	897	8121	Cutter (*furniture mfr*)
555	5413	Cutter, strap (*leather goods mfr*)	590	5491	Cutter (*glass mfr*)
902	9119	Cutter, straw (*farming*)	557	8136	Cutter (*glove mfr*)
809	8111	Cutter, sugar	829	8114	Cutter (*glue mfr*)
809	8111	Cutter, sweet	557	8136	Cutter (*haberdashery mfr*)
557	8136	Cutter, table (*glove mfr*)	557	8136	Cutter (*hat mfr*)
557	8136	Cutter, tailor's	557	8136	Cutter (*hosiery, knitwear mfr*)
899	8125	Cutter, test (*rolling mill*)	555	5413	Cutter (*leather goods mfr*)
559	5419	Cutter, thread	591	5491	Cutter (*lens mfr*)
811	8113	Cutter, thrum	829	8119	Cutter (*linoleum mfr*)
557	8136	Cutter, tie	537	5215	Cutter (*metal trades*: boiler mfr)
897	8121	Cutter, timber	841	8125	Cutter (*metal trades*: bolt, nail, nut, rivet, screw mfr)
899	8129	Cutter, tip (*cemented carbide goods mfr*)	899	8125	Cutter (*metal trades*: cable mfr)
802	8111	Cutter, tobacco	841	8125	Cutter (*metal trades*: cutlery mfr)
515	5222	Cutter, tool (*metal trades*)	537	5215	Cutter (*metal trades*: shipbuilding)
898	8123	Cutter, top	899	8125	Cutter (*metal trades*)
869	8139	Cutter, transferrer's	898	8123	Cutter (*mine: not coal*)
824	8115	Cutter, tread	897	8121	Cutter (*packing case (wood) mfr*)
904	9112	Cutter, tree	822	8121	Cutter (*paper goods mfr*)
557	8136	Cutter, trimming	822	8121	Cutter (*paper mfr*)
590	5491	Cutter, tube (glass)	822	8121	Cutter (*paper pattern mfr*)
899	8125	Cutter, tube (metal)	825	8116	Cutter (*plastics goods mfr*)
822	8121	Cutter, tube (paper)	555	5413	Cutter (*powder puff mfr*)
594	5113	Cutter, turf	822	8121	Cutter (*printing*)
824	8115	Cutter, tyre	824	8115	Cutter (*rubber goods mfr*)
557	8136	Cutter, under	559	5419	Cutter (*soft toy mfr*)
559	5419	Cutter, upholstery	841	8125	Cutter (*steel pen mfr*)
902	9119	Cutter, vegetable	809	8111	Cutter (*sugar, sugar confectionery mfr*)
552	8113	Cutter, velvet			

SOC 1990	SOC 2000	
810	8114	Cutter (*tannery*)
552	8113	Cutter (*textile mfr: textile finishing*)
552	8113	Cutter (*textile mfr: woollen, worsted mfr*)
814	8113	Cutter (*textile mfr*)
802	8111	Cutter (*tobacco mfr*)
559	5419	Cutter (*upholstering*)
897	8121	Cutter (*woodworking*)
518	5495	Cutter and booker
534	5214	Cutter and caulker (*shipbuilding*)
557	8136	Cutter and fitter
512	5221	Cutter and grinder, tool
839	8117	Cutter-down (*rolling mill*)
513	5221	Cutter-grinder (*metal trades*)
843	8125	Cutter-off (*metal trades: iron pipe mfr*)
899	8125	Cutter-off (*metal trades*)
839	8117	Cutter-out (*cutlery mfr*)
834	8118	Cutter-through (*steelworks*)
899	8125	Cutter-up, scrap
597	8122	Cutterman, coal
597	8122	Cutterman (*coal mine*)
822	8121	Cutterman (*paper mfr*)
387	3441	Cyclist
821	8121	Cylinderman (*paper mfr*)
201	2112	Cytogeneticist
201	2112	Cytologist
201	2112	Cytotaxonomist

ALPHABETICAL INDEX FOR CODING OCCUPATIONS

D

SOC 1990	SOC 2000		SOC 1990	SOC 2000	
103	**2441**	D1 (*Benefits Agency*)	733	**1235**	Dealer, rag and bone
400	**4112**	D1 (*Northern Ireland Office*)	733	**1235**	Dealer, scrap
103	**2441**	D2 (*Benefits Agency*)	361	**3532**	Dealer, share
400	**4112**	D2 (*Northern Ireland Office*)	*179*	**1234**	Dealer, sheep
103	**2441**	D2 (*Office for National Statistics*)	179	**1234**	Dealer, stamp
103	**2441**	D3 (*Benefits Agency*)	361	**3532**	Dealer, stock and share
103	**2441**	D3 (*Office for National Statistics*)	179	**1234**	Dealer, store, marine
103	**2441**	D4 (*Benefits Agency*)	179	**1234**	Dealer, tyre
103	**2441**	D4 (*Office for National Statistics*)	699	**6211**	Dealer (casino)
809	**8111**	Dairyman (*dairy products mfr*)	361	**3532**	Dealer (finance)
900	**9111**	Dairyman (*farming*)	732	**7124**	Dealer (*wholesale, retail trade: market trading*)
809	**8111**	Dairyman (*milk processing*)			
731	**7123**	Dairyman (*retail trade: delivery round*)	730	**7129**	Dealer (*wholesale, retail trade: party plan sales*)
720	**7111**	Dairyman (*retail trade*)	179	**1234**	Dealer (*wholesale, retail trade*)
552	**8113**	Damper (*textile mfr*)	231	**2312**	Dean (*further education*)
821	**8121**	Damperman (*paper mfr*)	230	**2311**	Dean (*higher education, university*)
384	**3414**	Dancer, ballet	292	**2444**	Dean
384	**3414**	Dancer	843	**8125**	Deburrer
553	**5419**	Darner (*hotels, catering, public houses*)	552	**8113**	Decatiser
			596	**5491**	Decorator, aerograph
559	**5419**	Darner (*textile mfr: sack repairing*)	591	**5491**	Decorator, aerographing (*ceramics mfr*)
553	**5419**	Darner (*textile mfr*)			
		Dataller - *see* Hand, datal	869	**8139**	Decorator, art
		Dateler - *see* Hand, datal	580	**5432**	Decorator, cake
		Dateller - *see* Hand, datal	859	**8139**	Decorator, card (greeting, etc cards)
912	**9139**	Dauber, ladle (*iron and steelworks*)	381	**3421**	Decorator, display
919	**9139**	Dauber (*coal gas, coke ovens*)	791	**5496**	Decorator, floral
		Dayman (*mining*) - *see* Hand, datal	591	**5491**	Decorator, glass (painting)
990	**9229**	Dayman (*theatre*)	591	**5491**	Decorator, glass
839	**8117**	De-ruster	507	**5323**	Decorator, house
292	**2444**	Deacon	507	**5323**	Decorator, interior (*building and contracting*)
179	**1234**	Dealer, accessories, motor			
179	**1234**	Dealer, antiques	381	**3422**	Decorator, interior
179	**1234**	Dealer, art	891	**9133**	Decorator, plate, tin
361	**3532**	Dealer, bond	591	**5491**	Decorator, slip
179	**1234**	Dealer, book	591	**5491**	Decorator (ceramics)
179	**1234**	Dealer, car	580	**5432**	Decorator (flour confectionery)
179	**1234**	Dealer, cattle	552	**8113**	Decorator (leather cloth)
719	**5319**	Dealer, estate	809	**8111**	Decorator (sugar confectionery)
361	**3532**	Dealer, exchange, foreign (*banking*)	507	**5323**	Decorator (*building and contracting*)
732	**7124**	Dealer, firewood			
178	**5433**	Dealer, fish	507	**5323**	Decorator (*metal trades*)
174	**1223**	Dealer, fish and chip	569	**5422**	Decorator (*wallpaper mfr*)
179	**1234**	Dealer, game	507	**5323**	Decorator
733	**1235**	Dealer, general	552	**8113**	Degger
361	**3532**	Dealer, investment	839	**8117**	Degreaser (*metal trades*)
732	**7124**	Dealer, log, fire	810	**8114**	Degreaser (*tannery*)
733	**1235**	Dealer, metal, scrap	581	**5431**	Dehairer, pig
361	**3532**	Dealer, money	190	**4114**	Delegate, union, trade
733	**1235**	Dealer, paper, waste	810	**8114**	Delimer
179	**1234**	Dealer, pig	890	**8123**	Delinter
179	**1234**	Dealer, poultry	940	**9211**	Deliverer, allowance
719	**5319**	Dealer, property	941	**9211**	Deliverer, book
733	**1235**	Dealer, rag	874	**8214**	Deliverer, car

SOC 1990	SOC 2000	
872	**8211**	Deliverer, coal
731	**7123**	Deliverer, milk
941	**9211**	Deliverer, newspaper
941	**9211**	Deliverer, parcel
731	**8212**	Deliverer (fast food)
941	**9211**	Deliverer (*newspapers, magazines*)
889	**9139**	Deliverer (*textile mfr*)
731	**7123**	Deliveryman, baker's
872	**8211**	Deliveryman, coal
941	**9211**	Deliveryman (*newsagents*)
731	**7123**	Deliveryman (*retail milk trade*)
731	**7123**	Deliveryman (*retail trade*: *delivery round*)
889	**9139**	Deliveryman (*textile mfr*)
872	**8212**	Deliveryman
898	**8123**	Delver (*mine*: *not coal*)
252	**2423**	Demographer
896	**8149**	Demolisher
719	**7129**	Demonstrator, technical
719	**7129**	Demonstrator
719	**7129**	Demonstrator-consultant
719	**7129**	Demonstrator-salesman
826	**8114**	Denierer (*man-made fibre mfr*)
223	**2215**	Dentist
834	**8118**	Depositor (*electroplating*)
839	**8117**	Depositor (*welding*)
889	**9139**	Depotman (*blast furnace*)
931	**9149**	Depotman
597	**S 8122**	Deputy (*coal mine*)
670	**S 6231**	Deputy (*lodging house*)
898	**S 8123**	Deputy (*mine: not coal*)
220	**2211**	Dermatologist
898	**8123**	Derrickman (*oil wells*)
886	**8221**	Derrickman
839	**8117**	Descaler (*steelworks*)
537	**5215**	Deseamer (*steelworks*)
310	**3122**	Designer, aided, computer
211	**2122**	Designer, aircraft
214	**2131**	Designer, applications (computing)
382	**3422**	Designer, applications
260	**2431**	Designer, architectural
381	**3421**	Designer, art
216	**2126**	Designer, avionics
382	**3422**	Designer, body (*vehicle mfr*)
382	**3422**	Designer, book
310	**3122**	Designer, CAD
310	**S 3122**	Designer, chief
216	**2126**	Designer, circuit (*telecommunications*)
382	**3422**	Designer, cloth
383	**3422**	Designer, clothing
382	**3422**	Designer, commercial
216	**2132**	Designer, computer
260	**2431**	Designer, concrete, reinforced
383	**3422**	Designer, costume
214	**2132**	Designer, database
310	**3122**	Designer, design, aided, computer
381	**3421**	Designer, display

SOC 1990	SOC 2000	
383	**3422**	Designer, dress
216	**2126**	Designer, electrical
216	**2126**	Designer, electronics
382	**3422**	Designer, embroidery
310	**3122**	Designer, engineering
381	**3421**	Designer, exhibition
383	**3422**	Designer, fashion
791	**5496**	Designer, floral
260	**2431**	Designer, formwork
382	**3422**	Designer, furnishing, soft
382	**3422**	Designer, furniture
382	**3422**	Designer, games
594	**5113**	Designer, garden
382	**3422**	Designer, gem
381	**3421**	Designer, graphic
382	**3422**	Designer, handbag
382	**3422**	Designer, industrial
382	**3422**	Designer, instrument
382	**3422**	Designer, instrumentation
381	**3422**	Designer, interior
382	**3422**	Designer, jewellery
381	**3422**	Designer, kitchen
260	**2431**	Designer, landscape
386	**3434**	Designer, lighting
382	**3422**	Designer, lithographic
216	**2126**	Designer, machinery, electrical
310	**3122**	Designer, mechanical
381	**3421**	Designer, multi-media
211	**2122**	Designer, nautical
211	**2122**	Designer, naval
214	**2132**	Designer, network
382	**3422**	Designer, packaging
382	**3422**	Designer, pattern (*textile printing*)
310	**3122**	Designer, piping
382	**3422**	Designer, pottery
382	**3422**	Designer, printer's
382	**3422**	Designer, product
		Designer, project - *see* Engineer (professional)
381	**3422**	Designer, set
382	**3422**	Designer, shopfitting
214	**2132**	Designer, software
381	**3422**	Designer, stage
260	**2431**	Designer, structural
214	**2132**	Designer, systems (qualified)
216	**2126**	Designer, systems (*railway signalling*)
320	**2132**	Designer, systems
213	**2124**	Designer, telecommunications
382	**3422**	Designer, textile
310	**3122**	Designer, tool
382	**3422**	Designer, toy
560	**5421**	Designer, typographical
381	**3421**	Designer, web
382	**3422**	Designer (ceramics)
383	**3422**	Designer (clothing)
382	**3422**	Designer (footwear)
382	**3422**	Designer (glassware)
382	**3422**	Designer (jewellery)
382	**3422**	Designer (leather goods)

SOC 1990	SOC 2000		SOC 1990	SOC 2000	
382	**3422**	Designer (motor vehicles)	214	**2132**	Developer, software
382	**3422**	Designer (plastics goods)	214	**2132**	Developer, systems (qualified)
381	**3422**	Designer (scenery)	320	**2132**	Developer, systems
382	**3422**	Designer (wallpaper)	*214*	**2132**	Developer, web, technical
382	**3422**	Designer (wood products)	*214*	**2132**	Developer, web
381	**3421**	Designer (*advertising*)	*214*	**2132**	Developer (computing)
260	**2431**	Designer (*architectural practice*)	597	**8122**	Developer (*coal mine*)
381	**3422**	Designer (*broadcasting*)	569	**5423**	Developer (*photographic film processing*)
580	**5432**	Designer (*flour confectionery mfr*)			
383	**3422**	Designer (*fur goods mfr*)	552	**8113**	Developer (*textile mfr*)
216	**2126**	Designer (*metal trades*)	919	**9139**	Devil, printer's
383	**3422**	Designer (*millinery mfr*)	919	**9139**	Devil (*printing*)
382	**3422**	Designer (*publishing*)	811	**8113**	Deviller
382	**3422**	Designer (*rubber goods mfr*)	811	**8121**	Devilman (*paper mfr*)
382	**3422**	Designer (*soft furnishings mfr*)	552	**8113**	Dewer
382	**3422**	Designer (*soft toy mfr*)	529	**5249**	Diagnostician (*HM Dockyard*: electrical)
382	**3422**	Designer (*textile mfr*)			
559	**5419**	Designer-cutter (*clothing mfr*)	380	**3431**	Diarist
822	**8121**	Designer-cutter (*paper goods mfr*)	347	**3229**	Dietician
310	**3122**	Designer-detailer	*347*	**3229**	Dietitian
310	**3122**	Designer-draughtsman	820	**8114**	Digester
830	**8117**	Desilveriser	903	**9119**	Digger, bait
814	**8113**	Desizer	597	**8122**	Digger, coal (*coal mine*)
441	**9149**	Despatch, goods	929	**9129**	Digger, grave
330	**3511**	Despatcher, aircraft	902	**9119**	Digger, peat
330	**3511**	Despatcher, flight	929	**9129**	Digger, trench
441	**9149**	Despatcher, goods	594	**5113**	Digger, turf
463	**4142**	Despatcher, radio	898	**8123**	Digger (*mine: not coal*)
863	**8134**	Despatcher, rail	310	**3122**	Digitiser
863	**8134**	Despatcher, road	533	**5213**	Dingman
463	**4142**	Despatcher, room, control (*emergency services*)	597	**8122**	Dinker (*coal mine*)
			100	**1111**	Diplomat
420	**3511**	Despatcher, traffic (*aircraft*)	839	**8117**	Dipper, acid
441	**9149**	Despatcher	591	**5491**	Dipper, automatic (*ceramics mfr*)
699	**6292**	Destroyer (pest)	839	**8117**	Dipper, brass
310	**3122**	Detailer, concrete	869	**8139**	Dipper, cellulose
420	**4131**	Detailer, duty	809	**8111**	Dipper, chocolate
420	**4131**	Detailer, staff	839	**8117**	Dipper, core
310	**3122**	Detailer, structural	869	**8139**	Dipper, enamel
615	**9241**	Detective, hotel	809	**8111**	Dipper, fondant
615	**9241**	Detective, private	834	**8118**	Dipper, galvanising
615	**9241**	Detective, store	824	**8115**	Dipper, glove
610	**3312**	Detective (*airport*)	591	**5491**	Dipper, machine (*ceramics mfr*)
610	**3312**	Detective (*docks*)	834	**8118**	Dipper, metal
610	**3312**	Detective (*government*)	869	**8139**	Dipper, paint
610	**3312**	Detective (*police service*)	824	**8115**	Dipper, rubber
615	**9241**	Detective (*private detective agency*)	863	**8134**	Dipper, tank (*petroleum distribution*)
			809	**8111**	Dipper, toffee
610	**3312**	Detective (*railways*)	834	**8118**	Dipper, wire
615	**9241**	Detective (*retail trade*)	591	**5491**	Dipper (*ceramics mfr*)
860	**8133**	Detector, crack (*metal mfr*)	810	**8114**	Dipper (*leather dressing*)
922	**8143**	Detector, flaw, rail, ultrasonic	899	**8129**	Dipper (*match mfr*)
710	**3542**	Developer, business (sales)	834	**8118**	Dipper (*metal trades: arc welding electrode mfr*)
214	**2132**	Developer, computer			
719	**5319**	Developer, estate	834	**8118**	Dipper (*metal trades: galvanising*)
569	**5423**	Developer, film	834	**8118**	Dipper (*metal trades: precious metal, plate mfr*)
214	**2132**	Developer, internet			
719	**5319**	Developer, property	869	**8139**	Dipper (*metal trades*)
214	**2132**	Developer, site, web	863	**8134**	Dipper (*oil refining*)

SOC 1990	SOC 2000		SOC 1990	SOC 2000	
821	**8121**	Dipper (*paper mfr*)	271	**1225**	Director, museum
824	**8115**	Dipper (*rubber mfr*)	385	**3415**	Director, musical
809	**8111**	Dipper (*sugar, sugar confectionery mfr*)	*384*	**3432**	Director, network (*broadcasting*)
552	**8113**	Dipper (*textile mfr*)	199	**1181**	Director, non-executive (*health authority: hospital service*)
839	**8117**	Dipper and stripper	*176*	**1225**	Director, operational, bound, outward
123	**1134**	Director, account (*advertising*)	199	**1181**	Director, operations (*health authority*)
121	**1132**	Director, account			
139	**1152**	Director, accounts	*110*	**1121**	Director, operations (*manufacturing*)
123	**1134**	Director, advertising	140	**1161**	Director, operations (*transport*)
140	**1161**	Director, airport	124	**1135**	Director, personnel
123	**1134**	Director, appeal	*384*	**3432**	Director, presentation (*broadcasting*)
123	**1134**	Director, appeals	199	**1239**	Director, publishing
381	**3416**	Director, art	122	**1133**	Director, purchasing
384	**3416**	Director, artistic	*124*	**1135**	Director, recruitment
111	**1122**	Director, building	103	**2441**	Director, regional (*government*)
384	**3432**	Director, casting (*broadcasting*)	*124*	**1135**	Director, resources, human
384	**3416**	Director, casting (*entertainment*)	121	**1132**	Director, sales
190	**1114**	Director, charity	121	**1132**	Director, sales and export
121	**1132**	Director, commercial	*121*	**1132**	Director, sales and marketing
110	**1121**	Director, company (*engineering*)	*630*	**6214**	Director, service, cabin
101	**1112**	Director, company (*major organisation*)	*630*	**6214**	Director, services, cabin
			179	**1152**	Director, services (*property management*)
110	**1121**	Director, company (*manufacturing*)			
		Director, company - *see also notes*	384	**3416**	Director, stage
111	**1122**	Director, contracts (*construction*)	110	**1121**	Director, technical
230	**2311**	Director, course (*higher education, university*)	384	**3432**	Director, television
			384	**3416**	Director, theatre
123	**1134**	Director, creative	*630*	**6213**	Director, tour
100	**1111**	Director, deputy (*government*)	140	**1161**	Director, traffic (*transport*)
121	**1132**	Director, development, business	*124*	**1135**	Director, training
124	**1135**	Director, development, management	271	**1225**	Director, zoo
371	**1114**	Director, divisional (*Red Cross*)	*126*	**1136**	Director (computing)
199	**1239**	Director, editorial	*384*	**3432**	Director (*broadcasting*)
110	**1121**	Director, engineering	*111*	**1122**	Director (*building and contracting*)
121	**1132**	Director, export	*111*	**1122**	Director (*civil engineering*)
384	**3416**	Director, film	*110*	**1121**	Director (*engineering*)
120	**1131**	Director, finance	*102*	**1113**	Director (*local government*)
120	**1131**	Director, financial	101	**1112**	Director (*major organisation*)
179	**1163**	Director, franchise	*199*	**1239**	Director (*management consultancy*)
690	**6291**	Director, funeral	*110*	**1121**	Director (*manufacturing*)
176	**1225**	Director, gallery	*110*	**1121**	Director (*printing*)
171	**1232**	Director, garage	*199*	**1137**	Director (*research and development*)
100	**1111**	Director, group (*government*)	*179*	**1163**	Director (*retail trade*)
371	**1231**	Director, housing	*179*	**1163**	Director (*wholesale trade*)
126	**1136**	Director, IT	150	**1171**	Director (*WRNS*)
111	**1122**	Director, managing (*building and construction*)			Director - *see also notes*
			127	**1131**	Director and Secretary
110	**1121**	Director, managing (*engineering*)	*121*	**1132**	Director of business development
101	**1112**	Director, managing (*major organisation*)	199	**1181**	Director of clinical services
			126	**1136**	Director of communications (computing)
110	**1121**	Director, managing (*manufacturing*)			
179	**1163**	Director, managing (*retail trade*)	*124*	**1135**	Director of communications
179	**1163**	Director, managing (*wholesale trade*)	122	**1133**	Director of contracts (*government*)
		Director, managing - *see also notes*	232	**2313**	Director of education
			179	**1134**	Director of external relations
110	**1121**	Director, manufacturing	120	**1131**	Director of finance
121	**1132**	Director, marketing	*123*	**1134**	Director of fund raising
123	**1134**	Director, media	*124*	**1135**	Director of human resources

SOC 1990	SOC 2000		SOC 1990	SOC 2000	
126	**1136**	Director of IT	791	**7125**	Displayman (*retail trade*)
110	**1121**	Director of manufacturing	830	**8117**	Distiller (*lead, zinc refining*)
121	**1132**	Director of marketing	820	**8114**	Distiller
385	**3415**	Director of music (*entertainment*)	941	**9211**	Distributor, circular
199	**1181**	Director of nursing services	719	**7129**	Distributor, film
124	**1135**	Director of personnel	941	**9211**	Distributor, leaflet
384	**3434**	Director of photography	*941*	**9211**	Distributor, newspaper
384	**3432**	Director of production (*broadcasting*)	839	**8117**	Distributor, paste (*aluminium mfr*)
			889	**9139**	Distributor, weft
384	**3416**	Director of production (*entertainment*)	889	**9139**	Distributor, work
			889	**9139**	Distributor (*manufacturing*)
384	**3432**	Director of programmes	179	**1234**	Distributor (*retail trade*)
201	**1137**	Director of research (biological science)	500	**5312**	Ditcher, stone
			929	**9129**	Ditcher
200	**1137**	Director of research (chemistry)	599	**5319**	Diver
202	**1137**	Director of research (physical science)	800	**8111**	Divider, hand (*bakery*)
			517	**5224**	Divider, hand
121	**1132**	Director of sales	517	**5224**	Divider, instrument, mathematical
102	**1184**	Director of social services	517	**5224**	Divider, thermometer
231	**2312**	Director of studies (*further education*)	859	**8139**	Divider (*clothing mfr*)
			863	**8134**	Divider (*type foundry*)
230	**2311**	Director of studies (*higher education, university*)	699	**6222**	Diviner, water
			599	**5499**	Docker, cork
233	**2314**	Director of studies (*secondary school*)	930	**9141**	Docker
			220	**2211**	Doctor, health, public
233	**2314**	Director of studies (*sixth form college*)	899	**8129**	Doctor, saw
			515	**5222**	Doctor, tool
124	**1135**	Director of training	220	**2211**	Doctor
		Director of - see also notes	200	**2111**	Doctor of chemistry
889	**9139**	Discharger (*coal gas, coke ovens*)	811	**8113**	Dodger, can
930	**9141**	Discharger (*docks*)	811	**8113**	Dodger (*textile finishing*)
699	**6292**	Disinfector	812	**8113**	Doffer, ring
811	**8113**	Disintegrator (*asbestos composition goods mfr*)	814	**8113**	Doffer
			814	**8113**	Doffer and setter
809	**8111**	Disintegrator (*food products mfr*)	839	**8117**	Dogger
516	**5223**	Dismantler, engine, aircraft	839	**8117**	Dogger-on
921	**9121**	Dismantler, furnace	839	**8117**	Dogger-up (tubes)
899	**8129**	Dismantler, machinery	842	**8125**	Dollier (*silversmiths*)
899	**8129**	Dismantler, ship	552	**8113**	Dollier (*textile mfr*)
896	**8149**	Dismantler (*building and contracting*)	552	**8113**	Dollyer
			952	**9223**	Domestic, kitchen
597	**8122**	Dismantler (*coal mine*)	958	**9233**	Domestic (hospital)
899	**8129**	Dismantler (*scrap merchants, breakers*)	958	**9233**	Domestic
			880	**S 8217**	Donkeyman (*shipping*)
330	**3511**	Dispatcher, flight	886	**8221**	Donkeyman
441	**9149**	Dispatcher, goods	839	**8117**	Doorman, furnace
463	**4142**	Dispatcher, radio	919	**9139**	Doorman (*coke ovens*)
863	**8134**	Dispatcher, rail	839	**8117**	Doorman (*forging*)
863	**8134**	Dispatcher, road	699	**9249**	Doorman
420	**3511**	Dispatcher, traffic (*aircraft*)	869	**8139**	Doper (*aircraft mfr*)
441	**9149**	Dispatcher	810	**8114**	Doper (*leather dressing*)
622	**9225**	Dispenser, drink	812	**8113**	Doubler, asbestos
953	**9223**	Dispenser (food and beverages)	814	**8113**	Doubler, cloth
863	**8134**	Dispenser (*bakery*)	812	**8113**	Doubler, ring
622	**9225**	Dispenser (*licensed trade*)	814	**8113**	Doubler, warp
346	**3217**	Dispenser	839	**8117**	Doubler (*metal rolling*)
791	**7125**	Displayman, window	814	**8114**	Doubler (*textile mfr: textile bleaching, dyeing*)
954	**9251**	Displayman (shelf filling)			
560	**5421**	Displayman (*printing*)	812	**8113**	Doubler (*textile mfr*)

58 Standard Occupational Classification 2000 Volume 2

SOC 1990	SOC 2000	
801	**8111**	Draffman (whisky)
811	**8113**	Drafter, fibre
811	**8113**	Drafter, slipper
500	**5312**	Drafter, stone
811	**8113**	Drafter (*broom, brush mfr*)
410	**3520**	Draftsman, costs, law
350	**3520**	Draftsman, costs, legal
241	**2411**	Draftsman, parliamentary
830	**8117**	Dragger, bar
889	**9139**	Dragger, pipe (*brickworks*)
889	**9139**	Dragger, set
889	**9139**	Dragger, skip
839	**8117**	Dragger-down
919	**9139**	Drainer (*brewery*)
929	**9129**	Drainer
990	**9132**	Drainman
380	**3412**	Dramatist
730	**7121**	Draper, credit
179	**1234**	Draper
		Draughter - *see* Drafter
310	**3122**	Draughtsman, autocad
310	**3122**	Draughtsman, CAD
310	**3122**	Draughtsman, cartographical
310 S	**3122**	Draughtsman, chief
350	**3520**	Draughtsman, costs, law
310	**3122**	Draughtsman, design, aided, computer
310	**3122**	Draughtsman, engineering
560	**5421**	Draughtsman, lithographic
560	**5421**	Draughtsman, printer's
310	**3122**	Draughtsman
310	**3122**	Draughtsman-engineer
310	**3122**	Draughtsman-surveyor
831	**8117**	Drawer, bar
889	**9139**	Drawer, brick
599	**5499**	Drawer, brush
811	**8113**	Drawer, card
597	**8122**	Drawer, chock (*coal mine*)
552	**8113**	Drawer, cloth (*textile finishing*)
861	**8133**	Drawer, cloth
889	**9139**	Drawer, coke (*coke ovens*)
811	**8113**	Drawer, cotton
553	**8137**	Drawer, fine
839	**8117**	Drawer, fork
811	**8113**	Drawer, hair
889	**9139**	Drawer, kiln (*ceramics mfr*)
820	**8114**	Drawer, kiln (*chemical mfr*)
829	**8119**	Drawer, lime (*lime burning*)
889	**9139**	Drawer, lime (*mine: not coal*)
889	**9139**	Drawer, oven (*ceramics mfr*)
530	**5211**	Drawer, pick
839	**8117**	Drawer, plate (*wire*)
597	**8122**	Drawer, prop (*coal mine*)
898	**8123**	Drawer, prop
831	**8117**	Drawer, rod (metal)
597	**8122**	Drawer, salvage (*coal mine*)
597	**8122**	Drawer, steel (*coal mine*)
831	**8117**	Drawer, steel
831	**8117**	Drawer, strip (metal)

SOC 1990	SOC 2000	
831	**8117**	Drawer, tape (metal)
597	**8122**	Drawer, timber (*coal mine*)
898	**8123**	Drawer, timber (*mine: not coal*)
831	**8117**	Drawer, tube (metal)
597	**8122**	Drawer, waste (*coal mine*)
831	**8117**	Drawer, wire
811	**8113**	Drawer, wool
811	**8113**	Drawer, worsted
811	**8113**	Drawer, yarn
590	**5491**	Drawer (glass)
831	**8117**	Drawer (metal)
889	**9139**	Drawer (*ceramics mfr*)
889	**8122**	Drawer (*coal mine*)
590	**5491**	Drawer (*glass mfr*)
530	**5211**	Drawer (*metal trades: forging*)
830	**8117**	Drawer (*metal trades: puddling*)
830	**8117**	Drawer (*metal trades: zinc refining*)
831	**8117**	Drawer (*metal trades*)
889	**9139**	Drawer (*mine: not coal*)
889	**9139**	Drawer (*paper mfr*)
552	**8113**	Drawer (*textile mfr: jute mfr*)
861	**8133**	Drawer (*textile mfr: lace mfr*)
552	**8113**	Drawer (*textile mfr: textile finishing*)
552	**8113**	Drawer (*textile mfr: textile weaving*)
811	**8113**	Drawer (*textile mfr*)
839	**8117**	Drawer and marker (*Assay Office*)
823	**8112**	Drawer and setter (*brick mfr*)
552	**8113**	Drawer-in (*textile mfr*)
889	**8122**	Drawer-off (*coal mine*)
814	**8113**	Drawer-off (*textile mfr*)
559	**5419**	Drawthreader
872	**8211**	Drayman
903	**9119**	Dredgeman (shell fish)
885	**8229**	Dredgeman
903	**9119**	Dredger (shell fish)
885	**8229**	Dredger
885	**8229**	Dredgerman
885 S	**8229**	Dredgermaster
810	**8114**	Drencher
552	**8113**	Dresser, bag
811	**8113**	Dresser, bass
582	**5433**	Dresser, bird, game
899	**8129**	Dresser, bow
843	**8125**	Dresser, box, axle
862	**9134**	Dresser, box
591	**5491**	Dresser, brick (*brick mfr*)
811	**8113**	Dresser, bristle
899	**8129**	Dresser, card
843	**8125**	Dresser, casting
552	**8113**	Dresser, cloth
599	**8119**	Dresser, concrete
843	**8125**	Dresser, core
582	**5433**	Dresser, crab
518	**5495**	Dresser, diamond
599	**5499**	Dresser, doll
811	**8113**	Dresser, fibre
537	**5215**	Dresser, flame (*rolling mill*)
809	**8111**	Dresser, flour
599	**5499**	Dresser, fly

SOC 1990	SOC 2000		SOC 1990	SOC 2000	
810	**8114**	Dresser, fur	511	**5221**	Driller, barrel
829	**8119**	Dresser, gypsum	511	**5221**	Driller, box, axle
811	**8113**	Dresser, hair (*broom, brush mfr*)	599	**5499**	Driller, brush
660	**6221**	Dresser, hair (*hairdressing*)	511	**5221**	Driller, burner, gas
899	**8129**	Dresser, heald	825	**8116**	Driller, button
843	**8125**	Dresser, iron	511	**5221**	Driller, casement (metal)
500	**5312**	Dresser, kerb	591	**5491**	Driller, ceramic
810	**8114**	Dresser, leather	511	**5221**	Driller, circle (*textile machinery mfr*)
829	**8119**	Dresser, lime	*898*	**8123**	Driller, core
581	**5431**	Dresser, meat	898	**8123**	Driller, diamond (*well sinking*)
843	**8125**	Dresser, metal	518	**5495**	Driller, die, diamond
843	**8125**	Dresser, pipe	511	**5221**	Driller, faller
843	**8125**	Dresser, plate	511	**5221**	Driller, frame
902	**9119**	Dresser, potato	590	**5491**	Driller, glass
582	**5433**	Dresser, poultry	511	**5221**	Driller, hackle
552	**8113**	Dresser, sack	534	**5214**	Driller, hand
899	**8125**	Dresser, scissors	534	**5214**	Driller, hydraulic
809	**8111**	Dresser, seed	511	**5221**	Driller, machine (*metal trades*)
500	**5312**	Dresser, sett	898	**8123**	Driller, machine (*mine: not coal*)
811	**8113**	Dresser, silk	899	**8129**	Driller, mica
809	**8111**	Dresser, skin (*sausage mfr*)	899	**8129**	Driller, micanite
810	**8114**	Dresser, skin	511	**5221**	Driller, pin
500	**5312**	Dresser, slate	534	**5214**	Driller, plate
843	**8125**	Dresser, steel	591	**5491**	Driller, porcelain
579	**5492**	Dresser, stick	534	**5214**	Driller, portable
599	**8119**	Dresser, stone (*concrete products mfr*)	591	**5491**	Driller, pottery
500	**5312**	Dresser, stone	511	**5221**	Driller, radial
890	**8123**	Dresser, tin	511	**5221**	Driller, rail
809	**8111**	Dresser, tripe	511	**5221**	Driller, rim
843	**8125**	Dresser, tube	511	**5221**	Driller, ring, gas
500	**5312**	Dresser, wallstone	511	**5221**	Driller, room, tool
552	**8113**	Dresser, warp	898	**8123**	Driller, sample (*mine: not coal*)
899	**8129**	Dresser, weld	534	**5214**	Driller, sample (*steelworks*)
843	**8125**	Dresser, wheel	534	**5214**	Driller, shipwright's
661	**6222**	Dresser, wig	534	**5214**	Driller, test (steel)
791	**7125**	Dresser, window	511	**5221**	Driller, tip
839	**8117**	Dresser, wire	511	**5221**	Driller, vertical
579	**5492**	Dresser, wood	898	**S 8123**	Driller, well (offshore)
552	**8113**	Dresser, woollen	898	**8123**	Driller, well
552	**8113**	Dresser, yarn	511	**5221**	Driller, wheel
699	**6211**	Dresser (*entertainment*)	518	**5495**	Driller, wire, diamond
555	**5413**	Dresser (*footwear mfr*)	897	**8121**	Driller, wood
810	**8114**	Dresser (*fur dressing*)	599	**8119**	Driller (*asbestos composition goods mfr*)
810	**8114**	Dresser (*leather dressing*)			
839	**8117**	Dresser (*metal trades: bolt, nail, nut, rivet, screw mfr*)	599	**8119**	Driller (*asbestos goods mfr*)
			898	**8123**	Driller (*civil engineering contracting*)
899	**8125**	Dresser (*metal trades: type foundry*)			
843	**8125**	Dresser (*metal trades*)	511	**5221**	Driller (*coal mine: workshops*)
500	**5312**	Dresser (*mine: not coal*)	597	**8122**	Driller (*coal mine*)
500	**5312**	Dresser (*stone dressing*)	*898*	**8123**	Driller (*marine operations*)
811	**8113**	Dresser (*textile mfr*)	534	**5214**	Driller (*metal trades: boiler mfr*)
556	**5414**	Dressmaker	534	**5214**	Driller (*metal trades: constructional engineering*)
		Drier - *see* Dryer			
597	**8122**	Drifter (*coal mine*)	534	**5214**	Driller (*metal trades: shipbuilding*)
898	**8123**	Drifter (*mine: not coal*)	511	**5221**	Driller (*metal trades*)
597	**8122**	Driftman (*coal mine*)	898	**8123**	Driller (*mine: not coal*)
511	**5221**	Driller, air	825	**8116**	Driller (*plastics goods mfr*)
511	**5221**	Driller, arm, radial	898	**8123**	Driller (*well sinking*)
599	**8119**	Driller, asbestos	642	**6112**	Driver, ambulance

SOC 1990	SOC 2000		SOC 1990	SOC 2000	
830	8117	Driver, assistant (*iron and steelworks*)	882	8216	Driver, engine, diesel (*coal mine*)
812	8113	Driver, assistant (*textile spinning*)	886	8221	Driver, engine, haulage
889	9139	Driver, belt	882	3514	Driver, engine, locomotive
887	8229	Driver, bogie	882	3514	Driver, engine, shunting
885	8229	Driver, bowser, water	872	8219	Driver, engine, traction
889	8219	Driver, bridge, swing	886	8221	Driver, engine, winding
889	8219	Driver, bridge	901	8223	Driver, engine (*agriculture*)
885	8229	Driver, bulldozer	893	8124	Driver, engine (*mining*)
873	8213	Driver, bus	882	3514	Driver, engine (*railways*)
874	8214	Driver, cab, mini	880	8217	Driver, engine (*shipping*)
874	8214	Driver, cab	893	8124	Driver, engine
899	8129	Driver, calender (*insulated wire, cable mfr*)	887	8229	Driver, euclid
			885	8229	Driver, excavator
887	8229	Driver, car, charger	999	9139	Driver, exhauster (*gas works*)
887	8229	Driver, car, coke (*gas ovens*)	825	8116	Driver, extruding
889	9139	Driver, car, electric (*steelworks*)	999	9139	Driver, fan
889	9139	Driver, car, furnace, blast	*887*	8222	Driver, fork-lift
874	8214	Driver, car, motor	886	8221	Driver, gantry
882	3514	Driver, car, rail	832	8117	Driver, gear (*rolling mill*)
887	8222	Driver, car, scale	887	8229	Driver, gearhead (*coal mine*)
882	3514	Driver, car, shuttle	552	8113	Driver, gig
887	8222	Driver, car, weigh	872	8211	Driver, goods
874	8214	Driver, carriage	886	8221	Driver, grab
886	8221	Driver, carrier, straddle	885	8229	Driver, grader
889	8219	Driver, cart	889	9139	Driver, guide, coke
839	8117	Driver, caster	839	8117	Driver, hammer
887	8229	Driver, charge	872	8211	Driver, haulage, motor
887	8229	Driver, charger (*coal gas, coke ovens*)	886	8221	Driver, haulage (*mining*)
889	9139	Driver, charger (*steelworks*)	872	8211	Driver, haulage (*road transport*)
887	8229	Driver, charger	886	8221	Driver, hauler (*coal mine*)
899	8129	Driver, closer (*wire rope, cable mfr*)	874	8214	Driver, hearse
873	8213	Driver, coach	872	8211	Driver, HGV
940	9211	Driver, collection (*PO*)	874	8214	Driver, hire, private
893	8124	Driver, compressor	886	8221	Driver, hoist
830	8117	Driver, control (*steelworks*)	889	8219	Driver, horse
889	9139	Driver, controller (*steelworks*)	893	8124	Driver, house, power
889	9139	Driver, conveyor	887	8222	Driver, hyster
872	8212	Driver, courier	886	8221	Driver, incline
886	8221	Driver, crane	887	8222	Driver, internal
885	8229	Driver, crawler	885	8229	Driver, JCB
890	8123	Driver, crusher (*mine: not coal*)	880	8217	Driver, launch
874	8214	Driver, delivery (*car delivery service*)	*872*	8211	Driver, LGV
872	8212	Driver, delivery	872	8211	Driver, library, mobile
886	8221	Driver, derrick	887	8222	Driver, lift, fork
872	8212	Driver, despatch	886	8221	Driver, lift
882	8216	Driver, diesel (*coal mine*)	889	8219	Driver, lister
882	3514	Driver, diesel (*railways*)	*887*	8222	Driver, loader, side
885	8229	Driver, digger	931	8218	Driver, loader (*airport*)
885	8229	Driver, dozer, angle	885	8229	Driver, loader (*building and contracting*)
885	8229	Driver, dredger			
898	8123	Driver, drill (*mine: not coal*)	872	8211	Driver, loader
872	8212	Driver, drop, multi	882	3514	Driver, loco
885	8229	Driver, drott	882	3514	Driver, locomotive
886	8221	Driver, drum (*steelworks*)	872	8211	Driver, lorry
887	8229	Driver, dumper	899	8129	Driver, machine, armouring
872	8211	Driver, dustcart	899	8129	Driver, machine, cable
886	8221	Driver, elevator	899	8129	Driver, machine, cabling
886	8221	Driver, engine, cable	899	8129	Driver, machine, insulating
			899	8129	Driver, machine, lapping

SOC 1990	SOC 2000		SOC 1990	SOC 2000	
899	8129	Driver, machine, layer-up	839	8117	Driver, skid (*rolling mill*)
885	8229	Driver, machine, spreading (asphalt, concrete)	886	8221	Driver, skip (*blast furnace*)
			839	8117	Driver, spray, water (*rolling mill*)
887	8229	Driver, machine, stoking	887	8222	Driver, stacker
899	8129	Driver, machine, tubing	*885*	8229	Driver, steamroller
901	8223	Driver, machine (*agriculture*)	552	8113	Driver, stenter
829	8114	Driver, machine (*asbestos-cement goods mfr*)	882	8216	Driver, surface (*coal mine*)
			874	8229	Driver, sweeper, road, mechanical
885	8229	Driver, machine (*civil engineering*)	874	8229	Driver, sweeper
887	8229	Driver, machine (*gas works*)	839	8117	Driver, table (*rolling mill*)
886	8221	Driver, magnet (*steelworks*)	886	8221	Driver, tandem (*coal mine*)
872	8212	Driver, mail, motor	872	8211	Driver, tanker
886	8221	Driver, mail, paddy (*coal mine*)	874	8214	Driver, taxi
889	9139	Driver, manipulator (*steelworks*)	516	8219	Driver, test (*motor vehicle mfr*)
873	8213	Driver, minibus	830	8117	Driver, tilter
874	8214	Driver, minicab	886	8221	Driver, tip
829	8119	Driver, mixer, concrete	872	8211	Driver, tipper
887	8229	Driver, motor, dumpy	885	8229	Driver, tool, mechanical
889	8219	Driver, motor, electric	901	8223	Driver, tractor (*agriculture*)
872	8212	Driver, motor, railway	872	8229	Driver, tractor (*building and contracting*)
886	8221	Driver, motor, telpher			
893	8124	Driver, motor (*coal mine*)	872	8229	Driver, tractor (*coal mine: opencast*)
874	8214	Driver, motor (*funeral directors*)	904	9112	Driver, tractor (*forestry*)
872	8212	Driver, motor	872	8223	Driver, tractor (*local government*)
885	8229	Driver, navvy	872	8229	Driver, tractor (*manufacturing*)
886	8221	Driver, paddy (*coal mine*)	872	8229	Driver, tractor (*mining*)
873	8213	Driver, PCV	872	8211	Driver, tractor (*road transport*)
885	8229	Driver, pile	882	3514	Driver, train
885	8229	Driver, plant (*building and contracting*)	873	8213	Driver, tram
			642	6112	Driver, transport, patient
874	8214	Driver, police, civilian	887	8222	Driver, transport (internal transport)
839	8117	Driver, press	872	8211	Driver, transport
891	9133	Driver, printer's	872	8211	Driver, transporter
873	8213	Driver, PSV	889	8219	Driver, traverser
872	8211	Driver, pump, concrete	887	8229	Driver, trolley
387	3441	Driver, racing	887	8229	Driver, truck, bogie
839	8117	Driver, rack (*rolling mill*)	887	8222	Driver, truck, clamp
889	8219	Driver, ram	887	8222	Driver, truck, electric
889	8219	Driver, ransom	887	8222	Driver, truck, fork
872	8212	Driver, recovery	*887*	8222	Driver, truck, fork-lift
872	8211	Driver, refuse	887	8222	Driver, truck, lift, fork
872	8211	Driver, removal	889	8219	Driver, truck, lister
839	8117	Driver, rest (*rolling mill*)	887	8222	Driver, truck, power
832	8117	Driver, roll	887	8229	Driver, truck, ransom
898	8123	Driver, roller (*oil wells*)	887	8222	Driver, truck, stacker
832	8117	Driver, roller (*steelworks*)	887	8222	Driver, truck, works
885	8229	Driver, roller	872	8211	Driver, truck (*road transport*)
872	8211	Driver, rolley	887	8222	Driver, truck
872	8211	Driver, rolly	*889*	8218	Driver, tug (*aircraft*)
899	8129	Driver, saw (*metal trades*)	880	8217	Driver, tug
872	8211	Driver, scammell	893	8124	Driver, turbine
885	8229	Driver, scoop	893	8124	Driver, turbo-blower
885	8229	Driver, scraper	872	8212	Driver, van
885	8229	Driver, sentinel	872	8211	Driver, vehicle, articulated
899	8129	Driver, shear (*metal trades*)	872	8211	Driver, vehicle, motor
597	8122	Driver, shearer (*coal mine*)	872	8211	Driver, wagon
899	8129	Driver, shears (*metal trades*)	*872*	8212	Driver, warehouse
885	8229	Driver, shovel	886	8221	Driver, winch
882	3514	Driver, shunter	901	8223	Driver (agricultural machinery)

SOC 1990	SOC 2000		SOC 1990	SOC 2000	
872	8211	Driver (articulated lorry)	830	8117	Drossman
872	8211	Driver (vehicles, goods transport)	902	9119	Drover
873	8213	Driver (vehicles, passenger transport, bus, coach)	221	2213	Druggist
			810	8114	Drum and cagehand (*tannery*)
874	8214	Driver (vehicles, passenger transport)	810	8114	Drumhand
			862	9134	Drummer, glycerine
887	8222	Driver (works trucks)	385	3415	Drummer (*entertainment*)
874	8214	Driver (*car delivery service*)	810	8114	Drummer (*tannery*)
882	8216	Driver (*coal mine: above ground*)	809	8111	Dryer, bacon
889	8122	Driver (*coal mine: below ground: pony*)	814	8113	Dryer, can (*textile mfr*)
			829	8119	Dryer, clay
882	8216	Driver (*coal mine: below ground: train*)	814	8113	Dryer, clip (*textile mfr*)
			814	8113	Dryer, cloth
872	8211	Driver (*local government: cleansing dept*)	820	8114	Dryer, colour (*dyestuffs mfr*)
			839	8117	Dryer, core (*foundry*)
887	8229	Driver (*mine: not coal: above ground*)	814	8113	Dryer, cylinder (*textile mfr*)
			814	8113	Dryer, dyed (*textile mfr*)
898	8123	Driver (*mine: not coal: below ground*)	814	8113	Dryer, felt
			820	8114	Dryer, gelatine
885	8229	Driver (*plant hire*)	820	8114	Dryer, glue
882	3514	Driver (*railways*)	801	8111	Dryer, grain (*malting*)
880	8217	Driver (*shipping*)	814	8113	Dryer, hair
872	8212	Driver	821	8121	Dryer, kiln (wood)
874	8214	Driver and collector (*car delivery service*)	814	8113	Dryer, machine (*textile mfr*)
			829	8119	Dryer, ore
874	8214	Driver and collector (*coal mine*)	829	8119	Dryer, pearl
731	7123	Driver and collector (*laundry, launderette, dry cleaning*)	809	8111	Dryer, pulp
			814	8113	Dryer, rag
412	7122	Driver and collector	829	8119	Dryer, salt
642	6112	Driver-attendant, ambulance	829	8119	Dryer, sand
874	8214	Driver-bearer	802	8111	Dryer, tobacco
873	8213	Driver-conductor	821	8121	Dryer, veneer
872	8212	Driver-courier	814	8113	Dryer, warp
872	8212	Driver-custodian (*security services*)	814	8113	Dryer, wool
873	8213	Driver-fitter (public service vehicle)	814	8113	Dryer, yarn
872	8211	Driver-fitter	821	8121	Dryer (*abrasive paper, cloth mfr*)
874	8214	Driver-handyman	801	8111	Dryer (*brewery*)
391	8215	Driver-instructor (*public transport*)	809	8111	Dryer (*cereal foods mfr*)
393	8215	Driver-instructor	820	8114	Dryer (*chemical mfr*)
931	8218	Driver-loader (*airport*)	673	9234	Dryer (*laundry, launderette, dry cleaning*)
901	8223	Driver-mechanic (agricultural machinery)	829	8119	Dryer (*metal trades*)
873	8213	Driver-mechanic (bus, coach)	821	8121	Dryer (*paper mfr*)
874	8214	Driver-mechanic (passenger transport vehicles)	569	5423	Dryer (*photographic film mfr*)
			569	5423	Dryer (*photographic film processing*)
872	8211	Driver-mechanic	823	8112	Dryer (*refractory goods mfr*)
872	8212	Driver-packer	820	8114	Dryer (*soap, detergent mfr*)
940	9211	Driver-postman	810	8114	Dryer (*tannery*)
731	7123	Driver-salesman	814	8113	Dryer (*textile mfr*)
441	8212	Driver-storeman	821	8121	Dryer (*vulcanised fibre mfr*)
441	8212	Driver-warehouseman			Dryerman - see Dryer
990	8216	Dropper, fire (*railways*)	814	8113	Dubber (*textile mfr*)
809	8111	Dropper (*bacon, ham, meat curing*)	889	9139	Duffer
820	8114	Dropper (*oil refining*)	811	8113	Duler (*wool*)
809	8111	Dropper (*sugar, sugar confectionery mfr*)	889	8122	Dumper (*coal mine*)
			887	8229	Dumper (*mine: not coal*)
809	8111	Dropper (*sugar refining*)	552	8113	Dumper (*textile mfr*)
821	8121	Dropperman	999	9219	Duplicator (tape recordings)
830	8117	Drosser			

SOC 1990	SOC 2000	
490	**9219**	Duplicator
591	**5491**	Duster, colour
591	**5491**	Duster (*ceramics mfr*)
869	**8139**	Duster (*coal mine*)
569	**5423**	Duster (*printing*)
933	**9235**	Dustman
552	**8114**	Dyer, beam
552	**8114**	Dyer, black (*textile mfr*)
810	**8114**	Dyer, brush (*leather dressing*)
552	**8114**	Dyer, calico
552	**8114**	Dyer, carpet
552	**8114**	Dyer, clothes
552	**8114**	Dyer, colour
552	**8114**	Dyer, cop
552	**8114**	Dyer, cord
552	**8114**	Dyer, fibre
810	**8114**	Dyer, fur
552	**8114**	Dyer, fustian
552	**8114**	Dyer, garment
810	**8114**	Dyer, glove
552	**8114**	Dyer, hair
552	**8114**	Dyer, hank
552	**8114**	Dyer, hat
552	S **8114**	Dyer, head
552	**8114**	Dyer, jig
552	**8114**	Dyer, job
552	S **8114**	Dyer, master
552	**8114**	Dyer, operative
552	**8114**	Dyer, piece
552	**8114**	Dyer, skein
810	**8114**	Dyer, skin
219	**2129**	Dyer, technical
552	**8114**	Dyer, vat
552	**8114**	Dyer, vessel
552	**8114**	Dyer, warp
552	**8114**	Dyer, winch
552	**8114**	Dyer, yarn
552	**8114**	Dyer (grass, straw, etc)
810	**8114**	Dyer (leather)
829	**8116**	Dyer (plastics)
552	**8114**	Dyer (textiles)
552	**8114**	Dyer (*artificial flower mfr*)
869	**8139**	Dyer (*button mfr*)
552	**8114**	Dyer (*cable mfr*)
552	**8114**	Dyer (*dyeing and cleaning*)
552	**8114**	Dyer (*fancy goods mfr*)
810	**8114**	Dyer (*leather goods mfr*)
810	**8114**	Dyer (*tannery*)
552	**8114**	Dyer (*textile mfr*)
552	**8114**	Dyer
673	**9234**	Dyer and cleaner

ALPHABETICAL INDEX FOR CODING OCCUPATIONS

E

SOC 1990	SOC 2000	
340	3211	ENG
132	4111	EO (*government*)
301	3113	ETGII
292	2444	Ecclesiastic
201	2112	Ecologist
399	3542	Economist, home
252	2423	Economist
821	8121	Edgeman
562	5423	Edger, gilt
554	5412	Edger (*bedding mfr*)
591	5491	Edger (*ceramics mfr*)
591	5491	Edger (*lens mfr*)
386	3434	Editor, camera, video
386	3434	Editor, dubbing
384	3416	Editor, film
380	3431	Editor, listings
380	3431	Editor, news (*newspaper*)
380	3412	Editor, sales
386	3434	Editor, sound
380	3431	Editor, sub
380	3412	Editor, technical
384	3432	Editor, video
380	3412	Editor (books)
380	3431	Editor (*newspapers, magazines*)
380	3431	Editor
380	3432	Editor-in-charge (*broadcasting*)
380	3412	Editor-in-chief
235	2316	Educationalist, needs, special
371	3232	Educator, health, dental
810	8114	Egger and washer
291	2322	Egyptologist
553	8137	Elasticator
543	5233	Electrician, auto
543	5233	Electrician, automobile
880	S 8217	Electrician, chief (*shipping*)
521	S 5241	Electrician, chief
543	5233	Electrician, maintenance (motor vehicle repair)
521	5241	Electrician, maintenance (office machinery, electrical)
525	5244	Electrician, radio
543	5233	Electrician, vehicle
521	5241	Electrician
834	8118	Electro-brasser (screws)
200	2111	Electro-chemist
346	3218	Electro-encephalographer
343	3221	Electro-therapeutist
343	3221	Electro-therapist
834	8118	Electroformer
661	6222	Electrologist
661	6222	Electrolysist
834	8118	Electroplater
560	5421	Electrotyper
699	6291	Embalmer
552	8113	Embosser, cloth

SOC 1990	SOC 2000	
518	5495	Embosser, hilt (sword)
562	5423	Embosser, leather (*bookbinding*)
591	5491	Embosser (*glass mfr*)
569	9133	Embosser (*hat mfr*)
518	5495	Embosser (*jewellery, plate mfr*)
810	8114	Embosser (*leather dressing*)
552	8113	Embosser (*leathercloth mfr*)
841	8125	Embosser (*metal trades*)
569	9133	Embosser (*paper goods mfr*)
825	8116	Embosser (*plastics goods mfr*)
569	5423	Embosser (*printing*)
552	8113	Embosser (*textile mfr*)
579	5492	Embosser (*wood products mfr*)
553	5419	Embroiderer
201	2112	Embryologist
411	4123	Employee, bank
631	8216	Employee, railway
889	9139	Emptier, biscuit
590	5491	Emptier, press, electrical
590	5491	Emptier, press (*ceramics mfr*)
889	9139	Emptier, rubbish (*steelworks*)
889	8122	Emptier, wagon (*coal mine*)
889	9139	Emptier, ware
919	9139	Emptier, wheel
889	9139	Emptier (*ceramics mfr*)
829	8114	Emptier (*charcoal mfr*)
990	9132	Emptier
591	5491	Enameller (*ceramics mfr*)
869	8139	Enameller
430	9219	Encloser
811	8113	Ender (*textile mfr: flax, hemp mfr*)
814	8113	Ender (*textile mfr*)
201	2112	Endocrinologist
219	2129	Engineer, acoustics (professional)
529	5319	Engineer, acoustics
		Engineer, administrative - *see* Engineer (professional)
		Engineer, advisory - *see* Engineer (professional)
850	8131	Engineer, aerial
516	5223	Engineer, aero
211	2122	Engineer, aeronautical (professional)
516	5223	Engineer, aeronautical
211	2122	Engineer, aerospace
219	2129	Engineer, agricultural (professional)
516	5223	Engineer, agricultural
516	5223	Engineer, aircraft (maintenance)
516	5223	Engineer, aircraft
516	5223	Engineer, airline
529	5249	Engineer, alarm
521	5249	Engineer, appliance (domestic electrical)

SOC 1990	SOC 2000		SOC 1990	SOC 2000	
		Engineer, applications (industrial) - see Engineer (professional)	310	3122	Engineer, CAD
			517	5224	Engineer, calibration
		Engineer, applications - see Engineer (professional)	386	3434	Engineer, camera, video
			510	5221	Engineer, capstan
212	2123	Engineer, area (technical)	516	5223	Engineer, carding
110	2123	Engineer, area (*telecommunications*)	516	5223	Engineer, catering
			219	2129	Engineer, ceramics
516	5223	Engineer, area	521	S 5241	Engineer, charge (*coal mine*)
516	5223	Engineer, armament	113	2123	Engineer, charge (*electricity supplier*)
516	5223	Engineer, assembly (*vehicle mfr*)			
361	3531	Engineer, assessing (*insurance*)			Engineer, chartered - see Engineer (professional)
516	5223	Engineer, assistant (mechanical)			
516	5223	Engineer, assistant (unit: *coal mine*)	215	2125	Engineer, chemical
302	3112	Engineer, assistant (*broadcasting*)	211	2122	Engineer, chief, area (*coal mine*)
110	2121	Engineer, assistant (*coal mine*)	332	3513	Engineer, chief (catamaran, hovercraft, hydrofoil)
212	2123	Engineer, assistant (*electricity supplier*)			
			110	2122	Engineer, chief (maintenance)
301	3113	Engineer, assistant (*gas supplier*)	880	8217	Engineer, chief (*boat, barge*)
301	3113	Engineer, assistant (*government*)	113	2123	Engineer, chief (*electricity supplier*)
210	2121	Engineer, assistant (*local government*)			
			880	8217	Engineer, chief (*fishing*)
		Engineer, assistant (*manufacturing, professional*) - see Engineer (professional)	110	2129	Engineer, chief (*gas supplier*)
			332	3513	Engineer, chief (*shipping*)
					Engineer, chief - see also Engineer (professional)
301	3113	Engineer, assistant (*manufacturing*)			
332	3513	Engineer, assistant (*shipping*)	521	5241	Engineer, cinema
523	S 5242	Engineer, assistant (*telecommunications*)	521	5241	Engineer, circuit (*cinema*)
			210	2121	Engineer, city
218	2128	Engineer, assurance, quality	210	2121	Engineer, civil
386	3434	Engineer, audio (recording)	*519*	5221	Engineer, cnc
529	5244	Engineer, audio (servicing)	110	2121	Engineer, colliery
310	3122	Engineer, autocad	219	2129	Engineer, combustion
211	2122	Engineer, automobile (professional)	710	3542	Engineer, commercial
540	5231	Engineer, automobile			Engineer, commissioning (professional) - see Engineer (professional)
211	2122	Engineer, automotive (professional)			
540	5231	Engineer, automotive			
211	2122	Engineer, aviation (professional)	301	3113	Engineer, commissioning
516	5223	Engineer, aviation	213	2124	Engineer, communication, radio
213	2124	Engineer, avionics	212	2124	Engineer, communication (professional)
516	5223	Engineer, bakery			
516	8217	Engineer, barge	*529*	5249	Engineer, communication
899	8129	Engineer, battery	*212*	2124	Engineer, communications (professional)
893	8124	Engineer, boiler			
893	8124	Engineer, boilerhouse	*529*	5249	Engineer, communications
210	2121	Engineer, boring (professional)	216	2132	Engineer, computer (design)
898	8123	Engineer, boring	526	5245	Engineer, computer
210	2121	Engineer, borough	532	5314	Engineer, conditioning, air
212	2123	Engineer, branch (*electricity supplier*)	*526*	5245	Engineer, configuration
			504	5319	Engineer, construction
516	5223	Engineer, brewer's	210	2121	Engineer, constructional (professional)
213	2124	Engineer, broadcast (professional)			
529	5249	Engineer, broadcast	535	5311	Engineer, constructional
213	2124	Engineer, broadcasting (professional)			Engineer, consultant - see Engineer (professional)
529	5249	Engineer, broadcasting	*710*	3542	Engineer, consulting (sales)
210	2121	Engineer, building			Engineer, consulting - see Engineer (professional)
210	2121	Engineer, building and civil			
540	5231	Engineer, bus	710	3542	Engineer, consumers (*electricity supplier*)
529	5249	Engineer, cable			

SOC 1990	SOC 2000	
		Engineer, contract (professional) - see Engineer (professional)
301	3113	Engineer, contract
210	2121	Engineer, contractor's
		Engineer, contracts (professional) - see Engineer (professional)
301	3113	Engineer, contracts
219	2129	Engineer, control, noise (professional)
509	5319	Engineer, control, noise
840	5221	Engineer, control, numerically, computer
217	2127	Engineer, control, production
218	2128	Engineer, control, quality
210	2121	Engineer, control, strata
386	3434	Engineer, control, vision
310	3122	Engineer, control, weight
113	2123	Engineer, control (*electricity supplier*)
		Engineer, coordinating - see Engineer (professional)
529	5249	Engineer, copier
219	2129	Engineer, corrosion (professional)
516	5223	Engineer, corrosion
360	3531	Engineer, cost
360	3531	Engineer, costing
210	2121	Engineer, county
516	5223	Engineer, crane
219	2129	Engineer, cryogenic
526	5245	Engineer, customer (computing)
529	5249	Engineer, customer (office machinery)
516	5223	Engineer, cycle
516	5223	Engineer, dairy
210	2121	Engineer, demolition (professional)
896	8149	Engineer, demolition
592	3218	Engineer, dental
110	5223	Engineer, depot (*transport*)
310	3122	Engineer, design, aided, computer
310	3122	Engineer, design, assisted, computer
214	2126	Engineer, design, hardware (computer)
214	2132	Engineer, design, software
216	2126	Engineer, design
216	2126	Engineer, design and test
		Engineer, designing - see Engineer (professional)
214	2132	Engineer, development, software
216	2126	Engineer, development
211	2122	Engineer, diesel (professional)
516	5223	Engineer, diesel (vehicles: *vehicle mfr*)
540	5231	Engineer, diesel (vehicles)
516	5223	Engineer, diesel
600	3311	Engineer, disposal, bomb (*armed forces*)
301	3113	Engineer, distribution, voltage, high
113	2123	Engineer, distribution (*electricity supplier*)

SOC 1990	SOC 2000	
301	3113	Engineer, distribution
113	2123	Engineer, district (*electricity supplier*)
111	2121	Engineer, district (*railways*)
516	5223	Engineer, district
210	2121	Engineer, dock
210	2121	Engineer, docks
516	5223	Engineer, dockyard
532	5314	Engineer, domestic (*domestic appliances repairing*)
532	5314	Engineer, domestic (*plumbing*)
958	9233	Engineer, domestic
210	2121	Engineer, drainage
880	8217	Engineer, dredger
210	2121	Engineer, drilling (*mining*)
212	2123	Engineer, electrical, area (*coal mine*)
521	5241	Engineer, electrical, assistant
543	5233	Engineer, electrical, auto
113	2123	Engineer, electrical, charge, assistant (*electricity supplier*)
		Engineer, electrical, chartered - see Engineer (professional)
212	2123	Engineer, electrical, chief
521	S 5241	Engineer, electrical, colliery, assistant
212	2123	Engineer, electrical, group (*coal mine*)
212	2123	Engineer, electrical, head
521	5241	Engineer, electrical, maintenance
212	2123	Engineer, electrical, nos (professional)
521	5241	Engineer, electrical, nos (*coal mine*)
332	3513	Engineer, electrical, nos (*shipping*)
332	3513	Engineer, electrical, nos (*telecommunications: cable ship*)
522	5241	Engineer, electrical, nos
212	2123	Engineer, electrical, senior
521	5241	Engineer, electrical, unit
212	2123	Engineer, electrical, works
212	2123	Engineer, electrical (professional)
522	5241	Engineer, electrical
212	2123	Engineer, electrical and mechanical (professional)
521	5241	Engineer, electrical and mechanical
521	5241	Engineer, electro-mechanical
213	2124	Engineer, electronic (professional)
213	5249	Engineer, electronic
213	2124	Engineer, electronics (professional)
525	5244	Engineer, electronics (*television, video, audio*)
529	5249	Engineer, electronics
516	5223	Engineer, elevators, grain
219	2129	Engineer, environmental
212	2123	Engineer, equipment
516	5223	Engineer, erection
516	5223	Engineer, estate
360	3531	Engineer, estimating
309	3115	Engineer, evaluation
516	5223	Engineer, excavator
523	5242	Engineer, exchange, telephone

SOC 1990	SOC 2000	
302	3112	Engineer, executive (*telecommunications*)
219	2129	Engineer, experimental
215	2125	Engineer, explosive (*coal mine*)
896	8149	Engineer, explosives (*demolition*)
825	8116	Engineer, extrusion (*plastics goods mfr*)
516	5223	Engineer, fabrication
529	5249	Engineer, fax
526	5245	Engineer, field (computer servicing)
516	5223	Engineer, field (mechanical)
525	5244	Engineer, field (radio, television and video servicing)
532	5314	Engineer, field (*heating and ventilating*)
598	5249	Engineer, field (*office machinery mfr*)
516	5249	Engineer, field
521	5241	Engineer, film
516	5223	Engineer, filter
611	3313	Engineer, fire
880	8217	Engineer, first (*fishing*)
212	2123	Engineer, first (*power station*)
332	3513	Engineer, first
540	5231	Engineer, fleet (vehicle)
332	3513	Engineer, flight (hovercraft)
331	3512	Engineer, flight
516	5223	Engineer, forklift
516	5223	Engineer, foundry
219	2129	Engineer, fuel
516	5223	Engineer, furnace
540	5231	Engineer, garage
210	2121	Engineer, gas, natural
219	2129	Engineer, gas (professional)
532	5314	Engineer, gas
532	5314	Engineer, gas and water
212	2123	Engineer, generating (*electricity supplier*)
201	2112	Engineer, genetic
202	2113	Engineer, geophysical
210	2121	Engineer, geotechnical
219	2129	Engineer, glass
		Engineer, grade I (*government*) - see Engineer (professional)
		Engineer, grade II (*government*) - see Engineer (professional)
		Engineer, grade III (*government*) - see Engineer (professional)
512	5221	Engineer, grinding
516	5223	Engineer, ground
		Engineer, group - see Engineer (professional)
		Engineer, handling, materials - see Engineer (professional)
526	5245	Engineer, hardware (computer)
210	2121	Engineer, health, public
532	5314	Engineer, heat and domestic
532	5314	Engineer, heating, central
219	2129	Engineer, heating (professional)

SOC 1990	SOC 2000	
532	5314	Engineer, heating
532	5314	Engineer, heating and lighting
532	5314	Engineer, heating and plumbing
219	2129	Engineer, heating and ventilating (professional)
532	5314	Engineer, heating and ventilating
211	2122	Engineer, heavy (professional)
516	5223	Engineer, heavy
516	5223	Engineer, helicopter
540	5231	Engineer, HGV
210	2121	Engineer, highway
210	2121	Engineer, highways
517	5224	Engineer, horological
219	2129	Engineer, horticultural (professional)
516	5223	Engineer, horticultural
516	5223	Engineer, hosiery
110	5223	Engineer, hospital
516	5223	Engineer, House, Trinity
516	5223	Engineer, hovercraft
211	2122	Engineer, hydraulic (professional)
332	3513	Engineer, hydraulic (*shipping*)
516	5223	Engineer, hydraulic
216	2126	Engineer, illuminating (professional)
521	5241	Engineer, illuminating
302	3112	Engineer, incorporated (electrical)
304	3114	Engineer, incorporated (*civil engineering*)
301	3113	Engineer, incorporated (*mechanical engineering*)
218	2128	Engineer, industrial
516	5223	Engineer, injection, fuel
		Engineer, inspecting - *see* Engineer (professional)
		Engineer, inspection (professional) - *see* Engineer (professional)
313	3531	Engineer, inspection (*insurance*)
860	8133	Engineer, inspection
860	8133	Engineer, inspector
525	5244	Engineer, installation, satellite
526	5245	Engineer, installation (computer)
532	5314	Engineer, installation (heating and ventilating)
525	5244	Engineer, installation (radio, television and video)
523	5242	Engineer, installation (telephones)
521	5241	Engineer, installation (*electrical contracting*)
302	3112	Engineer, installation (*electricity supplier*)
523	5242	Engineer, installation (*telecommunications*: telephones)
529	5242	Engineer, installation (*telecommunications*)
516	5223	Engineer, installation
		Engineer, instrument, chief - *see* Engineer (professional)
517	5224	Engineer, instrument

68 Standard Occupational Classification 2000 Volume 2

SOC 1990	SOC 2000		SOC 1990	SOC 2000	
896	**8149**	Engineer, insulating	516	**5223**	Engineer, maintenance
896	**8149**	Engineer, insulation, thermal	515	**5222**	Engineer, making, tool
896	**5319**	Engineer, insulation			Engineer, manufacturing (professional) - *see* Engineer (professional)
361	**3531**	Engineer, insurance			
214	**2132**	Engineer, integration, network			
309	**3119**	Engineer, investigating, technical	899	**3113**	Engineer, manufacturing
516	**5223**	Engineer, investigation, defect	332	**3513**	Engineer, marine, chief (*shipping*)
210	**2121**	Engineer, irrigation (professional)	211	**2122**	Engineer, marine, chief
509	**5319**	Engineer, irrigation	211	**2122**	Engineer, marine, senior
510	**5221**	Engineer, lathe	110	**2122**	Engineer, marine, superintendent
516	**5223**	Engineer, laundry	211	**2122**	Engineer, marine (professional)
540	**5231**	Engineer, LGV	880	**8217**	Engineer, marine (*boat, barge*)
		Engineer, liaison - *see* Engineer (professional)	332	**3513**	Engineer, marine (*shipping*)
			516	**5223**	Engineer, marine
516	**5223**	Engineer, lift	*710*	**3542**	Engineer, marketing, product
516	**5223**	Engineer, light			Engineer, materials - *see* Engineer (professional)
522	**5241**	Engineer, lighting, street			
216	**2126**	Engineer, lighting (professional)	364	**3539**	Engineer, measurement, work
516	**5223**	Engineer, line (*oil refining*)	211	**2122**	Engineer, mechanical, area (*coal mine*)
524	**5243**	Engineer, line (*telecommunications*)			
			211	**2122**	Engineer, mechanical, chief
211	**2122**	Engineer, locomotive (professional)	516	S **5223**	Engineer, mechanical, colliery, assistant
516	**5223**	Engineer, locomotive			
219	**2129**	Engineer, lubrication	211	**2122**	Engineer, mechanical, group (*coal mine*)
412	**7122**	Engineer, machine, vending			
521	**5241**	Engineer, machine (domestic electrical appliances)	211	**2122**	Engineer, mechanical, nos (professional)
598	**5249**	Engineer, machine (office machines)	840	**8125**	Engineer, mechanical, nos
516	**5223**	Engineer, machine	110	**2122**	Engineer, mechanical, unit (*coal mine*)
516	**5223**	Engineer, machinery	*211*	**2122**	Engineer, mechanical (professional)
516	**5223**	Engineer, machines			
524	**5243**	Engineer, mains, electrical	*840*	**8125**	Engineer, mechanical
524	**5243**	Engineer, mains (*electricity supplier*)	211	**2122**	Engineer, mechanical and electrical (professional)
532	**5314**	Engineer, mains (*gas supplier*)			
516	**5223**	Engineer, maintenance, aircraft	212	**2123**	Engineer, mechanical and electrical (*electricity supplier*)
526	**5245**	Engineer, maintenance, computer			
521	**5241**	Engineer, maintenance, electrical	516	**5223**	Engineer, mechanical and electrical
516	**5223**	Engineer, maintenance, plant	211	**2122**	Engineer, mechanisation
861	**8133**	Engineer, maintenance, tyre	*219*	**2129**	Engineer, medical (professional)
516	**5223**	Engineer, maintenance (aircraft)	*346*	**3218**	Engineer, medical
111	**5319**	Engineer, maintenance (buildings and other structures)	219	**2129**	Engineer, metallurgical
			517	**5224**	Engineer, meter
526	**5245**	Engineer, maintenance (computer servicing)	364	**3539**	Engineer, methods
			213	**2124**	Engineer, microwave
529	**5249**	Engineer, maintenance (electronics)	211	**2122**	Engineer, mill (professional)
532	**5314**	Engineer, maintenance (heating and ventilating)	516	**5223**	Engineer, mill
			513	**5221**	Engineer, milling
517	**5224**	Engineer, maintenance (instruments)	210	**2121**	Engineer, mining
598	**5249**	Engineer, maintenance (office machines)	516	**5223**	Engineer, model
			516	**5223**	Engineer, monotype
525	**5244**	Engineer, maintenance (radio, television and video)	*540*	**5231**	Engineer, motor, staff
			540	**5231**	Engineer, motor
540	**5231**	Engineer, maintenance (vehicles)	*540*	**5231**	Engineer, motorcycle
110	**5249**	Engineer, maintenance (*electricity supplier*)	210	**2121**	Engineer, mud (*oil wells*)
			210	**2121**	Engineer, municipal
922	**8142**	Engineer, maintenance (*local government*: highways dept)	*213*	**2132**	Engineer, network
					Engineer, nos (professional) - *see also* Engineer (professional)
523	**5242**	Engineer, maintenance (*telecommunications*)			
			331	**3512**	Engineer, nos (*airlines*)

SOC 1990	SOC 2000	
880	8217	Engineer, nos (*boat, barge*)
529	5249	Engineer, nos (*broadcasting*)
516	5223	Engineer, nos (*coal mine*: below ground)
880	8217	Engineer, nos (*fishing*)
332	3513	Engineer, nos (*shipping*)
523	5242	Engineer, nos (*telecommunications*)
840	8125	Engineer, nos
219	2129	Engineer, nuclear
521	5241	Engineer, office, post
210	2121	Engineer, oil
210	2121	Engineer, oil and natural gas (professional)
210	2121	Engineer, oil and natural gas
211	2122	Engineer, operations (*electricity supplier*)
590	5491	Engineer, optical
219	2129	Engineer, packaging
516	5223	Engineer, paper
219	2129	Engineer, patent
		Engineer, performance - *see* Engineer (professional)
215	2125	Engineer, petrochemical
210	2121	Engineer, petroleum
215	2125	Engineer, pharmaceutical
529	5249	Engineer, photocopier
517	5224	Engineer, photographic
219	2129	Engineer, physics, health
532	5216	Engineer, pipe
532	5216	Engineer, pipefitting
519	5221	Engineer, planer, steel
519	5221	Engineer, planing
218	2128	Engineer, planning
110	2122	Engineer, plant (professional)
516	5223	Engineer, plant
215	2125	Engineer, plastics (professional)
825	8116	Engineer, plastics
532	5314	Engineer, plumbing
532	5314	Engineer, plumbing and heating
516	5223	Engineer, pneumatic
516	5223	Engineer, potter's
212	2123	Engineer, power
521	5241	Engineer, powerhouse
517	5224	Engineer, precision
516	5223	Engineer, press, rotary
529	5249	Engineer, prevention, crime
301	3113	Engineer, prevention, fire
		Engineer, pricing - *see* Engineer (professional)
516	5223	Engineer, printer's
217	2127	Engineer, process
217	2127	Engineer, product (professional)
217	2127	Engineer, production
217	2127	Engineer, production and planning
		Engineer, programme - *see* Engineer (professional)
218	2128	Engineer, progress
219	2129	Engineer, project

SOC 1990	SOC 2000	
219	2129	Engineer, projects
516	5223	Engineer, prototype
516	5223	Engineer, pump
701	3541	Engineer, purchasing
218	2128	Engineer, quality
210	2121	Engineer, quarrying
216	2126	Engineer, r and d
213	2124	Engineer, radar (professional)
213	2124	Engineer, radar (research)
529	5249	Engineer, radar
213	2124	Engineer, radio (professional)
525	5244	Engineer, radio
525	5244	Engineer, radio and television
516	5223	Engineer, railway
540	5231	Engineer, reception (*garage*)
386	3434	Engineer, recording
509	5319	Engineer, refractory
332	3513	Engineer, refrigerating (*shipping*)
516	5223	Engineer, refrigerating
219	2129	Engineer, refrigeration (professional)
332	3513	Engineer, refrigeration (*shipping*)
516	5223	Engineer, refrigeration
212	2123	Engineer, regional (*telecommunications*)
346	3218	Engineer, rehabilitation
521	5241	Engineer, relay
540	5231	Engineer, repair, motor
521	5249	Engineer, repair, refrigeration
		Engineer, research - *see* Engineer (professional)
216	2126	Engineer, research and development
113	2123	Engineer, resident (*electricity supplier*)
111	2121	Engineer, resident
516	5223	Engineer, retort
301	3113	Engineer, rig, test
210	2121	Engineer, road
501	5313	Engineer, roofing
515	5222	Engineer, room, tool
516	5223	Engineer, safe
396	3567	Engineer, safety
710	3542	Engineer, sales
211	2122	Engineer, salvage, marine
210	2121	Engineer, sanitary (professional)
532	5314	Engineer, sanitary
525	5244	Engineer, satellite
219	2129	Engineer, scientific
516	5223	Engineer, scribbling
332	3513	Engineer, sea-going
880	8217	Engineer, second (*boat, barge*)
212	2123	Engineer, second (*electricity supplier*)
880	8217	Engineer, second (*fishing*)
212	2123	Engineer, second (*power station*)
516	5223	Engineer, second (*textile mfr*)
332	3513	Engineer, second
529	5249	Engineer, security

SOC 1990	SOC 2000	
899	**8129**	Engineer, semi-skilled
		Engineer, senior - *see* Engineer (professional)
526	**5245**	Engineer, service, computer
532	**5314**	Engineer, service, gas
516	**5223**	Engineer, service, lift
710	**3542**	Engineer, service, sales
516	**5223**	Engineer, service, truck, lift, fork
540	**5231**	Engineer, service, vehicle
516	**5223**	Engineer, service (aircraft)
526	**5245**	Engineer, service (computer equipment)
521	**5249**	Engineer, service (domestic electrical appliances)
516	**5249**	Engineer, service (gaming machines)
532	**5314**	Engineer, service (gas)
532	**5314**	Engineer, service (heating and ventilating)
540	**5231**	Engineer, service (motor vehicles)
529	**5249**	Engineer, service (office machinery)
525	**5244**	Engineer, service (radio, television and video)
523	**5242**	Engineer, service (telephone)
521	**5249**	Engineer, service (*cinema*)
521	**5249**	Engineer, service (*electrical engineering*)
521	**5249**	Engineer, service (*electricity supplier*)
516	**5223**	Engineer, service (*engineering*)
532	**5314**	Engineer, service (*heating engineering*)
516	**5223**	Engineer, service (*oil company*)
516	**5249**	Engineer, service
304	**3114**	Engineer, services, building
		Engineer, servicing - *see* Engineer, service ( )
516	**5223**	Engineer, shafting
113	**2123**	Engineer, shift (*electricity supplier*)
516	**5223**	Engineer, shift
880	**8217**	Engineer, ship's (*fishing*)
332	**3513**	Engineer, ship's
516	**5223**	Engineer, shop, machine
110	**2123**	Engineer, signal (*railways*)
302	**3112**	Engineer, simulator, flight
111	**2121**	Engineer, site
214	**2132**	Engineer, software, interactive
214	**2132**	Engineer, software, senior
320	**2132**	Engineer, software
529	**3434**	Engineer, sound
441	**4133**	Engineer, spares
361	**3531**	Engineer, staff (*insurance*)
212	**2123**	Engineer, staff (*telecommunications*)
540	**5231**	Engineer, staff
364	**3539**	Engineer, standards
212	**2123**	Engineer, station, power (*electricity supplier*)
516	**5223**	Engineer, station, pumping
111	**2121**	Engineer, station (*MOD*)
516	**5223**	Engineer, station (*oil refining*)

SOC 1990	SOC 2000	
893	**8124**	Engineer, steam
516	**5223**	Engineer, stock, rolling
211	**2122**	Engineer, stress, aeronautical
211	**2122**	Engineer, stress, aircraft
211	**2122**	Engineer, stress (*aircraft mfr*)
310	**3122**	Engineer, stress
210	**2121**	Engineer, structural
386	**3434**	Engineer, studio (music)
364	**3539**	Engineer, study, method
364	**3539**	Engineer, study, time
364	**3539**	Engineer, study, work
113	**2123**	Engineer, sub-area (*electricity supplier*)
		Engineer, sub-sea - *see* Engineer (professional)
212	**2123**	Engineer, sub-station (*electricity supplier*)
210	**2121**	Engineer, subsidence
110	**1121**	Engineer, superintendent
		Engineer, superintending - *see* Engineer (professional)
219	**2129**	Engineer, supervising (*government*)
		Engineer, supply (*electricity supplier*) - *see* Engineer (professional)
214	**2132**	Engineer, support, software
526	**5245**	Engineer, support (computer)
529	**5249**	Engineer, support (*electrical, electronic equipment*)
523	**5242**	Engineer, support (*telecommunications*)
		Engineer, support - *see also* Engineer, service
520	**5241**	Engineer, switchboard
212	**2123**	Engineer, switchgear (professional)
520	**5241**	Engineer, switchgear
213	**2124**	Engineer, systems, avionics
600	**3311**	Engineer, systems, weapons (*armed forces*)
320	**2132**	Engineer, systems
517	**5224**	Engineer, tachograph
523	**5242**	Engineer, technical (*telecommunications*)
219	**2129**	Engineer, technical
301	**3113**	Engineer, technician
523	**5242**	Engineer, telecom
212	**2123**	Engineer, telecommunications (professional)
213	**2124**	Engineer, telecommunications (radio, professional)
523	**5242**	Engineer, telecommunications (telephone)
529	**5242**	Engineer, telecommunications
529	**5242**	Engineer, telegraph
212	**2123**	Engineer, telephone (professional)
523	**5242**	Engineer, telephone
213	**2124**	Engineer, television (professional)
525	**5244**	Engineer, television

SOC 1990	SOC 2000	
219	**2129**	Engineer, test (professional)
301	**3113**	Engineer, test (technician)
860	**8133**	Engineer, test
302	**3112**	Engineer, testing, cable, assistant
212	**2123**	Engineer, testing, cable
211	**2122**	Engineer, textile (professional)
516	**5223**	Engineer, textile
219	**2129**	Engineer, thermal (professional)
532	**5314**	Engineer, thermal
219	**2129**	Engineer, thermal and acoustic (professional)
532	**5314**	Engineer, thermal and acoustic
880	**8217**	Engineer, third (*fishing*)
332	**3513**	Engineer, third
364	**3539**	Engineer, time and study
211	**2122**	Engineer, tool, machine (professional)
516	**5223**	Engineer, tool, machine
515	**5222**	Engineer, tool
301	**3113**	Engineer, track and catenary
212	**2123**	Engineer, traction, electric
219	**2129**	Engineer, traffic
213	**2124**	Engineer, transmission, power (television)
212	**2123**	Engineer, transmission, power
540	**5231**	Engineer, transmission (motor vehicles)
529	**5249**	Engineer, transmitter, radio
540	**5231**	Engineer, transport
880	**8217**	Engineer, trawler
833	**8117**	Engineer, treatment, heat
516	**5223**	Engineer, truck, lift, fork
880	**8217**	Engineer, tug
893	**8124**	Engineer, turbine
510	**5221**	Engineer, turner, lathe
510	**5221**	Engineer, turner
598	**5249**	Engineer, typewriter
922	**8143**	Engineer, ultrasonic (*railways*)
860	**8133**	Engineer, ultrasonic
364	**3539**	Engineer, value
540	**5231**	Engineer, vehicle
412	**7122**	Engineer, vending
532	**5314**	Engineer, ventilating
532	S **5314**	Engineer, ventilation (*coal mine*)
532	**5314**	Engineer, ventilation
525	**5244**	Engineer, video
386	**3434**	Engineer, vision (*broadcasting*)
525	**5244**	Engineer, visual, audio
532	**5314**	Engineer, water, hot
210	**2121**	Engineer, water
600	**3311**	Engineer, weapons (*armed forces*)
211	**2122**	Engineer, welding (professional)
537	**5215**	Engineer, welding
886	**8221**	Engineer, winding (*coal mine*)
521	**5241**	Engineer, wiring
110	**2122**	Engineer, works, nos
210	**2121**	Engineer, works, public
516	**5223**	Engineer, works, sewage
516	**5223**	Engineer, works, water

SOC 1990	SOC 2000	
525	**5244**	Engineer, workshop (radio, television and video servicing)
516	**5223**	Engineer, workshop
529	**5249**	Engineer, x-ray
219	**2129**	Engineer (professional, acoustics)
211	**2122**	Engineer (professional, aeronautical)
219	**2129**	Engineer (professional, agricultural)
211	**2122**	Engineer (professional, automobile)
211	**2122**	Engineer (professional, aviation)
213	**2124**	Engineer (professional, avionics)
213	**2124**	Engineer (professional, broadcasting)
219	**2129**	Engineer (professional, ceramics)
215	**2125**	Engineer (professional, chemical)
210	**2121**	Engineer (professional, civil)
219	**2129**	Engineer (professional, combustion)
219	**2129**	Engineer (professional, conditioning, air)
210	**2121**	Engineer (professional, constructional)
219	**2129**	Engineer (professional, corrosion)
219	**2129**	Engineer (professional, cryogenics)
216	**2126**	Engineer (professional, design)
216	**2126**	Engineer (professional, development)
212	**2123**	Engineer (professional, electrical)
213	**2124**	Engineer (professional, electronic)
219	**2129**	Engineer (professional, environmental)
219	**2129**	Engineer (professional, fuel)
219	**2129**	Engineer (professional, gas)
201	**2112**	Engineer (professional, genetics)
202	**2113**	Engineer (professional, geophysics)
219	**2129**	Engineer (professional, glass)
219	**2129**	Engineer (professional, heating and ventilating)
210	**2121**	Engineer (professional, highway)
210	**2121**	Engineer (professional, highways)
219	**2129**	Engineer (professional, horticultural)
211	**2122**	Engineer (professional, hydraulic)
216	**2126**	Engineer (professional, illuminating)
210	**2121**	Engineer (professional, irrigation)
216	**2126**	Engineer (professional, lighting)
211	**2122**	Engineer (professional, locomotive)
219	**2129**	Engineer (professional, lubrication)
211	**2122**	Engineer (professional, marine)
211	**2122**	Engineer (professional, mechanical)
219	**2129**	Engineer (professional, metallurgics)
213	**2124**	Engineer (professional, microwave)
210	**2121**	Engineer (professional, mining)

SOC 1990	SOC 2000		SOC 1990	SOC 2000	
210	**2121**	Engineer (professional, municipal)	886	**8221**	Engineman, donkey (*coal mine*)
219	**2129**	Engineer (professional, noise control)	880	**8217**	Engineman, donkey (*shipping*)
			886	**8221**	Engineman, haulage
219	**2129**	Engineer (professional, nuclear)	893	**8124**	Engineman, hydraulic
210	**2121**	Engineer (professional, oil and natural gas)	801	**8111**	Engineman, malt
			886	**8221**	Engineman, winding
219	**2129**	Engineer (professional, packaging)	882	**3514**	Engineman (*railways*)
219	**2129**	Engineer (professional, patent)	880	**8217**	Engineman (*shipping*)
215	**2125**	Engineer (professional, petrochemical)	893	**8124**	Engineman
			516	**5223**	Enginewright
215	**2125**	Engineer (professional, pharmaceutical)	569	**5421**	Engraver, bank-note
			560	**5421**	Engraver, block, process
215	**2125**	Engineer (professional, plastics)	599	**5495**	Engraver, brass
217	**2127**	Engineer (professional, process)	569	**5421**	Engraver, chemical
217	**2127**	Engineer (professional, production)	569	**5421**	Engraver, copper
210	**2121**	Engineer (professional, public health)	569	**5421**	Engraver, die
			591	**5491**	Engraver, glass
210	**2121**	Engineer (professional, public works)	599	**5495**	Engraver, gold
			569	**5421**	Engraver, hand (*textile mfr*)
218	**2128**	Engineer (professional, quality control)	599	**5495**	Engraver, hand
			569	**5421**	Engraver, heraldic
210	**2121**	Engineer (professional, quarrying)	599	**5495**	Engraver, instrument
213	**2124**	Engineer (professional, radar)	500	**5312**	Engraver, letter
213	**2124**	Engineer (professional, radio)	569	**5421**	Engraver, line
219	**2129**	Engineer (professional, refrigeration)	599	**5495**	Engraver, machine (*instrument mfr*)
			599	**5495**	Engraver, machine (*jewellery, plate mfr*)
210	**2121**	Engineer (professional, sanitary)			
214	**2132**	Engineer (professional, software)	569	**5421**	Engraver, machine
211	**2122**	Engineer (professional, stress)	569	**5421**	Engraver, map
210	**2121**	Engineer (professional, structural)	569	**5421**	Engraver, mark, stamp
213	**2124**	Engineer (professional, telecommunication)	579	**5492**	Engraver, marquetry
			599	**5495**	Engraver, metal
213	**2124**	Engineer (professional, television)	599	**5495**	Engraver, micrometer
211	**2122**	Engineer (professional, textile)	500	**5312**	Engraver, monumental
219	**2129**	Engineer (professional, thermal)	569	**5421**	Engraver, music
219	**2129**	Engineer (professional, traffic)	569	**5421**	Engraver, pantograph (*roller engraving*)
210	**2121**	Engineer (professional, water)			
211	**2122**	Engineer (professional)	579	**5492**	Engraver, parquetry
		Engineer - see also notes	591	**5491**	Engraver, pattern, pottery
210	**2121**	Engineer and architect	560	**5421**	Engraver, photo
		Engineer and surveyor - *see* Engineer (professional)	560	**5421**	Engraver, photographic
			569	**5421**	Engraver, photogravure
516	**5223**	Engineer-attendant	569	**5421**	Engraver, plate, copper
		Engineer-designer - *see* Engineer (professional)	599	**5495**	Engraver, plate (precious metals)
			381	**3411**	Engraver, portrait
310	**3122**	Engineer-draughtsman	569	**5421**	Engraver, potter's
511	**5221**	Engineer-driller	591	**5491**	Engraver, pottery
360	**3531**	Engineer-estimator	560	**5421**	Engraver, process
860	**8133**	Engineer-examiner	569	**5421**	Engraver, punch
516	**5223**	Engineer-fitter	569	**5421**	Engraver, relief
860	**8133**	Engineer-inspector	569	**5421**	Engraver, roller
113	**2123**	Engineer-in-charge (*electricity supplier*)	569	**5421**	Engraver, seal
			599	**5495**	Engraver, silver
840	**8125**	Engineer-machinist	500	**5312**	Engraver, stone
880	**8217**	Engineer-mechanic (*shipping*)	569	**5421**	Engraver, transfer
313	**3531**	Engineer-surveyor (*insurance*)	591	**5491**	Engraver (*ceramics mfr*)
		Engineer-surveyor - *see also* Engineer (professional)	591	**5491**	Engraver (*glass mfr*)
			599	**5495**	Engraver (*jewellery, plate mfr*)
515	**5222**	Engineer-toolmaker	599	**5495**	Engraver (*metal trades*)

SOC 1990	SOC 2000		SOC 1990	SOC 2000	
500	5312	Engraver (*monumental masons*)	505	8141	Erector, scaffolding
569	5421	Engraver (*Ordnance Survey*)	501	5311	Erector, sheeter
569	5421	Engraver (*printing*)	505	8141	Erector, shuttering, metal
569	5421	Engraver (*textile printing*)	570	5315	Erector, shuttering
599	5495	Engraver-etcher	896	8149	Erector, sign
569	5423	Enlarger (films)	505	8141	Erector, stage (*ship repairing*)
809	8111	Enrober (*sugar, sugar confectionery mfr*)	535	5311	Erector, staircase, iron
			535	5311	Erector, steel
552	8113	Enterer (*textile mfr*)	535	5311	Erector, steelwork
384	3413	Entertainer	535	5311	Erector, structural
201	2112	Entomologist	521	5241	Erector, switchgear
420	4131	Enumerator, census	699	9129	Erector, tent
430	4137	Enumerator, traffic	535	5311	Erector, tower
420	4131	Enumerator (census)	521	5241	Erector, transformer
201	3551	Environmentalist	919	9139	Erector, wicket (*ceramics mfr*)
291	2322	Epidemiologist	521	5241	Erector (machinery, electrical)
899	8129	Erector, aerial, television	516	5223	Erector (machinery)
850	8131	Erector, battery	*535*	5311	Erector (steel)
534	5214	Erector, beam (*shipbuilding*)	535	5311	Erector (*coal mine: above ground*)
534	5214	Erector, beam and frame	516	5223	Erector (*coal mine*)
534	5214	Erector, boiler	535	5311	Erector (*engineering: structural*)
896	8149	Erector, building, portable	516	5223	Erector (*engineering*)
896	8149	Erector, ceiling	516	5223	Erector-fitter
850	8131	Erector, cell (*chemical mfr*)	201	2126	Ergonomist
516	5223	Erector, chassis	*719*	7129	Escort (*estate agents*)
535	5311	Erector, chimney, metal	630	6213	Escort
923	8142	Erector, concrete	*874*	8214	Escort-driver
509	5316	Erector, conservatory	*360*	3531	Estimator, building
899	8129	Erector, conveyor (*coal mine*)	506	5322	Estimator, carpet
516	5223	Erector, conveyor	360	3531	Estimator, chief
899	8129	Erector, duct (work)	360	3531	Estimator, cost
516	5223	Erector, engine	*360*	3531	Estimator, planning
516	5223	Erector, engineer's	360	3531	Estimator, print
570	5315	Erector, exhibition	360	3531	Estimator, printing
929	9129	Erector, fence	360	3531	Estimator, technical
929	9129	Erector, fencing	360	3531	Estimator
534	5214	Erector, frame (*shipbuilding*)	700	3541	Estimator and buyer (*retail trade*)
516	5223	Erector, frame (*vehicle mfr*)	262	2434	Estimator and surveyor
535	5311	Erector, furnace	310	3122	Estimator-draughtsman
896	8149	Erector, garage	360	3531	Estimator-engineer
535	5311	Erector, girder	381	3411	Etcher, black and white
896	8149	Erector, greenhouse	569	5421	Etcher, block, process
570	5315	Erector, hoarding	569	5421	Etcher, colour
535	5311	Erector, ironwork	569	5421	Etcher, copper (*printing*)
516	5223	Erector, lift	899	8129	Etcher, cutlery
929	9129	Erector, light, street	569	5421	Etcher, deep
516	5223	Erector, locomotive	569	5421	Etcher, fine
516	5223	Erector, loom	591	5491	Etcher, hand (glass)
516	5223	Erector, machine	569	5421	Etcher, line
532	5314	Erector, mains, gas	591	5491	Etcher, machine
699	9129	Erector, marquee	569	5421	Etcher, photogravure
570	5315	Erector, partitioning, office	569	5421	Etcher, roller
532	5216	Erector, pipe	569	5421	Etcher, rough
516	5223	Erector, plant	569	5421	Etcher, tone, half
535	5311	Erector, plate, steel	599	5499	Etcher (integrated, printed circuits)
896	8149	Erector, prefab	599	5249	Etcher (*aircraft mfr*)
516	5223	Erector, pump	591	5491	Etcher (*ceramics mfr*)
501	5313	Erector, roof	899	8129	Etcher (*cutlery mfr*)
501	5313	Erector, roofing, galvanised	591	5491	Etcher (*glass mfr*)

SOC 1990	SOC 2000		SOC 1990	SOC 2000	
599	5495	Etcher (*jewellery, plate mfr*)	861	8133	Examiner, piece
569	5421	Etcher (*printing*)	861	8133	Examiner, plan (*Ordnance Survey*)
899	8129	Etcher (*tool mfr*)	410	4132	Examiner, policy (*insurance*)
291	2322	Ethnologist	861	8133	Examiner, print
291	2322	Ethnomusicologist	861	8133	Examiner, printer's
291	2322	Etymologist	861	8133	Examiner, roller (*printing*)
364	3539	Evaluator, job	863	8134	Examiner, scrap (*steelworks*)
292	2444	Evangelist	899	8129	Examiner, shaft (*coal mine*)
582	5433	Eviscerator	869	8133	Examiner, shell
869	8133	Examiner, ammunition	555	8133	Examiner, shoe
860	8133	Examiner, armaments	860	8133	Examiner, spring
132	4111	Examiner, assistant (*government*)	860	8133	Examiner, steel (*steelworks*)
250	2421	Examiner, audit (*DETR*)	869	8133	Examiner, stem
861	8133	Examiner, bag	861	8133	Examiner, stencil
861	8133	Examiner, bank-note	861	8133	Examiner, thread
250	2421	Examiner, bankruptcy	699	9229	Examiner, ticket (*entertainment*)
861	8133	Examiner, book (*printing*)	631	6215	Examiner, ticket (*railways*)
863	8134	Examiner, bottle (*brewery*)	870	S 8219	Examiner, ticket (*road transport*)
310	3122	Examiner, boundary (*Ordnance Survey*)	861	8133	Examiner, timber
			860	8133	Examiner, tool, edge
516	5223	Examiner, brake (*railways*)	922	8143	Examiner, track
896	8143	Examiner, bridge (*railways*)	395	3566	Examiner, traffic (*DETR*)
869	8133	Examiner, brush	395	3566	Examiner, traffic and driving (*DETR*)
860	8133	Examiner, bulb (*lamp mfr*)	929	9129	Examiner, trench
860	8133	Examiner, bullet	861	8133	Examiner, tyre
860	8133	Examiner, burr (*dental instrument mfr*)	869	8133	Examiner, vehicle (*DETR*)
			860	8133	Examiner, vehicle
860	8133	Examiner, bus	516	5223	Examiner, wagon
516	5223	Examiner, carriage (*railways*)	860	8133	Examiner, wheel
516	5223	Examiner, carriage and wagon	860	8133	Examiner, wire
860	8133	Examiner, chain	861	8133	Examiner, yarn
861	8133	Examiner, cheque	250	2421	Examiner (insolvency)
869	8133	Examiner, cigar	869	8133	Examiner (*asbestos composition goods mfr*)
869	8133	Examiner, cloth, leather			
861	8133	Examiner, cloth	219	2129	Examiner (*Board of Trade*)
516	5223	Examiner, coach (*railways*)	861	8133	Examiner (*bookbinding*)
860	8133	Examiner, cycle	869	8133	Examiner (*ceramics mfr*)
869	8133	Examiner, decorator's (*ceramics mfr*)	869	8133	Examiner (*chemical mfr*)
395	3566	Examiner, driving (*DETR*)	861	8133	Examiner (*clothing mfr*)
860	8133	Examiner, engineering	597	S 8122	Examiner (*coal mine*)
860	8133	Examiner, file	869	8133	Examiner (*dyeing and cleaning*)
869	8133	Examiner, film	860	8133	Examiner (*electrical goods mfr*)
861	8133	Examiner, final (*clothing mfr*)	860	8133	Examiner (*electrical, electronic equipment mfr*)
395	3566	Examiner, flight			
202	2113	Examiner, gas (*DTI*)	239	2319	Examiner (*examination board*)
869	8133	Examiner, glass (*glass mfr*)	869	8133	Examiner (*fancy goods mfr*)
553	8137	Examiner, heald	861	8133	Examiner (*food products mfr*)
861	8133	Examiner, hosiery	555	8133	Examiner (*footwear mfr*)
861	8133	Examiner, impression (*Ordnance Survey*)	869	8133	Examiner (*glass mfr*)
			361	3531	Examiner (*Inland Revenue*)
250	2421	Examiner, insolvency	869	8133	Examiner (*laundry, launderette, dry cleaning*)
861	8133	Examiner, label			
869	8133	Examiner, machine, cigarette	863	8134	Examiner (*leather dressing*)
310	3122	Examiner, map (*Ordnance Survey*)	869	8133	Examiner (*leathercloth mfr*)
860	8133	Examiner, mechanical	430	3520	Examiner (*legal services*)
220	2211	Examiner, medical (*Benefits Agency*)	869	8133	Examiner (*match mfr*)
860	8133	Examiner, meter (*DTI*)	860	8133	Examiner (*metal trades*)
860	8133	Examiner, motor	869	8133	Examiner (*mica, micanite goods mfr*)
860	8133	Examiner, pen	860	8133	Examiner (*MOD*)

SOC 1990	SOC 2000		SOC 1990	SOC 2000	
860	8133	Examiner (*ordnance factory*)	*123*	3543	Executive, project (*advertising*)
861	8133	Examiner (*paper mfr*)	121	3543	Executive, promotions
219	2129	Examiner (*Patent Office*)	*120*	3541	Executive, purchasing
869	8133	Examiner (*pencil, crayon mfr*)	*363*	3562	Executive, recruitment
861	8133	Examiner (*plastics goods mfr*)	*103*	2441	Executive, registration, senior (*Land Registry*)
861	8133	Examiner (*printing*)			
860	8133	Examiner (*railways*)	*132*	4111	Executive, registration (*Land Registry*)
860	8133	Examiner (*Royal Mint*)			
861	8133	Examiner (*rubber goods mfr*)	*364*	3539	Executive, registration
863	8134	Examiner (*tannery*)	*123*	3433	Executive, relations, public
861	8133	Examiner (*textile mfr*)	121	3543	Executive, research, market
861	8133	Examiner (*textile products mfr*)	*121*	3543	Executive, research (*market research*)
869	8133	Examiner (*tobacco mfr*)			
869	8133	Examiner (*toy mfr*)	*132*	4111	Executive, Revenue, Inland
861	8133	Examiner (*wallpaper mfr*)	*132*	4111	Executive, revenue (*government*)
861	8133	Examiner (*wood products mfr*)	*792*	7113	Executive, sales, telephone
553	8137	Examiner and finisher (net)	*177*	6212	Executive, sales, travel
553	8137	Examiner and mender (hosiery)	*792*	7113	Executive, sales (telephone sales)
885	8229	Excavator (*building and contracting*)	121	3542	Executive, sales
			710	3542	Executive, sales and marketing
898	8123	Excavator (*mine: not coal*)	*179*	3319	Executive, security
885	8229	Excavator (*steelworks*)	*430*	7212	Executive, services, customer
123	3543	Executive, account (marketing)	*320*	3132	Executive, support (computing)
123	3433	Executive, account (public relations)	*320*	3131	Executive, systems (computing)
			792	7113	Executive, telesales
710	3542	Executive, account (sales)	*703*	3532	Executive, trading, commodities
123	3543	Executive, account (*advertising*)	599	5499	Exhauster (*lamp, valve mfr*)
361	3534	Executive, account (*insurance*)	899	8129	Expander, tube
123	3543	Executive, accounts (*advertising*)	534	5214	Expander (*boiler mfr*)
123	3543	Executive, advertising	899	8129	Expander (*tube mfr*)
190	1114	Executive, chief (*charitable organisation*)	420	4131	Expeditor
			809	8111	Expeller (*oil seed crushing*)
199	1181	Executive, chief (*health authority: hospital service*)	360	3531	Expert, art
			364	3539	Expert, efficiency, business
102	1113	Executive, chief (*local government*)	*619*	3319	Expert, print, finger
101	1112	Executive, chief (*major organisation*)	211	2122	Expert, salvage, marine
		Executive, chief - see also Manager	364	3539	Expert, study, time
361	3531	Executive, claims (*insurance*)	702	3536	Exporter
121	3543	Executive, commercial	899	8129	Extender, belt (*coal mine*)
214	2132	Executive, communications, web	899	8129	Extender, conveyor (*coal mine*)
364	3539	Executive, company, oil	699	6292	Exterminator (pest)
350	3520	Executive, conveyancing	384	3413	Extra (*entertainment*)
121	3543	Executive, development, business	814	8113	Extractor, hydro
380	3431	Executive, editorial (*newspaper*)	809	8111	Extractor, oil
702	3536	Executive, import	820	8114	Extractor (*chemical mfr*)
350	3520	Executive, legal	597	8122	Extractor (*coal mine*)
179	3543	Executive, liaison, client	814	8113	Extractor (*textile mfr*)
123	3433	Executive, liaison, media	*839*	8116	Extruder, cable
350	3520	Executive, litigation	899	8129	Extruder, machine (*arc welding electrode mfr*)
364	3539	Executive, management, yield			
121	3543	Executive, marketing	839	8117	Extruder, metal
123	3543	Executive, media	590	5491	Extruder (*ceramics*)
790	7125	Executive, merchandising	839	8117	Extruder (*metal*)
177	6212	Executive, operations (*travel agents*)	825	8116	Extruder (*plastics*)
363	3562	Executive, personnel	824	8115	Extruder (*rubber*)
131	3561	Executive, postal (*PO*: grade A)	559	5419	Eyeletter (*clothing mfr*)
131	3561	Executive, postal (*PO*: grade B)	555	5413	Eyeletter (*footwear mfr*)
430	S 4131	Executive, postal (*PO*: grade C)	555	5413	Eyeletter (*leather goods mfr*)
940	9211	Executive, postal (*PO*: grade D)	841	8125	Eyer (needles)

ALPHABETICAL INDEX FOR CODING OCCUPATIONS
F

SOC 1990	SOC 2000	
250	2421	FCA
127	1131	FCIS
251	2422	FCWA
220	2211	FRCOG
220	2211	FRCP
220	2211	FRCS
250	2421	FSAA
516	5223	Fabricator, aluminium
825	8115	Fabricator, foam
503	5316	Fabricator, glass
516	5316	Fabricator, glazing, double
533	5213	Fabricator, metal, sheet
839	8117	Fabricator, pipe (*heavy engineering*)
535	5311	Fabricator, steel
516	5316	Fabricator, upvc
516	5316	Fabricator, window
516	5316	Fabricator, window and door
599	8119	Fabricator (*cast stone products mfr*)
825	8116	Fabricator (*plastics mfr*)
839	8117	Fabricator (*tube mfr*)
516	5223	Fabricator
537	5215	Fabricator-welder
897	8121	Facer, wood
869	8139	Facer (*coach painting*)
841	8125	Facer (*metal trades: bolt, nail, nut, rivet, screw mfr*)
510	5221	Facer (*metal trades*)
500	5312	Facer (*stone dressing*)
340	3211	Facilitator, care, primary
340	3211	Facilitator (*medical practice*)
179	1234	Factor, coal
170	1231	Factor, estate (Scotland)
371	3232	Factor, housing (Scotland: *local government*)
170	1231	Factor, housing (Scotland)
179	1234	Factor, motor
		Factor - *see also* Dealer
169	5119	Falconer
553	8137	Fanner (*corset mfr*)
169	5119	Farmer, fish
169	5119	Farmer, game
160	5119	Farmer, salmon
160	5119	Farmer, trout
169	5119	Farmer (*fish farm, hatchery*)
160	5111	Farmer
530	5211	Farrier
899	8129	Fasher
370	6114	Father, house
720	7212	Father Christmas
521	5241	Faultman (*electricity supplier*)
523	5242	Faultsman (*telecommunications*)
899	8129	Feeder, bar
919	9139	Feeder, belt
990	9139	Feeder, bin

SOC 1990	SOC 2000	
800	8111	Feeder, biscuit
893	8124	Feeder, boiler
811	8113	Feeder, bowl
862	9134	Feeder, can
811	8113	Feeder, card
811	8113	Feeder, carder
829	8119	Feeder, clay
899	8129	Feeder, conveyor (*metal trades*)
811	8113	Feeder, cotton
890	8123	Feeder, crusher (*mine: not coal*)
901	8223	Feeder, drum (*agricultural machinery*)
811	8113	Feeder, engine (*textile mfr*)
830	8117	Feeder, furnace
829	8112	Feeder, hopper (*ceramics mfr*)
802	8111	Feeder, hopper (*cigarette mfr*)
891	9133	Feeder, letterpress
990	9139	Feeder, line
		Feeder, machine - *see* Machinist
829	8119	Feeder, mill
599	5499	Feeder, pallet
829	8119	Feeder, pan
839	8117	Feeder, pass, skin (*steelworks*)
891	9133	Feeder, platen
891	9133	Feeder, printer's
839	8117	Feeder, roll (*metal mfr*)
839	8117	Feeder, rolls (*metal mfr*)
811	8113	Feeder, scutcher
552	8113	Feeder, stenter
441	9149	Feeder, stock
841	8125	Feeder, tack
811	8113	Feeder, wool
811	8113	Feeder, woollen
821	8121	Feeder (*card, paste board mfr*)
919	9139	Feeder (*cement mfr*)
814	8113	Feeder (*felt hat mfr*)
809	8111	Feeder (*food products mfr*)
673	9234	Feeder (*laundry, launderette, dry cleaning*)
841	8125	Feeder (*metal trades: bolt, nail, nut, rivet, screw mfr*)
839	8117	Feeder (*metal trades: foundry*)
839	8117	Feeder (*metal trades: rolling mill*)
841	8125	Feeder (*metal trades: sheet metal working*)
839	8117	Feeder (*metal trades: tube mfr*)
890	8123	Feeder (*mine: not coal*)
891	9133	Feeder (*printing*)
552	8113	Feeder (*textile mfr: textile finishing*)
811	8113	Feeder (*textile mfr*)
814	8113	Feeder-in (*textile mfr*)
802	8111	Feeder-up (*tobacco mfr*)
904	9112	Feller, timber
904	9112	Feller, tree
553	8137	Feller (*clothing mfr*)

SOC 1990	SOC 2000		SOC 1990	SOC 2000	
904	9112	Feller (*forestry*)	611	3313	Fighter, fire
810	8114	Fellmonger	535	5311	Fighter, iron
230	2329	Fellow, research, university, nos	531	5212	Filer, core
209	2321	Fellow, research, university (sciences)	843	8125	Filer, foundry
291	2322	Fellow, research, university (social sciences)	843	8125	Filer, pattern
			825	8116	Filer, plastics
209	2329	Fellow, research (*university*)	843	8125	Filer, spoon and fork
223	2215	Fellow (dentistry)	899	8129	Filer, tool
220	2211	Fellow (medicine)	843	8125	Filer (*metal trades*)
220	2211	Fellow (surgery)	825	8116	Filer (*plastics mfr*)
223	2215	Fellow (research, dentistry)	579	5492	Filer (*tobacco pipe mfr*)
220	2211	Fellow (research, medicine)	862	9134	Filler, ampoule
220	2211	Fellow (research, surgery)	552	8113	Filler, back
209	2329	Fellow (research)	862	9134	Filler, bag
223	2215	Fellow (*university*: dentistry)	552	8113	Filler, bank (*textile mfr*)
220	2211	Fellow (*university*: medicine)	862	9134	Filler, barrel
220	2211	Fellow (*university*: surgery)	912	9139	Filler, barrow
230	2311	Fellow (*university*)	899	8129	Filler, battery (*accumulator mfr*)
599	5499	Felter (printing rollers)	814	8113	Filler, battery (*textile mfr*)
501	5313	Felter (*building and contracting*)	814	8113	Filler, bobbin
825	8116	Felter (*plastics mfr*)	862	9134	Filler, bottle
912	9139	Felter (*shipbuilding*)	555	5413	Filler, bottom (*boot mfr*)
814	8113	Felter (*textile mfr*)	912	9139	Filler, box (*blast furnace*)
821	8121	Feltman (*paper mfr*)	814	8113	Filler, box (*textile mfr*)
814	8113	Feltman (*roofing felt mfr*)	862	9134	Filler, box
814	8113	Feltman (*textile mfr*)	813	8113	Filler, braid (silk)
929	9129	Fencer	599	5499	Filler, brush
814	8113	Fenter	862	9134	Filler, can (*paint mfr*)
809	8111	Fermenter (non-alcoholic drink)	862	9134	Filler, can (*petroleum distribution*)
801	8111	Fermenter	850	8131	Filler, cap (*lamp, valve mfr*)
898	8123	Ferrier	811	8113	Filler, card
882	8216	Ferryman (*railways*)	599	5499	Filler, cartridge
880	8217	Ferryman	809	8111	Filler, chocolate
829	8119	Festooner (*linoleum mfr*)	889	8122	Filler, coal
829	8119	Festooner (*oilskin mfr*)	889	9139	Filler, coke
889	9139	Fetcher (*textile mfr*)	597	8122	Filler, conveyor (*coal mine: below ground*)
843	8125	Fettler, brass			
899	8129	Fettler, card	559	5419	Filler, cushion
843	8125	Fettler, castings	862	9134	Filler, cylinder
843	8125	Fettler, core	599	5499	Filler, detonator
500	5312	Fettler, cupola	811	8113	Filler, dresser's
843	8125	Fettler, iron	862	9134	Filler, drum (*oil refining*)
899	8129	Fettler, machine	420	4131	Filler, envelope
591	5491	Fettler, pipe, sanitary	889	9139	Filler, furnace (*blast furnace*)
843	8125	Fettler, shop, machine	814	8113	Filler, hand (*silk weaving*)
515	5222	Fettler, tool	559	5419	Filler, hand (*upholstery mfr*)
899	8129	Fettler, woollen	*825*	8115	Filler, hopper (*plastics mfr*)
599	8119	Fettler (*cast concrete products mfr*)	814	8113	Filler, hopper (*textile mfr*)
591	5491	Fettler (*ceramics mfr*)	823	8112	Filler, kiln
839	8117	Fettler (*metal trades: puddling*)	599	5499	Filler, machine (*broom, brush mfr*)
843	8125	Fettler (*metal trades*)	814	8113	Filler, machine (*textile mfr*)
899	8129	Fettler (*textile mfr*)	814	8113	Filler, magazine (looms)
843	8125	Fettler	862	9134	Filler, medical (*oxygen works*)
150	1171	Field-Marshal	954	9251	Filler, night (shelf filling)
889	9139	Fielder (*textile mfr*)	862	9134	Filler, oil
201	2112	Fieldman (professionally qualified)	441	9149	Filler, order
160	5111	Fieldman	823	8112	Filler, oven (*ceramics mfr*)
201	2112	Fieldsman (professionally qualified)	862	9134	Filler, oxygen
160	5111	Fieldsman	862	9134	Filler, paint

SOC 1990	SOC 2000	
830	8117	Filler, pan (*steelworks*)
862	9134	Filler, pickle
809	8111	Filler, pie
830	8117	Filler, plug
862	9134	Filler, polish
912	9139	Filler, pot (*steelworks*)
811	8113	Filler, rag
599	5499	Filler, rocket
919	9139	Filler, salt
809	8111	Filler, sausage
811	8113	Filler, scribble
954	9251	Filler, shelf
954	9251	Filler, shop (shelf filling)
814	8113	Filler, shuttle
814	8113	Filler, silk
912	9139	Filler, spare
862	9134	Filler, sterile (CSSD)
441	9149	Filler, stock
814	8113	Filler, tin (*textile mfr*)
919	9139	Filler, tray
889	8122	Filler, truck (*coal mine*)
889	8122	Filler, tub (*coal mine*)
862	9134	Filler, varnish
889	9139	Filler, wagon
814	8113	Filler, weaver's
831	8117	Filler, wire
869	8139	Filler, wood
954	9251	Filler (shelf filling)
899	8129	Filler (*battery mfr*)
912	9131	Filler (*blast furnace*)
862	9134	Filler (*brewery*)
599	8119	Filler (*cast concrete products mfr*)
862	9134	Filler (*cement mfr*)
591	5491	Filler (*ceramics mfr*)
862	9134	Filler (*chemical mfr*)
889	8122	Filler (*coal mine*)
887	8229	Filler (*coke ovens*)
930	9141	Filler (*docks*)
599	5499	Filler (*explosives mfr*)
599	5499	Filler (*fireworks mfr*)
862	9134	Filler (*food products mfr*)
862	9134	Filler (*match mfr*)
554	5412	Filler (*mattress, upholstery mfr*)
889	9139	Filler (*mine: not coal*)
862	9134	Filler (*oil refining*)
599	5499	Filler (*ordnance factory*)
862	9134	Filler (*paint mfr*)
859	8139	Filler (*pencil, crayon mfr*)
889	9139	Filler (*petroleum distribution*)
814	8113	Filler (*textile mfr*)
802	8111	Filler (*tobacco mfr*)
869	8139	Filler-in, polisher's
823	8112	Filler-in (*ceramics mfr*)
869	8133	Filler-in (*furniture mfr*)
821	8121	Filler-in (*paper mfr*)
859	8139	Filler-in (*pencil, crayon mfr*)
889	9139	Filler-loader (*petroleum distribution*)
899	8129	Filler-up (*card clothing mfr*)
582	5433	Filleter (fish)

SOC 1990	SOC 2000	
490	9219	Filmer, micro
801	8111	Filterer (*alcoholic drink mfr*)
820	8114	Filterer (*chemical mfr*)
809	8111	Filterer (*food products mfr*)
892	8126	Filterer (*water works*)
361	3534	Financier
860	8133	Finder, fault
719	7129	Finder, land
441	9149	Finder, tool
814	8113	Finder, worsted (*carpet, rug mfr*)
801	8111	Finer, beer
899	8129	Finer, super (*buckle mfr*)
899	8129	Finer (*jewellery, plate mfr*)
801	8111	Finingsman
520	5241	Finisher, armature
552	8113	Finisher, belt (*textile mfr*)
899	8139	Finisher, blade
552	8113	Finisher, blanket
552	8113	Finisher, bleach (*textile mfr*)
840	8125	Finisher, bobbin, brass
541	5232	Finisher, body (*vehicle mfr*)
562	5423	Finisher, book (*printing*)
869	8139	Finisher, boot and shoe
555	8139	Finisher, bottom
516	8125	Finisher, brass
851	8132	Finisher, brush, wire
859	8139	Finisher, brush
510	5221	Finisher, bush, axle
517	5224	Finisher, camera
811	8113	Finisher, can (*worsted mfr*)
553	8137	Finisher, cap
541	5232	Finisher, car
899	8139	Finisher, card (*card clothing mfr*)
859	8139	Finisher, card (*printing*)
552	8113	Finisher, carpet
859	8139	Finisher, case (jewel, etc cases)
820	8114	Finisher, caustic
869	8133	Finisher, cellulose
516	5223	Finisher, chassis
834	8118	Finisher, chromium
552	8113	Finisher, cloth
541	5232	Finisher, coach
553	8137	Finisher, coat
579	5492	Finisher, coffin
850	8131	Finisher, coil
553	8137	Finisher, collar
811	8113	Finisher, combing
923	8142	Finisher, concrete (*building and contracting*)
599	8119	Finisher, concrete
599	5499	Finisher, cord (telephone)
591	5491	Finisher, crucible (plumbago)
553	8137	Finisher, curtain
516	5223	Finisher, cycle
510	5221	Finisher, disc, wheel
553	8137	Finisher, dress
552	8114	Finisher, dyers
824	8115	Finisher, ebonite
552	8113	Finisher, fabric

SOC 1990	SOC 2000		SOC 1990	SOC 2000	
899	8139	Finisher, faller	516	5223	Finisher, spring, car, motor
899	8139	Finisher, fork	516	5223	Finisher, spring, coach
899	8139	Finisher, frame (*cycle mfr*)	833	8117	Finisher, spring
810	8114	Finisher, fur	599	8119	Finisher, stone (*cast concrete products mfr*)
869	8139	Finisher, furniture			
552	8113	Finisher, fuse, safety	552	8113	Finisher, stove
591	5491	Finisher, glass	869	8133	Finisher, surface (*aircraft mfr*)
553	8137	Finisher, glove	553	8137	Finisher, tailor's
562	5423	Finisher, gold	552	8113	Finisher, taper's
553	8137	Finisher, gown	559	5419	Finisher, tent
553	5419	Finisher, hand (*clothing mfr*)	899	8139	Finisher, tool, edge
559	5419	Finisher, hand (*felt hat mfr*)	553	8137	Finisher, trouser
553	5419	Finisher, hand (*knitted goods mfr*)	839	8117	Finisher, tube (*steelworks*)
559	5419	Finisher, hat	824	8115	Finisher, tyre
899	8139	Finisher, hook, spring	553	8137	Finisher, umbrella
552	8113	Finisher, hosiery	552	8113	Finisher, velvet
862	9134	Finisher, jam	897	8121	Finisher, wood
899	8139	Finisher, key	552	8113	Finisher, woollen
553	8137	Finisher, kilt	899	8139	Finisher, wrench
552	8113	Finisher, lace	599	5499	Finisher (*artificial teeth mfr*)
810	8114	Finisher, leather	599	8119	Finisher (*asbestos-cement goods mfr*)
591	5491	Finisher, lens	562	5423	Finisher (*bookbinding*)
533	5213	Finisher, metal	507	5323	Finisher (*briar pipe mfr*)
899	8139	Finisher, needle (*needle mfr*)	859	8139	Finisher (*broom, brush mfr*)
869	8133	Finisher, paint	559	5419	Finisher (*canvas goods mfr*)
821	8121	Finisher, paper	599	8119	Finisher (*cast concrete products mfr*)
579	5492	Finisher, peg, shuttle	591	5491	Finisher (*ceramics mfr*)
869	8133	Finisher, pencil	802	8111	Finisher (*cigar mfr*)
569	5423	Finisher, photo	553	8137	Finisher (*clothing mfr*)
569	5423	Finisher, photographic	673	9234	Finisher (*dyeing and cleaning*)
552	8113	Finisher, piece	553	8137	Finisher (*embroidery mfr*)
599	8119	Finisher, pipe (*cast concrete products mfr*)	859	8139	Finisher (*fireworks mfr*)
			599	5499	Finisher (*fishing rod mfr*)
591	5491	Finisher, pipe (*ceramics mfr*)	800	8111	Finisher (*flour confectionery mfr*)
591	5491	Finisher, pipe (*clay tobacco pipe mfr*)	555	8139	Finisher (*footwear mfr*)
825	8116	Finisher, plastics	553	8137	Finisher (*fur goods mfr*)
821	8121	Finisher, plate (*paper mfr*)	869	8139	Finisher (*furniture mfr*)
552	8113	Finisher, plush	591	5491	Finisher (*glass mfr*)
599	8119	Finisher, post (concrete)	859	8139	Finisher (*greetings cards mfr*)
569	5423	Finisher, print	559	5419	Finisher (*hat mfr*)
569	5423	Finisher, printer's	553	8137	Finisher (*hosiery garment mfr*)
840	8125	Finisher, propeller (*ships' propeller mfr*)	599	5499	Finisher (*incandescent mantle mfr*)
			553	8137	Finisher (*knitwear mfr*)
554	5412	Finisher, quilt	810	8114	Finisher (*leather dressing*)
599	5499	Finisher, racquet	555	8139	Finisher (*leather goods mfr*)
599	5499	Finisher, reed	541	5232	Finisher (*metal trades: aircraft mfr*)
599	5499	Finisher, rod, fishing	842	8125	Finisher (*metal trades: bolt, nail, nut, rivet, screw mfr*)
552	8113	Finisher, rug			
591	5491	Finisher, sanitary	516	8125	Finisher (*metal trades: brass foundry*)
842	8125	Finisher, satin (*metal trades*)	541	5232	Finisher (*metal trades: coach building*)
553	8137	Finisher, shirt			
555	8139	Finisher, shoe	554	5412	Finisher (*metal trades: coach trimming*)
899	8139	Finisher, shop, machine			
552	8113	Finisher, silk	516	8125	Finisher (*metal trades: cock founding*)
518	5495	Finisher, silver			
843	8125	Finisher, smith's	843	8125	Finisher (*metal trades: foundry*)
859	8139	Finisher, spade	839	8117	Finisher (*metal trades: rolling mill*)
518	5495	Finisher, spoon and fork	833	8117	Finisher (*metal trades: spring mfr*)
596	5492	Finisher, spray (*furniture mfr*)	839	8117	Finisher (*metal trades: tube mfr*)

SOC 1990	SOC 2000	
541	**5232**	Finisher (*metal trades: vehicle mfr*)
851	**8132**	Finisher (*metal trades: watch, clock mfr*)
899	**8129**	Finisher (*metal trades*)
593	**5494**	Finisher (*musical instruments mfr*)
859	**8139**	Finisher (*paper goods mfr*)
821	**8121**	Finisher (*paper mfr*)
862	**9134**	Finisher (*pharmaceutical products mfr*)
829	**8114**	Finisher (*photographic film mfr*)
593	**5494**	Finisher (*piano key mfr*)
593	**5494**	Finisher (*piano, organ mfr*)
591	**5491**	Finisher (*plaster cast mfr*)
825	**8116**	Finisher (*plastics goods mfr*)
518	**5495**	Finisher (*precious metal, plate mfr*)
569	**5423**	Finisher (*printing*)
569	**5423**	Finisher (*process engraving*)
541	**5232**	Finisher (*railway workshops*)
591	**5491**	Finisher (*refractory goods mfr*)
824	**8115**	Finisher (*rubber goods mfr*)
553	**8137**	Finisher (*soft furnishings mfr*)
553	**8137**	Finisher (*soft toy mfr*)
821	**8121**	Finisher (*stencil paper mfr*)
579	**5492**	Finisher (*stick mfr*)
809	**8111**	Finisher (*sugar, sugar confectionery mfr*)
552	**8113**	Finisher (*textile mfr*)
862	**9134**	Finisher (*toilet preparations mfr*)
599	**5499**	Finisher (*tooth brush mfr*)
553	**8137**	Finisher (*umbrella, parasol mfr*)
553	**8137**	Finisher and liner (*fur garment mfr*)
841	**8125**	Finner
823	**8112**	Fireman, biscuit
893	**8124**	Fireman, boiler
882	**8216**	Fireman, engine (locomotive)
893	**8124**	Fireman, engine
833	**8117**	Fireman, furnace (*metal trades: annealing*)
830	**8117**	Fireman, furnace (*metal trades*)
820	**8114**	Fireman, gas
611	**3313**	Fireman, industrial
823	**8112**	Fireman, kiln (*ceramics mfr*)
809	**8111**	Fireman, kiln (*food products mfr*)
823	**8112**	Fireman, kiln (*glass mfr*)
882	**8216**	Fireman, loco
882	**8216**	Fireman, locomotive
880	**8217**	Fireman, marine
833	**8117**	Fireman, oven, annealing
823	**8112**	Fireman, oven (*ceramics mfr*)
820	**8114**	Fireman, pot
611	**3313**	Fireman, private
821	**8121**	Fireman, retort (charcoal)
830	**8117**	Fireman, retort (zinc)
820	**8114**	Fireman, retort
611	**3313**	Fireman, security
882	**8216**	Fireman, shed
830	**8117**	Fireman, soaker
830	**8117**	Fireman, stove
893	**8124**	Fireman, surface

SOC 1990	SOC 2000	
611	**3313**	Fireman, works, nos
882	**8216**	Fireman (boiler, locomotive)
893	**8124**	Fireman (boiler)
829	**8119**	Fireman (*abrasives mfr*)
800	**8111**	Fireman (*bakery*)
823	**8112**	Fireman (*ceramics mfr*)
820	**8114**	Fireman (*chemical mfr*)
820	**8114**	Fireman (*coal gas, coke ovens*)
893	**8124**	Fireman (*coal mine: above ground*)
597	**S 8122**	Fireman (*coal mine: below ground*)
820	**8114**	Fireman (*composition die mfr*)
893	**8124**	Fireman (*electricity supply*)
880	**8217**	Fireman (*fishing*)
809	**8111**	Fireman (*food products mfr*)
801	**8111**	Fireman (*malting*)
833	**8117**	Fireman (*metal trades: annealing*)
830	**8117**	Fireman (*metal trades*)
898	**S 8123**	Fireman (*mine: not coal*)
820	**8114**	Fireman (*oil refining*)
829	**8114**	Fireman (*pencil, crayon mfr*)
999	**9132**	Fireman (*refuse disposal*)
820	**8114**	Fireman (*salt mfr*)
830	**8117**	Fireman (*shipbuilding*)
880	**8217**	Fireman (*shipping*)
611	**3313**	Fireman
880	**8217**	Fireman and trimmer
880	**8217**	Fireman-greaser (*shipping*)
153	**1173**	Firemaster (Scotland)
893	**8124**	Firer, boiler
823	**8112**	Firer, foundry (*glass mfr*)
829	**8119**	Firer, kiln
599	**8149**	Firer, shot (*civil engineering*)
597	**8122**	Firer, shot (*coal mine*)
898	**8123**	Firer, shot (*mine: not coal*)
830	**8117**	Firer, stove (*blast furnace*)
823	**8112**	Firer, stove (*ceramics mfr*)
823	**8112**	Firer (*ceramics mfr*)
820	**8114**	Firer (*chemical mfr*)
801	**8111**	Firer (*malting*)
830	**8117**	Firer (*metal mfr*)
830	**8117**	Fisher (copper)
903	**5119**	Fisherman
169	**5119**	Fisherman-crofter
582	**5433**	Fishmonger
899	**8129**	Fitter, aerial, television
516	**5223**	Fitter, agricultural
516	**5223**	Fitter, aircraft (maintenance)
516	**5223**	Fitter, aircraft
516	**5223**	Fitter, airframe
529	**5249**	Fitter, alarm
556	**5414**	Fitter, alteration
520	**5241**	Fitter, alternator
516	**5223**	Fitter, anchor
346	**3218**	Fitter, appliance, surgical
516	**5223**	Fitter, armament
501	**5313**	Fitter, asbestos
516	**5223**	Fitter, assembly
540	**5231**	Fitter, automobile
516	**5223**	Fitter, axle

SOC 1990	SOC 2000	
859	8139	Fitter, bag, air
859	8139	Fitter, bag, curing
899	8129	Fitter, balustrade
570	5315	Fitter, bank
851	8132	Fitter, bar, handle
570	5315	Fitter, bar (*hotels, public houses fitting*)
859	8139	Fitter, basket, work
599	5223	Fitter, battery
824	8115	Fitter, bead, tyre
516	5223	Fitter, beam
516	5223	Fitter, bearing, brass
570	5315	Fitter, bedroom
555	5413	Fitter, belt (*coal mine*)
555	5413	Fitter, belting
520	5241	Fitter, bench, electrical
516	5223	Fitter, bench
516	5223	Fitter, blade (turbines)
896	8149	Fitter, blind
541	5232	Fitter, body (vehicle)
516	5223	Fitter, boiler
851	8132	Fitter, bonnet (vehicle)
516	5223	Fitter, box, axle
516	5223	Fitter, box, cam
516	5223	Fitter, box, gear
516	5223	Fitter, box, iron
859	8139	Fitter, box, work
862	9134	Fitter, box (*artists' colours mfr*)
899	8129	Fitter, box (*foundry*)
516	5223	Fitter, brake, vacuum
516	5223	Fitter, brake, Westinghouse
851	8132	Fitter, brake (*cycle mfr*)
516	5223	Fitter, brake
516	5223	Fitter, brass
516	5223	Fitter, break-off
929	9129	Fitter, builder's
532	5314	Fitter, burner (*gas works*)
516	5223	Fitter, cabinet, iron
571	5492	Fitter, cabinet
524	5243	Fitter, cable
517	5224	Fitter, camera
516	5223	Fitter, car (*vehicle mfr*)
540	5231	Fitter, car
541	5232	Fitter, caravan
811	8113	Fitter, card (*textile mfr*)
506	5322	Fitter, carpet
516	5223	Fitter, carriage
516	5223	Fitter, carriage and wagon
571	5492	Fitter, case, cabinet
571	5492	Fitter, case, piano
516	5223	Fitter, casement (metal)
896	8149	Fitter, ceiling
516	5223	Fitter, chain
516	5223	Fitter, chassis
597	8122	Fitter, chock (*coal mine*)
517	5224	Fitter, clock
556	5414	Fitter, clothing (*retail trade*)
516	5223	Fitter, coach
556	5414	Fitter, coat

SOC 1990	SOC 2000	
516	5223	Fitter, cock
516	5223	Fitter, colliery
516	5223	Fitter, component, cycle
532	5314	Fitter, conditioning, air
516	5223	Fitter, constructional
520	5241	Fitter, controller
516	5223	Fitter, conveyor
862	9134	Fitter, cork
559	5419	Fitter, corset, surgical
559	5419	Fitter, corsetry
516	5223	Fitter, crane
554	5412	Fitter, curtain
516	5223	Fitter, cycle
592	3218	Fitter, dental
518	5495	Fitter, depositor's
516	5223	Fitter, detail
516	5223	Fitter, development
515	5222	Fitter, die
516	5223	Fitter, diesel (vehicles: *vehicle mfr*)
540	5231	Fitter, diesel (vehicles)
516	5223	Fitter, diesel
532	8149	Fitter, distribution (*gas supplier*)
532	8149	Fitter, distribution (*water works*)
532	5314	Fitter, district (*gas supplier*)
516	5223	Fitter, dock
516	5223	Fitter, door, car
516	5223	Fitter, door, industrial
516	5223	Fitter, door, steel
516	5223	Fitter, door (*gas stove works*)
556	5414	Fitter, dress
520	5241	Fitter, dynamo
521	5241	Fitter, electrical (maintenance)
520	5241	Fitter, electrical
520	5241	Fitter, electronic
516	5223	Fitter, engine, aero (maintenance)
516	5223	Fitter, engine, aero
516	5223	Fitter, engine, aircraft (maintenance)
516	5223	Fitter, engine, diesel
516	5223	Fitter, engine
520	5241	Fitter, engineer's, electrical
532	5314	Fitter, engineer's, heating
532	5314	Fitter, engineer's, sanitary
516	5223	Fitter, engineer's
520	5241	Fitter, engineering, electrical
516	5223	Fitter, engineering
516	5223	Fitter, erection
516	5223	Fitter, excavator
544	8135	Fitter, exhaust (motor vehicle repair)
544	8135	Fitter, exhaust (vehicles)
570	5315	Fitter, exhibition
516	5223	Fitter, experimental
516	5223	Fitter, fabrication
520	5241	Fitter, fan
532	5314	Fitter, fire, gas
506	5322	Fitter, fireplace
579	5492	Fitter, fittings and furniture
516	5223	Fitter, frame, air
859	8139	Fitter, frame, bag
516	5223	Fitter, frame, door, metal

SOC 1990	SOC 2000		SOC 1990	SOC 2000	
516	**5223**	Fitter, frame, ring	*540*	**5231**	Fitter, LGV
516	**5223**	Fitter, frame (*cycle mfr*)	516	**5223**	Fitter, lift
516	**5223**	Fitter, frame (*loco and rolling stock mfr*)	521	**5241**	Fitter, light (electric)
			346	**3218**	Fitter, limb
579	**5492**	Fitter, frame (*picture frame mfr*)	540	**5231**	Fitter, lining, brake
516	**5223**	Fitter, frame (*textile machinery mfr*)	516	**5223**	Fitter, lino (linotype machine)
516	**5223**	Fitter, furnace	506	**5322**	Fitter, lino
554	**5412**	Fitter, furnishing (soft)	506	**5322**	Fitter, linoleum
516	**5223**	Fitter, furniture (metal)	516	**5223**	Fitter, linotype
571	**5492**	Fitter, furniture	516	**5223**	Fitter, locking (signals)
540	**5231**	Fitter, garage	516	**5223**	Fitter, locomotive
532	**5314**	Fitter, gas	516	**5223**	Fitter, loom
534	**5214**	Fitter, gasholder	520	**5241**	Fitter, machine (electrical machines)
503	**5316**	Fitter, gasket (*window mfr*)	516	**5223**	Fitter, machine
530	**5211**	Fitter, gate (iron)	521	**5241**	Fitter, mains (*electricity supplier*)
530	**5211**	Fitter, gate and railings (iron)	895	**8149**	Fitter, mains (*water supplier*)
517	**5224**	Fitter, gauge	526	**5245**	Fitter, maintenance, computer
516	**5223**	Fitter, gear	521	**5241**	Fitter, maintenance, electrical
516	**5223**	Fitter, general	544	**8135**	Fitter, maintenance, tyre
859	**8135**	Fitter, glass (*vehicle mfr*)	516	**5223**	Fitter, maintenance (aircraft engines)
859	**8139**	Fitter, glass (*watch mfr*)	598	**5249**	Fitter, maintenance (office machinery servicing)
503	**5316**	Fitter, glass			
509	**5316**	Fitter, glazing, double	525	**5244**	Fitter, maintenance (radio, television and video servicing)
516	**5314**	Fitter, governor (*gas supplier*)			
516	**5223**	Fitter, grate	540	**5231**	Fitter, maintenance (vehicle servicing)
516	**5223**	Fitter, grindstone	516	**5314**	Fitter, maintenance (*gas supplier: gas works*)
851	**8132**	Fitter, grip (tools)			
516	**5223**	Fitter, ground, below (*coal mine*)	532	**5314**	Fitter, maintenance (*gas supplier*)
516	**5223**	Fitter, gun	*532*	**5314**	Fitter, maintenance (*heating, ventilating*)
579	**5492**	Fitter, gymnastics			
532	**5314**	Fitter, heating	523	**5242**	Fitter, maintenance (*telecommunications*)
532	**5314**	Fitter, heating and ventilation			
859	**8139**	Fitter, heel	516	**5223**	Fitter, maintenance
540	**5231**	Fitter, HGV	516	**5223**	Fitter, marine
516	**5223**	Fitter, house, light	516	**5223**	Fitter, mattress (wire)
516	**5223**	Fitter, house, power	516	**5223**	Fitter, mechanical (vehicles: *vehicle mfr*)
516	**5223**	Fitter, hydraulic			
516	**5223**	Fitter, industrial	540	**5231**	Fitter, mechanical (vehicles)
516	**5223**	Fitter, injection, fuel	516	**5223**	Fitter, mechanical
516	**5223**	Fitter, inspector	516	**5223**	Fitter, metal
523	**5242**	Fitter, installation (*telecommunications*)	517	**5224**	Fitter, meter
			520	**5241**	Fitter, motor, starter
516	**5223**	Fitter, installation	520	**5241**	Fitter, motor (electric)
529	**5249**	Fitter, instrument, aircraft	516	**5223**	Fitter, motor (*vehicle mfr*)
593	**5494**	Fitter, instrument, musical	540	**5231**	Fitter, motor
529	**5249**	Fitter, instrument (aircraft)	516	**5223**	Fitter, mould, bottle
517	**5224**	Fitter, instrument	839	**8117**	Fitter, mould
929	**9129**	Fitter, insulating	516	**5223**	Fitter, mount, boiler
529	**5249**	Fitter, interlocking	859	**8139**	Fitter, mouthpiece (pipes)
516	**5223**	Fitter, ironmonger's	516	**5223**	Fitter, mule
516	**5223**	Fitter, ironmongery	814	**8113**	Fitter, net
516	**5223**	Fitter, ironwork	516	**5223**	Fitter, nicker and turner's
515	**5222**	Fitter, jig and tool	516	**5223**	Fitter, nos
516	**5223**	Fitter, keg	570	**5315**	Fitter, office
570	**5315**	Fitter, kitchen	517	**5224**	Fitter, optical
516	**5223**	Fitter, knife	516	**5223**	Fitter, ordnance
516	**5223**	Fitter, laboratory	593	**5494**	Fitter, organ
520	**5241**	Fitter, lamp, arc	516	**5223**	Fitter, oven
555	**5413**	Fitter, last, bespoke	571	**5492**	Fitter, overmantel

SOC 1990	SOC 2000	
851	8132	Fitter, paragon (umbrellas)
859	8139	Fitter, paste
515	5222	Fitter, pattern (*engineering*)
859	8139	Fitter, pen, fountain
593	5494	Fitter, piano
521	5241	Fitter, pillar
516	5216	Fitter, pipe, boiler
859	8139	Fitter, pipe, briar
895	8149	Fitter, pipe, drain
532	5216	Fitter, pipe
516	5223	Fitter, plant
534	5214	Fitter, plate
516	5223	Fitter, potter's
517	5224	Fitter, precision (*instrument mfr*)
516	5223	Fitter, precision
516	5223	Fitter, printing
520	5241	Fitter, production (electrical, electronic)
516	5223	Fitter, production (mechanical)
540	5231	Fitter, PSV
516	5223	Fitter, pump
529	5249	Fitter, radar
525	5244	Fitter, radio
516	5223	Fitter, range
516	5223	Fitter, rectification
516	5223	Fitter, repair, engine
516	5223	Fitter, research
516	5223	Fitter, retort
515	5222	Fitter, room, tool
505	8141	Fitter, rope and belt
505	8141	Fitter, ropery, wire
516	5223	Fitter, rough
851	8132	Fitter, saddle (cycles)
516	5223	Fitter, safe
532	5314	Fitter, sanitary
517	5224	Fitter, scale
516	5223	Fitter, scissors
516	5223	Fitter, screen (*coal mine*)
859	8135	Fitter, screen (*vehicle mfr*)
899	8129	Fitter, scythe
851	8132	Fitter, semi-skilled
529	5249	Fitter, service (aircraft, electronic and related equipment)
516	5223	Fitter, service (aircraft)
517	5224	Fitter, service (instruments)
598	5249	Fitter, service (office machines)
516	5223	Fitter, service
516	5223	Fitter, ship
720	7111	Fitter, shoe (*retail trade*)
516	5223	Fitter, shop, machine
516	5223	Fitter, shop (*metal trades*)
570	5315	Fitter, shop
570	5315	Fitter, shop and office
521	5241	Fitter, sign (electric signs)
896	8149	Fitter, sign
529	5249	Fitter, signal, railway
516	5223	Fitter, skilled
516	5223	Fitter, skip (*coal mine*)
516	5223	Fitter, speed

SOC 1990	SOC 2000	
517	5224	Fitter, speedometer
555	5413	Fitter, spring, elastic
530	5211	Fitter, spring (*forging*)
516	5223	Fitter, spring
532	5314	Fitter, sprinkler
570	5315	Fitter, stand (exhibition stand)
532	5314	Fitter, steam
532	5314	Fitter, steam and hot water
516	5223	Fitter, steel
516	5223	Fitter, steelyard
863	8134	Fitter, stock (*footwear mfr*)
532	5314	Fitter, stove (*building and contracting*)
851	8132	Fitter, stove (*stove mfr*)
516	5223	Fitter, structural
896	8149	Fitter, sun-blind
516	S 5223	Fitter, superintendent
516	5223	Fitter, surface
520	5241	Fitter, switch
520	5241	Fitter, switchboard
520	5241	Fitter, switchgear
599	5499	Fitter, table, billiard
556	5414	Fitter, tailor's
516	5223	Fitter, tank
517	5224	Fitter, taximeter
517	5224	Fitter, telegraph, ship's
529	5249	Fitter, telegraph
523	5242	Fitter, telephone
525	5244	Fitter, television
516	5223	Fitter, tender
516	5223	Fitter, textile
506	5322	Fitter, tile
515	5222	Fitter, tool, edge
516	5223	Fitter, tool, machine
515	5222	Fitter, tool, press
515	5222	Fitter, tool
516	5223	Fitter, torpedo
516	5223	Fitter, tractor
520	5241	Fitter, transformer
540	5231	Fitter, transport
824	8115	Fitter, tread, tyre
516	5223	Fitter, truck, lift, fork
520	5241	Fitter, truck (electric)
516	5223	Fitter, try-out
534	5214	Fitter, tube (*boiler mfr*)
534	5214	Fitter, tube (*locomotive mfr*)
532	5216	Fitter, tube
516	5223	Fitter, turbine
516	5223	Fitter, turning
544	8135	Fitter, tyre
544	8135	Fitter, tyre and exhaust
859	8139	Fitter, umbrella
554	5412	Fitter, upholsterer's
516	5223	Fitter, valve (*engineering*)
859	8139	Fitter, valve (*tyre mfr*)
516	5223	Fitter, vehicles (*vehicle mfr*)
540	5231	Fitter, vehicles
532	5314	Fitter, ventilation
516	5223	Fitter, wagon (*railway workshops*)

SOC 1990	SOC 2000	
532	**5314**	Fitter, water
516	**5223**	Fitter, weighbridge
516	**5223**	Fitter, wheel
516	**5223**	Fitter, window (making)
509	**5316**	Fitter, window
859	**8135**	Fitter, windscreen
516	**5314**	Fitter (domestic appliances, gas appliances)
521	**5241**	Fitter (domestic appliances)
503	**5316**	Fitter (double glazing)
520	**5241**	Fitter (machinery, electrical machines)
516	**5223**	Fitter (machinery)
516	**5223**	Fitter (vehicles: *vehicle mfr*)
540	**5231**	Fitter (vehicles)
851	**8132**	Fitter (*bag frame mfr*)
570	**5315**	Fitter (*boatbuilding*)
571	**5492**	Fitter (*cabinet making*)
859	**8139**	Fitter (*cardboard container mfr*)
556	**5414**	Fitter (*clothing mfr*)
521	**5241**	Fitter (*electricity supplier*)
544	**8135**	Fitter (*exhaust, tyre fitting*)
599	**5499**	Fitter (*fishing rod mfr*)
555	**5413**	Fitter (*footwear mfr*)
540	**5231**	Fitter (*garage*)
516	**5314**	Fitter (*gas supplier: gas works*)
532	**5314**	Fitter (*gas supplier*)
532	**5314**	Fitter (*heating contracting*)
516	**5223**	Fitter (*iron foundry*)
518	**5495**	Fitter (*jewellery, plate mfr*)
555	**5413**	Fitter (*leather goods mfr*)
851	**8132**	Fitter (*loose leaf book mfr*)
517	**5224**	Fitter (*metal trades: instrument mfr*)
516	**5223**	Fitter (*metal trades*)
516	**5223**	Fitter (*mining*)
593	**5494**	Fitter (*musical instruments mfr*)
814	**8113**	Fitter (*net, rope mfr*)
516	**5223**	Fitter (*railways*)
516	**5223**	Fitter (*shipbuilding*)
896	**8149**	Fitter (*shop blind mfr*)
859	**8139**	Fitter (*tobacco pipe mfr*)
544	**8135**	Fitter (*windscreen fitting*)
516	**5223**	Fitter and assembler
535	**5311**	Fitter and erector (*constructional engineering*)
516	**5223**	Fitter and erector
516	**5223**	Fitter and examiner
515	**5222**	Fitter and marker-off
516	**5223**	Fitter and tester
556	**5414**	Fitter and trimmer
516	**5223**	Fitter and turner
516	**5223**	Fitter-assembler
516	**5223**	Fitter-driver
516	**5223**	Fitter-engineer
516	**5223**	Fitter-erector
516	S **5223**	Fitter-in-charge
516	**5223**	Fitter-inspector
516	**5223**	Fitter-machinist
540	**5231**	Fitter-mechanic (*garage*)
516	**5223**	Fitter-mechanic
516	**5223**	Fitter-operator, capstan
516	**5223**	Fitter-operator, tool, machine
516	**5223**	Fitter-tester
516	**5223**	Fitter-turner
859	**8139**	Fitter-up, frame, picture
557	**5414**	Fitter-up (*clothing mfr*)
859	**8139**	Fitter-up (*footwear mfr*)
516	**5223**	Fitter-up (*foundry*)
571	**5492**	Fitter-up (*musical instruments mfr, piano case mfr*)
593	**5494**	Fitter-up (*musical instruments mfr*)
532	**5216**	Fitter-welder, pipe
532	**5314**	Fitter-welder (heating and ventilating)
537	**5215**	Fitter-welder
959	**9259**	Fixer, advertisement
532	**5314**	Fixer, appliances (*gas supplier*)
501	**5313**	Fixer, asbestos
896	**8149**	Fixer, blind
896	**8149**	Fixer, board, plaster
500	**5312**	Fixer, boiler
850	**8131**	Fixer, cap (lamp and valves)
506	**5322**	Fixer, carpet
896	**8149**	Fixer, ceiling
506	**5322**	Fixer, faience and mosaic
501	**5313**	Fixer, felt
502	**5321**	Fixer, fibrous
506	**5322**	Fixer, fireplace
896	**8149**	Fixer, frame, metal
597	**8122**	Fixer, girder (*coal mine*)
503	**5316**	Fixer, glazing, patent
506	**5322**	Fixer, grate
929	**9129**	Fixer, insulation
921	**9121**	Fixer, lath, metal
599	**5499**	Fixer, lens
503	**5316**	Fixer, light, lead
500	**5312**	Fixer, marble
500	**5312**	Fixer, mason's, stone
899	**8129**	Fixer, meter (electricity)
532	**5314**	Fixer, meter (gas)
532	**5314**	Fixer, meter (water)
506	**5322**	Fixer, mosaic
520	**5241**	Fixer, motor (electric)
516	**5223**	Fixer, motor
814	**8113**	Fixer, net
851	**8132**	Fixer, panel (vehicle)
814	**8113**	Fixer, pattern (lace machine)
364	**3539**	Fixer, price
500	**5312**	Fixer, range
364	**3539**	Fixer, rate
536	**5319**	Fixer, reinforcement (*building and contracting*)
570	**5315**	Fixer, roof (*building and contracting*)
501	**5313**	Fixer, roofing
505	**8141**	Fixer, scaffolding
534	**5214**	Fixer, ship-door and collar
521	**5241**	Fixer, sign (electric)

SOC 1990	SOC 2000		SOC 1990	SOC 2000	
896	8149	Fixer, sign	840	8125	Fluter (metal)
536	5319	Fixer, steel	518	5495	Fluter (silver, plate)
822	8121	Fixer, tape (*paper pattern mfr*)	999	9139	Flyman
506	5322	Fixer, terracotta	829	8119	Foiler (*plasterboard mfr*)
506	5322	Fixer, tile	862	9134	Foiler
869	8139	Fixer, transfer (japanning)	562	5423	Folder, book
557	8136	Fixer, trimmer	859	8139	Folder, box (*cardboard box mfr*)
532	5314	Fixer, ventilator	841	8125	Folder, box (*tin box mfr*)
503	5316	Fixer, vitrolite	814	8113	Folder, cloth
896	8149	Fixer, wall, curtain	862	9134	Folder, curtain
859	8135	Fixer, window (vehicles)	569	8121	Folder, envelope
896	5316	Fixer, window	862	9134	Folder, handkerchief
503	5316	Fixer, window and door	569	8121	Folder, map
570	5315	Fixer (*carpentry and joinery*)	862	9134	Folder, net
557	8136	Fixer (*clothing mfr*)	569	8121	Folder, paper
814	8113	Fixer (*net, rope mfr*)	859	8139	Folder, pattern, paper
516	5223	Fixer (*railways*)	814	8113	Folder, towel (*textile mfr*)
536	5319	Fixer and bender, steel	562	5423	Folder (*bookbinding*)
500	5312	Fixer-mason	862	9134	Folder (*clothing mfr*)
811	8113	Flagger (fibre preparation)	841	8125	Folder (*drum, keg mfr*)
924	8142	Flagger	555	8139	Folder (*footwear mfr*)
883	8216	Flagman	862	9134	Folder (*laundry, launderette, dry cleaning*)
839	8117	Flaker-on (electric cable)			
516	5223	Flanger, beam	562	5423	Folder (*printing*)
559	5419	Flanger (*hat mfr*)	562	5423	Folder (*rag book mfr*)
841	8125	Flanger (*sheet metal working*)	862	9134	Folder (*textile mfr: hosiery finishing*)
841	8125	Flanger (*tin box mfr*)			
590	5491	Flasher	812	8113	Folder (*textile mfr: silk doubling*)
880	8217	Flatman	814	8113	Folder (*textile mfr*)
839	8117	Flattener, patent (galvanised sheet)	859	8139	Folder-in (*glove mfr*)
839	8117	Flattener, sheet (metal)	814	8113	Folder-up (*textiles*)
590	5491	Flattener (*glass mfr*)	932	9141	Follower, crane
899	8129	Flattener (*metal trades: wire mfr*)	387	3441	Footballer
841	8125	Flattener (*metal trades*)	551	5411	Footer (*hosiery, knitwear mfr*)
869	8139	Flatter, cellulose	699	6231	Footman (*domestic service*)
518	5495	Flatter, gold	824	8115	Forcer, rubber
869	8139	Flatter, paint	825	8116	Forcer (*plastics goods mfr*)
518	5495	Flatter, silver	824	8115	Forcer (*rubber goods mfr*)
590	5491	Flatter (*glass mfr*)	252	2423	Forecaster, economic
869	8139	Flatter (*vehicle mfr*)	*364*	3539	Forecaster, network
869	8139	Flatter and polisher	202	2113	Forecaster (meteorological)
385	3415	Flautist	814	8113	Forehand (*rope, twine mfr*)
810	8114	Flesher	830	8117	Forehand
150	1171	Flight-Lieutenant	581	S 5431	Foreman, abattoir
600	3311	Flight-Sergeant			Foreman, assistant - *see notes*
824	8115	Flipper, bead	580	S 5432	Foreman, bakery
899	8129	Flitter (*coal mine*)	871	S 8219	Foreman, bank (*transport*)
843	8125	Floater, tube	590	S 5491	Foreman, batch
912	9131	Floater (*metal trades: blast furnace*)	699	S 9229	Foreman, baths
843	8125	Floater (*metal trades*)	820	S 8114	Foreman, battery (*coke ovens*)
506	5322	Floorer	*931*	S 9149	Foreman, bay, loading
791	5496	Florist, artificial	889	S 9139	Foreman, belt (*mine: not coal*)
791	5496	Florist	811	S 8113	Foreman, blowing
990	9132	Fluffer (*underground railway*)	*541*	S 5232	Foreman, bodyshop (motor vehicles)
810	8114	Fluffer			
809	8111	Flusher, starch	893	S 8124	Foreman, boiler
897	8121	Flusher (tobacco pipes)	862	S 9134	Foreman, bottling
892	8126	Flusher and cleanser, sewer	801	S 8111	Foreman, brewer
840	8125	Fluter, drill	896	S 8149	Foreman, bridge

SOC 1990	SOC 2000	
896	**S 8149**	Foreman, builder's
541	**S 5232**	Foreman, building, coach
896	**S 8149**	Foreman, building
524	**S 5243**	Foreman, cable
821	**S 8121**	Foreman, calender (*paper mfr*)
881	**S 8216**	Foreman, capstan
820	**S 8114**	Foreman, carbonising (*coal gas, coke ovens*)
811	**S 8113**	Foreman, card
811	**S 8113**	Foreman, carding
889	**S 8219**	Foreman, cartage
860	**S 8133**	Foreman, checking (*engineering*)
820	**S 8114**	Foreman, chemical
896	**S 8149**	Foreman, civilian (*government*)
889	**S 8122**	Foreman, coal
552	**S 8113**	Foreman, colour (*carpet, rug mfr*)
811	**S 8113**	Foreman, comber
811	**S 8113**	Foreman, combing
923	**S 8142**	Foreman, concrete
896	**S 8149**	Foreman, contractor's
830	**S 8117**	Foreman, cupola
731	**S 7123**	Foreman, dairy (*retail trade*)
809	**S 8111**	Foreman, dairy
		Foreman, day - *see notes*
889	**S 8219**	Foreman, delivery
896	**S 8149**	Foreman, demolition
		Foreman, departmental - *see notes*
889	**S 8219**	Foreman, depot (*coal merchants*)
871	**S 8219**	Foreman, depot (*transport*)
441	**S 9149**	Foreman, depot
441	**S 9149**	Foreman, despatch
990	**S 9132**	Foreman, destructor, dust
895	**S 8149**	Foreman, distribution (*gas supplier*)
441	**S 4134**	Foreman, distribution (*warehousing*)
720	**S 7111**	Foreman, district (*retail trade*)
933	**S 9235**	Foreman, district (*sanitary services*)
896	**S 8149**	Foreman, district
930	**S 9141**	Foreman, dock
812	**S 8113**	Foreman, doubler
895	**S 8149**	Foreman, drainage
811	**S 8113**	Foreman, drawing (*textile mfr*)
885	**S 8229**	Foreman, dredging
898	**S 8123**	Foreman, drill (*mine: not coal*)
521	**S 5241**	Foreman, electrical
529	**S 5249**	Foreman, electronics
834	**S 8118**	Foreman, electroplating
535	**S 5311**	Foreman, engineering, constructional
840	**S 8125**	Foreman, engineering
896	**S 8149**	Foreman, estate
896	**S 8149**	Foreman, estates
898	**S 8123**	Foreman, explosives (*mine: not coal*)
889	**S 8219**	Foreman, export
839	**S 8117**	Foreman, extrusion, metal
521	**S 5242**	Foreman, factory (*telecommunications*)
		Foreman, factory - *see also notes*
900	**S 5111**	Foreman, farm
532	**S 5314**	Foreman, fittings (*gas supplier*)
912	**S 9139**	Foreman, flat (*card clothing mfr*)
722	**S 7112**	Foreman, forecourt
530	**S 5211**	Foreman, forging
531	**S 5212**	Foreman, foundry
811	**S 8113**	Foreman, frame (*carding*)
830	**S 8117**	Foreman, furnace, blast
823	**S 8112**	Foreman, furnace (*glass mfr*)
830	**S 8117**	Foreman, furnace (*metal trades*)
540	**S 5231**	Foreman, garage
111	**5319**	Foreman, general (*building and contracting*)
110	**S 1121**	Foreman, general (*manufacturing*)
881	**S 8216**	Foreman, goods (*railways*)
930	**S 9141**	Foreman, hatch
886	**S 8221**	Foreman, haulage (*coal mine*)
810	**S 8114**	Foreman, hearth, soak
820	**S 8114**	Foreman, heat (*gas works*)
923	**S 8142**	Foreman, highways
893	**S 8124**	Foreman, house, boiler
820	**S 8114**	Foreman, house, gas
590	**S 5491**	Foreman, house, glass (*glass mfr*)
595	**S 5112**	Foreman, house, glass
893	**S 8124**	Foreman, house, power
820	**S 8114**	Foreman, house, retort
673	**S 9234**	Foreman, house, wash
869	**S 8133**	Foreman, inspection (*glass mfr*)
860	**S 8133**	Foreman, inspection
521	**S 5241**	Foreman, installation, electrical
889	**S 8219**	Foreman, installation (*oil refining*)
517	**S 5224**	Foreman, instrument
930	**S 9141**	Foreman, jetty
820	**S 8114**	Foreman, kiln (*carbon goods mfr*)
823	**S 8112**	Foreman, kiln (*ceramics mfr*)
864	**S 8138**	Foreman, laboratory
594	**S 5113**	Foreman, landscape
673	**S 9234**	Foreman, laundry
929	**S 9129**	Foreman, length (*river, water authority*)
699	**S 9249**	Foreman, lighting
531	**S 5212**	Foreman, lime (*foundry*)
810	**S 8114**	Foreman, lime
851	**S 8132**	Foreman, line (*metal trades*)
524	**S 5243**	Foreman, lines, overhead
889	**S 8219**	Foreman, lock
881	**S 8216**	Foreman, locomotive
550	**S 5411**	Foreman, loom
521	**S 5241**	Foreman, mains (*electricity supplier*)
521	**S 5241**	Foreman, maintenance, electrical
516	**S 5223**	Foreman, maintenance, loco
521	**S 5241**	Foreman, maintenance (*electricity supplier*)
516	**S 5314**	Foreman, maintenance (*gas supplier*)
516	**S 5223**	Foreman, maintenance (*manufacturing*)
523	**S 5242**	Foreman, maintenance (*telecommunications*)
540	**S 5231**	Foreman, maintenance (*transport*)
896	**S 8149**	Foreman, maintenance

Standard Occupational Classification 2000 Volume 2 87

SOC 1990	SOC 2000	
840	S 8125	Foreman, mechanical
809	S 8111	Foreman, milk (*dairy*)
820	S 8114	Foreman, mill, blue
832	S 8117	Foreman, mill, rolling
809	S 8111	Foreman, mill (*food products mfr*)
812	S 8113	Foreman, mule
		Foreman, night - *see notes*
898	S 8123	Foreman, outside (*mine: not coal*)
820	S 8114	Foreman, oven
540	S 5231	Foreman, overhauling, vehicle
507	S 5323	Foreman, painting
881	S 8216	Foreman, parcel (*railways*)
881	S 8216	Foreman, parcels (*railways*)
300	S 3111	Foreman, physics, health
841	S 8125	Foreman, piercing
885	S 8229	Foreman, piling (*civil engineering*)
895	S 8149	Foreman, pipe, main
898	S 8123	Foreman, pit (aggregates, clay, gravel, sand)
820	S 8114	Foreman, plant, carbonisation
890	S 8123	Foreman, plant, cleaning, dry (*coal mine*)
893	S 8124	Foreman, plant, coal (*electricity supplier*)
820	S 8114	Foreman, plant, crushing
820	S 8114	Foreman, plant, gas
829	S 8119	Foreman, plant, mixing (*asphalt mfr*)
820	S 8114	Foreman, plant, reforming
580	S 5432	Foreman, plant (*bakery*)
885	S 8229	Foreman, plant (*building and contracting*)
631	S 6215	Foreman, platform (*railways*)
532	S 5314	Foreman, plumbing
820	S 8114	Foreman, polish
841	S 8125	Foreman, press (*metal trades*)
891	S 5422	Foreman, printing
809	S 8111	Foreman, process (*food products mfr*)
820	S 8114	Foreman, process
		Foreman, production - *see notes*
420	S 4131	Foreman, progress
820	S 8114	Foreman, purification (*gas supplier*)
820	S 8114	Foreman, purifier, gas
860	S 8133	Foreman, quality (*engineering*)
898	S 8123	Foreman, quarry
930	S 9141	Foreman, quay
441	S 9149	Foreman, receiving
830	S 8117	Foreman, refining, metal
820	S 8114	Foreman, retort (*gas works*)
812	S 8113	Foreman, ring
923	S 8142	Foreman, road
898	S 8123	Foreman, rock (*mine: not coal*)
811	S 8113	Foreman, room, blowing
811	S 8113	Foreman, room, card
441	S 9149	Foreman, room, grey (*textile mfr*)
441	S 9149	Foreman, room, lamp (*coal mine*)
553	S 8137	Foreman, room, machine (*clothing mfr*)
891	S 5422	Foreman, room, machine (*printing*)
810	S 8114	Foreman, room, mill (*fur dressing*)

SOC 1990	SOC 2000	
862	S 9134	Foreman, room, packing
441	S 9149	Foreman, room, pattern (*textile mfr*)
553	S 8137	Foreman, room, sewing
515	S 5222	Foreman, room, tool
731	S 7123	Foreman, rounds
881	S 8216	Foreman, running (*railways*)
861	S 8133	Foreman, salle
990	S 9235	Foreman, salvage
829	S 8114	Foreman, screen (*gas works: coke ovens*)
890	S 8123	Foreman, screen
829	S 8114	Foreman, screens (*gas works: coke ovens*)
890	S 8123	Foreman, screens
811	S 8113	Foreman, scribbling
		Foreman, section - *see notes*
110	S 1121	Foreman, senior (*manufacturing*)
892	S 8126	Foreman, sewer
590	S 5491	Foreman, shed, press (*brick mfr*)
550	S 5411	Foreman, shed, weaving
810	S 8114	Foreman, shed (*tannery*)
881	S 8216	Foreman, shed (*transport: railways*)
871	S 8219	Foreman, shed (*transport: road*)
		Foreman, shift - *see notes*
441	S 9149	Foreman, shipping
519	S 5221	Foreman, shop, auto
541	S 5232	Foreman, shop, body (motor vehicles)
531	S 5212	Foreman, shop, casting
590	S 5491	Foreman, shop, cutting (*glass mfr*)
869	S 8139	Foreman, shop, enamelling
516	S 5223	Foreman, shop, erecting (*engineering*)
519	S 5221	Foreman, shop, machine
830	S 8117	Foreman, shop, melting
869	S 8139	Foreman, shop, paint
542	S 5232	Foreman, shop, panel
573	S 5493	Foreman, shop, pattern
841	S 8125	Foreman, shop, press (*metal trades*)
825	S 8116	Foreman, shop, press (*plastics goods mfr*)
561	S 5422	Foreman, shop, print
832	S 8117	Foreman, shop, steel
554	S 5412	Foreman, shop, trim
590	S 5491	Foreman, shop (*ceramics mfr*)
519	S 5221	Foreman, shop (*coal mine*)
519	S 5221	Foreman, shop (*engineering*)
821	S 8121	Foreman, shop (*paper mfr*)
720	S 7111	Foreman, shop (*retail trade*)
896	S 8149	Foreman, site
826	S 8114	Foreman, spinning (*man-made fibre mfr*)
812	S 8113	Foreman, spinning
902	S 5119	Foreman, stable
820	S 8114	Foreman, stage (*gas works*)
930	S 9141	Foreman, staithes
841	S 8125	Foreman, stamping
999	S 8126	Foreman, station, pumping
631	S 6215	Foreman, station (*railways*)
441	S 9149	Foreman, stock

SOC 1990	SOC 2000	
441	S 9149	Foreman, store
441	S 9149	Foreman, stores
929	S 9129	Foreman, surface (*coal mine*)
898	S 8123	Foreman, surface (*mine: not coal*)
823	S 8112	Foreman, tank (*glass mfr*)
		Foreman, technical - *see notes*
860	S 8133	Foreman, test, motor
814	S 8113	Foreman, textile
930	S 9141	Foreman, timber (*docks*)
897	S 8121	Foreman, timber
515	S 5222	Foreman, tool, press
889	S 8122	Foreman, traffic (*coal mine: below ground*)
871	S 8219	Foreman, traffic
881	S 8216	Foreman, train
889	S 9139	Foreman, transport, internal
881	S 8216	Foreman, transport (*railways*)
871	S 8219	Foreman, transport
889	S 8219	Foreman, transporting
833	S 8117	Foreman, treatment, heat
893	S 8124	Foreman, turbine
812	S 8113	Foreman, twisting
441	S 9149	Foreman, warehouse
922	S 8143	Foreman, way, permanent
550	S 5411	Foreman, weaving
537	S 5215	Foreman, welding
930	S 9141	Foreman, wharf
813	S 8113	Foreman, winding
570	S 5315	Foreman, woodwork
811	S 8113	Foreman, wool
910	S 8122	Foreman, working (*coal mine*)
		Foreman, working - *see also notes*
110	S 1121	Foreman, works (*manufacturing*)
540	S 5231	Foreman, workshop (motor vehicles)
		Foreman, workshop - *see also notes*
590	S 5491	Foreman, yard, brick
889	S 8219	Foreman, yard, coal
889	S 9139	Foreman, yard, scrap
534	S 5214	Foreman, yard, ship
441	S 9149	Foreman, yard, steel
441	S 9149	Foreman, yard, stock
810	S 8114	Foreman, yard, tan
441	S 9149	Foreman, yard, timber
931	S 9149	Foreman, yard (*auctioneers*)
889	S 8219	Foreman, yard (*builders' merchants*)
889	S 8219	Foreman, yard (*building and contracting*)
889	S 8219	Foreman, yard (*canals*)
929	S 9129	Foreman, yard (*coal mine*)
889	S 8219	Foreman, yard (*local government*)
898	S 8123	Foreman, yard (*mine: not coal*)
881	S 8216	Foreman, yard (*railways*)
871	S 8219	Foreman, yard (*road transport*)
990	S 9139	Foreman, yard
862	S 9134	Foreman (*bottling*)
871	S 8219	Foreman (*bus service*)
821	S 8121	Foreman (*abrasive paper, cloth mfr*)
901	S 8223	Foreman (*agricultural contracting*)
900	S 5111	Foreman (*agriculture*)

SOC 1990	SOC 2000	
809	S 8111	Foreman (*animal feeds mfr*)
814	S 8113	Foreman (*asbestos mfr*)
899	S 8119	Foreman (*asbestos-cement goods mfr*)
829	S 8119	Foreman (*asphalt mfr*)
931	S 9149	Foreman (*auctioneers*)
580	S 5432	Foreman (*bakery*)
699	S 9229	Foreman (*baths*)
554	S 5412	Foreman (*bedding mfr*)
820	S 8114	Foreman (*blue and starch mfr*)
550	S 5411	Foreman (*bookcloth mfr*)
899	S 8119	Foreman (*brake linings mfr*)
801	S 8111	Foreman (*brewery*)
590	S 5491	Foreman (*brick mfr*)
599	S 5499	Foreman (*broom, brush mfr*)
896	S 8149	Foreman (*building and contracting*)
569	S 5423	Foreman (*calico printers*)
559	S 5419	Foreman (*canvas goods mfr*)
569	S 8121	Foreman (*cardboard box mfr*)
899	S 8119	Foreman (*cast concrete products mfr*)
953	S 9223	Foreman (*catering*)
809	S 8111	Foreman (*cattle food mfr*)
829	S 8119	Foreman (*cement mfr*)
699	S 6291	Foreman (*cemetery, crematorium*)
590	S 5491	Foreman (*ceramics mfr*)
820	S 8114	Foreman (*chemical mfr*)
809	S 8111	Foreman (*chocolate mfr*)
802	S 8111	Foreman (*cigarette mfr*)
699	S 9226	Foreman (*cinema*)
896	S 8149	Foreman (*civil engineering*)
559	S 5419	Foreman (*clothing mfr*)
820	S 8114	Foreman (*coal gas by-products mfr*)
871	S 8219	Foreman (*coal merchants*)
898	S 8122	Foreman (*coal mine: opencast*)
910	S 8122	Foreman (*coal mine*)
820	S 8114	Foreman (*coke ovens*)
829	S 8119	Foreman (*concrete mfr*)
896	S 8149	Foreman (*construction*)
599	S 5499	Foreman (*cork mfr*)
811	S 8113	Foreman (*cotton waste merchants*)
731	S 7123	Foreman (*dairy: retail trade*)
809	S 8111	Foreman (*dairy*)
592	S 3218	Foreman (*denture mfr*)
896	S 8149	Foreman (*DETR*)
930	S 9141	Foreman (*docks*)
673	S 9234	Foreman (*dyeing and cleaning*)
552	S 8114	Foreman (*dyeworks*)
521	S 5241	Foreman (*electrical contracting*)
521	S 5241	Foreman (*electricity supplier*)
869	S 8139	Foreman (*enamelling*)
699	S 9226	Foreman (*entertainment*)
599	S 5499	Foreman (*fancy goods mfr*)
506	S 5322	Foreman (*flooring contracting*)
580	S 5432	Foreman (*flour confectionery mfr*)
862	S 9134	Foreman (*food canning*)
809	S 8111	Foreman (*food products mfr*)
555	S 5413	Foreman (*footwear mfr*)
904	S 9112	Foreman (*forestry*)
571	S 5492	Foreman (*furniture mfr*)
540	S 5231	Foreman (*garage*)

SOC 1990	SOC 2000	
820	S 8114	Foreman (*gas supplier: gas works*)
532	S 5314	Foreman (*gas supplier*)
820	S 8114	Foreman (*gelatine, glue, size mfr*)
590	S 5491	Foreman (*glass mfr*)
809	S 8111	Foreman (*grain milling*)
899	S 8129	Foreman (*grinding wheel mfr*)
532	S 5314	Foreman (*heating engineering*)
595	S 5112	Foreman (*horticultural nursery*)
595	S 5112	Foreman (*horticulture*)
518	S 5495	Foreman (*jewellery, plate mfr*)
570	S 5315	Foreman (*joinery mfr*)
902	S 5119	Foreman (*lairage*)
673	S 9234	Foreman (*laundry, launderette, dry cleaning*)
810	S 8114	Foreman (*leather dressing*)
555	S 5413	Foreman (*leather goods mfr*)
814	S 8113	Foreman (*leathercloth mfr*)
829	S 8119	Foreman (*linoleum mfr*)
699	S 9229	Foreman (*local government: baths dept*)
933	S 9235	Foreman (*local government: cleansing dept*)
889	S 8219	Foreman (*local government: council depot*)
896	S 8149	Foreman (*local government: engineer's dept*)
923	S 8142	Foreman (*local government: highways dept*)
896	S 8149	Foreman (*local government: housing dept*)
594	S 5113	Foreman (*local government: parks dept*)
896	S 8149	Foreman (*local government: public works*)
990	S 9235	Foreman (*local government: refuse tip*)
933	S 9235	Foreman (*local government: sanitary dept*)
892	S 8126	Foreman (*local government: sewage works*)
896	S 8149	Foreman (*local government: surveyor's dept*)
871	S 8219	Foreman (*local government: transport dept*)
896	S 8149	Foreman (*local government*)
599	S 5499	Foreman (*match mfr*)
516	S 5223	Foreman (*metal trades: aero-engine mfr*)
833	S 8117	Foreman (*metal trades: annealing*)
851	S 8132	Foreman (*metal trades: assembling*)
830	S 8117	Foreman (*metal trades: blast furnace*)
899	S 8129	Foreman (*metal trades: cable mfr*)
541	S 5232	Foreman (*metal trades: coach building*)
535	S 5311	Foreman (*metal trades: constructional engineering*)
839	S 8117	Foreman (*metal trades: cutlery mfr*)

SOC 1990	SOC 2000	
850	S 8131	Foreman (*metal trades: electrical domestic appliance mfr*)
850	S 8131	Foreman (*metal trades: electrical lighting equipment mfr*)
520	S 5241	Foreman (*metal trades: electronic equipment mfr*)
834	S 8118	Foreman (*metal trades: electroplating*)
530	S 5211	Foreman (*metal trades: forging*)
531	S 5212	Foreman (*metal trades: foundry*)
833	S 8117	Foreman (*metal trades: heat treatment*)
516	S 5223	Foreman (*metal trades: hydraulic pump mfr*)
517	S 5224	Foreman (*metal trades: instrument mfr*)
516	S 5223	Foreman (*metal trades: internal combustion engine mfr*)
839	S 8117	Foreman (*metal trades: iron, steel mfr*)
519	S 5221	Foreman (*metal trades: lamp, valve mfr*)
519	S 5221	Foreman (*metal trades: machine shop*)
533	S 5213	Foreman (*metal trades: metal box mfr*)
839	S 8117	Foreman (*metal trades: metal extrusion*)
841	S 8125	Foreman (*metal trades: metal pressing*)
830	S 8117	Foreman (*metal trades: metal refining*)
841	S 8125	Foreman (*metal trades: metal smallwares*)
839	S 8117	Foreman (*metal trades: metal tube mfr*)
851	S 8132	Foreman (*metal trades: motor vehicle mfr*)
520	S 5241	Foreman (*metal trades: office machinery mfr*)
529	S 5249	Foreman (*metal trades: power tools mfr*)
515	S 5222	Foreman (*metal trades: press tool mfr*)
520	S 5241	Foreman (*metal trades: radio, television, video mfr*)
839	S 8117	Foreman (*metal trades: razor blade mfr*)
832	S 8117	Foreman (*metal trades: rolling mill*)
533	S 5213	Foreman (*metal trades: sheet metal working*)
534	S 5214	Foreman (*metal trades: shipbuilding*)
520	S 5241	Foreman (*metal trades: signalling equipment*)
515	S 5222	Foreman (*metal trades: small tools mfr*)
841	S 8125	Foreman (*metal trades: stamping, piercing*)
831	S 8117	Foreman (*metal trades: steel drawing*)
534	S 5214	Foreman (*metal trades: steel fabrication*)

SOC 1990	SOC 2000	
850	S 8131	Foreman (*metal trades: telecommunications equipment mfr*)
832	S 8117	Foreman (*metal trades: tinplate mfr*)
515	S 5222	Foreman (*metal trades: tool room*)
520	S 5241	Foreman (*metal trades: transformers and switchgear mfr*)
537	S 5215	Foreman (*metal trades: welding*)
831	S 8117	Foreman (*metal trades: wire mfr*)
898	S 8123	Foreman (*mine: not coal*)
809	S 8111	Foreman (*mineral water mfr*)
820	S 8114	Foreman (*oil refining*)
809	S 8111	Foreman (*oil seed crushing*)
441	S 9149	Foreman (*ordnance depot*)
820	S 8114	Foreman (*ordnance factory: explosive mfr*)
599	S 5499	Foreman (*ordnance factory: shell filling*)
862	S 9134	Foreman (*packing service*)
820	S 8114	Foreman (*paint mfr*)
569	S 8121	Foreman (*paper goods mfr*)
821	S 8121	Foreman (*paper mfr*)
820	S 8114	Foreman (*patent fuel mfr*)
599	S 5499	Foreman (*pen mfr*)
599	S 5499	Foreman (*pencil, crayon mfr*)
722	S 7112	Foreman (*petrol station*)
889	S 8219	Foreman (*petroleum distribution*)
930	S 9141	Foreman (*PLA*)
829	S 8119	Foreman (*plasterboard mfr*)
825	S 8116	Foreman (*plastics goods mfr*)
825	S 8116	Foreman (*plastics mfr*)
940	S 9211	Foreman (*PO: post office railway*)
893	S 8124	Foreman (*power station*)
891	S 5422	Foreman (*printing*)
720	S 7111	Foreman (*provision merchants*)
891	S 5422	Foreman (*publishing*)
530	S 5211	Foreman (*railways: carriage, wagon dept*)
922	S 8143	Foreman (*railways: district engineer's dept*)
516	S 5223	Foreman (*railways: locomotive shop*)
516	S 5223	Foreman (*railways: motive power dept*)
529	S 5249	Foreman (*railways: signal and telecommunications*)
881	S 8216	Foreman (*railways*)
931	S 9149	Foreman (*removal contracting*)
441	S 9149	Foreman (*repository*)
720	S 7111	Foreman (*retail trade*)
929	S 9129	Foreman (*river, water authority*)
871	S 8219	Foreman (*road transport*)
824	S 8115	Foreman (*rubber goods mfr*)
897	S 8121	Foreman (*sawmilling*)
889	S 9139	Foreman (*scrap merchants, breakers*)
615	S 9241	Foreman (*security services*)
892	S 8126	Foreman (*sewage works*)
820	S 8114	Foreman (*slag wool mfr*)
820	S 8114	Foreman (*soap, detergent mfr*)
820	S 8114	Foreman (*spirit distilling*)
599	S 5499	Foreman (*sports goods mfr*)
809	S 8111	Foreman (*sugar refining*)
809	S 8111	Foreman (*sugar, sugar confectionery mfr*)
814	S 8113	Foreman (*surgical dressing mfr*)
556	S 5414	Foreman (*tailoring*)
810	S 8114	Foreman (*tannery*)
523	S 5242	Foreman (*telecommunications*)
552	S 8114	Foreman (*textile mfr: bleaching, dyeing*)
811	S 8113	Foreman (*textile mfr: combing dept*)
812	S 8113	Foreman (*textile mfr: doubling, twisting dept*)
552	S 8113	Foreman (*textile mfr: finishing dept*)
551	S 5411	Foreman (*textile mfr: hosiery mfr*)
826	S 8114	Foreman (*textile mfr: man-made fibre mfr*)
811	S 8113	Foreman (*textile mfr: opening, carding dept*)
569	S 5423	Foreman (*textile mfr: printing dept*)
812	S 8113	Foreman (*textile mfr: spinning dept*)
550	S 5411	Foreman (*textile mfr: textile weaving*)
813	S 8113	Foreman (*textile mfr: winding dept*)
814	S 8113	Foreman (*textile mfr*)
441	S 9149	Foreman (*timber merchants*)
802	S 8111	Foreman (*tobacco mfr*)
579	S 5492	Foreman (*tobacco pipe mfr*)
820	S 8114	Foreman (*toilet preparations mfr*)
599	S 5499	Foreman (*toy mfr*)
814	S 8113	Foreman (*typewriter ribbon mfr*)
554	S 5412	Foreman (*upholstering*)
919	S 9139	Foreman (*wallpaper mfr*)
441	S 9149	Foreman (*warehousing*)
892	S 8126	Foreman (*water works*)
929	S 9129	Foreman (*waterways*)
570	S 5315	Foreman (*woodware mfr*)
990	S 9235	Foreman (*wreck raising*)
902	S 5119	Foreman (*zoological gardens*)
		Foreman - *see also notes*
599	S 5499	Foreman of factory (*government*)
896	S 8149	Foreman of works
896	S 8149	Foreman-ganger (maintenance)
900	S 5111	Foreman-ganger (*agriculture*)
896	S 8149	Foreman-ganger (*building and contracting*)
895	S 8149	Foreman-ganger (*cable laying*)
930	S 9141	Foreman-ganger (*docks*)
895	S 8149	Foreman-ganger (*electricity supplier*)
895	S 8149	Foreman-ganger (*gas supplier*)
896	S 8149	Foreman-ganger (*local government*)
922	S 8143	Foreman-ganger (*railways*)
524	S 5243	Foreman-ganger (*telecommunications*)
895	S 8149	Foreman-ganger (*water works*)
		Foreman-ganger - *see also* Foreman ( )

SOC 1990	SOC 2000		SOC 1990	SOC 2000	
904	S 9112	Forester	809	8111	Fridgeman (*ice cream mfr*)
850	S 8131	Forewoman, factory (*telecommunications*)			Frier - *see* Fryer
			553	8137	Friller
958	S 9233	Forewoman (*government*)	551	5411	Fringer
569	S 9211	Forewoman (*PO*)	829	8119	Fritter
		Forewoman - *see also* Foreman ( )	599	5319	Frogman
839	8117	Forgeman	591	5491	Froster (*electric lamp mfr*)
530	5211	Forger	591	5491	Froster (*glass mfr*)
829	8112	Forker (*glass mfr*)	732	7124	Fruiterer (*market trading*)
830	8117	Forker (*wrought iron mfr*)	179	1234	Fruiterer
889	8129	Forker	595	S 5112	Fruitman, head
899	8129	Former, accumulator	595	5112	Fruitman
899	8129	Former, battery	620	5434	Fryer, fish
850	8131	Former, cable	620	5434	Fryer (*catering*)
899	8129	Former, cell (battery)	809	8111	Fryer (*food products mfr*)
850	8131	Former, coil	880	8217	Fuelman (ship)
850	8131	Former, copper (generators)	814	8113	Fuller
899	8129	Former, filament	699	6292	Fumigator
590	5491	Former, glass	123	3543	Fundraiser
814	8113	Former, hat	833	8117	Furnaceman, annealing
811	8113	Former, lap	820	8114	Furnaceman, barium
850	8131	Former, loom	830	8117	Furnaceman, blast
899	8129	Former, plate, tungsten	893	8124	Furnaceman, boiler
814	8113	Former, rope	830	8117	Furnaceman, brass
814	8113	Former, strand	829	8119	Furnaceman, calcining (flint)
839	8117	Former, tube	820	8114	Furnaceman, calcining
899	8129	Former, wire	830	8117	Furnaceman, chrome
814	8113	Former (*felt hat mfr*)	830	8117	Furnaceman, cupola
825	8116	Former (*plastics mfr*)	830	8117	Furnaceman, electric
839	8117	Former (*tube mfr*)	829	8114	Furnaceman, graphitising
420	4134	Forwarder, freight	833	8117	Furnaceman, hardening, case
562	5423	Forwarder (*bookbinding*)	830	8117	Furnaceman, hearth, open
839	8117	Founder, type	833	8117	Furnaceman, spring, coach
823	8112	Founder (*glass mfr*)	833	8117	Furnaceman, treatment, heat
839	8117	Founder (*metal trades*)	823	8112	Furnaceman (*ceramics mfr*)
820	8114	Fractionator (*chemical mfr*)	820	8114	Furnaceman (*chemical mfr*)
843	8125	Fraiser	999	6291	Furnaceman (*crematorium*)
516	5223	Framer, aluminium	823	8112	Furnaceman (*electric bulb mfr*)
859	8139	Framer, bag	820	8114	Furnaceman (*gas works*)
517	5224	Framer, binocular	823	8112	Furnaceman (*glass mfr*)
559	5419	Framer, calico	829	8114	Furnaceman (*lead pencil, chalk, crayon mfr*)
579	5492	Framer, picture			
812	8113	Framer, ring	833	8117	Furnaceman (*metal trades: annealing*)
897	8121	Framer, rule			
571	5492	Framer, seat	830	8117	Furnaceman (*metal trades*)
571	5492	Framer (*chair mfr*)	820	8114	Furnaceman (*oil refining*)
673	9234	Framer (*laundry, launderette, dry cleaning*)	820	8114	Furnaceman (*red lead mfr*)
			579	5492	Furnisher, coffin
859	8139	Framer (*leather goods mfr*)	179	5499	Furnisher, house
534	5214	Framer (*shipbuilding*)	*554*	5412	Furnisher, soft
552	8113	Framer (*textile mfr: hosiery mfr*)	179	1234	Furnisher (*retail trade*)
812	8113	Framer (*textile mfr: wool spinning*)	557	5414	Furrier (*fur goods mfr*)
811	8113	Framer (*textile mfr*)	179	1234	Furrier (*retail trade*)
174	5434	Franchisee, catering	823	8112	Fuser, bifocal
843	8125	Frazer (*metal trades*)	829	8117	Fuser, enamel
897	8121	Frazer (*tobacco pipe mfr*)	829	8112	Fuser (*glass mfr*)
880	8217	Freeman (River Thames)	829	8117	Fuser (*metal trades*)
809	8111	Freezer	859	8139	Fuser (*textile materials, products mfr*)
292	2444	Friar	600	3311	Fusilier

ALPHABETICAL INDEX FOR CODING OCCUPATIONS

G

SOC 1990	SOC 2000		SOC 1990	SOC 2000	
600	3311	GI	889	8219	Gateman, flood
220	2211	GP	889	8219	Gateman, lock
814	8113	Gabler and corder (net)	883	8216	Gateman (*coal mine*)
521	S 5241	Gaffer (*film, television production*)	889	8219	Gateman (*docks*)
590	5491	Gaffer (*glass mfr*)	699	9249	Gateman (*entertainment*)
		Gaffer - see also Foreman ( )	883	8216	Gateman (*railways*)
552	8113	Gaiter, beam	889	8219	Gateman (*waterways*)
516	5223	Gaiter, harness	615	9241	Gateman
550	S 5411	Gaiter, loom	903	9119	Gatherer, mussel
552	8113	Gaiter, warp	889	9139	Gatherer, rag (*woollen mfr*)
813	8113	Gaiter (*textile spinning*)	903	9119	Gatherer, seaweed
516	5223	Gaiter (*textile weaving*)	902	9119	Gatherer, watercress
834	8118	Galvaniser	902	9119	Gatherer (agricultural products)
699	6211	Gambler, professional	562	5423	Gatherer (*bookbinding*)
902	5119	Gamekeeper	889	9139	Gatherer (*ceramics mfr*)
892	S 8126	Ganger, filtration (*water works*)	590	5491	Gatherer (*glass mfr*)
923	S 8142	Ganger, highways	860	8133	Gauger, bullet
923	S 8142	Ganger, navvy	863	8134	Gauger, cement
929	S 9129	Ganger (*canals*)	830	8117	Gauger, furnace
889	8122	Ganger (*coal mine*)	829	8119	Gauger, gut
930	S 9141	Ganger (*docks*)	829	8112	Gauger, mica
895	S 8149	Ganger (*electricity supplier*)	863	8134	Gauger, tank (*oil refining*)
895	S 8149	Ganger (*gas supplier*)	863	8134	Gauger, tank (*petroleum distribution*)
896	S 8149	Ganger (*local government*)			
922	S 8143	Ganger (*railways*)	599	8119	Gauger (*cast stone products mfr*)
895	S 8149	Ganger (*water works*)	590	5491	Gauger (*glass mfr*)
		Ganger - see also Foreman ( )	863	8134	Gauger (*metal trades: lamp, valve mfr*)
930	9141	Gangwayman	860	8133	Gauger (*metal trades*)
620	S 5434	Garde-manger	863	8134	Gauger (*oil refining*)
160	5112	Gardener, fruit	898	8123	Gaulter
594	5113	Gardener, landscape	202	2113	Gemmologist
160	5112	Gardener, market	291	2322	Genealogist
160	5112	Gardener, nursery	150	1171	General
160	5112	Gardener (*fruit growing*)	820	8114	Generator, acetylene
160	5112	Gardener (*horticultural nursery*)	201	2112	Geneticist
160	5112	Gardener (*market gardening*)	202	2113	Geochemist
594	5113	Gardener	291	2322	Geographer
594	5113	Gardener-caretaker	202	2113	Geologist
874	8214	Gardener-chauffeur	202	2113	Geomorphologist
594	5113	Gardener-groundsman	202	2113	Geophysicist
594	5113	Gardener-handyman	202	2113	Geotechnologist
811	8113	Garnetter	220	2211	Geriatrician
859	8139	Garterer	898	8123	Getter, clay
820	8114	Gasman (coal gas)	597	8122	Getter (*coal mine*)
820	8114	Gasman (water gas)	898	8123	Getter (*mine: not coal*)
999	9131	Gasman (*blast furnace*)	699	5119	Ghillie
801	8111	Gasman (*cider mfr*)	552	8113	Gigger (*textile finishing*)
820	8114	Gasman (*gas works*)	869	8139	Gilder, composition
889	8219	Gasman (*railways*)	562	5423	Gilder (*bookbinding*)
552	8113	Gasser	591	5491	Gilder (*ceramics mfr*)
883	8216	Gatekeeper (*coal mine*)	869	8139	Gilder (*furniture mfr*)
615	9241	Gatekeeper	810	8114	Gilder (*leather dressing*)
883	8216	Gatekeeper and pointsman	507	5323	Gilder (*painting, decorating*)
889	8219	Gateman, bridge	569	5423	Gilder (*printing*)
889	8219	Gateman, dock	569	5423	Gilder (*wallpaper mfr*)

SOC 1990	SOC 2000		SOC 1990	SOC 2000	
834	**8118**	Gilder and plater	*100*	**1111**	Grade 3 (*Foreign and Commonwealth Office*)
851	**8132**	Giller (*motor radiator mfr*)	*100*	**1111**	Grade 3 (*government*)
811	**8113**	Giller (*textile mfr*)	*100*	**1111**	Grade 4 (*Foreign and Commonwealth Office*)
699	**5119**	Gillie			
814	**8113**	Gimper	*100*	**1111**	Grade 5 (*Foreign and Commonwealth Office*)
384	**3413**	Girl, chorus			
430	**9219**	Girl, office	100	**1111**	Grade 5 (*government*)
941	**9211**	Girl, paper (*newsagents*)	*103*	**2441**	Grade 6 (*Foreign and Commonwealth Office*)
941	**9211**	Girl, shop, tailor's			
384	**3413**	Girl, show	103	**2441**	Grade 6 (*government*)
902	**6139**	Girl, stable	*103*	**2441**	Grade 7 (*Foreign and Commonwealth Office*)
599	**5499**	Girl, taper			
792	**7113**	Girl, tele-ad	103	**2441**	Grade 7 (*government*)
441	**9149**	Giver-out	*103*	**3561**	Grade 8 (*Foreign and Commonwealth Office*)
952	**9223**	Glassman			
899	**8129**	Glazer, assistant (*metal trades*)	103	**3561**	Grade 9 (*Foreign and Commonwealth Office*)
591	**5491**	Glazer, button			
842	**8125**	Glazer, cutlery	103	**3561**	Grade 10 (*Foreign and Commonwealth Office*)
509	**5316**	Glazer, double			
821	**8121**	Glazer, friction	132	**4111**	Grade 11 (*Foreign and Commonwealth Office*)
591	**5491**	Glazer, lens			
591	**5491**	Glazer, optical	*400*	**4112**	Grade 12 (*Foreign and Commonwealth Office*)
503	**5316**	Glazer, patent			
821	**8121**	Glazer, postcard	*400*	**4112**	Grade 13 (*Foreign and Commonwealth Office*)
591	**5491**	Glazer, pottery			
503	**5316**	Glazer (windows)	309	**3119**	Grade I Technical Class (*government*)
591	**5491**	Glazer (*ceramics mfr*)			
591	**5491**	Glazer (*glass mfr*)	309	**3119**	Grade II Technical Class (*government*)
810	**8114**	Glazer (*leather dressing*)			
842	**8125**	Glazer (*metal trades*)	103	**2441**	Grade A (*DCMS*)
821	**8121**	Glazer (*paper mfr*)	103	**3561**	Grade B (*DCMS*)
809	**8111**	Glazer (*sugar, sugar confectionery mfr*)	132	**4111**	Grade C (*DCMS*)
			400	**4112**	Grade D (*DCMS*)
552	**8113**	Glazer (*textile mfr*)	829	**8114**	Grader, coke
821	**8121**	Glazer (*wallpaper mfr*)	863	**8134**	Grader, egg
591	**5491**	Glazier, lens	863	**8134**	Grader, fat
591	**5491**	Glazier, optical	863	**8134**	Grader, fruit
544	**8135**	Glazier, vehicle	863	**8134**	Grader, hosiery
503	**5316**	Glazier	863	**8134**	Grader, leather
509	**5316**	Glazier and decorator	863	**8134**	Grader, meat
552	**8113**	Glosser, silk	559	**5419**	Grader, pattern (*clothing mfr*)
555	**8139**	Glosser (*footwear mfr*)	863	**8134**	Grader, pelt (*fellmongering*)
553	**8137**	Glover (*glove mfr*)	902	**9119**	Grader, pig
859	**8139**	Gluer (*furniture mfr*)	863	**8134**	Grader, poultry (*retail trade*)
859	**8139**	Gluer (*paper goods mfr*)	863	**8134**	Grader, rag
859	**8139**	Gluer (*sports goods mfr*)	863	**8134**	Grader, sack
859	**8139**	Gluer-up (woodwork)	863	**8134**	Grader, skin
518	**5495**	Goldsmith	863	**8134**	Grader, sole
387	**3441**	Golfer	902	**9119**	Grader, stock, live
534	**5214**	Gouger	863	**8134**	Grader, wool
650	**6121**	Governess, nursery	863	**8134**	Grader (vegetable)
239	**2319**	Governess	569	**8134**	Grader (*abrasive paper, cloth mfr*)
154	**1173**	Governor (*prison service*)	863	**8134**	Grader (*ceramics mfr*)
100	**1111**	Grade 1 (*Foreign and Commonwealth Office*)	820	**8114**	Grader (*chemical mfr*)
100	**1111**	Grade 1 (*government*)	890	**8123**	Grader (*coal mine*)
100	**1111**	Grade 2 (*Foreign and Commonwealth Office*)	863	**8134**	Grader (*food products mfr*)
			869	**8134**	Grader (*glass mfr*)
100	**1111**	Grade 2 (*government*)	863	**8134**	Grader (*metal trades*)

SOC 1990	SOC 2000	
559	5419	Grader (*paper pattern mfr*)
569	5423	Grader (*photographic film processing*)
869	8134	Grader (*plasterboard mfr*)
863	8134	Grader (*textile mfr*)
863	8134	Grader (*tobacco pipe mfr*)
863	8134	Grader (*wholesale fish trade*)
863	8134	Grader-packer
517	5224	Graduator, thermometer
595	5112	Grafter (*agriculture*)
825	8116	Grailer (*celluloid goods mfr*)
899	8129	Grainer, plate
919	9139	Grainer (*brewery*)
810	8114	Grainer (*leather dressing*)
507	5323	Grainer (*painting, decorating*)
899	8129	Grainer (*printing*)
507	5323	Grainer and marbler
839	8117	Granulator, aluminium
820	8114	Granulator (*chemical mfr*)
699	6222	Graphologist
912	9139	Grater (*steelworks*)
880	8217	Greaser, donkey (*shipping*)
880	8217	Greaser, electric (*shipping*)
880	8217	Greaser, fan (*shipping*)
894	8129	Greaser, kiln
880	8217	Greaser, refrigerating (*shipping*)
894	8129	Greaser, roll, cold
894	8129	Greaser, sheave
800	8111	Greaser, tin (*bakery*)
540	5231	Greaser (*motor vehicles*)
800	8111	Greaser (*bakery*)
880	8217	Greaser (*fishing*)
880	8217	Greaser (*shipping*)
912	9139	Greaser (*tin box mfr*)
894	8129	Greaser
732	7124	Greengrocer (*market trading*)
731	7123	Greengrocer (*mobile shop*)
179	1234	Greengrocer
594	5113	Greenkeeper
594	5113	Greensman
959	9259	Greeter (*retail trade*)
430	9259	Greeter (*security services*)
620	5434	Griddler (*catering*)
160	5111	Grieve
899	8129	Grinder, anvil
811	8113	Grinder, asbestos
899	8129	Grinder, assistant (*metal trades*)
512	5221	Grinder, axle
841	8125	Grinder, ball (ball bearing)
899	8129	Grinder, billet (*steelworks*)
899	8129	Grinder, bit (*coal mine*)
512	5221	Grinder, bits, drill
899	8129	Grinder, blade
512	5221	Grinder, bolster
829	8114	Grinder, bone
899	8129	Grinder, bow
899	8129	Grinder, burr
512	5221	Grinder, cam-bowl
512	5221	Grinder, camshaft
820	8114	Grinder, carbide
829	8114	Grinder, carbon (*crucible mfr*)
899	8129	Grinder, card
899	8129	Grinder, cardroom
843	8125	Grinder, cast, rough
843	8125	Grinder, castings
512	5221	Grinder, centreless
829	8112	Grinder, clay (*ceramics mfr*)
899	8129	Grinder, clothing, card
809	8111	Grinder, coffee
829	8114	Grinder, colour
899	8129	Grinder, comb
829	8119	Grinder, compo (*metal mfr*)
829	8112	Grinder, composition (*ceramics mfr*)
829	8119	Grinder, composition (*metal mfr*)
809	8111	Grinder, corn
512	5221	Grinder, crankshaft
512	5221	Grinder, cutlery
599	8119	Grinder, cutter (*cemented carbide goods mfr*)
512	5221	Grinder, cutter (*metal trades*)
512	5221	Grinder, cylinder (*metal trades*)
811	8113	Grinder, cylinder (*textile mfr*)
512	5221	Grinder, cylindrical
599	5499	Grinder, disc (*abrasive wheel mfr*)
512	5221	Grinder, disc (*metal trades*)
512	5221	Grinder, drill
899	8129	Grinder, dry (metal)
829	8119	Grinder, dust
824	8115	Grinder, ebonite
599	5499	Grinder, edge (*abrasive wheel mfr*)
843	8125	Grinder, emery (*steelworks*)
829	8114	Grinder, enamel
512	5221	Grinder, engineering
512	5221	Grinder, external
512	5221	Grinder, face
512	5221	Grinder, file
591	5491	Grinder, flat (glass)
811	8113	Grinder, flat
829	8112	Grinder, flint (*ceramics mfr*)
811	8113	Grinder, flock
890	8123	Grinder, ganister
512	5221	Grinder, gear
820	8114	Grinder, gelatine
591	5491	Grinder, glass
829	8112	Grinder, glaze (*ceramics mfr*)
512	5221	Grinder, hob
820	8114	Grinder, ink
512	5221	Grinder, instrument
512	5221	Grinder, internal
512	5221	Grinder, jig
899	8129	Grinder, jobbing
811	8113	Grinder, jute
512	5221	Grinder, knife
591	5491	Grinder, lens
821	8121	Grinder, logwood
512	5221	Grinder, machine (*metal trades*)
512	5221	Grinder, mower, lawn
899	8129	Grinder, needle

SOC 1990	SOC 2000	
591	5491	Grinder, optical
829	8114	Grinder, paint
821	8121	Grinder, paper
512	5221	Grinder, precision
512	5221	Grinder, profile, optical
512	5221	Grinder, race
811	8113	Grinder, rag
512	5221	Grinder, razor
820	8114	Grinder, resin
512	5221	Grinder, roll
512	5221	Grinder, roller
512	5221	Grinder, room, tool
829	8115	Grinder, rubber
829	8119	Grinder, sand
512	5221	Grinder, saw
899	8129	Grinder, scissors
512	5221	Grinder, segmental
512	5221	Grinder, shaft
512	5221	Grinder, shears
811	8113	Grinder, shoddy
829	8119	Grinder, silica
591	5491	Grinder, slab, optical
829	8114	Grinder, slag
802	8111	Grinder, snuff
820	8114	Grinder, soap, dry
512	5221	Grinder, spindle
512	5221	Grinder, spline
512	5221	Grinder, spring
899	8129	Grinder, steel
890	8123	Grinder, stone, lime (*quarry*)
500	5312	Grinder, stone, lithographic
899	8129	Grinder, stone, wet
500	5312	Grinder, stone
591	5491	Grinder, stopper, glass
899	8129	Grinder, straight
809	8111	Grinder, sugar
899	8129	Grinder, surface (*carbon goods mfr*)
591	5491	Grinder, surface (*glass mfr*)
512	5221	Grinder, surface
912	9139	Grinder, sweep
899	8129	Grinder, swing
512	5221	Grinder, tool, universal
512	5221	Grinder, tool
512	5221	Grinder, tool and cutter
512	5221	Grinder, universal
512	5221	Grinder, valve
820	8114	Grinder, wet (chemicals)
899	8129	Grinder, wet
591	5491	Grinder, wheel, emery (*glass mfr*)
899	8129	Grinder, wheel, emery
899	8129	Grinder (*abrasive paper, cloth mfr*)
899	8129	Grinder (*brake linings mfr*)
899	8129	Grinder (*carbon goods mfr*)
599	8119	Grinder (*cast concrete products mfr*)
591	5491	Grinder (*ceramics mfr*)
820	8114	Grinder (*chemical mfr*)
809	8111	Grinder (*food products mfr*)
591	5491	Grinder (*glass mfr*)

SOC 1990	SOC 2000	
843	8125	Grinder (*metal trades: foundry*)
843	8125	Grinder (*metal trades: precious metal, plate mfr*)
512	5221	Grinder (*metal trades*)
890	8123	Grinder (*mine: not coal*)
821	8121	Grinder (*paper mfr*)
829	8114	Grinder (*patent fuel mfr*)
825	8116	Grinder (*plastics goods mfr*)
569	5423	Grinder (*printing*)
552	8113	Grinder (*textile mfr: textile finishing*)
811	8113	Grinder (*textile mfr*)
512	**5221**	Grinder
512	5221	Grinder and finisher, spring
899	8129	Grinder and polisher (*metal trades*)
591	5491	Grinder and polisher (*optical goods mfr*)
512	5221	Grinder-setter (*metal trades*)
809	8111	Grinderman (*grain milling*)
821	8121	Grinderman (*paper mfr*)
699	**S 9229**	Grip, key
999	9229	Grip
801	8111	Gristman (*brewery*)
731	7123	Grocer (travelling)
179	1234	Grocer
859	8139	Grommeter
902	6139	Groom
902	6139	Groom-gardener
958	**9233**	Groomer, aircraft
902	6139	Groomer, dog
902	6139	Groomsman
897	8121	Groover, pencil
840	8125	Groover (*metal trades*)
862	9134	Grosser (*textile making-up*)
869	8139	Grounder, fur
869	8139	Grounder (*wallpaper printing*)
594	5113	Groundsman
839	8117	Grouter, mould (*steelworks*)
896	**8149**	Grouter
160	5112	Grower (bulb)
904	**9112**	Grower (Christmas trees)
160	5112	Grower (fruit)
160	**5112**	Grower (fruit trees)
160	5112	Grower (mushroom)
904	9112	Grower (osier)
160	5112	Grower (rose)
160	5112	Grower (tomato)
160	5112	Grower (watercress)
904	9112	Grower (willow)
904	9112	Grower (withy)
904	9112	Grower (wood)
160	**5112**	Grower (*market gardening*)
160	**5112**	Grower (*ornamental tree nursery*)
160	5112	Grower
881	8216	Guard, ballast
615	9241	Guard, bank
615	9241	Guard, body
875	6219	Guard, bus
619	3319	Guard, coast

SOC 1990	SOC 2000	
881	**6215**	Guard, commercial (*railways*)
615	**9241**	Guard, custody
611	**3313**	Guard, fire
881	**8216**	Guard, goods
619	**6211**	Guard, life
881	**8216**	Guard, loco
615	**9241**	Guard, night
881	**6215**	Guard, passenger
881	**6215**	Guard, railway
615	**9241**	Guard, security
889	**9139**	Guard, train (ropes)
881	**6215**	Guard, train
615	**9241**	Guard, van
613	**3319**	Guard, water (*Customs and Excise*)
615	**9241**	Guard, works
615	**9241**	Guard (*manufacturing*)
881	**6215**	Guard (*railways*)
615	**9241**	Guard (*road goods transport*)
875	**6219**	Guard (*road passenger transport*)
615	**9241**	Guard (*security services*)
814	**8113**	Guarder (*net, rope mfr*)
293	**2442**	Guardian ad litem
600	**3311**	Guardsman
630	**6213**	Guide, coach
699	**7212**	Guide, store
699	**6211**	Guide (*museum*)
630	**6213**	Guide
569	**5422**	Guider (*textile printing*)
839	**8117**	Guider (*tube mfr*)
814	**8113**	Guider-in
385	**3415**	Guitarist
597	**8122**	Gummer (*coal mine*)
859	**8139**	Gummer (*paper goods mfr*)
899	**8129**	Gunner (*steelworks*)
600	**3311**	Gunner
516	**5223**	Gunsmith
581	**5431**	Gutman
582	**5433**	Gutter, fish
347	**3229**	Gymnast, remedial
387	**3441**	Gymnast
220	**2211**	Gynaecologist

ALPHABETICAL INDEX FOR CODING OCCUPATIONS

H

SOC 1990	SOC 2000		SOC 1990	SOC 2000	
103	3561	HEO (*government*)	862	9134	Hand, bench (*printing: newspaper printing*)
394	3565	HMFI			
232	2313	HMIS	919	9139	Hand, bench (*printing*)
		HPTO (*government*) - see Engineer (professional)	824	8115	Hand, bench (*rubber flooring mfr*)
			555	8139	Hand, bench (*rubber footwear mfr*)
732	7124	Haberdasher (*market trading*)	862	9134	Hand, bench (*stationers*)
179	1234	Haberdasher	809	8111	Hand, bench (*sugar, sugar confectionery mfr*)
811	8113	Hackler			
300	3111	Haematologist	552	8114	Hand, bleach (*textile mfr*)
899	8129	Hafter	880	8217	Hand, boat
660	6221	Hairdresser	820	8114	Hand, boiling, soap
813	8113	Halsher (wool)	590	5491	Hand, bottle
899	8129	Hammerer, saw	886	8221	Hand, bottom (*coal mine*)
518	5495	Hammerer (*precious metal, plate mfr*)	560	5421	Hand, box (*printing*)
			889	9139	Hand, box (*sugar refining*)
919	9139	Hammerman (*jute mfr*)	862	9134	Hand, box
810	8114	Hammerman (*leather dressing*)	891	9133	Hand, brake (*printing*)
885	8229	Hammerman (*pile driving*)	590	8112	Hand, brick
518	5495	Hammerman (*precious metal, plate mfr*)	889	8122	Hand, brow (*mining*)
			599	5499	Hand, brush (*broom, brush mfr*)
899	8129	Hammerman (*tobacco mfr*)	869	8139	Hand, brush (*coach painting*)
530	5211	Hammerman	507	5323	Hand, brush
959	9259	Hand, advertisement	553	8137	Hand, buttonhole
889	8218	Hand, aircraft (*airport*)	913	9139	Hand, cable
889	8218	Hand, airport	953	9223	Hand, cafeteria
555	5413	Hand, alteration (footwear)	886	8221	Hand, cage (*coal mine*)
556	5414	Hand, alteration	552	8113	Hand, calender, fabric
931	8218	Hand, apron	673	9234	Hand, calender (*laundry, launderette, dry cleaning*)
		Hand, assembly - see Assembler			
814	8113	Hand, back (*leathercloth mfr*)	552	8113	Hand, calender (*leathercloth mfr*)
720	7111	Hand, bacon	829	8119	Hand, calender (*linoleum mfr*)
569	8121	Hand, bag (*paper goods mfr*)	825	8116	Hand, calender (*plastics goods mfr*)
559	5419	Hand, bag	824	8115	Hand, calender (*rubber mfr*)
800	8111	Hand, bakery	952	9223	Hand, canteen
886	8221	Hand, bank (*coal mine*)	840	8125	Hand, capstan, brass
814	8113	Hand, bank (*rope, twine mfr*)	886	8221	Hand, capstan (*railways*)
500	5312	Hand, banker	809	8111	Hand, carbonating
880	8217	Hand, barge	809	8111	Hand, carbonation (sugar)
889	9139	Hand, belt	811	8113	Hand, card (flax, hemp)
899	8129	Hand, bench, saw	811	8113	Hand, card and drawing (jute)
571	5492	Hand, bench (*cabinet making*)	899	8129	Hand, charging, battery
859	8139	Hand, bench (*cardboard box mfr*)	509	5319	Hand, chimney (*building and contracting*)
820	8114	Hand, bench (*chemical mfr*)			
554	5412	Hand, bench (*coach trimming*)	809	8111	Hand, chocolate
555	8139	Hand, bench (*footwear mfr*)	551	5411	Hand, circular
570	5315	Hand, bench (*joinery mfr*)	990	9226	Hand, circus
555	8139	Hand, bench (*leather goods mfr*)	860	8133	Hand, clock (*ball bearing mfr*)
839	8117	Hand, bench (*metal trades: brass foundry*)	553	8137	Hand, collar (*clothing mfr*)
			520	5241	Hand, commutator
520	5241	Hand, bench (*metal trades: electrical engineering*)	893	8124	Hand, compressor
			850	8131	Hand, condenser
517	5224	Hand, bench (*metal trades: instrument mfr*)	800	8111	Hand, confectionery
			891	9133	Hand, controller (*printing*)
899	8129	Hand, bench (*metal trades*)	889	9139	Hand, conveyor
825	8116	Hand, bench (*plastics goods mfr*)	809	8111	Hand, cooler (*sugar refining*)

SOC 1990	SOC 2000		SOC 1990	SOC 2000	
859	8139	Hand, cracker (*paper goods mfr*)	562	5423	Hand, general (*bookbinding*)
809	8111	Hand, cream (liquorice)	556	5414	Hand, general (*dressmaking*)
809	8111	Hand, creamery	958	9233	Hand, general (*hotel*)
552	8113	Hand, croft	551	8113	Hand, glove (knitted gloves)
830	8117	Hand, cupola (*metal mfr*)	919	9139	Hand, granary
851	8132	Hand, cycle	620	5434	Hand, grill
900	9111	Hand, dairy (*farming*)	599	8119	Hand, guillotine (*asbestos-cement goods mfr*)
809	8111	Hand, dairy (*milk processing*)			
910	8122	Hand, datal (*coal mine*)	899	8129	Hand, guillotine (*metal trades*)
990	9139	Hand, datal (*mine: not coal*)	822	8121	Hand, guillotine (*paper goods mfr*)
903	9119	Hand, deck (*fishing*)	863	8134	Hand, hair (*broom, brush mfr*)
809	8111	Hand, deck (*milk processing*)	889	8122	Hand, haulage (*coal mine*)
889	8219	Hand, deck (*oil rigs*)	872	8211	Hand, haulage (*haulage contractor*)
880	8217	Hand, deck (*shipping*)			
809	8111	Hand, depository (*sugar, sugar confectionery mfr*)	889	9139	Hand, haulage (*mine: not coal*)
			551	8113	Hand, hosiery
441	9149	Hand, despatch	829	8119	Hand, house, slip
569	5423	Hand, dis	919	9139	Hand, house, waste (*textile mfr*)
441	9149	Hand, dispatch	673	9234	Hand, hydro (*laundry, launderette, dry cleaning*)
954	9251	Hand, display (shelf filling)			
699	5499	Hand, display (*fireworks mfr*)	560	5421	Hand, imposition
791	7125	Hand, display (*retail trade*)	820	8114	Hand, installation (*oil refining*)
800	8111	Hand, divider (*bakery*)	896	9129	Hand, insulation
552	8113	Hand, dolly	930	9141	Hand, jetty
811	8113	Hand, drawing (*textile mfr*)	814	8113	Hand, jobbing (*rope, twine mfr*)
809	8111	Hand, essence	902	6139	Hand, kennel
820	8114	Hand, explosive	823	8112	Hand, kiln (*ceramics mfr*)
		Hand, factory - see Worker, factory	809	8111	Hand, kitchen (*food products mfr*)
699	9226	Hand, fairground	952	9223	Hand, kitchen
900	9111	Hand, farm	899	8129	Hand, knife (*metal trades*)
553	8137	Hand, feller	550	5411	Hand, lace
553	8137	Hand, felling	840	8125	Hand, lathe
801	8111	Hand, filtration (*alcoholic drink mfr*)	880	8217	Hand, launch
820	8114	Hand, filtration (*chemical mfr*)	673	9234	Hand, laundry
580	S 5432	Hand, first (*bakery*)	509	5319	Hand, leading (*building and contracting*)
556	5414	Hand, first (*clothing mfr*)			
581	5431	Hand, first (*retail trade: butchers*)	809	8111	Hand, leading (*food products mfr*)
720	7111	Hand, first (*retail trade*)	673	9234	Hand, leading (*laundry, launderette, dry cleaning*)
832	8117	Hand, first (*steelworks*)			
825	8116	Hand, flasher (*plastics mfr*)	839	8117	Hand, leading (*metal trades: blast furnace*)
891	9133	Hand, floor (*printing*)			
891	9133	Hand, fly	839	8117	Hand, leading (*metal trades: foundry*)
839	8117	Hand, forge			
911	9131	Hand, foundry	899	8129	Hand, leading (*metal trades*)
809	8111	Hand, frame, mustard	824	8115	Hand, leading (*rubber goods mfr*)
551	8113	Hand, frame (*hosiery, knitwear mfr*)	814	8113	Hand, leading (*textile mfr*)
809	8111	Hand, frame (*sugar, sugar confectionery mfr*)	441	9149	Hand, leading (*warehousing*)
					Hand, leading - see also notes
559	5419	Hand, front (*clothing mfr*)	809	8111	Hand, liquorice
830	8117	Hand, furnace, blast	551	5411	Hand, loom, warp
829	8114	Hand, furnace (*charcoal mfr*)	599	5499	Hand, loom (*loom furniture mfr*)
830	8117	Hand, furnace (*metal mfr*)			Hand, machine - see Machinist
829	8119	Hand, furnace (*mine: not coal*)	899	8129	Hand, maintenance, electrical
952	9223	Hand, galley	509	9121	Hand, maintenance, estate
540	8135	Hand, garage	516	5223	Hand, maintenance, machine (*textile mfr*)
931	8218	Hand, general (*airport*)			
809	8111	Hand, general (*bacon, ham, meat curing*)	894	8129	Hand, maintenance, machine
			598	5249	Hand, maintenance, typewriter
800	8111	Hand, general (*bakery*)	516	5223	Hand, maintenance (aircraft)

SOC 1990	SOC 2000		SOC 1990	SOC 2000	
893	8124	Hand, maintenance (boilers)	869	8139	Hand, painter
894	8129	Hand, maintenance (machinery)	553	8137	Hand, palm and needle
540	5231	Hand, maintenance (vehicles)	599	5499	Hand, pan (*broom, brush mfr*)
509	9121	Hand, maintenance (*building and contracting*)	897	8121	Hand, paper (piano hammers)
			580	5432	Hand, pastry
929	9129	Hand, maintenance (*canals*)	430	5419	Hand, pattern (*lace mfr*)
899	8129	Hand, maintenance (*coal mine*)	830	8117	Hand, pit (*tube mfr*)
521	5241	Hand, maintenance (*electricity supplier*)	820	8114	Hand, plant, acid
			800	8111	Hand, plant, bakery
902	9119	Hand, maintenance (*gardening, grounds keeping services*)	560	5421	Hand, plate (*printing*)
			814	8113	Hand, plate (*rope, twine mfr*)
922	8142	Hand, maintenance (*local government*: *highways dept*)	560	5421	Hand, poster
			582	5433	Hand, poultry (*food processing*)
899	8129	Hand, maintenance (*mine: not coal*)			Hand, press - *see* Presser ( )
523	5242	Hand, maintenance (*telecommunications*)	590	5491	Hand, prism
					Hand, process - *see* Worker, process ( )
922	8143	Hand, maintenance (*transport: railways*)	420	9219	Hand, progress
540	5231	Hand, maintenance (*transport*)	720	7111	Hand, provision
990	9139	Hand, maintenance	999	9139	Hand, pump
560	5421	Hand, make-up			Hand, recovery - *see* Recoverer
		Hand, mangle - *see* Mangler ( )	891	9133	Hand, reel
500	5312	Hand, mason			Hand, refiner - *see* Refiner
824	8115	Hand, mechanical (*rubber goods mfr*)	931	9149	Hand, removal
953	9223	Hand, mess			Hand, retort - *see* Man, retort ( )
517	5224	Hand, meter	898	8123	Hand, rock (*mine: not coal*)
820	8114	Hand, mill, finishing	809	8111	Hand, rock (*sugar, sugar confectionery mfr*)
809	8111	Hand, mill, flour			
809	8111	Hand, mill, grain	839	8117	Hand, roll (*steel mfr*)
820	8114	Hand, mill, grinding	811	8113	Hand, room, blowing
820	8114	Hand, mill, ink	811	8113	Hand, room, card
919	9139	Hand, mill, nitrate	441	9149	Hand, room, grey
809	8111	Hand, mill, provender	441	9149	Hand, room, order
839	8117	Hand, mill, rolling	441	9149	Hand, room, pattern
824	8115	Hand, mill, rubber	953	9223	Hand, room, service
897	8121	Hand, mill, saw	555	8139	Hand, room (*footwear mfr*)
820	8114	Hand, mill, tints	597	8122	Hand, salvage (*coal mine*)
829	8119	Hand, mill, wash (cement)	880	8217	Hand, salvage (*mooring and wreck raising service*)
809	8111	Hand, mill (*animal feeds mfr*)			
820	8114	Hand, mill (*chemical mfr*)	990	9235	Hand, salvage
809	8111	Hand, mill (*food processing*)	553	8137	Hand, sample (*clothing mfr*)
839	8117	Hand, mill (*galvanised sheet mfr*)	555	5413	Hand, sample (*footwear mfr*)
811	8113	Hand, mill (*hair, fibre dressing*)	999	9229	Hand, scene
890	8123	Hand, mill (*mine: not coal*)	820	8114	Hand, screen (*coal gas, coke ovens*)
824	8115	Hand, mill (*rubber goods mfr*)	890	8123	Hand, screen (*coal mine*)
814	8113	Hand, mill (*textile mfr*)	551	5411	Hand, seamless
839	8117	Hand, mill (*tinplate mfr*)	832	8117	Hand, second, roller's
829	8119	Hand, mill	556	5414	Hand, second (*clothing mfr*)
820	8114	Hand, milling (*soap, detergent mfr*)	903	S 9119	Hand, second (*fishing*)
551	5411	Hand, needle, latch	832	8117	Hand, second (*metal rolling*)
553	8137	Hand, needlework	832	8117	Hand, second (*steelworks*)
814	8113	Hand, net, braiding	953	9223	Hand, servery
891	9133	Hand, news	953	9223	Hand, service (*catering*)
595	9119	Hand, nursery	540	5231	Hand, service (*garage*)
800	8111	Hand, oven (*bakery*)	810	8114	Hand, set
823	8112	Hand, oven (*ceramics mfr*)	553	8137	Hand, sewing
829	8112	Hand, oven (*mica, micanite goods mfr*)	555	5413	Hand, shoe
			809	8111	Hand, slab
869	8139	Hand, paint	829	8119	Hand, sliphouse

SOC 1990	SOC 2000	
550	5411	Hand, smash
903	9119	Hand, spare (*fishing*)
839	8117	Hand, spare (*rolling mill*)
897	8121	Hand, spindle
902	6139	Hand, stable
889	8219	Hand, stage (*docks*)
999	9229	Hand, stage (*entertainment*)
953	9223	Hand, steam (*catering*)
552	8113	Hand, stenter
		Hand, stock - *see* Stockman ( )
560	5421	Hand, stone
931	9149	Hand, storage, cold
		Hand, stove - *see* Stover ( )
839	8117	Hand, stretcher (*aluminium mfr*)
559	5419	Hand, stripping (*hosiery, knitwear mfr*)
902	6139	Hand, stud
910	8122	Hand, surface (*coal mine*)
990	8123	Hand, surface (*mine: not coal*)
824	8115	Hand, surgical (*rubber goods mfr*)
553	8137	Hand, suspender
893	8124	Hand, switch
893	8124	Hand, switchboard
		Hand, table - *see* Man, table ( )
859	8139	Hand, tassel
897	8121	Hand, tenon
891	9133	Hand, tension
506	5322	Hand, terrazzo
860	8133	Hand, test (*metal trades*)
903	S 9119	Hand, third (*fishing*)
839	8117	Hand, third (*foundry*)
839	8117	Hand, third (*rolling mill*)
		Hand, timber - *see* Man, timber ( )
850	8131	Hand, transformer
903	9119	Hand, trawler
820	8114	Hand, trowel (*cement mfr*)
531	5212	Hand, tub (*foundry*)
824	8115	Hand, tube
880	8217	Hand, tug
840	8125	Hand, turret
550	5411	Hand, twist, net, plain
550	5411	Hand, twist
834	8118	Hand, vat (*electroplating*)
889	9139	Hand, warehouse, lace
441	9149	Hand, warehouse
551	5411	Hand, warp
890	8123	Hand, washery (*coal mine*)
		Hand, washhouse - *see* Washhouseman ( )
899	8129	Hand, wire (*cable mfr*)
859	8139	Hand, wiring
569	5421	Hand, yardage
		Hander, machine - *see* Machinist
387	3442	Handicapper
361	3533	Handler, account, insurance
710	3542	Handler, account, sales
123	3543	Handler, account (*advertising*)
361	3533	Handler, account (*insurance*)
121	3543	Handler, account

SOC 1990	SOC 2000	
361	3533	Handler, accounts (*insurance*)
889	8218	Handler, aircraft
902	6139	Handler, animal
569	8121	Handler, bag, paper
931	8218	Handler, baggage
889	9139	Handler, body (*vehicle mfr*)
462	4141	Handler, call (*motoring organisation*)
931	9141	Handler, cargo (*docks*)
931	9149	Handler, cargo
410	4132	Handler, claims
889	9139	Handler, coal
902	6139	Handler, dog
931	9149	Handler, freight (*warehousing*)
361	3533	Handler, insurance
889	9139	Handler, material
820	8114	Handler, mud, press, red
941	9211	Handler, parcel
900	9111	Handler, poultry
889	9139	Handler, sheet (metal)
859	8139	Handler, spade and shovel
889	9139	Handler, stock (*asbestos-cement goods mfr*)
441	9251	Handler, stock
811	8113	Handler, stone (*broom, brush mfr*)
859	8139	Handler, tool (*edge tool mfr*)
420	4134	Handler, traffic
859	8139	Handler (*broom, brush mfr*)
859	8139	Handler (*ceramics mfr*)
859	8139	Handler (*edge tool mfr*)
569	5423	Handler (*photographic film mfr*)
810	8114	Handler (*tannery*)
959	9225	Handyman, bar
509	9121	Handyman, builder's
920	9121	Handyman, carpenter's
913	9139	Handyman, electrician's
913	9139	Handyman, engineer's
509	9119	Handyman, estate
900	9111	Handyman, farm
913	9121	Handyman, fitter's (pipe)
913	9139	Handyman, fitter's
540	5231	Handyman, garage
594	9119	Handyman, gardener's
509	9121	Handyman, general (*building and contracting*)
896	9121	Handyman, general
509	9121	Handyman, maintenance (*building and contracting*)
896	9121	Handyman, maintenance
896	9121	Handyman, nos (residential buildings)
509	9121	Handyman, nos (*building and contracting*)
910	8122	Handyman, nos (*coal mine*)
899	8129	Handyman, nos (*gas works*)
809	8111	Handyman, nos (*grist milling*)
899	8129	Handyman, nos (*water works*)
896	9121	Handyman, nos
990	9219	Handyman, office
874	8214	Handyman-driver

SOC 1990	SOC 2000		SOC 1990	SOC 2000	
594	9119	Handyman-gardener	*126*	1136	Head of computer services
990	9219	Handyman-labourer	*179*	1142	Head of customer quality
505	8141	Hanger, bell (church bells)	*139*	1142	Head of customer services
851	8132	Hanger, door (coach body)	231	2312	Head of department (*further education*)
829	8119	Hanger, lino (*linoleum mfr*)			
829	8119	Hanger, linoleum (*linoleum mfr*)	230	2311	Head of department (*higher education, university*)
507	5323	Hanger, paper			
959	9259	Hanger, poster	233	2314	Head of department (*secondary school*)
814	8113	Hanger (*leathercloth mfr*)			
889	8122	Hanger-on (*coal mine*)	233	2314	Head of department (*sixth form college*)
932	9141	Hanger-on			
814	8113	Hanker (*textile mfr*)	*231*	2312	Head of faculties (*further education*)
862	9134	Hanker (*textile packing*)			
833	8117	Hardener, blade	*126*	1136	Head of IT
833	8117	Hardener, case	*131*	1151	Head of lending
833	8117	Hardener, die and mill	*123*	1134	Head of public affairs
833	8117	Hardener, drill	*123*	1134	Head of public relations
814	8113	Hardener, felt	*230*	2311	Head of school (*higher education, university*)
833	8117	Hardener, file			
833	8117	Hardener, ring	*199*	1174	Head of security
833	8117	Hardener, saw	*253*	2423	Head of statistics
833	8117	Hardener, section			Head of - *see also* Manager
833	8117	Hardener, tool	899	8129	Header, bolt
814	8113	Hardener, wool (hats)	899	8129	Header, cold (rivets)
814	8113	Hardener (hats)	582	5433	Header, fish
833	8117	Hardener (metal)	899	8129	Header (*bolt, nail, nut, rivet, screw mfr*)
385	3415	Harpist			
903	9119	Harpooner	597	8122	Header (*coal mine*)
902	9119	Harvester, crop	899	8129	Header-up (*bolt, nail, nut, rivet, screw mfr*)
902	9119	Harvester (*fruit, vegetable growing*)			
903	9119	Hatcher, fish	572	8121	Header-up (*cask mfr*)
930	9141	Hatchman	597	8122	Headman, gear (*coal mine*)
930	9141	Hatchwayman	902	S 5119	Headman (*racing stables*)
559	5419	Hatter (*hat mfr*)			Headman - *see also* Foreman
179	1234	Hatter (*retail trade*)	552	8113	Healder
872	8211	Hauler, coal (*retail trade*)	*292*	2444	Healer
872	8211	Hauler, timber	801	8111	Hearthman (*brewery*)
889	9139	Haulerman	830	8117	Heater, ingot
810	8114	Haulier, butt	830	8117	Heater, iron (*foundry*)
872	8211	Haulier, general	830	8117	Heater, mill (*rolling mill*)
839	8117	Haulier, shop (*tube mfr*)	820	8114	Heater, oven, coke
872	8211	Haulier, timber	830	8117	Heater, pit, soaking
889	8122	Haulier (*coal mine*)	820	8114	Heater, retort (*chemical mfr*)
872	8211	Haulier	899	8129	Heater, rivet
732	7124	Hawker	824	8115	Heater, rubber (*tyre mfr*)
		Head, departmental - *see* Manager	830	8117	Heater, smith's
430	S 4150	Head, section (clerical)	830	8117	Heater, tube, steel
200	2111	Head, section (*chemical mfr*)	820	8114	Heater (*coal gas, coke ovens*)
123	1134	Head (public relations)	833	8117	Heater (*metal trades: annealing*)
231	2312	Head (*further education*)	833	8117	Heater (*metal trades: cycle mfr*)
230	2311	Head (*higher education, university*)	833	8117	Heater (*metal trades: file mfr*)
234	2315	Head (*nursery school*)	830	8117	Heater (*metal trades*)
234	2315	Head (*primary school*)	820	8114	Heaterman (*patent fuel mfr*)
199	1137	Head (*research and development*)	*902*	9119	Heathman
233	2314	Head (*secondary school*)	*902*	9119	Heathsman
233	2314	Head (*sixth form college*)	829	8119	Heatman (*linoleum mfr*)
235	2316	Head (*special school*)	930	9141	Heaver, coal
190	2317	Head of administration (*education*)	500	5312	Hedger, stone
121	1132	Head of business development	902	9119	Hedger

SOC 1990	SOC 2000		SOC 1990	SOC 2000	
902	**9119**	Hedger and ditcher	650	**6121**	Helper, nursery
555	**5413**	Heeler (footwear)	898	**8123**	Helper, operator's, wireline
201	**2112**	Helminthologist	720	**7111**	Helper, part-time (*retail trade*)
880	**8217**	Helmsman	644	**6115**	Helper, people's, old
800	**8111**	Help, baker's	343	**6111**	Helper, physiotherapy
622	**9225**	Help, bar	839	**8117**	Helper, pickler's (*metal trades*)
953	**9223**	Help, canteen	839	**8117**	Helper, pit
958	**9233**	Help, daily	839	**8117**	Helper, pitman's
958	**9233**	Help, domestic	913	**9139**	Helper, plater's
913	**9139**	Help, electrician's	659	**6123**	Helper, playgroup
900	**9111**	Help, farm	659	**6123**	Helper, playschool
800	**8111**	Help, general (*bakery*)	830	**8117**	Helper, potman's (nickel)
958	**9233**	Help, home	839	**8117**	Helper, press
952	**9223**	Help, kitchen	*652*	**6124**	Helper, primary
953	**9223**	Help, meals, school	891	**9133**	Helper, printer's
659	**6122**	Help, mother's	*640*	**6111**	Helper, radiographer's
911	**9131**	Help, moulder's	899	**8129**	Helper, repairer's (*coal mine*)
720	**7111**	Help, part-time (*retail trade*)	839	**8117**	Helper, roller's
913	**9139**	Help, plater's	953	**9223**	Helper, room, dining
891	**9133**	Help, printer's	652	**6124**	Helper, school
953	**9223**	Help, room, dining	913	**9139**	Helper, shearer's (*metal trades*)
652	**6124**	Help, school	913	**9139**	Helper, smith's, boiler
659	**9244**	Help, teacher's (school meals)	839	**8117**	Helper, smith's
652	**6124**	Help, teacher's	902	**6139**	Helper, stable
641	**6111**	Help, ward	839	**8117**	Helper, stamper's
958	**9233**	Help (*domestic service*)	839	**8117**	Helper, straightener's (*rolling mill*)
652	**6124**	Helper, ancillary (*schools*)	913	**9139**	Helper, straightener's
800	**8111**	Helper, bakehouse	347	**6111**	Helper, therapy, occupational
622	**9225**	Helper, bar	641	**6111**	Helper, ward
913	**9139**	Helper, bender's, frame	814	**8113**	Helper, weaver's
839	**8117**	Helper, blacksmith's	820	**8114**	Helper, worker's, process
921	**9121**	Helper, bricklayer's	952	**9223**	Helper (*catering*)
953	**9223**	Helper, canteen	830	**8117**	Helper (*metal trades: blast furnace*)
920	**9121**	Helper, carpenter's	839	**8117**	Helper (*metal trades: copper refining*)
839	**8117**	Helper, caster's	839	**8117**	Helper (*metal trades: forging*)
652	**6124**	Helper, classroom	839	**8117**	Helper (*metal trades: rolling mill*)
699	**9229**	Helper, club, youth	839	**8117**	Helper (*metal trades: tube mfr*)
597	**8122**	Helper, collier	913	**9139**	Helper (*metal trades*)
597	**8122**	Helper, collier's	821	**8121**	Helper (*paper mfr*)
650	**6121**	Helper, crèche	820	**8114**	Helper (*salt mfr*)
899	**8129**	Helper, cutter's	814	**8113**	Helper (*textile mfr: textile weaving*)
958	**9233**	Helper, domestic	919	**9139**	Helper (*textile mfr*)
913	**9139**	Helper, electrician's	889	**9139**	Helper-up
913	**9139**	Helper, erector's, steel	859	**8139**	Helver (tools)
814	**8113**	Helper, examiner's (*net, rope mfr*)	553	**8137**	Hemmer
839	**8117**	Helper, first (*rolling mill*)	553	**8137**	Hemstitcher
839	**8117**	Helper, first (*tinplate mfr*)	346	**3229**	Herbalist
913	**9139**	Helper, fitter's	900	**9111**	Herdsman
839	**8117**	Helper, forge	201	**2112**	Herpetologist
899	**8129**	Helper, frame	597	**8122**	Hewer (*coal mine*)
830	**8117**	Helper, furnaceman's	579	**5492**	Hinger, last
659	**6123**	Helper, infant	880	**8217**	Hirer, boat
830	**8117**	Helper, keeper's	*719*	**7129**	Hirer, car
932	**9141**	Helper, ladle	173	**1221**	Hirer, site, caravan
913	**9139**	Helper, maker's, boiler	*719*	**7129**	Hirer
921	**9121**	Helper, mason's	201	**2112**	Histologist
953	**9223**	Helper, meals, school	201	**2112**	Histopathologist
898	**8123**	Helper, miner's (*mine: not coal*)	291	**2322**	Historian
652	**6124**	Helper, needs, special (*education*)	889	**8122**	Hitcher (*coal mine*)

SOC 1990	SOC 2000		SOC 1990	SOC 2000	
886	8221	Hoister, crane	902	6139	Hostler
886	8221	Hoistman	173	1221	Hotelier
430	4150	Holder, copy			Housekeeper - *see* Keeper, house
839	8117	Holder, double (*rolling mill*)	958	9233	Housemaid
904	9112	Holder, small (*forestry*)	893	8124	Houseman, boiler
160	5111	Holder, small	820	8114	Houseman, cylinder
597	8122	Holder, stall (*coal mine*)	893	8124	Houseman, power
699	9226	Holder, stall (*entertainment*)	899	8129	Houseman, press (*coal mine*)
732	7124	Holder, stall	821	8121	Houseman, sand
179	1234	Holder, stock, steel	958	9233	Houseman, school
441	9149	Holder, store	829	8119	Houseman, slip
912	9139	Holder at drill (*rolling mill*)	809	8111	Houseman, steep (*starch mfr*)
913	9139	Holder-on (riveter's)	801	8111	Houseman, tun (*brewery*)
913	9139	Holder-up, boilermaker's	673	9234	Houseman, wash
913	9139	Holder-up, riveter's	958	9233	Houseman (*communal establishment*)
913	9139	Holder-up (*shipbuilding*)			
930	9141	Holdsman	958	9233	Houseman (*domestic service*)
899	8129	Holer, button (*button mfr*)	619	9249	Houseman (*museum*)
553	8137	Holer, button	370	6114	Housemaster (*social services*)
555	5413	Holer, eyelet	*370*	6114	Houseparent
840	8125	Holer, flyer	919	9139	Hugger-off
898	8123	Holer (*mine*: *not coal*)	990	9139	Humper, coal
829	8114	Hollanderman	931	9149	Humper (*meat market*)
220	2211	Homeopath (medically qualified)	931	9149	Humper (*slaughterhouse*)
346	3229	Homeopath	902	6139	Hunter
220	2211	Homoeopath (medically qualified)	902	6139	Huntsman
346	3229	Homoeopath	*140*	1161	Husband, ship's
809	8111	Homogeniser	160	5111	Hwsmyn
840	8125	Honer	821	8121	Hydrapulper
889	9139	Hooker (*mine*: *not coal*)	829	8119	Hydrator, lime
839	8117	Hooker (*rolling mill*)	999	9139	Hydraulicman (*docks*)
552	8113	Hooker (*textile mfr*)	844	8125	Hydro-blaster
919	9139	Hookman	814	8113	Hydro-extractor
530	5211	Hooper, wheel	201	2112	Hydrobiologist
889	9139	Hopperman, dredge	*211*	2122	Hydrodynamicist
800	8111	Hopperman (*bakery*)	*202*	2113	Hydrogeologist
829	8119	Hopperman (*cement mfr*)	313	2434	Hydrographer
889	9139	Hopperman (*dredging contractors*)	202	2113	Hydrologist
889	9139	Hopperman (*iron and steelworks*)	*347*	3229	Hydrotherapist
517	5224	Horologist	346	3218	Hygienist, dental
889	8219	Horseman (timber haulage)	396	3567	Hygienist, occupational
889	8219	Horseman (*canals*)	*958*	9233	Hygienist
919	9139	Horseman (*tannery*)	347	3229	Hypnotherapist
902	6139	Horseman	384	3413	Hypnotist (*entertainment*)
160	5112	Horticulturist (*market gardening*)	887	8222	Hyster
201	2112	Horticulturist			
898	8123	Hoseman			
551	5411	Hosier, elastic			
551	5411	Hosier, surgical			
179	1234	Hosier			
179	1234	Hosier and haberdasher			
630	6214	Hostess, air			
630	6214	Hostess, ground			
641	6111	Hostess, ward			
630	6214	Hostess (travel)			
621	9224	Hostess (*fast food outlet*)			
953	9223	Hostess (*hospital service*)			
953	9224	Hostess (*public houses, restaurants*)			

ALPHABETICAL INDEX FOR CODING OCCUPATIONS

I

SOC 1990	SOC 2000	
809	8111	Icer
201	2112	Ichthyologist
381	3421	Illuminator
834	8118	Illuminiser
384	3413	Illusionist
381	3411	Illustrator, book
381	3411	Illustrator, chief
381	S 3411	Illustrator, leading
381	S 3411	Illustrator, senior
381	3421	Illustrator, technical
381	3411	Illustrator (*advertising*)
381	3411	Illustrator (*government*)
381	3411	Illustrator
292	2444	Imam
201	2112	Immunologist
702	3536	Importer
702	3536	Importer-exporter
829	8114	Impregnator, armature
829	8114	Impregnator (*asbestos composition goods mfr*)
599	8139	Impregnator (*cable mfr*)
384	3413	Impresario
569	5421	Impressioner (engraver's)
384	3413	Impressionist
557	8136	Improver, cutter
594	5113	Improver, green
557	8136	Improver, millinery
812	8113	Improver (*wool spinning*)
902	9119	Incubationist (*agriculture*)
292	2444	Incumbent
562	5423	Indexer (*bookbinding*)
420	4131	Indexer
600	3311	Infantryman
861	8133	Inflator, bed, air
861	8133	Inflator, cushion, air
597	8122	Infuser, water (*coal mine*)
552	8113	Ingiver
825	8116	Injector, mould (*plastics goods mfr*)
839	8117	Injector, wax
869	8139	Inker, edge
814	8113	Inker, ribbon, typewriter
869	8139	Inker (*footwear mfr*)
175	1224	Innkeeper
490	4136	Inputter, copy
490	4136	Inputter, database
490	4136	Inputter, text
490	4136	Inputter (data)
902	9119	Inseminator, artificial
850	8131	Inserter, coil
532	5314	Inserter, ferrule (*water works*)
859	8139	Inserter (*clothing mfr*)
850	8131	Inserter (*electrical, electronic equipment mfr*)
850	8131	Inserter (*lamp, valve mfr*)
430	9219	Inserter (*newspapers, magazines*)

SOC 1990	SOC 2000	
410	4122	Inspector, accounts
959	S 9259	Inspector, advertisement
959	S 9259	Inspector, advertising
860	8133	Inspector, aeronautical
860	8133	Inspector, AID (*Board of Trade*)
860	8133	Inspector, aircraft
395	3566	Inspector, alkali
860	8133	Inspector, apparatus, photographic
516	8133	Inspector, area (automatic machines)
860	8133	Inspector, armaments
860	8133	Inspector, assembly
132	4111	Inspector, assistant (*government*)
940	S 9211	Inspector, assistant (*PO*)
869	8133	Inspector, assurance, quality
922	S 8143	Inspector, ballast
399	3566	Inspector, bank
861	8133	Inspector, bank-note
860	8133	Inspector, bar (*rolling mill*)
860	8133	Inspector, battery
615	S 9241	Inspector, beach
889	8122	Inspector, belt (*coal mine*)
860	8133	Inspector, bench
959	S 9259	Inspector, bill (*advertising*)
860	8133	Inspector, billet (*steelworks*)
860	8133	Inspector, boiler
521	5241	Inspector, box (*electricity supplier*)
896	S 8149	Inspector, bridge
311	3123	Inspector, building
395	3551	Inspector, buildings, historic
870	S 8219	Inspector, bus
719	3533	Inspector, business, new (*insurance*)
861	8133	Inspector, cabinet
860	8133	Inspector, cable (*cable mfr*)
524	5243	Inspector, cable
929	S 9129	Inspector, canal
953	S 9223	Inspector, car (dining car)
860	8133	Inspector, car
420	4133	Inspector, cargo
861	8133	Inspector, carpet
516	8133	Inspector, carriage (*railways*)
516	8133	Inspector, carriage and wagon
881	S 8216	Inspector, cartage (*railways*)
869	8133	Inspector, cell (*chemical mfr*)
801	8111	Inspector, cellar
959	S 9229	Inspector, chair, deck
395	3566	Inspector, chemical
861	8133	Inspector, chicken (*food processing*)
399	3566	Inspector, chief (*banking*)
212	2123	Inspector, chief (*engineering, professional, electrical engineering*)
213	2124	Inspector, chief (*engineering, professional, electronic engineering*)
218	2128	Inspector, chief (*engineering, professional, quality control*)

Standard Occupational Classification 2000 Volume 2   105

SOC 1990	SOC 2000	
211	**2122**	Inspector, chief (*engineering, professional*)
860	**S 8133**	Inspector, chief (*engineering*)
719	**3533**	Inspector, chief (*insurance*)
140	**3565**	Inspector, chief (*local government: transport dept*)
394	**3565**	Inspector, chief (*local government*)
152	**1172**	Inspector, chief (*police service*)
140	**3565**	Inspector, chief (*railways*)
892	**S 8126**	Inspector, chief (*water company*)
361	**3531**	Inspector, claims (*insurance*)
933	**S 9235**	Inspector, cleansing
861	**8133**	Inspector, cloth
861	**8133**	Inspector, clothing
395	**3566**	Inspector, coal (*coal mine: opencast*)
860	**8133**	Inspector, coil
820	**S 8114**	Inspector, coke (*coke ovens*)
860	**8133**	Inspector, component (*metal trades*)
860	**8133**	Inspector, components (*metal trades*)
311	**3123**	Inspector, control, building
699	**6292**	Inspector, control, pest
395	**3566**	Inspector, control, quality (*river, water authority*)
869	**8133**	Inspector, control, quality
860	**8133**	Inspector, core
395	**3566**	Inspector, crane
861	**8133**	Inspector, crisp, potato
860	**8133**	Inspector, cylinder
140	**3565**	Inspector, depot, chief (*transport*)
871	**S 8219**	Inspector, depot (*transport*)
441	**S 4133**	Inspector, depot
441	**S 4133**	Inspector, despatch
152	**1172**	Inspector, detective
516	**S 8133**	Inspector, diesel (*railways*)
394	**3565**	Inspector, district (*gas supplier*)
395	**3565**	Inspector, district (*government: MAFF*)
219	**2129**	Inspector, district (*government: MOD*)
719	**3533**	Inspector, district (*insurance*)
881	**S 8216**	Inspector, district (*transport: railways*)
870	**S 8219**	Inspector, district (*transport: road*)
892	**S 8126**	Inspector, district (*water company*)
896	**S 5319**	Inspector, district
219	**2129**	Inspector, divisional (*government: MOD*)
394	**3565**	Inspector, divisional (*local government*)
152	**1172**	Inspector, divisional (*police service*)
140	**3565**	Inspector, divisional (*transport*)
895	**S 5319**	Inspector, drain
895	**S 5319**	Inspector, drainage
395	**3566**	Inspector, drug
232	**2313**	Inspector, education
395	**3566**	Inspector, effluent
395	**3566**	Inspector, electrical (*coal mine*)
395	**3565**	Inspector, electrical (*government*)
860	**8133**	Inspector, electrical
395	**3566**	Inspector, electrical and mechanical (*coal mine*)
860	**8133**	Inspector, electronics (*components mfr*)
363	**3562**	Inspector, employment, railway
102	**4113**	Inspector, employment
860	**8133**	Inspector, enamel
860	**8133**	Inspector, engine
211	**2122**	Inspector, engineering, chief
210	**2121**	Inspector, engineering (*DETR*)
211	**2122**	Inspector, engineering (*DSS*)
301	**3113**	Inspector, engineering (*DTI*)
523	**S 5242**	Inspector, engineering (*telecommunications*)
860	**8133**	Inspector, engineering
895	**S 5319**	Inspector, excavating (*electricity supplier*)
395	**3565**	Inspector, explosives
861	**8133**	Inspector, factory (*clothing mfr*)
860	**8133**	Inspector, factory (*metal trades*)
524	**S 5243**	Inspector, field (*telecommunications*)
869	**8133**	Inspector, film
153	**1173**	Inspector, fire (*fire service*)
395	**3565**	Inspector, fire
399	**3566**	Inspector, fisheries (*Environment Agency*)
399	**3566**	Inspector, fisheries (*MAFF*)
395	**3566**	Inspector, fishery
394	**3565**	Inspector, fitting (*gas supplier*)
394	**3565**	Inspector, fitting (*water company*)
394	**3565**	Inspector, fittings (*gas supplier*)
394	**3565**	Inspector, fittings (*water company*)
529	**5242**	Inspector, flight (radio: *airport*)
516	**8133**	Inspector, flight
860	**8133**	Inspector, floor (*engineering*)
861	**8133**	Inspector, food (*food products mfr*)
348	**3568**	Inspector, food
132	**4111**	Inspector, fraud (*government*)
401	**4113**	Inspector, fraud (*local government*)
430	**4150**	Inspector, fraud
394	**3565**	Inspector, fuel (*local government*)
132	**4111**	Inspector, fund, social (*government*)
860	**8133**	Inspector, furnace (*furnace mfr*)
830	**8117**	Inspector, furnace
699	**3566**	Inspector, gaming (*gaming club*)
871	**S 8219**	Inspector, garage
861	**8133**	Inspector, garment
394	**3565**	Inspector, gas
860	**8133**	Inspector, gauge
869	**8133**	Inspector, glass
881	**S 8216**	Inspector, goods (*railways*)
860	**8133**	Inspector, government (small arms)
869	**8133**	Inspector, graphite
881	**S 8216**	Inspector, guards (*railways*)
348	**3568**	Inspector, health, environmental
348	**3568**	Inspector, health, port

SOC 1990	SOC 2000	
348	3568	Inspector, health, public
394	3565	Inspector, health and safety
923	S 8142	Inspector, highways
861	8133	Inspector, hosiery
399	3565	Inspector, hotel
719	3565	Inspector, houses, public
350	3565	Inspector, housing
350	3565	Inspector, housing and planning
348	3568	Inspector, hygiene, meat
394	3565	Inspector, industrial (*gas supplier*)
699	6292	Inspector, infestation
394	3565	Inspector, installation (*electricity supplier*)
394	3565	Inspector, installation (*gas supplier*)
523	S 5242	Inspector, installation (*telecommunications*)
860	8133	Inspector, instrument
860	8133	Inspector, insulation
395	3566	Inspector, insurance, national
719	3533	Inspector, insurance
441	4133	Inspector, inwards, goods
300	3111	Inspector, laboratory (*glass mfr*)
860	8133	Inspector, lamp
860	8133	Inspector, layout
869	8133	Inspector, leaf
869	8133	Inspector, lens
719	3533	Inspector, life (*insurance*)
313	3565	Inspector, lift (*DETR*)
516	8133	Inspector, lift
699	3566	Inspector, lighting, public
895	S 5319	Inspector, line, pipe
922	8143	Inspector, line (*railways*)
860	8133	Inspector, line (*vehicle mfr*)
869	8133	Inspector, lining (*brake linings mfr*)
395	3566	Inspector, livestock, area
871	S 8219	Inspector, loading (*transport*)
516	S 8133	Inspector, locomotive (*railways*)
598	5249	Inspector, machine (office machines)
516	S 8133	Inspector, machine (weighing machines: *coal mine*)
395	3566	Inspector, machine (weighing machines: *docks*)
395	3566	Inspector, machine (weighing machines: *railways*)
516	8133	Inspector, machine (weighing machines)
860	8133	Inspector, machine
516	8133	Inspector, machinery
895	S 5319	Inspector, mains
521	S 5241	Inspector, maintenance (*electricity supplier*)
394	3565	Inspector, maintenance (*gas supplier*)
896	S 8149	Inspector, maintenance (*local government: housing dept*)
394	3565	Inspector, market (*local government*)
394	3565	Inspector, markets (*local government*)
399	3566	Inspector, material
399	3566	Inspector, materials
348	3568	Inspector, meat, authorised
348	3568	Inspector, meat
860	8133	Inspector, mechanical
860	8133	Inspector, metal
860	7122	Inspector, meter
860	8133	Inspector, micrometer
881	S 8216	Inspector, mineral (*railways*)
395	3566	Inspector, mines
869	8133	Inspector, mirror
860	8133	Inspector, motor
869	8133	Inspector, mould (*glass mfr*)
720	7111	Inspector, NAAFI
929	9129	Inspector, navigation (*river, water authority*)
861	8133	Inspector, nylon
881	S 8216	Inspector, office, head (*railways*)
430	4150	Inspector, office, nos
881	S 8216	Inspector, operating (*railways*)
395	3566	Inspector, operations, flight
869	8133	Inspector, optical
863	8134	Inspector, ore
860	8133	Inspector, paint (*engineering*)
881	S 8216	Inspector, parcels (*railways*)
615	9241	Inspector, park
860	8133	Inspector, patrol (*metal trades*)
615	S 9241	Inspector, patrol
924	S 8142	Inspector, paving and extension
860	8133	Inspector, PCB
361	3534	Inspector, pensions
350	3565	Inspector, planning
860	8133	Inspector, plant, electrical
516	8133	Inspector, plant, gas
860	8133	Inspector, plant, mechanical
516	8133	Inspector, plant, preparation (*coal mine*)
860	8133	Inspector, plant, process (*construction*)
516	8133	Inspector, plant, process
861	8133	Inspector, plastics
860	8133	Inspector, plate (*steelworks*)
631	S 6215	Inspector, platform (*railways*)
394	3565	Inspector, plumbing
152	1172	Inspector, police
348	3568	Inspector, pollution, air
395	3566	Inspector, pollution (*river, water authority*)
940	S 9211	Inspector, postal
364	3539	Inspector, practice, standard
860	8133	Inspector, process
860	8133	Inspector, production
869	8133	Inspector, QA
863	S 8134	Inspector, quality (*coal mine*)
860	8133	Inspector, quality (*engineering*)
860	8133	Inspector, quality
860	8133	Inspector, radio
860	8133	Inspector, rail
881	S 8216	Inspector, railway

SOC 1990	SOC 2000	
430	S 7122	Inspector, reader, meter
441	4133	Inspector, receiving, goods
869	8133	Inspector, records, musical
395	3566	Inspector, refuse
394	3565	Inspector, reinstatement (*gas supplier*)
860	8133	Inspector, relay
412	7122	Inspector, rent
410	4122	Inspector, revenue (*water company*)
860	8133	Inspector, ring (*engineering*)
395	3566	Inspector, river (*river, water authority*)
929	9129	Inspector, river
870	S 8219	Inspector, road (*transport*)
923	8142	Inspector, road
870	S 8219	Inspector, roads (*transport*)
923	8142	Inspector, roads
699	S 6292	Inspector, rodent
860	8133	Inspector, roller (*metal trades*)
364	3539	Inspector, room, standards
860	8133	Inspector, room, tool
869	8133	Inspector, rope
731	S 7123	Inspector, round (*wholesale, retail trade*)
731	S 7123	Inspector, rounds (*wholesale, retail trade*)
395	3566	Inspector, RSPCA
861	8133	Inspector, rubber
395	3566	Inspector, safety (*coal mine*)
396	3567	Inspector, safety
869	8133	Inspector, sanitary (*ceramics mfr*)
896	S 8219	Inspector, sanitary (*railways*)
348	3568	Inspector, sanitary
232	2313	Inspector, school
929	9129	Inspector, section (*waterways*)
155	1173	Inspector, senior (*Customs and Excise*)
394	3565	Inspector, service (*gas supplier*)
892	S 8126	Inspector, sewer
869	8133	Inspector, shell
860	8133	Inspector, shop, fitting
860	8133	Inspector, shop, machine
348	3568	Inspector, shops (*local government*)
884	S 8216	Inspector, shunting
529	S 5249	Inspector, signal (*railways*)
529	S 5249	Inspector, signal and telecommunications (*railways*)
883	S 8216	Inspector, signalman's
959	S 9259	Inspector, site (*advertising*)
311	3123	Inspector, site (*construction*)
348	3568	Inspector, smoke (*local government*)
103	3561	Inspector, staff (*government*)
394	3565	Inspector, standards, nuclear
631	S 6215	Inspector, station (*railways*)
899	8129	Inspector, steel (*coal mine*)
516	S 8133	Inspector, stock, rolling
141	4133	Inspector, stores, chief
441	S 4133	Inspector, stores

SOC 1990	SOC 2000	
699	3566	Inspector, street (*electricity supplier*)
893	8124	Inspector, sub-station (*electricity supplier*)
860	8133	Inspector, system
362	3535	Inspector, tax
199	3566	Inspector, telecommunications
529	S 8219	Inspector, telegraph (*railways*)
523	S 5242	Inspector, telephones
860	8133	Inspector, test
861	8133	Inspector, textile
959	9229	Inspector, ticket, chair
870	S 8219	Inspector, ticket (*public transport*)
631	S 6215	Inspector, ticket (*railways*)
861	8133	Inspector, timber
860	8133	Inspector, tool
140	3565	Inspector, traffic, chief (*PO*)
140	3565	Inspector, traffic, chief (*telecommunications*)
881	S 8216	Inspector, traffic (*railways*)
870	S 8219	Inspector, traffic (*road transport*)
881	S 8216	Inspector, train
895	S 5319	Inspector, trench
871	S 8219	Inspector, transport (*road transport*)
869	8133	Inspector, trimming, coach
860	8133	Inspector, tube
896	S 8149	Inspector, tunnel
861	8133	Inspector, tyre
922	8143	Inspector, ultrasonic (*railways*)
860	8133	Inspector, ultrasonic
861	8133	Inspector, upholstery
613	3319	Inspector, VAT (*Customs and Excise*)
860	8133	Inspector, vehicle
861	8133	Inspector, veneer
224	2216	Inspector, veterinary
395	3566	Inspector, wages
516	8133	Inspector, wagon
895	5319	Inspector, waste (*water company*)
895	S 3566	Inspector, water, chief
895	3566	Inspector, water
929	9129	Inspector, waterways
922	S 8143	Inspector, way, permanent
860	8133	Inspector, welding
922	S 8143	Inspector, works, district (*railways*)
922	S 8143	Inspector, works, new (*railways*)
896	S 3565	Inspector, works, public (*local government*)
922	S 8143	Inspector, works (*railways*)
860	8133	Inspector, works (*vehicle mfr*)
516	8133	Inspector, workshops (*coal mine*)
881	S 8216	Inspector, yard
861	8133	Inspector, yarn
395	3551	Inspector (*historic buildings*)
869	8133	Inspector (*asbestos goods mfr*)
869	8133	Inspector (*asbestos-cement goods mfr*)
861	8133	Inspector (*abrasive paper, cloth mfr*)
399	3566	Inspector (*banking*)

SOC 1990	SOC 2000	
395	3566	Inspector (*brewery*)
869	8133	Inspector (*broom, brush mfr*)
861	8133	Inspector (*canvas goods mfr*)
869	8133	Inspector (*carbon goods mfr*)
861	8133	Inspector (*cardboard mfr*)
861	8133	Inspector (*carpet, rug mfr*)
869	8133	Inspector (*cartridge mfr*)
699	S 3566	Inspector (*casino*)
953	3567	Inspector (*catering*)
869	8133	Inspector (*ceramics mfr*)
111	2128	Inspector (*civil engineering*)
861	8133	Inspector (*clothing mfr*)
395	3566	Inspector (*coal mine: opencast*)
869	8133	Inspector (*dyeing and cleaning*)
232	2313	Inspector (*education*)
860	8133	Inspector (*electrical goods mfr*)
394	3565	Inspector (*electricity supplier*)
869	8133	Inspector (*fancy goods mfr*)
861	8133	Inspector (*food products mfr*)
869	8133	Inspector (*footwear mfr*)
861	8133	Inspector (*furniture mfr*)
394	3565	Inspector (*gas supplier*)
869	8133	Inspector (*glass mfr*)
395	3566	Inspector (*government: Board of Trade: accident investigation branch*)
395	3566	Inspector (*government: DETR: Maritime and Coastguard agency*)
350	3565	Inspector (*government: DETR: Planning Inspectorate*)
395	3566	Inspector (*government: DETR: railway inspectorate*)
395	3566	Inspector (*government: DETR*)
395	3566	Inspector (*government: DTI*)
371	3232	Inspector (*government: Home Office: children's dept*)
371	3232	Inspector (*government: Home Office: probation division*)
396	3567	Inspector (*government: HSE*)
395	3566	Inspector (*government: inspectorate of alkali, works*)
395	3566	Inspector (*government: national insurance agency*)
860	8133	Inspector (*instrument mfr*)
719	3533	Inspector (*insurance*)
863	8134	Inspector (*leather dressing*)
869	8133	Inspector (*leathercloth mfr*)
933	S 9235	Inspector (*local government: cleansing dept*)
923	S 8142	Inspector (*local government: highways dept*)
262	2434	Inspector (*local government: surveyor's dept*)
896	S 3566	Inspector (*local government: works dept*)
394	3565	Inspector (*local government*)
861	8133	Inspector (*man-made fibre mfr*)
869	8133	Inspector (*match mfr*)
860	8133	Inspector (*metal trades*)
869	8133	Inspector (*mica, micanite goods mfr*)
395	3566	Inspector (*mine: not coal*)
871	S 8219	Inspector (*motoring organisation*)
311	3123	Inspector (*NHBRC*)
371	3232	Inspector (*NSPCC*)
958	S 9233	Inspector (*office cleaning services*)
232	2313	Inspector (*OFSTED*)
861	8133	Inspector (*paper goods mfr*)
861	8133	Inspector (*paper mfr*)
869	8133	Inspector (*plasterboard mfr*)
861	8133	Inspector (*plastics goods mfr*)
940	S 9211	Inspector (*PO*)
152	1172	Inspector (*police service*)
861	8133	Inspector (*printing*)
395	3566	Inspector (*RSPCA*)
861	8133	Inspector (*rubber goods mfr*)
869	8133	Inspector (*stone dressing*)
869	8133	Inspector (*surgical goods mfr*)
523	S 5242	Inspector (*telecommunications: engineering dept*)
523	S 5242	Inspector (*telecommunications: telephone dept*)
863	S 8133	Inspector (*textile mfr: wool sorting*)
861	8133	Inspector (*textile mfr*)
881	S 8216	Inspector (*transport: railways*)
870	S 8219	Inspector (*transport: road*)
895	3566	Inspector (*water company*)
791	7125	Inspector (*window dressing*)
861	8133	Inspector (*wood products mfr*)
861	8133	Inspector and packer (yarn)
395	3566	Inspector of accidents (*Board of Trade*)
271	2452	Inspector of ancient monuments
860	8133	Inspector of armaments (*government*)
250	2421	Inspector of audits (*DETR*)
520	S 5241	Inspector of electrical fitters
521	S 5241	Inspector of electricians
394	3565	Inspector of factories (*government*)
394	3565	Inspector of fair trading
211	2122	Inspector of fighting vehicles
516	S 5223	Inspector of fitters
394	3565	Inspector of health and safety
516	S 5223	Inspector of mechanics
395	3566	Inspector of mines (*DTI*)
860	8133	Inspector of naval ordnance
615	S 9241	Inspector of park keepers
199	3566	Inspector of postal services
940	S 9211	Inspector of postmen
102	4113	Inspector of rates and rentals
232	2313	Inspector of schools
140	3565	Inspector of shipping
534	S 5214	Inspector of shipwrights
394	3565	Inspector of special subjects
441	S 4133	Inspector of storehousemen
362	3535	Inspector of taxes
394	3565	Inspector of trading standards
394	3565	Inspector of weights and measures
111	3123	Inspector of works

Standard Occupational Classification 2000 Volume 2 109

SOC 1990	SOC 2000		SOC 1990	SOC 2000	
899	**8139**	Installer, aerial	391	**3563**	Instructor, manual
529	**5249**	Installer, alarm	*902*	**6139**	Instructor, mobility, dog, guide
532	**5314**	Installer, bathroom	*239*	**2319**	Instructor, music
524	**5243**	Installer, cable	*387*	**3449**	Instructor, outdoor
896	**8149**	Installer, ceiling, suspended	*387*	**3449**	Instructor, pursuits, outdoor
532	**5314**	Installer, conditioning, air	387	**3442**	Instructor, riding
529	**5249**	Installer, equipment, x-ray	331	**3512**	Instructor, simulation, flight
509	**5316**	Installer, glazing, double	391	**3563**	Instructor, supervising
532	**5314**	Installer, heating	*387*	**3442**	Instructor, swimming
570	**5315**	Installer, kitchen	391	**3563**	Instructor, technical
516	**5223**	Installer, lift	391	**3563**	Instructor, trainee
521	**5241**	Installer, meter (electricity)	233	**2314**	Instructor, training, physical (*secondary school*)
532	**5314**	Installer, meter (gas)			
532	**5314**	Installer, meter (water)	239	**3443**	Instructor, training, physical
509	**5319**	Installer, playground	391	**3563**	Instructor, training
500	**5312**	Installer, refractory	231	**2312**	Instructor, woodwork (*further education*)
869	**8139**	Installer, satellite			
529	**5249**	Installer, signal (*railways*)	233	**2314**	Instructor, woodwork (*secondary school*)
529	**5249**	Installer, signal and telecommunications (*railways*)			
			233	**2314**	Instructor, woodwork (*sixth form college*)
526	**5245**	Installer, systems, computer			
529	**5242**	Installer, telecommunications	233	**2314**	Instructor (physical training: *secondary school*)
523	**5242**	Installer, telephone			
525	**5244**	Installer, television	239	**3443**	Instructor (physical training)
896	**8149**	Installer, wall, cavity	387	**3442**	Instructor (sports)
922	**8143**	Installer, way, permanent	391	**3563**	Instructor (*apprentice school*)
509	**5316**	Installer, window	391	**3563**	Instructor (*coal mine*)
503	**5316**	Installer (double glazing)	393	**8215**	Instructor (*driving school*)
521	**5241**	Installer (*electrical contracting*)	231	**2312**	Instructor (*further education*)
532	**5314**	Installer (*heating contracting*)	230	**2311**	Instructor (*higher education, university*)
524	**5243**	Installer (*railways*)			
523	**5242**	Installer (*telephone service*)	*391*	**3563**	Instructor (*mentally handicapped adult training*)
387	**3449**	Instructor, activities, outdoor			
387	**3443**	Instructor, aerobics	234	**2315**	Instructor (*nursery school*)
641	**6111**	Instructor, aid, first	*387*	**3449**	Instructor (*outdoor pursuits*)
391	**3563**	Instructor, apprentice	234	**2315**	Instructor (*primary school*)
387	**3442**	Instructor, arts, martial	233	**2314**	Instructor (*secondary school*)
391	**3563**	Instructor, civilian (*government*)	233	**2314**	Instructor (*sixth form college*)
391	**3563**	Instructor, computer	235	**2316**	Instructor (*special school*)
391	**3563**	Instructor, craft	391	**3563**	Instructor (*training establishment*)
391	**3563**	Instructor, craftsman, apprentice (*coal mine*)	*391*	**3563**	Instructor (*training provider*)
			385	**3415**	Instrumentalist
393	**8215**	Instructor, cycle, motor	599	**8139**	Insulator, bitumen
239	**3414**	Instructor, dance	896	**8149**	Insulator, building
619	**3319**	Instructor, defence, civil	899	**8129**	Insulator, cable
387	**3449**	Instructor, driving, carriage	599	**8139**	Insulator, coil
391	**8215**	Instructor, driving (heavy goods vehicles (HGV))	899	**8129**	Insulator, electrical
			929	**9129**	Insulator, loft
391	**8215**	Instructor, driving (public service vehicles (PSV))	929	**9129**	Insulator, pipe
			929	**9129**	Insulator, refrigerator
393	**8215**	Instructor, driving	899	**8129**	Insulator, thermal (*electrical appliances mfr*)
387	**3449**	Instructor, education, outdoor			
239	**3443**	Instructor, fit, keep	896	**8149**	Insulator, thermal
239	**3443**	Instructor, fitness	896	**8149**	Insulator, wall, cavity
331	**3512**	Instructor, flying	896	**8149**	Insulator (*construction*)
239	**3443**	Instructor, gym	599	**8139**	Insulator (*electrical appliances mfr*)
239	**3563**	Instructor, handicraft	555	**8139**	Interlacer, shoe
239	**3563**	Instructor, handicrafts	814	**8113**	Interlacer (hair and fibre)
391	**8215**	Instructor, HGV	821	**8121**	Interleaver (paper)

SOC 1990	SOC 2000	
380	**3412**	Interpreter
420	**4131**	Interviewer, agency, employment
430	**4137**	Interviewer, commercial
380	**3431**	Interviewer, press
430	**4137**	Interviewer, research, market
430	**4137**	Interviewer, telephone
380	**3432**	Interviewer, television
430	**4137**	Interviewer (market research)
430	**4137**	Interviewer (surveys)
411	**3534**	Interviewer (*bank, building society*)
399	**2329**	Inventor
396	**3567**	Investigator, accident
410	**4122**	Investigator, accounts
361	**3531**	Investigator, claims
615	**9241**	Investigator, credit
132	**4111**	Investigator, fraud (*government*)
615	**9241**	Investigator, fraud
361	**3531**	Investigator, insurance
395	**3566**	Investigator, licence, television
364	**3539**	Investigator, o and m
364	**3539**	Investigator, organisation and methods
615	**9241**	Investigator, private
615	**9241**	Investigator, purchase, hire
430	**4137**	Investigator, research, market
615	**9241**	Investigator, security
364	**3539**	Investigator, study, work
613	**3319**	Investigator (*Customs and Excise*)
400	**4112**	Investigator (*DSS*)
271	**2452**	Investigator (*Historical Monuments Commission*)
362	**3535**	Investigator (*Inland Revenue*)
615	**9241**	Investigator (*security services*)
430	**4150**	Invigilator
410	**4122**	Invoicer
912	**9139**	Iron and steelworker
859	**8139**	Ironer, boot
673	**9234**	Ironer, glove
673	**9234**	Ironer (*clothing mfr*)
859	**8139**	Ironer (*footwear mfr*)
673	**9234**	Ironer (*hosiery, knitwear mfr*)
673	**9234**	Ironer (*laundry, launderette, dry cleaning*)
810	**8114**	Ironer (*leather dressing*)
673	**9234**	Ironer
179	**1234**	Ironmonger
902	**9119**	Irrigator
990	**9259**	Issuer, basket (*retail trade*)
912	**S 9139**	Issuer, work (*engineering*)
441	**9149**	Issuer

ALPHABETICAL INDEX FOR CODING OCCUPATIONS

J

SOC 1990	SOC 2000		SOC 1990	SOC 2000	
240	**2411**	JP (stipendiary)	850	**8131**	Joiner, bulb (*valve mfr*)
904	**9112**	Jack, lumber	541	**5232**	Joiner, coach
505	**5319**	Jack, steeple	569	**5423**	Joiner, film
919	**9139**	Jackman	570	**5315**	Joiner, fitter's, shop
672	**6232**	Janitor	897	**8121**	Joiner, machine
810	**8114**	Japanner (*leather dressing*)	895	**8149**	Joiner, pipe
869	**8139**	Japanner	824	**8115**	Joiner, rubber (cycle tubes)
862	**9134**	Jennier	570	**5315**	Joiner, ship's
990	**9132**	Jetter, water, pressure, high	812	**8113**	Joiner, textile
930	**9141**	Jettyman	571	**5492**	Joiner (*cabinet making*)
518	**5495**	Jeweller, jobbing	850	**8131**	Joiner (*lamp, valve mfr*)
518	**5495**	Jeweller, manufacturing	859	**8139**	Joiner (*rubber footwear mfr*)
518	**5495**	Jeweller, masonic	551	**5411**	Joiner (*textile mfr: hosiery mfr*)
518	**5495**	Jeweller (manufacturing, repairing)	812	**8113**	Joiner (*textile mfr*)
179	**1234**	Jeweller (*retail trade*)	570	**5315**	Joiner
517	**5224**	Jeweller and watch repairer	897	**8121**	Joiner-machinist
517	**5224**	Jeweller and watchmaker	524	**5243**	Jointer, cable
860	**8149**	Jigger, spindle	537	**5215**	Jointer, chain
810	**8114**	Jigger (*leather dressing*)	*582*	**5433**	Jointer, chicken
839	**8117**	Jigger (*metal trades*)	524	**5243**	Jointer, conduit, electric
552	**8114**	Jigger (*textile bleaching, dyeing*)	579	**5492**	Jointer, edge, veneer
590	**5491**	Jiggerer (*ceramics mfr*)	524	**5243**	Jointer, electric
552	**8114**	Jiggerman	524	**5243**	Jointer, electrical
889	**9139**	Jigman (*constructional engineering*)	532	**5314**	Jointer, pipe, sprinkler
			591	**5491**	Jointer, pipe (*stoneware pipe mfr*)
890	**8123**	Jigman (*mine: not coal*)	895	**8149**	Jointer, pipe
509	**9129**	Jobber, agent's, estate	591	**5491**	Jointer, stanford
516	**5223**	Jobber, back	579	**5492**	Jointer, tapeless
509	**9129**	Jobber, builder's	524	**5243**	Jointer, wire
811	S **8113**	Jobber, card	524	**5243**	Jointer (*cable laying*)
811	S **8113**	Jobber, carding	590	**5491**	Jointer (*ceramics mfr*)
516	**5223**	Jobber, comb	895	**8149**	Jointer (*civil engineering*)
516	**5223**	Jobber, combing	899	**8129**	Jointer (*cutlery mfr*)
516	**5223**	Jobber, doubling, ring	524	**5243**	Jointer (*electricity supplier*)
516	**5223**	Jobber, loom	895	**8149**	Jointer (*gas supplier*)
891	**9133**	Jobber, printer's	859	**8139**	Jointer (*soft toy mfr*)
509	**9129**	Jobber, property	591	**5491**	Jointer (*stoneware pipe mfr*)
516	**5223**	Jobber, ring	524	**5243**	Jointer (*telecommunications*)
361	**3532**	Jobber, stock	895	**8149**	Jointer (*water company*)
361	**3532**	Jobber, stock and share	524	**5243**	Jointer-plumber
516	**5223**	Jobber, twisting	590	**5491**	Jollier
509	**9129**	Jobber (*building and contracting*)	*384*	**3432**	Journalist, radio
518	**5495**	Jobber (*jewellery, plate mfr*)	*380*	**3432**	Journalist (*broadcasting*)
810	**8114**	Jobber (*leather dressing*)	*380*	**3431**	Journalist
552	**8114**	Jobber (*textile mfr: textile bleaching, dyeing*)			Journeyman - *see notes*
516	**5223**	Jobber (*textile mfr*)	*387*	**3442**	Judge (sports)
955	**9245**	Jockey, car	387	**3413**	Judge (*entertainment*)
384	**3432**	Jockey, disc (*broadcasting*)	240	**2411**	Judge (*legal services*)
384	**3413**	Jockey, disc	384	**3413**	Juggler
387	**3441**	Jockey	809	**8111**	Juiceman
821	**8121**	Jogger (*paper mfr*)	387	**3441**	Jumper, show
899	**8129**	Joggler	811	**8113**	Jumper (fibre)
570	**5315**	Joiner, aircraft	430	**9219**	Junior, office
570	**5315**	Joiner, builder's	*240*	**2411**	Justice of the Peace (stipendiary)

112   Standard Occupational Classification 2000 Volume 2

ALPHABETICAL INDEX FOR CODING OCCUPATIONS
K

SOC 1990	SOC 2000	
890	S 8123	Keeker
902	6139	Keeper, animal
622	9225	Keeper, bar (*hotels, catering, public houses*)
622	9225	Keeper, bar (*shipping*)
902	5119	Keeper, bee
880	8217	Keeper, boat
410	S 4122	Keeper, book, chief
410	4122	Keeper, book
412	7122	Keeper, bridge, toll
863	8134	Keeper, bridge, weigh
889	8219	Keeper, bridge
672	6232	Keeper, cemetery
672	6232	Keeper, chapel
672	6232	Keeper, church
672	6232	Keeper, court
900	9111	Keeper, cow
883	8216	Keeper, crossing, level
883	8216	Keeper, crossing
441	9149	Keeper, die
672	6232	Keeper, door (synagogue)
615	9241	Keeper, door
160	5119	Keeper, fish
619	9249	Keeper, floor (*Bank of England*)
904	9112	Keeper, forest
823	8112	Keeper, furnace (*glass mfr*)
830	8117	Keeper, furnace (*metal mfr*)
902	5119	Keeper, game
883	8216	Keeper, gate, crossing (*railways*)
889	8219	Keeper, gate, lock
412	7122	Keeper, gate, pier
886	8221	Keeper, gate (*coal mine*)
883	8216	Keeper, gate (*railways*)
615	9241	Keeper, gate
441	9149	Keeper, granary
594	5113	Keeper, grass
594	5113	Keeper, green
672	6232	Keeper, ground, burial
594	5113	Keeper, ground
594	5113	Keeper, grounds
672	6232	Keeper, hall
615	S 9241	Keeper, head (*park*)
902	S 5119	Keeper, head (*zoological gardens*)
902	S 6139	Keeper, horse, head
902	6139	Keeper, horse
173	1221	Keeper, hotel
173	1221	Keeper, house, boarding
889	8219	Keeper, house, bridge
670	6231	Keeper, house, daily
615	9241	Keeper, house, gate
173	6231	Keeper, house, head
889	8219	Keeper, house, light
672	6232	Keeper, house, resident (offices)
441	S 9149	Keeper, house, ware
672	6232	Keeper, house (offices)

SOC 1990	SOC 2000	
671	S 6231	Keeper, house (*communal establishment*)
671	6231	Keeper, house (*hospital service*)
671	S 6231	Keeper, house (*hotel*)
672	6232	Keeper, house (*property management*)
671	S 6231	Keeper, house (*schools*)
670	6231	Keeper, house
175	1224	Keeper, inn
902	6139	Keeper, kennel
179	1239	Keeper, laundry
410	4122	Keeper, ledger
889	8219	Keeper, light
889	8219	Keeper, lighthouse
441	9149	Keeper, linen
889	8219	Keeper, lock
615	9241	Keeper, lodge
863	8134	Keeper, machine, weighing
441	9149	Keeper, magazine
902	6139	Keeper, menagerie
672	6232	Keeper, mortuary
271	2452	Keeper, museum
672	6232	Keeper, office
420	9219	Keeper, paper
615	S 9241	Keeper, park, head
615	9241	Keeper, park
441	9149	Keeper, pattern
160	5111	Keeper, pig
441	9149	Keeper, plan (*railways*)
361	3532	Keeper, position
160	5111	Keeper, poultry
441	9149	Keeper, repository, furniture
929	9129	Keeper, reservoir
902	5119	Keeper, river
672	6232	Keeper, school
615	9241	Keeper, ship
		Keeper, shop - *see* Shopkeeper
889	8219	Keeper, sluice
169	5119	Keeper, stable, livery
902	6139	Keeper, stable
179	1234	Keeper, stall, book
174	5434	Keeper, stall, coffee
732	7124	Keeper, stall
889	9139	Keeper, stanch
441	9149	Keeper, stationery
900	9111	Keeper, stock (*agriculture*)
441	9149	Keeper, stock
141	4133	Keeper, store, chief
179	1234	Keeper, store, drug
179	1234	Keeper, store, general
441	S 9149	Keeper, store, head
880	S 8217	Keeper, store, room, engine
441	9149	Keeper, store
441	9149	Keeper, store and vault, bonded
889	8219	Keeper, swingbridge

Standard Occupational Classification 2000 Volume 2   113

SOC 1990	SOC 2000	
884	**8216**	Keeper, switch
410	**4122**	Keeper, time
441	**9149**	Keeper, tool
441	**9149**	Keeper, vault
699	**6211**	Keeper, wardrobe
441	S **9149**	Keeper, warehouse
889	**8219**	Keeper, weir
929	**9129**	Keeper, wharf, canal
902	**6139**	Keeper, zoo
830	**8117**	Keeper (*blast furnace*)
271	**2452**	Keeper (*museum*)
271	**2452**	Keeper (*Public Record Office*)
889	**8219**	Keeper (*Trinity House*)
902	**6139**	Keeper (*zoological gardens*)
883	**8216**	Keeper and pointsman, gate
102	**1113**	Keeper of the Signet
441	**9149**	Keeper-clerk, store
670	**6231**	Keeper-companion, house
899	**8129**	Kerner (*type foundry*)
830	**8117**	Kettleman
899	**8129**	Keysmith
809	**8111**	Kibbler (*food products mfr*)
841	**8125**	Kicker (*metal stamping*)
581	**5431**	Killer
582	**5433**	Killer and plucker
862	**9134**	Kimballer
201	**2112**	Kinesiologist
809	**8111**	Kipperer
699	**9229**	Kissogram
581	**5431**	Knacker
581	**5431**	Knackerman
800	**8111**	Kneader (*bakery*)
551	**8137**	Knitter, power (*textiles*)
551	**5411**	Knitter
889	**9139**	Knocker, catch, pit, staple
889	**8122**	Knocker, catch (*coal mine*)
591	**5491**	Knocker (*ceramics mfr*)
911	**9131**	Knocker-off (*foundry*)
590	**5491**	Knocker-off (*glass mfr*)
809	**8111**	Knocker-out (*chocolate mfr*)
911	**9131**	Knocker-out (*foundry*)
590	**5491**	Knocker-out (*glass mfr*)
822	**8121**	Knocker-up (*printing*)
699	**9229**	Knocker-up
814	**8113**	Knotter, reel
552	**8113**	Knotter, warp
553	**8137**	Knotter (*textile mfr: examining dept*)
814	**8113**	Knotter (*textile mfr*)
599	**5499**	Knotter (*wig mfr*)
821	**8121**	Kollerganger

ALPHABETICAL INDEX FOR CODING OCCUPATIONS

L

SOC 1990	SOC 2000		SOC 1990	SOC 2000	
132	4111	LOI (*DSS*)	913	9139	Labourer, mechanic's
400	4112	LOII (*DSS*)	919	9139	Labourer, millhouse (*textile mfr*)
220	2211	LRCP	913	9139	Labourer, millwright's
591	5491	Labeller, colour (glassware)	898	8123	Labourer, miner's, tunnel
862	9134	Labeller	911	9131	Labourer, moulder's
900	9111	Labourer, agricultural	990	9119	Labourer, parks
919	9139	Labourer, brewery	930	9141	Labourer, pitwood
921	9121	Labourer, bricklayer's	921	9121	Labourer, plasterer's
921	9121	Labourer, bricksetter's	929	9121	Labourer, platelayer's
920	9121	Labourer, builder's, boat	913	9139	Labourer, plater's
929	9121	Labourer, builder's	913	9121	Labourer, plumber's
929	9121	Labourer, building	594	9119	Labourer, policy (Scotland)
889	9139	Labourer, bulking-floor	930	9141	Labourer, pontoon
920	9121	Labourer, carpenter's	919	9139	Labourer, production
929	9121	Labourer, contractor's	930	9141	Labourer, quay
920	9121	Labourer, cooper's	930	9141	Labourer, quayside
904	9112	Labourer, Crown	913	9139	Labourer, rigger's
912	9139	Labourer, dock, dry	930	9141	Labourer, riverside
930	9141	Labourer, dock	899	9139	Labourer, riveter's
814	8114	Labourer, dyer's	*929*	9121	Labourer, roofer's
913	9139	Labourer, electrician's	*929*	9121	Labourer, roofing
929	9121	Labourer, engineer's, civil	930	9141	Labourer, ship
929	9121	Labourer, engineering, civil	913	9139	Labourer, shipwright's
913	9139	Labourer, erector's	*929*	9121	Labourer, site
900	9111	Labourer, estate	921	9121	Labourer, slater's
990	9139	Labourer, factory	921	9121	Labourer, steeplejack's
900	9111	Labourer, farm	930	9141	Labourer, stevedore's
904	9112	Labourer, feller's, timber	931	9149	Labourer, storekeeper's
930	9141	Labourer, fish	931	9149	Labourer, stores
990	9121	Labourer, fitter's, shop	*919*	9139	Labourer, textile
913	9139	Labourer, fitter's	929	9121	Labourer, track, electric
921	9121	Labourer, fixer's, felt	931	9149	Labourer, warehouse
921	9121	Labourer, fixer's, sheet	930	9141	Labourer, waterside
913	9139	Labourer, fixer's, steel	930	9141	Labourer, wharf
904	9112	Labourer, forest	904	9112	Labourer, wood
911	9131	Labourer, foundry	900	9111	Labourer (*agriculture*)
990	9119	Labourer, garden (*local government*)	*931*	9149	Labourer (*builders' merchants*)
595	9119	Labourer, garden (*market gardening*)	929	9121	Labourer (*building and contracting*)
			910	8122	Labourer (*coal mine*)
594	9119	Labourer, garden	930	9141	Labourer (*docks*)
990	9119	Labourer, garden and parks	912	9139	Labourer (*engineering*)
595	9119	Labourer, gardener's (*market gardening*)	*930*	9141	Labourer (*fish processing*)
			904	9112	Labourer (*forestry*)
594	9119	Labourer, gardener's	*911*	9131	Labourer (*foundry*)
889	9139	Labourer, grab	*912*	9139	Labourer (*galvanising, tinning*)
814	8114	Labourer, house, dye	*931*	9149	Labourer (*haulage contractor*)
930	9141	Labourer, jetty	*902*	9119	Labourer (*horticulture*)
920	9121	Labourer, joiner's	*990*	9132	Labourer (*industrial cleaning*)
594	9119	Labourer, landscape	*902*	9119	Labourer (*landscape gardening*)
921	9121	Labourer, layer's, granolithic	*919*	9139	Labourer (*manufacturing*)
921	9121	Labourer, layer's, terrazzo	912	9139	Labourer (*steelworks*)
920	9121	Labourer, maker's, cabinet	931	9149	Labourer (*warehousing*)
921	9121	Labourer, mason's, fixer	814	8113	Lacer, card
921	9121	Labourer, mason's, stone	859	8139	Lacer, corset

SOC 1990	SOC 2000		SOC 1990	SOC 2000	
814	8113	Lacer, jacquard	173	1221	Landlord (*boarding, guest, lodging house*)
859	8139	Lacer, shade, lamp			
851	8132	Lacer, wheel	170	1231	Landlord (*property management*)
859	8139	Lacer (*corset mfr*)	175	1224	Landlord (*public houses*)
555	8139	Lacer (*footwear mfr*)	*170*	1231	Landowner
814	8113	Lacer (*textile weaving*)	889	8122	Landsaler (*coal mine*)
851	8132	Lacer and driller, wheel (*cycle mfr*)	791	5112	Landscaper, interior
596	5499	Lacquerer, spray	594	5113	Landscaper
869	8139	Lacquerer	900	9111	Landworker
902	5119	Lad, head (*racing stables*)	518	5495	Lapidary
941	9211	Lad, order	814	8113	Lapman
912	9139	Lad, roller (*metal trades*)	840	8125	Lapper, barrel (gun)
902	6139	Lad, stable	814	8113	Lapper, cotton
830	8117	Ladler (*copper lead refining*)	840	8125	Lapper, gear
590	5491	Ladler (*glass mfr*)	842	8125	Lapper, jeweller's
958	9233	Lady, cleaning	899	8129	Lapper, paper
953	9223	Lady, dinner (*schools*: preparing, serving food)	814	8113	Lapper, tape
			899	8129	Lapper (*cable mfr*)
659	9244	Lady, dinner (*schools*)	842	8125	Lapper (*metal trades*: precious metal, plate mfr)
953	9223	Lady, tea			
929	9129	Lagger, asbestos	841	8125	Lapper (*metal trades*: tin box mfr)
929	9129	Lagger, boiler	839	8117	Lapper (*metal trades*: tube mfr)
990	9139	Lagger, drum	840	8125	Lapper (*metal trades*)
929	9129	Lagger, pipe	814	8113	Lapper (*textile mfr*)
929	9129	Lagger	220	2211	Laryngologist
902	9119	Lairman	930	9141	Lasher, car
900	9111	Lamber	552	8113	Lasher
825	8116	Laminator, composite	555	5413	Laster
825	8116	Laminator, fibreglass	932	9141	Latcher, crane (*steelworks*)
825	8116	Laminator, grp	884	8216	Latcher, locomotive
825	8116	Laminator, plastic	884	8216	Latcher, wagon (*steelworks*)
821	8121	Laminator, wood	889	8122	Latcher (*coal mine*)
825	8116	Laminator (fibreglass)	841	8125	Latcher (*needle mfr*)
821	8121	Laminator (wood)	884	8216	Latcher (*railways*)
825	8116	Laminator (*boat building and repairing*)	932	9141	Latcher (*steelworks*)
					Latchman - see Latcher
821	8121	Laminator (*paper mfr*)	824	8115	Latexer
825	8116	Laminator (*plastics mfr*)	921	9121	Lather, metal
590	5491	Laminator (*safety glass mfr*)	590	5491	Lather (*ceramics mfr*)
814	8113	Laminator (*textile mfr*)	673	9234	Launderer
990	9249	Lampman, signal	673	9234	Laundress
441	9149	Lampman (*coal mine*)	242	2411	Lawyer
441	9149	Lampman (*mine: not coal*)	923	8142	Layer, asphalt
990	8216	Lampman (*railways*)	500	5312	Layer, block (*blast furnace*)
600	3311	Lance-Bombardier	922	8143	Layer, block (*mine*)
600	3311	Lance-Corporal	814	8113	Layer, bobbin
600	3311	Lance-Sergeant	500	5312	Layer, brick
537	5215	Lancer, thermic	895	8149	Layer, cable
889	9139	Lander, clay	506	5322	Layer, carpet
930	9141	Lander, fish	923	8142	Layer, concrete
889	9139	Lander (*mine: not coal: above ground*)	839	8117	Layer, core
			506	5322	Layer, covering, floor
886	8221	Lander (*mine: not coal: below ground*)	895	8149	Layer, drain
			813	8113	Layer, drum
160	5111	Landholder	506	5322	Layer, felt (flooring)
173	1221	Landlady (*boarding, guest, lodging house*)	501	5313	Layer, felt (roofing)
			579	5322	Layer, floor, block
170	1231	Landlady (*property management*)	506	5322	Layer, floor, composition
175	1224	Landlady (*public houses*)	923	8142	Layer, floor, concrete

SOC 1990	SOC 2000	
506	5322	Layer, floor, decorative
506	5322	Layer, floor, granolithic
506	5322	Layer, floor, jointless
506	5322	Layer, floor, mosaic
506	5322	Layer, floor, nos
579	5322	Layer, floor, parquet
506	5322	Layer, floor, patent
506	5322	Layer, floor, plastic
506	5322	Layer, floor, rubber
500	5312	Layer, floor, stone
506	5322	Layer, floor, terrazzo
506	5322	Layer, floor, tile
579	5322	Layer, floor, wood
919	9139	Layer, glass, plate
591	5491	Layer, ground
902	9119	Layer, hedge
924	8142	Layer, kerb
506	5322	Layer, lino
506	5322	Layer, linoleum
895	8149	Layer, main
895	8149	Layer, mains
506	5322	Layer, mosaic
532	5216	Layer, pipe (*coal mine*)
895	8149	Layer, pipe
829	8112	Layer, plate (*mica, micanite mfr*)
560	5421	Layer, plate (*printing*)
922	8143	Layer, plate
569	5421	Layer, printer's (*textile printing*)
922	8143	Layer, rail
922	8143	Layer, road (*railways*)
923	8142	Layer, road
895	8149	Layer, service
924	8142	Layer, slab
859	8139	Layer, sole
924	8142	Layer, stone
923	8142	Layer, surface (*gas supplier*)
923	8142	Layer, tar
923	8142	Layer, tarmac
506	5322	Layer, terrazzo
506	5322	Layer, tile
895	8149	Layer, track (pipe)
922	8143	Layer, track
919	9139	Layer, tray
594	5113	Layer, turf
821	8121	Layer, veneer
821	8121	Layer (*paper mfr*)
814	8113	Layer (*rope, twine mfr*)
812	8113	Layer (*textile spinning*)
899	8129	Layer (*wire rope, cable mfr*)
896	8149	Layer and fixer, patent flooring and roofing
559	5419	Layer-down (*textile finishing*)
891	9133	Layer-on, machine
569	8121	Layer-on (*cardboard box mfr*)
912	9139	Layer-on (*file mfr*)
814	8113	Layer-on (*textile mfr*)
802	8111	Layer-out, tobacco
814	8113	Layer-out, yarn
559	5419	Layer-out (*glove mfr*)
889	9139	Layer-out (*textile mfr*)
899	8129	Layer-up (*cable mfr*)
557	8136	Layer-up (*clothing mfr*)
810	8114	Layer-up (*tannery*)
903	9119	Layman, mussel
385	3415	Leader, band
371	3231	Leader, club
872	8212	Leader, coal
231	2312	Leader, course (*further education*)
650	6121	Leader, crèche
239	3443	Leader, fit, keep
889	8122	Leader, girder (*coal mine*)
		Leader, group, research - *see* Engineer (professional)
370	6114	Leader, home (*nursing home*)
370	6114	Leader, home (*residential home*)
809	8111	Leader, line (*food products mfr*)
385	3415	Leader, orchestra
651	6123	Leader, play
651	6123	Leader, playgroup
320	2132	Leader, project, software
214	2132	Leader, project (*software design*)
507	5323	Leader, red
430	S 4150	Leader, section (clerical office)
310	S 3122	Leader, section (drawing office)
218	2128	Leader, section (production control)
420	4131	Leader, section (progress)
430	S 4150	Leader, section (senior)
642	S 6112	Leader, section (*ambulance service*)
611	S 3313	Leader, section (*fire service*)
720	S 7111	Leader, section (*retail trade*)
490	S 4136	Leader, shift, computer
642	S 6112	Leader, shift (*ambulance service*)
150	1171	Leader, Squadron
710	3542	Leader, team, administrator, sales
320	2132	Leader, team, analyst (computing, programming)
859	S 8139	Leader, team, assembly
931	S 8218	Leader, team, baggage, airline
401	S 4113	Leader, team, benefit (*local government*)
644	S 6115	Leader, team, care, home (*local government: social services*)
420	S 4131	Leader, team, census
253	2423	Leader, team, consultancy, management
441	S 4133	Leader, team, control, stock
320	3132	Leader, team, desk, help (computing)
371	3231	Leader, team, district (*local government: youth service*)
521	S 5241	Leader, team, electrical
340	S 3211	Leader, team, nurse
720	S 7111	Leader, team, operation, sales (*retail trade*)
320	3131	Leader, team, operations, computer
320	3131	Leader, team, operations, network

SOC 1990	SOC 2000		SOC 1990	SOC 2000	
850	**S 8131**	Leader, team, production (*electrical, electronic equipment mfr*: assembly)	*370*	**6114**	Leader (*residential home*)
			293	**2442**	Leader (*social work*)
			889	**9139**	Leadsman
851	**S 8132**	Leader, team, production (*motor vehicle mfr*: assembly)	802	**8111**	Leaser, spinning, machine
			552	**8113**	Leaser (*textile mfr*)
851	**S 8132**	Leader, team, production (*motor vehicle mfr*)	231	**2312**	Lecturer, college (*further education*)
320	**2132**	Leader, team, programming	*341*	**3212**	Lecturer, midwifery
412	**S 7122**	Leader, team, recoveries	*340*	**3211**	Lecturer, nursing
430	**S 7212**	Leader, team, services, customer	399	**2311**	Lecturer, political
490	**S 4136**	Leader, team, services, data (*local government*)	*230*	**2311**	Lecturer, polytechnic
			230	**2311**	Lecturer, university
958	**S 9233**	Leader, team, services, housekeeping	223	**2215**	Lecturer (dentistry)
			391	**3563**	Lecturer (*industrial training*)
320	**2132**	Leader, team, software (computing)	220	**2211**	Lecturer (*medicine*)
441	**S 9149**	Leader, team, stockhandlers (*warehousing*)	220	**2211**	Lecturer (*surgery*)
			231	**2312**	Lecturer (*further education*)
370	**6114**	Leader, team, support, home	230	**2311**	Lecturer (*higher education, university*)
441	**S 9149**	Leader, team, warehouse			
320	**3131**	Leader, team (computer operations)	*341*	**3212**	Lecturer (*nursing, midwifery*)
730	**S 7212**	Leader, team (customer care)	*340*	**3211**	Lecturer (*nursing*)
790	**7125**	Leader, team (merchandising)	233	**2314**	Lecturer (*secondary school*)
341	**S 3212**	Leader, team (midwifery)	233	**2314**	Lecturer (*sixth form college*)
340	**S 3211**	Leader, team (nursing)	235	**2316**	Lecturer (*special school*)
320	**2132**	Leader, team (programming)	*231*	**2312**	Lecturer
642	**S 6112**	Leader, team (*ambulance service*)	530	**5211**	Legger, flyer
411	**S 4123**	Leader, team (*bank, building society*)	552	**8113**	Legger (*hosiery finishing*)
			719	**7129**	Lender, money
850	**S 8131**	Leader, team (*electrical, electronic equipment mfr*: assembly)	552	**8113**	Lengthener
			923	**8142**	Lengthman, road
361	**3533**	Leader, team (*insurance*)	929	**9129**	Lengthman (*canals*)
381	**3422**	Leader, team (*interior design*)	923	**8142**	Lengthman (*local government*)
644	**S 6115**	Leader, team (*local government: social services*: home care)	922	**8143**	Lengthman (*railways*)
					Lengthsman - see Lengthman
370	**6114**	Leader, team (*local government: social services*: residential care)	201	**2112**	Lepidopterist
			507	**5323**	Letterer (*signwriting*)
293	**2442**	Leader, team (*local government: social services*)	830	**8117**	Levelhand
			923	**8142**	Leveller, concrete
401	**S 4113**	Leader, team (*local government*)	839	**8117**	Leveller, plate
253	**2423**	Leader, team (*management consultancy*)	839	**8117**	Leveller, roller (*steelworks*)
			885	**8229**	Leveller (asphalt spreading machine)
851	**S 8132**	Leader, team (*motor vehicle mfr*: assembly)			
			889	**9139**	Leveller (*coke ovens*)
644	**S 6115**	Leader, team (*nursing home*)	555	**5413**	Leveller (*footwear mfr*)
370	**6114**	Leader, team (*residential care home*)	891	**9133**	Leveller (*lithography*)
			839	**8117**	Leverman (*iron and steelworks*)
720	**S 7111**	Leader, team (*retail trade*)	380	**3412**	Lexicographer
		Leader, team - see also notes	390	**2451**	Librarian, branch
597	**8122**	Leader, timber (*coal mine*)	270	**2451**	Librarian, chartered
889	**9139**	Leader, timber	390	**2451**	Librarian, film
630	**6213**	Leader, tour	390	**2451**	Librarian, hospital
902	**6139**	Leader, trek (*equestrian trekking centre*)	390	**2451**	Librarian, magazine
			390	**2451**	Librarian, media
889	**9139**	Leader, water	390	**2451**	Librarian, newspaper
503	**5316**	Leader, window	390	**2451**	Librarian, picture
371	**3231**	Leader, youth	390	**2451**	Librarian, tape, computer
320	**3131**	Leader (computing)	390	**2451**	Librarian, tape, magnetic
839	**8117**	Leader (*abrasive wheel mfr*)	390	**2451**	Librarian, technical
370	**6114**	Leader (*children's home*)	390	**2451**	Librarian, visual, audio

SOC 1990	SOC 2000	
390	2451	Librarian
179	1234	Licensee (*off-licence*)
175	1224	Licensee
862	9134	Lidder (*boot polish mfr*)
859	8139	Lidder (*cardboard box mfr*)
150	1171	Lieutenant
150	1171	Lieutenant-Colonel
150	1171	Lieutenant-Commander
150	1171	Lieutenant-General
880	8217	Lifeboatman
619	6211	Lifeguard
814	8113	Lifter, beam
990	9235	Lifter, bin
911	9131	Lifter, box
810	8114	Lifter, butt
889	9139	Lifter, coke
887	8222	Lifter, fork
931	9149	Lifter, freight
505	8141	Lifter, heavy
516	5223	Lifter (*railway workshops*)
886	8221	Lifter (*steelworks*)
814	8113	Lifter (*textile mfr*)
931	9149	Lifter (*warehousing*)
911	9131	Lifter-up (*foundry*)
839	8117	Lifter-up (*rolling mill*)
886	8221	Liftman, gantry
955	9245	Liftman, service
886	8221	Liftman, steam
886	8221	Liftman (*iron and steelworks*)
955	9245	Liftman
814	8113	Ligger
814	8113	Ligger-on (wool)
990	9139	Lighter, fire
880	8217	Lighter, lamp (ships: *Trinity House*)
597	8122	Lighter, shot (*coal mine*)
880	8217	Lighterman
880	8217	Lightsman (lightship)
912	9139	Limer (*blast furnace*)
810	8114	Limer (*fellmongering*)
201	2112	Limnologist
524	5243	Lineman, power
532	5216	Lineman, pump
524	5243	Lineman, signal, power
524	5243	Lineman, traction
524	5243	Lineman
859	8139	Liner, basket
859	8139	Liner, box, work
859	8139	Liner, brake (*asbestos mfr*)
859	8139	Liner, brake
859	8139	Liner, cabinet (*upholstery mfr*)
859	8139	Liner, case
869	8139	Liner, cycle
896	8149	Liner, dry
500	5312	Liner, furnace
859	8139	Liner, glove
591	5491	Liner, gold (*ceramics mfr*)
869	8139	Liner, gold (*cycle mfr*)
500	5312	Liner, ladle
869	8139	Liner, machine

SOC 1990	SOC 2000	
859	8139	Liner, picture
824	8115	Liner, pipe (rubber lining)
929	9129	Liner, pipe (*building and contracting*)
929	9121	Liner, pipe
824	8115	Liner, plant (rubber lining)
859	8139	Liner, pouch, leather
501	5313	Liner, roof
859	8139	Liner, table
825	8116	Liner, tank (glass fibre)
824	8115	Liner, tank (rubber lining)
800	8111	Liner, tin (*bakery*)
591	5491	Liner, tube
590	5491	Liner (lenses)
824	8115	Liner (rubber)
859	8139	Liner (*cardboard box mfr*)
591	5491	Liner (*ceramics mfr*)
553	8137	Liner (*clothing mfr*)
553	8137	Liner (*fur garment mfr*)
553	8137	Liner (*hat mfr*)
515	5222	Liner (*metal trades: safe mfr*)
869	8139	Liner (*metal trades*)
869	8133	Liner and finisher (*vehicle mfr*)
515	5222	Liner-off (*engineering*)
515	5222	Liner-out (*engineering*)
515	5222	Liner-up (*engineering*)
929	9129	Linesman, diver's
524	5243	Linesman, electrical
532	5314	Linesman, gas
524	5243	Linesman, instrument (*railways*)
524	5243	Linesman, overhead
524	5243	Linesman, power
420	4131	Linesman, progress
532	5216	Linesman, pump
524	5243	Linesman, railway
524	5243	Linesman, signal
597	8122	Linesman, survey (*coal mine*)
929	9129	Linesman, surveyor's
524	5243	Linesman, telegraph
524	5243	Linesman, telephone
862	9134	Linesman (*brewery*)
524	5243	Linesman (*coal mine: above ground*)
597	8122	Linesman (*coal mine*)
524	5243	Linesman (*electrical engineering*)
524	5243	Linesman (*electricity supplier*)
524	5243	Linesman (*radio relay service*)
524	5243	Linesman (*railways*)
524	5243	Linesman (*telecommunications*)
929	9129	Linesman (*water works*)
524	5243	Linesman
524	5243	Linesman-erector
809	8111	Lineworker (*food products mfr*)
851	8132	Lineworker (*vehicle mfr*)
		Lineworker - see also Assembler
814	8113	Linger
380	2322	Linguist
842	8125	Linisher
518	5495	Linker, chain

SOC 1990	SOC 2000		SOC 1990	SOC 2000	
809	8111	Linker, sausage	931	8218	Loader-driver (*airport*)
553	8137	Linker (*textile mfr: hosiery, knitwear mfr*)	597	8122	Loaderman, power (*coal mine*)
			930	9141	Loaderman, ship
814	8113	Linker (*textile mfr*)	*931*	8218	Loadmaster (*airlines*)
699	6211	Linkman (*entertainment*)	600	3311	Loadmaster (*armed forces*)
590	5491	Lipper, glass	889	9139	Lobber (*card, paste board mfr*)
809	8111	Liquefier, butter	*123*	3433	Lobbyist
250	2421	Liquidator, company	553	8137	Locker, flat
560	5421	Lithographer, photo	862	9134	Locker (*hat mfr*)
591	5491	Lithographer (*ceramics mfr*)	516	5223	Locksmith
891	9133	Lithographer (*printing*)	820	8114	Lofter (salt)
350	3520	Litigator	310	3122	Loftsman (*engineering*)
931	8218	Loader, aircraft	570	5315	Loftsman (*shipbuilding*)
930	9141	Loader, barge	570	5315	Loftsman and scriever
930	9141	Loader, boat	300	3111	Logger, mud
889	9139	Loader, bulk (*petroleum distribution*)	300	3111	Logger, well
			430	4150	Loggist
599	5499	Loader, cartridge	930	9141	Longshoreman
569	5423	Loader, cassette, cartridge (*photographic film mfr*)	880	8217	Look-out and AB
			861	8133	Looker, cloth
999	9229	Loader, clapper	861	8133	Looker, piece
889	9139	Loader, coal	861	8133	Looker, yarn
889	9139	Loader, coke	421	4135	Looker-out, book
889	8122	Loader, conveyor (*coal mine*)	441	9149	Looker-out (ophthalmic lenses)
990	9139	Loader, conveyor	860	8133	Looker-out (*pen nib mfr*)
930	9141	Loader, dockside	869	8133	Looker-over, decorator's
569	5423	Loader, film	869	8133	Looker-over (*ceramics mfr*)
930	9141	Loader, fish	555	5413	Looker-over (*footwear mfr*)
889	9139	Loader, furnace (*metal trades*)	861	8133	Looker-over (*textile finishing*)
823	8112	Loader, kiln	869	8139	Looker-to-ware, thrower's
823	8112	Loader, lehr	441	9149	Looker-up (footwear)
931	9149	Loader, lorry	552	8113	Loomer
990	9139	Loader, machine	552	8113	Loomer and twister
889	9139	Loader, mechanical (*mine: not coal*)	553	8137	Looper (*hosiery, knitwear mfr*)
889	9139	Loader, milk (*dairy*)	812	8113	Looper (*wool spinning*)
599	8119	Loader, mould (*asbestos composition goods mfr*)	904	9112	Lopper, tree
			889	9139	Lowerer, wagon
990	9139	Loader, paper	912	9139	Lubricator (*gun mfr*)
597	8122	Loader, power (*coal mine*)	894	8129	Lubricator
933	9235	Loader, refuse (*local government: cleansing dept*)	890	8123	Lugger (*mine: not coal*)
			904	9112	Lumberjack
889	9139	Loader, stone (*mine: not coal*)	930	9141	Lumper, fish
889	8122	Loader, timber (*coal mine*)	930	9141	Lumper (*docks*)
930	9141	Loader, timber (*docks*)	559	5419	Lurer
990	9119	Loader, timber (*forestry*)	569	8121	Lurrier
889	9139	Loader, timber (*sawmilling*)	591	5491	Lustrer
889	9139	Loader, wagon	919	9139	Luter (*coke ovens*)
931	9149	Loader, warehouse	*593*	5494	Luthier
599	5499	Loader (*ammunition mfr*)			
823	8112	Loader (*ceramics mfr*)			
829	8114	Loader (*charcoal mfr*)			
889	8122	Loader (*coal mine*)			
889	9139	Loader (*coke ovens*)			
930	9141	Loader (*docks*)			
891	9133	Loader (*lithography*)			
889	9139	Loader (*mine: not coal*)			
931	9149	Loader			
931	9149	Loader and unloader			
931	9149	Loader-checker			

ALPHABETICAL INDEX FOR CODING OCCUPATIONS

M

SOC 1990	**SOC 2000**	
100	**1111**	MEP
201	**2112**	MLSO
610	**3312**	MP (*armed forces*)
100	**1111**	MP
103	**3561**	MPB1 (*Employment Service*)
103	**3561**	MPB2 (*Employment Service*)
103	**3561**	MPB3 (*Employment Service*)
132	**4111**	MPB4 (*Employment Service*)
132	**4111**	MPB5 (*Employment Service*)
132	**4111**	MPB6 (*Employment Service*)
132	**4111**	MPB7 (*Employment Service*)
221	**2213**	MPS
220	**2211**	MRCP
220	**2211**	MRCS
224	**2216**	MRCVS
100	**1111**	MSP
619	**9249**	Macer
		Machiner - *see* Machinist
490	**4136**	Machinist, accounting
490	**4136**	Machinist, accounts
840	**8125**	Machinist, action
490	**4136**	Machinist, adding
490	**4136**	Machinist, addressing
552	**8113**	Machinist, ageing
901	**8223**	Machinist, agricultural
840	**8125**	Machinist, anocut
899	**8129**	Machinist, armouring
802	**8111**	Machinist, assembly, plug
553	**8137**	Machinist, automatic (sewing)
841	**8125**	Machinist, automatic (*bolt, nail, nut, rivet, screw mfr*)
841	**8125**	Machinist, automatic
859	**8139**	Machinist, backer (footwear)
569	**8121**	Machinist, bag, carrier
569	**8121**	Machinist, bag, paper
555	**8139**	Machinist, bag (*leather goods mfr*)
859	**8139**	Machinist, bag (*plastics goods mfr*)
553	**8137**	Machinist, bag (*sack mfr*)
555	**8139**	Machinist, bagging
862	**9134**	Machinist, baling
811	**8113**	Machinist, ball
811	**8113**	Machinist, balling (*textile mfr: wool combing*)
813	**8113**	Machinist, balling (*textile mfr*)
802	**8111**	Machinist, banding
897	**8121**	Machinist, barking
553	**8137**	Machinist, barring (*clothing mfr*)
553	**8137**	Machinist, bartack
553	**8137**	Machinist, basting
899	**8129**	Machinist, battery
555	**8139**	Machinist, beading
814	**8113**	Machinist, beaming (*textile weaving*)
841	**8125**	Machinist, bearing, ball
553	**8137**	Machinist, bedding
553	**8137**	Machinist, belt, conveyor
841	**8125**	Machinist, bending, press
839	**8117**	Machinist, bending (*iron works*)
899	**8129**	Machinist, bending (*sheet metal working*)
824	**8115**	Machinist, bias (*rubber tyre mfr*)
562	**5423**	Machinist, binding, perfect
553	**8137**	Machinist, binding
800	**8111**	Machinist, biscuit
553	**8137**	Machinist, blanket
844	**8125**	Machinist, blasting, vapour
559	**5419**	Machinist, blocking
553	**8137**	Machinist, blouse
811	**8113**	Machinist, blowing
813	**8113**	Machinist, bobbin
899	**8129**	Machinist, bolt
490	**4136**	Machinist, book-keeping
555	**8139**	Machinist, boot
840	**8125**	Machinist, boring (metal)
897	**8121**	Machinist, boring (wood)
597	**8122**	Machinist, boring (*coal mine*)
590	**8112**	Machinist, bottle
862	**9134**	Machinist, bottling
840	**8125**	Machinist, box, axle
569	**8121**	Machinist, box (*paper goods mfr*)
569	**8121**	Machinist, box and slide (*cardboard box mfr*)
814	**8113**	Machinist, braid
814	**8113**	Machinist, braiding (*asbestos rope mfr*)
899	**8129**	Machinist, braiding (*cable mfr*)
840	**8125**	Machinist, brass
537	**5215**	Machinist, brazing
552	**8113**	Machinist, breadthening
590	**8112**	Machinist, brick
840	**8125**	Machinist, broaching
569	**5422**	Machinist, bronzing
555	**8139**	Machinist, brush
552	**8113**	Machinist, brushing, cross
810	**8114**	Machinist, brushing (*leather dressing*)
821	**8121**	Machinist, brushing (*paper mfr*)
552	**8113**	Machinist, brushing (*textile mfr*)
810	**8114**	Machinist, buffing (*leather dressing*)
552	**8113**	Machinist, buffing (*leathercloth mfr*)
842	**8125**	Machinist, buffing (*metal trades*)
825	**8116**	Machinist, buffing (*plastics goods mfr*)
897	**8121**	Machinist, builder's
829	**8112**	Machinist, building, micanite
899	**8129**	Machinist, bullet
814	**8113**	Machinist, bullion
814	**8113**	Machinist, bumping
821	**8121**	Machinist, burnishing

Standard Occupational Classification 2000 Volume 2   121

SOC 1990	SOC 2000		SOC 1990	SOC 2000	
581	5431	Machinist, butcher's	553	8137	Machinist, collar (*clothing mfr*)
553	8137	Machinist, button (*clothing mfr*)	673	9234	Machinist, collar (*laundry, launderette, dry cleaning*)
899	8129	Machinist, button			
553	8137	Machinist, buttonhole	490	9133	Machinist, collating
553	8137	Machinist, buttoning (*clothing mfr*)	569	5423	Machinist, collotype
897	8121	Machinist, cabinet	811	8113	Machinist, combing (*textile spinning*)
899	8129	Machinist, cable			
814	8113	Machinist, cabling (*rope, twine mfr*)	821	8121	Machinist, combining (*paper mfr*)
899	8129	Machinist, cabling	569	5423	Machinist, combining (*textile printing*)
490	4136	Machinist, calculating			
825	8116	Machinist, calender (*plastics goods mfr*)	820	8114	Machinist, compressing (tablets, pills)
553	8137	Machinist, canvas	811	8113	Machinist, condenser (*textile mfr*)
841	8125	Machinist, cap, bottle	534	5214	Machinist, constructional
553	8137	Machinist, cap	897	8121	Machinist, cooper's
862	9134	Machinist, capping, bottle	840	8125	Machinist, copying
850	8131	Machinist, capping, lamp	569	8121	Machinist, cording (*paper goods mfr*)
840	8125	Machinist, capstan	899	8129	Machinist, cork
841	8125	Machinist, capsule (metal)	553	8137	Machinist, cornelly
899	8129	Machinist, carbon	553	8137	Machinist, cornely
810	8114	Machinist, carding (*fur dressing*)	821	8121	Machinist, corrugating
811	8113	Machinist, carding	553	8137	Machinist, corset
553	8137	Machinist, carpet	824	8115	Machinist, covering, rubber
839	8117	Machinist, casting, centrifugal (steel)	809	8111	Machinist, cream, ice
			552	8113	Machinist, cropping
531	5212	Machinist, casting, die	829	8115	Machinist, curing (rubber)
829	8114	Machinist, casting, film	822	8121	Machinist, cutting, cloth, emery
560	5421	Machinist, casting, monotype	899	8129	Machinist, cutting, core
839	8117	Machinist, casting, pig	840	8125	Machinist, cutting, gear
829	8114	Machinist, casting (*transparent cellulose wrappings mfr*)	590	8112	Machinist, cutting, glass
			822	8121	Machinist, cutting, paper
840	8125	Machinist, centering	825	8116	Machinist, cutting, plastics
809	8111	Machinist, centrifugal (sugar)	899	8129	Machinist, cutting, plate (*shipbuilding*)
885	8229	Machinist, chipping			
581	5431	Machinist, chopping (meat)	899	8129	Machinist, cutting, rotary (metal)
802	8111	Machinist, cigar	824	8115	Machinist, cutting, rubber
802	8111	Machinist, cigarette	822	8121	Machinist, cutting, tube (cardboard)
829	8119	Machinist, cleaning (*seed merchants*)	897	8121	Machinist, cutting, wood
			829	8114	Machinist, cutting (asbestos)
862	9134	Machinist, closing (*canned foods mfr*)	599	8129	Machinist, cutting (cork)
			899	8129	Machinist, cutting (metal)
555	8139	Machinist, closing (*footwear mfr*)	822	8121	Machinist, cutting (paper)
814	8113	Machinist, closing (*rope, twine mfr*)	825	8116	Machinist, cutting (plastics)
899	8129	Machinist, closing (*wire rope, cable mfr*)	824	8115	Machinist, cutting (rubber)
			557	8136	Machinist, cutting (*clothing mfr*)
553	8137	Machinist, clothing	597	8122	Machinist, cutting (*coal mine*)
519	5221	Machinist, cnc	899	8129	Machinist, cutting (*metal trades*)
553	8137	Machinist, coat	822	8121	Machinist, cutting (*paper goods mfr, paper pattern mfr*)
590	8112	Machinist, coating, glass (*bulb, valve mfr*)			
			822	8121	Machinist, cutting (*paper goods mfr*)
821	8121	Machinist, coating, paper	822	8121	Machinist, cutting (*paper mfr*)
821	8121	Machinist, coating (carbon paper)	829	8114	Machinist, cutting (*soap, detergent mfr*)
829	8114	Machinist, coating (photographic films)			
			809	8111	Machinist, cutting (*sugar, sugar confectionery mfr*)
814	8113	Machinist, coating (*carpet, rug mfr*)			
825	8116	Machinist, coating (*plastics goods mfr*)	814	8113	Machinist, cutting (*textile mfr*)
			802	8111	Machinist, cutting (*tobacco mfr*)
814	8113	Machinist, coating (*textile mfr*)	824	8115	Machinist, cutting (*tyre mfr*)
839	8117	Machinist, coiling (*metal tube mfr*)	800	8111	Machinist, cutting and wrapping

SOC 1990	SOC 2000	
		(bakery)
814	8113	Machinist, cuttling
840	8125	Machinist, cycle
891	9133	Machinist, cylinder (*printing*)
552	8113	Machinist, damping (*textile mfr*)
553	8137	Machinist, darning (*textile products mfr*)
490	9133	Machinist, decollating
569	5423	Machinist, developing, film
869	8139	Machinist, dipping
812	8113	Machinist, doubling
800	8111	Machinist, dough
831	8117	Machinist, drawing, wire
552	8113	Machinist, drawing (*textile mfr*: textile warping)
811	8113	Machinist, drawing (*textile mfr*)
553	8137	Machinist, dress
811	8113	Machinist, dressing, fibre
810	8114	Machinist, dressing, pelt
553	8137	Machinist, dressing, surgical
843	8125	Machinist, dressing (*metal trades*)
553	8137	Machinist, dressmaker's
840	8125	Machinist, drilling (*metal trades*)
898	8123	Machinist, drilling (*mine: not coal*)
897	8121	Machinist, drilling (*wood products mfr*)
814	8113	Machinist, drying, cloth
809	8111	Machinist, drying (*food products mfr*)
814	8113	Machinist, drying (*textile mfr*)
802	8111	Machinist, drying (*tobacco mfr*)
569	5423	Machinist, duplicating, offset
490	9133	Machinist, duplicating
490	9133	Machinist, dyeline
553	8137	Machinist, elasticator
840	8125	Machinist, electrochemical
829	8119	Machinist, embossing (*floor and leather cloth mfr*)
810	8114	Machinist, embossing (*leather dressing*)
897	8121	Machinist, embossing (*wood products mfr*)
569	5423	Machinist, embossing
553	8137	Machinist, embroidery
840	8125	Machinist, engineer's
840	8125	Machinist, engineering
899	8129	Machinist, engraver's
809	8111	Machinist, enrobing
569	8121	Machinist, envelope
839	8117	Machinist, extruding (*metal tube mfr*)
825	8116	Machinist, extruding (*plastics goods mfr*)
824	8115	Machinist, extruding (*rubber goods mfr*)
899	8129	Machinist, eyelet
559	5419	Machinist, eyelet-hole
551	8137	Machinist, fabric, circular
510	5221	Machinist, facing

SOC 1990	SOC 2000	
553	8137	Machinist, fancy
553	8137	Machinist, feather
553	8137	Machinist, felling
814	8113	Machinist, felt, needleloom
843	8125	Machinist, fettling (*metal trades*)
821	8121	Machinist, fibre, vulcanised
809	8111	Machinist, filling, skin (sausage)
862	9134	Machinist, filling (*cosmetic mfr*)
862	9134	Machinist, filling (*food canning*)
862	9134	Machinist, filling and capping
829	8114	Machinist, film, cellulose
829	8114	Machinist, filter (celluloid)
811	8113	Machinist, finisher (*textile mfr*)
553	8137	Machinist, flag
841	8125	Machinist, flanging
551	8137	Machinist, flat, hand
553	8137	Machinist, flat (*clothing mfr*)
555	8139	Machinist, flat (*footwear mfr*)
810	8114	Machinist, fleshing
811	8113	Machinist, flock
825	8116	Machinist, foam
562	5423	Machinist, folding (*printing*)
814	8113	Machinist, folding (*textile mfr*)
809	8111	Machinist, fondant
553	8137	Machinist, foot
824	8115	Machinist, forcing
839	8117	Machinist, forge
839	8117	Machinist, forging
814	8113	Machinist, forming (*twine mfr*)
810	8114	Machinist, frizing (*tannery*)
591	8112	Machinist, frosting (*glass mfr*)
553	8137	Machinist, fur
811	8113	Machinist, garnet
811	8113	Machinist, gilling
814	8113	Machinist, gimping (pattern cards)
553	8137	Machinist, glove (leather)
551	8137	Machinist, glove (woollen)
569	8121	Machinist, gluing and winding, tube (cardboard)
834	8118	Machinist, gold
553	8137	Machinist, gown
899	8129	Machinist, grading (garment pattern)
809	8111	Machinist, grading (sugar)
829	8114	Machinist, graphite
891	9133	Machinist, gravure (*printing*)
840	8125	Machinist, grinding, shaft
829	8119	Machinist, grinding (*cement mfr*)
591	8112	Machinist, grinding (*glass mfr*)
840	8125	Machinist, grinding (*metal trades*)
829	8114	Machinist, grinding (*paint mfr*)
821	8121	Machinist, grinding (*paper mfr*)
899	8129	Machinist, guillotine (*metal trades*)
822	8121	Machinist, guillotine (*paper goods mfr*)
825	8116	Machinist, guillotine (*plastics goods mfr*)
824	8115	Machinist, guillotine (*rubber goods mfr*)

Standard Occupational Classification 2000 Volume 2   123

SOC 1990	SOC 2000	
559	5419	Machinist, guillotine (*textile products mfr*)
990	8229	Machinist, gully
821	8121	Machinist, gumming (gum paper, etc)
859	8139	Machinist, gumming (*paper goods mfr*)
811	8113	Machinist, hair, horse
553	8137	Machinist, hand, repairer
553	8137	Machinist, hand (*clothing mfr*)
841	8125	Machinist, hand (*metal trades*)
897	8121	Machinist, handle
814	8113	Machinist, hanking
814	8113	Machinist, hardening
899	8129	Machinist, heading (*bolt, nail, nut, rivet, screw mfr*)
552	8113	Machinist, healding
553	8137	Machinist, hemming
553	8137	Machinist, hemstitch
810	8114	Machinist, hide (*leather merchants*)
840	8125	Machinist, hobbing
840	8125	Machinist, honing
811	8113	Machinist, hopper
553	8137	Machinist, hosiery, surgical
551	8137	Machinist, hosiery
814	8113	Machinist, house (*twine mfr*)
809	8111	Machinist, ice-cream
821	8121	Machinist, impregnating (*paper mfr*)
829	8114	Machinist, impregnating (*plastics goods mfr*)
821	8121	Machinist, insulating, paper
553	8137	Machinist, jacket
551	8137	Machinist, jacquard
990	9132	Machinist, jetting (*industrial cleaning*)
590	8112	Machinist, jigger
552	8114	Machinist, jigging
899	8129	Machinist, joggling
897	8121	Machinist, joiner
897	8121	Machinist, joiner's
590	8112	Machinist, jolley
553	8137	Machinist, knicker
551	8137	Machinist, knitting
552	8113	Machinist, knotting, warp
814	8113	Machinist, knotting (*textile mfr*)
862	9134	Machinist, labelling
550	8137	Machinist, lace (*lace mfr*)
553	8137	Machinist, lace (*textile products mfr*)
811	8113	Machinist, lap
840	8125	Machinist, lapping (*metal trades*)
814	8113	Machinist, lapping (*textile mfr*)
553	8137	Machinist, lashing
555	8139	Machinist, lasting
840	8125	Machinist, lathe (*metal trades*)
673	9234	Machinist, laundry
553	8137	Machinist, leather (*clothing mfr*)
555	8139	Machinist, leather
885	8229	Machinist, levelling, rail
555	8139	Machinist, levelling
553	8137	Machinist, linen
553	8137	Machinist, lining (*clothing mfr*)
859	8139	Machinist, lining (*footwear mfr*)
553	8137	Machinist, lining (*hat mfr*)
821	8121	Machinist, lining (*paper mfr*)
560	5421	Machinist, linotype
891	9133	Machinist, lithographic
597	8122	Machinist, loading, power
553	8137	Machinist, lock, flat
553	8137	Machinist, lockstitch
552	8113	Machinist, looming
840	8125	Machinist, maintenance
897	8121	Machinist, maker's, crate
590	8112	Machinist, making, bottle
569	8121	Machinist, making, box (cardboard)
897	8121	Machinist, making, box
590	8112	Machinist, making, brick
841	8125	Machinist, making, chain (cycle, etc chains)
802	8111	Machinist, making, cigarette
809	8111	Machinist, making, sausage
899	8129	Machinist, making, screw
821	8121	Machinist, making (*abrasive paper, cloth mfr*)
829	8119	Machinist, making (*plasterboard mfr*)
863	8134	Machinist, measuring (piece goods)
552	8113	Machinist, medicating (surgical dressings)
534	5214	Machinist, metal, shipyard
840	8125	Machinist, metal
829	8112	Machinist, mica
809	8111	Machinist, milk, dried
840	8125	Machinist, mill, boring
897	8121	Machinist, mill, moulding
897	8121	Machinist, mill, saw
553	8137	Machinist, millinery
899	8129	Machinist, milling (*cemented carbide goods mfr*)
809	8111	Machinist, milling (*food products mfr*)
840	8125	Machinist, milling (*metal trades*)
581	5431	Machinist, mincing (meat)
821	8121	Machinist, mixing (*abrasive paper, cloth mfr*)
800	8111	Machinist, mixing (*bakery*)
809	8111	Machinist, mixing (*food products mfr*)
824	8115	Machinist, mixing (*rubber mfr*)
839	8117	Machinist, moulding (*lead refining*)
825	8116	Machinist, moulding (*plastics goods mfr*)
824	8115	Machinist, moulding (*rubber goods mfr*)
897	8121	Machinist, moulding (*wood products mfr*)
899	8129	Machinist, nail
859	8139	Machinist, nailing
553	8137	Machinist, needle

SOC 1990	SOC 2000		SOC 1990	SOC 2000	
550	8137	Machinist, net	891	9133	Machinist, press (*printing*)
840	8125	Machinist, nos (*engineering*)	824	8115	Machinist, press (*rubber goods mfr*)
840	8125	Machinist, nosing			
490	9219	Machinist, office	869	8139	Machinist, pressing, transfer
553	8137	Machinist, oilskin	552	8113	Machinist, pressing (*textile mfr*)
811	8113	Machinist, opening (*asbestos opening*)	555	8139	Machinist, pressure
			891	9133	Machinist, printer's
553	8137	Machinist, outer-wear	569	5423	Machinist, printing, film
553	8137	Machinist, outerwear	891	9133	Machinist, printing
553	8137	Machinist, overhead	851	8132	Machinist, production (*vehicle mfr*)
553	8137	Machinist, overlock	840	8125	Machinist, profiling
553	8137	Machinist, overlocking	811	8113	Machinist, pulling, rag
862	9134	Machinist, packing	841	8125	Machinist, punching (*metal trades*)
553	8137	Machinist, padding (*clothing mfr*)	822	8121	Machinist, punching (*paper goods mfr*)
829	8114	Machinist, paint (*paint mfr*)			
591	8112	Machinist, painting, slip	553	8137	Machinist, quilting
821	8121	Machinist, paper, carbon	811	8113	Machinist, ragging (cotton rag)
821	8121	Machinist, paper, crinkled	552	8113	Machinist, raising
569	8121	Machinist, paper (*paper goods mfr*)	814	8113	Machinist, randing
821	8121	Machinist, pasteboard	898	8123	Machinist, ratchet
821	8121	Machinist, pasting (pasteboard)	840	8125	Machinist, reamering
885	8229	Machinist, paving, concrete	814	8113	Machinist, ribbon, typewriter
555	8139	Machinist, perforating (*footwear mfr*)	812	8113	Machinist, ring
569	8121	Machinist, perforating (*paper goods mfr*)	899	8129	Machinist, rivet
			859	8139	Machinist, riveting (*leather goods mfr*)
552	8113	Machinist, perpetual			
490	9219	Machinist, photocopying	851	8132	Machinist, riveting (*metal trades*)
891	9133	Machinist, photogravure	859	8139	Machinist, riveting (*plastics goods mfr*)
811	8113	Machinist, pickering (*textile mfr*)			
800	8111	Machinist, pie	569	8121	Machinist, roll, toilet
899	8129	Machinist, pin	825	8116	Machinist, roller (*plastics goods mfr*)
590	8112	Machinist, pipe, sanitary	552	8113	Machinist, roller (*textile mfr*)
814	8113	Machinist, piping (*textile smallwares mfr*)	899	8129	Machinist, rolling (*metal trades: sheet metal working*)
553	8137	Machinist, plain (shirts)	832	8117	Machinist, rolling (*metal trades*)
814	8113	Machinist, plaiting (*rope, twine mfr*)	814	8113	Machinist, rolling (*textile mfr*)
899	8129	Machinist, planing, plate	840	8125	Machinist, room, tool
840	8125	Machinist, planing (*metal trades*)	814	8113	Machinist, rope (textile)
897	8121	Machinist, planing (*wood products mfr*)	899	8129	Machinist, rope (wire)
			552	8114	Machinist, rotary (*textile bleaching, dyeing*)
825	8116	Machinist, plastic (*cable mfr*)			
825	8116	Machinist, plastics	891	9133	Machinist, rotary
560	5421	Machinist, plate-backing (*photographic plate mfr*)	840	8125	Machinist, router (*metal trades*)
			809	8111	Machinist, rubbing (*food products mfr*)
891	9133	Machinist, platen			
834	8118	Machinist, plating, wire	553	8137	Machinist, rug and blanket, horse
834	8118	Machinist, plating (*metal trades*)	569	8121	Machinist, ruling
821	8121	Machinist, pleating, paper	811	8113	Machinist, running-down
553	8137	Machinist, pleating	553	8137	Machinist, sack
842	8125	Machinist, polishing (*metal trades*)	553	8137	Machinist, sample
552	8113	Machinist, polishing (*velvet mfr*)	844	8125	Machinist, sanding (metal)
553	8137	Machinist, post (*clothing mfr*)	569	8129	Machinist, sanding (micanite)
555	8139	Machinist, post (*footwear mfr*)	897	8121	Machinist, sanding (wood)
820	8114	Machinist, powder, soap	897	8121	Machinist, sandpapering
811	8113	Machinist, preparing	899	8129	Machinist, sawing (*metal trades*)
891	9133	Machinist, press, letter	814	8113	Machinist, scouring (*textile mfr*)
841	8125	Machinist, press (*metal trades*)	563	5424	Machinist, screen, silk
825	8116	Machinist, press (*plastics goods mfr*)	841	8125	Machinist, screw, automatic
			840	8125	Machinist, screwer

SOC 1990	SOC 2000		SOC 1990	SOC 2000	
840	8125	Machinist, screwing	899	8129	Machinist, spring
811	8113	Machinist, scutcher	810	8114	Machinist, staking
841	8125	Machinist, sealing, metal, automatic	841	8125	Machinist, stamping (*metal trades*)
862	9134	Machinist, seaming (*canned foods mfr*)	825	8116	Machinist, stamping (*plastics goods mfr*)
841	8125	Machinist, seaming (*metal trades*)	555	8139	Machinist, stapling (*footwear mfr*)
551	8137	Machinist, seamless	851	8132	Machinist, stapling (*mattress, upholstery mfr*)
810	8114	Machinist, setting (*leather dressing*)			
562	5423	Machinist, sewing (*bookbinding*)	809	8111	Machinist, starch
553	8137	Machinist, sewing	893	8124	Machinist, stationary
829	8119	Machinist, shaking	802	8111	Machinist, stemming
840	8125	Machinist, shaper	552	8113	Machinist, stentering
840	8125	Machinist, shaping (*metal trades*)	552	8113	Machinist, stiffening
897	8121	Machinist, shaping (*wood products mfr*)	553	8137	Machinist, stitch
			559	5419	Machinist, stitching, wire
899	8129	Machinist, shearing (*metal trades*)	555	8137	Machinist, stitching (*footwear mfr*)
552	8113	Machinist, shearing (*textile mfr*)	551	8137	Machinist, stocking (*hosiery, knitwear mfr*)
673	9234	Machinist, shirt (*laundry, launderette, dry cleaning*)			
			500	5312	Machinist, stone
553	8137	Machinist, shirt	829	8117	Machinist, stoving (metal goods)
555	8139	Machinist, shoe	802	8111	Machinist, stoving (tobacco)
814	8113	Machinist, shrinking, hood, felt	814	8113	Machinist, stranding (*rope, twine mfr*)
552	8113	Machinist, shrinking	899	8129	Machinist, stranding
553	8137	Machinist, silk (*clothing mfr*)	552	8113	Machinist, stretching
552	8113	Machinist, singeing	820	8114	Machinist, tableting (tablets, pills)
840	8125	Machinist, sinking, die	553	8137	Machinist, tailor's
552	8113	Machinist, sizing (*textile mfr*)	885	8229	Machinist, tamping
555	8139	Machinist, skiver	553	8137	Machinist, tape (*hat mfr*)
555	8139	Machinist, skiving (*footwear mfr*)	899	8129	Machinist, taping (*cable mfr*)
553	8137	Machinist, sleeving	555	8139	Machinist, taping (*footwear mfr*)
800	8111	Machinist, slicing, bread	591	8112	Machinist, tapping (*ceramics mfr*)
825	8116	Machinist, slicing (celluloid)	840	8125	Machinist, tapping
555	8139	Machinist, slipper	809	8111	Machinist, tempering (chocolate)
822	8121	Machinist, slitting (*adhesive tape mfr*)	553	8137	Machinist, tent
559	5419	Machinist, slitting (*fabric mfr*)	552	8113	Machinist, tenterer
822	8121	Machinist, slitting (*paper goods mfr*)	860	8133	Machinist, testing (*metal trades*)
822	8121	Machinist, slitting (*paper mfr*)	553	8137	Machinist, textile (*clothing mfr*)
822	8121	Machinist, slitting and cutting (photographic films)	840	8125	Machinist, textile (*textile machinery mfr*)
814	8113	Machinist, slitting and winding (*textile mfr*)	814	8113	Machinist, textile
			897	8121	Machinist, thicknessing
559	5419	Machinist, slitting and winding	802	8111	Machinist, threshing, tobacco
840	8125	Machinist, slotter	553	8137	Machinist, tie
840	8125	Machinist, slotting	590	8112	Machinist, tile
859	8139	Machinist, slugger	897	8121	Machinist, timber
899	8129	Machinist, socket	891	9133	Machinist, tinplate
537	5215	Machinist, soldering	802	8111	Machinist, tobacco
552	8113	Machinist, souring	809	8111	Machinist, toffee
552	8113	Machinist, spanishing (*leathercloth mfr*)	840	8125	Machinist, tool
			553	8137	Machinist, towel
553	8137	Machinist, special (*clothing mfr*)	553	8137	Machinist, toy, soft
824	8115	Machinist, spewing	885	8229	Machinist, tracklaying
897	8121	Machinist, spindle	899	8129	Machinist, trim (*motor vehicle mfr*)
812	8113	Machinist, spinning (textiles)	899	8129	Machinist, trimming (brushes)
500	5312	Machinist, splitting, stone	553	8137	Machinist, trouser
810	8114	Machinist, splitting (*tannery*)	569	8121	Machinist, tube, paper
813	8113	Machinist, spooling (yarn)	813	8113	Machinist, tube (*silk mfr*)
811	8113	Machinist, spreader	553	8137	Machinist, tucking
530	5211	Machinist, spring, coach	814	8113	Machinist, tufting (*carpet, rug mfr*)

SOC 1990	SOC 2000		SOC 1990	SOC 2000	
559	**5419**	Machinist, tufting (*mattress, upholstery mfr*)	899	**8129**	Machinist (*basket mfr*)
897	**8121**	Machinist, turning, wood	553	**8137**	Machinist (*bedding mfr*)
552	**8113**	Machinist, twisting (*textile mfr: textile warping*)	562	**5423**	Machinist (*bookbinding*)
			899	**8129**	Machinist (*brake linings mfr*)
814	**8113**	Machinist, twisting (*textile mfr: twine mfr*)	*800*	**8111**	Machinist (*bread, flour confectionery*)
			801	**8111**	Machinist (*brewery*)
812	**8113**	Machinist, twisting (*textile mfr*)	*823*	**8112**	Machinist (*brick mfr*)
552	**8113**	Machinist, tying, warp	599	**8129**	Machinist (*broom, brush mfr*)
821	**8121**	Machinist, up-taking	885	**8229**	Machinist (*building and contracting*)
553	**8137**	Machinist, upholsterer's	899	**8129**	Machinist (*button mfr*)
553	**8137**	Machinist, upholstery	*829*	**8119**	Machinist (*candle mfr*)
839	**8117**	Machinist, upsetting	553	**8137**	Machinist (*canvas goods mfr*)
821	**8121**	Machinist, varnishing (*lithography*)	899	**8129**	Machinist (*carbon goods mfr*)
869	**8139**	Machinist, varnishing (*metal trades*)	899	**8129**	Machinist (*cast concrete products mfr*)
552	**8113**	Machinist, velvet	590	**8112**	Machinist (*ceramics mfr*)
897	**8121**	Machinist, veneer	820	**8114**	Machinist (*chemical mfr*)
553	**8137**	Machinist, vest	801	**8111**	Machinist (*cider mfr*)
552	**8113**	Machinist, warping	553	**8137**	Machinist (*clothing mfr*)
999	**9132**	Machinist, washing (bottle)	889	**9139**	Machinist (*coal gas, coke ovens*)
809	**8111**	Machinist, washing (*food products mfr*)	840	**8125**	Machinist (*coal mine: above ground*)
			885	**8229**	Machinist (*coal mine: opencast*)
673	**9234**	Machinist, washing (*laundry, launderette, dry cleaning*)	597	**8122**	Machinist (*coal mine*)
			999	**8129**	Machinist (*cold storage*)
814	**8113**	Machinist, washing (*textile mfr*)	*829*	**8119**	Machinist (*concrete mfr*)
999	**9132**	Machinist, washing (*transport*)	899	**8129**	Machinist (*cork stopper mfr*)
829	**8119**	Machinist, washing and mixing (*abrasives mfr*)	809	**8111**	Machinist (*dairy*)
			801	**8111**	Machinist (*distillery*)
821	**8121**	Machinist, waxing	673	**9234**	Machinist (*dyeing and cleaning*)
841	**8125**	Machinist, weaving, wire	553	**8137**	Machinist (*electric blanket mfr*)
863	**8134**	Machinist, weighing	899	**8129**	Machinist (*fishing rod mfr*)
859	**8139**	Machinist, welding, plastics	800	**8111**	Machinist (*flour confectionery mfr*)
553	**8137**	Machinist, welt (*clothing mfr*)	809	**8111**	Machinist (*food products mfr*)
555	**8139**	Machinist, welt	555	**8139**	Machinist (*footwear mfr*)
553	**8137**	Machinist, welting (hosiery)	897	**8121**	Machinist (*furniture mfr*)
551	**8137**	Machinist, wheel	840	**8125**	Machinist (*garage*)
829	**8119**	Machinist, winding (*oilskin mfr*)	590	**8112**	Machinist (*glass mfr*)
813	**8113**	Machinist, winding (*textile mfr: yarn winding*)	809	**8111**	Machinist (*grain milling*)
			553	**8137**	Machinist (*hat mfr*)
814	**8113**	Machinist, winding (*textile mfr*)	814	**8113**	Machinist (*hatters' fur mfr*)
840	**8125**	Machinist, window, metal	673	**9234**	Machinist (*laundry, launderette, dry cleaning*)
831	**8117**	Machinist, wire			
824	**8115**	Machinist, wiring (*rubber tyre mfr*)	897	**8121**	Machinist (*lead pencil, chalk, crayon mfr*)
821	**8121**	Machinist, wood (*paper mfr*)			
897	**8121**	Machinist, wood	810	**8114**	Machinist (*leather dressing*)
897	**8121**	Machinist, woodcutting	555	**8139**	Machinist (*leather goods mfr*)
897	**8121**	Machinist, woodworking	814	**8113**	Machinist (*leathercloth mfr*)
862	**9134**	Machinist, wrapping	829	**8119**	Machinist (*linoleum mfr*)
555	**8139**	Machinist, zigzag (*footwear mfr*)	801	**8111**	Machinist (*malting*)
553	**8137**	Machinist, zigzag	579	**8121**	Machinist (*match mfr*)
490	**9219**	Machinist (office machinery)	899	**8129**	Machinist (*metal trades: battery, accumulator mfr*)
821	**8121**	Machinist (*adhesive tape mfr*)			
809	**8111**	Machinist (*animal feeds mfr*)	899	**8129**	Machinist (*metal trades: bolt, nail, nut, rivet, screw mfr*)
899	**8129**	Machinist (*asbestos-cement goods mfr*)			
			899	**8129**	Machinist (*metal trades: cable mfr*)
840	**8125**	Machinist (*atomic energy establishment*)	899	**8129**	Machinist (*metal trades: card clothing mfr*)
800	**8111**	Machinist (*bakery*)	899	**8129**	Machinist (*metal trades: lamp, valve mfr*)
490	**9219**	Machinist (*banking*)			

SOC 1990	SOC 2000		SOC 1990	SOC 2000	
899	**8129**	Machinist (*metal trades: metal smallwares mfr*)			*combing*)
841	**8125**	Machinist (*metal trades: metal stamping*)	552	**8113**	Machinist (*textile mfr: textile finishing*)
599	**8129**	Machinist (*metal trades: reed mfr*)	811	**8113**	Machinist (*textile mfr: textile opening*)
534	**5214**	Machinist (*metal trades: shipbuilding*)	569	**8129**	Machinist (*textile mfr: textile printing*)
841	**8125**	Machinist (*metal trades: steel pen mfr*)	550	**8137**	Machinist (*textile mfr: textile weaving*)
841	**8125**	Machinist (*metal trades: tin box mfr*)	814	**8113**	Machinist (*textile mfr*)
899	**8129**	Machinist (*metal trades: wire goods mfr*)	553	**8137**	Machinist (*textile products mfr*)
899	**8129**	Machinist (*metal trades: wire rope mfr*)	802	**8111**	Machinist (*tobacco mfr*)
			899	**8129**	Machinist (*toy mfr*)
840	**8125**	Machinist (*metal trades*)	553	**8137**	Machinist (*upholstering*)
898	**8123**	Machinist (*mine: not coal*)	801	**8111**	Machinist (*vinery*)
593	**5494**	Machinist (*musical instruments mfr*)	569	**9133**	Machinist (*wallpaper mfr: wallpaper printing*)
590	**8112**	Machinist (*optical goods mfr*)			
822	**8121**	Machinist (*paper dress pattern mfr*)	821	**8121**	Machinist (*wallpaper mfr*)
569	**8121**	Machinist (*paper goods mfr*)	897	**8121**	Machinist (*wood products mfr*)
821	**8121**	Machinist (*paper mfr*)	*862*	**9134**	Machinist-packer
829	**8114**	Machinist (*photographic film mfr*)	384	**3413**	Magician
569	**5423**	Machinist (*photographic film processing*)	240	**2411**	Magistrate (stipendiary)
			890	**8123**	Magneter
897	**8121**	Machinist (*piano action, hammer mfr*)	622	**9225**	Maid, bar
889	**9139**	Machinist (*PLA*)	953	**9223**	Maid, buffet
825	**8116**	Machinist (*plastics goods mfr*)	953	**9223**	Maid, canteen (schools)
820	**8114**	Machinist (*plastics mfr*)	958	**9233**	Maid, chalet
891	**9133**	Machinist (*printing*)	958	**9233**	Maid, chamber
840	**8125**	Machinist (*railway workshops*)	953	**9223**	Maid, coffee
885	**8229**	Machinist (*railways: civil engineer's dept*)	953	**9223**	Maid, hall, dining
			958	**9233**	Maid, house
569	**8121**	Machinist (*relief stamping*)	902	**6139**	Maid, kennel
814	**8113**	Machinist (*rope, twine mfr*)	952	**9223**	Maid, kitchen
841	**8125**	Machinist (*Royal Mint*)	670	**6231**	Maid, lady's
824	**8115**	Machinist (*rubber goods mfr*)	673	**9234**	Maid, laundry
820	**8114**	Machinist (*salt mfr*)	441	**9149**	Maid, linen
559	**5419**	Machinist (*sanitary towel mfr*)	659	**6122**	Maid, nurse
892	**8126**	Machinist (*sewage disposal*)	952	**9223**	Maid, pantry
820	**8114**	Machinist (*soap, detergent mfr*)	953	**9223**	Maid, room, coffee
809	**8111**	Machinist (*soft drinks mfr*)	953	**9223**	Maid, room, dining
553	**8137**	Machinist (*soft furnishings mfr*)	953	**9223**	Maid, room, mess
809	**8111**	Machinist (*sugar refining*)	953	**9223**	Maid, room, still
809	**8111**	Machinist (*sugar, sugar confectionery mfr*)	958	**9233**	Maid, room
			553	**8137**	Maid, sewing
553	**8137**	Machinist (*surgical dressing mfr*)	953	**9223**	Maid, table
599	**8129**	Machinist (*surgical goods mfr*)	621	**9224**	Maid, tea
820	**8114**	Machinist (*synthetics mfr*)	958	**9233**	Maid, ward
810	**8114**	Machinist (*tannery*)	958	**9233**	Maid
553	**8137**	Machinist (*textile mfr: carpet, rug mfr*)	958	**9233**	Maidservant
553	**8137**	Machinist (*textile mfr: hosiery mfr: overlocking*)	*430*	**9219**	Mailer
			621	**S 9224**	Maitre d'hotel
553	**8137**	Machinist (*textile mfr: hosiery mfr: sewing*)	811	**S 8113**	Major, blow
			811	**S 8113**	Major, blower
551	**8137**	Machinist (*textile mfr: hosiery mfr*)	*385*	**3415**	Major, pipe
826	**8114**	Machinist (*textile mfr: man-made fibre mfr*)	811	**S 8113**	Major, room, blow
			150	**1171**	Major (*armed forces*)
552	**8114**	Machinist (*textile mfr: textile bleaching, dyeing*)	292	**2444**	Major (*Salvation Army*)
			150	**1171**	Major-General
811	**8113**	Machinist (*textile mfr: textile*	553	**8137**	Maker, accoutrements

SOC 1990	SOC 2000	
820	8114	Maker, acetate
820	8114	Maker, acid
593	5494	Maker, action (*piano, organ mfr*)
820	8114	Maker, ammunition
517	5224	Maker, apparatus, photographic
599	5499	Maker, appliance, orthopaedic
590	5491	Maker, appliance, sanitary
599	5499	Maker, appliance, surgical
571	5492	Maker, arm (*furniture mfr*)
829	8119	Maker, asphalt
599	5499	Maker, badge
824	8115	Maker, bag, air
553	8137	Maker, bag, gun
555	5413	Maker, bag, hand
559	5419	Maker, bag, jute
555	5413	Maker, bag, lady's
559	5419	Maker, bag, nail
569	8121	Maker, bag, paper
859	8139	Maker, bag, polythene
553	8137	Maker, bag, rod, fishing
553	8137	Maker, bag, sand
555	5413	Maker, bag, travelling
553	8137	Maker, bag (*canvas goods mfr*)
555	5413	Maker, bag (*leather goods mfr*)
569	8121	Maker, bag (*paper goods mfr*)
599	5499	Maker, bait
829	8116	Maker, Bakelite
517	5224	Maker, balance (*scales mfr*)
825	8116	Maker, ball, billiard
555	5413	Maker, ball, cricket
555	5413	Maker, ball, foot
824	8115	Maker, ball, golf
825	8116	Maker, ball (*celluloid goods mfr*)
590	5491	Maker, ball (*glass mfr*)
824	8115	Maker, ball (*rubber goods mfr*)
550	5411	Maker, band (*textile smallwares mfr*)
559	5419	Maker, bandage
840	8125	Maker, bar, steel (*textile machinery mfr*)
899	8129	Maker, barb (barbed wire)
517	5224	Maker, barometer
516	5223	Maker, barrel (*gun mfr*)
569	8121	Maker, barrel (*paper goods mfr*)
572	5492	Maker, barrel and cask
579	5492	Maker, barrow
809	8111	Maker, base (*custard powder mfr*)
590	5491	Maker, basin
859	8139	Maker, basket, chip
590	5491	Maker, basket, ornamental (ceramics)
899	8129	Maker, basket, wire
899	8129	Maker, basket (*wire goods mfr*)
599	5499	Maker, basket
579	5492	Maker, bat, cricket
590	5491	Maker, bat (clay)
899	8129	Maker, battery (electric)
516	5223	Maker, beam (*textile machinery mfr*)
599	5499	Maker, bear, teddy
824	8115	Maker, bed, air
554	5412	Maker, bed (*bedding mfr*)
571	5492	Maker, bed (*furniture mfr*)
958	9233	Maker, bed (*hospital service*)
958	9233	Maker, bed (*residential home*)
958	9233	Maker, bed (*school, university*)
516	5223	Maker, bedstead
851	8132	Maker, bell (cycle bells)
555	5413	Maker, bellows (pipe organ)
579	5494	Maker, belly (piano)
825	8116	Maker, belt, conveyor (*plastics goods mfr*)
824	8115	Maker, belt, conveyor (*rubber goods mfr*)
599	5499	Maker, belt, life
599	5499	Maker, belt, surgical
824	8115	Maker, belt, vee
555	5413	Maker, belt (leather)
824	8115	Maker, belt (rubber)
859	8139	Maker, belt (*abrasive paper, cloth mfr*)
553	8137	Maker, belt
555	5413	Maker, belting (leather)
824	8115	Maker, belting (rubber)
599	5499	Maker, besom
851	8132	Maker, bicycle
809	8111	Maker, biscuit, dog
800	8111	Maker, biscuit
841	8125	Maker, blade, razor
553	8137	Maker, blanket
599	5499	Maker, blind
829	8119	Maker, block, asphalt
824	8115	Maker, block, brake
899	8129	Maker, block, breeze
899	8129	Maker, block, building
899	8129	Maker, block, carbon
599	8119	Maker, block, cement
579	5492	Maker, block, clog
599	8119	Maker, block, concrete
821	8121	Maker, block, cork
839	8117	Maker, block, cylinder
829	8114	Maker, block, fuel (patent fuel)
579	5492	Maker, block, hat
839	8117	Maker, block, radiator
590	5491	Maker, block (*ceramics mfr*)
560	5421	Maker, block (*printing*)
824	8115	Maker, block (*rubber goods mfr*)
579	5492	Maker, block (*wood products mfr*)
556	5414	Maker, blouse
850	8131	Maker, board, circuit, printed
821	8121	Maker, board (*paper mfr*)
570	5315	Maker, boat
569	8121	Maker, bobbin (cardboard)
899	8129	Maker, bobbin (metal)
579	5492	Maker, bobbin (wood)
899	8129	Maker, bobbin (*electric battery mfr*)
541	5232	Maker, body, carriage
541	5232	Maker, body, coach
541	5232	Maker, body, motor
541	5232	Maker, body (vehicles)
559	5419	Maker, body (*hat mfr*)

SOC 1990	SOC 2000		SOC 1990	SOC 2000	
541	**5232**	Maker, body (*motor vehicle mfr*)	802	**8111**	Maker, bunch
541	**5232**	Maker, body (*railways*)	516	**5221**	Maker, bush
516	**5223**	Maker, body (*safe, strong room mfr*)	809	**8111**	Maker, butter
534	**5214**	Maker, boiler	899	**8129**	Maker, button
530	**5211**	Maker, bolster (cutlery)	516	**5223**	Maker, cabinet (metal)
530	**5211**	Maker, bolt (forged)	571	**5492**	Maker, cabinet
841	**8125**	Maker, bolt (*clock mfr*)	530	**5211**	Maker, cable, chain
899	**8129**	Maker, bolt	814	**8113**	Maker, cable, rope
809	**8111**	Maker, bon-bon (*sugar, sugar confectionery mfr*)	899	**8129**	Maker, cable, wire
			899	**8129**	Maker, cable (*electric cable mfr*)
562	**5423**	Maker, book, pattern	899	**8129**	Maker, cable (*spring mfr*)
562	**5423**	Maker, book, pocket	809	**8111**	Maker, cake, fish
691	**6211**	Maker, book (*betting*)	809	**8111**	Maker, cake, pontefract
555	**5413**	Maker, boot, surgical	580	**5432**	Maker, cake (*flour confectionery mfr*)
859	**8139**	Maker, boot (rubber)	809	**8111**	Maker, cake (*sugar, sugar confectionery mfr*)
179	**5413**	Maker, boot (*retail trade*)			
555	**5413**	Maker, boot	517	**5224**	Maker, camera
555	**5413**	Maker, boot and shoe	569	**8121**	Maker, can, fibre
824	**8115**	Maker, bottle (rubber)	841	**8125**	Maker, can (metal)
590	**5491**	Maker, bottle (stoneware)	599	**5499**	Maker, candle
590	**5491**	Maker, bottle	812	**8113**	Maker, candlewick
553	**8137**	Maker, bow (*clothing mfr*)	533	**5213**	Maker, canister
593	**5494**	Maker, bow (*musical instruments mfr*)	553	**8137**	Maker, canopy
579	**5492**	Maker, bow (*sports goods mfr*)	841	**8125**	Maker, cap, butt (fishing rods)
590	**5491**	Maker, bowl (*ceramics mfr*)	557	**5414**	Maker, cap (*clothing mfr*)
579	**5492**	Maker, bowl (*sports goods mfr*)	841	**8125**	Maker, cap (*electric lamp mfr*)
579	**5492**	Maker, bowl (*textile machinery mfr*)	820	**8114**	Maker, capsule (*drug mfr*)
569	**8121**	Maker, box, card	809	**8111**	Maker, caramel (*sugar refining*)
569	**8121**	Maker, box, cardboard	829	**8114**	Maker, carbon (*carbon goods mfr*)
859	**8139**	Maker, box, cigar	569	**8121**	Maker, card, pattern
899	**8129**	Maker, box, match	859	**8139**	Maker, card, shade
569	**8121**	Maker, box, ointment	569	**8121**	Maker, card, show
569	**8121**	Maker, box, paper	821	**8121**	Maker, card (*paper mfr*)
533	**5213**	Maker, box, tin	820	**8114**	Maker, carmine
572	**8121**	Maker, box, wooden	851	**8132**	Maker, carriage, invalid
569	**8121**	Maker, box (cardboard)	579	**5492**	Maker, cart
533	**5213**	Maker, box (metal)	569	**8121**	Maker, carton
572	**8121**	Maker, box (wood)	599	**5499**	Maker, cartridge
899	**8129**	Maker, box (*match mfr*)	555	**5413**	Maker, case, attaché
518	**5495**	Maker, bracelet	825	**8116**	Maker, case, battery
555	**5413**	Maker, braces	571	**5492**	Maker, case, book
851	**8132**	Maker, brake, car	555	**5413**	Maker, case, brush
814	**8113**	Maker, brayle	571	**5492**	Maker, case, cabinet
590	**5491**	Maker, brick	569	**8121**	Maker, case, cardboard
516	**5223**	Maker, bridge, weigh	518	**5495**	Maker, case, cigarette (precious metals)
841	**8125**	Maker, bridge			
555	**5413**	Maker, bridle	571	**5492**	Maker, case, clock (wood)
809	**8111**	Maker, brine (*preserves mfr*)	510	**5221**	Maker, case, clock
829	**8114**	Maker, briquette	571	**5492**	Maker, case, cutlery
518	**5495**	Maker, brooch	555	**5413**	Maker, case, dressing
599	**5499**	Maker, broom	555	**5413**	Maker, case, hat
899	**8129**	Maker, brush, twisted-in	571	**5492**	Maker, case, instrument
899	**8129**	Maker, brush (carbon, electric)	571	**5492**	Maker, case, jewel
599	**5499**	Maker, brush	562	**5423**	Maker, case, leather (*bookbinding*)
533	**5213**	Maker, bucket (metal)	555	**5413**	Maker, case, leather
825	**8116**	Maker, bucket (plastics)	533	**5213**	Maker, case, metal
555	**5413**	Maker, buffer	533	**5213**	Maker, case, meter
850	**8131**	Maker, bulb (*electric lamp mfr*)	572	**8121**	Maker, case, packing
899	**8129**	Maker, bullet	859	**8139**	Maker, case, pattern

SOC 1990	SOC 2000	
571	5492	Maker, case, show
555	5413	Maker, case, small
599	5499	Maker, case, spectacle
841	8125	Maker, case, spring (small arms)
555	5413	Maker, case, suit
571	5492	Maker, case, television
510	5221	Maker, case, watch
825	8116	Maker, case (*accumulator mfr*)
859	8139	Maker, case (*fireworks mfr*)
554	5412	Maker, case (*mattress, upholstery mfr*)
571	5492	Maker, case (*musical instruments mfr*)
572	8121	Maker, case (*packing case mfr*)
569	8121	Maker, case (*paper goods mfr*)
516	5223	Maker, case (*safe, strong room mfr*)
824	8115	Maker, case (*tyre mfr*)
510	5221	Maker, case (*watch, clock mfr*)
572	8121	Maker, case
516	5223	Maker, casement (metal)
570	5315	Maker, casement (wood)
590	5491	Maker, cast, plaster
824	8115	Maker, catheter (rubber)
899	8129	Maker, cell (*accumulator, battery mfr*)
829	8114	Maker, cellulose
829	8119	Maker, cement
518	5495	Maker, chain (metal, precious metal)
899	8129	Maker, chain (metal)
530	5211	Maker, chain (*metal trades:forging*)
899	8129	Maker, chain (*metal trades*)
814	8113	Maker, chain (*textile mfr*)
599	5492	Maker, chair (cane)
531	5212	Maker, chair (*foundry*)
851	8132	Maker, chair (*metal furniture mfr*)
571	5492	Maker, chair
809	8111	Maker, cheese
820	8114	Maker, chemical, fine
820	8114	Maker, chemicals, fine
812	8113	Maker, chenille
820	8114	Maker, chloride, ammonium
820	8114	Maker, chloroform
809	8111	Maker, chocolate
517	5224	Maker, chronometer
572	8121	Maker, churn
801	8111	Maker, cider
802	8111	Maker, cigar
802	8111	Maker, cigarette
829	8119	Maker, clay
841	8125	Maker, clip, wire
517	5224	Maker, clock
555	5413	Maker, clog
821	8121	Maker, cloth, glass
579	5492	Maker, club, golf
541	5232	Maker, coach
551	5411	Maker, coat (knitted coats)
556	5414	Maker, coat
571	5492	Maker, coffin
571	5492	Maker, coffin and casket
517	5224	Maker, cog (*clock mfr*)
850	8131	Maker, coil (electric)
841	8125	Maker, coin

SOC 1990	SOC 2000	
555	5413	Maker, collar, horse
553	8137	Maker, collar (*clothing mfr*)
559	5419	Maker, colour (*flag mfr*)
829	8114	Maker, colour
516	5223	Maker, comb (*textile machinery mfr*)
825	8116	Maker, comb
517	5224	Maker, compass
520	5241	Maker, components (*telephone mfr*)
929	9129	Maker, composition (boiler covering)
820	8114	Maker, composition
599	8119	Maker, concrete
850	8131	Maker, condenser (electric)
580	5432	Maker, confectionery (flour confectionery)
809	8111	Maker, confectionery (sugar confectionery)
814	8113	Maker, cord
899	8129	Maker, core, cable
531	5212	Maker, core (*coal mine*)
531	5212	Maker, core (*metal trades*)
814	8113	Maker, core (*rope, twine mfr*)
559	5419	Maker, corset
820	8114	Maker, corticine
820	8114	Maker, cosmetic
556	5414	Maker, costume
530	5211	Maker, coupling
553	8137	Maker, cover, loose
554	5412	Maker, cover, mattress
553	8137	Maker, cover, tyre
824	8115	Maker, cover, waterproof
590	5491	Maker, cover (*ceramics mfr*)
859	8139	Maker, cracker (*paper goods mfr*)
590	5491	Maker, crank
899	8129	Maker, crate, steel
572	8121	Maker, crate
899	8129	Maker, crayon
809	8111	Maker, cream, ice
820	8114	Maker, cream (*cosmetic mfr*)
809	8111	Maker, cream
590	5491	Maker, crucible
820	8114	Maker, crystal
579	5492	Maker, cue, billiard
569	8121	Maker, cup, cream (*paper goods mfr*)
590	5491	Maker, cup
599	8119	Maker, curb (*cast concrete products mfr*)
553	5412	Maker, curtain
824	8115	Maker, cushion, air
824	8115	Maker, cushion, table, billiard
554	5412	Maker, cushion
851	8132	Maker, cycle
841	8125	Maker, dab
592	3218	Maker, denture
571	5492	Maker, desk
599	5499	Maker, detonator
517	5224	Maker, dial
515	5222	Maker, die
515	5222	Maker, die and tool

SOC 1990	SOC 2000	
820	8114	Maker, dioxide, carbon
590	5491	Maker, dish
899	8129	Maker, doctor
859	8139	Maker, doll
859	8139	Maker, dolly (*toy mfr*)
599	5499	Maker, door, fireproof
516	5223	Maker, door, steel
516	5223	Maker, door (*safe, strong room mfr*)
570	5315	Maker, door
800	8111	Maker, dough (*flour confectionery mfr*)
533	5213	Maker, drawer (safes)
571	5492	Maker, drawers
556	5414	Maker, dress
553	8137	Maker, dressing, surgical
572	8121	Maker, drum, cable
533	5213	Maker, drum (metal)
572	8121	Maker, drum (wood)
593	5494	Maker, drum (*musical instruments mfr*)
533	5213	Maker, drum and keg
829	8112	Maker, dust (*ceramics mfr*)
820	8114	Maker, dye
554	5412	Maker, eiderdown
899	8129	Maker, electrode (carbon)
899	8129	Maker, element
553	8137	Maker, embroidery
820	8114	Maker, emulsion
820	8114	Maker, enamel
569	8121	Maker, envelope (*paper goods mfr*)
809	8111	Maker, essence (food)
590	5491	Maker, eye, artificial (glass)
825	8116	Maker, eye, artificial (plastics)
551	5411	Maker, fabric, glove
850	8131	Maker, fan (*electrical goods mfr*)
899	8129	Maker, feed (*fountain pen mfr*)
593	5494	Maker, felt (*piano, organ mfr*)
814	8113	Maker, felt
579	5492	Maker, fence, timber
814	8113	Maker, fender, ship's
510	5221	Maker, ferrule (boiler ferrules)
841	8125	Maker, ferrule
820	8114	Maker, fertilizer
826	8114	Maker, fibre, man-made
826	8114	Maker, fibre, synthetic
553	8137	Maker, fichu
599	5499	Maker, figure, wax
590	5491	Maker, figure
826	8114	Maker, filament, continuous
850	8131	Maker, filament
569	8121	Maker, file, box
530	5211	Maker, file
384	3432	Maker, film
801	8111	Maker, finings
850	8131	Maker, fire, electric
506	5322	Maker, fireplace (tiled)
599	5499	Maker, firework
599	5499	Maker, fireworks
839	8117	Maker, fittings, tube

SOC 1990	SOC 2000	
516	5223	Maker, fittings (*safe, strong room mfr*)
599	8119	Maker, flag (*cast concrete products mfr*)
859	8139	Maker, flag (*paper goods mfr*)
802	8111	Maker, flake
590	5491	Maker, flange (*electric lamp mfr*)
579	5492	Maker, float (*sports goods mfr*)
829	8112	Maker, flow (*ceramics mfr*)
859	8139	Maker, flower, artificial (plastics)
599	5499	Maker, flower, artificial
590	5491	Maker, flower (*ceramics mfr*)
599	5499	Maker, fly (*sports goods mfr*)
516	5223	Maker, fly (*textile machinery mfr*)
590	5491	Maker, foot
555	5413	Maker, football
555	5413	Maker, footwear
850	8131	Maker, form (*cable mfr*)
590	5491	Maker, form (*ceramics mfr*)
579	5492	Maker, form
515	5222	Maker, forme (*paper box mfr*)
570	5315	Maker, frame, bed
571	5492	Maker, frame, chair
859	8139	Maker, frame, cork
899	8129	Maker, frame, handbag
899	8129	Maker, frame, hood
579	5492	Maker, frame, mirror
825	8116	Maker, frame, optical
579	5492	Maker, frame, oxon
555	5413	Maker, frame, photo (leather)
579	5492	Maker, frame, photo
579	5492	Maker, frame, picture
579	5492	Maker, frame, racquet
825	8116	Maker, frame, spectacle
851	8132	Maker, frame, umbrella
516	5316	Maker, frame, window (metal)
570	5315	Maker, frame, window (wood)
899	8129	Maker, frame, wire
570	5315	Maker, frame (*box spring mattress mfr*)
579	5492	Maker, frame (*concrete mfr*)
516	5223	Maker, frame (*cycle mfr*)
571	5492	Maker, frame (*furniture mfr*)
825	8116	Maker, frame (*plastics goods mfr*)
517	5224	Maker, frame (*watch mfr*)
550	5411	Maker, fringe, metallic
599	5492	Maker, furniture, bamboo
599	5492	Maker, furniture, cane
579	5492	Maker, furniture, garden
516	5223	Maker, furniture, metal
599	5492	Maker, furniture, wicker
571	5492	Maker, furniture
850	8131	Maker, fuse
517	5224	Maker, galvanometer
556	5414	Maker, garment
820	8114	Maker, gas
599	5499	Maker, gasket
579	5492	Maker, gate
517	5224	Maker, gauge, pressure
517	5224	Maker, gauge, steam

SOC 1990	SOC 2000		SOC 1990	SOC 2000	
515	5222	Maker, gauge (*metal trades*)	533	5213	Maker, hollow-ware
516	5223	Maker, gear, sighting, gun	599	5499	Maker, hone
516	5223	Maker, gig	555	5413	Maker, hose, leather
814	8113	Maker, gimp	824	8115	Maker, hose
517	5224	Maker, glass, field	551	5411	Maker, hosiery
517	5224	Maker, glass, opera	579	5492	Maker, hurdle
590	5491	Maker, glass	517	5224	Maker, hydrometer
829	8112	Maker, glaze (*ceramics mfr*)	809	8111	Maker, ice-cream
593	5494	Maker, glockenspiel	820	8114	Maker, ink
555	5413	Maker, glove (boxing)	899	5224	Maker, instrument (dental)
555	5413	Maker, glove (cricket)	516	5494	Maker, instrument (musical instruments, brass)
824	8115	Maker, glove (rubber)			
824	8115	Maker, glove (surgical)	593	5494	Maker, instrument (musical instruments)
553	8137	Maker, glove			
809	8111	Maker, glucose	517	5224	Maker, instrument (precision)
820	8114	Maker, glue	899	5224	Maker, instrument (surgical)
517	5224	Maker, gong (clock)	517	5224	Maker, instrument
899	8129	Maker, goods, abrasive	591	5491	Maker, insulator (ceramics)
553	8137	Maker, goods, canvas	516	8113	Maker, jacquard
599	5499	Maker, goods, fancy	809	8111	Maker, jam
555	5413	Maker, goods, leather	590	5491	Maker, jar (ceramics)
506	5322	Maker, grate, tile	809	8111	Maker, jelly
500	5312	Maker, gravestone	518	5495	Maker, jewellery
820	8114	Maker, grease	515	5222	Maker, jig
579	5492	Maker, grid (*wood products mfr*)	515	5222	Maker, jig and gauge
505	8141	Maker, gromet (*wire rope, cable mfr*)	533	5213	Maker, keg (metal)
814	8113	Maker, gromet	572	5492	Maker, keg (wood)
505	8141	Maker, grommet (*wire rope, cable mfr*)	500	5312	Maker, kerb
			599	8119	Maker, kerbstone (*cast concrete products mfr*)
814	8113	Maker, grommet			
841	8125	Maker, guard, fork	533	5213	Maker, kettle
899	8129	Maker, guard (*wire goods mfr*)	841	8125	Maker, key (*clock mfr*)
516	5223	Maker, gun	593	5494	Maker, key (*musical instruments mfr*)
814	8113	Maker, halter (rope)	840	8125	Maker, key
593	5494	Maker, hammer (*piano, organ mfr*)	556	5414	Maker, kilt
897	8121	Maker, handle (wood)	553	8137	Maker, knapsack
590	5491	Maker, handle (*ceramics mfr*)	530	5211	Maker, knife
555	5413	Maker, handle (*leather goods mfr*)	897	8121	Maker, label, wood
518	5495	Maker, handle (*precious metal, plate mfr*)	569	8121	Maker, label
			555	5413	Maker, lace, boot (*leather goods mfr*)
897	8121	Maker, hanger, coat (wood)			
850	8131	Maker, harness, electrical	550	5411	Maker, lace, boot (*textile smallwares mfr*)
555	5413	Maker, harness			
593	5494	Maker, harp	551	5411	Maker, lace, warp
554	5412	Maker, hassock	550	5411	Maker, lace
859	8139	Maker, hat, paper	820	8114	Maker, lacquer
559	5419	Maker, hat	*516*	5223	Maker, ladder (metal)
551	5411	Maker, heald, yarn	579	5492	Maker, ladder
899	8129	Maker, heald	850	8131	Maker, lamp, electric
824	8115	Maker, heel (rubber)	850	8131	Maker, lamp, glow
579	5492	Maker, heel (wood)	533	5213	Maker, lamp, oil
859	8139	Maker, heel	814	8113	Maker, lanyard
559	5419	Maker, helmet	809	8111	Maker, lard
897	8121	Maker, helve	839	8117	Maker, last (iron)
851	8132	Maker, hinge	579	5492	Maker, last
553	8137	Maker, hole, button	830	8117	Maker, lead, printer's
590	5491	Maker, hollow-ware (*ceramics mfr*)	820	8114	Maker, lead, red
518	5495	Maker, hollow-ware (*precious metal, plate mfr*)	820	8114	Maker, lead, white
			899	8129	Maker, leather, comb

Standard Occupational Classification 2000 Volume 2 133

SOC 1990	SOC 2000		SOC 1990	SOC 2000	
555	**5413**	Maker, leather, fancy	517	**5224**	Maker, microscope
590	**5491**	Maker, lens	591	**5491**	Maker, mirror
579	**5492**	Maker, letter (wood)	570	**5315**	Maker, model, architectural
517	**5224**	Maker, level, spirit	599	**5499**	Maker, model, display
503	**5316**	Maker, light, lead	570	**5315**	Maker, model, exhibition
503	**5316**	Maker, light, leaded	518	**5495**	Maker, model, jewellery
899	**8129**	Maker, lighter, fire	590	**5491**	Maker, model, plaster
599	**5499**	Maker, limb, artificial	570	**5315**	Maker, model, ship's
820	**8114**	Maker, lime	570	**5315**	Maker, model, wood
814	**8113**	Maker, line	*599*	**5499**	Maker, model (animation)
553	**8137**	Maker, lining (*clothing mfr*)	570	**5315**	Maker, model (architectural)
555	**5413**	Maker, lining (*footwear mfr*)	590	**5491**	Maker, model (*ceramics mfr*)
829	**8119**	Maker, lino	573	**5493**	Maker, model (*engineering*)
829	**8119**	Maker, linoleum	599	**5499**	Maker, model (*film, television production*)
516	**5223**	Maker, lock			
518	**5495**	Maker, locket (precious metals)	570	**5315**	Maker, model (*toy mfr*)
516	**5223**	Maker, loom	599	**5499**	Maker, mop
809	**8111**	Maker, lozenge	590	**5491**	Maker, mould, plaster (*plumbago crucible mfr*)
516	**5223**	Maker, machine, weighing			
516	**5223**	Maker, machinery, textile	515	**5222**	Maker, mould, tool, press
520	**5241**	Maker, magneto	599	**5493**	Maker, mould (*asbestos-cement goods mfr*)
801	**8111**	Maker, malt			
597	**8122**	Maker, manhole	579	**5492**	Maker, mould (*cast concrete products mfr*)
557	**5414**	Maker, mantle, fur			
899	**8129**	Maker, mantle, gas	590	**5491**	Maker, mould (*ceramics mfr*)
899	**8129**	Maker, mantle, incandescent	*515*	**5222**	Maker, mould (*fibre glass mfr*)
814	**8113**	Maker, mantlet (rope)	531	**5212**	Maker, mould (*foundry*)
859	**8139**	Maker, map, dissected	516	**5223**	Maker, mould (*glass mfr*)
891	**9133**	Maker, map	515	**5222**	Maker, mould (*plastics goods mfr*)
809	**8111**	Maker, margarine	809	**8111**	Maker, mould (*sugar, sugar confectionery mfr*)
569	**5422**	Maker, mark			
899	**8129**	Maker, marker (*footwear mfr*)	559	**5419**	Maker, mount, wig
559	**5419**	Maker, marker	517	**5224**	Maker, movement (*barometer mfr*)
553	**8137**	Maker, marquee	517	**5224**	Maker, movement
809	**8111**	Maker, marzipan	899	**8129**	Maker, nail, cut
829	**8119**	Maker, mash (*leathercloth mfr*)	839	**8117**	Maker, nail, forged
661	**6222**	Maker, mask (*beautician*)	839	**8117**	Maker, nail, frost
599	**5499**	Maker, mask	839	**8117**	Maker, nail, wrought
534	**5214**	Maker, mast (*shipbuilding*)	841	**8125**	Maker, nail
824	**8115**	Maker, mat, rubber	899	**8129**	Maker, needle
810	**8114**	Maker, mat, sheepskin	550	**5411**	Maker, net
599	**5499**	Maker, mat, sinnet	899	**8129**	Maker, nib, pen
553	**8137**	Maker, mat, wool	841	**8125**	Maker, nut
550	**5411**	Maker, mat	579	**5492**	Maker, oar
899	**8129**	Maker, match	590	**5491**	Maker, oddstuff
899	**8129**	Maker, matrix (*type foundry*)	820	**8114**	Maker, oil
599	**5499**	Maker, mattress, asbestos	820	**8114**	Maker, ointment
554	**5412**	Maker, mattress, interior, spring	820	**8114**	Maker, oxide, lead
851	**8132**	Maker, mattress, link	824	**8115**	Maker, packing, rubber
824	**8115**	Maker, mattress, rubber	599	**5499**	Maker, pad, stamping
899	**8129**	Maker, mattress, spring	599	**5499**	Maker, pad (*basket mfr*)
899	**8129**	Maker, mattress, wire	554	**5412**	Maker, pad (*upholstery mfr*)
554	**5412**	Maker, mattress	579	**5492**	Maker, pail (wood)
809	**8111**	Maker, meat, potted	533	**5213**	Maker, pail
569	**8121**	Maker, medal	820	**8114**	Maker, paint
859	**8139**	Maker, meter, gas	572	**8121**	Maker, pallet
517	**5224**	Maker, meter	829	**8119**	Maker, panel (plaster)
829	**8112**	Maker, micanite	897	**8121**	Maker, panel (wood)
517	**5224**	Maker, micrometer	533	**5213**	Maker, panel

SOC 1990	SOC 2000	
590	**5491**	Maker, pantile
821	**8121**	Maker, paper, abrasive
821	**8121**	Maker, paper, carbon
821	**8121**	Maker, paper, emery
821	**8121**	Maker, paper, fly
821	**8121**	Maker, paper, glass
569	**8121**	Maker, paper, laced
821	**8121**	Maker, paper, photographic
821	**8121**	Maker, paper, sand
821	**8121**	Maker, paper
553	**8137**	Maker, parachute
520	**5241**	Maker, part, commutator
571	**5492**	Maker, part (*piano, organ mfr*)
820	**8114**	Maker, paste (*chemical mfr*)
800	**8111**	Maker, paste (*flour confectionery mfr*)
809	**8111**	Maker, paste (*food products mfr*)
820	**8114**	Maker, paste (*paper goods mfr*)
573	**5493**	Maker, pattern, engineer's
533	**5213**	Maker, pattern, metal (*footwear mfr*)
573	**5493**	Maker, pattern, wood
559	**5419**	Maker, pattern (*artificial flower mfr*)
579	**5492**	Maker, pattern (*cast concrete products mfr*)
590	**5491**	Maker, pattern (*ceramics mfr*)
557	**8136**	Maker, pattern (*clothing mfr*)
573	**5493**	Maker, pattern (*coal mine*)
555	**5413**	Maker, pattern (*footwear mfr*)
814	**8113**	Maker, pattern (*jacquard card cutting*)
518	**5495**	Maker, pattern (*jewellery, plate mfr*)
573	**5493**	Maker, pattern (*metal trades*)
570	**5315**	Maker, pattern (*plastics goods mfr*)
430	**5419**	Maker, pattern (*textile mfr*)
517	**5224**	Maker, pedometer
579	**5492**	Maker, peg
899	**8129**	Maker, pen
899	**8129**	Maker, pencil
809	**8111**	Maker, pepper
820	**8114**	Maker, perfumery
820	**8114**	Maker, petroleum
593	**5494**	Maker, piano
530	**5211**	Maker, pick
555	**5413**	Maker, picker
809	**8111**	Maker, pickle
800	**8111**	Maker, pie
820	**8114**	Maker, pigment
820	**8114**	Maker, pill
590	**5491**	Maker, pin (*ceramics mfr*)
850	**8131**	Maker, pinch
829	**8114**	Maker, pipe, asbestos
590	**5491**	Maker, pipe, clay
590	**5491**	Maker, pipe, drain
824	**8115**	Maker, pipe, flexible
839	**8117**	Maker, pipe, lead
533	**5213**	Maker, pipe, organ
590	**5491**	Maker, pipe, sanitary
899	**8129**	Maker, pipe (*cast concrete products mfr*)
590	**5491**	Maker, pipe (*ceramics mfr*)

SOC 1990	SOC 2000	
531	**5212**	Maker, pipe (*foundry*)
824	**8115**	Maker, pipe (*rubber goods mfr*)
579	**5492**	Maker, pipe (*tobacco pipe mfr*)
590	**5491**	Maker, pipe (*zinc refining*)
953	**9223**	Maker, pizza (fast food)
590	**5491**	Maker, plaque
839	**8117**	Maker, plate, accumulator
560	**5421**	Maker, plate, lithographic
533	**5213**	Maker, plate, stencil
590	**5491**	Maker, plate (*ceramics mfr*)
518	**5495**	Maker, plate (*precious metal, plate mfr*)
560	**5421**	Maker, plate
850	**8131**	Maker, plug, sparking
802	**8111**	Maker, plug (*tobacco mfr*)
821	**8121**	Maker, plywood
824	**8115**	Maker, pocket (*tyre mfr*)
897	**8121**	Maker, pole
820	**8114**	Maker, polish
599	**5499**	Maker, poppy
599	**8119**	Maker, post (concrete)
859	**8139**	Maker, postcard
533	**5213**	Maker, pot (metal)
590	**5491**	Maker, pot (*glass mfr*)
590	**5491**	Maker, pot
590	**5491**	Maker, pottery
555	**5413**	Maker, pouffe
820	**8114**	Maker, powder (chemical)
809	**8111**	Maker, powder (food)
590	**5491**	Maker, prism
599	**5499**	Maker, prop
599	**5499**	Maker, props
800	**8111**	Maker, pudding
559	**5419**	Maker, puff, powder
821	**8121**	Maker, pulp (*paper mfr*)
516	**5223**	Maker, pump
839	**8117**	Maker, punch
555	**5413**	Maker, purse (leather)
829	**8119**	Maker, putty
553	**8137**	Maker, pyjama
579	**5492**	Maker, racquet
590	**5491**	Maker, radiant, fire, gas
593	**5494**	Maker, reed (*musical instruments mfr*)
599	**5499**	Maker, reed (*textile machinery mfr*)
599	**5499**	Maker, reel, fishing
572	**8121**	Maker, reel (*cable mfr*)
897	**8121**	Maker, reel
516	**5223**	Maker, refrigerator
820	**8114**	Maker, resin
899	**8129**	Maker, rib, umbrella
814	**8113**	Maker, ribbon, typewriter
590	**5491**	Maker, ridge
516	**5223**	Maker, rifle
824	**8115**	Maker, ring, asbestos
518	**5495**	Maker, ring, jump
599	**5499**	Maker, ring, wax
518	**5495**	Maker, ring (*precious metal, plate mfr*)

SOC 1990	SOC 2000		SOC 1990	SOC 2000	
899	8129	Maker, rivet	553	8137	Maker, sheet (*railways*)
923	8142	Maker, road	*533*	5213	Maker, shim
599	5499	Maker, rocket	556	5414	Maker, shirt
579	5492	Maker, rod, fishing	530	5211	Maker, shoe, horse
899	8129	Maker, roll, dandy	555	5413	Maker, shoe
824	8115	Maker, roller, composition, printer's	530	5211	Maker, shovel (steel)
824	8115	Maker, roller, printer's	579	5492	Maker, shovel (wood)
824	8115	Maker, roller, rubber	553	8137	Maker, shroud
593	5494	Maker, roller (*piano, organ mfr*)	570	5315	Maker, shutter (wood)
840	8125	Maker, roller (*textile machinery mfr*)	579	5492	Maker, shuttle
899	8129	Maker, rope (metal)	599	5499	Maker, shuttlecock
814	8113	Maker, rope	899	8129	Maker, sieve (*wire goods mfr*)
555	5413	Maker, rosette (leather)	850	8131	Maker, sign (electric)
520	5241	Maker, rotor	533	5213	Maker, sign (metal)
824	8115	Maker, rubber	850	8131	Maker, sign (neon)
550	5411	Maker, rug	825	8116	Maker, sign (perspex)
517	5224	Maker, rule, mathematical	570	5315	Maker, sign (wood)
517	5224	Maker, rule (*instrument mfr*)	590	5491	Maker, sink (ceramics)
830	8117	Maker, runner	841	8125	Maker, sink (metal)
553	8137	Maker, sack and bag	825	8116	Maker, sink (plastics)
590	5491	Maker, saddle (*ceramics mfr*)	841	8125	Maker, sinker
555	5413	Maker, saddle	820	8114	Maker, size
579	5492	Maker, saddletree (wood)	599	5499	Maker, skep
516	5223	Maker, safe	579	5492	Maker, skewer (wood)
590	5491	Maker, saggar	809	8111	Maker, skin, sausage
590	5491	Maker, sagger	599	5499	Maker, skip
559	5419	Maker, sail	556	5414	Maker, skirt
820	8114	Maker, saline	599	8119	Maker, slab (*cast concrete products mfr*)
820	8114	Maker, salt			
569	8121	Maker, sample (*paper goods mfr*)	590	5491	Maker, slab (*ceramics mfr*)
430	5419	Maker, sample (*textile mfr*)	500	5312	Maker, slab (*mine: not coal*)
953	9223	Maker, sandwich	500	5312	Maker, slate
809	8111	Maker, sauce	553	8137	Maker, sleeve (*clothing mfr*)
590	5491	Maker, saucer	579	5492	Maker, sley
809	8111	Maker, sausage	829	8112	Maker, slip (*ceramics mfr*)
899	8129	Maker, saw	829	8114	Maker, slip (*pencil, crayon mfr*)
555	5413	Maker, scabbard	859	8139	Maker, slipper, rubber
516	5223	Maker, scale	555	5413	Maker, slipper
516	5223	Maker, scale and balance	802	8111	Maker, snuff
841	8125	Maker, screen, malt	820	8114	Maker, soap
569	5424	Maker, screen, silk	859	8139	Maker, sock (boots and shoes)
590	5491	Maker, screen, wind	551	5411	Maker, sock (*hosiery, knitwear mfr*)
579	5492	Maker, screen (wood)	820	8114	Maker, solution (celluloid)
569	5424	Maker, screen (*textile printing*)	824	8115	Maker, solution (rubber)
517	5224	Maker, screw, balance	809	8111	Maker, soup
839	8117	Maker, screw, frost	530	5211	Maker, spade
897	8121	Maker, screw, wooden	534	5214	Maker, spar (metal)
899	8129	Maker, screw	579	5492	Maker, spar (wood)
579	5492	Maker, scull	825	8116	Maker, spectacle
530	5211	Maker, scythe	517	5224	Maker, speedometer
599	5492	Maker, seat, cane	516	5223	Maker, spindle (*textile machinery mfr*)
579	5492	Maker, seat, garden			
899	8129	Maker, seat, spring	899	8129	Maker, spindle
571	5492	Maker, seat	516	5223	Maker, spindle and flyer
500	5312	Maker, segment	820	8114	Maker, spirit
500	5312	Maker, sett	516	5223	Maker, spring, balance
599	5499	Maker, shade, lamp	841	8125	Maker, spring, carriage
579	5492	Maker, shed	841	8125	Maker, spring, flat
821	8121	Maker, sheet (vulcanised fibre)	530	5211	Maker, spring, laminated

SOC 1990	SOC 2000		SOC 1990	SOC 2000	
530	**5211**	Maker, spring, leaf	553	**8137**	Maker, tarpaulin
841	**8125**	Maker, spring, lock	551	**5411**	Maker, tassel
530	**5211**	Maker, spring, railway	517	**5224**	Maker, taximeter
530	**5211**	Maker, spring (*carriage, wagon mfr*)	953	**9223**	Maker, tea
530	**5211**	Maker, spring (*railway locomotive mfr*)	590	**5491**	Maker, teapot
			517	**5224**	Maker, telescope
899	**8129**	Maker, spring	570	**5315**	Maker, template, wooden
579	**5492**	Maker, staging (*shipbuilding*)	570	**5315**	Maker, template (wood)
841	**8125**	Maker, stamp, bleacher's (metal)	515	**5222**	Maker, template
579	**5492**	Maker, stamp, bleacher's (wood)	516	**5223**	Maker, temple
859	**8139**	Maker, stamp, endorsing (metal)	559	**5419**	Maker, tent
824	**8115**	Maker, stamp, endorsing (rubber)	590	**5491**	Maker, thermometer
859	**8139**	Maker, stamp, rubber	590	**5491**	Maker, thimble (*ceramics mfr*)
569	**5422**	Maker, stamp	518	**5495**	Maker, thimble (*precious metal, plate mfr*)
829	**8114**	Maker, starch (*textile mfr*)			
809	**8111**	Maker, starch	530	**5211**	Maker, thimble (*shipbuilding*)
579	**5492**	Maker, stave	812	**8113**	Maker, thread
516	**5223**	Maker, steelyard	891	**9133**	Maker, ticket, reel
570	**5315**	Maker, step	569	**5422**	Maker, ticket
579	**5492**	Maker, stick, hockey	553	**8137**	Maker, tie
579	**5492**	Maker, stick, walking	599	**8119**	Maker, tile (asbestos-cement)
579	**5492**	Maker, stock (*gun mfr*)	599	**8119**	Maker, tile (concrete)
599	**5499**	Maker, stone, artificial	590	**5491**	Maker, tile (glass)
599	**8119**	Maker, stone, composition	825	**8116**	Maker, tile (plastics)
599	**8119**	Maker, stone, concrete (precast)	824	**8115**	Maker, tile (rubber)
500	**5312**	Maker, stone, grave	590	**5491**	Maker, tile
599	**8119**	Maker, stone, kerb (*cast concrete products mfr*)	899	**8129**	Maker, tissue, carbon
			530	**5211**	Maker, tool, chasing
500	**5312**	Maker, stone, kerb (*mine: not coal*)	518	**5495**	Maker, tool, diamond
500	**5312**	Maker, stone, oil	530	**5211**	Maker, tool, edge
599	**5499**	Maker, stone, patent	530	**5211**	Maker, tool, hand
500	**5312**	Maker, stone, pulp	516	**5222**	Maker, tool, machine
599	**5499**	Maker, stone, rubbing	515	**5222**	Maker, tool
590	**5491**	Maker, stopper (*glass mfr*)	811	**8113**	Maker, top (*textile mfr*)
590	**5491**	Maker, stopper (*steelworks*)	559	**5419**	Maker, towel
516	**5223**	Maker, stove	599	**5499**	Maker, toy
839	**8117**	Maker, strap, fork	569	**8121**	Maker, transfer
555	**5413**	Maker, strap	520	**5241**	Maker, transformer
599	**5499**	Maker, string (metal)	533	**5213**	Maker, tray (metal)
599	**5499**	Maker, string (*gut mfr*)	569	**8121**	Maker, tray (paper)
814	**8113**	Maker, string	825	**8116**	Maker, tray (plastics)
809	**8111**	Maker, sugar	599	**5499**	Maker, tray (wicker)
820	**8114**	Maker, sulphate	579	**5492**	Maker, tray (wood)
553	**8137**	Maker, surplice	824	**8115**	Maker, tread, rubber
553	**8137**	Maker, suspender	859	**8139**	Maker, trellis
809	**8111**	Maker, sweet	553	**8137**	Maker, trimming (*clothing mfr*)
850	**8131**	Maker, switch	555	**5413**	Maker, trimming (*slipper mfr*)
520	**5241**	Maker, switchboard	812	**8113**	Maker, trimming (*tinsel mfr*)
520	**5241**	Maker, switchgear	553	**8137**	Maker, trimmings (*clothing mfr*)
809	**8111**	Maker, syrup	555	**5413**	Maker, trimmings (*slipper mfr*)
599	**5499**	Maker, table, billiard	812	**8113**	Maker, trimmings (*tinsel mfr*)
571	**5492**	Maker, table (*furniture mfr*)	*599*	**5499**	Maker, trophy
820	**8114**	Maker, tablet (*pharmaceutical mfr*)	556	**5414**	Maker, trouser
899	**8129**	Maker, tack	500	**5312**	Maker, trumpet (*steelworks*)
829	**8114**	Maker, tallow	555	**5413**	Maker, trunk (leather)
500	**5312**	Maker, tank, slate	533	**5213**	Maker, trunk (metal)
534	**5214**	Maker, tank	572	**8121**	Maker, trunk (wood)
821	**8121**	Maker, tape (*adhesive tape mfr*)	570	**5315**	Maker, truss (*joinery mfr*)
899	**8129**	Maker, taper	599	**5499**	Maker, truss (*surgical goods mfr*)

SOC 1990	SOC 2000		SOC 1990	SOC 2000	
824	8115	Maker, tube, flexible	555	5413	Maker and repairer, shoe
839	8117	Maker, tube, metal	862	9134	Maker-up, cloth
850	8131	Maker, tube, television	553	8137	Maker-up, hosiery
590	5491	Maker, tube (glass)	518	5495	Maker-up, jeweller's
839	8117	Maker, tube (metal)	862	9134	Maker-up, piece
569	8121	Maker, tube (paper)	862	9134	Maker-up, smallware
825	8116	Maker, tube (plastics)	862	9134	Maker-up, spool
824	8115	Maker, tube (rubber)	862	9134	Maker-up, yarn
831	8117	Maker, tube (*musical instruments mfr*)	559	5419	Maker-up (*art needlework mfr*)
590	5491	Maker, tubing (glass)	862	9134	Maker-up (*handkerchief mfr*)
824	8115	Maker, tubing (rubber)	553	8137	Maker-up (*knitwear mfr*)
814	8113	Maker, twine	555	5413	Maker-up (*leather goods mfr*)
516	5223	Maker, typewriter	899	8129	Maker-up (*metal trades: small chain mfr*)
824	8115	Maker, tyre			
559	5419	Maker, umbrella	516	5223	Maker-up (*metal trades*)
503	5316	Maker, unit (*window mfr*)	861	8133	Maker-up (*paper mfr*)
850	8131	Maker, valve (*radio valve mfr*)	560	5421	Maker-up (*printing*)
820	S 8114	Maker, varnish, head	518	5495	Maker-up (*silver, plate mfr*)
820	8114	Maker, varnish	814	8113	Maker-up (*textile mfr*)
572	5492	Maker, vat	553	8137	Maker-up (*umbrella, parasol mfr*)
593	5494	Maker, violin	552	8113	Malter
814	8113	Maker, wadding	801	8111	Maltster
800	8111	Maker, wafer	441	9139	Man, acid (*dyestuffs mfr*)
579	5492	Maker, wagon, timber	809	8111	Man, acid (*sugar refining*)
541	5232	Maker, wagon	820	8114	Man, acid
556	5414	Maker, waistcoat	833	8117	Man, annealing
571	5492	Maker, wardrobe	990	9139	Man, ash
555	5413	Maker, washer (leather)	919	9139	Man, ash and muck
899	8129	Maker, washer (micanite)	809	8111	Man, autolysis
824	8115	Maker, washer (rubber)	552	8113	Man, back (*textile mfr*)
517	5224	Maker, watch	829	8119	Man, back-end (*cement mfr*)
517	5224	Maker, watch and clock	931	9149	Man, baggage
809	8111	Maker, water, mineral	590	5491	Man, balcony
809	8111	Maker, water, soda	930	9141	Man, ballast
559	5419	Maker, waterproof	990	9139	Man, bargain (*mine: not coal: above ground*)
579	5492	Maker, wattle			
530	5211	Maker, wedge	898	8123	Man, bargain (*mine: not coal: below ground*)
840	8125	Maker, weight			
555	5413	Maker, welt	732	7124	Man, barrow (*retail trade*)
569	8121	Maker, wheel (*abrasive paper, cloth mfr*)	889	9139	Man, barrow
			990	9259	Man, basket (*retail trade*)
517	5224	Maker, wheel (*clock mfr*)	889	9139	Man, battery (*coke ovens*)
851	8132	Maker, wheel (*cycle mfr*)	809	8111	Man, battery (*food products mfr*)
555	5413	Maker, whip	899	8129	Man, battery (*iron and steelworks*)
820	8114	Maker, white (*wallpaper mfr*)	990	9139	Man, battery (*mine: not coal*)
899	8129	Maker, wick	830	8117	Man, bell (*blast furnace*)
599	5499	Maker, wig	521	5241	Man, bell (*mining*)
503	5316	Maker, window, glass, stained	912	9139	Man, bellows (*shipbuilding*)
503	5316	Maker, window, lead	864	8138	Man, bench, laboratory
516	5316	Maker, window	571	5492	Man, bench (*cabinet making*)
533	5213	Maker, wing (motor cars)	820	8114	Man, bench (*chemical mfr*)
821	8121	Maker, wool, wood	919	9139	Man, bench (*coke ovens*)
791	5496	Maker, wreath, artificial	555	8139	Man, bench (*footwear mfr*)
599	8119	Maker (*cast concrete products mfr*)	570	5315	Man, bench (*joinery mfr*)
580	5432	Maker (*flour confectionery mfr*)	912	9139	Man, bench (*rolling mill*)
593	5494	Maker (*musical instruments mfr*)	889	8219	Man, berthing
599	5499	Maker (*sports goods mfr*)	912	9139	Man, billet
571	5492	Maker and joiner, cabinet	829	8119	Man, boiling, tar (*cable mfr*)
541	5232	Maker and repairer, body	552	8113	Man, boiling-off

SOC 1990	SOC 2000	
889	**9139**	Man, bottom (*coke ovens*)
889	**9139**	Man, breeze
552	**8113**	Man, burden
814	**8113**	Man, burr
889	**8122**	Man, button, colliery
889	**9139**	Man, button, haulage
958	**9233**	Man, cabin (*mine: not coal*)
913	**9139**	Man, cable
809	**8111**	Man, cake, linseed
820	**8114**	Man, cake, salt
886	**8221**	Man, capstan
809	**8111**	Man, carbonation (*sugar*)
820	**8114**	Man, carbonator
839	**8117**	Man, casting (*blast furnace*)
820	**8114**	Man, catalyst
820	**8114**	Man, cellroom
801	**8111**	Man, chiller (*brewery*)
820	**8114**	Man, chlorate of soda
521	**5241**	Man, circuit, light, electric
809	**8111**	Man, clarifier
829	**8112**	Man, clay (*ceramics mfr*)
898	**8123**	Man, clay (*clay pit*)
919	**9139**	Man, clinker
861	**8133**	Man, cloth (*clothing mfr*)
872	**8211**	Man, coal (*coal merchants*)
990	**9139**	Man, coal
814	**8113**	Man, coating (*roofing felt mfr*)
919	**9139**	Man, coke (*coke ovens*)
899	**8129**	Man, compo
893	**8124**	Man, compressor
809	**8111**	Man, conche
830	**8117**	Man, condenser (*blast furnace*)
820	**8114**	Man, condenser
597	**8122**	Man, contractor's (*coal mine*)
820	**8114**	Man, converter (*chemical mfr*)
830	**8117**	Man, converter (*metal mfr*)
809	**8111**	Man, converter (*sugar, glucose mfr*)
889	**9139**	Man, conveyor
		Man, cooler - *see* Cooler
611	**3313**	Man, corps, salvage
594	**5113**	Man, course, golf
886	**8221**	Man, crane
830	**8117**	Man, crucible (metal)
830	**8117**	Man, cupel
830	**8117**	Man, cupola
821	**8121**	Man, cut-off (*corrugated paper mfr*)
590	**5491**	Man, cut-off (*glass mfr*)
		Man, datal - *see* Hand, datal
902	**9119**	Man, decoy
820	**8114**	Man, dehydrator, tar
441	**9149**	Man, despatch (*bakery*)
953	**9223**	Man, despatch (*catering*)
999	**9132**	Man, destructor, refuse
829	**8115**	Man, devulcaniser (*rubber reclamation*)
825	**8116**	Man, die (*plastics goods mfr*)
885	**8229**	Man, digger
591	**5491**	Man, disc
441	**9149**	Man, dispatch (*bakery*)

SOC 1990	SOC 2000	
953	**9223**	Man, dispatch (*catering*)
912	**9139**	Man, dock (*ship repairing*)
930	**9141**	Man, dock
829	**8119**	Man, dolomite (*iron and steelworks*)
800	**8111**	Man, dough
820	**8114**	Man, dreep (*coal gas by-products mfr*)
898	**8123**	Man, drill (*mine: not coal*)
830	**8117**	Man, drop (*blast furnace*)
810	**8114**	Man, drum (*tannery*)
829	**8119**	Man, dry (*china clay*)
958	**9132**	Man, dry (*mine: not coal*)
		Man, drying - *see* Dryer
441	**9149**	Man, elevator (goods)
869	**8139**	Man, enamel (*stove mfr*)
552	**8113**	Man, end, back (*textile mfr*)
809	**8111**	Man, evaporator, multiple (*sugar, glucose mfr*)
820	**8114**	Man, evaporator (*chemical mfr*)
809	**8111**	Man, evaporator (*food products mfr*)
999	**9139**	Man, exhauster (*coal gas, coke ovens*)
441	**9149**	Man, explosives (*mining*)
829	**8114**	Man, extractor, fat
820	**8114**	Man, extractor (*chemical mfr*)
814	**8113**	Man, extractor (*textile mfr*)
839	**8117**	Man, extractor (*tube mfr*)
999	**9139**	Man, fan, store, cold
999	**9139**	Man, fan (*coal mine*)
830	**8117**	Man, fan (*lead mfr*)
801	**8111**	Man, fermenting (*distillery*)
811	**8113**	Man, fibre (*asbestos-cement goods mfr*)
801	**8111**	Man, filter (*alcoholic drink mfr*)
820	**8114**	Man, filter (*chemical mfr*)
829	**8125**	Man, filter (*metal trades*)
892	**8126**	Man, filter (*sewage farm*)
801	**8111**	Man, filter (*vinegar mfr*)
809	**8111**	Man, flavouring (cereals)
898	**8123**	Man, floor, derrick (*oil wells*)
829	**8119**	Man, floor (*asphalt mfr*)
801	**8111**	Man, floor (*malting*)
898	**8123**	Man, floor (*oil wells*)
801	**8111**	Man, floor and kiln (*malting*)
839	**8117**	Man, foundry
814	**8113**	Man, frame (*rope, twine mfr*)
912	**9139**	Man, gang, shore (*shipbuilding*)
900	**9111**	Man, gang (*agriculture*)
886	**8221**	Man, gantry, forge (*steelworks*)
886	**8221**	Man, gantry
893	**8124**	Man, gas, assistant (*iron and steelworks*)
441	**9141**	Man, gear (*docks*)
820	**8114**	Man, gelatine (*explosives mfr*)
820	**8114**	Man, generator
999	**9139**	Man, governor (*gas works*)
441	**8111**	Man, granary
809	**8111**	Man, granulator (*sugar*)
820	**8114**	Man, grease
889	**9139**	Man, guide, coke

Standard Occupational Classification 2000 Volume 2   139

SOC 1990	SOC 2000		SOC 1990	SOC 2000	
		Man, guillotine - see Hand, guillotine ( )	810	8114	Man, lime
			829	8114	Man, liquor (*leather tanning*)
990	9132	Man, gulley	809	8111	Man, liquor (*sugar refining*)
889	8122	Man, haulage, face	951	9222	Man, lobby
889	8122	Man, haulage (*coal mine*)	889	9139	Man, lock
889	8219	Man, head, pier	882	8216	Man, locomotive (*coal mine*)
597	8122	Man, heading, hard	615	9241	Man, lodge
552	8113	Man, heald	619	9243	Man, lollipop
919	9139	Man, heap, copperas	990	8216	Man, look-out (*railways*)
820	8114	Man, house, char	820	8114	Man, lump (*salt mfr*)
893	8124	Man, house, power	829	8114	Man, machine (*asbestos composition goods mfr*)
820	8114	Man, house, still (*distillery*)			
814	8113	Man, hydro (*textile mfr*)	597	8122	Man, machine (*coal mine*)
597	8122	Man, infusion, water	821	8121	Man, machine (*paper mfr*)
830	8117	Man, ingot (*non-ferrous metal mfr*)			Man, machine - see also Machinist ( )
441	9139	Man, ingot (*rolling mill*)	809	8111	Man, machinery, grain
441	9149	Man, intake	516	5223	Man, maintenance, appliances, mechanical (*coal mine*)
999	9132	Man, jet			
900	9111	Man, job, odd (*agriculture*)	599	5223	Man, maintenance, battery
910	8122	Man, job, odd (*coal mine*)	516	5223	Man, maintenance, conveyor (*coal mine*)
990	9121	Man, job, odd			
518	5495	Man, jobbing	521	5241	Man, maintenance, electrical
889	9139	Man, junction	922	8143	Man, maintenance, track (*railways*)
829	8114	Man, kiln, carbon	516	5223	Man, maintenance (aircraft)
820	8114	Man, kiln, char	555	5413	Man, maintenance (belt)
829	8119	Man, kiln, dry	893	8124	Man, maintenance (boilers)
823	8112	Man, kiln, enamel	521	5241	Man, maintenance (machinery, electrical machines)
823	8112	Man, kiln, frit			
823	8112	Man, kiln, glost	516	5223	Man, maintenance (machinery)
829	8119	Man, kiln, gypsum	598	5249	Man, maintenance (office machines)
829	8119	Man, kiln, lime			
829	8119	Man, kiln (*abrasive wheel mfr*)	517	5224	Man, maintenance (scientific instruments)
829	8114	Man, kiln (*asbestos composition goods mfr*)			
			540	5231	Man, maintenance (vehicles)
829	8119	Man, kiln (*cement mfr*)	516	5223	Man, maintenance (weighing machines)
823	8112	Man, kiln (*ceramics mfr*)			
829	8114	Man, kiln (*chemical mfr: colour mfr*)	899	8129	Man, maintenance (*coal mine*)
820	8114	Man, kiln (*chemical mfr*)	521	5241	Man, maintenance (*electricity supplier*)
820	8114	Man, kiln (*composition die mfr*)			
801	8111	Man, kiln (*distillery*)	516	5314	Man, maintenance (*gas supplier*)
823	8112	Man, kiln (*glass mfr*)	922	8143	Man, maintenance (*transport: railways*)
952	9223	Man, kitchen			
912	9139	Man, knock-out	540	5231	Man, maintenance (*transport*)
864	8138	Man, laboratory	929	9129	Man, maintenance (*water works*)
550	5411	Man, lace	509	9121	Man, maintenance
839	8117	Man, ladle, direct	801	8111	Man, malt
839	8117	Man, ladle (*metal mfr*)			Man, mangle - see Mangler ( )
555	5413	Man, lathe (*textile machinery roller covering*)	597	8122	Man, market (*coal mine*)
			732	7124	Man, market
840	8125	Man, lathe	929	9129	Man, marsh
880	8217	Man, launch	441	9149	Man, material
673	9234	Man, laundry	896	8149	Man, mattock
560	5421	Man, lay-out (*printing*)	809	8111	Man, melter (*food products mfr*)
896	8149	Man, leading (*building and contracting*)	898	8123	Man, mica (*mine: not coal*)
			829	8114	Man, mill, lead
823	8112	Man, lehr	801	8111	Man, mill, malt
889	8219	Man, lighthouse	829	8114	Man, mill, paint
880	8217	Man, lightship	829	8119	Man, mill, potter's
839	8117	Man, lime (*steelworks*)	829	8119	Man, mill, pug

SOC 1990	SOC 2000	
824	8115	Man, mill, rubber
829	8114	Man, mill (*carbon goods mfr*)
829	8112	Man, mill (*ceramics mfr*)
820	8114	Man, mill (*chemical mfr*)
810	8114	Man, mill (*leather dressing*)
839	8117	Man, mill (*metal mfr*)
890	8123	Man, mill (*mine: not coal*)
829	8116	Man, mill (*plastics goods mfr*)
824	8115	Man, mill (*rubber goods mfr*)
809	8111	Man, mill (*salt mfr*)
552	8113	Man, mill (*textile finishing*)
829	8119	Man, mill (*whiting mfr*)
929	9129	Man, mixer, asphalt (*building and contracting*)
829	8119	Man, mixer, asphalt
820	8114	Man, mixer, slag, tar
809	8111	Man, mixer (*animal feeds mfr*)
829	8119	Man, mixer (*building and contracting*)
830	8117	Man, mixer (*steel mfr*)
552	8114	Man, mixer (*textile mfr*)
889	9139	Man, mooring
889	9139	Man, motor, belt
886	8221	Man, motor, haulage
886	8221	Man, motor, screen
882	8216	Man, motor (*railways*)
880	8217	Man, motor (*shipping*)
893	8124	Man, motor
599	5493	Man, mould (*cast concrete products mfr*)
821	8121	Man, mould (*paper mfr*)
531	5212	Man, mould (*steelworks*)
839	8117	Man, moulds (*metal mfr*)
833	8117	Man, muffle (*annealing*)
830	8117	Man, muffle (*foundry*)
590	5491	Man, muffle (*glass mfr*)
830	8117	Man, muffle (*steel mfr*)
812	8113	Man, mule
885	8229	Man, navvy
990	9139	Man, oncost (*mine: not coal*)
441	9149	Man, order
820	8114	Man, oxidiser
820	8114	Man, pan, acid
809	8111	Man, pan, boiling (*foods*)
809	8111	Man, pan, vacuum (*food products mfr*)
829	8112	Man, pan (*ceramics mfr*)
820	8114	Man, pan (*chemical mfr*)
597	8122	Man, pan (*coal mine*)
809	8111	Man, pan (*food products mfr*)
952	9223	Man, pan (*hotels, catering, public houses*)
821	8121	Man, pan (*paper mfr*)
809	8111	Man, pan (*sugar refining*)
952	9223	Man, pantry
829	8119	Man, paper (*plasterboard mfr*)
801	8111	Man, paraflow (*brewing*)
532	5216	Man, pipe, brine
532	5216	Man, pipe (*coal mine*)
910	8122	Man, pit (*coal mine: above ground*)
597	8122	Man, pit (*coal mine*)
898	8123	Man, pit (*mine: not coal*)
830	8117	Man, pit (*steelworks: soaking pit*)
839	8117	Man, pit (*steelworks*)
919	9139	Man, pitch
820	8114	Man, plant, benzol
820	8114	Man, plant, benzole
809	8111	Man, plant, dehydration (*food products mfr*)
820	8114	Man, plant (*chemical mfr*)
885	8229	Man, plate (asphalt spreading)
952	9223	Man, plate (*hotels, catering, public houses*)
839	8117	Man, platform (*steelworks*)
901	8223	Man, plough
889	8219	Man, pontoon
619	9249	Man, possession
900	9111	Man, poultry
919	9139	Man, powder, bleaching
441	9149	Man, powder
		Man, press - *see* Presser ( )
821	8121	Man, press-pate
611	3313	Man, prevention, fire
420	9219	Man, progress
699	9229	Man, property
829	8119	Man, pug
820	8114	Man, purification
809	8111	Man, purifier (*food products mfr*)
820	8114	Man, purifier
898	8123	Man, quarry
919	9139	Man, quencher (*coal gas, coke ovens*)
533	5213	Man, radiator (vehicle)
733	1235	Man, rag
733	1235	Man, rag and bone
889	9139	Man, ram
		Man, recovery - *see* Recoverer
516	5223	Man, rectifying (*metal trades*)
820	8114	Man, rectifying
		Man, refiner - *see* Refiner
801	8111	Man, refrigerator (*brewery*)
809	8111	Man, retort (*canned foods mfr*)
820	8114	Man, retort (*charcoal mfr*)
820	8114	Man, retort (*coal gas, coke ovens*)
923	8142	Man, road (*building and contracting*)
923	8142	Man, road (*local government*)
922	8143	Man, road (*mining*)
801	8111	Man, room, back (*distillery*)
811	8113	Man, room, card
811	8113	Man, room, carding
441	9149	Man, room, cotton
441	9149	Man, room, drug
880	8217	Man, room, engine (*shipping*)
441	9149	Man, room, grey
801	8111	Man, room, malt
801	8111	Man, room, mash
441	9149	Man, room, pattern

SOC 1990	SOC 2000		SOC 1990	SOC 2000	
820	8114	Man, room, still (*distillery*)	820	8114	Man, stillhouse (*distillery*)
953	9223	Man, room, still (*hotels, catering, public houses*)	820	8114	Man, stillroom (*distillery*)
441	9149	Man, room, stock	953	9223	Man, stillroom (*hotels, catering, public houses*)
441	9149	Man, room, store	441	9149	Man, stockroom
801	8111	Man, room, tun	919	9139	Man, stopper (*coal gas, coke ovens*)
441	9149	Man, room, weft	441	9149	Man, storeroom
862	9134	Man, room, white	555	5413	Man, strap
889	9139	Man, rope-way, aerial	364	3539	Man, study, work
886	8221	Man, runner (*steelworks*)	384	3413	Man, stunt
809	8111	Man, safe (*sugar refining*)	809	8111	Man, sulphitation
899	8129	Man, safety (*coal mine*)	820	8114	Man, sulphonator
396	3567	Man, safety (*steel mfr*)	889	8122	Man, supply (*coal mine*)
919	9139	Man, salt	923	8142	Man, surface (*civil engineering*)
597	8122	Man, salvage (*coal mine*)	910	8122	Man, surface (*coal mine*)
441	4133	Man, sample	990	8216	Man, surface (*railways*)
899	8129	Man, saw (metal)	810	8114	Man, suspender
500	5312	Man, saw (stone)	889	8219	Man, swingbridge
897	8121	Man, saw (wood)	999	9139	Man, syphon
912	9139	Man, scrap	515	5222	Man, table, surface
890	8123	Man, screen (*coal mine*)	580	5432	Man, table (*bakery*)
615	9241	Man, security	562	5423	Man, table (*bookbinding*)
441	9119	Man, seed	569	8121	Man, table (*box mfr*)
958	9233	Man, service, carriage (*railways*)	559	5419	Man, table (*clothing mfr*)
990	9239	Man, service, carriage	809	8111	Man, table (*food products mfr*)
516	5223	Man, service, ground	869	8139	Man, table (*footwear mfr*)
516	5314	Man, service, sales (domestic appliances, gas appliances)	810	8114	Man, table (*leather dressing*)
			569	9133	Man, table (*printing*)
521	5249	Man, service, sales (domestic appliances)	824	8115	Man, table (*rubber goods mfr*)
			599	8119	Man, tank, cable
598	5249	Man, service, sales (office machinery)	923	8142	Man, tar (*building and contracting*)
525	5244	Man, service, sales (radio, television and video)	820	8114	Man, tar (*coal gas by-products mfr*)
			862	9134	Man, tare (*textile mfr*)
516	5249	Man, service (automatic vending machines)	889	8218	Man, tarmac (*airport*)
			516	5223	Man, test, final (*vehicle mfr*)
516	5314	Man, service (domestic appliances, gas appliances)	699	6211	Man, tic-tac
			898	8123	Man, timber (*building and contracting: tunnelling contracting*)
521	5249	Man, service (domestic appliances)			
529	5249	Man, service (office machinery)	929	9129	Man, timber (*building and contracting*)
525	5244	Man, service (radio, television and video)	929	9129	Man, timber (*coal mine*: above ground)
889	9139	Man, service (*chemical mfr*)			
809	8111	Man, service (*chocolate mfr*)	597	8122	Man, timber (*coal mine*)
540	5231	Man, service (*garage*)	929	9129	Man, timber (*electricity supplier*)
516	5249	Man, service (*gas supplier*)	904	9112	Man, timber (*forestry*)
516	5223	Man, service (*metal trades*)	929	9129	Man, timber (*local government*)
529	5249	Man, service (*radio relay service*)	898	8123	Man, timber (*mine: not coal*)
892	8126	Man, sewerage (*local government*)	929	9129	Man, timber (*railways*)
811	8113	Man, shoddy	889	9139	Man, timber (*timber merchants*)
801	8111	Man, side (*brewery*)	541	5232	Man, timber (*vehicle mfr*)
500	5312	Man, slab	929	9129	Man, timber (*water company*)
829	8119	Man, slaker	533	5213	Man, tin (*sheet metal working*)
889	9139	Man, sluice	834	8118	Man, tin (*tinplate mfr*)
899	8129	Man, steel (*coal mine*)	809	8111	Man, toffee
552	8113	Man, stenter	552	8113	Man, tool (*fustian, velvet mfr*)
953	9223	Man, still (*hotels, catering, public houses*)	889	9139	Man, tool
			889	9139	Man, traffic (*coal mine*)
830	8117	Man, still (*metal smelting*)	930	9141	Man, transport (*docks*)
820	8114	Man, still	903	9119	Man, trawler

SOC 1990	SOC 2000		SOC 1990	SOC 2000	
500	5312	Man, trumpet	123	1134	Manager, advertising
809	8111	Man, tunnel (ice cream)	*123*	1134	Manager, affairs, public
912	9139	Man, turn, bye (*steelworks*)	*139*	1141	Manager, affairs, regulatory
899	8129	Man, turnover (*coal mine*)	*139*	1142	Manager, aftersales
615	9241	Man, turnstile	139	1152	Manager, agency, ticket
910	8122	Man, utility (*coal mine*)	*177*	1226	Manager, agency, travel
990	9139	Man, utility	*703*	1132	Manager, agents, commission
999	9139	Man, valve and steam (*coal gas, coke ovens*)	140	1161	Manager, airport
			176	1225	Manager, alley, bowling
731	7123	Man, van	123	1134	Manager, appeal
830	8117	Man, vessel (*steelworks*)	123	1134	Manager, appeals
552	8113	Man, vessel (*textile bleaching, dyeing*)	*126*	1136	Manager, applications (computing)
			176	1225	Manager, arcade, amusement
839	8117	Man, vice, spring	*199*	1239	Manager, architect
843	8125	Man, vice	*199*	1239	Manager, architecture
826	8114	Man, viscose (*man-made fibre mfr*)	*121*	1132	Manager, area, sales
597	8122	Man, waste, assistant (*coal mine*)	139	1152	Manager, area, telephone
919	9139	Man, waste, wool	719	1132	Manager, area (pools promoters)
597	8122	Man, waste (*coal mine*)	710	1132	Manager, area (sales force)
919	9139	Man, waste (*textile mfr*)	175	1224	Manager, area (*brewery*)
810	8114	Man, wax	111	1122	Manager, area (*construction*)
922	8143	Man, way, permanent	121	1132	Manager, area (*market research*)
441	9149	Man, weft	179	1163	Manager, area (*retail trade*)
930	9141	Man, wharf	140	1161	Manager, area (*transport*)
912	9139	Man, yard, metal (*steelworks*)			Manager, area - *see also* Manager ( )
863	8134	Man, yard (*coal mine*)	*120*	1131	Manager, assessment, credit
900	9111	Man, yard (*farming*)	*126*	1136	Manager, assurance, quality, systems
902	6139	Man, yard (*livery stable*)	218	1141	Manager, assurance, quality (professional)
889	9139	Man, yard (*vulcanised fibre board mfr*)			
			139	1141	Manager, assurance, quality
990	9149	Man, yard	*139*	1152	Manager, audit
814	8113	Man, yarn	*179*	1163	Manager, baker's
809	8111	Man, yeast	*179*	1163	Manager, bakery (*retail trade*)
934	9149	Man on lorry, second	*110*	1121	Manager, bakery
110	1121	Manager, abattoir	131	1151	Manager, bank
173	1221	Manager, accommodation	*131*	1151	Manager, banking
173	1221	Manager, accommodations	174	1223	Manager, banqueting
123	1134	Manager, account, advertising	174	1223	Manager, bar, snack
139	1151	Manager, account, customer (*financial services*)	*175*	1224	Manager, bar, wine
			622 S	1224	Manager, bar
121	1132	Manager, account, national	172	1233	Manager, barber's
121	1132	Manager, account, sales	*126*	1136	Manager, base, data
121	1132	Manager, account, telesales	176	1225	Manager, baths, sauna
121	1132	Manager, account (marketing)	176	1225	Manager, baths
121	1132	Manager, account (sales)	*140*	1161	Manager, berthing
123	1134	Manager, account (*advertising*)	176	1225	Manager, bingo
131	1151	Manager, account (*bank, building society*)	173	1221	Manager, boatel
			171	1232	Manager, bodyshop (*vehicle trades*)
131	1151	Manager, account (*insurance*)	*142*	1162	Manager, bond (*warehousing*)
124	1135	Manager, account (*recruitment agency*)	139	1152	Manager, booking
			691	1239	Manager, bookmaker's
142	1162	Manager, accounting, stock	*176*	1225	Manager, bound, outward
139	1152	Manager, accounts	384	3416	Manager, boxer's
139	1152	Manager, admin	199	1239	Manager, branch (radio, television and video hire)
179	1136	Manager, administration, computer			
139	1152	Manager, administration, sales	139	1231	Manager, branch (*accommodation bureau*)
139	1152	Manager, administration			
123	1134	Manager, advertisement	139	1151	Manager, branch (*assurance company*)
121	1132	Manager, advertising, sales			

SOC 1990	SOC 2000		SOC 1990	SOC 2000	
131	**1151**	Manager, branch (*bank, building society*)	142	**1162**	Manager, cellar (*brewery*)
			142	**1162**	Manager, cellar (*wine merchants*)
179	**1239**	Manager, branch (*car hire*)	199	**1239**	Manager, cemeteries
130	**1131**	Manager, branch (*credit company*)	199	**1239**	Manager, cemetery
179	**1163**	Manager, branch (*electricity supplier*)	176	**1225**	Manager, centre, arts
			124	**1135**	Manager, centre, assessment
139	**1152**	Manager, branch (*entertainment ticket agency*)	176	**1225**	Manager, centre, bound, outward
			139	**1152**	Manager, centre, call
120	**1131**	Manager, branch (*financial services*)	*170*	**1231**	Manager, centre, city
140	**1161**	Manager, branch (*furniture removals*)	*190*	**1185**	Manager, centre, community
179	**1232**	Manager, branch (*garage*)	*173*	**1222**	Manager, centre, conference
103	**1152**	Manager, branch (*government*)	126	**1136**	Manager, centre, data
139	**1151**	Manager, branch (*insurance*)	*370*	**1185**	Manager, centre, day
199	**1239**	Manager, branch (*library*)	179	**1163**	Manager, centre, garden
139	**1152**	Manager, branch (*private employment agency*)	176	**1225**	Manager, centre, leisure
			179	**1231**	Manager, centre, shopping
199	**1174**	Manager, branch (*security services*)	*124*	**1135**	Manager, centre, skills
190	**1114**	Manager, branch (*trade association*)	176	**1225**	Manager, centre, sports
140	**1161**	Manager, branch (*transport*)	*170*	**1231**	Manager, centre, town
179	**1163**	Manager, branch (*wholesale, retail trade*)	*124*	**1135**	Manager, centre, training
			179	**1163**	Manager, check-out
		Manager, branch - *see also* Manager ( )	176	**1225**	Manager, cinema
			176	**1225**	Manager, circuit (*entertainment*)
121	**1132**	Manager, brand	179	**1163**	Manager, circulation
110	**1121**	Manager, brewery	176	**1225**	Manager, circus
176	**1225**	Manager, broadcasting	361	**1151**	Manager, claims
131	**1151**	Manager, broking	199	**1239**	Manager, cleaning
174	**1223**	Manager, buffet	199	**1235**	Manager, cleansing
111	**1122**	Manager, building	*131*	**1131**	Manager, client (*financial services*)
139	**1142**	Manager, business (customer service)	139	**1183**	Manager, clinic
			199	**1181**	Manager, clinical
		Manager, business - *see also* Manager ( )	179	**1163**	Manager, club, clothing
			174	**1223**	Manager, club, refreshment
178	**1163**	Manager, butcher's	*173*	**1221**	Manager, club, residential
178	**1163**	Manager, butchery	176	**1225**	Manager, club, social
122	**1133**	Manager, buying	174	**1223**	Manager, club (*catering*)
126	**1136**	Manager, CAD	387	**1225**	Manager, club (*football club*)
174	**1223**	Manager, café	176	**1225**	Manager, club
173	**1221**	Manager, camp, holiday	139	**1152**	Manager, collection
123	**1134**	Manager, campaign	139	**1152**	Manager, collections
174	**1223**	Manager, canteen	113	**1123**	Manager, colliery
140	**1161**	Manager, capacity, cargo	*111*	**1122**	Manager, commercial (*building and contracting*)
126	**1136**	Manager, capture, data			
131	**1151**	Manager, card, credit	121	**1132**	Manager, commercial
199	**1184**	Manager, care, community	*122*	**1133**	Manager, commissioning
139	**1142**	Manager, care, customer	126	**1136**	Manager, communications, data
340	**1181**	Manager, care, health	*126*	**1136**	Manager, communications (computing)
370	**1185**	Manager, care, home			
370	**1185**	Manager, care, residential	*121*	**1132**	Manager, communications
340	**1181**	Manager, care (*health authority: hospital service*)	139	**1151**	Manager, company, insurance
			139	**1142**	Manager, complaints
370	**1185**	Manager, care (*residential home*)	*110*	**1121**	Manager, composition
102	**1184**	Manager, care (*social services*)	126	**1136**	Manager, computer
102	**1185**	Manager, care	179	**1163**	Manager, concession
170	**1231**	Manager, caretaking	*179*	**1163**	Manager, concessions
142	**1162**	Manager, cargo	199	**1222**	Manager, conference
176	**1225**	Manager, casino	*169*	**1212**	Manager, conservation
174	**1223**	Manager, catering	*142*	**1162**	Manager, consignment
199	**1174**	Manager, cctv	111	**1122**	Manager, construction

SOC 1990	SOC 2000	
121	**1132**	Manager, contract (marketing)
122	**1133**	Manager, contract (purchasing)
111	**1122**	Manager, contract (*building and contracting*)
199	**1239**	Manager, contract (*cleaning services*)
110	**1121**	Manager, contract (*manufacturing*)
111	**1122**	Manager, contracts, building
122	**1133**	Manager, contracts (purchasing)
111	**1122**	Manager, contracts (*building and contracting*)
110	**1121**	Manager, contracts (*manufacturing*)
142	**1162**	Manager, contracts (*warehousing*)
121	**1132**	Manager, contracts
130	**1131**	Manager, control, credit
142	**1162**	Manager, control, material
110	**1121**	Manager, control, materials
110	**1121**	Manager, control, production
139	**1141**	Manager, control, quality
141	**1162**	Manager, control, stock
350	**1152**	Manager, conveyancing
139	**1152**	Manager, copyright
131	**1151**	Manager, corporate (*bank, building society*)
139	**1152**	Manager, cost
139	**1152**	Manager, costing
169	**1212**	Manager, countryside
139	**1152**	Manager, court
199	**1137**	Manager, creative (*research and development*)
130	**1131**	Manager, credit
199	**1239**	Manager, crematorium
140	**1161**	Manager, crew (*transport*)
140	**1161**	Manager, crews, train
110	**1121**	Manager, dairy (*food products mfr*)
179	**1163**	Manager, dairy
320	**3131**	Manager, data
126	**3131**	Manager, database
142	**1161**	Manager, delivery, parcel
111	**1122**	Manager, demolition
131	**1151**	Manager, department (*bank, building society*)
139	**1151**	Manager, department (*insurance*)
179	**1163**	Manager, department (*retail trade*)
		Manager, department - *see also* Manager ( )
131	**1151**	Manager, departmental (*bank, building society*)
139	**1151**	Manager, departmental (*insurance*)
		Manager, departmental - *see also* Manager ( )
140	**1161**	Manager, depot (*transport*)
179	**1163**	Manager, depot (*wholesale, retail trade*)
142	**1161**	Manager, depot
361	**1131**	Manager, derivatives
199	**1239**	Manager, design, graphic
381	**1137**	Manager, design
139	**1142**	Manager, desk, help

SOC 1990	SOC 2000	
142	**1161**	Manager, despatch
120	**1131**	Manager, development, agency
121	**1132**	Manager, development, business
121	**1132**	Manager, development, corporate
190	**1114**	Manager, development, donor (*charitable organisation*)
124	**1135**	Manager, development, employee
126	**1136**	Manager, development, IT
121	**1132**	Manager, development, market
121	**1132**	Manager, development, marketing
121	**1132**	Manager, development, product
121	**1132**	Manager, development, sales
124	**1135**	Manager, development, self
126	**1142**	Manager, development, services, customer
126	**1136**	Manager, development, software
126	**1136**	Manager, development, systems
124	**1135**	Manager, development, training
126	**1136**	Manager, development (computing)
111	**1122**	Manager, development (*building and contracting*)
199	**1137**	Manager, development (*research and development*)
142	**1161**	Manager, dispatch
221	**1182**	Manager, dispensary
791	**1163**	Manager, display
113	**1123**	Manager, distribution (*energy suppliers*)
142	**1161**	Manager, distribution
139	**1152**	Manager, district, census
719	**1132**	Manager, district (*assurance company*)
174	**1223**	Manager, district (*catering*)
139	**1152**	Manager, district (*electricity supplier*)
139	**1151**	Manager, district (*friendly society*)
139	**1152**	Manager, district (*gas supplier*)
199	**1181**	Manager, district (*health authority: hospital service*)
719	**1132**	Manager, district (*insurance*)
199	**1121**	Manager, district (*manufacturing*)
179	**1163**	Manager, district (*retail trade*)
140	**1161**	Manager, district (*transport*)
179	**1163**	Manager, district (*wholesale trade*)
		Manager, district - *see also* Manager ( )
139	**1151**	Manager, divisional (*insurance*)
110	**1121**	Manager, divisional (*manufacturing*)
142	**1161**	Manager, divisional (*petroleum distribution*)
140	**1161**	Manager, divisional (*transport*)
		Manager, divisional - *see also* Manager ( )
140	**1161**	Manager, docks
811	**S 8113**	Manager, drawing (*textile mfr*)
110	**1121**	Manager, electro-plating
126	**1136**	Manager, engineering, system (computing)

SOC 1990	SOC 2000	
110	**1121**	Manager, engineering
176	**1225**	Manager, entertainment
170	**1231**	Manager, environment (*railways*)
199	**1235**	Manager, environmental (*refuse disposal*)
199	**1212**	Manager, environmental
131	**1151**	Manager, equity
170	**1231**	Manager, estate
170	**1231**	Manager, estates
360	**1133**	Manager, estimating
173	**1222**	Manager, event
173	**1222**	Manager, events
120	**1131**	Manager, exchange, foreign
176	**1222**	Manager, exhibition
113	**1123**	Manager, exploration, oil
121	**1132**	Manager, export
199	**1231**	Manager, facilities
110	**1121**	Manager, factory
176	**1225**	Manager, fairground
169	**1219**	Manager, farm, fish
173	**1221**	Manager, farm, health
169	**1219**	Manager, farm, stud
160	**1211**	Manager, farm
710	**1132**	Manager, field
120	**1131**	Manager, finance
120	**1131**	Manager, financial
139	**1141**	Manager, finishing
178	**1163**	Manager, fishmonger's
173	**1221**	Manager, flats, holiday
173	**1221**	Manager, flats, service
140	**1161**	Manager, fleet, transport
140	**1161**	Manager, flight
384	**3432**	Manager, floor (*broadcasting*)
384	**3416**	Manager, floor (*entertainment*)
110	**1121**	Manager, floor (*manufacturing*)
174	**1223**	Manager, floor (*restaurant*)
179	**1163**	Manager, floor (*retail, wholesale trade*)
179	**1163**	Manager, florist
121	**1132**	Manager, force, sales
179	**1163**	Manager, forecourt
169	**1219**	Manager, forest
169	**1219**	Manager, forestry
110	**1121**	Manager, foundry
142	**1161**	Manager, freight
176	**1225**	Manager, front of house (*entertainment*)
173	**1221**	Manager, front of house (*hotel*)
131	**1151**	Manager, fund, pension
361	**1131**	Manager, fund
139	**1183**	Manager, fundholding (*medical practice*)
123	**1134**	Manager, fundraising
199	**1239**	Manager, furnishing
176	**1225**	Manager, gallery
140	**1161**	Manager, garage, bus
171	**1232**	Manager, garage
113	**1123**	Manager, gas
199	**1181**	Manager, general, unit (*health authority: hospital service*)
101	**1112**	Manager, general (*major organisation*)
110	**1121**	Manager, general (*manufacturing*)
384	**1239**	Manager, general (*theatrical productions*)
		Manager, general - *see also* Manager ( )
176	**1225**	Manager, ground, cricket
176	**1225**	Manager, ground, football
172	**1233**	Manager, hairdresser's
176	**1225**	Manager, hall, bingo
411	**4123**	Manager, hall, church
176	**1225**	Manager, hall, concert
176	**1225**	Manager, hall, dance
173	**1221**	Manager, hall (*higher education, university*)
102	**1113**	Manager, health, environmental
199	**1239**	Manager, health and safety
340	**1181**	Manager, healthcare
139	**1142**	Manager, helpdesk
160	**5111**	Manager, herd
199	**1212**	Manager, heritage
111	**1122**	Manager, highway
111	**1122**	Manager, highways
199	**1239**	Manager, hire, equipment
199	**1239**	Manager, hire, plant
179	**1239**	Manager, hire, skip
199	**1239**	Manager, hire, television and video, radio
179	**1239**	Manager, hire, tool
139	**1183**	Manager, holding, fund (*medical practice*)
370	**1185**	Manager, home (*welfare services*)
173	**1222**	Manager, hospitality
173	**1221**	Manager, hotel
139	**1142**	Manager, hotline, regional
361	**1131**	Manager, house, acceptance
173	**1221**	Manager, house, boarding
110	**1121**	Manager, house, dye
173	**1221**	Manager, house, guest
175	**1224**	Manager, house, licensed
173	**1221**	Manager, house, lodging
175	**1224**	Manager, house, public
176	**1225**	Manager, house (*entertainment*)
170	**1231**	Manager, house (*property management*)
370	**1185**	Manager, house (*social services*)
173	**1221**	Manager, housekeeping
102	**1231**	Manager, housing (*housing association*)
102	**1231**	Manager, housing (*local government*)
199	**1231**	Manager, housing
199	**1239**	Manager, hygiene
199	**1181**	Manager, immunisation
139	**1132**	Manager, import
199	**1235**	Manager, incinerator
126	**1136**	Manager, information (computing)

SOC 1990	SOC 2000	
199	1181	Manager, information (*health authority*: *hospital service*)
139	1136	Manager, information
250	1131	Manager, insolvency
126	1136	Manager, installation, computer
113	1123	Manager, installation, offshore
113	1123	Manager, installations, offshore
139	1151	Manager, insurance
126	1136	Manager, intranet
199	1174	Manager, investigations
361	1131	Manager, investment
139	1152	Manager, invoice
126	1136	Manager, IT
169	1219	Manager, kennel
174	1223	Manager, kitchen
121	1132	Manager, label (*music publishing*)
200	1137	Manager, laboratory
199	1235	Manager, landfill
179	1239	Manager, launderette
179	1239	Manager, laundry
139	1152	Manager, ledger, purchase
131	1151	Manager, lending
170	1231	Manager, lettings
270	1239	Manager, library
384	3434	Manager, lighting (*television service*)
350	1152	Manager, litigation
160	1211	Manager, livestock
199	1181	Manager, locality (*health authority*: *hospital service*)
384	3416	Manager, location
141	1162	Manager, logistics
123	1134	Manager, lottery
569	9133	Manager, machine, collotype
891	9133	Manager, machine, letterpress
891	9133	Manager, machine, lithographic
891	9133	Manager, machine, photogravure
891	9133	Manager, machine, printing
569	8121	Manager, machine (*paper goods mfr*)
891	9133	Manager, machine (*printing*)
111	1122	Manager, maintenance, property
111	1122	Manager, maintenance (buildings and other structures)
110	1121	Manager, maintenance
110	1121	Manager, manufacturing
176	1225	Manager, marina
120	1131	Manager, market, money
179	1151	Manager, market, mortgages
199	1231	Manager, market
121	1132	Manager, marketing
120	1131	Manager, markets (*financial services*)
170	1231	Manager, markets
141	1162	Manager, materials
123	1134	Manager, media
121	1132	Manager, merchandise
733	1235	Manager, merchant, scrap
341	3212	Manager, midwife
341	3212	Manager, midwifery
110	1121	Manager, mill

SOC 1990	SOC 2000	
126	1136	Manager, MIS
131	1151	Manager, mortgage
173	1221	Manager, motel
176	1225	Manager, museum
170	1231	Manager, neighbourhood
126	1136	Manager, network
126	1136	Manager, networking
340	1181	Manager, nurse
169	1219	Manager, nursery, forest
239	1239	Manager, nursery (*day nursery*)
160	1219	Manager, nursery (*horticulture*)
124	1135	Manager, NVQ
125	1135	Manager, o and m
691	1239	Manager, office, betting
139	1152	Manager, office, box
310	1152	Manager, office, drawing
103	1152	Manager, office, insurance (*DSS*)
139	1151	Manager, office, insurance
131	1151	Manager, office, post
110	1121	Manager, office, printing (*PO*)
130	1131	Manager, office (credit control)
199	1239	Manager, office (*bookmakers*, *turf accountants*)
139	1152	Manager, office
131	1151	Manager, operations, bank
199	1174	Manager, operations, cctv
121	1132	Manager, operations, commercial
126	1136	Manager, operations, computer
142	1162	Manager, operations, depot
140	1161	Manager, operations, port
131	1151	Manager, operations (*bank*, *building society*)
199	1239	Manager, operations (*cleaning services*)
113	1123	Manager, operations (*mining, water and energy*)
199	1174	Manager, operations (*security services*)
140	1161	Manager, operations (*transport*)
142	1162	Manager, operations (*warehousing*)
179	1235	Manager, operations (*waste disposal*)
110	1121	Manager, operations
179	1163	Manager, order, mail
125	1135	Manager, organisation and efficiency
125	1135	Manager, organisation and methods
142	1162	Manager, packaging
169	1212	Manager, park, national
176	1225	Manager, park, theme
176	1225	Manager, park
141	1162	Manager, parts
139	1152	Manager, payroll
139	1152	Manager, payroll and pensions
139	1151	Manager, pensions
384	3416	Manager, personal (*entertainment*)
124	1135	Manager, personnel
124	1135	Manager, personnel and training
221	1182	Manager, pharmacist's
221	1182	Manager, pharmacy

SOC 1990	SOC 2000		SOC 1990	SOC 2000	
160	**5111**	Manager, pig	370	**1185**	Manager, project (*social services*: residential)
160	**1211**	Manager, piggery			
140	**1161**	Manager, pilot	*199*	**1184**	Manager, project (*social services*)
131	**1151**	Manager, planning, financial	*126*	**1136**	Manager, project (*telecommunications*)
218	**1141**	Manager, planning (*manufacturing*)			
113	**1123**	Manager, planning (*public utilities*)			Manager, project - *see also* Manager ( )
733	**1235**	Manager, plant, recycling	123	**1134**	Manager, projects (*advertising*)
111	**1122**	Manager, plant (*building and contracting*)	111	**1122**	Manager, projects (*building and contracting*)
199	**1239**	Manager, plant (*hire service*)	110	**1121**	Manager, projects
110	**1121**	Manager, plant	121	**1132**	Manager, promotion, sales
140	**1161**	Manager, port	176	**1225**	Manager, promotions, sports
123	**1134**	Manager, portfolio (*advertising*)	*121*	**1132**	Manager, promotions (marketing)
361	**3534**	Manager, portfolio	170	**1231**	Manager, property
160	**5111**	Manager, poultry	*199*	**1181**	Manager, prosthetic, senior
120	**1131**	Manager, practice, insolvency	*179*	**1163**	Manager, provisions
139	**1183**	Manager, practice (*dental practice*)	110	**1121**	Manager, publications, technical
139	**1183**	Manager, practice (*health services*)	*110*	**1121**	Manager, publications (technical)
139	**1183**	Manager, practice (*medical practice*)	123	**1134**	Manager, publicity
139	**1152**	Manager, practice	179	**1239**	Manager, publisher's
199	**1231**	Manager, premises	130	**1131**	Manager, purchase, hire
590	**S 5491**	Manager, prescription (*glass mfr*)	122	**1133**	Manager, purchasing
123	**1134**	Manager, press (advertising)	*139*	**1141**	Manager, QA
199	**1174**	Manager, prevention, loss	139	**1141**	Manager, quality
121	**1132**	Manager, pricing	*139*	**1141**	Manager, quality and performance
110	**1121**	Manager, print	113	**1123**	Manager, quarry
110	**1121**	Manager, printing	176	**1225**	Manager, racecourse
350	**1152**	Manager, probate	199	**1239**	Manager, radio, television and video hire
126	**1136**	Manager, processing, data			
122	**1133**	Manager, procurement	*123*	**1134**	Manager, raising, fund
179	**1163**	Manager, produce (*retail trade*)	*199*	**1235**	Manager, reclaim
199	**1137**	Manager, product (*research and development*)	*199*	**1235**	Manager, reclamation
			139	**1152**	Manager, records
121	**1132**	Manager, product	139	**1135**	Manager, recruitment
384	**1239**	Manager, production, theatrical	199	**1235**	Manager, recycling
384	**1239**	Manager, production, video	710	**1132**	Manager, regional (sales force)
126	**1136**	Manager, production (computing)	*110*	**1121**	Manager, regional (*manufacturing*)
123	**1134**	Manager, production (*advertising*)			Manager, regional - *see also* Manager
384	**1239**	Manager, production (*broadcasting*)			
111	**1122**	Manager, production (*building and contracting*)	*139*	**1152**	Manager, registry
			139	**1142**	Manager, relations, customer
384	**1239**	Manager, production (*entertainment*)	*124*	**1135**	Manager, relations, employee
384	**1239**	Manager, production (*film, television production*)	124	**1135**	Manager, relations, industrial
			123	**1134**	Manager, relations, public
110	**1121**	Manager, production	*140*	**1161**	Manager, removals
121	**1132**	Manager, products	110	**1121**	Manager, reprographics
126	**1136**	Manager, programme (computing)	121	**1132**	Manager, research, market
126	**1136**	Manager, programming	125	**1135**	Manager, research, operational
110	**1121**	Manager, progress	201	**1137**	Manager, research (agricultural)
126	**1136**	Manager, project, development, software	201	**1137**	Manager, research (biochemical)
			201	**1137**	Manager, research (biological)
126	**1136**	Manager, project, IT	201	**1137**	Manager, research (botanical)
126	**1136**	Manager, project (computing)	200	**1137**	Manager, research (chemical)
131	**1151**	Manager, project (*financial services*)	212	**1137**	Manager, research (engineering, electrical)
102	**1113**	Manager, project (*local government*)			
110	**1121**	Manager, project (*manufacturing*)	213	**1137**	Manager, research (engineering, electronic)
199	**1239**	Manager, project (*publishing*)			
199	**1137**	Manager, project (*research and development*)	211	**1137**	Manager, research (engineering, mechanical)

SOC 1990	SOC 2000	
202	1137	Manager, research (geological)
399	1137	Manager, research (historical)
201	1137	Manager, research (horticultural)
300	1137	Manager, research (medical)
202	1137	Manager, research (meteorological)
202	1137	Manager, research (physical science)
201	1137	Manager, research (zoological)
399	1137	Manager, research (*broadcasting*)
399	1137	Manager, research (*government*)
399	1137	Manager, research (*journalism*)
399	1137	Manager, research (*printing and publishing*)
209	1137	Manager, research
199	1137	Manager, research and development
139	1152	Manager, reservations
170	1231	Manager, resident
102	1185	Manager, residential (*residential home*)
102	1184	Manager, resource, community
124	1135	Manager, resources, human
174	1223	Manager, restaurant
179	1163	Manager, retail
121	1132	Manager, rights (*publishing company*)
176	1225	Manager, rink, skating
176	1225	Manager, room, ball
110	1121	Manager, room, composing
671	1239	Manager, room, linen (*hospital service*)
441	1239	Manager, room, pattern
110	1121	Manager, room, print
179	1163	Manager, room, sales
179	1163	Manager, room, show
141	1162	Manager, room, stock
110	1121	Manager, room, tool
102	1239	Manager, safety, community
396	1239	Manager, safety
199	1212	Manager, safety and environmental, health
199	1239	Manager, safety and hygiene
719	1132	Manager, sales, advertisement
719	1132	Manager, sales, advertising
139	1142	Manager, sales, after
710	1132	Manager, sales, area
710	1132	Manager, sales, district
710	1132	Manager, sales, field
179	1163	Manager, sales, fleet
710	1132	Manager, sales, regional
121	1132	Manager, sales, telephone
131	1151	Manager, sales (*bank, building society*)
170	1231	Manager, sales (*estate agents*)
179	1163	Manager, sales (*retail trade*)
121	1132	Manager, sales
121	1132	Manager, sales and advertising
121	1132	Manager, sales and commercial
121	1132	Manager, sales and marketing
121	1132	Manager, sales and service

SOC 1990	SOC 2000	
239	2319	Manager, school, language
176	1225	Manager, school (*riding school*)
199	1181	Manager, screening, health (*health authority*: *hospital service*)
		Manager, section - *see* Manager ( )
199	1184	Manager, sector (*health authority*: *hospital service*)
199	1174	Manager, security
199	1222	Manager, seminar
110	1185	Manager, service, care
126	1136	Manager, service, computer
179	1239	Manager, service, crane
131	1142	Manager, service, customer
140	1161	Manager, service, distribution
101	1181	Manager, service, health
199	1181	Manager, service, hospital
179	1232	Manager, service, motorcycles
140	1142	Manager, service, passenger
199	1239	Manager, service, rental
171	1239	Manager, service, valet, car
110	1232	Manager, service (*garage*)
179	1163	Manager, service (*retail trade*)
110	1121	Manager, service
111	1122	Manager, services, building
174	1223	Manager, services, catering
126	1136	Manager, services, client (computing)
121	1132	Manager, services, client (*advertising*)
131	1151	Manager, services, client (*financial services*)
199	1181	Manager, services, clinical
102	1184	Manager, services, community
126	1136	Manager, services, computer
131	1142	Manager, services, customer
199	1239	Manager, services, domestic
102	1113	Manager, services, environmental
199	1137	Manager, services, forensic
199	1181	Manager, services, hospital, area
173	1221	Manager, services, hotel
170	1231	Manager, services, house
350	1152	Manager, services, legal
176	1225	Manager, services, leisure
199	1181	Manager, services, limb
253	1135	Manager, services, management
121	1132	Manager, services, marketing
126	1136	Manager, services, network
139	1231	Manager, services, office
140	1142	Manager, services, passenger
176	1225	Manager, services, recreation
111	1122	Manager, services, site
102	1184	Manager, services, social
199	1239	Manager, services, student
110	1121	Manager, services, technical
126	1136	Manager, services (computing)
131	1151	Manager, settlements
155	1173	Manager, shift (*Immigration Reception Centre*)
110	1121	Manager, shift

SOC 1990	SOC 2000		SOC 1990	SOC 2000	
139	1161	Manager, shipping	102	1113	Manager, standards, trading
691	1239	Manager, shop, betting	176	1225	Manager, stand (*entertainment*)
110	1232	Manager, shop, body (*vehicle trades*)	179	1163	Manager, station, petrol
178	1163	Manager, shop, butcher's	*113*	1123	Manager, station, power
179	1163	Manager, shop, charity	*179*	1163	Manager, station, service
110	1121	Manager, shop, colour	199	1173	Manager, station (ambulance)
179	1163	Manager, shop, farm	140	1161	Manager, station (bus)
174	1223	Manager, shop, fish and chip	140	1161	Manager, station (coach)
178	1163	Manager, shop, fishmonger's	140	1161	Manager, station (railways)
179	1239	Manager, shop, hire	*140*	1161	Manager, station (*airlines*)
731	1234	Manager, shop, mobile	110	1121	Manager, steelworks
179	1239	Manager, shop, video	*160*	1211	Manager, stock, farm
179	1163	Manager, shop (*agriculture*)	*160*	1211	Manager, stock, live
199	1239	Manager, shop (*bookmakers, turf accountants*)	141	1162	Manager, stock
			141	1162	Manager, store, cold
179	1163	Manager, shop (*charitable organisation*)	179	1163	Manager, store (*retail trade*)
			141	1162	Manager, store
179	1239	Manager, shop (*dyeing and cleaning*)	141	1162	Manager, stores, ship's
			179	1163	Manager, stores (*retail trade*)
172	1233	Manager, shop (*hairdressing*)	141	1162	Manager, stores
179	1163	Manager, shop (*horticulture*)	*121*	1132	Manager, strategy, business
179	1239	Manager, shop (*laundry receiving shop*)	169	1219	Manager, stud
			384	3432	Manager, studio (*broadcasting*)
110	1121	Manager, shop (*manufacturing*)	384	3416	Manager, studio (*entertainment*)
110	1121	Manager, shop (*metal trades*)	381	3416	Manager, studio
199	1239	Manager, shop (*radio, television, video hire*)	125	1135	Manager, study, works
			122	1133	Manager, supplies
731	1234	Manager, shop (*retail trade: mobile shop*)	*139*	1152	Manager, support, business
			139	1142	Manager, support, customer
221	1182	Manager, shop (*retail trade: pharmacists*)	*126*	1136	Manager, support, desktop
			126	1136	Manager, support, IT
179	1163	Manager, shop (*retail, wholesale trade*)	*121*	1132	Manager, support, marketing
			126	1136	Manager, support, PC
174	1223	Manager, shop (*take-away food shop*)	*126*	1136	Manager, support, systems
			126	1136	Manager, support, technical (computing)
177	1226	Manager, shop (*travel agents*)			
179	1163	Manager, showroom	*126*	1136	Manager, support (computing)
173	1221	Manager, site, camping	*199*	1181	Manager, support (radiology)
173	1221	Manager, site, caravan	*102*	1184	Manager, support (*social services: non-residential*)
179	1235	Manager, site, landfill			
320	3131	Manager, site, web	*370*	1185	Manager, support (*social services: residential*)
199	1239	Manager, site (*cleaning services*)			
672	6232	Manager, site (*educational establishment*)	*126*	1136	Manager, system, network, computer
			126	1136	Manager, systems, business
111	1122	Manager, site	*120*	1131	Manager, systems, financial
131	1151	Manager, society, building	*141*	1162	Manager, systems, inventory
139	1151	Manager, society, friendly	139	1141	Manager, systems, quality
126	1136	Manager, software	*110*	1121	Manager, systems (*printing*)
350	1152	Manager, solicitor's	126	1136	Manager, systems
141	1162	Manager, spares	179	1163	Manager, tailor's
176	1225	Manager, sports	*102*	1113	Manager, tax, council
169	5119	Manager, stable	362	1131	Manager, tax
176	1225	Manager, stadium	362	1131	Manager, taxation
124	1135	Manager, staff	*121*	1132	Manager, team (sales force)
384	3432	Manager, stage (*broadcasting*)	387	3442	Manager, team (sports)
384	3416	Manager, stage (*entertainment*)	*293*	1184	Manager, team (*community care*)
179	1163	Manager, stall, book	293	1184	Manager, team (*social services*)
732	1234	Manager, stall (*retail trade*)	*126*	1136	Manager, technical, computer
139	1141	Manager, standards, operations	*126*	1136	Manager, technical (computing)

SOC 1990	SOC 2000	
384	**3434**	Manager, technical (lighting)
199	**1137**	Manager, technical (research and development)
110	**1121**	Manager, technical
126	**1136**	Manager, technology, information
139	**1152**	Manager, tele-marketing
126	**1136**	Manager, Telecom, British
126	**1136**	Manager, telecommunications
121	**1132**	Manager, telemarketing
139	**1152**	Manager, telephone
121	**1132**	Manager, telesales
142	**1161**	Manager, terminal (*oil distribution*)
142	**1162**	Manager, terminal
142	**1162**	Manager, terminals, container
710	**3542**	Manager, territory
126	**1136**	Manager, test (computing)
110	**1121**	Manager, textile
340	**3211**	Manager, theatre (*hospital service*)
176	**1225**	Manager, theatre
384	**1239**	Manager, tour (*entertainment*)
630	**6213**	Manager, tour (*tour operator*)
384	**1239**	Manager, touring (*entertainment*)
123	**1134**	Manager, tourism
177	**1226**	Manager, tourist
177	**1226**	Manager, tours
179	**1163**	Manager, trade
123	**1134**	Manager, traffic (*advertising*)
140	**1161**	Manager, traffic
881	**6215**	Manager, train
124	**1135**	Manager, training
124	**1135**	Manager, training and development
126	**1136**	Manager, transmission (computing)
140	**1161**	Manager, transport
142	**1162**	Manager, transport and warehouse
177	**1226**	Manager, travel
120	**1131**	Manager, treasury
199	**1137**	Manager, tunnel, wind
452	**1152**	Manager, typing
131	**1151**	Manager, underwriting
131	**1151**	Manager, unit, mortgage
124	**1135**	Manager, unit, NVQ
160	**5111**	Manager, unit, pig
199	**1185**	Manager, unit, rehabilitation
174	**1223**	Manager, unit (catering)
340	**3211**	Manager, unit (*hospital service*)
102	**1184**	Manager, unit (*social services*: non-residential)
370	**1185**	Manager, unit (*social services*: residential)
199	**1181**	Manager, vaccination
126	**1136**	Manager, validation (computing)
360	**1131**	Manager, valuation
120	**1131**	Manager, VAT
139	**1152**	Manager, wages
340	**1181**	Manager, ward
142	**1162**	Manager, warehouse
169	**1212**	Manager, warning, flood
139	**1142**	Manager, warranty
320	**3131**	Manager, web
179	**1163**	Manager, wholesale
102	**1184**	Manager, work, social
199	**1235**	Manager, works, sewage
111	**1122**	Manager, works (*building and contracting*)
110	**1121**	Manager, works
171	**1232**	Manager, workshop (*garage*)
110	**1121**	Manager, workshop
110	**1121**	Manager, workshops
110	**1121**	Manager, yard, boat
169	**1219**	Manager, yard, livery
110	**1121**	Manager, yard, ship
142	**1162**	Manager, yard
174	**1223**	Manager (catering)
126	**1136**	Manager (computing)
176	**1225**	Manager (leisure services)
121	**1132**	Manager (marketing)
123	**1134**	Manager (public relations)
199	**1239**	Manager (radio, television and video hire)
176	**3442**	Manager (sports)
121	**1132**	Manager (telephone sales)
139	**1131**	Manager (*accountancy*)
120	**1131**	Manager (*accountancy services*)
123	**1134**	Manager (*advertising*)
160	**1211**	Manager (*agricultural contracting*)
160	**1211**	Manager (*agriculture*)
703	**1132**	Manager (*airbrokers*)
111	**1122**	Manager (*alarm, security installation*)
199	**1239**	Manager (*architectural practice*)
719	**1231**	Manager (*auctioneers*)
361	**1151**	Manager (*average adjusting*)
120	**1131**	Manager (*banking: merchant*)
131	**1151**	Manager (*banking*)
172	**1233**	Manager (*beauty salon*)
172	**1233**	Manager (*beauty treatment*)
176	**1225**	Manager (*betting and gambling: casino, gaming club*)
691	**1239**	Manager (*betting and gambling*)
176	**1225**	Manager (*bingo hall*)
199	**1239**	Manager (*bookmakers, turf accountants*)
179	**1163**	Manager (*builders' merchants*)
111	**1122**	Manager (*building and contracting*)
131	**1151**	Manager (*building society*)
176	**1225**	Manager (*cable television broadcasting*)
174	**1223**	Manager (*café*)
173	**1221**	Manager (*camping site*)
199	**1239**	Manager (*car hire*)
199	**1239**	Manager (*car park*)
199	**1239**	Manager (*car wash, valeting*)
173	**1221**	Manager (*caravan site*)
174	**1223**	Manager (*catering*)
179	**1163**	Manager (*charity: retail*)
190	**1114**	Manager (*charity*)
370	**1185**	Manager (*children's home*)
239	**1239**	Manager (*children's nursery*)

SOC 1990	SOC 2000	
176	1225	Manager (*cinema*)
371	1239	Manager (*Citizens Advice Bureau*)
111	1122	Manager (*civil engineering*)
169	1219	Manager (*clam cultivation*)
179	1239	Manager (*cleaning services*)
179	1235	Manager (*cleansing services*)
111	1122	Manager (*coal mine: opencast*)
110	1121	Manager (*coke ovens*)
703	1132	Manager (*commission agents*)
126	1136	Manager (*computer services*)
199	1222	Manager (*conference organisers*)
199	1222	Manager (*corporate hospitality*)
140	1161	Manager (*courier service*)
130	1131	Manager (*credit company*)
199	1239	Manager (*dating agency*)
140	1161	Manager (*distribution company*)
393	1239	Manager (*driving school*)
191	2317	Manager (*education*)
111	1122	Manager (*electrical contracting*)
113	1123	Manager (*electricity supplier*)
139	1152	Manager (*employment agency: private*)
110	1121	Manager (*engineering*)
199	1212	Manager (*environmental agency*)
199	1212	Manager (*environmental consultancy*)
170	1231	Manager (*estate agents*)
702	1132	Manager (*export agency*)
179	1163	Manager (*filling station*)
120	1131	Manager (*financial services*)
169	1219	Manager (*fish hatchery*)
169	1219	Manager (*fishing company*)
387	1225	Manager (*football club*)
169	1219	Manager (*forestry*)
140	1161	Manager (*freight forwarding*)
160	1211	Manager (*fruit growing*)
179	1163	Manager (*fuel merchant*)
690	1239	Manager (*funeral directors*)
171	1232	Manager (*garage*)
179	1163	Manager (*garden centre*)
169	1219	Manager (*gardening, grounds keeping services*)
176	1225	Manager (*golf club*)
172	1233	Manager (*hairdressing*)
140	1161	Manager (*haulage contractor*)
199	1181	Manager (*health authority*)
199	1239	Manager (*hire shop*)
173	1221	Manager (*holiday camp*)
173	1221	Manager (*holiday flats*)
160	1211	Manager (*horticulture*)
221	1182	Manager (*hospital pharmacists*)
199	1181	Manager (*hospital service*)
173	1221	Manager (*hostel*)
173	1221	Manager (*hotels*)
170	1231	Manager (*housing association*)
702	1132	Manager (*import agency*)
126	1136	Manager (*information systems*)
139	1151	Manager (*insurance*)
361	1151	Manager (*insurance brokers*)

SOC 1990	SOC 2000	
103	1152	Manager (*Job Centre*)
179	1239	Manager (*laundry, launderette, dry cleaning*)
176	1225	Manager (*leisure centre*)
179	1239	Manager (*library*)
169	1219	Manager (*livery stable*)
179	1163	Manager (*livestock dealing*)
120	1131	Manager (*loan company*)
179	1235	Manager (*local government: cleansing dept*)
111	1122	Manager (*local government: highways dept*)
199	1239	Manager (*machinery hire*)
179	1163	Manager (*mail order establishment*)
110	1121	Manager (*manufacturing*)
160	1211	Manager (*market gardening*)
121	1132	Manager (*market research*)
139	1183	Manager (*medical practice*)
113	1123	Manager (*mine (not opencast): quarry*)
110	1121	Manager (*mineral oil processing*)
140	1161	Manager (*minicab service*)
130	1131	Manager (*money lending*)
169	1219	Manager (*mussel cultivation*)
174	1223	Manager (*NAAFI: canteen*)
179	1163	Manager (*NAAFI: shop*)
176	1225	Manager (*night club*)
110	1121	Manager (*nuclear fuel production*)
340	1185	Manager (*nursing home*)
199	1181	Manager (*nursing services*)
179	1163	Manager (*off-licence*)
199	1231	Manager (*office services*)
370	1185	Manager (*old people's home*)
169	1219	Manager (*oyster cultivation*)
110	1121	Manager (*packing company*)
173	1221	Manager (*passenger ships*)
179	1163	Manager (*pawnbrokers*)
179	1163	Manager (*petrol station*)
199	1239	Manager (*photographic studios*)
199	1239	Manager (*plant hire*)
131	1151	Manager (*postal services*)
110	1121	Manager (*printing*)
199	1174	Manager (*private detective agency*)
190	1114	Manager (*professional association*)
170	1231	Manager (*property investment company*)
170	1231	Manager (*property management*)
176	1225	Manager (*public baths*)
175	1224	Manager (*public houses*)
113	1123	Manager (*public utilities*)
113	1123	Manager (*quarrying and extraction*)
176	1225	Manager (*radio broadcasting*)
139	1152	Manager (*radio station*)
124	1135	Manager (*recruitment agency*)
733	1235	Manager (*recycling plant*)
199	1235	Manager (*refuse disposal*)
199	1235	Manager (*refuse, waste disposal, sanitation*)

SOC 1990	SOC 2000		SOC 1990	SOC 2000	
199	**1114**	Manager (*religious organisation*)	*177*	**1226**	Manager (*travel agents*)
140	**1161**	Manager (*removals company*)	169	**1219**	Manager (*tree felling services and related*)
199	**1239**	Manager (*repairing: consumer goods*)	199	**1239**	Manager (*typewriting agency*)
110	**1232**	Manager (*repairing: motor vehicles*)	*171*	**1232**	Manager (*tyre dealers*)
199	**1137**	Manager (*research and development*)	*199*	**1239**	Manager (*video shop*)
173	**1221**	Manager (*residential club*)	124	**1135**	Manager (*vocational training*)
370	**1185**	Manager (*residential home*)	142	**1162**	Manager (*warehousing*)
174	**1223**	Manager (*restaurant*)	*179*	**1235**	Manager (*waste disposal*)
732	**1239**	Manager (*retail trade: market stall*)	102	**1184**	Manager (*welfare services*)
731	**1239**	Manager (*retail trade: mobile shop*)	113	**1123**	Manager (*well drilling*)
730	**1239**	Manager (*retail trade: party plan sales*)	179	**1163**	Manager (*wholesale trade*)
221	**1182**	Manager (*retail trade: pharmacists*)	175	**1224**	Manager (*wine bar*)
199	**1239**	Manager (*retail trade: video shop*)	*169*	**1219**	Manager (*zoological gardens*)
179	**1163**	Manager (*retail trade*)	199	**1239**	Manager and Registrar (cemetery)
176	**1225**	Manager (*riding school*)	199	**1239**	Manager and Registrar (crematorium)
199	**1239**	Manager (*safe deposit*)	201	**1137**	Manager of field trials (*NIAB*)
733	**1235**	Manager (*scrap merchants, breakers*)	*125*	**1142**	Manager of product support
199	**1174**	Manager (*security services*)	*370*	**1185**	Manager of residential home
199	**1239**	Manager (*services development*)	701	**3541**	Manciple
199	**1235**	Manager (*sewage works*)	839	**8117**	Mangler, plate
370	**1185**	Manager (*sheltered housing*)	839	**8117**	Mangler (*steelworks*)
703	**1132**	Manager (*ship brokers*)	661	**6222**	Manicurist
110	**1121**	Manager (*ship building, repairing*)	590	**5491**	Manipulator, glass
139	**1161**	Manager (*shipping and freight forwarding agency*)	889	**8122**	Manipulator, tub (*coal mine*)
176	**1225**	Manager (*snooker, billiards hall*)	899	**8129**	Manipulator, tube (metal)
175	**1224**	Manager (*social club*)	824	**8115**	Manipulator, tube (rubber)
103	**1152**	Manager (*Social Security Office*)	839	**8117**	Manipulator (*metal mfr*)
102	**1184**	Manager (*social services*)	825	**8116**	Manipulator (*plastics goods mfr*)
126	**1136**	Manager (*software company*)	699	**3413**	Mannequin
110	**1121**	Manager (*solid fuel mfr*)	570	**5315**	Manufacturer, door
176	**1225**	Manager (*sports activities*)	570	**5315**	Manufacturer, kitchen
179	**1163**	Manager (*steel stockholders*)	595	**5112**	Manufacturer, seed
110	**1121**	Manager (*steelworks*)	553	**8137**	Manufacturer (*badges*)
361	**1151**	Manager (*stock jobbers*)	555	**5413**	Manufacturer (*bags*)
131	**1151**	Manager (*stockbrokers*)	599	**5499**	Manufacturer (*basketry*)
142	**1162**	Manager (*storage*)	554	**5412**	Manufacturer (*bedding*)
140	**1161**	Manager (*taxi service*)	599	**5499**	Manufacturer (*brushes, brooms*)
174	**1223**	Manager (*tea room*)	899	**8129**	Manufacturer (*buttons*)
131	**1136**	Manager (*telecommunications services*)	559	**5419**	Manufacturer (*canvas goods*)
176	**1225**	Manager (*television: production, broadcasting*)	599	**8119**	Manufacturer (*cast concrete goods*)
			590	**5491**	Manufacturer (*ceramics*)
139	**1152**	Manager (*television: transmission station*)	820	**8114**	Manufacturer (*chemicals*)
			559	**5419**	Manufacturer (*clothing*)
176	**1225**	Manager (*theatre*)	516	**5316**	Manufacturer (*double glazing*)
384	**1239**	Manager (*theatrical agency*)	599	**5499**	Manufacturer (*fancy goods*)
139	**1152**	Manager (*ticket agency*)	859	**8139**	Manufacturer (*firelighters*)
179	**1163**	Manager (*timber merchants*)	506	**5322**	Manufacturer (*fireplaces*)
190	**1114**	Manager (*trade association*)	580	**5432**	Manufacturer (*food products, flour confectionery*)
190	**1114**	Manager (*trade union*)			
179	**1163**	Manager (*trading stamp redemption office*)	809	**8111**	Manufacturer (*food products, sugar confectionery*)
			809	**8111**	Manufacturer (*food products*)
124	**1135**	Manager (*training establishment*)	555	**5413**	Manufacturer (*footwear*)
140	**1161**	Manager (*transport*)	599	**5492**	Manufacturer (*furniture, cane furniture*)
			899	**8129**	Manufacturer (*furniture, metal furniture*)

Standard Occupational Classification 2000 Volume 2 153

SOC 1990	SOC 2000		SOC 1990	SOC 2000	
571	**5492**	Manufacturer (furniture)	*239*	**2319**	Marker, exam
820	**8114**	Manufacturer (gas)	839	**8117**	Marker, hall (*Assay Office*)
590	**5491**	Manufacturer (glass)	839	**8117**	Marker, ingot (*metal mfr*)
553	**8137**	Manufacturer (gloves)	850	**8131**	Marker, line, sub-assembly (*radio mfr*)
559	**5419**	Manufacturer (hats)	559	**5419**	Marker, lining
517	**5224**	Manufacturer (instruments)	515	**5222**	Marker, part
518	**5495**	Manufacturer (jewellery, plate)	559	**5419**	Marker, pattern (down quilt, etc)
570	**5315**	Manufacturer (joinery)	559	**5419**	Marker, piece (*textile mfr*)
570	**5315**	Manufacturer (kitchens and bedrooms)	839	**8117**	Marker, plate (*rolling mill*)
			913	**9139**	Marker, plater's
551	**5411**	Manufacturer (knitwear)	923	**8142**	Marker, road
810	**8114**	Manufacturer (leather)	569	**8139**	Marker, size
555	**5413**	Manufacturer (leather goods)	555	**5413**	Marker, stitch (*footwear mfr*)
516	**5223**	Manufacturer (machinery)	555	**5413**	Marker, strip
533	**5213**	Manufacturer (metal goods, sheet metal goods)	569	**8139**	Marker, timber
			569	**8139**	Marker, trade
899	**8129**	Manufacturer (metal goods)	569	**8139**	Marker, upper (*footwear mfr*)
830	**8117**	Manufacturer (metals)	569	**8139**	Marker, valve
570	**5315**	Manufacturer (models)	569	**8139**	Marker (*brewery*)
593	**5494**	Manufacturer (musical instruments)	557	**8136**	Marker (*clothing mfr*)
572	**8121**	Manufacturer (packing cases)	559	**5419**	Marker (*embroidery mfr*)
821	**8121**	Manufacturer (paper)	555	**5413**	Marker (*footwear mfr*)
569	**8121**	Manufacturer (paper goods)	559	**5419**	Marker (*hosiery, knitwear mfr*)
825	**8116**	Manufacturer (plastics goods)	569	**8139**	Marker (*laundry, launderette, dry cleaning*)
814	**8113**	Manufacturer (rope, twine)			
824	**8115**	Manufacturer (rubber goods)	534	**5214**	Marker (*metal trades: boiler mfr*)
570	**5315**	Manufacturer (shop and office fittings)	899	**8129**	Marker (*metal trades: clog iron mfr*)
			841	**8125**	Marker (*metal trades: cutlery mfr*)
809	**8111**	Manufacturer (soft drinks)	515	**5222**	Marker (*metal trades: engineering*)
599	**5499**	Manufacturer (sports goods)	599	**5499**	Marker (*metal trades: file mfr*)
599	**5499**	Manufacturer (surgical appliances)	841	**8125**	Marker (*metal trades: fish hook mfr*)
599	**5499**	Manufacturer (textile machinery accessories)	863	**8134**	Marker (*metal trades: galvanised sheet mfr*)
814	**8113**	Manufacturer (textiles)	841	**8125**	Marker (*metal trades: needle mfr*)
802	**8111**	Manufacturer (tobacco)	899	**8129**	Marker (*metal trades: pen nib mfr*)
599	**5499**	Manufacturer (toys)	869	**8139**	Marker (*metal trades: rolling mill*)
559	**5419**	Manufacturer (umbrellas)	516	**5222**	Marker (*metal trades: scales mfr*)
516	**5223**	Manufacturer (vehicles)	533	**5213**	Marker (*metal trades: sheet metal working*)
517	**5224**	Manufacturer (watches, clocks)			
516	**5316**	Manufacturer (windows)	534	**5214**	Marker (*metal trades: shipbuilding*)
579	**5492**	Manufacturer (wood products)	869	**8139**	Marker (*metal trades: steel sheet, strip mfr*)
562	**5423**	Marbler, paper			
562	**5423**	Marbler (*bookbinding*)	869	**8139**	Marker (*metal trades: tinplate mfr*)
810	**8114**	Marbler (*leather dressing*)	809	**8111**	Marker (*sugar, sugar confectionery mfr*)
600	**3311**	Marine			
169	**1219**	Mariner, master (*fishing*)	559	**5419**	Marker (*textile mfr*)
332	**3513**	Mariner, master	579	**5494**	Marker-off, piano
903	**9119**	Mariner (*fishing*)	534	**5214**	Marker-off (*boiler mfr*)
880	**8217**	Mariner	515	**5222**	Marker-off (*engineering*)
569	**8139**	Marker, bale	839	**8117**	Marker-off (*foundry*)
839	**8117**	Marker, billet (*steelworks*)	534	**5214**	Marker-off (*shipbuilding*)
699	**9229**	Marker, billiard	559	**5419**	Marker-off (*textile mfr*)
699	**9229**	Marker, board (*bookmakers, turf accountants*)	863	**8134**	Marker-off (*tube mfr*)
			579	**5492**	Marker-off (*wood products mfr*)
569	**8139**	Marker, box	515	**5222**	Marker-out (*engineering*)
559	**5419**	Marker, button	863	**8134**	Marker-out (*fustian, velvet mfr*)
559	**5419**	Marker, buttonhole	591	**5491**	Marker-out (*glass mfr*)
801	**8111**	Marker, cask	579	**5492**	Marker-out (*wood products mfr*)
869	**8139**	Marker, dial	591	**5491**	Marker-up, lens

SOC 1990	SOC 2000	
557	8136	Marker-up (*clothing mfr*)
150	1171	Marshal, air
150	1171	Marshal, field
889	8219	Marshal (*transport*)
150	1171	Marshal of the RAF
150	1171	Marshal of the Royal Air Force
699	9226	Marshall, lane
889	8218	Marshaller, aircraft
889	8219	Marshaller (*transport*)
953	9223	Masher, tea
801	8111	Mashman
869	8139	Masker, paint
844	8125	Masker (files)
869	8139	Masker (*metal trades*)
500	5312	Mason, banker
590	5491	Mason, fireclay
500	5312	Mason, fixer
500	5312	Mason, monumental
500	5312	Mason, quarry
500	5312	Mason, stone (*coal mine*)
500	5312	Mason, stone
924	8142	Mason, street
500	5312	Mason, walling
590	5491	Mason, ware, sanitary
500	5312	Mason (*coal mine*)
500	5312	Mason
347	3229	Masseur
441	9149	Master, baggage
239	3414	Master, ballet
385	3415	Master, band
332	3513	Master, barge
889	8219	Master, bridge
699	6211	Master, caddy
811	S 8113	Master, card
384	3416	Master, choir
176	1225	Master, club
880	S 8217	Master, derrick
140	1161	Master, dock
885	S 8229	Master, dredger
885	S 8229	Master, dredging
895	S 8149	Master, gang (*drainage board*)
900	S 9111	Master, gang
140	1161	Master, harbour
234	2315	Master, head (*nursery school*)
234	2315	Master, head (*primary school*)
233	2314	Master, head (*secondary school*)
233	2314	Master, head (*sixth form college*)
235	2316	Master, head (*special school*)
889	S 9139	Master, hopper
370	6114	Master, house (*local government: social services dept*)
234	2315	Master, house (*nursery school*)
234	2315	Master, house (*primary school*)
233	2314	Master, house (*secondary school*)
233	2314	Master, house (*sixth form college*)
235	2316	Master, house (*special school*)
931	8218	Master, load (*airlines*)
889	8219	Master, lock
410	4122	Master, pay
140	1161	Master, pier
140	1161	Master, port
131	1151	Master, post, sub
131	1151	Master, post
699	6211	Master, property
898	8123	Master, quarry
600	3311	Master, quarter (*armed forces*)
880	8217	Master, quarter (*shipping*)
441	4133	Master, quarter
140	1161	Master, quay
387	3442	Master, riding
234	2315	Master, school (*nursery school*)
234	2315	Master, school (*primary school*)
233	2314	Master, school (*secondary school*)
233	2314	Master, school (*sixth form college*)
235	2316	Master, school (*special school*)
332	3513	Master, ship
332	3513	Master, ships
812	S 8113	Master, spinning
140	1161	Master, station
131	1151	Master, sub-post
889	8219	Master, swingbridge
699	6211	Master, toast
332	3513	Master, tug
699	6211	Master, wardrobe
320	3131	Master, web
813	S 8113	Master, winding
332	3513	Master, yacht
370	6114	Master (*communal establishment*)
169	1219	Master (*fishing*)
240	2411	Master (*high courts*)
898	S 8123	Master (*metal mine*)
234	2315	Master (*nursery school*)
234	2315	Master (*primary school*)
233	2314	Master (*secondary school*)
332	3513	Master (*shipping*)
233	2314	Master (*sixth form college*)
235	2316	Master (*special school*)
332	3513	Master (*Trinity House*)
600	3311	Master at Arms (*armed forces*)
880	S 8217	Master at Arms (*shipping*)
699	6211	Master of ceremonies (*entertainment*)
332	3513	Master of lightship
112	1122	Master of works
814	8113	Matcher, colour (*leathercloth mfr*)
829	8119	Matcher, colour (*linoleum mfr*)
829	8114	Matcher, colour (*paint mfr*)
829	8116	Matcher, colour (*plastics goods mfr*)
829	8114	Matcher, colour (*printing*)
814	8113	Matcher, colour (*textile mfr*)
599	5499	Matcher, hair
579	5492	Matcher, veneer
814	8113	Matcher, yarn
559	5419	Matcher (*clothing mfr*)
559	5419	Matcher (*hat mfr*)
921	9121	Mate, asphalter's
913	9139	Mate, bender's (metal)
839	8117	Mate, blacksmith's

Standard Occupational Classification 2000 Volume 2   155

SOC 1990	SOC 2000		SOC 1990	SOC 2000	
903	S 9119	Mate, boat, fishing	913	9139	Mate, rigger's
880	S 8217	Mate, boatswain's	913	9139	Mate, riveter's
921	9121	Mate, builder's	921	9121	Mate, roofer's
913	9139	Mate, burner's	920	9121	Mate, sawyer's
920	9121	Mate, carpenter's	921	9121	Mate, scaffolder's
920	9121	Mate, carpenter' and joiner's	332	3513	Mate, second
332	3513	Mate, chief	921	9121	Mate, sheeter's
952	9223	Mate, cook's	913	9139	Mate, shipwright's
921	9121	Mate, coverer's, boiler	921	9121	Mate, slater's
920	9121	Mate, craftsman's (*wood products mfr*)	913	9139	Mate, smith's (boiler)
921	9121	Mate, craftsman's	913	9139	Mate, smith's (copper)
913	9139	Mate, driller's (*shipbuilding*)	839	8117	Mate, smith's
932	9141	Mate, driver's, crane	814	8113	Mate, splicer's, rope
889	9139	Mate, driver's, dredger	841	8125	Mate, stamper's
889	8229	Mate, driver's, excavator	921	9121	Mate, steeplejack's
934	9149	Mate, driver's, lorry	893	8124	Mate, stoker's
934	9149	Mate, driver's	912	9139	Mate, tester's (motor cars)
913	9139	Mate, electrician's	332	3513	Mate, third
990	9149	Mate, emptier's, gulley	921	9121	Mate, tiler's
913	9139	Mate, engineer's	921	9121	Mate, timberman's
913	9139	Mate, erector's	903	S 9119	Mate, trawler
990	8216	Mate, examiner's, cable (*railways*)	332	3513	Mate, tug
332	3513	Mate, first	814	8113	Mate, weaver's
913	9139	Mate, fitter's, pipe	913	9139	Mate, welder's
913	9139	Mate, fitter's	920	9121	Mate, wheelwright's
921	9121	Mate, fixer's	913	9139	Mate, wireman's
921	9121	Mate, flagger's	880	S 8217	Mate (*boat, barge*)
839	8117	Mate, forger's, drop	880	8217	Mate (*docks*)
332	3513	Mate, fourth	903	S 9119	Mate (*fishing*)
829	9139	Mate, fuser's	332	3513	Mate (*shipping*)
921	9121	Mate, glazier's	880	8217	Mate on barge
912	9139	Mate, grinder's (metal)	880	S 8217	Mate-in-charge
920	9121	Mate, joiner's	202	2113	Mathematician
913	9139	Mate, jointer's, cable	*370*	6114	Matron, home
921	9121	Mate, jointer's, pipe	173	1221	Matron, hostel
913	9139	Mate, jointer's (*electricity supplier*)	673	S 9234	Matron, laundry
921	9121	Mate, lagger's	340	6114	Matron, school
921	9121	Mate, layer's, brick	553	8137	Matron, sewing
921	9121	Mate, layer's, granolithic	370	6114	Matron (*communal establishment*)
921	9121	Mate, layer's, main	370	6114	Matron (*day nursery*)
929	9129	Mate, layer's, plate	340	6114	Matron (*education*)
921	9121	Mate, layer's, service	340	3211	Matron (*medical services*)
921	9121	Mate, layer's, terrazzo	*370*	6114	Matron (*nursing home*)
913	9139	Mate, linesman's	619	9249	Matron (*police, prison service*)
809	8111	Mate, liquorman's (sugar)	*370*	6114	Matron (*residential home*)
920	9121	Mate, machinist's, wood	863	8134	Measurer, braid
913	9139	Mate, maker's, boiler	863	8134	Measurer, cloth (*textile mfr*)
921	9121	Mate, mason's	863	8134	Measurer, piece
913	9139	Mate, mechanic's	863	8134	Measurer, skin (*food products mfr*)
829	9139	Mate, miller's (cement)	860	8133	Measurer, steel
913	9139	Mate, millwright's	863	8134	Measurer, timber
869	9121	Mate, painter's	863	8134	Measurer, wood
921	9121	Mate, pavior's	863	8134	Measurer (*cable mfr*)
921	9121	Mate, plasterer's	863	8134	Measurer (*carpet, rug mfr*)
913	9139	Mate, plater's	863	8134	Measurer (*chemical mfr*)
913	9121	Mate, plumber and jointer's	556	5414	Measurer (*clothing mfr*)
913	9121	Mate, plumber's	410	4122	Measurer (*coal mine*)
869	8139	Mate, polisher's, french	420	4131	Measurer (*docks*)
891	9133	Mate, printer's	863	8134	Measurer (*leather dressing*)

SOC 1990	SOC 2000	
569	5421	Measurer (*paper pattern mfr*)
860	8133	Measurer (*rolling mill*)
863	8134	Measurer (*tape mfr*)
516	5223	Mechanic, agricultural
599	5223	Mechanic, battery
599	5223	Mechanic, builder's
517	5224	Mechanic, camera
540	5231	Mechanic, car
517	5224	Mechanic, clock
516	5223	Mechanic, colliery
517	5224	Mechanic, compass
540	5231	Mechanic, cycle, motor
592	3218	Mechanic, dental
592	3218	Mechanic, dentist's
521	5241	Mechanic, electrical
521	S 5241	Mechanic, electro, chief
521	S 5241	Mechanic, electro, district
521	5241	Mechanic, electro
529	5249	Mechanic, electronic
516	5223	Mechanic, experimental
516	5223	Mechanic, farm
540	5231	Mechanic, garage
516	5223	Mechanic, hosiery
529	5249	Mechanic, instrument, electronic
517	5224	Mechanic, instrument, optical
517	5224	Mechanic, instrument
516	5223	Mechanic, laboratory
516	5223	Mechanic, loom
598	5249	Mechanic, machine, adding
598	5249	Mechanic, machine, calculating
516	5223	Mechanic, machine, hosiery
516	5223	Mechanic, machine, knitting
516	5223	Mechanic, machine, sewing
516	5223	Mechanic, machine, vending
516	5223	Mechanic, machine, weighing
598	5249	Mechanic, machine (office machinery)
516	5223	Mechanic, machine
		Mechanic, maintenance - *see* Mechanic ( )
517	5224	Mechanic, meter (*electricity supplier*)
540	5231	Mechanic, motor
516	5223	Mechanic, mower
590	5491	Mechanic, optical
599	5499	Mechanic, orthopaedic
599	5499	Mechanic, pen
516	5223	Mechanic, plant
529	5249	Mechanic, radar
525	5244	Mechanic, radio
540	5231	Mechanic, reception
517	5224	Mechanic, recorder, time
516	5223	Mechanic, refrigeration
516	5223	Mechanic, research and experimental
501	5313	Mechanic, roof
540	5231	Mechanic, semi-skilled
880	8217	Mechanic, senior (*shipping*)
521	5249	Mechanic, service (domestic electrical appliances)

SOC 1990	SOC 2000	
540	5231	Mechanic, service (garage)
517	5224	Mechanic, service (instruments)
598	5249	Mechanic, service (office machinery)
525	5244	Mechanic, service (radio, television and video)
516	5249	Mechanic, service
899	8129	Mechanic, surgical
516	5223	Mechanic, technical
529	5242	Mechanic, telecommunications
521	5242	Mechanic, telephone (*telecommunications*)
523	5242	Mechanic, telephone
529	5249	Mechanic, teleprinter
525	5244	Mechanic, television
598	5249	Mechanic, totalisator
598	5249	Mechanic, typewriter
899	8129	Mechanic, umbrella
540	5231	Mechanic, vehicle
516	5223	Mechanic (aircraft)
540	5231	Mechanic (auto-engines)
517	5224	Mechanic (instruments)
593	5494	Mechanic (musical instruments)
598	5249	Mechanic (office machinery)
525	5244	Mechanic (radio, television and video)
523	5242	Mechanic (telephone, telegraph apparatus)
540	5231	Mechanic (vehicles)
540	5231	Mechanic (*garage*)
880	8217	Mechanic (*shipping*)
516	5223	Mechanic
540	5231	Mechanic and driver, motor
516	5223	Mechanic of the mine
516	5223	Mechanic-examiner
540	5231	Mechanic-fitter, motor
516	5223	Mechanic-fitter
516	S 5223	Mechanic-in-charge
		Mechanician - *see* Mechanic ( )
841	8125	Medallist
371	3232	Mediator
642	6112	Medic (oil rig)
292	6222	Medium
830	8117	Melter, bullion
830	8117	Melter, electric
829	8114	Melter, emulsion (photographic)
829	8114	Melter, fat
830	8117	Melter, gold
820	8114	Melter, grease
830	8117	Melter, hand, first
830	8117	Melter, lead
830	8117	Melter, platinum
830	8117	Melter, silver
830	8117	Melter, steel
809	8111	Melter, sugar
591	5491	Melter (*glass mfr*)
830	8117	Melter (*Royal Mint*)
830	8117	Melter (*steelworks*)
809	8111	Melter (*sugar refining*)
830	8117	Melter (*zinc smelting*)

SOC 1990	SOC 2000		SOC 1990	SOC 2000	
100	1111	Member, assembly (*National Assembly*)	733	1235	Merchant, salvage
			733	1235	Merchant, scrap
953	9223	Member, crew (*fast food outlet*)	179	1234	Merchant, timber
903	9119	Member, crew (*fishing*)	179	1234	Merchant, wine
350	3520	Member, panel (industrial tribunal)	*111*	1122	Merchant (*building and contracting*)
350	3520	Member, tribunal			
350	3520	Member (appeals tribunal, inquiry etc)	*710*	3542	Merchant (*manufacturing*)
100	1111	Member of European Parliament	730	7121	Merchant (*wholesale, retail trade: credit trade*)
361	3533	Member of Lloyds			
100	1111	Member of Parliament	730	7121	Merchant (*wholesale, retail trade: door-to-door sales*)
292	2444	Member of Religious Community			
100	1111	Member of Scottish Parliament	730	7121	Merchant (*wholesale, retail trade: party plan sales*)
241	2411	Member of the Inner Temple			
361	3532	Member of the Stock Exchange	*179*	3542	Merchant (*wholesale, retail trade*)
553	8137	Mender, bag	941	S 9211	Messenger, chief
555	5413	Mender, belt	941	S 9211	Messenger, head
553	8137	Mender, carpet	941	9211	Messenger, Queen's
553	8137	Mender, cloth (*textile mfr*)	941	9211	Messenger
516	5223	Mender, comb	619	9249	Messenger at arms
572	8121	Mender, crate	430	9211	Messenger-clerk
553	8137	Mender, dress (hosiery)	953	9223	Messman
553	8137	Mender, embroidery	823	8112	Metaler (glass)
553	8137	Mender, hosiery	569	5421	Metaller, bronzing
553	8137	Mender, invisible	839	8117	Metaller
553	8137	Mender, net	834	8118	Metalliser, spray
553	8137	Mender, piece	834	8118	Metalliser (*lamp, valve mfr*)
923	8142	Mender, road	219	2129	Metallographer
553	8137	Mender, sack	219	2129	Metallurgist
555	5413	Mender, shoe	202	2113	Meteorologist
555	5413	Mender, strap	820	8114	Methylator
533	5213	Mender, tank	300	3111	Metrologist
899	8129	Mender, tub (*coal mine*)	201	2112	Microbiologist
532	5314	Mender (domestic appliances, gas appliance)	300	3111	Microscopist, electron
			839	8117	Middler (*rolling mill*)
529	5249	Mender (domestic appliances)	150	1171	Midshipman (*armed forces*)
525	5244	Mender (radio, television, video)	332	3513	Midshipman (*shipping*)
553	8137	Mender (*communal establishment*)	341	S 3212	Midwife, superintendent
553	8137	Mender (*embroidery mfr*)	341	3212	Midwife
553	8137	Mender (*hotels, catering, public houses*)	341	S 3212	Midwife-tutor
			902	9119	Milker
553	8137	Mender (*laundry, launderette, dry cleaning*)	*731*	7123	Milkman (roundsman)
			902	9119	Milkman (*farming*)
553	8137	Mender (*textile mfr*)	731	7123	Milkman (*milk retailing*)
179	1234	Mercer	513	5221	Miller, band, space
552	8113	Merceriser	513	5221	Miller, bayonet
790	7125	Merchandiser, sales	552	8113	Miller, blanket
954	9251	Merchandiser (shelf filling)	513	5221	Miller, broaching
790	7125	Merchandiser	829	8119	Miller, cement
179	1234	Merchant, agricultural	552	8113	Miller, cloth
179	1234	Merchant, builders'	513	5221	Miller, cnc
179	1234	Merchant, coal	829	8119	Miller, coal (*cement mfr*)
732	7124	Merchant, firewood	513	5221	Miller, concave (needles)
178	1234	Merchant, fish	809	8111	Miller, corn
179	1234	Merchant, glass	518	5495	Miller, diamond (*jewellery, plate mfr*)
732	7124	Merchant, log	513	5221	Miller, die
733	1235	Merchant, metal, scrap	552	8113	Miller, dry (*textile mfr*)
733	1235	Merchant, paper, waste	829	8112	Miller, dust (*ceramics mfr*)
179	1239	Merchant, potato	829	8114	Miller, dyewood
733	1235	Merchant, rag and bone	513	5221	Miller, engineer

SOC 1990	SOC 2000	
513	5221	Miller, engineer's
513	5221	Miller, engineering
552	8113	Miller, felt
829	8112	Miller, flint (*ceramics mfr*)
821	8121	Miller, flour, wood
809	8111	Miller, flour
829	8112	Miller, glaze (*ceramics mfr*)
809	8111	Miller, grain
829	8119	Miller, gypsum
513	5221	Miller, horizontal
829	8119	Miller, lime
821	8121	Miller, logwood
513	5221	Miller, machine
829	8114	Miller, madder
801	8111	Miller, malt
513	5221	Miller, metal
809	8111	Miller, mustard
513	5221	Miller, nc
809	8111	Miller, oil
590	5491	Miller, optical
829	8114	Miller, paint
513	5221	Miller, profile
809	8111	Miller, provender
809	8111	Miller, rice
513	5221	Miller, room, tool
824	8115	Miller, rubber
897	8121	Miller, saw
820	8114	Miller, soap
552	8114	Miller, solvent
809	8111	Miller, spice
890	8123	Miller, stone (*mine: not coal*)
513	5221	Miller, tool
513	5221	Miller, universal
513	5221	Miller, vertical
829	8119	Miller, wash (*cement mfr*)
829	8119	Miller, wet (*cement mfr*)
552	8113	Miller, woollen
809	8111	Miller (*animal feeds mfr*)
801	8111	Miller (*brewery*)
829	8119	Miller (*cement mfr*)
829	8112	Miller (*ceramics mfr*)
820	8114	Miller (*chemical mfr*)
809	8111	Miller (*grain milling*)
811	8113	Miller (*hair, fibre dressing*)
513	5221	Miller (*metal trades*)
890	8123	Miller (*mine: not coal*)
821	8121	Miller (*paper mfr*)
825	8116	Miller (*plastics goods mfr*)
809	8111	Miller (*sugar refining*)
552	8113	Miller (*textile mfr*)
801	8111	Miller (*whisky distilling*)
513	5221	Miller and turner
551	5411	Milliner, hosiery
179	1234	Milliner (*retail trade*)
557	5414	Milliner
516	5223	Millwright
552	8113	Milner (*textile finishing*)
581	5431	Mincer, meat, sausage
902	6139	Minder, animal

SOC 1990	SOC 2000	
814	8113	Minder, back (*textile mfr*)
814	8113	Minder, backwash
889	8122	Minder, belt (*coal mine*)
912	9139	Minder, block (*wire mfr*)
893	8124	Minder, boiler
814	8113	Minder, bowl, scouring
814	8113	Minder, bowl, wash (*textile mfr*)
811	8113	Minder, box (*textile mfr*)
811	8113	Minder, can
811	8113	Minder, card
811	8113	Minder, carding
834	8118	Minder, cell (*metal trades: galvanising*)
889	9139	Minder, chain
659	6122	Minder, child
811	8113	Minder, comb
811	8113	Minder, condenser
814	8113	Minder, copper (straw plait)
890	8123	Minder, crusher (*mine: not coal*)
893	8124	Minder, engine
811	8113	Minder, finisher (blowing room)
813	8113	Minder, frame, cheesing
813	8113	Minder, frame, copping
811	8113	Minder, frame, lap (silk)
811	8113	Minder, frame, roving (jute)
811	8113	Minder, frame, slubbing
811	8113	Minder, frame
811	8113	Minder, front
930	9141	Minder, hatch
811	8113	Minder, head, balling
812	8113	Minder, head
811	8113	Minder, jack
812	8113	Minder, joiner
		Minder, machine - *see* Machinist
814	8113	Minder, motion
812	8113	Minder, mule
800	8111	Minder, oven (*bakery*)
891	9133	Minder, platen (*printing*)
999	9139	Minder, pump
811	8113	Minder, punch
811	8113	Minder, reducer (*wool drawing*)
809	8111	Minder, retort (*food canning*)
811	8113	Minder, rover
811	8113	Minder, roving
811	8113	Minder, scribbling
811	8113	Minder, scutcher
812	8113	Minder, side
552	8113	Minder, stenter
830	8117	Minder, stove
912	9139	Minder, swift (wire)
441	9149	Minder, tool
889	8122	Minder, turn (*coal mine*)
812	8113	Minder, twister (wool)
898	8123	Miner, clay
910	8122	Miner, coal, opencast
910	8122	Miner, coal
898	8123	Miner, tin
509	8149	Miner, tunnel
500	5312	Miner, wall

SOC 1990	SOC 2000		SOC 1990	SOC 2000	
910	8122	Miner (*coal mine*)	829	8114	Mixer, colour
898	8123	Miner (*mine: not coal*)	809	8111	Mixer, compound (*animal feeds mfr*)
202	2113	Mineralogist	820	8114	Mixer, compound
100	1111	Minister (*government*)	829	8119	Mixer, concrete
292	2444	Minister (*religion*)	820	8114	Mixer, cosmetic
292	2444	Minister of religion	811	8113	Mixer, cotton
292	2444	Missionary	809	8111	Mixer, cream, ice
292	2444	Missioner	820	8114	Mixer, depolariser
814	S 8113	Mistress, doffing	820	8114	Mixer, dope
234	2315	Mistress, head (*nursery school*)	800	8111	Mixer, dough (*flour confectionery mfr*)
234	2315	Mistress, head (*primary school*)	829	8116	Mixer, dough (*plastics goods mfr*)
233	2314	Mistress, head (*secondary school*)	824	8115	Mixer, dough (*rubber mfr*)
233	2314	Mistress, head (*sixth form college*)	829	8116	Mixer, dry (*plastics goods mfr*)
235	2316	Mistress, head (*special school*)	824	8115	Mixer, dry (*rubber goods mfr*)
234	2315	Mistress, house (*nursery school*)	386	3434	Mixer, dubbing
234	2315	Mistress, house (*primary school*)	829	8112	Mixer, dust (*ceramics mfr*)
233	2314	Mistress, house (*secondary school*)	820	8114	Mixer, dye
233	2314	Mistress, house (*sixth form college*)	820	8114	Mixer, electrolyte (*electric battery mfr*)
235	2316	Mistress, house (*special school*)	829	8114	Mixer, emulsion
553	8137	Mistress, needle	829	8114	Mixer, enamel
553	8137	Mistress, room, work	820	8114	Mixer, explosives
234	2315	Mistress, school (*nursery school*)	814	8113	Mixer, fibre, fur
234	2315	Mistress, school (*primary school*)	809	8111	Mixer, flour
233	2314	Mistress, school (*secondary school*)	829	8114	Mixer, fluid (*engineering*)
233	2314	Mistress, school (*sixth form college*)	809	8111	Mixer, food
235	2316	Mistress, school (*special school*)	829	8119	Mixer, glass
553	S 8137	Mistress, sewing	829	8112	Mixer, glaze (*ceramics mfr*)
814	S 8113	Mistress, shifting	820	8114	Mixer, glue
699	6211	Mistress, wardrobe	829	8112	Mixer, grog (*ceramics mfr*)
550	S 5411	Mistress, weaving	809	8111	Mixer, ice-cream
234	2315	Mistress (*nursery school*)	820	8114	Mixer, ink
234	2315	Mistress (*primary school*)	829	8114	Mixer, lacquer
233	2314	Mistress (*secondary school*)	824	8115	Mixer, latex
233	2314	Mistress (*sixth form college*)	829	8119	Mixer, lino
235	2316	Mistress (*special school*)	829	8119	Mixer, linoleum
820	8114	Mixer, acid	829	8119	Mixer, macadam
821	8121	Mixer, adhesive (*abrasive paper, cloth mfr*)	829	8119	Mixer, marl
			830	8117	Mixer, metal
929	9129	Mixer, asphalt (*building and contracting*)	820	8114	Mixer, oil
			829	8114	Mixer, paint
829	8119	Mixer, asphalt	829	8114	Mixer, paste, lead
824	8115	Mixer, banbury	820	8114	Mixer, paste (*paper goods mfr*)
820	8114	Mixer, batch (*chemical mfr*)	829	8116	Mixer, plastic
829	8112	Mixer, batch (*glass mfr*)	829	8116	Mixer, plastics
809	8111	Mixer, batch	829	8114	Mixer, polish, furniture
820	8114	Mixer, bleach (*paper*)	820	8114	Mixer, powder, fluorescent
811	8113	Mixer, bristle	829	8119	Mixer, putty
800	8111	Mixer, cake	809	8111	Mixer, recipe (*food products mfr*)
829	8114	Mixer, carbide, tungsten	820	8114	Mixer, resin
820	8114	Mixer, carbon	824	8115	Mixer, rubber
829	8119	Mixer, cement (*building and contracting*)	839	8117	Mixer, sand (*metal mfr*)
			820	8114	Mixer, size (*paper mfr*)
552	8114	Mixer, chemical (*textile mfr*)	552	8113	Mixer, size (*textile mfr*)
552	8114	Mixer, chemicals (*textile mfr*)	829	8119	Mixer, slurry (*cement mfr*)
809	8111	Mixer, chocolate	552	8114	Mixer, soap (*textile bleaching, dyeing*)
829	8112	Mixer, clay (*ceramics mfr*)			
820	8114	Mixer, clay (*paper mfr*)	820	8114	Mixer, soap
809	8111	Mixer, colour (*custard powder mfr*)	820	8114	Mixer, solution
829	8116	Mixer, colour (*plastics goods mfr*)	386	3434	Mixer, sound

SOC 1990	SOC 2000	
809	8111	Mixer, spice
800	8111	Mixer, sponge (*bakery*)
552	8114	Mixer, starch
809	8111	Mixer, sugar (*condensed milk mfr*)
809	8111	Mixer, syrup (*mineral water mfr*)
929	9129	Mixer, tar (*building and contracting*)
386	3434	Mixer, vision (*television service*)
811	8113	Mixer, wool
821	8121	Mixer (*abrasive paper, cloth mfr*)
820	8114	Mixer (*accumulator, battery mfr*)
809	8111	Mixer (*animal feeds mfr*)
829	8119	Mixer (*artificial teeth mfr*)
811	8113	Mixer (*asbestos composition goods mfr*)
829	8119	Mixer (*cast concrete products mfr*)
829	8119	Mixer (*cement mfr*)
829	8119	Mixer (*cemented carbide goods mfr*)
829	8112	Mixer (*ceramics mfr*)
820	8114	Mixer (*chemical mfr*)
829	8114	Mixer (*composition die mfr*)
811	8113	Mixer (*felt hood mfr*)
386	3434	Mixer (*film, television production*)
800	8111	Mixer (*flour confectionery mfr*)
809	8111	Mixer (*food products mfr*)
829	8112	Mixer (*glass mfr*)
821	8121	Mixer (*paper mfr*)
829	8114	Mixer (*pencil, crayon mfr*)
829	8116	Mixer (*plastics goods mfr*)
824	8115	Mixer (*rubber mfr*)
809	8111	Mixer (*soft drinks mfr*)
830	8117	Mixer (*steelworks*)
829	8119	Mixer (*tar macadam mfr*)
552	8114	Mixer (*textile mfr: textile proofing*)
811	8113	Mixer (*textile mfr*)
802	8111	Mixer (*tobacco mfr*)
699	3413	Model
570	5315	Modeller, architectural
381	3411	Modeller, artistic
590	5491	Modeller, clay
590	5491	Modeller, glass
559	5419	Modeller, pattern, paper
590	5491	Modeller, plaster
599	5499	Modeller, styling (motor vehicles)
599	5499	Modeller, wax
899	8125	Modeller (*art metal work mfr*)
590	5491	Modeller (*ceramics mfr*)
559	5419	Modeller
239	2319	Moderator (*examination board*)
292	2444	Moderator (*Presbyterian Church*)
300	3111	Monitor, industrial (*atomic energy establishment*)
300	3111	Monitor, physics, health
300	3111	Monitor, radiation
201	2112	Monitor, trials, clinical
300	3111	Monitor (*atomic energy establishment*)
380	3432	Monitor (*broadcasting*)
234	2315	Monk (teaching: *primary school*)

SOC 1990	SOC 2000	
233	2314	Monk (teaching: *secondary school*)
292	2444	Monk
842	8125	Mopper (*metal trades*)
699	6291	Mortician
370	6114	Mother, foster
370	6114	Mother, house
591	5491	Mottler (*ceramics mfr*)
599	5499	Moulder, abrasive
825	8116	Moulder, aloe (plastics)
531	5212	Moulder, aluminium
825	8116	Moulder, Bakelite
839	8117	Moulder, battery
531	5212	Moulder, bench
590	5491	Moulder, bottle
531	5212	Moulder, brass
590	5491	Moulder, brick
531	5212	Moulder, butyl
899	8129	Moulder, carbon
599	5499	Moulder, carborundum
809	8111	Moulder, chocolate
802	8111	Moulder, cigar
590	5491	Moulder, clay
829	8119	Moulder, compo
825	8116	Moulder, compression (*plastics goods mfr*)
599	8119	Moulder, concrete
531	5212	Moulder, connection
531	5212	Moulder, copper
531	5212	Moulder, core
531	5212	Moulder, cylinder
824	8115	Moulder, ebonite
590	5491	Moulder, faience
825	8116	Moulder, fibreglass
590	5491	Moulder, fireclay
531	5212	Moulder, floor
839	8117	Moulder, fork (digging, hay, etc)
531	5212	Moulder, founder's, pipe
531	5212	Moulder, foundry
590	5491	Moulder, furnace
531	5212	Moulder, grate, stove
531	5212	Moulder, gutter
599	8119	Moulder, hand (*asbestos goods mfr*)
590	5491	Moulder, hand (*ceramics mfr*)
531	5212	Moulder, hand (*metal trades*)
590	5491	Moulder, hand (*plumbago crucible mfr*)
555	5413	Moulder, injection (*footwear mfr*)
825	8116	Moulder, injection (*plastics goods mfr*)
824	8115	Moulder, injection (*rubber goods mfr*)
555	5413	Moulder, insole
531	5212	Moulder, iron
839	8117	Moulder, lead (*battery mfr*)
555	5413	Moulder, leather
590	5491	Moulder, lens
531	5212	Moulder, loam
809	8111	Moulder, machine (chocolate)
531	5212	Moulder, machine

SOC 1990	SOC 2000		SOC 1990	SOC 2000	
809	**8111**	Moulder, marzipan	809	**8111**	Moulder (*sugar, sugar confectionery mfr*)
531	**5212**	Moulder, metal, gun			
829	**8112**	Moulder, mica	802	**8111**	Moulder (*tobacco mfr*)
829	**8112**	Moulder, micanite	531	**5212**	Moulder and coremaker (*foundry*)
531	**5212**	Moulder, pattern	517	**5224**	Mounter, barometer
590	**5491**	Moulder, pipe, clay	851	**8132**	Mounter, body
531	**5212**	Moulder, pipe, iron	516	**5223**	Mounter, boiler
829	**8114**	Moulder, pipe (asbestos-cement)	814	**8113**	Mounter, card, pattern
899	**8129**	Moulder, pipe (cast concrete)	859	**8139**	Mounter, card
531	**5212**	Moulder, pipe (metal)	518	**5495**	Mounter, diamond
590	**5491**	Moulder, plaster	859	**8139**	Mounter, drawing
825	**8116**	Moulder, plastic	516	**5223**	Mounter, engine
531	**5212**	Moulder, plate (metal)	859	**8139**	Mounter, feather
825	**8116**	Moulder, press (plastics)	850	**8131**	Mounter, filament
824	**8115**	Moulder, press (rubber)	518	**5495**	Mounter, gold
531	**5212**	Moulder, roll	859	**8139**	Mounter, handle, umbrella
824	**8115**	Moulder, rubber (moulds)	859	**8139**	Mounter, lens
531	**5212**	Moulder, sand	859	**8139**	Mounter, map
531	**5212**	Moulder, shell	518	**5495**	Mounter, metal
555	**5413**	Moulder, sole	569	**5423**	Mounter, photographer's
825	**8116**	Moulder, spindle (plastics)	599	**5499**	Mounter, picture
897	**8121**	Moulder, spindle (wood)	859	**8139**	Mounter, print (lithographer's)
531	**5212**	Moulder, spray	569	**5423**	Mounter, process
824	**8115**	Moulder, stamp	518	**5495**	Mounter, silver
531	**5212**	Moulder, steel	859	**8139**	Mounter, stick, walking
555	**5413**	Moulder, stiffener	517	**5224**	Mounter, thermometer
599	**5499**	Moulder, stone, patent	517	**5224**	Mounter, wheel
531	**5212**	Moulder, stove	516	**5223**	Mounter, wheel and axle
590	**5491**	Moulder, tile, hand (ceramics)	851	**8132**	Mounter, wing (coach body)
599	**5499**	Moulder, tooth	517	**5224**	Mounter (*instrument mfr*)
824	**8115**	Moulder, tube, rubber	518	**5495**	Mounter (*jewellery mfr*)
825	**8116**	Moulder, tube	814	**8113**	Mounter (*net, rope mfr*)
824	**8115**	Moulder, tyre	518	**5495**	Mounter (*precious metal, plate mfr*)
560	**5421**	Moulder, wax	569	**5423**	Mounter (*printing*)
599	**5499**	Moulder, wheel, abrasive	550	**5411**	Mounter (*textile weaving*)
599	**5499**	Moulder, wheel (*abrasive wheel mfr*)	851	**8132**	Mounter (*vehicle building*)
531	**5212**	Moulder, wheel (*metal trades*)	899	**8129**	Mover, conveyor (*coal mine*)
897	**8121**	Moulder, wood	594	**9119**	Mower, lawn
599	**5499**	Moulder (*abrasives mfr*)	810	**8114**	Muller
599	**8119**	Moulder (*asbestos-cement goods mfr*)	385	**3415**	Musician
			903	**9119**	Musseler
800	**8111**	Moulder (*bakery*)	201	**2112**	Mycologist
824	**8115**	Moulder (*bottle cap mfr*)			
599	**5499**	Moulder (*brake linings mfr*)			
599	**5499**	Moulder (*candle mfr*)			
599	**8119**	Moulder (*cast concrete products mfr*)			
590	**5491**	Moulder (*ceramics mfr*)			
531	**5212**	Moulder (*chemical mfr*)			
531	**5212**	Moulder (*coal mine*)			
899	**8129**	Moulder (*cork goods mfr*)			
814	**8113**	Moulder (*felt lining mfr*)			
555	**5413**	Moulder (*footwear mfr*)			
590	**5491**	Moulder (*glass mfr*)			
599	**5499**	Moulder (*lead pencil, chalk, crayon mfr*)			
531	**5212**	Moulder (*metal trades*)			
825	**8116**	Moulder (*plastics goods mfr*)			
560	**5421**	Moulder (*printing*)			
824	**8115**	Moulder (*rubber goods mfr*)			

ALPHABETICAL INDEX FOR CODING OCCUPATIONS
N

SOC 1990	SOC 2000		SOC 1990	SOC 2000	
650	6121	NNEB	340	3211	Nun (*nursing*)
899	8129	Nailer, card	234	2315	Nun (teaching: *primary school*)
859	8139	Nailer (*box mfr*)	233	2314	Nun (teaching: *secondary school*)
859	8139	Nailer (*footwear mfr*)	292	2444	Nun
557	8136	Nailer (*fur goods mfr*)	349	6131	Nurse, animal
810	8114	Nailer (*tannery*)	640	6111	Nurse, assistant
659	6122	Nannie	640	6111	Nurse, auxiliary
659	6122	Nanny	349	6131	Nurse, canine
201	2112	Naturalist	*644*	6115	Nurse, care
346	3229	Naturopath	340	S 3211	Nurse, charge
202	2113	Navigator, seismic	*650*	6121	Nurse, childcare
331	3512	Navigator (aircraft)	659	6122	Nurse, children's (*domestic service*)
332	3513	Navigator (hovercraft)	650	6121	Nurse, children's
332	3513	Navigator (ship)	643	6113	Nurse, dental
919	9139	Navvy, pond, slurry (*cement mfr*)	340	S 3211	Nurse, male, chief
929	9129	Navvy, pond, slurry	650	6121	Nurse, nursery
990	9139	Navvy (*mine: not coal*)	641	6111	Nurse, orderly
929	9129	Navvy	*340*	3211	Nurse, paediatric
530	5211	Necker, fly	*340*	3211	Nurse, psychiatric
530	5211	Necker, flyer	340	3211	Nurse, staff
913	9139	Necker	643	6113	Nurse, surgery, dental
814	8113	Needler (*textile making-up*)	349	6131	Nurse, veterinary
361	3531	Negotiator, claims (*insurance*)	640	6111	Nurse (grade A, B)
420	4132	Negotiator, pensions	340	3211	Nurse
719	7129	Negotiator (*estate agents*)	340	3211	Nurse-companion
361	3531	Negotiator (*insurance*)	643	6113	Nurse-receptionist, dental
719	7129	Negotiator	*340*	S 3211	Nurse-teacher
201	2112	Nematologist	340	S 3211	Nurse-tutor
220	2211	Nephrologist, consultant	659	6122	Nursemaid
919	9139	Netter (*hosiery, knitwear mfr*)	160	5112	Nurseryman
320	3131	Networker (computing)	201	2112	Nutritionist, agricultural
220	2211	Neurologist	201	2112	Nutritionist, animal
820	8114	Neutraliser (*chemical mfr*)	201	2112	Nutritionist, research
814	8113	Neutraliser (*textile mfr*)	851	8132	Nutter-up
179	1234	Newsagent			
720	7111	Newsboy (*bookstall*)			
384	3432	Newscaster (*broadcasting*)			
384	3432	Newsreader			
809	8111	Nibber (*cocoa mfr*)			
615	9241	Nightwatchman			
821	8121	Nipper (*paper mfr*)			
833	8117	Nitrider			
582	5433	Nobber, fish			
833	8117	Normaliser			
814	8113	Norseller (net)			
814	8113	Nosseller (net)			
350	2419	Notary			
590	5491	Notcher (glassware)			
841	8125	Notcher (*tin box mfr*)			
380	3412	Novelist			
569	9133	Numberer, parts			
441	9149	Numberer, piece			
562	5423	Numberer (*bookbinding*)			
569	9133	Numberer (*printing*)			
179	1234	Numismatist			

ALPHABETICAL INDEX FOR CODING OCCUPATIONS

O

SOC 1990	SOC 2000		SOC 1990	SOC 2000	
880	8217	OS (*shipping*)	103	3561	Officer, appointments (*government*)
385	3415	Oboist	103	3561	Officer, area (*government*)
463	4142	Observer, radar (marine)	102	2441	Officer, area (*local government*)
531	S 5212	Observer, teeming	292	2444	Officer, Army, Church
220	2211	Obstetrician, consultant	292	2444	Officer, Army, Salvation
220	2211	Obstetrician	401	4113	Officer, arrears (*local government*)
202	2113	Oceanographer	*384*	3416	Officer, arts
919	9139	Oddman, bank	400	4112	Officer, assessment
823	8112	Oddman, biscuit	218	2128	Officer, assurance, quality (professional)
823	8112	Oddman, glost			
823	8112	Oddman, kiln	139	3115	Officer, assurance, quality
823	8112	Oddman, oven	371	3232	Officer, attendance, school
919	9139	Oddman (*ceramics mfr*)	401	4113	Officer, authorised (*local government*)
700	3541	Oenologist			
179	1234	Off-licensee	612	3314	Officer, auxiliary (*prison service*)
371	3232	Officer, accommodations	411	4123	Officer, bank
120	4122	Officer, accounts (*government*)	*410*	4122	Officer, banking, corporate
410	4122	Officer, accounts	401	4113	Officer, benefit, housing
169	5119	Officer, acquisition (*forestry*)	102	4113	Officer, benefit, senior (*local government*)
132	4111	Officer, adjudication (*government*)			
410	4122	Officer, administration, finance	401	4113	Officer, benefit (*local government*)
363	3562	Officer, administration, staff	401	4113	Officer, benefits, housing
400	4112	Officer, administration (*armed forces*)	102	4113	Officer, benefits, senior (*local government*)
400	4112	Officer, administration (*government*)	401	4113	Officer, benefits (*local government*)
401	4113	Officer, administration (*local government*)	*401*	4113	Officer, billing (*local government*)
			612	3314	Officer, borstal
420	4213	Officer, administration (*schools*)	615	9241	Officer, branch (*security services*)
430	4150	Officer, administration	330	3511	Officer, briefing (civil aviation)
400	4112	Officer, administrative (*armed forces*)	153	1173	Officer, brigade, fire
			410	4122	Officer, budget
400	4112	Officer, administrative (*government*)	111	5319	Officer, building
102	4113	Officer, administrative (*local government*)	*509*	5319	Officer, buildings
			219	2129	Officer, carbonisation (*coal mine*)
199	4150	Officer, administrative	*370*	3231	Officer, care, child, residential
420	4131	Officer, admission (*hospital service*)	293	2442	Officer, care, child
420	4131	Officer, admissions	*430*	7212	Officer, care, customer
293	2442	Officer, adoption	652	6124	Officer, care, education
392	3564	Officer, advisory, careers	370	6114	Officer, care, residential
201	2112	Officer, advisory, district	371	3232	Officer, care
371	3232	Officer, advisory (*housing*)	392	3564	Officer, careers
201	2112	Officer, advisory (*poultry*)	420	4134	Officer, cargo
371	3232	Officer, advisory (*welfare*)	630	S 6219	Officer, catering (*shipping*)
201	2112	Officer, advisory (*MAFF*)	174	5434	Officer, catering
103	3561	Officer, agricultural (*government*)	371	3231	Officer, centre, day
641	6111	Officer, aid, first	211	2122	Officer, certifying (*DETR*)
386	3434	Officer, aids, visual	*401*	4113	Officer, charges, land
619	9249	Officer, alarm, community	*103*	3561	Officer, chief (*community health*)
420	4131	Officer, allocation	153	1173	Officer, chief (*fire service*)
199	1173	Officer, ambulance, chief	394	3565	Officer, chief (*local government: weights and measures dept*)
642	6112	Officer, ambulance			
619	3552	Officer, amenities	102	1113	Officer, chief (*local government*)
123	3543	Officer, appeal	154	1173	Officer, chief (*prison service*)
123	3543	Officer, appeals	140	4134	Officer, chief (*railways*)
346	3218	Officer, appliance	332	3513	Officer, chief (*shipping*)

SOC 1990	SOC 2000	
430	**4150**	Officer, church
152	**1172**	Officer, CID
361	**3531**	Officer, claims
132	**4111**	Officer, clerical, higher (*government*)
102	**4113**	Officer, clerical, higher (*local government*)
430	**4150**	Officer, clerical, higher
411	**4123**	Officer, clerical (*bank, building society*)
400	**4112**	Officer, clerical (*government*)
401	**4113**	Officer, clerical (*health authority*)
401	**4131**	Officer, clerical (*hospital service*)
401	**4113**	Officer, clerical (*local government*)
401	**4113**	Officer, clerical (*police service*)
400	**4112**	Officer, clerical (*prison service*)
430	**4150**	Officer, clerical
619	**3319**	Officer, coastguard
420	**4131**	Officer, coding, clinical
412	**7122**	Officer, collecting, authorised
412	**7122**	Officer, collection
412	**7122**	Officer, collections
150	**1171**	Officer, commanding
411	**4123**	Officer, commercial (*bank, building society*)
121	**3543**	Officer, commercial (*railways*)
430	**7212**	Officer, commercial (*telecommunications*)
150	**1171**	Officer, commissioned
102	**3561**	Officer, committee, principal (*local government*)
219	**2129**	Officer, communications (*Home Office*)
380	**3431**	Officer, communications (*media, public relations*)
463	**S 4142**	Officer, communications
371	**3231**	Officer, community
153	**1173**	Officer, company (*fire service*)
410	**4122**	Officer, compensation (*coal mine*)
430	**7212**	Officer, complaints
350	**3520**	Officer, compliance
320	**3132**	Officer, computer
320	**3132**	Officer, computing
363	**3562**	Officer, conciliation
399	**3539**	Officer, conference
201	**3551**	Officer, conservancy
400	**3551**	Officer, conservation, assistant (*government*)
103	**3551**	Officer, conservation, chief (*government*)
304	**3114**	Officer, conservation, energy
103	**3551**	Officer, conservation, senior (*government*)
132	**3551**	Officer, conservation (*government*)
201	**3551**	Officer, conservation
103	**2441**	Officer, consular
363	**3562**	Officer, consultation (*coal mine*)
122	**3541**	Officer, contract (purchasing)
111	**3539**	Officer, contract (*building and contracting*)
701	**3541**	Officer, contract (*government*)
110	**3539**	Officer, contract (*manufacturing*)
121	**3543**	Officer, contract
122	**3541**	Officer, contracts (purchasing)
111	**3539**	Officer, contracts (*building and contracting*)
701	**3541**	Officer, contracts (*government*)
110	**3539**	Officer, contracts (*manufacturing*)
121	**3543**	Officer, contracts
410	**4122**	Officer, control, budget
311	**3123**	Officer, control, building
410	**4121**	Officer, control, credit
261	**2432**	Officer, control, development
396	**3567**	Officer, control, dust (*coal mine*)
153	**1173**	Officer, control, fire, principal (*fire service*)
441	**S 4133**	Officer, control, materials (*coal mine*)
410	**4122**	Officer, control, payroll
699	**6292**	Officer, control, pest
395	**3566**	Officer, control, pollution
420	**4131**	Officer, control, production
218	**2128**	Officer, control, quality (professional)
869	**8133**	Officer, control, quality
420	**6212**	Officer, control, reservations (*air transport*)
699	**6292**	Officer, control, rodent
597	**S 8122**	Officer, control, roof (*coal mine*)
132	**4111**	Officer, control, senior (*Inland Revenue*)
348	**3568**	Officer, control, smoke (*local government*)
330	**3511**	Officer, control, space (*airport*)
141	**4133**	Officer, control, stock (*coal mine*)
441	**4133**	Officer, control, stock
330	**3511**	Officer, control, traffic, air
140	**4134**	Officer, control, traffic
199	**4142**	Officer, control (*ambulance service*)
463	**4142**	Officer, control (*fire service*)
940	**S 9211**	Officer, controlling (*PO*)
420	**3520**	Officer, coroner's
153	**1173**	Officer, corps, salvage
360	**3531**	Officer, costs, technical
190	**4114**	Officer, Council, British
201	**3551**	Officer, countryside
420	**4131**	Officer, court
612	**3314**	Officer, custodial, prison
612	**3314**	Officer, custody
613	**3319**	Officer, customs
613	**3319**	Officer, Customs and Excise
400	**4112**	Officer, cypher (*Foreign Office*)
331	**3512**	Officer, deck, flight, aircraft
885	**S 8229**	Officer, deck (*dredging contractors*)
332	**3513**	Officer, deck
102	**3319**	Officer, defence, civil (*local government*)
619	**3319**	Officer, defence, civil
201	**3551**	Officer, defence, flood
223	**2215**	Officer, dental

Standard Occupational Classification 2000 Volume 2   165

SOC 1990	SOC 2000		SOC 1990	SOC 2000	
463	**4142**	Officer, deployment (*motoring organisation*)	*201*	**3551**	Officer, ecology
			271	**2452**	Officer, education, arts
301	**3113**	Officer, design, control, traffic, air	371	**3232**	Officer, education (health)
615	**9241**	Officer, detention	271	**2452**	Officer, education (museum)
384	**3416**	Officer, development, arts	*271*	**2452**	Officer, education (*art gallery, museum*)
363	**3562**	Officer, development, career			
371	**3231**	Officer, development, community	*371*	**3232**	Officer, education (*community health*)
251	**2422**	Officer, development, cost (*coal mine*)			
			232	**2313**	Officer, education
232	**2313**	Officer, development, curriculum	395	**3566**	Officer, effluent (*water company, sewage works*)
123	**3543**	Officer, development, donor (*charitable organisation*)			
			332	**3513**	Officer, electrical (*shipping*)
252	**2423**	Officer, development, economic	332	**3513**	Officer, electronics (*shipping*)
371	**3232**	Officer, development, housing (*local government*)	392	**3564**	Officer, employment, youth
			392	**3564**	Officer, employment (*careers service*)
121	**3543**	Officer, development, marketing			
102	**3561**	Officer, development, policy (*local government*)	363	**3562**	Officer, employment
			303	**3121**	Officer, enforcement, planning
201	**3551**	Officer, development, rural	394	**3565**	Officer, enforcement, standards, trading
214	**2132**	Officer, development, software			
176	**3442**	Officer, development, sport	394	**3565**	Officer, enforcement (*local government: trading standards*)
176	**3442**	Officer, development, sports			
391	**3563**	Officer, development, staff	*394*	**3566**	Officer, enforcement (*local government: transport*)
320	**2132**	Officer, development, systems			
123	**3543**	Officer, development, tourist	303	**3121**	Officer, enforcement (*town planning*)
391	**3563**	Officer, development, training			
214	**2132**	Officer, development, web	619	**9249**	Officer, enforcement
391	**3563**	Officer, development, youth	332	**3513**	Officer, engineer (hovercraft)
387	**3442**	Officer, development (sports)	331	**3512**	Officer, engineer (*airlines*)
399	**3543**	Officer, development (*tourism*)	332	**3513**	Officer, engineer (*shipping*)
371	**3232**	Officer, development (*welfare services*)	211	**2122**	Officer, engineering (*government*)
			521	**5242**	Officer, engineering (*PO*)
371	**3232**	Officer, disability	332	**3513**	Officer, engineering (*shipping*)
612	**3314**	Officer, discipline (borstal)	371	**3232**	Officer, enquiry, school
612	**3314**	Officer, discipline (*prison service*)	430	**4150**	Officer, enquiry
699	**6292**	Officer, disinfecting	176	**3413**	Officer, entertainments
150	**1171**	Officer, disposal, bomb	*348*	**3551**	Officer, environmental
933	**9235**	Officer, disposal, refuse	363	**3562**	Officer, equalities
132	**4111**	Officer, disposals (*government*)	363	**3562**	Officer, equality
420	**4133**	Officer, distribution (*coal mine*)	102	**3561**	Officer, equipment (*local government*)
113	**4150**	Officer, distribution (*gas supplier*)			
420	**4134**	Officer, distribution	103	**3561**	Officer, establishment (*government*)
619	**S 3319**	Officer, district (*coastguard service*)	363	**3562**	Officer, establishment
169	**3551**	Officer, district (*Forestry Commission*)	169	**3551**	Officer, estate (*forestry*)
			170	**1231**	Officer, estate
395	**3566**	Officer, district (*river, water authority*)	169	**3551**	Officer, estates (*forestry*)
			170	**1231**	Officer, estates
153	**1173**	Officer, district (*salvage corps*)	364	**3539**	Officer, evaluation, job
103	**3561**	Officer, division (*Ordnance Survey*)	*176*	**3539**	Officer, events
153	**1173**	Officer, divisional (*fire service*)	*420*	**4131**	Officer, examinations (*education*)
169	**3551**	Officer, divisional (*Forestry Commission*)	*420*	**2319**	Officer, examinations (*examination board*)
102	**2441**	Officer, divisional (*local government*)	613	**3319**	Officer, excise (*Customs and Excise*)
140	**4134**	Officer, duty, cargo	103	**2441**	Officer, executive, chief (*government*)
463	**4142**	Officer, duty, emergency (*welfare services*)			
			131	**2441**	Officer, executive, chief (*PO*)
140	**4134**	Officer, duty (*airport*)	103	**3561**	Officer, executive, higher (*government*)
387	**3442**	Officer, duty (*leisure centre*)			

SOC 1990	SOC 2000	
131	3561	Officer, executive, higher (*PO*)
103	3561	Officer, executive, senior (*government*)
131	3561	Officer, executive, senior (*PO*)
132	4111	Officer, executive (*government*)
410	S 4132	Officer, executive (*insurance*)
102	4113	Officer, executive (*local government*)
140	4134	Officer, executive (*PLA*)
430	S 4150	Officer, executive (*PO*)
176	3539	Officer, exhibition
251	2422	Officer, expenditure (*coal mine*)
201	2112	Officer, experimental, chief (biologist)
200	2111	Officer, experimental, chief (chemist)
209	2321	Officer, experimental, chief
201	2112	Officer, experimental, senior (biologist)
200	2111	Officer, experimental, senior (chemist)
209	2321	Officer, experimental, senior
300	3111	Officer, experimental
420	3536	Officer, export
420	3536	Officer, export and import
430	4150	Officer, facilities
201	2112	Officer, fatstock (*MAFF*)
224	2216	Officer, field, veterinary
201	2112	Officer, field (advisory)
201	3551	Officer, field (conservation)
201	2112	Officer, field (professional)
399	3566	Officer, field (*MAFF*)
410	4122	Officer, finance, deputy
139	4122	Officer, finance, regional (*PO*)
103	3561	Officer, finance, regional
139	4122	Officer, finance (*coal mine*)
139	4122	Officer, finance (*hospital service*)
102	4122	Officer, finance (*local government*)
139	4122	Officer, finance (*PO*)
139	4122	Officer, finance (*telecommunications*)
410	4122	Officer, finance
102	4122	Officer, financial (*local government*)
420	4131	Officer, fingerprint, civilian
610	3312	Officer, fingerprint
153	1173	Officer, fire, chief
153	1173	Officer, fire, divisional
611	3313	Officer, fire, leading
611	3313	Officer, fire (*coal mine*)
153	1173	Officer, fire
332	3513	Officer, first (hovercraft)
331	3512	Officer, first (*airlines*)
153	1173	Officer, first (*fire service*)
332	3513	Officer, first (*shipping*)
399	3566	Officer, fisheries (*Environment Agency*)
399	3566	Officer, fisheries (*MAFF*)
399	3566	Officer, fishery (*MAFF*)
395	3566	Officer, fishery
150	1171	Officer, flag
150	1171	Officer, flying

SOC 1990	SOC 2000	
169	5119	Officer, forestry
293	2442	Officer, fostering
155	1173	Officer, fraud, chief (*Customs and Excise*)
613	3319	Officer, fraud (*Customs and Excise*)
132	4111	Officer, fraud (*government*)
401	4113	Officer, fraud (*local government*)
615	9241	Officer, fraud
420	4134	Officer, freight (*air transport*)
441	4133	Officer, fuel
132	4111	Officer, fund, social
123	3543	Officer, fundraising
401	4113	Officer, government, local, nos
400	4112	Officer, government, nos
410	4122	Officer, grants
381	3421	Officer, graphics
103	2441	Officer, group, chief (*MOD*)
103	3561	Officer, group, senior (*MOD*)
400	4112	Officer, group (*MOD*)
293	2442	Officer, guardian ad litem and reporting
348	3568	Officer, health, environmental
293	2442	Officer, health, mental
348	3568	Officer, health, public
396	3567	Officer, health and safety
201	3551	Officer, heritage
201	2441	Officer, heritage and culture, principal (*local government*)
201	2112	Officer, horticultural
641	6111	Officer, hospital (*prison service*)
371	3232	Officer, hostel, senior
332	3513	Officer, House, Trinity
220	2211	Officer, house (*hospital service*)
371	3232	Officer, housing
313	2434	Officer, hydrographic
155	1173	Officer, immigration, chief
613	3319	Officer, immigration
394	3566	Officer, improvements (*local government*)
390	3539	Officer, information, management
390	3433	Officer, information, research
123	3433	Officer, information (public relations)
390	3433	Officer, information
395	3566	Officer, inspecting (*DETR*)
211	2122	Officer, inspection (*DTI*)
391	3563	Officer, instructional
410	4132	Officer, insurance
390	2329	Officer, intelligence, grade II (*MOD*)
252	2423	Officer, intelligence, trade
390	2329	Officer, intelligence (*government*)
201	3551	Officer, interpretation
201	3551	Officer, interpretative
155	1173	Officer, investigating, chief (*Customs and Excise*)
155	1173	Officer, investigating, fraud, chief (*Customs and Excise*)
613	3319	Officer, investigating, fraud (*Customs and Excise*)

SOC 1990	SOC 2000		SOC 1990	SOC 2000	
132	4111	Officer, investigating, fraud (*government*)	420	4131	Officer, magisterial
615	9241	Officer, investigating, fraud	896	S 8149	Officer, maintenance (*local government*)
224	2216	Officer, investigating, veterinary	523	5242	Officer, maintenance (*telecommunications*)
613	3319	Officer, investigating (*Customs and Excise*)	896	8149	Officer, maintenance
395	3566	Officer, investigating (*DETR*)	*371*	3232	Officer, management, housing
132	4111	Officer, investigating (*government*)	363	3562	Officer, management, labour
615	9241	Officer, investigating	364	3539	Officer, management, time
155	1173	Officer, investigation, chief (*Customs and Excise*)	363	3562	Officer, manpower (*coal mine*)
			121	3543	Officer, marketing
155	1173	Officer, investigation, fraud, chief (*Customs and Excise*)	395	3566	Officer, markets (*MAFF*)
			441	4133	Officer, materials
613	3319	Officer, investigation, fraud (*Customs and Excise*)	364	3539	Officer, measurement, work
			301	3113	Officer, mechanisation
132	4111	Officer, investigation, fraud (*government*)	150	1171	Officer, medical (*armed forces*)
			220	2211	Officer, medical
615	9241	Officer, investigation, fraud	202	2113	Officer, meteorological
224	2216	Officer, investigation, veterinary	364	3539	Officer, methods
613	3319	Officer, investigation (*Customs and Excise*)	113	4150	Officer, mining
			179	4113	Officer, monitoring (*local government*)
395	3566	Officer, investigation (*DETR*)			
132	4111	Officer, investigation (*government*)	*411*	4123	Officer, mortgage
615	9241	Officer, investigation	271	2452	Officer, museum
361	3534	Officer, investment (*banking, finance*)	271	2452	Officer, museums
			331	3512	Officer, navigating (*airlines*)
300	3111	Officer, laboratory	332	3513	Officer, navigating (*shipping*)
363	3562	Officer, labour	332	3513	Officer, navy, merchant
262	2434	Officer, land and minerals (*coal mine*)	*371*	3232	Officer, neighbourhood
889	8218	Officer, landing, helicopter	600	3311	Officer, non-commissioned
240	2419	Officer, legal	650	6121	Officer, nursery
176	3442	Officer, leisure	340	3211	Officer, nursing
411	4123	Officer, lending (*bank, building society*)	364	3539	Officer, o and m
			330	3511	Officer, operations, flight
401	4113	Officer, lettings (*local government: housing dept*)	199	4150	Officer, operations
			363	3562	Officer, opportunities, equal
420	4131	Officer, lettings	364	3539	Officer, organisation (*government*)
179	7212	Officer, liaison, customer	364	3539	Officer, organisation and methods
363	3562	Officer, liaison, labour	941	9211	Officer, outdoor
710	3542	Officer, liaison, medical	*955*	9245	Officer, park, car
123	3433	Officer, liaison, press	*619*	3552	Officer, park, chief
179	7212	Officer, liaison, sales	*619*	3552	Officer, park, country
309	3119	Officer, liaison, technical	*201*	3551	Officer, park, national
103	4111	Officer, liaison (*government*)	*619*	3552	Officer, parks
399	3539	Officer, liaison (*manufacturing*)	*371*	3232	Officer, participation, tenants
123	3433	Officer, liaison (*railways*)	630	S 6219	Officer, passenger (hovercraft)
430	4150	Officer, liaison	219	2129	Officer, patent (*government*)
102	3566	Officer, Licensing (*local government*)	219	2129	Officer, patents (*government*)
			399	3539	Officer, patents
350	3520	Officer, litigation	*619*	9243	Officer, patrol, crossing, school
395	3566	Officer, livestock	615	9241	Officer, patrol, security
441	4133	Officer, loans, medical	615	9241	Officer, patrol
410	4122	Officer, loans, student	410	4122	Officer, payroll
411	4123	Officer, loans (*bank, building society*)	410	4132	Officer, pensions
			363	3562	Officer, personnel
132	4111	Officer, local I (*DSS*)	*371*	3232	Officer, persons, homeless
400	4112	Officer, local II (*DSS*)	699	6292	Officer, pest
440	4133	Officer, logistics	600	3311	Officer, petty (*armed forces*)
360	3531	Officer, lottery	332	3513	Officer, petty

SOC 1990	SOC 2000	
199	**1182**	Officer, pharmaceutical (*health authority*)
150	**1171**	Officer, pilot (*armed forces*)
392	**3564**	Officer, placement
102	**3319**	Officer, planning, emergency
361	**3534**	Officer, planning, financial
420	**4134**	Officer, planning, route (*airlines*)
364	**3539**	Officer, planning, strategic
261	**2432**	Officer, planning (*local government: building and contracting*)
218	**2128**	Officer, planning (*manufacturing*)
615	**9241**	Officer, police (non-statutory)
610	**3312**	Officer, police
395	**3566**	Officer, pollution (*water company*)
140	**4134**	Officer, port
411	**4123**	Officer, postal (*PO*)
350	**3520**	Officer, precognition
672	**6232**	Officer, premises
490	**4136**	Officer, preparation, data
132	**4111**	Officer, presenting, appeals (*government*)
380	**3433**	Officer, press
380	**3433**	Officer, press and information
396	**3567**	Officer, prevention, accident
611	**3313**	Officer, prevention, fire
615	**9241**	Officer, prevention, loss
155	**1173**	Officer, preventive, chief
613	**3319**	Officer, preventive
410	**4122**	Officer, pricing
370	**1185**	Officer, principal (*children's home*)
103	**2441**	Officer, principal (*government*)
102	**3561**	Officer, principal (*local government*)
370	**1185**	Officer, principal (*old people's home*)
154	**1173**	Officer, principal (*prison service*)
154	**1173**	Officer, prison, chief
612	**3314**	Officer, prison
293	**2443**	Officer, probation, chief
293	**2443**	Officer, probation
400	**4112**	Officer, processing, benefits (*government*)
490	**4136**	Officer, processing, data
701	**3541**	Officer, procurement
201	**2112**	Officer, production, milk
399	**3539**	Officer, production, technical
217	**2127**	Officer, productivity and costs (*coal mine*)
		Officer, professional and technical, higher (*government*) - *see* Engineer (professional)
		Officer, professional and technical, senior (*government*) - *see* Engineer (professional)
301	**3113**	Officer, professional and technical (*government*)
420	**4131**	Officer, progress
214	**2132**	Officer, projects, computer
371	**3232**	Officer, promotion, health
121	**3543**	Officer, promotion, sales
420	**4131**	Officer, properties (*police service*)
420	**4131**	Officer, property (*police service*)
293	**2442**	Officer, protection, child
394	**3565**	Officer, protection, consumer
350	**3520**	Officer, protection, data
348	**3551**	Officer, protection, environmental
153	**1173**	Officer, protection, fire
631	**6215**	Officer, protection, revenue (*railways*)
380	**3431**	Officer, publications
123	**3433**	Officer, publicity
701	**3541**	Officer, purchasing
395	**3566**	Officer, quality, water
309	**3115**	Officer, quality
463	**4142**	Officer, radio, police
463	**4142**	Officer, radio (*aircraft*)
199	**4142**	Officer, radio (*government*)
463	**4142**	Officer, radio (*telecommunications*)
332	**3513**	Officer, radio
401	**4113**	Officer, rates
360	**3531**	Officer, rates and charges (*transport*)
360	**3531**	Officer, rating
360	**3531**	Officer, rating and valuation
102	**4113**	Officer, rebate (*local government*)
460	**4216**	Officer, reception
139	**4131**	Officer, records, medical
420	**4131**	Officer, records
410	**4122**	Officer, recovery (debt)
410	**4122**	Officer, recovery (*local government*)
176	**3442**	Officer, recreation
363	**3562**	Officer, recruiting
363	**3562**	Officer, recruitment
102	**3561**	Officer, recycling (*local government*)
332	**3513**	Officer, refrigeration (*shipping*)
199	**4114**	Officer, regional (public boards)
103	**3561**	Officer, regional (*government*)
140	**4134**	Officer, regional (*railways*)
395	**3566**	Officer, regional (*RSPCA*)
400	**4112**	Officer, registration (*Land Registry*)
430	**4150**	Officer, registration
293	**2442**	Officer, rehabilitation
371	**3231**	Officer, relations, community
123	**7212**	Officer, relations, customer
363	**3562**	Officer, relations, employee
363	**3562**	Officer, relations, industrial
363	**3562**	Officer, relations, labour
123	**3433**	Officer, relations, media
123	**3433**	Officer, relations, public
371	**3232**	Officer, relations, tenancy (housing)
332	**3513**	Officer, relieving (*shipping*)
371	**3232**	Officer, relieving
360	**3531**	Officer, rent
394	**3566**	Officer, repairs (*local government*)
523	**5242**	Officer, repeater (*telecommunications*)
490	**9219**	Officer, reprographics
300	**3111**	Officer, research, medical

SOC 1990	SOC 2000		SOC 1990	SOC 2000	
364	3539	Officer, research, operational	610	3319	Officer, scenes of crime
390	2322	Officer, research, political	*361*	3534	Officer, schemes (*insurance*)
224	2216	Officer, research, veterinary	371	3231	Officer, schools
201	2112	Officer, research (agricultural)	*300*	3111	Officer, science, laboratory, medical, junior
201	2112	Officer, research (biochemical)			
201	2112	Officer, research (biological)	*201*	2112	Officer, science, laboratory, medical
201	2112	Officer, research (botanical)	*300*	3111	Officer, science, laboratory
200	2111	Officer, research (chemical)	300	3111	Officer, scientific, assistant
212	2123	Officer, research (engineering, electrical)	300	3111	Officer, scientific, laboratory, medical, junior
213	2124	Officer, research (engineering, electronic)	201	2112	Officer, scientific, laboratory, medical
211	2122	Officer, research (engineering, mechanical)	300	3111	Officer, scientific, laboratory
			201	2112	Officer, scientific (agricultural)
202	2113	Officer, research (geological)	201	2112	Officer, scientific (biochemical)
399	2322	Officer, research (government)	201	2112	Officer, scientific (biological)
399	2322	Officer, research (historical)	201	2112	Officer, scientific (botanical)
201	2112	Officer, research (horticultural)	200	2111	Officer, scientific (chemical)
202	2113	Officer, research (meteorological)	212	2123	Officer, scientific (engineering, electrical)
202	2113	Officer, research (physical science)			
201	2112	Officer, research (zoological)	213	2124	Officer, scientific (engineering, electronic)
399	2329	Officer, research (*broadcasting*)			
399	2329	Officer, research (*journalism*)	211	2122	Officer, scientific (engineering, mechanical)
399	2329	Officer, research (*printing and publishing*)			
			202	2113	Officer, scientific (geological)
230	2311	Officer, research (*university*)	201	2112	Officer, scientific (horticultural)
209	2329	Officer, research	300	3111	Officer, scientific (medical)
420	6212	Officer, reservations (*air transport*)	202	2113	Officer, scientific (meteorological)
371	3232	Officer, resettlement	202	2113	Officer, scientific (physical science)
644	6115	Officer, residential (*welfare services*)	201	2112	Officer, scientific (zoological)
363	3562	Officer, resources, human	209	2321	Officer, scientific
386	3434	Officer, resources, media	420	4131	Officer, search
400	4112	Officer, Revenue, Inland	332	3513	Officer, second (hovercraft)
400	4112	Officer, revenue (*government*)	331	3512	Officer, second (*airlines*)
410	4122	Officer, revenue	411	4123	Officer, second (*banking*)
364	3539	Officer, review, performance	153	1173	Officer, second (*fire service*)
371	3232	Officer, rights, welfare	332	3513	Officer, second (*shipping*)
410	4122	Officer, rights (*broadcasting, publishing*)	430	4150	Officer, section
			411	4123	Officer, securities (*banking*)
401	4113	Officer, rights of way	103	3561	Officer, securities (*government*)
699	6292	Officer, rodent	615	S 9241	Officer, security, chief
395	3566	Officer, RSPCA	611	3313	Officer, security, fire
611	3313	Officer, safety, fire	615	9241	Officer, security
396	3567	Officer, safety, road	155	1173	Officer, senior (*Customs and Excise*)
396	3567	Officer, safety			
391	3563	Officer, safety and training (*coal mine: above ground*)	*394*	3566	Officer, service, carcass
			293	2443	Officer, service, community (*probation service*)
396	3567	Officer, safety and training (*coal mine*)			
			411	4123	Officer, service, customer (*bank, building society*)
410	4122	Officer, salaries			
121	3542	Officer, sales	430	7212	Officer, service, customer
153	1173	Officer, salvage, fire	153	1173	Officer, service, fire (*government*)
332	3513	Officer, salvage, marine	103	3561	Officer, service, foreign (grade A1-A8, B1-B4)
597	8122	Officer, salvage (*coal mine*)			
919	9139	Officer, salvage (*manufacturing*)	132	4111	Officer, service, foreign (grade B5)
153	1173	Officer, salvage (*salvage corps*)	400	4112	Officer, service, foreign
200	2111	Officer, sampling, milk	430	4150	Officer, service, health
348	3568	Officer, sanitary	*371*	3231	Officer, service, probation
619	3319	Officer, scenes of crime (civilian)	*931*	8218	Officer, service, ramp

SOC 1990	SOC 2000		SOC 1990	SOC 2000	
391	3563	Officer, service, training	132	4111	Officer, supply, chart (*MOD*)
630	6214	Officer, services, cabin (*airlines*)	420	4133	Officer, supply, fuel
381	3421	Officer, services, creative	420	4133	Officer, supply (*chemical mfr*)
411	4123	Officer, services, customer (*bank, building society*)	420	4133	Officer, supply (*engineering*)
			701	3541	Officer, supply (*MOD*)
430	7212	Officer, services, customer	*371*	3231	Officer, support, bail
371	3232	Officer, services, day	*320*	3132	Officer, support, helpline, IT
401	4113	Officer, services, electoral	*371*	3232	Officer, support, housing
253	2423	Officer, services, management	*400*	4112	Officer, support, income (*government*)
363	3562	Officer, services, personnel			
364	3539	Officer, services, productivity (*gas supplier*)	320	3132	Officer, support, system
			320	3132	Officer, support, systems
672	6232	Officer, services, site (*educational establishments*)	391	3563	Officer, support, web (*further, higher education*)
293	2442	Officer, services, social	*320*	3131	Officer, support, web
430	4150	Officer, settlement	320	3132	Officer, support (computing)
619	9249	Officer, sheriff	*401*	4113	Officer, support (*local government*)
332	3513	Officer, ship's	*371*	3232	Officer, support (*welfare services*)
420	4134	Officer, shipping (*coal mine*)	396	3567	Officer, suppression, dust (*coal mine*)
302	3112	Officer, signals (*MOD*)	132	2322	Officer, survey, social, assistant (*government*)
896	8149	Officer, signs (*motoring organisation*)			
			103	2322	Officer, survey, social, principal (*government*)
672	6232	Officer, site (*educational establishments*)	103	2322	Officer, survey, social, senior (*government*)
150	1171	Officer, staff, general			
363	3562	Officer, staff (*gas supplier*)	103	2322	Officer, survey, social (*government*)
103	3561	Officer, staff (*government*)	262	2434	Officer, survey (*government*)
363	3562	Officer, staff (*local government*)	523	5242	Officer, survey (*telecommunications*)
363	3562	Officer, staff (*railways*)	320	3131	Officer, system, information
363	3562	Officer, staffing	320	3131	Officer, system
410	4122	Officer, stamping	320	3131	Officer, systems, information
395	3566	Officer, standards, driving	320	3131	Officer, systems
394	3565	Officer, standards, trading	*401*	4113	Officer, tax, council
420	4134	Officer, station (*airport*)	132	4111	Officer, tax, grade, higher (*Inland Revenue*)
199	1173	Officer, station (*ambulance service*)			
619	3319	Officer, station (*coastguard service*)	400	4112	Officer, tax (*Inland Revenue*)
153	1173	Officer, station (*fire service*)	132	4111	Officer, taxation, grade, higher (*Inland Revenue*)
153	1173	Officer, station (*salvage corps*)			
400	4112	Officer, statistical, grade D (*MOD*)	400	4112	Officer, taxation (*Inland Revenue*)
252	2423	Officer, statistical (*coal mine*)	300	3111	Officer, technical, assistant (*chemical mfr*)
420	4131	Officer, statistical (*electricity supplier*)			
			219	2129	Officer, technical, carbonisation (*coal mine*)
420	4131	Officer, statistical (*gas supplier*)			
252	2423	Officer, statistical (*government*)	*346*	3218	Officer, technical, medical
201	2112	Officer, stock, live	309	3119	Officer, technical, nos
441	S 4133	Officer, store, assistant (*MOD*)	211	2122	Officer, technical, principal
141	4133	Officer, store (*MOD*)	309	3119	Officer, technical, scientific (*coal mine*)
141	4133	Officer, stores, grade I (*MOD*)			
441	S 4133	Officer, stores (*MOD*)	529	5242	Officer, technical, telecommunications (*Civil Aviation Authority*)
141	4133	Officer, stores			
364	3539	Officer, study, work			
103	3561	Officer, substitution, grade I (*MOD*)	*346*	3218	Officer, technical (medical)
132	4111	Officer, substitution (*MOD*)	364	3539	Officer, technical (work study)
410	4132	Officer, superannuation	200	2111	Officer, technical (*chemical mfr*)
940	S 9211	Officer, supervising (*PO*)	304	3114	Officer, technical (*civil engineering*)
122	3541	Officer, supplies, chief			
420	3541	Officer, supplies	*348*	3568	Officer, technical (*environmental health service*)
701	3541	Officer, supply, armament			
132	4111	Officer, supply, assistant (*MOD*)	301	3113	Officer, technical (*gas supplier*)

Standard Occupational Classification 2000 Volume 2   171

SOC 1990	SOC 2000		SOC 1990	SOC 2000	
201	2112	Officer, technical (*government*: MAFF)	190	4114	Officer (*British Council*)
			410	4132	Officer (*insurance*)
309	3119	Officer, technical (*government*)	*610*	3312	Officer (*police force*)
300	3111	Officer, technical (*National Institute of Agricultural Botany*)	332	3513	Officer (*shipping*)
			150	1171	Officer (*WRNS*)
523	5242	Officer, technical (*telecommunications*)	*103*	3561	Officer-in-charge (*Inland Revenue*)
463	4142	Officer, telecommunications	370	1185	Officer-in-charge (*social services*)
523	5242	Officer, testing, diagnostic	131	4123	Officer-in-charge (*sub-post office*)
153	1173	Officer, third (*fire service*)	420	6212	Official, airline
332	3513	Officer, third (*shipping*)	411	4123	Official, bank
420	6212	Officer, tourism	*430*	4150	Official, board, water
420	6212	Officer, tourist	430	4150	Official, brewery
394	3565	Officer, trading, fair	361	3531	Official, claims, marine
462	S 4142	Officer, traffic, telecommunications	420	4131	Official, court
140	4134	Officer, traffic (*airlines*)	401	4113	Official, government, local
610	3312	Officer, traffic (*police service*)	400	4112	Official, government
140	4134	Officer, traffic (*port authority*)	719	4132	Official, insurance
140	4134	Officer, traffic (*road haulage*)	953	9223	Official, NAAFI
462	S 4142	Officer, traffic (*telecommunications*)	387	3442	Official, racecourse
391	3563	Officer, training, colliery	387	3442	Official, sports
391	3563	Officer, training, sales	400	4112	Official, tax (*Inland Revenue*)
391	3563	Officer, training	190	4114	Official, union
391	3563	Officer, training and development	190	4114	Official (*charitable organisation*)
391	3563	Officer, training and education	597	8122	Official (*coal mine*)
211	2122	Officer, transport, mechanical, chief	430	4150	Official (*dock board*)
301	3113	Officer, transport, mechanical	190	4114	Official (*employers' association*)
301	3113	Officer, transport (*DETR*)	430	4131	Official (*PO*)
140	4134	Officer, transport	190	4114	Official (*professional organisation*)
120	3537	Officer, trust	190	4114	Official (*trade union*)
610	3312	Officer, uniformed (*police service*)	894	8129	Oiler, frame (*textile mfr*)
190	4114	Officer, union, trade	894	8129	Oiler, loom
190	4114	Officer, union	894	8129	Oiler, machine, printing
360	3531	Officer, valuation	894	8129	Oiler, machine (*textile mfr*)
103	3561	Officer, VAT (*government*)	829	8114	Oiler, mould (*asbestos*)
396	3567	Officer, ventilation (*coal mine*)	552	8113	Oiler, silk
224	2216	Officer, veterinary	810	8114	Oiler, skin (*leather*)
399	3539	Officer, vetting, credit	839	8117	Oiler, tube (*tube mfr*)
363	3562	Officer, vetting, positive	814	8113	Oiler, wool
400	4112	Officer, visiting (*DSS*)	552	8113	Oiler (*canvas goods mfr*)
410	4122	Officer, wages	810	8114	Oiler (*leather dressing*)
410	S 4122	Officer, wages and control (*coal mine*)	829	8114	Oiler (*varnish mfr*)
201	3551	Officer, warning, flood	894	8129	Oiler
600	3311	Officer, warrant (*armed forces*)	894	8129	Oiler and bander (*textile mfr*)
619	9249	Officer, warrant (*county court*)	894	8129	Oiler and beltman
610	S 3312	Officer, warrant (*police service*)	814	8113	Oiler and cleaner (*textile mfr*)
420	4131	Officer, warranty	894	8129	Oiler and cleaner
719	7129	Officer, wayleave	540	5231	Oiler and greaser (motor vehicles)
902	6139	Officer, welfare, animal	894	8129	Oiler and greaser
371	3232	Officer, welfare, chief	820	8114	Oilman, engine
371	3232	Officer, welfare, education	894	8129	Oilman (*coal mine*)
371	3232	Officer, welfare	880	8217	Oilman (*shipping*)
619	3552	Officer, woodland	*190*	1114	Ombudsman
210	2121	Officer, works	220	2211	Oncologist
399	3539	Officer, workshops (*MOD*)	886	8221	Onsetter, pit, staple (*coal mine*)
371	3231	Officer, youth	886	8221	Onsetter
332	3513	Officer (*hovercraft*)	811	8113	Opener, asbestos
615	9241	Officer (*investigation*)	811	8113	Opener, bale (*textile mfr: opening dept*)
331	3512	Officer (*airlines*)	990	9139	Opener, bale
150	1171	Officer (*armed forces*)	811	8113	Opener, fibre

SOC 1990	SOC 2000	
839	**8117**	Opener, hot (*steel mfr*)
430	**9219**	Opener, mail
590	**5491**	Opener, piece (*glass mfr*)
814	**8113**	Opener, piece (*textile mfr*)
839	**8117**	Opener, plate (tinplate)
911	**9131**	Opener (*foundry*)
811	**8113**	Opener (*textile mfr: fibre opening*)
813	**8113**	Opener (*textile mfr*)
839	**8117**	Opener (*tinplate mfr*)
900	**9111**	Operative, agricultural
800	**8111**	Operative, bakery
622	**9225**	Operative, bar
441	**9149**	Operative, bay, loading
699	**9229**	Operative, bingo
555	**8139**	Operative, boot and shoe
509	**8149**	Operative, building
841	**8125**	Operative, can, tin
811	**8113**	Operative, carding (textile)
430	**7211**	Operative, centre, call
699	**9226**	Operative, cinema
823	**8112**	Operative, clay (*brick mfr*)
673	**9234**	Operative, cleaning, dry
		Operative, cleaning - *see also* Cleaner ( )
990	**9132**	Operative, cleansing, machine
957	**9232**	Operative, cleansing (*street cleaning*)
		Operative, cleansing - *see also* Cleaner ( )
811	**8113**	Operative, combing (*textile mfr*)
599	**8119**	Operative, concrete (*concrete products mfr*)
896	**8149**	Operative, concrete
919	**9139**	Operative, cotton
		Operative, dairy - *see* Dairyman ( )
933	**9235**	Operative, disposal, refuse
933	**9235**	Operative, disposal, waste
958	**9233**	Operative, domestic
812	**8113**	Operative, drawtwist, nylon
552	**8114**	Operative, dyer's
		Operative, factory - *see* Worker, factory ( )
	8111	Operative, food
	9131	Operative, foundry
919	**9139**	Operative, general (*textile mfr*)
923	**8142**	Operative, highways
551	**8113**	Operative, hosiery
552	**8114**	Operative, house, dye (*textile mfr*)
990	**9132**	Operative, hygiene
930	**9141**	Operative, jetty
720	**7111**	Operative, kiosk (*retail trade*)
933	**9235**	Operative, landfill
673	**9234**	Operative, laundry
809	**8111**	Operative, line (*food products mfr*)
		Operative, machine - *see* Machinist ( )
990	**9139**	Operative, maintenance (*fire service*)
		Operative, maintenance - *see also* Hand, maintenance
412	**7122**	Operative, meter
919	**9139**	Operative, mill

SOC 1990	SOC 2000	
823	**8112**	Operative, oven, tunnel
885	**8229**	Operative, piling
898	**8123**	Operative, pit
930	**9141**	Operative, port
809	**8111**	Operative, powder, baking
891	**9133**	Operative, printer's
		Operative, production - *see* Worker, process ( )
898	**8123**	Operative, quarry
933	**9235**	Operative, recycling
933	**9235**	Operative, refuse
673	**9234**	Operative, restoration (*carpet cleaning*)
929	**9129**	Operative, rivers
699	**6292**	Operative, rodent
811	**8113**	Operative, room, blowing
811	**8113**	Operative, room, card
553	**8137**	Operative, rosso
615	**9241**	Operative, security
892	**8126**	Operative, sewer
555	**8139**	Operative, shoe
555	**8139**	Operative, slipper
441	**9149**	Operative, store, cold
919	**9139**	Operative, textile
802	**8111**	Operative, tobacco
	9149	Operative, warehouse
550	**8113**	Operative, weaving
		Operative - *see also* Operator
809	**8111**	Operator, acidifier
490	**4136**	Operator, addressograph
386	**3434**	Operator, aids, audio-visual
889	**8218**	Operator, airfield
		Operator, assembly - *see* Assembler
841	**8125**	Operator, auto
829	**8114**	Operator, autoclave (*asbestos composition goods mfr*)
820	**8114**	Operator, autoclave (*chemical mfr*)
809	**8111**	Operator, autoclave (*food products mfr*)
829	**8112**	Operator, autoclave (*glass mfr*)
384	**3432**	Operator, autocue
862	**9134**	Operator, baler
824	**8115**	Operator, banbury (*rubber mfr*)
490	**4136**	Operator, banda
555	**8139**	Operator, bar, heel
833	**8117**	Operator, bath, salt (*metal goods mfr*)
540	**5231**	Operator, bay (*garage*)
699	**6292**	Operator, beetle, colorado
889	**9139**	Operator, belt (conveyor)
831	**8117**	Operator, bench, draw
820	**8114**	Operator, benzol
820	**8114**	Operator, benzole
800	**8111**	Operator, billet (*bakery*)
699	**9229**	Operator, bingo
844	**8125**	Operator, blast, sand
844	**8125**	Operator, blast, shot
809	**8111**	Operator, blending (*custard powder mfr*)
831	**8117**	Operator, block, bull

SOC 1990	SOC 2000		SOC 1990	SOC 2000	
529	5249	Operator, board, test	809	8111	Operator, centrifugal (starch)
809	8111	Operator, boiler, sugar	820	8114	Operator, centrifuge (chemicals)
893	8124	Operator, boiler	887	8229	Operator, charger (*rolling mill*)
386	3434	Operator, boom (*film, television production*)	721	7112	Operator, check-out
			820	8114	Operator, chemical
555	8139	Operator, boot	386	3434	Operator, cinema
412	7122	Operator, booth, toll	386	3434	Operator, cinematograph
862	9134	Operator, bottling	850	8131	Operator, circuit, printed
800	8111	Operator, brake (*bakery*)	890	8123	Operator, cleaner, dry (*coal mine*)
899	8129	Operator, brake (*steelworks*)	673	9234	Operator, cleaner, dry (*laundry, launderette, dry cleaning*)
801	8111	Operator, brewery			
863	8134	Operator, bridge, weigh	897	8121	Operator, clipper, veneer
886	8221	Operator, bridge (*coal mine*)	840	5221	Operator, cnc
889	8219	Operator, bridge	873	8213	Operator, coach
509	8149	Operator, building	893	8124	Operator, coal (*power station*)
840	8125	Operator, bullard	*821*	8121	Operator, coating (*paper mfr*)
885	8229	Operator, bulldozer	834	8116	Operator, coatings, plastic (*plastics goods mfr*)
463	4142	Operator, bureau (*paging service*)			
829	8114	Operator, burner, kiln (*carbon goods mfr*)	839	8117	Operator, coil, steel
			820	8114	Operator, column (*oxygen mfr*)
490	4136	Operator, burster	899	8129	Operator, combine
889	9139	Operator, button	463	4142	Operator, communications
899	8129	Operator, cable (*cable mfr*)	*899*	8129	Operator, compactor
463	4142	Operator, cable	560	5421	Operator, composer, IBM
310	3122	Operator, CAD	821	8121	Operator, compressor (*paper, leather board mfr*)
673	9234	Operator, calender (*laundry, launderette, dry cleaning*)			
			893	8124	Operator, compressor
821	8121	Operator, calender (*paper mfr*)	490	4136	Operator, comptometer
825	8116	Operator, calender (*plastics mfr*)	490	3131	Operator, computer
824	8115	Operator, calender (*rubber mfr*)	555	8139	Operator, consol (*footwear mfr*)
552	8113	Operator, calender (*textile mfr*)	722	7112	Operator, consol (*petrol station*)
430	7211	Operator, callcentre	555	8139	Operator, console (*footwear mfr*)
386	3434	Operator, camera, video	722	7112	Operator, console (*petrol station*)
490	9219	Operator, camera (*microfilm*)	463	4142	Operator, control, fire (*fire service*)
490	9219	Operator, camera (*photocopying*)	699	6292	Operator, control, pest
386	3434	Operator, camera (*film, television production*)	386	3434	Operator, control, sound
			441	9149	Operator, control, stock
386	3434	Operator, camera (*printing*)	893	8124	Operator, control (*railways*)
386	3434	Operator, camera (*process engraving*)	839	8117	Operator, control (*steelworks*)
386	3434	Operator, camera (*television service*)	889	9139	Operator, conveyor
889	8219	Operator, capstan (*railways*)	809	8111	Operator, cooker (canned foods)
840	8125	Operator, capstan	899	8129	Operator, cooker (dry batteries)
820	8114	Operator, capsulation	809	8111	Operator, cooler, brine (milk)
490	4136	Operator, capture, data	886	8221	Operator, crane
889	9139	Operator, car, ingot	999	6291	Operator, crematorium
811	8113	Operator, card, cotton	899	8129	Operator, cropper
490	4136	Operator, card, punch	890	8123	Operator, crusher (*mine*)
721	7112	Operator, cash and wrap	809	8111	Operator, cuber
531	5212	Operator, cast, die	597	8122	Operator, cutter, coal
560	5421	Operator, caster, monotype	839	8117	Operator, degrease
839	8117	Operator, castings (*metal mfr*)	839	8117	Operator, degreaser
824	8115	Operator, castings (*rubber goods mfr*)	820	8114	Operator, densification (chemicals)
885	8229	Operator, caterpillar	839	8117	Operator, depiler (*metal mfr*)
590	8112	Operator, cathedral	*441*	4133	Operator, depot
615	9241	Operator, CCTV	537	5215	Operator, deseaming (steel)
851	8132	Operator, cell (*vehicle mfr*)	*320*	3132	Operator, desk, help
430	7211	Operator, centre, call	463	4142	Operator, despatch, aided, computer (*emergency services*)
463	4142	Operator, centre, control (*sheltered housing*)			
			441	9149	Operator, despatch

SOC 1990	SOC 2000		SOC 1990	SOC 2000	
922	8143	Operator, detector, flaw, rail, ultrasonic	812	8113	Operator, frame, spinning
860	8133	Operator, detector (*engineering*)	809	8111	Operator, freezer (*fruit, vegetable preserving*)
452	4217	Operator, dictaphone	*809*	8111	Operator, freezer (*ice cream making*)
834	8118	Operator, dip (*metal trades*)	809	8111	Operator, froster (*fruit, vegetable preserving*)
597	8122	Operator, disc (*coal mine*)			
820	8114	Operator, disintegrator (chemicals)	*809*	8111	Operator, froster (*ice cream making*)
490	4136	Operator, display, visual	833	8117	Operator, furnace, annealing
999	9235	Operator, disposal, refuse	833	8117	Operator, furnace, carburising
933	9235	Operator, disposal, waste	829	8114	Operator, furnace, electric (*enamelling*)
892	8126	Operator, distribution (*water company*)	830	8117	Operator, furnace, electrical (*metal mfr*)
862	9134	Operator, distribution			
811	8113	Operator, drawtwist	823	8112	Operator, furnace, glass
885	8229	Operator, dredger	839	8117	Operator, furnace, slab, pusher
829	8119	Operator, drier (plasterboard)	833	8117	Operator, furnace, treatment, heat
809	8111	Operator, drier's, grain (milk foods)	823	8112	Operator, furnace (*ceramics mfr*)
885	8229	Operator, drill, pneumatic	823	8112	Operator, furnace (*glass mfr*)
840	8125	Operator, drill	830	8117	Operator, furnace (*metal mfr*)
885	8229	Operator, drott	811	8113	Operator, garnett
490	3421	Operator, DTP	820	8114	Operator, gas
490	9219	Operator, duplicator	860	8133	Operator, gauger (cartridges)
490	9133	Operator, dyeline	893	8124	Operator, gearhead
490	4136	Operator, edit, tape	590	8112	Operator, glass, fibre
889	9139	Operator, electrical (*rolling mill*)	820	8114	Operator, glazing (explosives)
886	8221	Operator, elevator	891	9133	Operator, gravure (printer's)
841	8125	Operator, embosser (*engineering*)	840	8125	Operator, grinder
823	8112	Operator, end, cold	809	8111	Operator, grinder and roller (*cheese processing*)
886	8221	Operator, engine, winding			
893	8124	Operator, engine	820	8114	Operator, guide
462	4141	Operator, enquiry, directory	559	5419	Operator, guillotine (*coach trimming*)
490	4136	Operator, entry, data	899	8129	Operator, guillotine (*coal mine*)
440	4133	Operator, entry, order	899	8129	Operator, guillotine (*metal trades*)
721	7112	Operator, EPOS	822	8121	Operator, guillotine (*paper goods mfr*)
386	3434	Operator, equipment, video	825	8116	Operator, guillotine (*plastics goods mfr*)
820	8114	Operator, evaporator (*chemical mfr*)			
809	8111	Operator, evaporator (*food products mfr*)	814	8113	Operator, guillotine (*pressed woollen felt mfr*)
885	8229	Operator, excavator	822	8121	Operator, guillotine (*printing*)
820	8114	Operator, extruder (*chemical mfr*)	929	9129	Operator, gun, cement
839	8117	Operator, extruder (*metal trades*)	839	8117	Operator, hammer
825	8116	Operator, extruder (*plastics mfr*)	*902*	9119	Operator, hatchery
824	8115	Operator, extruder (*rubber goods mfr*)	*320*	3132	Operator, helpline (computing)
820	8114	Operator, extrusion (*chemical mfr*)	*430*	7211	Operator, helpline
839	8117	Operator, extrusion (*metal trades*)	*719*	7129	Operator, hire, skip
825	8116	Operator, extrusion (*plastics mfr*)	886	8221	Operator, hoist
824	8115	Operator, extrusion (*rubber goods mfr*)	809	8111	Operator, homogeniser (ice cream)
			839	8117	Operator, hot
		Operator, factory - see Worker, factory ( )	552	8114	Operator, house, dye (*textile mfr*)
			893	8124	Operator, house, power
999	9139	Operator, fan (*coal mine*)	834	8118	Operator, house, tin (tinplate)
490	9219	Operator, film, micro	829	8119	Operator, hydrate
820	8114	Operator, filter, drum, rotary (*chemical mfr*)	999	9139	Operator, hydraulic
			673	9234	Operator, hydro (*laundry, launderette, dry cleaning*)
801	8111	Operator, filter (*whisky distilling*)			
490	4136	Operator, flexowriter	814	8113	Operator, hydro (*textile finishing*)
890	8123	Operator, flotation, froth (*coal mine*)	673	9234	Operator, hydro
839	8117	Operator, forge	820	8114	Operator, hydro-extractor (*chemical mfr*)
887	8222	Operator, fork-lift			

SOC 1990	SOC 2000		SOC 1990	SOC 2000	
673	9234	Operator, hydro-extractor (*laundry, launderette, dry cleaning*)	*381*	3421	Operator, Mac, Apple
			381	3421	Operator, Mac
810	8114	Operator, hydro-extractor (*tannery*)	412	7122	Operator, machine, vending
814	8113	Operator, hydro-extractor			Operator, machine - *see also* Machinist
990	9132	Operator, hygiene			
490	4136	Operator, IBM	*490*	9219	Operator, machinery, office
490	4136	Operator, ICL	*560*	5421	Operator, make-up, display
999	9132	Operator, incinerator	839	8117	Operator, mangle
490	4136	Operator, input, data	820	8114	Operator, manifold
560	5421	Operator, intertype	839	8117	Operator, manipulator (*steel mfr*)
885	8229	Operator, JCB	*850*	8131	Operator, manufacturing (*electrical, electronic equipment mfr*)
930	9141	Operator, jetty			
814	8113	Operator, jig (*textile mfr*)	*851*	8132	Operator, manufacturing (*metal trades*)
579	5492	Operator, jointer			
490	4136	Operator, kardex	829	8112	Operator, mill, ball (*ceramics mfr*)
820	8114	Operator, kettle (*chemical mfr*)	820	8114	Operator, mill, ball (*chemical mfr*)
490	4136	Operator, key, punch	840	8125	Operator, mill, boring
490	4136	Operator, key-punch	832	8117	Operator, mill, foil (*aluminium*)
490	4136	Operator, key-time	832	8117	Operator, mill, hot (*metal trades*)
490	4136	Operator, key-to-disc	829	8119	Operator, mill, mortar
560	5421	Operator, keyboard (typesetting)	840	8125	Operator, mill, plano
490	4136	Operator, keyboard	820	8114	Operator, mill, pug (chemicals)
823	8112	Operator, kiln (*ceramics mfr*)	832	8117	Operator, mill, rolling
821	8121	Operator, kiln (*wood products mfr*)	899	8129	Operator, mill, sand (*steelworks*)
829	8119	Operator, kiln	897	8121	Operator, mill, saw
720	7111	Operator, kiosk (*retail trade*)	820	8114	Operator, mill, sheeting (chemicals)
814	8113	Operator, knife, band (*textile mfr*)	839	8117	Operator, mill, tube
860	8133	Operator, lamp (*electric lamp mfr*)	809	8111	Operator, mill (*grain milling*)
869	8139	Operator, laser	825	8116	Operator, mill (*plastics goods mfr*)
555	8139	Operator, last, seat	832	8117	Operator, mill (*rolling mill*)
899	8129	Operator, lathe (*carbon goods mfr*)	824	8115	Operator, mill (*rubber goods mfr*)
510	5221	Operator, lathe (*coal mine*)	840	8125	Operator, mill (*steel foundry*)
814	8113	Operator, lathe (*industrial felt mfr*)	840	8125	Operator, milling (*metal trades*)
840	8125	Operator, lathe (*metal trades*)	820	8114	Operator, milling (*soap, detergent mfr*)
897	8121	Operator, lathe (*wood products mfr*)			
673	9234	Operator, laundry	829	8119	Operator, mixer (*cast concrete products mfr*)
887	8222	Operator, lift, fork			
955	9245	Operator, lift	809	8111	Operator, mixer (*sugar, sugar confectionery mfr*)
386	3434	Operator, limelight			
792	7211	Operator, line, answer	820	8114	Operator, mixing
851	8132	Operator, line, assembly (*vehicle mfr*)	560	5421	Operator, monotype
885	8229	Operator, line, drag	809	8111	Operator, moulder (chocolate)
490	9133	Operator, line, dye	*850*	8131	Operator, mount, surface (*electrical, electronic equipment mfr*)
792	7113	Operator, line, order			
869	8139	Operator, line, paint	814	8113	Operator, multi-roller (hats)
839	8117	Operator, line, pickle (*steel mfr*)	569	5422	Operator, Multilith
851	8132	Operator, line, trim (*motor vehicle mfr*)	490	4136	Operator, NCR
			462	4141	Operator, night (*telephone service*)
850	8131	Operator, line (electrical)	569	5422	Operator, offset
862	9134	Operator, line (packing, wrapping)	912	9139	Operator, oil (*metal trades*)
851	8132	Operator, line (*engineering*)	820	8114	Operator, oven, coke
809	8111	Operator, line (*food products mfr*)	809	8111	Operator, oven, vacuum (*food products mfr*)
560	5421	Operator, linotype			
569	5422	Operator, litho, offset	862	9134	Operator, packaging
561	5422	Operator, lithographic	862	9134	Operator, packing
597	8122	Operator, loader, power	820	8114	Operator, pan, vacuum (*chemical mfr*)
887	8222	Operator, loader, side	809	8111	Operator, pan, vacuum (*food products mfr*)
552	8113	Operator, loom			
560	5421	Operator, ludlow	809	8111	Operator, pan (*food products mfr*)

SOC 1990	SOC 2000	
889	9139	Operator, panel (*steel mfr*)
899	8129	Operator, pantograph
850	8131	Operator, PCB
873	8213	Operator, person, one
386	3434	Operator, photo (*lithography*)
386	3434	Operator, photo-litho
430	9219	Operator, photocopy
386	3434	Operator, photographic
860	8133	Operator, photometer
839	8117	Operator, pilger
590	8112	Operator, pipe, blow (quartz)
800	8111	Operator, plant, bakery
820	8114	Operator, plant, benzol
820	8114	Operator, plant, benzole
823	8112	Operator, plant, brick
885	8229	Operator, plant, builder's
820	8114	Operator, plant, chemical
820	8114	Operator, plant, chlorination
829	8119	Operator, plant, concrete
885	8229	Operator, plant, constructional
820	8114	Operator, plant, cracker (*oil refining*)
839	8117	Operator, plant, degreasing
809	8111	Operator, plant, dehydration (*fruit, vegetable preserving*)
820	8114	Operator, plant, distillation (chemicals)
809	8111	Operator, plant, drying (*food products mfr*)
999	9139	Operator, plant, drying
890	8123	Operator, plant, flotation
820	8114	Operator, plant, gas
885	8229	Operator, plant, heavy
889	9139	Operator, plant, mobile (*steel mfr*)
820	8114	Operator, plant, oxygen
862	9134	Operator, plant, packaging
869	8139	Operator, plant, painting, electrophoretic
834	8118	Operator, plant, plating
893	8124	Operator, plant, power
820	8114	Operator, plant, sedimentation (*chemical mfr*)
839	8117	Operator, plant, sinter
892	8126	Operator, plant, softener, water
809	8111	Operator, plant, spray (*milk processing*)
552	8114	Operator, plant, sterilising (surgical dressings)
820	8114	Operator, plant, sulphur
892	8126	Operator, plant, treatment, water
834	8118	Operator, plant, vacuum (metallisation)
800	8111	Operator, plant (*bakery*)
885	8229	Operator, plant (*building and contracting*)
820	8114	Operator, plant (*chemical mfr*)
820	8114	Operator, plant (*coal gas, coke ovens*)
890	8123	Operator, plant (*coal mine: coal washery*)
893	8124	Operator, plant (*electricity supplier*)
893	8124	Operator, plant (*nuclear power station*)
820	8114	Operator, plant (*oil refining*)
885	8229	Operator, plant (*opencast mining*)
821	8121	Operator, plant (*paper mfr*)
825	8116	Operator, plant (*plastics goods mfr*)
898	8123	Operator, plant (*quarry*)
824	8115	Operator, plant (*rubber goods mfr*)
892	8126	Operator, plant (*sewage works*)
892	8126	Operator, plant (*water works*)
885	8229	Operator, plant
825	8116	Operator, plastic
825	8116	Operator, plastics
834	8118	Operator, plating
889	9139	Operator, point, transfer
884	8216	Operator, points (*railways*)
930	9141	Operator, port
830	8117	Operator, pot (*aluminium mfr*)
490	4136	Operator, preparation, data
809	8111	Operator, preserving (fruit pulp)
841	8125	Operator, press, hand (*jewellery, plate mfr*)
		Operator, press - *see* Presser
673	9234	Operator, presser, steam
490	9133	Operator, print, photo
891	9133	Operator, print
891	9133	Operator, printer's
820	8114	Operator, process, chemical
862	9134	Operator, process (packing)
899	8129	Operator, process (*aircraft component mfr*)
800	8111	Operator, process (*bakery, flour confectionery mfr*)
801	8111	Operator, process (*brewery*)
820	8114	Operator, process (*chemical mfr*)
890	8123	Operator, process (*clay extraction*)
809	8111	Operator, process (*food products mfr*)
590	8112	Operator, process (*glass mfr*)
826	8114	Operator, process (*man-made fibre mfr*)
820	8114	Operator, process (*oil refining*)
820	8114	Operator, process (*pharmaceutical mfr*)
825	8116	Operator, process (*plastics goods mfr*)
820	8114	Operator, process (*plastics mfr*)
569	5422	Operator, process (*printing*)
824	8115	Operator, process (*rubber mfr*)
809	8111	Operator, process (*sugar, sugar confectionery mfr*)
452	4217	Operator, processor, word
820	8114	Operator, producer, gas
		Operator, production - *see* Worker, process ( )
840	8125	Operator, profile
490	3421	Operator, publishing, top, desk
555	8139	Operator, pullover (*footwear mfr*)
832	8117	Operator, pulpit (*steel mfr*)
999	8126	Operator, pump

Standard Occupational Classification 2000 Volume 2

SOC 1990	SOC 2000		SOC 1990	SOC 2000	
820	8114	Operator, pumphouse, vacuum (*oil refining*)	899	8129	Operator, saw (*metal trades*)
490	4136	Operator, punch, key	897	8121	Operator, saw (*sawmilling*)
822	8121	Operator, punch (*paper goods mfr*)	386	9219	Operator, scanner (*printing*)
490	4136	Operator, punch	*721*	7112	Operator, scanner (*retail trade*)
889	9139	Operator, pusher (*coke ovens*)	*721*	7112	Operator, scanning (*retail trade*)
839	8117	Operator, pusher (*metal mfr*)	699	9229	Operator, scoreboard
869	8133	Operator, quality	563	5424	Operator, screen, silk
463	4142	Operator, radar	890	8123	Operator, screen (*mines: quarries*)
463	4142	Operator, radio	*490*	4136	Operator, screen
386	3434	Operator, recorder, film	890	8123	Operator, separator, magnetic
386	3434	Operator, recorder, videotape	809	8111	Operator, separator (*food processing*)
872	8212	Operator, recovery (vehicle)	*430*	7211	Operator, service, customer
933	9235	Operator, recycling	*958*	9233	Operator, service (*cleaning*)
820	8114	Operator, refinery	*430*	7211	Operator, services, customer
999	8129	Operator, refrigerator	892	8126	Operator, sewage
719	7129	Operator, rental	*892*	8126	Operator, sewer
820	8114	Operator, reproduction (*atomic energy establishment*)	839	8117	Operator, shear, flying
			899	8129	Operator, shear
490	9219	Operator, reprographics	839	8117	Operator, shears, flying
300	3111	Operator, research (*oil refining*)	899	8129	Operator, shears
430	7211	Operator, response, serviceline	599	5499	Operator, sheathing (explosives)
430	7211	Operator, response, tele	555	8139	Operator, shoe
820	8114	Operator, retort (*coal gas production*)	596	5234	Operator, shop, paint (*vehicle mfr*)
			802	8111	Operator, sieve, rotex (*tobacco mfr*)
809	8111	Operator, retort (*food products mfr*)	809	8111	Operator, sieve (*food products mfr*)
699	9226	Operator, ride	883	8216	Operator, signal (*railways*)
812	8113	Operator, ring	441	8111	Operator, silo (*tobacco mfr*)
699	6292	Operator, rodent	839	8117	Operator, sinter
825	8116	Operator, rolls, calender (*plastics goods mfr*)	173	1221	Operator, site, caravan
			810	8114	Operator, skin and hide
555	8139	Operator, room, closing (*footwear mfr*)	899	8129	Operator, slitter (*metal mfr*)
			889	8122	Operator, slusher (*coal mine*)
893	8124	Operator, room, control (electric)	892	8126	Operator, softener, water
893	8124	Operator, room, control (electrical)	*850*	8131	Operator, solder, flow
463	4142	Operator, room, control (*emergency services*)	300	3111	Operator, spectroscope
			596	8129	Operator, spray, mechanical
892	8126	Operator, room, control (*water company*)	893	8124	Operator, station, power
			839	8117	Operator, steel (*metal mfr*)
810	8114	Operator, room, drum	552	8113	Operator, stenter
829	8119	Operator, room, drying	809	8111	Operator, sterilizer, milk
490	9219	Operator, room, print	958	9233	Operator, sterilizer, telephone
809	8111	Operator, room, sifting	641	6111	Operator, sterilizer (*hospital service*)
840	8125	Operator, room, tool	820	8114	Operator, still
889	9139	Operator, ropeway	*441*	9149	Operator, store, cold
490	4136	Operator, rotaprint	899	8129	Operator, stretcher (*metal mfr*)
891	9133	Operator, rotary (*printing*)	386	3434	Operator, studio, photogravure
840	8125	Operator, router	599	5319	Operator, submersible
792	7113	Operator, sales, telephone	*320*	3132	Operator, support, IT
897	8121	Operator, saw, band (wood)	839	8117	Operator, swaging
829	8114	Operator, saw, band (*asbestos goods mfr*)	889	8122	Operator, switch (*coal mine*)
			462	4141	Operator, switchboard (telephone)
809	8111	Operator, saw, band (*food products mfr*)	893	8124	Operator, switchboard (*power station*)
			820	8114	Operator, synthesis (*chemical mfr*)
			490	4136	Operator, tabulator
899	8129	Operator, saw, band (*metal trades*)	821	8121	Operator, take-down (abrasive sheet)
581	5431	Operator, saw, circular (meat)	809	8111	Operator, tandem (chocolate)
899	8129	Operator, saw (metal)	929	9129	Operator, tank, asphalt
825	8116	Operator, saw (plastics)	590	8112	Operator, tank, glass
897	8121	Operator, saw (wood)	*386*	3434	Operator, tape

SOC 1990	SOC 2000	
840	8125	Operator, tapping
874	8214	Operator, taxi
386	3434	Operator, telecine
463	4142	Operator, telecommunications
463	4142	Operator, telephone, radio
462	4141	Operator, telephone
463	4142	Operator, teleprinter
792	7113	Operator, telesales
463	4142	Operator, teletype
615	9241	Operator, television, circuit, close
384	3432	Operator, television (*broadcasting*)
463	4142	Operator, telex
721	7112	Operator, till
830	8117	Operator, tilter (steel)
889	9139	Operator, tippler
840	8125	Operator, tool, machine
411	4123	Operator, totalisator
411	4123	Operator, tote
177	6212	Operator, tour
699	9226	Operator, tow, ski
140	4134	Operator, traffic
882	3514	Operator, train
839	8117	Operator, transfer (*metal mfr*)
872	8211	Operator, transport
889	9139	Operator, traverser, wagon
820	8114	Operator, treater (*petroleum refining*)
820	8114	Operator, treatment, heat (carbon)
829	8114	Operator, treatment, heat (carbon goods)
833	8117	Operator, treatment, heat (metal)
892	8126	Operator, treatment, sewage
892	8126	Operator, treatment, water
899	8129	Operator, trimming, bullet
809	8111	Operator, triples
887	8222	Operator, truck, fork
887	8222	Operator, truck, fork-lift
887	8222	Operator, truck, lift, fork
850	8131	Operator, tube (*lamp, valve mfr*)
825	8116	Operator, tube (*plastics goods mfr*)
591	8112	Operator, tumbler (*ceramics mfr*)
673	9234	Operator, tumbler (*laundry, launderette, dry cleaning*)
820	8114	Operator, tunnel (gelatine, glue, size)
893	8124	Operator, turbine
889	9139	Operator, turntable
840	8125	Operator, turret
812	8113	Operator, twisting
560	5421	Operator, typographical
922	8143	Operator, ultrasonic (*railways*)
860	8133	Operator, ultrasonic
673	9234	Operator, unit (*laundry, launderette, dry cleaning*)
552	8113	Operator, unit (*textile finishing*)
893	8124	Operator, unit
834	8118	Operator, vat (*metal mfr*)
490	4136	Operator, VDU
412	7122	Operator, vending
820	8114	Operator, vessel, reaction (chemicals)
386	3434	Operator, video
809	8111	Operator, viscoliser (ice cream)
809	8111	Operator, votator
	9149	Operator, warehouse
890	8123	Operator, washery
863	8134	Operator, weighbridge
844	8125	Operator, wheelabrator
811	8113	Operator, willey (wool)
886	8221	Operator, winch
814	8113	Operator, winder, fibreglass
821	8121	Operator, winder (*paper mfr*)
898	8123	Operator, wireline
892	8126	Operator, works, sewage
342	3214	Operator, x-ray
490	9219	Operator, xerox
901	8223	Operator (agricultural machinery)
885	8229	Operator (construction machinery)
462	4141	Operator (telephone)
809	8111	Operator (*food products mfr*)
820	8114	Operator (*oil refining*)
463	4142	Operator (*radio relay service*)
841	8125	Operator (*Royal Mint*)
892	8126	Operator (*water company*)
220	2211	Ophthalmologist
345	3216	Optician, dispensing
590	5491	Optician, manufacturing
222	2214	Optician, ophthalmic
222	2214	Optician
222	2214	Optologist
222	2214	Optometrist
385	3415	Orchestrator
670	6231	Orderly, civilian
958	9233	Orderly, domestic (*hospital service*)
641	6111	Orderly, hospital
952	9223	Orderly, kitchen
990	7124	Orderly, market
641	6111	Orderly, medical
953	9223	Orderly, mess
641	6111	Orderly, nursing
957	9232	Orderly, road
953	9223	Orderly, room, dining
990	9239	Orderly, sanitary
957	9232	Orderly, street
641	6111	Orderly, ward
941	9211	Orderly (office)
644	6115	Orderly (*communal establishment*)
641	6111	Orderly (*hospital service*)
123	3543	Organiser, appeals
371	3232	Organiser, care, day
371	3232	Organiser, care, home
371	3232	Organiser, care
174	3539	Organiser, catering
371	3232	Organiser, centre, day
199	3539	Organiser, conference
293	2442	Organiser, district (*community services*)
176	3416	Organiser, drama
176	3539	Organiser, entertainment
176	3539	Organiser, entertainments
176	3539	Organiser, event

SOC 1990	SOC 2000		SOC 1990	SOC 2000	
176	**3539**	Organiser, events	861	**8133**	Overlooker, cloth
176	**3539**	Organiser, exhibition	516	**5223**	Overlooker, frame (maintenance)
176	**3539**	Organiser, exhibitions	869	**8133**	Overlooker, greenhouse
399	**3539**	Organiser, festival	550	**5411**	Overlooker, loom (maintenance: *textile mfr*: *textile weaving*)
371	**3232**	Organiser, help, home			
659	**9244**	Organiser, lunchtime	516	**5223**	Overlooker, loom (maintenance)
732	**7124**	Organiser, market	516	**5223**	Overlooker, weaving (maintenance)
174	**9223**	Organiser, meals, school	599	**5499**	Overlooker, wire
176	**3415**	Organiser, music	516	**5223**	Overlooker (maintenance: *textile mfr*)
190	**1114**	Organiser, national (*charitable organisation*)	861	**8133**	Overlooker (*clothing mfr*)
			861	**8133**	Overlooker (*hat mfr*)
190	**1114**	Organiser, national (*trade union*)	861	**8133**	Overlooker (*lace examining*)
730	**7129**	Organiser, party (*retail trade*: *party plan sales*)	552	**S 8113**	Overlooker (*warping*)
					Overlooker - *see also* Foreman
651	**6123**	Organiser, playgroup	597	**S 8122**	Overman, deputy (*coal mine*)
384	**3432**	Organiser, programme (*broadcasting*)	113	**1123**	Overman
371	**3232**	Organiser, project (*welfare services*)	309	**3119**	Overseer, assistant (*MOD*)
123	**3433**	Organiser, publicity	463	**S 4142**	Overseer, radio
396	**3567**	Organiser, safety, road	219	**2129**	Overseer, ship (*MOD*)
121	**3542**	Organiser, sales	219	**2129**	Overseer (*MOD*)
177	**6212**	Organiser, tour	940	**S 9211**	Overseer (*PO: sorting office*)
140	**4134**	Organiser, transport	430	**S 4150**	Overseer (*PO*)
420	**6212**	Organiser, travel			Overseer - *see also* Foreman
371	**3232**	Organiser, welfare	615	**1174**	Owner, agency, detective
371	**3231**	Organiser, youth	139	**1135**	Owner, agency, employment
391	**3563**	Organiser (vocational training)	170	**1231**	Owner, agency, letting
239	**2319**	Organiser (*adult education centre*)	139	**1239**	Owner, agency, ticket
190	**4114**	Organiser (*political party*)	177	**1226**	Owner, agency, travel
190	**4114**	Organiser (*trade union*)	199	**1225**	Owner, arcade, amusement
371	**3232**	Organiser (*welfare services*)	175	**1224**	Owner, bar, wine
385	**3415**	Organist	169	**1219**	Owner, boat, fishing
560	**5421**	Originator (*printing*)	880	**1239**	Owner, boat
590	**5491**	Ornamenter (*ceramics mfr*)	174	**1223**	Owner, café
869	**8139**	Ornamenter (*japanned ware mfr*)	874	**1239**	Owner, carriages, hackney
201	**2112**	Ornithologist	169	**1219**	Owner, cattery
814	**8113**	Orseller (net)	179	**1234**	Owner, centre, garden
223	**2215**	Orthodontist	176	**1225**	Owner, cinema
347	**3229**	Orthoptist	*176*	**1225**	Owner, circus
346	**3218**	Orthotist	172	**1233**	Owner, club, health
814	**8113**	Osseller (net)	*176*	**1225**	Owner, club, night
347	**3229**	Osteopath	176	**1225**	Owner, club, sports
902	**6139**	Ostler	174	**1224**	Owner, club
220	**2211**	Otologist	874	**1239**	Owner, company, taxi
220	**2211**	Otorhinolaryngologist	*160*	**1211**	Owner, farm
179	**1234**	Outfitter (*retail trade*)	173	**1221**	Owner, flat, holiday
823	**8112**	Ovenman, biscuit	173	**1221**	Owner, flats, holiday
820	**8114**	Ovenman, coke	*110*	**1121**	Owner, foundry
823	**8112**	Ovenman, glost	179	**1239**	Owner, gallery, art
833	**8117**	Ovenman, iron, malleable	171	**1232**	Owner, garage
821	**8121**	Ovenman (*abrasive paper*, *cloth mfr*)	176	**1225**	Owner, hall, dance
800	**8111**	Ovenman (*bakery*)	169	**1219**	Owner, hatchery, fish
829	**8114**	Ovenman (*brake linings mfr*)	*199*	**1239**	Owner, hire, plant
823	**8112**	Ovenman (*ceramics mfr*)	370	**1185**	Owner, home, convalescent
809	**8111**	Ovenman (*food products mfr*)	340	**1185**	Owner, home, nursing
829	**8114**	Ovenman (*japanning*, *enamelling*)	370	**1185**	Owner, home, residential
800	**8111**	Ovensman (*bakery*)	370	**1185**	Owner, home, rest
540	**5231**	Overhauler (vehicles)	*370*	**1185**	Owner, home, retirement
811	**8113**	Overhauler (*rag sorting*)	173	**1221**	Owner, hotel
553	**8137**	Overlocker	173	**1221**	Owner, house, guest

SOC 1990	SOC 2000	
175	**1224**	Owner, house, public
169	**1219**	Owner, kennels
170	**1231**	Owner, land
179	**1239**	Owner, launderette
814	**1121**	Owner, mill, textile
176	**1225**	Owner, museum
650	**2319**	Owner, nursery, children's
173	**1221**	Owner, park, caravan
733	**1235**	Owner, plant, recycling
170	**1231**	Owner, property
174	**1223**	Owner, restaurant
172	**1233**	Owner, salon, hairdressing
897	**1121**	Owner, sawmill
239	**2319**	Owner, school, dancing
393	**1239**	Owner, school, driving
239	**2319**	Owner, school, language
176	**1225**	Owner, school, riding
874	**1239**	Owner, service, cab
941	**1161**	Owner, service, courier
874	**1239**	Owner, service, taxi
332	**1161**	Owner, ship
691	**1239**	Owner, shop, betting
178	**1234**	Owner, shop, butcher's
174	**1223**	Owner, shop, chip
179	**1234**	Owner, shop, florist
199	**1239**	Owner, shop, video
		Owner, shop - *see also* Shopkeeper
173	**1221**	Owner, site, camping
173	**1221**	Owner, site, caravan
171	**1234**	Owner, station, filling
171	**1234**	Owner, station, petrol
179	**1234**	Owner, store, drug
179	**1234**	Owner, store, general
172	**1233**	Owner, studio, beauty
172	**1233**	Owner, studio, health
384	**1239**	Owner, studio, photographic
733	**1235**	Owner, yard, scrap
872	**8211**	Owner (heavy goods vehicles (HGV))
123	**1134**	Owner (*advertising agency*)
901	**1219**	Owner (*agricultural machinery contracting*)
529	**1239**	Owner (*alarm, security installation*)
199	**1225**	Owner (*amusement arcade*)
179	**1239**	Owner (*art gallery*)
172	**1233**	Owner (*beauty salon*)
172	**1233**	Owner (*beauty, health studio*)
173	**1221**	Owner (*bed and breakfast accommodation*)
169	**1219**	Owner (*boat: fishing*)
880	**1239**	Owner (*boat: pleasure*)
111	**1122**	Owner (*building and contracting*)
873	**1161**	Owner (*bus service*)
178	**1234**	Owner (*butchers*)
874	**1239**	Owner (*cab hire service*)
174	**1223**	Owner (*café*)
173	**1221**	Owner (*camping site*)
719	**1239**	Owner (*car hire service*)
173	**1239**	Owner (*caravan hire service*)
173	**1221**	Owner (*caravan site*)
169	**1219**	Owner (*cattery*)
199	**1183**	Owner (*chiropody practice*)
176	**1225**	Owner (*cinema*)
176	**1225**	Owner (*circus*)
199	**1239**	Owner (*cleaning services*)
174	**1224**	Owner (*club: night*)
176	**1225**	Owner (*club: sports*)
174	**1224**	Owner (*club*)
873	**1161**	Owner (*coach service*)
126	**1136**	Owner (*computer services*)
199	**1239**	Owner (*contract cleaning services*)
370	**1185**	Owner (*convalescent home*)
941	**1161**	Owner (*courier service*)
176	**1225**	Owner (*dance hall*)
199	**1239**	Owner (*dating agency*)
179	**1234**	Owner (*delicatessen*)
140	**1161**	Owner (*delivery service*)
199	**1239**	Owner (*design consultancy*)
615	**1174**	Owner (*detective agency*)
199	**1239**	Owner (*domestic appliances repairing*)
179	**1234**	Owner (*drug store*)
179	**1239**	Owner (*dry cleaning service*)
111	**1122**	Owner (*electrical contracting*)
139	**1135**	Owner (*employment agency*)
899	**1121**	Owner (*engineering works*)
170	**1231**	Owner (*estate agents*)
199	**1222**	Owner (*exhibition contracting*)
121	**1132**	Owner (*export agency*)
699	**1239**	Owner (*fairground stall*)
160	**1211**	Owner (*farm*)
174	**1223**	Owner (*fast food outlet*)
171	**1234**	Owner (*filling station*)
174	**1223**	Owner (*fish and chip shop*)
169	**1219**	Owner (*fish hatchery*)
169	**1219**	Owner (*fishing vessel*)
178	**1234**	Owner (*fishmongers*)
179	**1234**	Owner (*florists*)
199	**1239**	Owner (*funeral directors*)
171	**1232**	Owner (*garage*)
179	**1234**	Owner (*garden centre*)
199	**1239**	Owner (*garden machinery repairing*)
179	**1234**	Owner (*general store*)
173	**1221**	Owner (*guest house*)
172	**1233**	Owner (*hairdressing salon, shop*)
872	**1161**	Owner (*haulage service*)
172	**1233**	Owner (*health and fitness studio*)
173	**1221**	Owner (*holiday camp*)
173	**1221**	Owner (*holiday flats*)
179	**1239**	Owner (*home care service*)
160	**1211**	Owner (*horticulture*)
173	**1221**	Owner (*hotel*)
121	**1132**	Owner (*import agency*)
169	**1219**	Owner (*kennels*)
169	**1219**	Owner (*landscape gardening*)
179	**1239**	Owner (*launderette*)
179	**1239**	Owner (*laundry*)
170	**1231**	Owner (*letting agency*)

SOC 1990	SOC 2000		SOC 1990	SOC 2000	
169	**1219**	Owner (*livery stable*)	*199*	**1239**	Owner (*soft furnishings mfr*)
719	**1152**	Owner (*loan office*)	732	**1234**	Owner (*street stall*)
199	**1239**	Owner (*management consultancy*)	*174*	**1223**	Owner (*take-away food shop*)
110	**1121**	Owner (*manufacturing*)	874	**1239**	Owner (*taxi service*)
732	**1234**	Owner (*market stall*)	814	**1121**	Owner (*textile mill*)
179	**1239**	Owner (*marquee hire service*)	*384*	**3416**	Owner (*theatrical agency*)
179	**1234**	Owner (*milk delivery round*)	139	**1239**	Owner (*ticket agents*)
171	**1232**	Owner (*motor vehicles repairing*)	177	**1226**	Owner (*travel agents*)
176	**1225**	Owner (*museum*)	*199*	**1239**	Owner (*vehicle hire service*)
380	**1239**	Owner (*newspaper*)	*199*	**1239**	Owner (*video shop*)
650	**2319**	Owner (*nursery: children's*)	*179*	**1234**	Owner (*wholesale trade*)
160	**1219**	Owner (*nursery: horticultural*)	175	**1224**	Owner (*wine bar*)
340	**1185**	Owner (*nursing home*)			Owner - *see also notes*
179	**1234**	Owner (*off-licence*)	*620*	**5434**	Owner-chef
719	**1239**	Owner (*office services bureau*)	874	**8214**	Owner-driver, taxi
370	**1185**	Owner (*old people's home*)	*872*	**8211**	Owner-driver (*haulage service*)
699	**1239**	Owner (*pet crematorium*)	*885*	**8229**	Owner-driver (*plant hire*)
179	**1234**	Owner (*pet shop*)	*199*	**1239**	Owner-publisher
171	**1234**	Owner (*petrol station*)	834	**8118**	Oxidiser (*metal trades*)
221	**1182**	Owner (*pharmacists*)			
719	**1239**	Owner (*photographic agency*)			
199	**1239**	Owner (*plant machinery repairing*)			
111	**1122**	Owner (*plumbing, heating contracting*)			
179	**1234**	Owner (*post office*)			
561	**1239**	Owner (*printers*)			
170	**1231**	Owner (*property management*)			
111	**1122**	Owner (*property renovation*)			
175	**1224**	Owner (*public house*)			
898	**1123**	Owner (*quarry*)			
179	**1239**	Owner (*radio, television, video servicing*)			
199	**1239**	Owner (*recording studio*)			
124	**1135**	Owner (*recruitment agency*)			
733	**1235**	Owner (*recycling plant*)			
140	**1161**	Owner (*removals company*)			
370	**1185**	Owner (*residential home*)			
370	**1185**	Owner (*rest home*)			
174	**1223**	Owner (*restaurant*)			
179	**1234**	Owner (*retail trade*)			
370	**1185**	Owner (*retirement home*)			
176	**1225**	Owner (*riding stable*)			
174	**1223**	Owner (*sandwich bar*)			
897	**1121**	Owner (*sawmill*)			
239	**2319**	Owner (*school: dancing*)			
393	**1239**	Owner (*school: driving*)			
239	**2319**	Owner (*school: language*)			
234	**2319**	Owner (*school: nursery*)			
234	**2319**	Owner (*school: primary*)			
176	**1225**	Owner (*school: riding*)			
233	**2319**	Owner (*school: secondary*)			
235	**2316**	Owner (*school: special*)			
733	**1235**	Owner (*scrap merchants, breakers*)			
199	**1174**	Owner (*security services*)			
199	**1239**	Owner (*shoe repairing*)			
		Owner (*shop*) - see Shopkeeper			
176	**1225**	Owner (*skating rink*)			
176	**1225**	Owner (*skittle alley*)			
176	**1225**	Owner (*snooker, billiards hall*)			

ALPHABETICAL INDEX FOR CODING OCCUPATIONS

P

SOC 1990	**SOC 2000**		SOC 1990	**SOC 2000**	
459	**4215**	PA	310	**3122**	Painter, design
400	**4112**	PB8 (*Employment Service*)	591	**5491**	Painter, enamel
400	**4112**	PB9 (*Employment Service*)	599	**5499**	Painter, engraver's (*textile printing*)
610	**3312**	PC	*699*	**9226**	Painter, face
940	**9211**	PHG	591	**5491**	Painter, flower
102	**3561**	PO, nos (*local government*)	591	**5491**	Painter, freehand
		PTO, higher (*government*) - see Engineer (professional)	591	**5491**	Painter, glaze
			810	**8114**	Painter, hide (*tannery*)
		PTO, senior (*government*) - see Engineer (professional)	507	**5323**	Painter, house
			381	**3411**	Painter, landscape
301	**3113**	PTO (*government*)	381	**3411**	Painter, marine
929	**9129**	Packer, asbestos	381	**3411**	Painter, miniature
862	**9134**	Packer, cable	381	**3411**	Painter, portrait
862	**9134**	Packer, chlorine	591	**5491**	Painter, pottery
862	**9134**	Packer, cop	599	**5499**	Painter, roller (*textile printing*)
863	**8134**	Packer, drum, furnace	591	**5491**	Painter, rough (*glass mfr*)
554	**5412**	Packer, flock (*bedding mfr*)	507	**5323**	Painter, scenic
894	**8129**	Packer, gland	*507*	**5323**	Painter, ship
823	**8112**	Packer, kiln	810	**8114**	Painter, skin (*fellmongering*)
839	**8117**	Packer, oven (*foundry*)	591	**5491**	Painter, slip
823	**8112**	Packer, potter's	591	**5491**	Painter, spray (*ceramics mfr*)
829	**8119**	Packer, sagger	*571*	**5492**	Painter, spray (*furniture mfr*)
954	**9251**	Packer, shelf	507	**5323**	Painter, spray (*painting, decorating*)
811	**8113**	Packer, shoddy	*596*	**5234**	Painter, spray (*vehicle trades*)
899	**8129**	Packer, wheel	596	**5499**	Painter, spray
862	**9134**	Packer, wool	596	**5499**	Painter, tin
597	**8122**	Packer (*coal mine*)	869	**8139**	Painter, toy
889	**8123**	Packer (*mine: not coal*)	591	**5491**	Painter, underglaze
534	**5214**	Packer (*shipbuilding*)	596	**5234**	Painter, wagon
862	**9134**	Packer	869	**8139**	Painter (*artificial flower mfr*)
862	**9134**	Packer and sorter (*laundry, launderette, dry cleaning*)	591	**5491**	Painter (*ceramics mfr*)
			596	**5234**	Painter (*garage*)
862	**9134**	Packer and stacker	591	**5491**	Painter (*glass etching*)
872	**8212**	Packer-driver	599	**5499**	Painter (*roller engraving*)
862	**9134**	Packer-grader	810	**8114**	Painter (*tannery*)
862	**9134**	Packer-hooper	430	**5419**	Painter (*textile designing*)
862	**9134**	Packer-labourer	596	**5234**	Painter (*vehicle mfr*)
862	**9134**	Packer-warehouseman	507	**5323**	Painter
919	**9139**	Packman (*woollen carding*)	507	**5323**	Painter and decorator
869	**8139**	Padder, colour	507	**5323**	Painter and glazier
553	**8137**	Padder (*clothing mfr*)	507	**5323**	Painter-decorator
810	**8114**	Padder (*leather dressing*)	859	**8139**	Pairer (*corset mfr*)
552	**8113**	Padder (*textile mfr*)	862	**9134**	Pairer (*hosiery, knitwear mfr*)
220	**2211**	Paediatrician	291	**2322**	Palaeographist
951	**9222**	Page (*hotel*)	202	**2113**	Palaeontologist
562	**5423**	Pager (*bookbinding*)	*862*	**9134**	Palletiser
569	**8134**	Pager (*printing*)	699	**6222**	Palmist
862	**9134**	Pager (*type foundry*)	820	**8114**	Panelman (*oil refining*)
596	**5234**	Painter, aircraft	597	**8122**	Panner (*coal mine*)
869	**8139**	Painter, bottom	802	**8111**	Panner (*tobacco mfr*)
507	**5323**	Painter, bridge	919	**9139**	Panner-out
507	**5323**	Painter, buildings	809	**8111**	Pansman (*sugar refining*)
596	**5234**	Painter, car	553	**8137**	Pantographer (*embroidery mfr*)
596	**5234**	Painter, coach	591	**5491**	Pantographer (*glass mfr*)
591	**5491**	Painter, craft	559	**5419**	Pantographer (*lace mfr*)

SOC 1990	SOC 2000		SOC 1990	SOC 2000	
569	5422	Pantographer (*roller engraving*)	859	8139	Paster (*footwear mfr*)
869	8139	Paperer, chair	810	8114	Paster (*leather dressing*)
599	5499	Paperer, sand (*mask mfr*)	859	8139	Paster (*leather goods mfr*)
869	8139	Paperer, sand	859	8139	Paster (*paper goods mfr*)
800	8111	Paperer, tin (*bakery*)	801	8111	Pasteuriser (*brewery*)
862	9134	Paperer (*ceramics mfr*)	809	8111	Pasteuriser (*milk processing*)
862	9134	Paperer (*lace mfr*)	809	8111	Pasteuriser
897	8121	Paperer (*tobacco pipe mfr*)	292	2444	Pastor
859	8139	Paperer-on (whips)	580	5432	Pastrycook (*bakery*)
507	5323	Paperhanger	620	5434	Pastrycook
420	9219	Paperkeeper	500	5312	Patcher, cupola (*steelworks*)
350	3520	Paralegal	500	5312	Patcher, oven
642	3213	Paramedic, ambulance	500	5312	Patcher, vessel
642	3213	Paramedic	559	5419	Patcher, wool
201	2112	Parasitologist	569	5423	Patcher (*lithography*)
600	3311	Paratrooper	833	8117	Patenter, wire
862	9134	Parceller	201	2112	Pathologist, plant
821	8121	Parchmentiser	201	2112	Pathologist, veterinary
370	6114	Parent, foster	201	2112	Pathologist
370	6114	Parent, house	889	9139	Patrol, belt
899	8129	Parer, sheet (*steelworks*)	619	9243	Patrol, crossing, school
559	5419	Parer (*clothing mfr*)	619	9243	Patrol, crossing (schools)
555	5413	Parer (*footwear mfr*)	540	5231	Patrol, road (*motoring organisation*)
810	8114	Parer (*leather dressing*)	889	8122	Patrol (*coal mine*)
899	8129	Parer (*rolling mill*)	860	8133	Patrol (*motor vehicle mfr*)
899	8129	Parer (*saw mfr*)	540	5231	Patrol (*motoring organisation*)
958	9233	Parlourmaid	922	8143	Patrol (*railways*)
958	9233	Parlourman	615	9241	Patrol
896	8149	Partitioner (*building and contracting*)	619	9243	Patroller, crossing (schools)
239	3414	Partner, dancing	889	9139	Patrolman, belt
		Partner - *see also notes*	619	9243	Patrolman, crossing, school
441	9149	Partsman	*619*	9243	Patrolman, crossing (schools)
869	8133	Passer, cigar	540	5231	Patrolman, road (*motoring organisation*)
861	8133	Passer, cloth			
861	8133	Passer, final (*tailoring*)	889	8122	Patrolman (*coal mine*)
861	8133	Passer, finished (*textile mfr*)	860	8133	Patrolman (*motor vehicle mfr*)
861	8133	Passer, garment	540	5231	Patrolman (*motoring organisation*)
861	8133	Passer, glove, finished	922	8143	Patrolman (*railways*)
861	8133	Passer, machine (*clothing mfr*)	615	9241	Patrolman
861	8133	Passer, piece	923	8142	Paver, tar
569	5423	Passer, proof (*lithography*)	506	5322	Paver, tile
830	S 8117	Passer, sample	924	8142	Paver
869	8133	Passer (*broom, brush mfr*)	923	8142	Pavior, tar
861	8133	Passer (*canned foods mfr*)	506	5322	Pavior, tile
861	8133	Passer (*cardboard box mfr*)	924	8142	Pavior
861	8133	Passer (*clothing mfr*)	*923*	8142	Paviour, tar
869	8133	Passer (*footwear mfr*)	*506*	5322	Paviour, tile
861	8133	Passer (*fur goods mfr*)	*924*	8142	Paviour
861	8133	Passer (*glove mfr*)	179	1234	Pawnbroker
839	8117	Passer (*metal trades: rolling mill*)	*400*	4112	Payband 1 (*Dept of Health*)
860	8133	Passer (*metal trades*)	*132*	4111	Payband 2 (*Dept of Health*)
861	8133	Passer (*textile mfr*)	*103*	3561	Payband 3 (*Dept of Health*)
861	8133	Passer (*textile products mfr*)	*103*	2441	Payband 4 (*Dept of Health*)
899	8129	Paster, battery	*410*	4122	Paymaster
800	8111	Paster, biscuit	820	8114	Pearler
899	8129	Paster, lead	661	6222	Pedicurist
859	8139	Paster, sock	732	7124	Pedlar
899	8129	Paster (*accumulator mfr*)	809	8111	Peeler, lemon
800	8111	Paster (*biscuit mfr*)	809	8111	Peeler, orange

SOC 1990	SOC 2000	
809	**8111**	Peeler, potato
809	**8111**	Peeler (*food processing*)
814	**8113**	Pegger, barrel (*textile mfr*)
814	**8113**	Pegger, bobbin
814	**8113**	Pegger, card
814	**8113**	Pegger, dobby
555	**5413**	Pegger (*footwear mfr*)
814	**8113**	Pegger (*textile weaving*)
559	**5419**	Penciller (*clothing mfr*)
814	**8113**	Penciller (*textile mfr*)
861	**8133**	Percher (*textile mfr*)
814	**8113**	Perforator, card (*jacquard card cutting*)
569	**5423**	Perforator, card (*stationery mfr*)
814	**8113**	Perforator, jacquard
569	**5423**	Perforator, pattern (*paper dress pattern mfr*)
569	**5423**	Perforator, stamp
569	**5423**	Perforator (*bookbinding*)
559	**5419**	Perforator (*embroidery mfr*)
555	**5413**	Perforator (*footwear mfr*)
559	**5419**	Perforator (*glove mfr*)
814	**8113**	Perforator (*jacquard card cutting*)
841	**8125**	Perforator (*metal trades*)
385	**3415**	Performer
820	**8114**	Perfumer
223	**2215**	Periodontist
801	**8111**	Perryman
505	**5319**	Peter, steeple
202	**2113**	Petrologist
532	**5314**	Pewterer (*brewery*)
533	**5213**	Pewterer
221	**2213**	Pharmaceutist
221	**2213**	Pharmacist
221	**2213**	Pharmacologist
179	**1234**	Philatelist
291	**2322**	Philologist
291	**2322**	Philosopher
641	**6111**	Phlebotomist
834	**8118**	Phosphater
490	**9219**	Photocopier
310	**3122**	Photogrammetrist
386	**3434**	Photographer
699	**6222**	Phrenologist
220	**2211**	Physician, consultant
220	**2211**	Physician
202	**2113**	Physicist, medical
202	**2113**	Physicist
201	**2112**	Physiologist
343	**S 3221**	Physiotherapist, superintendent
343	**3221**	Physiotherapist
385	**3415**	Pianist
889	**9139**	Picker, bobbin (*textile mfr*)
829	**8112**	Picker, bone (*ceramics mfr*)
863	**8134**	Picker, bowl
553	**8137**	Picker, carpet
553	**8137**	Picker, cloth
861	**8133**	Picker, confectionery
863	**8134**	Picker, cotton

SOC 1990	SOC 2000	
890	**8123**	Picker, flint
863	**8134**	Picker, flock
902	**9119**	Picker, flower
902	**9119**	Picker, fruit (*farming*)
809	**8111**	Picker, fruit (*food processing*)
902	**9119**	Picker, hop
863	**8134**	Picker, lime
957	**9232**	Picker, litter
890	**8123**	Picker, metal (*mine: not coal*)
902	**9119**	Picker, moss
902	**9119**	Picker, mushroom
860	**8133**	Picker, nut
862	**9259**	Picker, order (*retail trade*)
441	**9149**	Picker, order
902	**9119**	Picker, pea (*farming*)
863	**8134**	Picker, pea (*food processing*)
902	**9119**	Picker, potato
863	**8134**	Picker, prawn
814	**8113**	Picker, roller
811	**8113**	Picker, silk
930	**9141**	Picker, slate
869	**8133**	Picker, stilt
441	**9149**	Picker, stock
890	**8123**	Picker, stone (*coal mine*)
863	**8134**	Picker, stone (*stone dressing*)
869	**8133**	Picker, thimble
553	**8137**	Picker, yarn
863	**8134**	Picker (*building and contracting*)
829	**8112**	Picker (*ceramics mfr*)
557	**8136**	Picker (*clothing mfr*)
890	**8123**	Picker (*coal mine*)
441	**9149**	Picker (*engineering*)
809	**8111**	Picker (*food processing*)
902	**9119**	Picker (*fruit, vegetable growing*)
810	**8114**	Picker (*hat mfr*)
890	**8123**	Picker (*mine: not coal*)
861	**8133**	Picker (*paper mfr*)
959	**9259**	Picker (*retail trade*)
863	**8134**	Picker (*stone dressing*)
863	**8134**	Picker (*textile mfr: flock mfr*)
811	**8113**	Picker (*textile mfr: silk throwing*)
863	**8134**	Picker (*textile mfr: wool sorting*)
553	**8137**	Picker (*textile mfr*)
860	**8133**	Picker-out (*galvanised sheet mfr*)
863	**8134**	Picker-packer (*vehicle mfr*)
862	**9134**	Picker-packer
889	**9139**	Picker-up (*galvanised sheet mfr*)
814	**8113**	Picker-up (*textile mfr*)
802	**8111**	Picker-up (*tobacco mfr*)
839	**8117**	Pickler, aluminium
809	**8111**	Pickler, beef
552	**8113**	Pickler, cloth
839	**8117**	Pickler, iron
821	**8121**	Pickler, sleeper
839	**8117**	Pickler, steel, strip
839	**8117**	Pickler, tube
839	**8117**	Pickler, underhand
839	**8117**	Pickler, wire
810	**8114**	Pickler (*fellmongering*)

SOC 1990	SOC 2000		SOC 1990	SOC 2000	
809	8111	Pickler (*food products mfr*)	809	8111	Piper, sugar
839	8117	Pickler (*metal trades*)	809	8111	Piper (*sugar, sugar confectionery mfr*)
810	8114	Pickler (*tannery*)	903	9119	Pisciculturist
552	8113	Pickler (*textile mfr*)	919	9139	Pitcher, flour
441	9149	Pickman (*coal mine*)	896	8149	Pitcher, stone
812	8113	Piecener	896	8149	Pitcher (*building and contracting*)
555	5413	Piecer, belt	829	8112	Pitcher (*ceramics mfr*)
812	8113	Piecer, cotton	931	9149	Pitcher (*meat market*)
812	8113	Piecer, cross	590	5491	Pitcher and malletter
812	8113	Piecer, mule	823	8112	Placer, biscuit
812	8113	Piecer, ring	823	8112	Placer, glost
812	8113	Piecer, side	823	8112	Placer, kiln
812	8113	Piecer, silk	823	8112	Placer, tile
859	8139	Piecer, sole	823	8112	Placer, ware, sanitary
812	8113	Piecer, twiner	823	8112	Placer (*ceramics mfr*)
811	8113	Piecer, waste	814	8113	Plaiter (cordage)
810	8114	Piecer (*leather dressing*)	814	8113	Plaiter (*textile mfr*)
812	8113	Piecer (*textile mfr*)	513	5221	Planer, die
812	8113	Piecer-out (*flax, hemp mfr*)	899	8129	Planer, edge, plate
553	8137	Piecer-up (*clothing mfr*)	500	5312	Planer, slate
661	6222	Piercer, body	500	5312	Planer, stone
518	5495	Piercer, saw	513	5221	Planer (metal)
555	5413	Piercer, strap	825	8116	Planer (plastics)
591	5491	Piercer (*ceramics mfr*)	560	5421	Planer (stereotypes)
518	5495	Piercer (*jewellery, plate mfr*)	897	8121	Planer (wood)
841	8125	Piercer (*pen nib mfr*)	513	5221	Planer (*coal mine*)
839	8117	Piercer (*tube mfr*)	513	5221	Planer (*metal trades*)
889	8219	Pierman	513	5221	Planer and slotter, wall
900	9111	Pigman	533	5213	Planisher, iron
814	8113	Piler, bobbin	533	5213	Planisher (*sheet metal goods mfr*)
889	9139	Piler, hot	814	8113	Planker
811	8113	Piler, roving	*303*	3121	Planner, architectural
889	9139	Piler	*523*	5242	Planner, band, wide (*communications*)
331	3512	Pilot, aeroplane	*364*	3539	Planner, business
332	3512	Pilot, airline	506	5322	Planner, carpet
387	3449	Pilot, balloon	559	5419	Planner, clothier's
332	3513	Pilot, canal	555	5413	Planner, die (*footwear mfr*)
331	3512	Pilot, commercial	*252*	2423	Planner, economic
332	3513	Pilot, dock	*340*	3211	Planner, family
332	3513	Pilot, harbour	*361*	3534	Planner, financial
331	3512	Pilot, helicopter	330	3511	Planner, flight
332	3513	Pilot, hovercraft	382	3422	Planner, footwear
332	3513	Pilot, marine	560	5421	Planner, gravure
332	3513	Pilot, river	218	2128	Planner, group (*coal mine*)
509	5319	Pilot, ROV	*320*	2131	Planner, IT
599	5319	Pilot, submersible	381	3422	Planner, kitchen
331	3512	Pilot, test	506	5322	Planner, lino
331	3512	Pilot (aircraft)	506	5322	Planner, linoleum
331	3512	Pilot (*airlines*)	560	5421	Planner, litho
331	3512	Pilot (*armed forces*)	560	5421	Planner, lithographic
332	3513	Pilot (*shipping*)	889	8219	Planner, load
851	8132	Pinner, comb, woollen	399	4133	Planner, materials
590	5491	Pinner (*ceramics mfr*)	123	3543	Planner, media
850	8131	Pinner (*lamp, valve mfr*)	218	2128	Planner, mine (*coal mine*)
851	8132	Pinner (*metal trades*)	*214*	2131	Planner, network
814	8113	Pinner (*textile mfr: textile making-up*)	*730*	7129	Planner, party
552	8113	Pinner (*textile mfr*)	218	2128	Planner, process
814	8113	Pinner-on (*textile mfr*)	218	2128	Planner, production
929	9121	Pipeliner	420	4133	Planner, progress

SOC 1990	SOC 2000	
420	**4134**	Planner, route (*transport, distribution*)
730	**7129**	Planner, sales (*party plan*)
121	**3542**	Planner, sales
420	**4134**	Planner, ship
364	**3539**	Planner, strategic
320	**2131**	Planner, technology, information
214	**2131**	Planner, telecommunications
261	**2432**	Planner, town
330	**3511**	Planner, traffic, air
420	**4134**	Planner, traffic
420	**4134**	Planner, transport
420	**4131**	Planner, work
420	**4131**	Planner, works
559	**5419**	Planner (*clothing mfr*)
218	**2128**	Planner (*engineering*)
560	**5421**	Planner (*printing*)
261	**2432**	Planner (*town planning*)
360	**3531**	Planner-estimator
160	**5112**	Planter, coffee
160	**5112**	Planter, rubber
160	**5112**	Planter, tea
160	**5112**	Planter, tobacco
904	**5112**	Planter, tree
502	**5321**	Plasterer, fibrous
599	**8119**	Plasterer (*cast concrete products mfr*)
919	**9139**	Plasterer (*coke ovens*)
590	**5491**	Plasterer (*plaster cast mfr*)
502	**5321**	Plasterer
834	**8118**	Plater, barrel
534	**5214**	Plater, boiler
834	**8118**	Plater, brass
534	**5214**	Plater, bridge
834	**8118**	Plater, cadmium
834	**8118**	Plater, chrome
834	**8118**	Plater, chromium
534	**5214**	Plater, constructional
834	**8118**	Plater, copper
834	**8118**	Plater, dip
834	**8118**	Plater, electro
534	**5214**	Plater, engineer's, gas
534	**5214**	Plater, framing
834	**8118**	Plater, gold
834	**8118**	Plater, hand
534	**5214**	Plater, heavy
530	**5211**	Plater, hoe
552	**8113**	Plater, hot
534	**5214**	Plater, iron
533	**5213**	Plater, last
534	**5214**	Plater, light
834	**8118**	Plater, lock
834	**8118**	Plater, metal, white
834	**8118**	Plater, metal
834	**8118**	Plater, needle
834	**8118**	Plater, nickel
534	**5214**	Plater, roof
534	**5214**	Plater, shell
534	**5214**	Plater, ship
534	**5214**	Plater, ship's
530	**5211**	Plater, shovel

SOC 1990	SOC 2000	
834	**8118**	Plater, silver
534	**5214**	Plater, steel
534	**5214**	Plater, stem
534	**5214**	Plater, structural
534	**5214**	Plater, tank
834	**8118**	Plater, tin (*tinplate mfr*)
891	**9133**	Plater, tin (*tinplate printing*)
834	**8118**	Plater, tin
834	**8118**	Plater, tool, edge (*surgical instrument mfr*)
530	**5211**	Plater, tool, edge
834	**8118**	Plater, wire
562	**5423**	Plater (*bookbinding*)
534	**5214**	Plater (*chemical mfr*)
534	**5214**	Plater (*coal mine*)
534	**5214**	Plater (*construction*)
820	**8114**	Plater (*fertiliser mfr*)
534	**5214**	Plater (*gas supplier*)
810	**8114**	Plater (*leather dressing*)
533	**5213**	Plater (*metal trades: boot last mfr*)
530	**5211**	Plater (*metal trades: cutlery mfr*)
530	**5211**	Plater (*metal trades: edge tool mfr*)
834	**8118**	Plater (*metal trades: electroplating*)
534	**5214**	Plater (*metal trades*)
821	**8121**	Plater (*paper mfr*)
552	**8113**	Plater (*textile mfr*)
534	**5214**	Plater
834	**8118**	Plater and gilder
814	**8113**	Plater-down (*textile making-up*)
534	**5214**	Plater-welder
720	**7111**	Player, team (*retail trade*)
385	**3415**	Player (*musical instruments*)
387	**3441**	Player (*sports*)
380	**3412**	Playwright
814	**8113**	Pleater, accordion
814	**8113**	Pleater, cloth
556	**5414**	Pleater (*clothing mfr*)
599	**5499**	Pleater (*incandescent mantle mfr*)
552	**8113**	Pleater (*textile mfr*)
551	**5411**	Plier, needle (*hosiery, knitwear mfr*)
582	**5433**	Plucker, chicken
582	**5433**	Plucker (*poultry dressing*)
859	**8139**	Plugger, rod, fishing
599	**8119**	Plugger (*stoneware pipe mfr*)
532	**5314**	Plumber
532	**5314**	Plumber and decorator
532	**5314**	Plumber and gasfitter
524	**5243**	Plumber and jointer
524	**5243**	Plumber-jointer
532	**5314**	Plumber-welder
344	**3215**	Podiatrist
380	**3412**	Poet
899	**8129**	Pointer, bar
500	**5312**	Pointer, brick
841	**8125**	Pointer, hook, fish
553	**8137**	Pointer, machine
899	**8129**	Pointer, rod (*wire mfr*)
899	**8129**	Pointer (*bolt, nail, nut, rivet, screw mfr*)
500	**5312**	Pointer (*building and contracting*)

Standard Occupational Classification 2000 Volume 2

SOC 1990	SOC 2000		SOC 1990	SOC 2000	
841	8125	Pointer (*needle mfr*)	842	8125	Polisher, plater's
899	8129	Pointer (*wire mfr*)	842	8125	Polisher, roll (*tinplate mfr*)
889	8219	Pointsman (*road transport*)	842	8125	Polisher, roller
884	8216	Pointsman	842	8125	Polisher, sand
919	9139	Poker-in (*coke ovens*)	952	9223	Polisher, silver (*hotels, catering, public houses*)
610	3312	Policeman			
825	8116	Polisher, Bakelite	842	8125	Polisher, silver
842	8125	Polisher, barrel (gun)	591	5491	Polisher, slab, optical
579	5492	Polisher, bobbin, wood	500	5312	Polisher, slate
842	8125	Polisher, bobbin	842	8125	Polisher, spoon and fork
555	8139	Polisher, boot	596	5423	Polisher, spray
842	8125	Polisher, brass	842	8125	Polisher, steel, stainless
810	8114	Polisher, brush	869	8139	Polisher, stick
899	8129	Polisher, button	899	8129	Polisher, stone (*lithography*)
958	9233	Polisher, car, motor (*garage*)	500	5312	Polisher, stone
825	8116	Polisher, celluloid	506	5322	Polisher, terrazzo
869	8139	Polisher, cellulose	599	8119	Polisher, tile (*asbestos-cement goods mfr*)
842	8125	Polisher, cutlery			
842	8125	Polisher, cycle	591	5491	Polisher, tile (*ceramics mfr*)
518	5495	Polisher, diamond	842	8125	Polisher, tin
842	8125	Polisher, die	899	8129	Polisher, tube
591	5491	Polisher, edge	552	8113	Polisher, twine
842	8125	Polisher, emery	899	8129	Polisher, wire
591	5491	Polisher, enamel	507	5323	Polisher, wood
552	8113	Polisher, fibre	552	8113	Polisher, yarn
591	5491	Polisher, fine (glass)	842	8125	Polisher (*brass musical instruments mfr*)
896	8149	Polisher, floor (*building and contracting*)			
			591	5491	Polisher (*ceramics mfr*)
958	9233	Polisher, floor	555	8139	Polisher (*clog mfr*)
825	8116	Polisher, frame, spectacle	555	8139	Polisher (*footwear mfr*)
842	8125	Polisher, frame	507	5323	Polisher (*furniture mfr*)
507	5323	Polisher, french	591	5491	Polisher (*glass mfr*)
507	5323	Polisher, furniture	559	5419	Polisher (*hat mfr*)
591	5491	Polisher, glass	810	8114	Polisher (*leather dressing*)
591	5491	Polisher, glost	842	8125	Polisher (*metal trades*)
591	5491	Polisher, gold (*ceramics mfr*)	825	8116	Polisher (*plastics goods mfr*)
842	8125	Polisher, gold	500	5312	Polisher (*stone dressing*)
500	5312	Polisher, granite	552	8113	Polisher (*straw hat mfr*)
842	8125	Polisher, hame	506	5322	Polisher (*terrazzo floor laying*)
591	5491	Polisher, hand (*glass mfr*)	552	8113	Polisher (*textile mfr*)
559	5419	Polisher, hat	898	8123	Popper
579	5492	Polisher, heald	931	9149	Porter, coal
599	5499	Polisher, ivory	931	9149	Porter, despatch
842	8125	Polisher, jewellery	930	9141	Porter, dock
593	5494	Polisher, key (*piano, organ mfr*)	950	9221	Porter, domestic (*hospital service*)
842	8125	Polisher, lathe (*metal trades*)	931	9149	Porter, furniture
500	5312	Polisher, lathe (*stone dressing*)	615	9241	Porter, gate
591	5491	Polisher, lens	931	9149	Porter, general
842	8125	Polisher, lime	930	9141	Porter, goods (*canals*)
500	5312	Polisher, marble	631	6215	Porter, goods (*railways*)
842	8125	Polisher, metal	931	9149	Porter, goods
842	8125	Polisher, mirror (*cutlery mfr*)	950	9221	Porter, hall (*hospital service*)
842	8125	Polisher, mould (metal)	951	9222	Porter, hall
591	**5224**	Polisher, optical	951	S 9222	Porter, head (*residential buildings*)
899	8129	Polisher, pen, fountain	950	S 9221	Porter, head (*hospital service*)
507	5323	Polisher, piano	951	S 9222	Porter, head (*hotel*)
579	5492	Polisher, pipe (wood)	950	9221	Porter, hospital
842	8125	Polisher, plate (*precious metal, plate mfr*)	951	9222	Porter, hotel
			951	9222	Porter, house

SOC 1990	SOC 2000	
952	9223	Porter, kitchen
931	9149	Porter, laundry
615	9241	Porter, lodge
951	9222	Porter, lodging
631	6215	Porter, mail
931	9149	Porter, meat
934	9149	Porter, motor
931	9149	Porter, night (market)
950	9221	Porter, night (*hospital service*)
951	9222	Porter, night
631	6215	Porter, parcel (*railways*)
631	6215	Porter, parcels (*railways*)
951	9222	Porter, resident
931	9149	Porter, store
931	9149	Porter, stores
889	9149	Porter, timber (*furniture mfr*)
889	9149	Porter, timber (*timber yard*)
930	9141	Porter, timber
934	9149	Porter, van
950	9221	Porter, ward
931	9149	Porter, warehouse
930	9141	Porter (food: *docks*)
931	9149	Porter (food)
931	9149	Porter (market)
931	9149	Porter (office)
951	9222	Porter (residential buildings)
889	9149	Porter (timber: *timber yard*)
930	9141	Porter (timber)
952	9223	Porter (*catering*)
951	9222	Porter (*club*)
672	6232	Porter (*college*)
950	9221	Porter (*communal establishment*)
699	9249	Porter (*entertainment*)
950	9221	Porter (*hospital service*)
951	9222	Porter (*hostel*)
951	9222	Porter (*hotel*)
889	9149	Porter (*manufacturing*)
672	6232	Porter (*schools*)
631	6215	Porter (*transport: railways*)
931	9149	Porter (*transport*)
931	9149	Porter
951	9222	Porter and liftman
672	6232	Porter-caretaker
958	9233	Porter-cleaner
872	8212	Porter-driver
631	6215	Porter-guard
929	9129	Porter-handyman
889	9149	Porter-messenger
931	9149	Porter-packer
631	6215	Porter-signalman
931	9149	Porter-storeman
959	9259	Poster, bill
599	5499	Posticheur
940	9211	Postman, grade, higher
940	S 9211	Postman, head
941	9211	Postman, works
590	5491	Postman (*glass mfr*)
940	9211	Postman
940	9211	Postman-driver

SOC 1990	SOC 2000	
131	1151	Postmaster
131	1151	Postmistress
940	9211	Postwoman, grade, higher
940	S 9211	Postwoman, head
941	9211	Postwoman, works
940	9211	Postwoman
821	8121	Potcherman
929	9129	Potman, asphalt
929	9129	Potman (*building and contracting*)
839	8117	Potman (*cable mfr*)
959	9223	Potman (*hotels, catering, public houses*)
531	5212	Potman (*metal mfr: die casting*)
830	8117	Potman (*metal mfr*)
590	5491	Potter, clay
830	8117	Potter, furnace, blast
862	9134	Potter, shrimp
820	8114	Potter (*celluloid mfr*)
590	5491	Potter (*ceramics mfr*)
830	8117	Potter (*lead smelting*)
590	5491	Potter (*zinc refining*)
178	5433	Poulterer
559	5419	Pouncer
555	5413	Pounder
839	8117	Pourer (*foundry*)
223	2215	Practitioner, dental
340	3211	Practitioner, department, operating
220	2211	Practitioner, general
347	3229	Practitioner, health, complimentary
220	2211	Practitioner, homeopathic (medically qualified)
346	3229	Practitioner, homeopathic
220	2211	Practitioner, homoeopathic (medically qualified)
346	3229	Practitioner, homoeopathic
347	3229	Practitioner, hydropathic
250	2421	Practitioner, insolvency
220	2211	Practitioner, medical, general
220	2211	Practitioner, medical, registered
220	2211	Practitioner, medical
347	3229	Practitioner, medicine, complimentary
341	3212	Practitioner, midwifery
340	3211	Practitioner, nurse
292	2444	Practitioner, Science, Christian
293	2442	Practitioner, senior (*social services*)
347	3229	Practitioner, shiatsu
364	3539	Practitioner, study, works
661	6222	Practitioner, sugaring
362	3535	Practitioner, tax
362	3535	Practitioner, taxation
340	3211	Practitioner, theatre, operating
224	2216	Practitioner, veterinary
552	8113	Pre-boarder (*hosiery, knitwear mfr*)
825	8116	Pre-former
		Pre-packer - *see* Packer
292	2444	Prebendary
820	8114	Precipitator
820	8114	Premixer (chemicals)

SOC 1990	SOC 2000	
555	**5413**	Preparer, case
829	**8112**	Preparer, colour (*ceramics mfr*)
999	**8129**	Preparer, cylinder
430	**5419**	Preparer, design, textiles
582	**5433**	Preparer, fish
809	**8111**	Preparer, fruit, preserved
809	**8111**	Preparer, gelatine
829	**8112**	Preparer, glaze (*ceramics mfr*)
599	**5499**	Preparer, hair (*wig mfr*)
811	**8113**	Preparer, hair
800	**8111**	Preparer, ingredient, raw (*flour confectionery mfr*)
811	**8113**	Preparer, jute
869	**8139**	Preparer, litho (*ceramics mfr*)
560	**5421**	Preparer, lithographic (*printing*)
569	**5421**	Preparer, paper
899	**8129**	Preparer, plate, lithographic
953	**9223**	Preparer, sandwich
552	**8114**	Preparer, starch
579	**5492**	Preparer, veneer
552	**8113**	Preparer, warp
812	**8113**	Preparer, yarn
591	**5491**	Preparer (*ceramics mfr*)
557	**8136**	Preparer (*clothing mfr*)
559	**5419**	Preparer (*embroidery mfr*)
809	**8111**	Preparer (*food preserving*)
809	**8111**	Preparer (*food products mfr*)
555	**5413**	Preparer (*footwear mfr*)
590	**5491**	Preparer (*glass mfr*)
673	**9234**	Preparer (*laundry, launderette, dry cleaning*)
555	**5413**	Preparer (*leather goods mfr*)
560	**5421**	Preparer (*lithography*)
899	**8129**	Preparer (*metal trades*)
552	**8113**	Preparer (*textile mfr: cotton doubling*)
811	**8113**	Preparer (*textile mfr*)
899	**8129**	Preparer and sealer (*cable mfr*)
814	**8114**	Preparer for dyeing
384	**3432**	Presenter, radio
384	**3432**	Presenter, television
384	**3432**	Presenter (*broadcasting*)
821	**8121**	Preserver, timber
809	**8111**	Preserver (*food products mfr*)
101	**1112**	President, company
190	**1114**	President, union
101	**1112**	President, vice
230	**2317**	President (college)
190	**1114**	President (*trade union*)
101	**1112**	President
829	**8115**	Presser, belt
839	**8117**	Presser, bending
555	**8139**	Presser, blanking
825	**8116**	Presser, block (*plastics goods mfr*)
673	**9234**	Presser, blouse
590	**5491**	Presser, brick
829	**8114**	Presser, brush, carbon
673	**9234**	Presser, cap
829	**8114**	Presser, carbon
555	**8139**	Presser, clicking

SOC 1990	SOC 2000	
839	**8117**	Presser, clipping
552	**8113**	Presser, cloth
673	**9234**	Presser, clothes
809	**8111**	Presser, cocoa
850	**8131**	Presser, coil
841	**8125**	Presser, coining
673	**9234**	Presser, collar
841	**8125**	Presser, component
590	**5491**	Presser, die
841	**8125**	Presser, draw
590	**5491**	Presser, dust (*ceramics mfr*)
839	**8117**	Presser, extruding (*metal trades*)
890	**8123**	Presser, filter (*coal mine*)
809	**8111**	Presser, filter (*food products mfr*)
839	**8117**	Presser, fitter's
590	**5491**	Presser, flat (*ceramics mfr*)
552	**8113**	Presser, flat (*pressed woollen felt mfr*)
841	**8125**	Presser, fly (*cutlery mfr*)
530	**5211**	Presser, fly (*forging*)
530	**5211**	Presser, forge
859	**8139**	Presser, fusing
673	**9234**	Presser, garment
673	**9234**	Presser, general
590	**5491**	Presser, glass
841	**8125**	Presser, hand (*metal trades*)
599	**5499**	Presser, hand (*sports goods mfr*)
673	**9234**	Presser, hand (*tailoring*)
673	**9234**	Presser, hand (*textile finishing*)
859	**8139**	Presser, heel (*footwear mfr*)
824	**8115**	Presser, heel (*rubber goods mfr*)
673	**9234**	Presser, Hoffman
590	**5491**	Presser, hollow-ware
801	**8111**	Presser, hop
552	**8113**	Presser, hosiery
829	**8119**	Presser, hot (*cemented carbide goods mfr*)
590	**5491**	Presser, hot (*ceramics mfr*)
530	**5211**	Presser, hot (*metal trades*)
821	**8121**	Presser, hot (*paper mfr*)
821	**8121**	Presser, hot (*printing*)
824	**8115**	Presser, hot (*rubber goods mfr*)
552	**8113**	Presser, hot (*textile finishing*)
530	**5211**	Presser, hydraulic (*metal trades: forging*)
841	**8125**	Presser, hydraulic (*metal trades*)
862	**9134**	Presser, hydraulic (*packing service*)
862	**9134**	Presser, hydraulic (*paper merchants*)
825	**8116**	Presser, hydraulic (*plastics goods mfr*)
552	**8113**	Presser, hydraulic (*textile mfr*)
829	**8115**	Presser, jobbing
673	**9234**	Presser, knitwear
839	**8117**	Presser, lead (*cable mfr*)
825	**8116**	Presser, lens, contact (plastics)
829	**8119**	Presser, lining, brake
859	**8139**	Presser, lining (*footwear mfr*)
673	**9234**	Presser, lining
673	**9234**	Presser, machine (*clothing mfr*)
841	**8125**	Presser, machine (*metal trades*)
552	**8113**	Presser, machine (*textile mfr*)

SOC 1990	SOC 2000	
829	8112	Presser, mica
809	8111	Presser, oil (*oil seed crushing*)
862	9134	Presser, paper
839	8117	Presser, pipe
825	8116	Presser, plastics
825	8116	Presser, polishing
590	5491	Presser, pottery
820	8114	Presser, powder (*chemical mfr*)
899	8129	Presser, power (*carbon goods mfr*)
841	8125	Presser, power (*metal trades*)
841	8125	Presser, ring
891	9133	Presser, rotary (*printing*)
552	8113	Presser, rotary (*textile mfr*)
824	8115	Presser, rubber
590	5491	Presser, sagger
899	8129	Presser, scale (*knife handle mfr*)
673	9234	Presser, seam
673	9234	Presser, shirt
859	8139	Presser, shoe
673	9234	Presser, sleeve
841	8125	Presser, stamping
673	9234	Presser, steam (clothing)
841	8125	Presser, steam (metal)
824	8115	Presser, steam (rubber)
530	5211	Presser, steel
599	5499	Presser, stone, artificial
552	8113	Presser, stuff
673	9234	Presser, tailor's
590	5491	Presser, tile (*ceramics mfr*)
841	8125	Presser, tool
673	9234	Presser, top
673	9234	Presser, trouser
841	8125	Presser, tube
821	8121	Presser, veneer
829	8119	Presser, washer
552	8113	Presser, yarn
801	8111	Presser, yeast
899	8129	Presser (*asbestos-cement goods mfr*)
562	5423	Presser (*bookbinding*)
899	8129	Presser (*cable mfr*)
899	8129	Presser (*cast concrete products mfr*)
829	8119	Presser (*cemented carbide goods mfr*)
590	5491	Presser (*ceramics mfr*)
820	8114	Presser (*chemical mfr*)
801	8111	Presser (*cider mfr*)
673	9234	Presser (*clothing mfr*)
801	8111	Presser (*distillery*)
809	8111	Presser (*food products mfr*)
859	8139	Presser (*footwear mfr*)
590	5491	Presser (*glass mfr*)
673	9234	Presser (*laundry, launderette, dry cleaning*)
810	8114	Presser (*leather dressing*)
859	8139	Presser (*leather goods mfr*)
899	8129	Presser (*metal trades: electric battery mfr*)
530	5211	Presser (*metal trades: forging*)
530	5211	Presser (*metal trades: rolling mill*)
839	8117	Presser (*metal trades: tube mfr*)

SOC 1990	SOC 2000	
841	8125	Presser (*metal trades*)
829	8112	Presser (*mica, micanite goods mfr*)
890	8123	Presser (*mine: not coal*)
809	8111	Presser (*oil seed crushing*)
821	8121	Presser (*paper mfr*)
829	8114	Presser (*patent fuel mfr*)
829	8114	Presser (*pencil, crayon mfr*)
825	8116	Presser (*plastics goods mfr*)
821	8121	Presser (*plywood mfr*)
891	9133	Presser (*printing*)
824	8115	Presser (*rubber goods mfr*)
862	9134	Presser (*textile mfr: textile packing*)
552	8113	Presser (*textile mfr*)
802	8111	Presser (*tobacco mfr*)
862	9134	Presser (*waste merchants*)
821	8121	Presser (*wood pulp mfr*)
841	8125	Presser
814	8113	Presser and threader
841	8125	Presser-out (*textile machinery mfr*)
430	4150	Pressureman (*gas supplier*)
430	4150	Pricer, prescription
959	9259	Pricer (*retail trade*)
555	5413	Pricker (*leather goods mfr*)
555	5413	Pricker-up
292	2444	Priest
599	5499	Primer, cap
801	8111	Primer (*brewery*)
599	5499	Primer (*cartridge mfr*)
239	2319	Principal, school (dancing, private)
239	2319	Principal, school (music, private)
120	1131	Principal (*banking*)
239	2319	Principal (*dancing school*)
239	2319	Principal (*evening institute*)
231	2312	Principal (*further education*)
103	2441	Principal (*government*)
230	2311	Principal (*higher education, university*)
234	2315	Principal (*primary school*)
233	2314	Principal (*secondary school*)
233	2314	Principal (*sixth form college*)
235	2316	Principal (*special school*)
239	2319	Principal (*training establishment*)
563	5424	Printer, block
490	9133	Printer, blue
569	5422	Printer, bromide
569	5422	Printer, calico
560	5421	Printer, carbon
569	5422	Printer, cloth
569	5422	Printer, colour
569	5422	Printer, contact
490	9219	Printer, copy
569	5422	Printer, dial
561	5422	Printer, digital
490	9133	Printer, dyeline
569	5422	Printer, embroidery
563	5424	Printer, fabric
569	5422	Printer, film
569	5422	Printer, flexographic
561	5422	Printer, general

SOC 1990	SOC 2000		SOC 1990	SOC 2000	
563	5424	Printer, glass	569	5423	Processor, film
569	5422	Printer, gold	582	5433	Processor, fish
891	5422	Printer, gravure	809	8111	Processor, milk
569	5422	Printer, hand	*440*	4133	Processor, order
569	5422	Printer, hat	820	8114	Processor, pharmaceutical
569	5422	Printer, label (hat labels)	569	5423	Processor, photographic
569	5422	Printer, letter, bronze	582	5433	Processor, poultry
891	5422	Printer, letterpress	*440*	4133	Processor, stock
490	9133	Printer, light, arc	*452*	4217	Processor, text
569	5422	Printer, litho, offset	*814*	8113	Processor, textile
891	5422	Printer, litho	452	4217	Processor, word
569	5422	Printer, lithographic, offset			Processor - *see also* Worker, process ( )
891	5422	Printer, lithographic			
891	5422	Printer, map	220	2211	Proctologist
561	5422	Printer, master	240	2411	Procurator fiscal
596	5422	Printer, mat	*384*	3416	Producer, animation
560	5421	Printer, metal (*process engraving*)	199	1222	Producer, conference
569	5422	Printer, Multilith	160	5111	Producer, egg
490	9219	Printer, nos (photocopying)	384	3416	Producer, film
569	5422	Printer, nos (*ceramics mfr*)	820	8114	Producer, gas
569	5422	Printer, nos (*film processing*)	384	3416	Producer, music
810	8114	Printer, nos (*leather dressing*)	384	3432	Producer, radio
563	5424	Printer, nos (*screen printing*)	*384*	3432	Producer, record
561	5422	Printer, nos	384	3432	Producer, television
490	9133	Printer, office, drawing	384	3416	Producer, theatre
569	5422	Printer, offset	384	3432	Producer, video
490	9219	Printer, photo	*214*	2132	Producer, web
569	5422	Printer, photographic	*384*	3432	Producer (*broadcasting*)
490	9133	Printer, photostat	*384*	3416	Producer (*entertainment*)
490	9133	Printer, phototype	387	3441	Professional (sports)
490	9133	Printer, plan	230	2311	Professor, university
569	5422	Printer, plate (*ceramics mfr*)	223	2215	Professor (dentistry)
891	5422	Printer, press	220	2211	Professor (medicine)
569	5422	Printer, process	220	2211	Professor (surgery)
490	9133	Printer, rota	231	2312	Professor (*further education*)
569	5422	Printer, sack	230	2311	Professor (*higher education, university*)
563	5424	Printer, screen, silk			
563	5424	Printer, screen	840	8125	Profiler (metal)
569	5422	Printer, silver	320	2132	Programmer, applications
596	5499	Printer, spray	*320*	5221	Programmer, cnc
569	5422	Printer, textile	320	2132	Programmer, computer
569	5422	Printer, ticket, leaf, metal	320	5221	Programmer, control, numerical
891	5422	Printer, ticket	*320*	2132	Programmer, games
569	5422	Printer, title (*film processing*)	320	5221	Programmer, nc
569	5422	Printer, transfer	*320*	5221	Programmer, robot
569	5422	Printer, wallpaper	320	2132	Programmer, systems
552	8113	Printer, wax (*textile mfr*)	320	2132	Programmer
561	5422	Printer and stationer	320	2132	Programmer-analyst
560	5421	Printer-compositor	420	4131	Progressor
560	5421	Printer-down	386	3434	Projectionist
560	5421	Printer-to-metal	719	7129	Promoter, sales
292	2444	Prior	*384*	3416	Promoter (*entertainment*)
600	3311	Private (*armed forces*)	*179*	3416	Promoter (*sports activities*)
524	5243	Probationer (*railways*)	*719*	7129	Promoter (*wholesale, retail trade*)
		Processman - *see* Worker, process ( )	384	3416	Prompter
411	4123	Processor, cash	841	8125	Pronger (*fork mfr*)
410	4132	Processor, claims (*insurance*)	929	9129	Proofer, damp
411	4123	Processor, claims	896	8149	Proofer, draught
490	4136	Processor, data	552	8114	Proofer, dry

SOC 1990	SOC 2000	
896	**8149**	Proofer, fire
821	**8121**	Proofer, moisture (*transparent paper mfr*)
552	**8114**	Proofer, rot
834	**8118**	Proofer, rust
509	**5319**	Proofer, sound
929	**9129**	Proofer, water (*building and contracting*)
552	**8114**	Proofer, water (*clothing mfr*)
814	**8113**	Proofer, water (*rubber goods mfr*)
552	**8114**	Proofer, water (*textile mfr*)
552	**8114**	Proofer, yarn
552	**8114**	Proofer (*clothing mfr*)
891	**9133**	Proofer (*lithography*)
814	**8113**	Proofer (*rubber goods mfr*)
552	**8114**	Proofer (*textile mfr*)
595	**5112**	Propagator
929	**9129**	Propman (*coal mine: above ground*)
597	**8122**	Propman (*coal mine*)
999	**9229**	Propman
929	**9129**	Propper (*coal mine: above ground*)
597	**8122**	Propper (*coal mine*)
		Proprietor - *see notes*
999	**9229**	Propsman
241	**2411**	Prosecutor, Crown
346	**3218**	Prosthetist
569	**5423**	Prover, colour (*printing*)
860	**8133**	Prover, die
860	**8133**	Prover, file
860	**8133**	Prover, gun
860	**8133**	Prover, meter
569	**5423**	Prover, process (*printing*)
860	**8133**	Prover, stove (*gas supplier*)
569	**5423**	Prover (*lithography*)
569	**5423**	Prover (*Ordnance Survey*)
860	**8133**	Prover (*tube mfr*)
860	**8133**	Prover and tester (*metal trades*)
391	**3563**	Provider, training
231	**2312**	Provost (*further education*)
230	**2311**	Provost (*higher education, university*)
904	**9112**	Pruner, tree (*forestry*)
595	**5112**	Pruner, tree (*fruit growing*)
594	**5113**	Pruner, tree (*local government*)
595	**5112**	Pruner (*fruit growing*)
595	**5112**	Pruner (*horticultural nursery*)
594	**5113**	Pruner (*park*)
220	**2211**	Psychiatrist, consultant
220	**2211**	Psychiatrist
220	**2211**	Psycho-analyst
699	**6222**	Psychologist, astrological
290	**2212**	Psychologist, clinical
224	**2216**	Psychologist, pet
290	**2212**	Psychologist
290	**2212**	Psychometrist
347	**3229**	Psychotherapist
175	**1224**	Publican
380	**3433**	Publicist
380	**3421**	Publisher, top, desk
179	**1239**	Publisher

SOC 1990	SOC 2000	
830	**8117**	Puddler (metal)
859	**8139**	Puffer (*footwear mfr*)
829	**8119**	Pugger
559	**5419**	Puller, base (*clothing mfr*)
559	**5419**	Puller, baste
524	**5243**	Puller, cable
899	**8129**	Puller, conveyor (*coal mine*)
599	**5499**	Puller, pallet
902	**9119**	Puller, pea
569	**5421**	Puller, proof
811	**8113**	Puller, rag
811	**8113**	Puller, silk
841	**8125**	Puller, stamp
555	**5413**	Puller, tack
811	**8113**	Puller, waste (*textile mfr*)
810	**8114**	Puller, wool (*fellmongering*)
811	**8113**	Puller, wool
899	**8129**	Puller (*coal mine*)
810	**8114**	Puller (*fellmongering*)
810	**8114**	Puller (*fur dressing*)
811	**8113**	Puller (*textile mfr*)
931	**9149**	Puller-back (*meat market*)
889	**9139**	Puller-down
912	**9139**	Puller-off (*metal trades*)
920	**9121**	Puller-off (*sawmilling*)
555	**5413**	Puller-on (*footwear mfr*)
830	**8117**	Puller-out (*metal mfr*)
555	**5413**	Puller-over (*footwear mfr*)
899	**8129**	Puller-up (*coal mine*)
919	**9139**	Puller-up
894	**8129**	Pulleyman (*coal mine*)
809	**8111**	Pulper (*food products mfr*)
821	**8121**	Pulper (*paper mfr*)
821	**8121**	Pulperman (*paper mfr*)
821	**8121**	Pulpman (*paper mfr*)
820	**8114**	Pulveriser
599	**5499**	Pumicer (horn, etc)
842	**8125**	Pumicer (precious metal, plate)
579	**5492**	Pumicer (tobacco pipes)
579	**5492**	Pumicer (wood)
999	**8129**	Pumper, syphon (*gas supplier*)
899	**8129**	Pumper (*lamp, valve mfr*)
999	**8129**	Pumper (*mining*)
999	**8129**	Pumpman, still (*vinegar mfr*)
880	**8217**	Pumpman (*fishing*)
722	**7112**	Pumpman (*petrol station*)
820	**8114**	Pumpman (*shale oil refining*)
880	S **8217**	Pumpman (*shipping*)
999	**8129**	Pumpman
999	**8129**	Pumpman-dipper
999	**8129**	Pumpsman
516	**5223**	Pumpwright
841	**8125**	Puncher, bar, steel
814	**8113**	Puncher, card (*jacquard card cutting*)
814	**8113**	Puncher, card (*textile mfr*)
569	**9133**	Puncher, card
841	**8125**	Puncher, eye (needles)
841	**8125**	Puncher, fishplate

SOC 1990	SOC 2000	
814	**8113**	Puncher, jacquard
569	**9133**	Puncher, label
569	**9133**	Puncher, paper
569	**9133**	Puncher, pattern (*paper pattern mfr*)
814	**8113**	Puncher, piano (*jacquard card cutting*)
841	**8125**	Puncher, rail
599	**5499**	Puncher, shade, lamp
841	**8125**	Puncher, tip, shoe
555	**5413**	Puncher (*footwear mfr*)
557	**8136**	Puncher (*glove mfr*)
534	**5214**	Puncher (*metal trades*: *boiler mfr*)
534	**5214**	Puncher (*metal trades*: *shipbuilding*)
590	**5491**	Puncher (*metal trades*: *zinc smelting*)
841	**8125**	Puncher (*metal trades*)
569	**9133**	Puncher (*paper goods mfr*)
811	**8113**	Puncher (*wool combing*)
841	**8125**	Puncher and shearer
384	**3413**	Puppeteer
420	**3541**	Purchaser (*manufacturing*)
700	**3541**	Purchaser (*retail trade*)
701	**3541**	Purchaser (*wholesale trade*)
811	**8113**	Purifier (*flock merchants*)
809	**8111**	Purifier (*food products mfr*)
820	**8114**	Purifier
553	**8137**	Purler
173	**6214**	Purser, aircraft
412	**7122**	Purser, pier
173	**3513**	Purser, ship's
630	**6214**	Purser (*airlines*)
173	**6219**	Purser (*government*)
881	**6215**	Purser (*railways*)
332	**3513**	Purser (*shipping*)
173	**6219**	Purser
630	**6219**	Purserette (hovercraft)
		Purveyor - *see* Shopkeeper
113	**1123**	Pusher, tool
889	**9139**	Pusher, truck
889	**9139**	Pusher (*coal gas*, *coke ovens*)
889	**9139**	Pusher-out
889	**8219**	Putter, pony
889	**8122**	Putter (*coal mine*)
814	**8113**	Putter-in (*textile mfr*)
814	**8113**	Putter-on, band
814	**8113**	Putter-on, tape (*silk spinning*)
555	**5413**	Putter-on (*clog mfr*)
820	**8114**	Putter-on (*glue mfr*)
829	**8114**	Putter-on (*photographic plate mfr*)
430	**5419**	Putter-on (*textile printing*)
812	**8113**	Putter-on (*textile spinning*)
516	**8139**	Putter-together, scissors
516	**8139**	Putter-together (*cutlery mfr*)
550	**5411**	Putter-up (*textile mfr*: *textile weaving*)
862	**9134**	Putter-up (*textile mfr*)
599	**5499**	Pyrotechnician
699	**5499**	Pyrotechnist

ALPHABETICAL INDEX FOR CODING OCCUPATIONS

Q

SOC 1990	SOC 2000	
241	2411	QC
880	8217	QM (*shipping*)
898	8123	Quarrier
600	3311	Quartermaster (*armed forces*)
880	8217	Quartermaster (*shipping*)
441	4133	Quartermaster
600	3311	Quartermaster-Corporal
150	1171	Quartermaster-General
600	3311	Quartermaster-Sergeant
930	9141	Quayman
241	2411	Queen's counsel
825	8116	Quiller, comb
813	8113	Quiller (*textile mfr*)
553	8137	Quilter (*textile products mfr*)

ALPHABETICAL INDEX FOR CODING OCCUPATIONS
R

SOC 1990	SOC 2000		SOC 1990	SOC 2000	
400	**4112**	RA1 (*Land Registry*)	615	**3552**	Ranger, countryside
400	**4112**	RA2 (*Land Registry*)	*615*	**3552**	Ranger, education
103	**2441**	RBDM	615	**3552**	Ranger, estate
103	**3561**	RE1 (*Land Registry*)	904	**9112**	Ranger, forest
132	**4111**	RE2 (*Land Registry*)	615	**3552**	Ranger, park, national
340	**3211**	RGN	615	**3552**	Ranger, park
340	**3211**	RMN	*615*	**3552**	Ranger, recreation
400	**4112**	RO (*Land Registry*)	904	**9112**	Ranger, wood
340	**3211**	RSCN	555	**5413**	Ranger (*footwear mfr*)
292	**2444**	Rabbi	869	**8139**	Ranger (*glass mfr*)
801	**8111**	Racker (*alcoholic drink mfr*)	615	**3552**	Ranger
863	**8134**	Racker (*laundry, launderette, dry cleaning*)	861	**8133**	Ransacker (*fishing net mfr*)
			824	**8115**	Rasper (remould tyres)
891	**9133**	Racker (*lithography*)	880	**8217**	Rating, engine-room (*shipping*)
552	**8113**	Racker (*textile finishing*)	600	**3311**	Rating
889	**9139**	Racker (*tinplate goods mfr*)	814	**8113**	Ratliner
801	**8111**	Racker (*vinegar mfr*)	552	**8113**	Re-beamer
889	**9139**	Racker (*whiting mfr*)	813	**8113**	Re-drawer (silk)
441	**9149**	Racker	552	**8114**	Re-dyer
839	**8117**	Rackman (*metal mfr*)	555	**5413**	Re-laster
220	**2211**	Radiodiagnostician	832	**8117**	Re-roller (*wire mfr*)
342	**3214**	Radiographer, diagnostic (*hospital service*)	552	**8113**	Reacher (*textile mfr*)
			552	**8113**	Reacher-in (*textile mfr*)
342	**3214**	Radiographer, medical	292	**2444**	Reader, lay
342	**S 3214**	Radiographer, superintendent	*380*	**3412**	Reader, lip
301	**3113**	Radiographer (industrial)	380	**3412**	Reader, literary
342	**3214**	Radiographer	412	**7122**	Reader, meter
220	**2211**	Radiologist, consultant	384	**3432**	Reader, news (*broadcasting*)
220	**2211**	Radiologist	430	**4150**	Reader, newspaper
220	**2211**	Radiotherapist	430	**4150**	Reader, proof
930	**9141**	Rafter	380	**3412**	Reader, publisher's
516	**5223**	Railer (*bedstead mfr*)	223	**2215**	Reader (dentistry)
922	**8143**	Railman (*coal mine*)	220	**2211**	Reader (medicine)
930	**9141**	Railman (*docks*)	220	**2211**	Reader (surgery)
631	**8216**	Railman (*railways*)	814	**8113**	Reader (*lace mfr*)
631	**8216**	Railman	421	**4135**	Reader (*press cutting agency*)
631	**8216**	Railwayman	430	**4150**	Reader (*printing*)
552	**8113**	Raiser, blanket	230	**2311**	Reader (*university*)
552	**8113**	Raiser, cloth	560	**5421**	Reader-compositor
552	**8113**	Raiser, flannelette	552	**8113**	Reader-in
123	**3543**	Raiser, fund	814	**8113**	Reader-off
893	**8124**	Raiser, steam	840	**8125**	Reamer (metal)
560	**5421**	Raiser (*printing*)	840	**8125**	Reamerer, barrel
552	**8113**	Raiser (*textile finishing*)	840	**8125**	Reamerer (*metal trades*)
553	**8137**	Raiser and finisher (*embroidery mfr*)	*160*	**5111**	Rearer, calf
923	**8142**	Raker, asphalt	*160*	**5111**	Rearer, cattle
923	**8142**	Raker, tarmac	160	**5111**	Rearer, poultry
919	**9139**	Raker-out (*asbestos mfr*)	839	**8117**	Recaster
531	**5212**	Rammer, chair	250	**2421**	Receiver, official
830	**8117**	Rammer, plug	250	**2421**	Receiver (*Board of Trade*)
531	**5212**	Rammer (*foundry*)	420	**9149**	Receiver (*docks*)
830	**8117**	Rammer (*metal mfr*)	720	**7111**	Receiver (*laundry, launderette, dry cleaning*)
531	**5212**	Rammer-up			
929	**9129**	Rammerman	552	**8113**	Receiver (*leathercloth mfr*)
813	**8113**	Rander (*twine mfr*)	839	**8117**	Receiver (*rolling mill*)

SOC 1990	SOC 2000		SOC 1990	SOC 2000	
869	8139	Receiver (*tobacco mfr*)	*933*	9235	Recycler
441	9149	Receiver	202	2113	Reducer, data, geophysical
441	9149	Receptionist, beet	552	8113	Reducer (*textile printing*)
460	4216	Receptionist, dental	811	8113	Reducer (*wool drawing*)
460	4216	Receptionist, doctor's	552	8113	Reeder
699	9249	Receptionist, door	839	8117	Reeler, bar
460	4216	Receptionist, hotel	813	8113	Reeler, bobbin
460	4216	Receptionist, medical	813	8113	Reeler, cop
412	7122	Receptionist (radio, television and video hire)	814	8113	Reeler, rope
			813	8113	Reeler, twine
699	9229	Receptionist (*cinema, theatre*)	813	8113	Reeler, twist
460	4216	Receptionist	813	8113	Reeler, yarn
460	4216	Receptionist-bookkeeper	821	8121	Reeler (*paper mfr*)
411	4123	Receptionist-cashier	569	5423	Reeler (*photographic film mfr*)
460	4216	Receptionist-clerk	825	8116	Reeler (*plastics goods mfr*)
460	4216	Receptionist-nurse, dental	891	9133	Reeler (*printing*)
460	4216	Receptionist-secretary	839	8117	Reeler (*rolling mill*)
461	4216	Receptionist-telephonist	552	8114	Reeler (*textile mfr*: *textile bleaching, dyeing*)
452	4216	Receptionist-typist			
863	8134	Reckoner (*tinplate mfr*)	813	8113	Reeler (*textile mfr*)
829	8115	Reclaimer (rubber)	821	8121	Reeler (*wallpaper mfr*)
540	5231	Reconditioner, engine	899	8129	Reeler (*wire rope, cable mfr*)
540	5231	Reconditioner, gearbox	813	8113	Reeler and lacer
899	8129	Reconditioner, girder	821	8121	Reelerman (*paper mfr*)
516	5223	Reconditioner, machine	839	8117	Reelerman (*rolling mill*)
420	4131	Recorder, milk	814	8113	Reelerman (*roofing felt mfr*)
420	4131	Recorder, progress	821	8121	Reelman
440	4133	Recorder, stock	240	2419	Referee, official (*legal services*)
430	4150	Recorder, temperature	220	2211	Referee (medical: *government*)
410	4122	Recorder, time	387	3442	Referee
430	4150	Recorder, wagon	830	8117	Refiner, bullion
864	8138	Recorder (laboratory)	890	8123	Refiner, clay, china
430	4150	Recorder (*HM Dockyard*)	809	8111	Refiner, dripping
240	2411	Recorder (*legal services*)	809	8111	Refiner, fat
420	4131	Recorder (*Milk Marketing Board*)	830	8117	Refiner, gold
386	3434	Recorder (*sound recording*)	809	8111	Refiner, lard
430	4150	Recorder (*steelworks*)	830	8117	Refiner, nickel
420	4131	Recorder of work	820	8114	Refiner, paint
346	3218	Recordist, electroencephalographic	830	8117	Refiner, silver
386	3434	Recordist, sound	820	8114	Refiner (*candle mfr*)
820	8114	Recoverer, acetone	820	8114	Refiner (*chemical mfr*)
412	7122	Recoverer, debt	809	8111	Refiner (*chocolate mfr*)
820	8114	Recoverer, solvent	809	8111	Refiner (*food products mfr*)
830	8117	Recoverer, zinc	830	8117	Refiner (*metal mfr*)
821	8121	Recoverer (*paper mfr*)	820	8114	Refiner (*oil refining*)
829	8115	Recoverer (*rubber reclamation*)	809	8111	Refiner (*oil seed crushing*)
730	7129	Recruiter, membership	821	8121	Refiner (*paper mfr*)
363	3562	Recruiter, staff	829	8115	Refiner (*rubber reclamation*)
719	7129	Recruiter (*charitable organisation*)	809	8111	Refiner (*sugar refining*)
899	8129	Rectifier, cycle, motor	*596*	5234	Refinisher, vehicle
869	8139	Rectifier, paint (*vehicle mfr*)	596	5234	Refinisher
839	8117	Rectifier, tube	347	3229	Reflexologist
555	5413	Rectifier (*footwear mfr*)	889	8218	Refueller, aircraft
516	5223	Rectifier (*metal trades*)	722	7112	Refueller (vehicles)
553	8137	Rectifier (*textile mfr*)	889	8218	Refueller (*airport*)
820	8114	Rectifier	*516*	5223	Refurbisher, aircraft
230	2311	Rector (*university*)	820	8114	Regenerator, oil (*coal gas production*)
292	2444	Rector	102	2441	Registrar, additional
933	9235	Recycler, paper	127	1131	Registrar, company

SOC 1990	SOC 2000	
240	2419	Registrar, court, county
350	3520	Registrar, land
240	2419	Registrar, probate
102	2441	Registrar, superintendent
191	2317	Registrar (*educational services*)
103	2441	Registrar (*government*)
220	2211	Registrar (*hospital service*)
240	2419	Registrar (*legal services*)
102	2441	Registrar (*local government*)
127	1131	Registrar
102	2441	Registrar of births, deaths and marriages
102	2441	Registrar of deeds
102	2441	Registrar of marriages
127	1131	Registrar of stock
127	1131	Registrar of stocks and bonds
103	2441	Regulator, financial (*government*)
364	3539	Regulator, financial
999	8129	Regulator, gas (*coal gas, coke ovens*)
893	8124	Regulator, steam
870	S 8219	Regulator, traffic
593	5494	Regulator (*piano, organ mfr*)
870	S 8219	Regulator (*transport*)
830	8117	Reheater
923	8142	Reinstater (road)
922	8143	Relayer (*railways*)
839	8117	Reliner, bearing
859	8139	Reliner, brake
500	5312	Reliner (*steelworks*)
809	8111	Remoistener (dextrin)
591	5491	Remoulder (*glass mfr*)
824	8115	Remoulder (*rubber goods mfr*)
931	9149	Removalman
896	8149	Remover, asbestos
899	8129	Remover, belt (*coal mine*)
872	8211	Remover, cattle
899	8129	Remover, conveyor (*coal mine*)
931	9149	Remover, furniture
933	9235	Remover, refuse
889	9139	Remover, scrap
809	8111	Renderer, lard
824	8115	Renewer, tread
571	5492	Renovator, antiques
542	5232	Renovator, car
509	5319	Renovator, property
553	8137	Renovator (clothing)
571	5492	Renovator (furniture)
719	7129	Renter, film
		Rep - *see* Representative
597	8122	Repairer, airway (*coal mine*)
898	8123	Repairer, airway (*mine: not coal*)
571	5492	Repairer, antiques
521	5249	Repairer, appliance, domestic
555	5413	Repairer, bag (hand bags)
929	9129	Repairer, bank (canal)
534	5214	Repairer, barge
599	5223	Repairer, battery
516	5223	Repairer, beam (*textile mfr*)
555	5413	Repairer, belt

SOC 1990	SOC 2000	
555	5413	Repairer, belting
521	5241	Repairer, blanket, electric
599	5499	Repairer, blind
570	5315	Repairer, boat
516	5223	Repairer, bobbin
542	5232	Repairer, body, vehicle (metal)
542	5232	Repairer, body (vehicle)
534	5214	Repairer, boiler
562	5423	Repairer, book
555	5413	Repairer, boot and shoe
541	5232	Repairer, box, horse
572	8121	Repairer, box
516	5223	Repairer, brake
896	8149	Repairer, bridge
509	8149	Repairer, builder's
509	8149	Repairer, building
524	5243	Repairer, cable (electric)
517	5224	Repairer, camera
553	8137	Repairer, carpet
516	5223	Repairer, carriage
518	5495	Repairer, case (watch)
572	8121	Repairer, case (wood)
572	8121	Repairer, cask
530	5211	Repairer, chain
599	5492	Repairer, chair (cane furniture)
571	5492	Repairer, chair
500	5312	Repairer, chimney
591	5491	Repairer, china
517	5224	Repairer, chronometer
517	5224	Repairer, clock
517	5224	Repairer, clockwork
516	5223	Repairer, coach (*railways*)
541	5232	Repairer, coach
850	8131	Repairer, coil
526	5245	Repairer, computer
896	8149	Repairer, concrete
533	5213	Repairer, container, freight
521	5241	Repairer, controller
516	5223	Repairer, conveyor
523	5242	Repairer, cord (telephones)
572	8121	Repairer, crate
500	5312	Repairer, cupola
540	5231	Repairer, cycle (motor)
516	5223	Repairer, cycle
515	5222	Repairer, die
599	5499	Repairer, film
500	5312	Repairer, furnace
571	5492	Repairer, furniture
590	5491	Repairer, glass
553	8137	Repairer, hosiery
509	8149	Repairer, house
516	5223	Repairer, hydraulic
516	5223	Repairer, implements, farm
899	5224	Repairer, instrument (dental and surgical instruments)
593	5494	Repairer, instrument (musical instruments)
517	5224	Repairer, instrument (precision)
517	5224	Repairer, instrument

SOC 1990	SOC 2000	
518	5495	Repairer, jewellery and plate
500	5312	Repairer, kiln
516	5223	Repairer, lamp
598	5249	Repairer, machine (office machinery)
516	5223	Repairer, machine
521	5241	Repairer, magneto
517	5224	Repairer, meter
540	5231	Repairer, motor
553	8137	Repairer, net
500	5312	Repairer, oven
596	5234	Repairer, paint-work (*vehicle mfr*)
572	8121	Repairer, pallet
599	5499	Repairer, pen, fountain
579	5492	Repairer, pipe (tobacco pipes)
560	5421	Repairer, plate (*printing*)
530	5211	Repairer, propeller
509	8149	Repairer, property
533	5213	Repairer, radiator (vehicle)
922	8143	Repairer, railway
599	5499	Repairer, reed
516	5223	Repairer, revolver
597	8122	Repairer, road (*coal mine*)
922	8143	Repairer, road (*mine: not coal*)
923	8142	Repairer, road
501	5313	Repairer, roof
553	8137	Repairer, sack
899	8129	Repairer, saw
517	5224	Repairer, scale
553	8137	Repairer, sheet
534	5214	Repairer, ship
555	5413	Repairer, shoe
530	5211	Repairer, spring
516	5314	Repairer, stove (gas stoves)
516	5223	Repairer, syphon
553	8137	Repairer, tarpaulin
553	8137	Repairer, tent
515	5222	Repairer, tool
599	5499	Repairer, toy
516	5231	Repairer, tractor
899	8129	Repairer, tub
534	5214	Repairer, tube (*boiler mfr*)
516	5223	Repairer, tube (*carpet, rug mfr*)
598	5249	Repairer, typewriter
824	8115	Repairer, tyre
559	5419	Repairer, umbrella
542	5232	Repairer, van
516	5223	Repairer, wagon
517	5224	Repairer, watch
517	5224	Repairer, watch and clock
524	5243	Repairer, wire
553	8137	Repairer (canvas goods)
553	8137	Repairer (clothing)
899	5224	Repairer (dental and surgical instruments)
516	5314	Repairer (domestic appliances, gas appliances)
521	5249	Repairer (domestic appliances)
521	5241	Repairer (electrical machinery)
555	5413	Repairer (footwear)
517	5224	Repairer (instruments)
518	5495	Repairer (jewellery)
555	5413	Repairer (leather goods)
516	5223	Repairer (machinery)
540	5231	Repairer (motor vehicles)
593	5494	Repairer (musical instruments)
598	5249	Repairer (office machinery)
518	5495	Repairer (precious metal, plate)
525	5244	Repairer (radio, television and video)
599	5499	Repairer (sports goods)
523	5242	Repairer (telephone apparatus)
517	5224	Repairer (watches, clocks)
591	5491	Repairer (*ceramics mfr*)
597	8122	Repairer (*coal mine*)
553	5419	Repairer (*embroidery mfr*)
570	5315	Repairer and builder, boat
517	5224	Repairer and jeweller, watch
		Repairman - *see* Repairer ( )
954	9251	Replenisher (shelf filling)
380	3431	Reporter, court (*newspaper*)
452	4217	Reporter, court
430	4150	Reporter, train
452	4217	Reporter, verbatim
380	3432	Reporter (*broadcasting*)
380	3431	Reporter (*newspaper*)
380	3431	Reporter
123	3543	Representative, account (*advertising*)
412	7122	Representative, accounts
719	7129	Representative, advertisement
719	7129	Representative, advertising
710	3542	Representative, agricultural
710	3542	Representative, architectural
131	4122	Representative, banker's
719	7129	Representative, catering
361	3531	Representative, claims, insurance
719	7129	Representative, commercial
710	3542	Representative, company
730	7121	Representative, credit
412	7122	Representative, default
719	7129	Representative, display
420	4131	Representative, dock
710	3542	Representative, educational
719	7129	Representative, finance
719	7129	Representative, financial
719	7129	Representative, freight
710	3542	Representative, heating
630	6213	Representative, holiday
719	7121	Representative, insurance
710	3542	Representative, liaison
710	3542	Representative, medical
719	7129	Representative, newspaper
380	3431	Representative, press
719	7129	Representative, publicity
710	3542	Representative, publisher's
430	7212	Representative, relations, customer
710	3542	Representative, sales, technical
719	7129	Representative, sales (property)
719	7129	Representative, sales (services)

SOC 1990	SOC 2000		SOC 1990	SOC 2000	
730	7121	Representative, sales (*mail order house*)	201	2112	Researcher (horticultural)
			430	4137	Researcher (market research)
730	7121	Representative, sales (*retail trade: door-to-door sales*)	300	3111	Researcher (medical)
			202	2113	Researcher (meteorological)
730	7129	Representative, sales (*retail trade: party plan sales*)	219	2129	Researcher (patent)
			219	2129	Researcher (patents)
719	7129	Representative, sales (*retail trade*)	202	2113	Researcher (physical science)
719	7129	Representative, sales (*telecommunications*)	201	2112	Researcher (zoological)
			399	2329	Researcher (*broadcasting*)
710	3542	Representative, sales	*399*	2322	Researcher (*government*)
430	7212	Representative, service, customer	399	2329	Researcher (*journalism*)
719	7129	Representative, service, railway	399	2329	Researcher (*printing and publishing*)
430	7212	Representative, services, customer	*399*	2329	Researcher (*university*)
719	7129	Representative, shipping	399	2329	Researcher
719	7129	Representative, space (*printing*)	*420*	7212	Reservationist (*hotel*)
710	3542	Representative, technical	899	8129	Reshearer (*metal trades*)
792	7113	Representative, tele-ad	919	9139	Resiner (*brewery*)
792	7113	Representative, telesales	811	8113	Respreader (*silk mfr*)
430	4137	Representative, telesurveys	174	1223	Restaurateur
719	7129	Representative, traffic (*air transport*)	571	5492	Restorer, antiques
719	7129	Representative (services)	381	3411	Restorer, art
131	4122	Representative (*banking*)	562	5423	Restorer, book
710	3542	Representative (*electricity supplier*)	542	5232	Restorer, car
710	3542	Representative (*gas supplier*)	571	5492	Restorer, furniture
719	7121	Representative (*insurance*)	*599*	5499	Restorer, horse, rocking
730	7121	Representative (*mail order house*)	542	5232	Restorer, motorcycle
710	3542	Representative (*manufacturing*)	381	3411	Restorer, picture
720	7111	Representative (*motor factors*)	896	8149	Restorer, stone
730	7121	Representative (*retail trade: credit trade*)	553	5419	Restorer, tapestry
			824	8115	Restorer, tyre
730	7121	Representative (*retail trade: door-to-door sales*)	542	5232	Restorer, vehicle
			571	5492	Restorer (*furniture*)
730	7129	Representative (*retail trade: party plan sales*)	593	5494	Restorer (*musical instruments*)
			591	5491	Restorer (*porcelain*)
719	7129	Representative (*retail trade*)	553	5419	Restorer (*textiles*)
630	6213	Representative (*tour operator*)	591	5491	Restorer (*ceramics mfr*)
190	4114	Representative (*trade union*)	*178*	1234	Retailer, fish
719	7129	Representative (*transport*)	*731*	7123	Retailer, milk (*retail trade: delivery round*)
719	7129	Representative (*water company*)			
710	3542	Representative (*wholesale trade*)	732	7124	Retailer (*market trading*)
710	7129	Representative	731	7123	Retailer (*mobile shop*)
560	5421	Reproducer, plan (printer's)	174	1223	Retailer (*take-away food shop*)
399	2329	Researcher, games (*broadcasting, entertainment*)	199	1239	Retailer (*video shop*)
			179	1234	Retailer
430	4137	Researcher, market (interviewing)	569	5423	Retoucher, colour
121	3543	Researcher, market	569	5423	Retoucher, photographic
399	2329	Researcher, picture	569	5423	Retoucher, photolitho
390	2322	Researcher, political	569	5423	Retoucher (*film processing*)
230	2329	Researcher, university	569	5423	Retoucher (*printing*)
201	2112	Researcher (agricultural)	824	8115	Retreader, tyre
201	2112	Researcher (biochemical)	*525*	5244	Retuner (television)
201	2112	Researcher (biological)	310	3122	Reviser, field (*Ordnance Survey*)
201	2112	Researcher (botanical)	430	4150	Reviser (*printing*)
200	2111	Researcher (chemical)	850	8131	Rewinder, motor, electric
212	2123	Researcher (engineering, electrical)	813	8113	Rewinder (*textile mfr*)
213	2124	Researcher (engineering, electronic)	202	2113	Rheologist
211	2122	Researcher (engineering, mechanical)	220	2211	Rheumatologist
202	2113	Researcher (geological)	862	9134	Ribboner
399	2322	Researcher (historical)	902	9119	Riddler, potato

SOC 1990	SOC 2000	
531	5212	Riddler, sand (*foundry*)
890	8123	Riddler, sand
890	8123	Riddler (*mine: not coal*)
941	9211	Rider, dispatch
387	3441	Rider, event
387	3441	Rider, scramble
387	3441	Rider, speedway
889	8122	Rider (*coal mine*)
384	3413	Rider (*entertainment*)
600	3311	Rifleman
840	8125	Rifler, barrel
899	8129	Rigger, aerial
505	8141	Rigger, factory
814	8113	Rigger, net
505	8141	Rigger, salvage
505	8141	Rigger, scaffolding
505	8141	Rigger, ship's
505	8141	Rigger, stage (*shipbuilding*)
999	9229	Rigger (*film, television production*)
894	8129	Rigger (*gas works*)
516	5223	Rigger (*rolling mill*)
814	8113	Rigger (*textile mfr*)
505	8141	Rigger
814	8113	Rigger and plaiter
814	8113	Rigger and roller
814	8113	Rigger-up (*textile mfr*)
897	8121	Rincer, bobbin
385	3415	Ringer, bell
999	9132	Rinser, bottle
912	9139	Rinser, file
441	9149	Ripener, banana
811	8113	Ripper, muslin
811	8113	Ripper, rag
597	8122	Ripper (*coal mine*)
811	8113	Ripper (*shoddy mfr*)
821	8121	Ripperman (*paper mfr*)
839	8117	Riser, mill
893	8124	Riser, steam
839	8117	Riser (*metal rolling*)
500	5312	River (*mine: not coal*)
929	9129	Riverman
851	8132	Riveter (bag frames)
591	5491	Riveter (china)
851	8132	Riveter (corsets)
851	8132	Riveter (curry combs)
859	8139	Riveter (footwear)
590	5491	Riveter (glass)
859	8139	Riveter (glove fastenings)
859	8139	Riveter (leather goods)
859	8139	Riveter (plastics goods)
851	8132	Riveter (umbrella ribs)
859	8139	Riveter (*soft toy mfr*)
534	5214	Riveter
880	8219	Roadsman (*canals*)
922	8143	Roadsman (*mining*)
801	8111	Roaster, barley
801	8111	Roaster, malt
809	8111	Roaster (food products)
829	8119	Roaster (minerals, etc)
898	8123	Rockman (*mine: not coal*)
809	8111	Rodder (*fish curing*)
899	8129	Rodder (*tube mfr*)
919	9139	Rodsman
581	5431	Roller, bacon
809	8111	Roller, ball
814	8113	Roller, bandage
832	8117	Roller, bar, puddled
810	8114	Roller, belly
810	8114	Roller, bend (*tannery*)
832	8117	Roller, cogging
821	8121	Roller, cold (*paper mfr*)
832	8117	Roller, cold
518	5495	Roller, cross
839	8117	Roller, finishing
832	8117	Roller, forge
832	8117	Roller, head
832	8117	Roller, hot (*steel mfr*)
821	8121	Roller, hot
810	8114	Roller, leather
832	8117	Roller, mill, blooming
839	8117	Roller, mill, roughing
832	8117	Roller, mill, sheet
832	8117	Roller, mill (*iron, steel tube mfr*)
800	8111	Roller, pastry
811	8113	Roller, piece
832	8117	Roller, plate
832	8117	Roller, rod
839	8117	Roller, roughing
839	8117	Roller, section
839	8117	Roller, side
809	8111	Roller, slab
832	8117	Roller, strip
841	8125	Roller, thread (screws)
839	8117	Roller, tube (metal)
829	8112	Roller, tube (micanite)
569	8121	Roller, tube (paper)
825	8116	Roller, tube (plastics)
824	8115	Roller, tube (rubber)
832	8117	Roller, tyre (steel)
832	8117	Roller, under
832	8117	Roller, wire
562	5423	Roller (*bookbinding*)
802	8111	Roller (*cigar mfr*)
894	8129	Roller (*coal mine*)
800	8111	Roller (*flour confectionery mfr*)
809	8111	Roller (*flour milling*)
809	8111	Roller (*food products mfr*)
810	8114	Roller (*leather dressing*)
832	8117	Roller (*metal trades*)
809	8111	Roller (*oil seed crushing*)
821	8121	Roller (*paper mfr*)
569	8121	Roller (*paper tube mfr*)
824	8115	Roller (*rubber goods mfr*)
809	8111	Roller (*sugar, sugar confectionery mfr*)
811	8113	Roller (*textile mfr: flax, hemp mfr*)
814	8113	Roller (*textile mfr*)
814	8113	Roller-up (*textile mfr*)

Standard Occupational Classification 2000 Volume 2   201

SOC 1990	SOC 2000	
821	8121	Roller-up (*wallpaper mfr*)
		Rollerman - *see* Roller ( )
832	8117	Rollsman (*copper rolling*)
501	5313	Roofer, felt
501	5313	Roofer
990	9132	Roofman
505	8141	Ropeman (*mining*)
862	9134	Roper
555	8139	Rougher, outsole
555	8139	Rougher, upper (*footwear mfr*)
843	8125	Rougher (*foundry*)
591	5491	Rougher (*glass mfr*)
839	8117	Rougher (*rolling mill*)
897	8121	Rougher and borer (*woodwind instruments mfr*)
898	8123	Roughneck
555	5413	Rounder (*footwear mfr*)
559	5419	Rounder (*hat mfr*)
839	8117	Rounder (*tube mfr*)
559	5419	Rounder-off
872	8211	Roundsman (*coal delivery*)
941	9211	Roundsman (*newspaper delivery*)
731	7123	Roundsman
809	8111	Rouser
990	9139	Roustabout
140	4134	Router, bus (*public transport*)
825	8116	Router (plastics)
899	8129	Router (printing plates)
897	8121	Router (wood)
140	4134	Router (*freight transport*)
899	8129	Router and mounter
811	8113	Rover, asbestos
813	8113	Rover, cone
811	8113	Rover, dandy (wool)
811	8113	Rover (*textile mfr*)
552	8113	Rubber (*textile finishing*)
869	8139	Rubber (*vehicle mfr*)
869	8139	Rubber and flatter (*coach building*)
869	8139	Rubber and polisher (*vehicle mfr*)
555	5413	Rubber-down (*footwear mfr*)
843	8125	Rubber-down (*jewellery, plate mfr*)
869	8139	Rubber-down
555	5413	Rubber-off (*footwear mfr*)
843	8125	Rubber-off (*foundry*)
824	8115	Rubberer, tyre
814	8113	Rubberiser (carpets)
912	9139	Rucker (*blast furnace*)
569	9133	Ruler, printer's
569	9133	Ruler (*printing*)
569	9133	Ruler (*textile printing*)
889	9139	Ruller (*mine: not coal*)
872	8211	Rullyman
591	5491	Rumbler (ceramics)
842	8125	Rumbler (metal)
889	8122	Runner, belt (*coal mine*)
889	9139	Runner, bobbin
889	9139	Runner, clay
931	9149	Runner, deal (*timber merchants*)
839	8117	Runner, metal (white)

SOC 1990	SOC 2000	
591	5491	Runner, mould (*ceramics mfr*)
889	9139	Runner, rope
889	9139	Runner, skip
889	8122	Runner, wagon (*coal mine*)
889	9139	Runner, wagon
889	9139	Runner, water
889	9139	Runner, wool
801	8111	Runner, wort
430	9219	Runner (*broadcasting*)
953	9224	Runner (*catering*)
889	9139	Runner (*ceramics mfr*)
930	9141	Runner (*docks*)
621	9224	Runner (*public houses*)
621	9224	Runner (*restaurant*)
954	9251	Runner (*retail trade*)
880	8217	Runner (*shipping*)
886	8221	Runner (*steelworks*)
889	9139	Runner (*textile mfr*)
551	5411	Runner-off (*hosiery, knitwear mfr*)
551	5411	Runner-on (*hosiery, knitwear mfr*)

ALPHABETICAL INDEX FOR CODING OCCUPATIONS

S

SOC 1990	SOC 2000	
600	**3311**	SAC (*armed forces*)
340	**3211**	SEN
103	**3561**	SEO (*government*)
400	**4112**	SGB (*MAFF*)
102	**3561**	SO, nos (*local government*)
		SPTO (*government*) - *see* Engineer (professional)
103	**2441**	SRA1 (*Land Registry*)
103	**2441**	SRA2 (*Land Registry*)
103	**2441**	SRE (*Land Registry*)
340	**3211**	SRN
559	**8139**	Sackhand (*sack mfr*)
672	**6232**	Sacristan
555	**5413**	Saddler
600	**3311**	Sailor (*armed forces*)
913	**9139**	Sailor (*shipbuilding*)
880	**8217**	Sailor (*shipping*)
913	**9139**	Sailorman
719	**7129**	Salesman, advertising
731	**7123**	Salesman, bread (*retail trade: delivery round*)
720	**7111**	Salesman, bread (*retail trade*)
720	**7111**	Salesman, butcher's
720	**7111**	Salesman, car
710	**3542**	Salesman, cattle
710	**3542**	Salesman, commercial
710	**3542**	Salesman, commission
710	**3542**	Salesman, computer
720	**7111**	Salesman, counter
731	**7123**	Salesman, cream, ice
730	**7121**	Salesman, credit
710	**3542**	Salesman, delivery
731	**7123**	Salesman, drinks, soft
710	**3542**	Salesman, export
710	**3542**	Salesman, fish (*wholesale trade*)
720	**7111**	Salesman, fish
720	**7111**	Salesman, fish and fruit
720	**7111**	Salesman, fish and poultry
720	**7111**	Salesman, fishmonger's
722	**7112**	Salesman, forecourt (*garage*)
710	**3542**	Salesman, glazing, double
731	**7123**	Salesman, ice-cream
720	**7111**	Salesman, indoor
719	**7129**	Salesman, insurance
719	**7129**	Salesman, land (*estate agents*)
720	**7111**	Salesman, market (*wholesale trade*)
732	**7124**	Salesman, market
710	**3542**	Salesman, meat (*wholesale trade*)
720	**7111**	Salesman, meat
731	**7123**	Salesman, milk (*retail trade: delivery round*)
720	**7111**	Salesman, milk (*retail trade*)
720	**7111**	Salesman, motor
710	**3542**	Salesman, outside
720	**7111**	Salesman, parts (*motor vehicle repair*)
722	**7112**	Salesman, petrol (*garage*)
441	**4133**	Salesman, powder (*mining*)
719	**7129**	Salesman, property
720	**7111**	Salesman, retail
731	**7123**	Salesman, shop (mobile shop)
720	**7111**	Salesman, shop
720	**7111**	Salesman, showroom
719	**7129**	Salesman, space, advertising
710	**3542**	Salesman, tea
710	**3542**	Salesman, technical
792	**7113**	Salesman, telephone
720	**7111**	Salesman, television
411	**4123**	Salesman, ticket
730	**7121**	Salesman, travelling (*retail trade*)
710	**3542**	Salesman, travelling
720	**7111**	Salesman, TV
710	**3542**	Salesman, tyre
710	**3542**	Salesman, van (*manufacturing*)
710	**3542**	Salesman, van (*wholesale trade*)
731	**7123**	Salesman, van
720	**7111**	Salesman, warehouse
710	**3542**	Salesman, water, mineral
710	**3542**	Salesman, wool (*scrap merchants, breakers*)
710	**3542**	Salesman (double glazing)
732	**7124**	Salesman (hawking)
731	**7123**	Salesman (ice cream)
719	**7129**	Salesman (services)
720	**7111**	Salesman (*building and contracting*)
361	**3532**	Salesman (*investment broking*)
730	**7121**	Salesman (*mail order house*)
710	**3542**	Salesman (*manufacturers' agents*)
710	**3542**	Salesman (*manufacturing*)
732	**7124**	Salesman (*market trading*)
730	**7121**	Salesman (*retail trade: credit trade*)
730	**7121**	Salesman (*retail trade: door-to-door sales*)
731	**7123**	Salesman (*retail trade: mobile shop*)
730	**7129**	Salesman (*retail trade: party plan sales*)
720	**7111**	Salesman (*retail trade*)
710	**3542**	Salesman (*wholesale trade*)
700	**3541**	Salesman-buyer
730	**7121**	Salesman-collector
731	**7123**	Salesman-driver
710	**3542**	Salesman-mechanic
809	**8111**	Salter, dry
809	**8111**	Salter, fish
809	**8111**	Salter (*bacon, ham, meat curing*)
810	**8114**	Salter (*tannery*)
861	**8133**	Sampler, grain (*grain milling*)
861	**8133**	Sampler, milk
861	**8133**	Sampler, tea
861	**8133**	Sampler (*food processing*)
861	**8133**	Sampler (*sugar refining*)

SOC 1990	SOC 2000		SOC 1990	SOC 2000	
869	8133	Sampler	399	4133	Scheduler, materials
869	8139	Sander, hand (*furniture mfr*)	*420*	4134	Scheduler, transport
869	8139	Sander, wet (*motor body mfr*)	420	4131	Scheduler
843	8125	Sander (*metal trades*)	201	2112	Scientist, agricultural
897	8121	Sander (*wood products mfr*)	*201*	2112	Scientist, audiological
821	8121	Sandman (*abrasive paper, cloth mfr*)	291	2322	Scientist, behavioural
552	8113	Sanforizer	*201*	2112	Scientist, clinical
600	3311	Sapper	*214*	2131	Scientist, computer
810	8114	Sawduster	*201*	2112	Scientist, environmental
		Sawer - *see* Sawyer	201	2112	Scientist, forensic
899	8129	Sawyer, back (metal)	201	2112	Scientist, horticultural
897	8121	Sawyer, back	390	2451	Scientist, information
899	8129	Sawyer, band (metal)	201	2112	Scientist, laboratory, medical
897	8121	Sawyer, band	219	2129	Scientist, materials
897	8121	Sawyer, circular	291	2322	Scientist, political
897	8121	Sawyer, cut, cross	125	2321	Scientist, research, operational
518	5495	Sawyer, diamond	201	2112	Scientist, research (agricultural)
899	8129	Sawyer, hot	201	2112	Scientist, research (biochemical)
599	5499	Sawyer, ivory	201	2112	Scientist, research (biological)
897	8121	Sawyer, mill	201	2112	Scientist, research (botanical)
897	8121	Sawyer, pulp, wood	200	2111	Scientist, research (chemical)
897	8121	Sawyer, rack	202	2113	Scientist, research (geological)
899	8129	Sawyer, rail	201	2112	Scientist, research (horticultural)
899	8129	Sawyer, roller	300	2112	Scientist, research (medical)
500	5312	Sawyer, slate	202	2113	Scientist, research (meteorological)
897	8121	Sawyer, whip	202	2113	Scientist, research (physical science)
599	5499	Sawyer (bone, ivory, etc)	201	2112	Scientist, research (zoological)
581	5431	Sawyer (meat)	209	2321	Scientist, research
899	8129	Sawyer (metal)	291	2322	Scientist, social
825	8116	Sawyer (plastics)	201	2112	Scientist (agricultural)
500	5312	Sawyer (stone)	201	2112	Scientist (biochemical)
897	8121	Sawyer (wood)	201	2112	Scientist (biological)
599	8119	Sawyer (*asbestos-cement goods mfr*)	201	2112	Scientist (botanical)
897	8121	Sawyer (*coal mine*)	200	2111	Scientist (chemical)
897	8121	Sawyer (*converting mill*)	202	2113	Scientist (geological)
899	8129	Sawyer (*steel tube mfr*)	201	2112	Scientist (horticultural)
897	8121	Sawyer	300	2112	Scientist (medical)
500	5312	Scabbler (stone)	202	2113	Scientist (meteorological)
505	8141	Scaffolder	202	2113	Scientist (physical science)
809	8111	Scalder (*tripe dressing*)	201	2112	Scientist (zoological)
912	9139	Scaleman (*rolling mill*)	209	2321	Scientist
863	8134	Scaleman	591	5491	Scolloper (*ceramics mfr*)
899	8129	Scaler, boiler, ship	552	8113	Scolloper (*lace mfr*)
899	8129	Scaler, boiler, ship's	420	3442	Scorer, cricket
899	8129	Scaler, boiler	889	8219	Scotcher
912	9139	Scaler, metal	814	8113	Scourer, cloth
899	8129	Scaler (*boiler scaling*)	810	8114	Scourer, grease
839	8117	Scaler (*rolling mill*)	814	8113	Scourer, piece
912	9139	Scaler (*shipbuilding*)	899	8129	Scourer, pin
863	8134	Scaler (*slaughterhouse*)	814	8113	Scourer, wool
839	8117	Scaler (*steel mfr*)	591	5491	Scourer (*ceramics mfr*)
869	8139	Scaler (*vehicle mfr*)	555	5413	Scourer (*footwear mfr*)
863	8134	Scalesman	842	8125	Scourer (*foundry*)
597	8122	Scalloper (*coal mine*)	810	8114	Scourer (*leather dressing*)
552	8113	Scalloper (*textile mfr*)	899	8129	Scourer (*needle mfr*)
500	5312	Scapler	814	8113	Scourer (*textile mfr*)
500	5312	Scappler	839	8117	Scourer (*tinplate mfr*)
537	5215	Scarfer (*steel mfr*)	839	8117	Scourer (*wire mfr*)
933	9235	Scavenger	387	3442	Scout, football

SOC 1990	SOC 2000	
958	9233	Scout (*college*)
540	5231	Scout (*motoring organisation*)
899	8129	Scraper, boiler
829	8119	Scraper, gut
555	5413	Scraper, heel (*footwear mfr*)
843	8125	Scraper, metal
597	8122	Scraper (*coal mine*)
912	9139	Scraper (*shipbuilding*)
912	9139	Scrapper (*metal mfr*)
814	8113	Scrapper (*textile mfr*)
829	8119	Scratcher (*linoleum mfr*)
842	8125	Scratcher (*metal trades*)
506	5322	Screeder, floor
923	8142	Screeder
890	8123	Screener, coal
829	8114	Screener, coke (*coke ovens*)
300	3111	Screener, cytology
820	8114	Screener, paint
809	8111	Screener, seed
563	5424	Screener, silk
820	8114	Screener (*chemical mfr*)
890	8123	Screener (*coal mine*)
809	8111	Screener (*grain milling*)
829	8119	Screener (*iron shot and grit mfr*)
890	8123	Screener (*mine: not coal*)
892	8126	Screener (*sewage disposal*)
814	8113	Screener (*textile mfr: linen mfr*)
811	8113	Screener (*textile mfr*)
809	8111	Screensman, seed
		Screensman - *see also* Screener ( )
890	8123	Screenworker (*coal mine*)
899	8129	Screwer, button (*bolt, nail, nut, rivet, screw mfr*)
840	8125	Screwer, tube
899	8129	Screwer (*metal trades: bolt, nail, nut, rivet, screw mfr*)
832	8117	Screwer (*metal trades: rolling mill*)
840	8125	Screwer (*metal trades: small arms mfr*)
840	8125	Screwer (*metal trades*)
832	8117	Screwer-down (*rolling mill*)
885	8229	Screwman (asphalt spreading)
832	8117	Screwman (*metal mfr*)
811	8113	Scribbler
515	5222	Scriber
570	5315	Scriever
570	5315	Scriever-in
843	8125	Scrubber, chair
820	8114	Scrubberman (*coke ovens*)
430	4150	Scrutineer
810	8114	Scudder
381	3411	Sculptor
899	8129	Scurfer, boiler
919	9139	Scurfer, retort
912	9139	Scurfer (*aircraft mfr*)
814	8114	Scutcher (*textile mfr: textile bleaching, dyeing*)
811	8113	Scutcher (*textile mfr*)
880	8217	Seafarer

SOC 1990	SOC 2000	
862	9134	Sealer, box
851	8132	Sealer, car
590	5316	Sealer (double glazing)
850	8131	Sealer (*lamp, valve mfr*)
809	8111	Sealer (*meat market*)
859	8139	Sealer-in
880	8217	Seaman, merchant
889	8219	Seaman, stage, landing
600	3311	Seaman (*armed forces*)
903	9119	Seaman (*fishing*)
880	8217	Seaman (*shipping*)
862	9134	Seamer, can
553	8137	Seamer, corset
553	8137	Seamer, cup (*knitwear mfr*)
841	8125	Seamer, hollow-ware
553	8137	Seamer (*carpet, rug mfr*)
553	8137	Seamer (*clothing mfr*)
553	8137	Seamer (*hosiery, knitwear mfr*)
841	8125	Seamer (*metal trades*)
553	8137	Seamer-round
553	8137	Seamstress
363	3562	Searcher, job
861	8133	Searcher (*manufacturing: woollen mfr*)
619	9249	Searcher (*manufacturing*)
821	8121	Seasoner (*paper mfr*)
599	5492	Seater, chair
840	8125	Seater, key
621	9224	Seater (*catering*)
882	8216	Secondman (*railways*)
190	4114	Secretary, appeals, hospital
190	1114	Secretary, area (*charitable organisation*)
127	4114	Secretary, area (*coal mine*)
190	1114	Secretary, area (*professional organisation*)
190	1114	Secretary, area (*trade association*)
190	1114	Secretary, area (*trade union*)
190	4114	Secretary, assistant (*charitable organisation*)
100	1111	Secretary, assistant (*government*)
127	4215	Secretary, assistant (*hospital service*)
102	2441	Secretary, assistant (*local government*)
190	4114	Secretary, assistant (*professional association*)
190	4114	Secretary, assistant (*trade association*)
190	4114	Secretary, assistant (*trade union*)
127	4214	Secretary, assistant
190	4114	Secretary, association
459	4215	Secretary, bilingual
131	4215	Secretary, branch (*bank, building society*)
190	4114	Secretary, branch (*charitable organisation*)
139	4114	Secretary, branch (*insurance*)
190	4114	Secretary, branch (*trade union*)
127	1131	Secretary, chartered

SOC 1990	SOC 2000		SOC 1990	SOC 2000	
719	**7129**	Secretary, club (burial club)	176	**4214**	Secretary, sports
371	**4215**	Secretary, club (*youth club*)	103	**2441**	Secretary, third
176	**4214**	Secretary, club	100	**1111**	Secretary, under (*government*)
459	**4215**	Secretary, commercial	420	**4213**	Secretary (schools)
399	**4150**	Secretary, committee	190	**4114**	Secretary (*chamber of commerce*)
127	**1131**	Secretary, company (director)	190	**4114**	Secretary (*joint industrial council*)
127	**4214**	Secretary, company	*451*	**4212**	Secretary (*legal services*)
459	**4215**	Secretary, confidential	450	**4211**	Secretary (*medical practice*)
127	**4214**	Secretary, corporation	190	**4114**	Secretary (*research association*)
371	**4215**	Secretary, county (*youth club*)	371	**4215**	Secretary (*welfare services*)
100	**1111**	Secretary, deputy (*government*)	459	**4215**	Secretary
190	**1114**	Secretary, diocesan	127	**1131**	Secretary and company director
139	**4114**	Secretary, district (*insurance*)	127	**1131**	Secretary and legal adviser
450	**4211**	Secretary, doctor's	190	**4114**	Secretary of charitable organisation
459	**4215**	Secretary, farm	127	**1131**	Secretary of health authority
127	**4114**	Secretary, financial	127	**1131**	Secretary of health board
100	**1111**	Secretary, first	190	**4114**	Secretary of political association
190	**4114**	Secretary, fund	190	**4114**	Secretary of professional association
190	**1114**	Secretary, general (*charitable organisation*)	100	**1111**	Secretary of state
190	**1114**	Secretary, general (*professional association*)	190	**4114**	Secretary of trade association
			190	**4114**	Secretary of trade union
190	**1114**	Secretary, general (*trade association*)	127	**1131**	Secretary-accountant
			127	**1131**	Secretary-director
190	**1114**	Secretary, general (*trade union*)			Secretary-manager - *see* Manager
371	**4215**	Secretary, general (*welfare services*)	*460*	**4216**	Secretary-receptionist
127	**4215**	Secretary, group (*hospital service*)	459	**4215**	Secretary-typist
190	**4114**	Secretary, group (*trade union*)	898	**8123**	Securer
127	**4215**	Secretary, hospital	615	**9241**	Security
451	**4212**	Secretary, legal	615	**9241**	Securityman
451	**4212**	Secretary, litigation	179	**1234**	Seedsman (*retail trade*)
179	**1163**	Secretary, managing (*co-operative society*)	202	**2113**	Seismologist
			863	**8134**	Selector, biscuit (*ceramics mfr*)
371	**1184**	Secretary, managing (*welfare services*)	591	**5491**	Selector, glass
			829	**8119**	Selector, gut
450	**4211**	Secretary, medical	*700*	**3541**	Selector, range (*retail trade*)
176	**4215**	Secretary, membership (*football club*)	863	**8134**	Selector, sack
			809	**8111**	Selector, skin, sausage
190	**1114**	Secretary, national (*trade union*)	863	**8134**	Selector, skin
190	**4114**	Secretary, organising (*charitable organisation*)	441	**9149**	Selector, spares (*vehicle mfr*)
			441	**9149**	Selector, stores
190	**4114**	Secretary, organising (*professional association*)	863	**8134**	Selector (*canvas goods mfr*)
			863	**8134**	Selector (*ceramics mfr*)
190	**4114**	Secretary, organising (*trade association*)	863	**8134**	Selector (*flax, hemp mfr*)
			441	**9149**	Selector (*government*)
190	**4114**	Secretary, organising (*trade union*)	863	**8134**	Selector (*mine: not coal*)
371	**4114**	Secretary, organising (*welfare services*)	863	**8134**	Selector (*plastics mfr*)
			863	**8134**	Selector and classifier (mica)
100	**1111**	Secretary, parliamentary	720	**7111**	Seller, book (*Stationery Office*)
100	**1111**	Secretary, permanent (*government*)	179	**1234**	Seller, book
459	**4215**	Secretary, personal	179	**7129**	Seller, car
190	**4114**	Secretary, political	174	**7111**	Seller, fish and chips
380	**3433**	Secretary, press	179	**1234**	Seller, map
100	**1111**	Secretary, private, parliamentary	732	**7124**	Seller, newspaper
103	**2441**	Secretary, private, principal	732	**7124**	Seller, paper
459	**4215**	Secretary, private	720	**7111**	Seller, programme
127	**4214**	Secretary, resident	719	**7129**	Seller, space (*advertising*)
420	**4213**	Secretary, school	411	**4123**	Seller, ticket
100	**1111**	Secretary, second	731	**7123**	Seller (fast food)

SOC 1990	SOC 2000	
732	7124	Seller (flowers)
732	7124	Seller (fruit, vegetables)
699	9229	Seller (*bingo hall*)
411	4123	Seller (*totalisator*)
553	8137	Sempstress
399	3537	Senior, audit
362	3535	Senior, tax
362	3535	Senior, taxation
399	3537	Senior, trust
829	8114	Sensitiser, film
829	9139	Separator, metal and oil
809	8111	Separator, milk
890	8123	Separator, ore
850	8131	Separator, plate (car battery)
809	8111	Separator, skin, sausage
555	5413	Separator, stitch
814	8113	Separator (*textile mfr*)
610	S 3312	Sergeant, detective
615	9241	Sergeant, security
619	9249	Sergeant, town
600	3311	Sergeant (*armed forces*)
310	S 3312	Sergeant
600	3311	Sergeant-Major
899	8129	Serrator (knives)
919	9139	Servant, civil, nos (industrial)
400	4112	Servant, civil, nos
100	1111	Servant, civil (assistant secretary and above)
132	4111	Servant, civil (EO)
100	1111	Servant, civil (grade 5 and above)
103	2441	Servant, civil (grade 6, 7)
103	3561	Servant, civil (HEO, SEO)
400	4112	Servant, civil (museum service)
958	9233	Servant, college
958	9233	Servant, daily
958	9233	Servant, domestic
902	6139	Servant, hunt
958	9233	Servant
953	9223	Server, canteen
953	9223	Server, dinner
953	9223	Server, meal
953	9223	Server, meals
619	9249	Server, process
809	8111	Server (*confectionery mfr*)
953	9223	Server (*school meals*)
889	9139	Server (*silk mfr*)
720	7111	Server (*take-away food shop*)
811	8113	Server (*textile mfr*)
809	8111	Servicer, line (*food products mfr*)
894	8129	Servicer, machinery
540	5231	Servicer (*motor mfr*)
569	8121	Servicer (*textile printing*)
590	5491	Servitor (*glass mfr*)
519	5221	Setter, auto (*metal trades*)
519	5221	Setter, automatic (*metal trades*)
530	5211	Setter, axle
899	8129	Setter, barrel
814	8113	Setter, beam
500	5312	Setter, block
814	8113	Setter, bobbin
823	8112	Setter, brick (*brick mfr*)
500	5312	Setter, brick
510	5221	Setter, capstan
516	5223	Setter, card (*textile accessories mfr*)
811	8113	Setter, card (*textile mfr*)
552	8113	Setter, carpet
514	5221	Setter, cast, die
814	8113	Setter, chain
899	8129	Setter, circle (*textile mfr*)
823	8112	Setter, clamp (*ceramics mfr*)
519	5221	Setter, cnc
839	8117	Setter, core
552	8113	Setter, crepe (*textile mfr*)
518	5495	Setter, diamond
831	8117	Setter, die (*wire mfr*)
514	5221	Setter, die
851	8132	Setter, door (*vehicle mfr*)
511	5221	Setter, drill
511	5221	Setter, driller
519	5221	Setter, engineer's
899	8129	Setter, file
569	8121	Setter, film (*textile mfr*)
500	5312	Setter, fixture
850	8131	Setter, flame
569	8121	Setter, forme (*paper box mfr*)
899	8129	Setter, frame
899	8129	Setter, fuse, damper
515	5222	Setter, gauge
518	5495	Setter, gem
839	8117	Setter, guide (*steel mfr*)
516	5223	Setter, handle (*textile mfr*)
851	8132	Setter, jewel (*watch mfr*)
518	5495	Setter, jewel
519	5221	Setter, jig
924	8142	Setter, kerb
823	8112	Setter, kiln
510	5221	Setter, lathe, capstan
510	5221	Setter, lathe, centre
510	5221	Setter, lathe, turret
510	5221	Setter, lathe (*metal trades*)
510	5221	Setter, lathe
810	8114	Setter, leather
591	5491	Setter, lens
516	5223	Setter, loom
519	5221	Setter, machine, automatic
569	8121	Setter, machine, board
519	5221	Setter, machine, cnc
519	5221	Setter, machine, coiling
599	5499	Setter, machine, electrode
599	5499	Setter, machine, grid
519	5221	Setter, machine, heading (bolts, rivets)
599	5499	Setter, machine, metalising
824	8115	Setter, machine, moulding (rubber)
590	S 5491	Setter, machine, optical
599	5499	Setter, machine, sealing
897	8121	Setter, machine, woodcutting
599	5499	Setter, machine (*broom, brush mfr*)
599	5499	Setter, machine (*button mfr*)

SOC 1990	SOC 2000		SOC 1990	SOC 2000	
516	**5221**	Setter, machine (*man-made fibre mfr*)	809	**8111**	Setter (*sugar, sugar confectionery mfr*)
519	**5221**	Setter, machine (*metal trades*)	810	**8114**	Setter (*tannery*)
569	**8121**	Setter, machine (*paper goods mfr*)	552	**8113**	Setter (*textile mfr*)
825	**8116**	Setter, machine (*plastics goods mfr*)	823	**8112**	Setter and drawer (*ceramics mfr*)
891	**9133**	Setter, machine (*printing*)	510	**5221**	Setter and turner, lathe
810	**8114**	Setter, machine (*tannery*)	823	**8112**	Setter-in (*ceramics mfr*)
513	**5221**	Setter, milling	510	**5221**	Setter-operator, capstan
506	**5322**	Setter, mosaic	519	**5221**	Setter-operator, cnc
839	**8117**	Setter, mould (*steelworks*)	511	**5221**	Setter-operator, drill
899	**8129**	Setter, needle (*textile mfr*)	599	**5499**	Setter-operator, engraving, pantograph
823	**8112**	Setter, oven (*ceramics mfr*)			
516	**5223**	Setter, pattern	510	**5221**	Setter-operator, lathe, capstan
899	**8129**	Setter, pin	510	**5221**	Setter-operator, lathe, centre
823	**8112**	Setter, pipe	510	**5221**	Setter-operator, lathe, turning, roll
514	**5221**	Setter, press, cnc	510	**5221**	Setter-operator, lathe, turret
514	**5221**	Setter, press, nc	510	**5221**	Setter-operator, lathe
514	**5221**	Setter, press, power	519	**5221**	Setter-operator, machine, cnc
514	**5221**	Setter, press (*metal trades*)	514	**5221**	Setter-operator, machine, die-sinking
552	**8113**	Setter, press (*textile finishing*)	519	**5221**	Setter-operator, machine, nc
597	**8122**	Setter, prop (*coal mine*)	569	**8121**	Setter-operator, machine, paper
364	**3539**	Setter, rate	519	**5221**	Setter-operator, machine (*metal trades*)
599	**5499**	Setter, reed			
500	**5312**	Setter, retort			
922	**8143**	Setter, road	514	**5221**	Setter-operator, press, brake
516	**5221**	Setter, roll (*steelworks*)	514	**5221**	Setter-operator, press (*metal trades*)
899	**8129**	Setter, saw	519	**5221**	Setter-operator, tool, machine
516	**5221**	Setter, spindle	514	**5221**	Setter-operator, tool, press
552	**8113**	Setter, spool	519	**5221**	Setter-operator, tool
833	**8117**	Setter, spring	510	**5221**	Setter-operator, turret
859	**8139**	Setter, steel (*corset mfr*)	519	**5221**	Setter-operator (*metal trades*)
518	**5495**	Setter, stone (jewellery)	503	**5316**	Setter-out, light, lead
552	**8113**	Setter, teasel	899	**8129**	Setter-out, mill (*sawmilling*)
552	**8113**	Setter, teazle	515	**5222**	Setter-out (engineering)
850	**8131**	Setter, thermostat	381	**3421**	Setter-out (technical drawings)
506	**5322**	Setter, tile (*building and contracting*)	515	**5222**	Setter-out (*metal trades*)
			897	**S 8121**	Setter-out (*wood products mfr*)
823	**8112**	Setter, tile	518	**5495**	Setter-up (*diamond polishing*)
898	**8123**	Setter, timber	899	**8129**	Setter-up (*metal trades: type foundry*)
899	**8129**	Setter, tool, edge			
519	**5221**	Setter, tool, machine	519	**5221**	Setter-up (*metal trades*)
514	**5221**	Setter, tool, press	825	**8116**	Setter-up (*spectacle mfr*)
519	**5221**	Setter, tool	361	**3531**	Settler, claims, insurance
641	**6111**	Setter, tray (hospital sterile supplies)	410	**4122**	Settler (betting)
814	**8113**	Setter, tube (*textile mfr*)	841	**8125**	Settler (*fish hook mfr*)
560	**5421**	Setter, type	814	**8113**	Settler (*hat mfr*)
872	**8219**	Setter, van (*railways*)	553	**8137**	Sewer, bag
552	**8113**	Setter, yarn	555	**5413**	Sewer, belting
599	**5499**	Setter (*arc welding electrode mfr*)	553	**8137**	Sewer, button
599	**5499**	Setter (*broom, brush mfr*)	553	**8137**	Sewer, carpet
552	**8113**	Setter (*carpet, rug mfr*)	553	**8137**	Sewer, cloth
823	**8112**	Setter (*ceramics mfr*)	553	**8137**	Sewer, felt
591	**5491**	Setter (*glass mfr*)	553	**8137**	Sewer, fur
518	**5495**	Setter (*jewellery, plate mfr*)	553	**8137**	Sewer, glove
530	**5211**	Setter (*metal trades: cutlery mfr*)	553	**5419**	Sewer, hand
839	**8117**	Setter (*metal trades: type foundry*)	814	**8113**	Sewer, harness (*wool weaving*)
517	**5224**	Setter (*metal trades: watch, clock mfr*)	553	**8137**	Sewer, hat
			553	**8137**	Sewer, piece
519	**5221**	Setter (*metal trades*)	555	**5413**	Sewer, rug, skin
825	**8116**	Setter (*plastics goods mfr*)	553	**8137**	Sewer, seam

SOC 1990	SOC 2000		SOC 1990	SOC 2000	
555	**5413**	Sewer, sole	559	**5419**	Shaver (*hat mfr*)
553	**8137**	Sewer, spangle	810	**8114**	Shaver (*leather dressing*)
894	**8129**	Sewer, tape (*textile spinning*)	899	**8129**	Shearer, billet (*rolling mill*)
553	**8137**	Sewer, tent	899	**8129**	Shearer, bloom
562	**5423**	Sewer, vellum	552	**8113**	Shearer, cloth
555	**5413**	Sewer, welt	899	**8129**	Shearer, coil (*metal trades*)
555	**5413**	Sewer, wire	552	**8113**	Shearer, mat
562	**5423**	Sewer (*bookbinding*)	899	**8129**	Shearer, rotary
553	**8137**	Sewer (*canvas goods mfr*)	902	**9119**	Shearer, sheep
553	**8137**	Sewer (*carpet, rug mfr*)	552	**8113**	Shearer (*carpet, rug mfr*)
553	**8137**	Sewer (*cloth mending*)	597	**8122**	Shearer (*coal mine: below ground*)
553	**8137**	Sewer (*clothing mfr*)	899	**8129**	Shearer (*coal mine*)
555	**5413**	Sewer (*footwear mfr*)	559	**5419**	Shearer (*glove mfr*)
553	**8137**	Sewer (*glove mfr*)	810	**8114**	Shearer (*leather dressing*)
553	**8137**	Sewer (*hat mfr*)	899	**8129**	Shearer (*metal trades*)
555	**5413**	Sewer (*leather goods mfr*)	552	**8113**	Shearer (*textile finishing*)
559	**5419**	Sewer (*powder puff mfr*)	559	**5419**	Shearman (*clothing mfr*)
555	**5413**	Sewer (*rubber footwear mfr*)	899	**8129**	Shearman (*metal trades*)
553	**8137**	Sewer (*textile products mfr*)	899	**8129**	Shearsman, scrap (*metal trades*)
892	**8126**	Sewerman	839	**8117**	Sheather, cable
902	**9119**	Sexer, chick	894	**8129**	Sheavesman (*coal mine*)
672	**6232**	Sexton	581	**5431**	Shecheta
889	**8219**	Shackler	930	**9141**	Shedman (*docks*)
869	**8139**	Shader (*artificial flower mfr*)	810	**8114**	Shedman (*leather dressing*)
829	**8112**	Shader (*ceramics mfr*)	*990*	**8216**	Shedman (*railways*)
814	**8113**	Shader (*textile mfr*)	990	**8219**	Shedman (*transport*)
899	**8129**	Shaftman (*coal mine*)	534	**5214**	Sheerer (metal)
919	**9139**	Shaker, bag	599	**8119**	Sheeter, asbestos (*asbestos-cement goods mfr*)
811	**8113**	Shaker, rag			
811	**8113**	Shaker, waste	501	**5313**	Sheeter, asbestos (*building and contracting*)
811	**8113**	Shaker (*textile mfr*)			
661	**6221**	Shampooer	501	**5313**	Sheeter, asbestos
661	**6221**	Shampooist	501	**5313**	Sheeter, cement, asbestos
859	**8139**	Shanker (*footwear mfr*)	501	**5313**	Sheeter, constructional
840	**8125**	Shaper, blades, airscrew (metal)	501	**5313**	Sheeter, iron, corrugated
559	**5419**	Shaper, brim	501	**5313**	Sheeter, roof
557	**8136**	Shaper, collar	631	**8216**	Sheeter, wagon
840	**8125**	Shaper, die	501	**5313**	Sheeter (*building and contracting*)
899	**8129**	Shaper, filament	501	**5313**	Sheeter (*chemical mfr*)
519	**5221**	Shaper, room, tool	930	**9141**	Sheeter (*docks*)
519	**5221**	Shaper, tool, machine	821	**8121**	Sheeter (*paper mfr*)
557	**8136**	Shaper (*clothing mfr*)	825	**8116**	Sheeter (*plastics goods mfr*)
590	**5491**	Shaper (*glass mfr*)	631	**8216**	Sheeter (*railways*)
552	**8113**	Shaper (*hosiery, knitwear mfr*)	824	**8115**	Sheeter (*rubber goods mfr*)
599	**5499**	Shaper (*incandescent mantle mfr*)	534	**5214**	Sheeter (*steel mfr*)
530	**5211**	Shaper (*metal trades: clog iron mfr*)	809	**8111**	Shellerman
899	**8129**	Shaper (*metal trades: steel pen mfr*)	900	**9111**	Shepherd
840	**8125**	Shaper (*metal trades*)	830	**8117**	Sherardizer
559	**5419**	Shaper (*millinery mfr*)	240	**2411**	Sheriff (*Scottish Courts*)
897	**8121**	Shaper (*wood products mfr*)	240	**2411**	Sheriff-substitute (*Scottish Courts*)
530	**5211**	Sharpener, gear (*mining*)	899	**8129**	Shifter, conveyor (*coal mine*)
840	**8125**	Sharpener, pick	889	**9139**	Shifter, iron
897	**8121**	Sharpener, prop, pit	999	**9229**	Shifter, scene
899	**8129**	Sharpener, saw	597	**8122**	Shifter (*coal mine*)
840	**8125**	Sharpener, tool	812	**8113**	Shifter (*jute spinning*)
899	**8129**	Sharpener (*edge tool mfr*)	889	**9139**	Shifter (*rolling mill*)
		Sharper - *see* Sharpener	910	**8122**	Shifthand (*coal mine*)
840	**8125**	Shaver, gear	898	**8123**	Shiftman (*mine: not coal*)
559	**5419**	Shaver, hood	839	**8117**	Shingler (*iron works*)

Standard Occupational Classification 2000 Volume 2   209

SOC 1990	SOC 2000		SOC 1990	SOC 2000	
361	**3532**	Shipbroker	463	**4142**	Signalman, civilian (*MOD*)
930	**9141**	Shipper (*docks*)	929	**9129**	Signalman, diver's
889	**9139**	Shipper (*patent fuel mfr*)	889	**8219**	Signalman, Lloyd's
889	**9139**	Shipper (*tinplate mfr*)	463	**4142**	Signalman, marine
702	**3536**	Shipper (*wholesale trade*)	463	**4142**	Signalman, port
530	**5211**	Shipsmith	883	**8216**	Signalman, relief
534	**5214**	Shipwright	886	**8221**	Signalman (*mining*)
534	**5214**	Shipwright-liner	883	**8216**	Signalman (*railways*)
581	**5431**	Shocket	932	**9141**	Signalman (*steelworks*)
530	**5211**	Shoer, horse	387	**3442**	Signalman (*yacht club*)
301	**3113**	Shooter, trouble	553	**8137**	Silker (*textile mfr*)
860	**8133**	Shooter (*gun mfr*)	809	**8111**	Silksman
174	**1223**	Shopkeeper, fish, fried	809	**8111**	Siloman (*seed crushing*)
174	**1223**	Shopkeeper, fish and chip	834	**8118**	Silverer (*electroplating*)
178	**1234**	Shopkeeper (fish)	834	**8118**	Silverer (*glass mfr*)
174	**1223**	Shopkeeper (fish and chip)	952	**9223**	Silverman
174	**1223**	Shopkeeper (fried fish)	518	**5495**	Silversmith
179	**1239**	Shopkeeper (*laundry, launderette, dry cleaning*)	201	**2112**	Silviculturist (professionally qualified)
731	**7123**	Shopkeeper (*mobile shop*)	904	**9112**	Silviculturist
174	**1223**	Shopkeeper (*take-away food shop*)	384	**3413**	Singer (*entertainment*)
199	**1239**	Shopkeeper (*video shop*)	552	**8113**	Singer (*textile mfr*)
179	**1234**	Shopkeeper	840	**8125**	Sinker, counter
839	**8117**	Shopman, bottle (*iron, steel tube mfr*)	515	**5222**	Sinker, die (*metal trades*)
581	**5431**	Shopman, butcher's	569	**9133**	Sinker, die (*printing*)
581	**5431**	Shopman, meat	509	**8149**	Sinker, pit
912	**9139**	Shopman (*railway workshops*)	555	**5413**	Sinker, seat
581	**5431**	Shopman-cutter (butcher's)	509	**8149**	Sinker, shaft
430	**4137**	Shopper, mystery	509	**8149**	Sinker, well
720	**7111**	Shopper, personal	597	**8122**	Sinker (*coal mine*)
898	**8123**	Shotman (*mine: not coal*)	509	**8149**	Sinker (*mine sinking*)
597	**8122**	Shotsman (*coal mine*)	839	**8117**	Sinterer (*metal mfr*)
176	**3413**	Showman	839	**8117**	Sinterer (*mine: not coal*)
430	**9219**	Shredder, confidential	173	**1221**	Sister, home (nurses home)
820	**8114**	Shredder (*chemical mfr*)	173	**6231**	Sister, housekeeping (hospital)
809	**8111**	Shredder (*food products mfr*)	341	**S 3212**	Sister, midwifery
903	**9119**	Shrimper	*340*	**3211**	Sister, nursing (*religious order*)
552	**8113**	Shrinker, London	*340*	**S 3211**	Sister, ward
824	**8115**	Shrinker (*rubber goods mfr*)	292	**2444**	Sister (*religion*)
552	**8113**	Shrinker (*textile mfr*)	340	**S 3211**	Sister
873	**8213**	Shunter (*road transport*)	340	**S 3211**	Sister-tutor
884	**8216**	Shunter	659	**6122**	Sitter, baby
889	**9139**	Shuntman (*mine: not coal*)	644	**6115**	Sitter (*welfare services*)
919	**9139**	Shutter, door (*coke ovens*)	699	**9229**	Sitter
570	**5315**	Shutterer (*building and contracting*)	821	**8121**	Sizeman (*paper mill*)
559	**5419**	Shuttler	810	**8114**	Sizeman
591	**5491**	Sider (*glass mfr*)	897	**8121**	Sizer, bobbin
801	**8111**	Sidesman, copper (*brewery*)	821	**8121**	Sizer, engine (*paper mfr*)
821	**8121**	Siever (*abrasive paper, cloth mfr*)	552	**8113**	Sizer, tape
820	**8114**	Siever (*chemical mfr*)	552	**8113**	Sizer, warp
809	**8111**	Siever (*food products mfr*)	552	**8113**	Sizer, yarn
829	**8112**	Sifter, dust (*ceramics mfr*)	821	**8121**	Sizer (*paper mfr*)
809	**8111**	Sifter, flour	552	**8113**	Sizer (*textile mfr: rope, cord, twine mfr*)
829	**8112**	Sifter (*ceramics mfr*)			
820	**8114**	Sifter (*chemical mfr*)	552	**8113**	Sizer (*textile mfr*)
809	**8111**	Sifter (*food products mfr*)	552	**8113**	Sizer and dryer, back
862	**9134**	Sighter, bottle (*brewery*)	384	**3413**	Skater, ice
886	**8221**	Signaller (*mine: not coal*)	813	**8113**	Skeiner (*textile mfr*)
883	**8216**	Signaller	430	**3122**	Sketcher, design

SOC 1990	SOC 2000		SOC 1990	SOC 2000	
814	8114	Skewerer (*textile bleaching, dyeing*)	822	8121	Slitter (*photographic film mfr*)
829	8112	Skimmer (*glass mfr*)	825	8116	Slitter (*plastics goods mfr*)
830	8117	Skimmer (*metal mfr*)	899	8129	Slitter (*steelworks*)
581	5431	Skinner (*food products mfr*)	802	8111	Slitter (*tobacco mfr*)
581	5431	Skinner (*slaughterhouse*)	822	8121	Slitter (*transparent cellulose wrappings mfr*)
810	8114	Skinner (*tannery*)	822	8121	Slitterman (*paper mfr*)
863	8134	Skipman	811	8113	Sliverer
332	3513	Skipper, rig, oil	840	8125	Slotter, frame
169	5119	Skipper, trawler	840	8125	Slotter (*metal trades*)
332	3513	Skipper, yacht	841	8125	Slotter (*needle mfr*)
332	3513	Skipper (*boat, barge*)	569	8121	Slotter (*paper goods mfr*)
896	S 8149	Skipper (*building and contracting*)	811	8113	Slubber (*textile mfr*)
169	5119	Skipper (*fishing*)	829	8119	Slugger, paste
332	3513	Skipper (*shipping*)	859	8139	Slugger (*footwear mfr*)
899	8129	Skiver, belt (*abrasive paper, cloth mfr*)	820	8114	Slurryman
555	5413	Skiver (*footwear mfr*)	904	9112	Smallholder (*forestry*)
810	8114	Skiver (*leather dressing*)	160	5111	Smallholder
506	5322	Slabber, tile	559	5419	Smearer (*waterproof garment mfr*)
809	8111	Slabber, toffee	869	8133	Smeller, cask
506	5322	Slabber (*builders' merchants*)	830	8117	Smelter, lead
506	5322	Slabber (*fireplace mfr*)	830	8117	Smelter, steel
814	8113	Slabber (*textile mfr*)	823	8112	Smelter (*glass mfr*)
830	8117	Slagger (*blast furnace*)	830	8117	Smelter (*metal mfr*)
839	8117	Slagger (*steel casting*)	534	5214	Smith, boiler
830	8117	Slagman (*blast furnace*)	518	5495	Smith, bright
829	8112	Slaker (*ceramics mfr*)	839	8117	Smith, chain
501	5313	Slater	530	5211	Smith, coach
501	5313	Slater and tiler	530	5211	Smith, coil (*spring mfr*)
581	5431	Slaughterer	839	8117	Smith, coil (*tube mfr*)
581	5431	Slaughterman	899	8129	Smith, cold
899	8129	Sleever (*cable mfr*)	533	5213	Smith, copper
553	8137	Sleever (*clothing mfr*)	530	5211	Smith, engineering
841	8125	Sleever (*electrical goods mfr*)	518	5495	Smith, gold
850	8131	Sleever (*radio valve mfr*)	516	5223	Smith, gun
897	8121	Slicer, veneer	533	5213	Smith, iron, sheet
800	8111	Slicer (*bakery*)	899	8129	Smith, key
825	8116	Slicer (*celluloid sheet mfr*)	516	5223	Smith, lock
809	8111	Slicer (*food processing*)	533	5213	Smith, metal (*gas meter mfr*)
810	8114	Slicker (*leather dressing*)	516	5223	Smith, padlock
510	5221	Slider (*metal trades*)	533	5213	Smith, pan, copper
829	8119	Slimer (*gut cleaning*)	530	5211	Smith, pan, salt
814	8113	Slinger (*textile mfr*)	530	5211	Smith, pan (*salt mfr*)
932	9141	Slinger	534	5214	Smith, plate
553	8137	Slipper, cushion	518	5495	Smith, platinum
555	5413	Slipper, last	505	8141	Smith, rope (*coal mine*)
555	5413	Slipper, shoe	899	8129	Smith, saw
553	8137	Slipper, tie	518	5495	Smith, silver
829	8114	Slipper (*asbestos-cement mfr*)	533	5213	Smith, tin
553	8137	Slipper (*furniture mfr*)	530	5211	Smith, tool
559	5419	Slitter, fabrics	533	5213	Smith, white
899	8129	Slitter, foil, tin	530	5211	Smith
591	5491	Slitter, glass, optical	530	5211	Smither
899	8129	Slitter, metal	553	5419	Smocker
822	8121	Slitter, paper	809	8111	Smoker (*food products mfr*)
899	8129	Slitter, steel	673	9234	Smoother (*clothing mfr*)
822	8121	Slitter (*abrasive paper, cloth mfr*)	591	5491	Smoother (*lens mfr*)
822	8121	Slitter (*paper and printing*)	889	8122	Smudger
899	8129	Slitter (*pen nib mfr*)	533	5213	Snagger

SOC 1990	SOC 2000		SOC 1990	SOC 2000	
861	**8133**	Sniffer	861	**8133**	Sorter, label
811	**8113**	Snipper	863	**8134**	Sorter, last
810	**8114**	Soaker, lime	863	**8134**	Sorter, leaf
552	**8113**	Soaker, silk	863	**8134**	Sorter, leather
810	**8114**	Soaker (*leather dressing*)	940	**9211**	Sorter, letter
814	**8113**	Soaper, rope	863	**8134**	Sorter, lime
814	**8113**	Soapstoner (*roofing felt mfr*)	863	**8134**	Sorter, linen (*hospital service*)
291	**2322**	Sociologist	863	**8134**	Sorter, machine (*ceramics mfr*)
859	**8139**	Socker	940	**9211**	Sorter, mail
830	**8117**	Softener, lead	863	**8134**	Sorter, meat
892	**8126**	Softener, water	863	**8134**	Sorter, metal
811	**8113**	Softener (*flax, hemp mfr*)	863	**8134**	Sorter, mica
810	**8114**	Softener (*leather dressing*)	863	**8134**	Sorter, mohair
850	**8131**	Solderer, flow	863	**8134**	Sorter, newspaper
537	**5215**	Solderer (*jewellery, plate mfr*)	861	**8133**	Sorter, note (*paper goods mfr*)
537	**5215**	Solderer (*metal trades*)	420	**9149**	Sorter, order (*mail order house*)
850	**8131**	Solderer (*radio, television, video mfr*)	861	**8133**	Sorter, paper (*paper goods mfr*)
537	**8131**	Solderer	861	**8133**	Sorter, paper (*paper mfr*)
537	**5215**	Solderer and jointer, case	861	**8133**	Sorter, paper (*wallpaper mfr*)
600	**3311**	Soldier	863	**8134**	Sorter, paper (*waste paper merchants*)
242	**2411**	Solicitor			
859	**8139**	Solutioner (*footwear mfr*)	940	**9211**	Sorter, parcel (*PO*)
859	**8139**	Solutioner (*rubber goods mfr*)	941	**9211**	Sorter, parcel
859	**8139**	Solutionist (*rubber goods mfr*)	863	**8134**	Sorter, pipe, ceramic
621	**9224**	Sommelier	940	**9211**	Sorter, post
342	**3214**	Sonographer	*940*	**9211**	Sorter, postal
809	**8111**	Sorter, bean, cocoa	861	**8133**	Sorter, printer's
863	**8134**	Sorter, biscuit	863	**8134**	Sorter, rag
863	**8134**	Sorter, bobbin	863	**8134**	Sorter, rag and metal
863	**8134**	Sorter, bottle	863	**8134**	Sorter, refuse
863	**8134**	Sorter, breakage (*food products mfr*)	863	**8134**	Sorter, rubber
863	**8134**	Sorter, bulb (*electric lamp mfr*)	863	**8134**	Sorter, sack
861	**8133**	Sorter, card, playing	863	**8134**	Sorter, salvage
863	**8134**	Sorter, clip	863	**8134**	Sorter, scrap
863	**8134**	Sorter, cloth	809	**8111**	Sorter, seed (mustard)
890	**8122**	Sorter, coal (*coal mine*)	863	**8134**	Sorter, seed
863	**8134**	Sorter, cork	861	**8133**	Sorter, sheet (*printing*)
430	**9219**	Sorter, coupon	863	**8134**	Sorter, shuttle
863	**8134**	Sorter, diamond	863	**8134**	Sorter, skin
863	**8134**	Sorter, dyehouse (*textile mfr*)	863	**8134**	Sorter, slag
863	**8134**	Sorter, egg	863	**8134**	Sorter, sole
863	**8134**	Sorter, feather	863	**8134**	Sorter, spool
863	**8134**	Sorter, fent	863	**8134**	Sorter, stocking
863	**8134**	Sorter, fibre	863	**8134**	Sorter, stores
863	**8134**	Sorter, flock	863	**8134**	Sorter, tape
863	**8134**	Sorter, foil, tin	863	**8134**	Sorter, tile, roofing
863	**8134**	Sorter, fruit	863	**8134**	Sorter, timber
863	**8134**	Sorter, fur	863	**8134**	Sorter, tin
863	**8134**	Sorter, gelatine	814	**8113**	Sorter, tube (*textile spinning*)
869	**8133**	Sorter, glass	430	**9219**	Sorter, voucher
861	**8133**	Sorter, glove	863	**8134**	Sorter, warehouse, biscuit (*ceramics mfr*)
863	**8134**	Sorter, gum			
863	**8134**	Sorter, hair	863	**8134**	Sorter, waste
863	**8134**	Sorter, head (*galvanised sheet mfr*)	814	**8113**	Sorter, weft
940	**9211**	Sorter, head (*PO*)	863	**8134**	Sorter, wood
863	**8134**	Sorter, hide	863	**8134**	Sorter, wool
863	**8134**	Sorter, hosiery	863	**8134**	Sorter, woollen
863	**8134**	Sorter, house, dye (*textile mfr*)	863	**8134**	Sorter, yarn
912	**9139**	Sorter, iron (*shipbuilding*)	863	**8134**	Sorter (*broom, brush mfr*)

SOC 1990	SOC 2000		SOC 1990	SOC 2000	
863	8134	Sorter (*button mfr*)	*710*	3542	Specialist, products
863	8134	Sorter (*ceramics mfr*)	*371*	3232	Specialist, promotion, health (*health authority*)
863	8134	Sorter (*charitable organisation*)			
863	8134	Sorter (*cigar mfr*)	*710*	3542	Specialist, sales
863	8134	Sorter (*clothing mfr*)	214	2132	Specialist, software (professional)
863	8134	Sorter (*cutlery handle mfr*)	320	2132	Specialist, software
863	8134	Sorter (*dyeing and cleaning*)	*580*	5432	Specialist, sugarcraft
863	8134	Sorter (*food products mfr*)	*320*	3132	Specialist, support, technical (computing)
863	8134	Sorter (*footwear mfr*)			
863	8134	Sorter (*fur dressing*)	*320*	3132	Specialist, support (computing)
863	8134	Sorter (*glass mfr: glass bottle mfr*)	320	2132	Specialist, systems
869	8133	Sorter (*glass mfr*)	362	3535	Specialist, taxation
863	8134	Sorter (*incandescent mantle mfr*)	*320*	3131	Specialist, technology, information
863	8134	Sorter (*laundry, launderette, dry cleaning*)	*302*	3112	Specialist, telecommunications
			699	6292	Specialist, woodworm
863	8134	Sorter (*metal trades*)	*710*	3542	Specialist (*animal feeds mfr*)
863	8134	Sorter (*mine: not coal*)	300	3111	Spectrographer
861	8133	Sorter (*paper goods mfr*)	200	2113	Spectroscopist
861	8133	Sorter (*paper mfr*)	*380*	3412	Speechwriter
941	9211	Sorter (*parcels delivery service*)	814	8113	Speeder, machine, braiding
940	9211	Sorter (*PO*)	809	8111	Speeter (*fish curing*)
861	8133	Sorter (*printing*)	535	5311	Spiderman
863	8134	Sorter (*seed merchants*)	553	8137	Spiler (*textile mfr*)
863	8134	Sorter (*stick mfr*)	886	8221	Spillager (*coal mine*)
863	8134	Sorter (*sugar, sugar confectionery mfr*)	813	8113	Spindler, ribbon
			826	8114	Spinner, acetate
863	8134	Sorter (*tannery*)	812	8113	Spinner, asbestos
863	8134	Sorter (*textile mfr*)	812	8113	Spinner, cap
863	8134	Sorter (*waste merchants*)	599	8119	Spinner, concrete
863	8134	Sorter (*wholesale fish trade*)	814	8113	Spinner, cord
863	8134	Sorter and grader (*canvas goods mfr*)	812	8113	Spinner, crimp
863	8134	Sorter and packer	812	8113	Spinner, doffer, self
941	9211	Sorter-loader (*parcels delivery service*)	812	8113	Spinner, fibreglass
			812	8113	Spinner, fly
889	8219	Sounder, survey	812	8113	Spinner, frame
386	3434	Soundman	814	8113	Spinner, fuse, safety
220	2211	Specialist, associate (*hospital service*)	812	8113	Spinner, gill
661	6222	Specialist, beauty	550	5411	Spinner, gimp
507	5323	Specialist, ceiling	829	8119	Spinner, gut
710	3542	Specialist, computer (sales)	812	8113	Spinner, mule
220	2211	Specialist, ear, nose and throat	826	8114	Spinner, nylon
506	5322	Specialist, flooring	812	8113	Spinner, paper (*cellulose film mfr*)
516	5223	Specialist, manufacturing (*motor vehicle mfr*)	599	8119	Spinner, pipe (*cast concrete products mfr*)
121	3543	Specialist, marketing	839	8117	Spinner, pipe (*iron, steel tube mfr*)
340	3211	Specialist, nurse, clinical	826	8114	Spinner, polyester
364	3539	Specialist, o and m	829	8119	Spinner, pot (*carborundum mfr*)
364	3539	Specialist, organisation and methods	826	8114	Spinner, rayon
			812	8113	Spinner, ring
650	6123	Specialist, play, hospital	814	8113	Spinner, rope
		Specialist, product (maintenance) - see Technician ( )	826	8114	Spinner, silk, artificial
			590	5491	Spinner, silk, glass
121	3543	Specialist, product (marketing)	812	8113	Spinner, silk
710	3542	Specialist, product	809	8111	Spinner, sugar
850	8131	Specialist, production (*electrical, electronic equipment mfr*)	812	8113	Spinner, thread (metal)
			814	8113	Spinner, twine
		Specialist, products (maintenance) - see Technician ( )	826	8114	Spinner, viscose
			899	8129	Spinner, wire
121	3543	Specialist, products (marketing)	519	5221	Spinner (metal)

SOC 1990	SOC 2000		SOC 1990	SOC 2000	
812	**8113**	Spinner (textiles)	569	**5423**	Spotter (*printing*)
899	**8129**	Spinner (*electric cable mfr*)	861	**8133**	Spotter (*textile finishing*)
829	**8119**	Spinner (*gut processing*)	889	**8122**	Spragger (*coal mine*)
814	**8113**	Spinner (*mining, safety fuse mfr*)	591	**5491**	Sprayer, aerograph (ceramics)
812	**8113**	Spinner (*paper twine mfr*)	901	**8223**	Sprayer, agricultural
809	**8111**	Spinner (*sugar, glucose mfr*)	599	**8119**	Sprayer, asbestos
826	**8114**	Spinner (*textile mfr: man-made fibre mfr*)	*596*	**5234**	Sprayer, body
			507	**5323**	Sprayer, bridge
812	**8113**	Spinner (*textile mfr*)	*507*	**5323**	Sprayer, buildings
802	**8111**	Spinner (*tobacco mfr*)	591	**5491**	Sprayer, cellulose (*ceramics mfr*)
899	**8129**	Spinner (*wire rope, cable mfr*)	*571*	**5492**	Sprayer, cellulose (*furniture mfr*)
899	**8129**	Spiraller, filament	596	**5234**	Sprayer, cellulose (*vehicle trades*)
292	**2444**	Spiritualist	*834*	**8118**	Sprayer, coat, powder
569	**5423**	Splicer, film	591	**5491**	Sprayer, colour (*ceramics mfr*)
505	**8141**	Splicer, rope (*coal mine*)	596	**5491**	Sprayer, colour (*glass mfr*)
505	**8141**	Splicer, rope (*steel mfr*)	839	**8117**	Sprayer, copper
814	**8113**	Splicer, rope	160	**5111**	Sprayer, crop
579	**5492**	Splicer, veneer	591	**5491**	Sprayer, enamel (*ceramics mfr*)
505	**8141**	Splicer, wire	591	**5491**	Sprayer, glaze
814	**8113**	Splicer, yarn	896	**8149**	Sprayer, insulation
505	**8141**	Splicer (rope, wire)	596	**8114**	Sprayer, leather
814	**8113**	Splicer (rope)	839	**8117**	Sprayer, lime (*iron and steelworks*)
814	**8113**	Splicer (textile cords, etc)	834	**8118**	Sprayer, metal
505	**8141**	Splicer (*coal mine*)	*596*	**5234**	Sprayer, paint, car
814	**8113**	Splicer (*textile mfr*)	*596*	**5234**	Sprayer, paint, vehicle
824	**8115**	Splicer (*tyre mfr*)	*571*	**5492**	Sprayer, paint (*furniture mfr*)
919	**9139**	Splitter, bale (*rubber goods mfr*)	*596*	**5234**	Sprayer, paint (*vehicle trades*)
814	**8113**	Splitter, cloth	596	**5499**	Sprayer, paint
582	**5433**	Splitter, fish	*507*	**5323**	Sprayer, ship
530	**5211**	Splitter, fork (*digging fork mfr*)	552	**8113**	Sprayer, steam
829	**8119**	Splitter, gut	885	**8229**	Sprayer, tar
810	**8114**	Splitter, hide	*824*	**8115**	Sprayer, tyre
829	**8114**	Splitter, mica	901	**8223**	Sprayer (*agricultural contracting*)
810	**8114**	Splitter, skin	591	**5491**	Sprayer (*ceramics mfr*)
500	**5312**	Splitter, slate	*834*	**8118**	Sprayer (*electroplating*)
829	**8119**	Splitter (*gut dressing*)	*571*	**5492**	Sprayer (*furniture mfr*)
810	**8114**	Splitter (*leather dressing*)	896	**8149**	Sprayer (*insulation contracting*)
500	**5312**	Splitter (*mine: not coal: above ground*)	590	**5491**	Sprayer (*lamp, valve mfr*)
			552	**8113**	Sprayer (*textile finishing*)
898	**8123**	Splitter (*mine: not coal: below ground*)	*596*	**5234**	Sprayer (*vehicle trades*)
			699	**6292**	Sprayer (*wood preservation service*)
829	**8115**	Splitter (*rubber reclamation*)	506	**5322**	Spreader, asphalt, mastic
814	**8113**	Splitter (*textile mfr*)	923	**8142**	Spreader, asphalt
802	**8111**	Splitter (*tobacco mfr*)	*919*	**9139**	Spreader, colour
590	**5491**	Sponger (*ceramics mfr*)	821	**8121**	Spreader, glue (*abrasive paper, cloth mfr*)
590	**5491**	Sponger of clayware			
899	**8129**	Spooler, wire	506	**5322**	Spreader, lay, cold
569	**8121**	Spooler (*paper goods mfr*)	814	**8113**	Spreader, plaster
569	**5423**	Spooler (*photographic film mfr*)	814	**8113**	Spreader, rubber (*textile mfr*)
552	**8113**	Spooler (*textile mfr: carpet, rug mfr*)	824	**8115**	Spreader, rubber
814	**8113**	Spooler (*textile mfr: lace mfr*)	923	**8142**	Spreader, tar
813	**8113**	Spooler (*textile mfr*)	929	**9129**	Spreader (*building and contracting*)
387	**3441**	Sportsman, professional			
869	**8139**	Spotter (*artificial flower mfr*)	809	**8111**	Spreader (*food products mfr*)
569	**5423**	Spotter (*film processing*)	829	**8116**	Spreader (*laminated plastics mfr*)
555	**5413**	Spotter (*footwear mfr*)	814	**8113**	Spreader (*leathercloth mfr*)
814	**8113**	Spotter (*lace mfr*)	829	**8119**	Spreader (*linoleum mfr*)
673	**9234**	Spotter (*laundry, launderette, dry cleaning*)	824	**8115**	Spreader (*rubber mfr*)
			814	**8113**	Spreader (*surgical dressing mfr*)

SOC 1990	SOC 2000	
811	8113	Spreader (*textile mfr: flax, hemp mfr*)
814	8113	Spreader (*textile mfr*)
802	8111	Spreader (*tobacco mfr*)
516	5223	Springer, carriage
552	8113	Springer, heald
851	8132	Springer, umbrella
899	8129	Springer (*needle mfr*)
552	8113	Springer (*textile mfr*)
839	8117	Springer (*tube mfr*)
859	8139	Springer-in (spectacles)
150	1171	Squadron-Leader
555	5413	Squarer-up
552	8114	Squeezer (*textile bleaching, dyeing*)
839	8117	Squirter, lead (*cartridge mfr*)
902	6139	Stableman
954	9251	Stacker, shelf
954	*9251*	Stacker (shelf filling)
889	9139	Stacker
441	9149	Stacker and packer
887	8222	Stacker-driver
622	9225	Staff, bar
931	8218	Staff, ground (*airport*)
889	8219	Stageman, landing
505	8141	Stager (*shipbuilding*)
869	8139	Stainer, boot
869	8139	Stainer, edge (*footwear mfr*)
869	8139	Stainer, leather
821	8121	Stainer, paper
869	8139	Stainer, shoe
507	5323	Stainer, wood
507	5323	Stainer (*furniture mfr*)
591	5491	Stainer (*glass mfr*)
869	8139	Stainer (*leather goods mfr*)
507	5323	Stainer (*tobacco pipe mfr*)
930	9141	Staithman
810	8114	Staker (*leather dressing*)
569	9133	Stamper, box
530	5211	Stamper, brass, hot
841	8125	Stamper, brass
569	9133	Stamper, brush
569	9133	Stamper, bulb, electric
814	8113	Stamper, card (*textile mfr*)
569	9133	Stamper, cloth
841	8125	Stamper, cold
569	9133	Stamper, collar
569	9133	Stamper, die (*printing*)
841	8125	Stamper, die
530	5211	Stamper, drop, hot
530	5211	Stamper, drop (*forging*)
841	8125	Stamper, drop (*sheet metal goods mfr*)
569	9133	Stamper, gold (*ceramics mfr*)
569	9133	Stamper, gold (*footwear mfr*)
569	9133	Stamper, gold (*hat mfr*)
841	8125	Stamper, gold (*jewellery, plate mfr*)
530	5211	Stamper, hammer
841	8125	Stamper, hollow-ware
530	5211	Stamper, hot
839	8117	Stamper, ingot
530	5211	Stamper, metal, hot
530	5211	Stamper, metal (*forging*)
841	8125	Stamper, metal
569	9133	Stamper, pattern (*ceramics mfr*)
569	9133	Stamper, pattern (*paper pattern mfr*)
569	9133	Stamper, printer's
569	9133	Stamper, relief
824	8115	Stamper, rubber (*rubber goods mfr*)
841	8125	Stamper, silver
569	9133	Stamper, size
569	9133	Stamper, soap
569	9133	Stamper, sock
530	5211	Stamper, tool, edge
839	8117	Stamper (*Assay Office*)
569	9133	Stamper (*ceramics mfr*)
569	9133	Stamper (*footwear mfr*)
400	4112	Stamper (*Inland Revenue*)
530	5211	Stamper (*metal trades: forging*)
530	5211	Stamper (*metal trades: galvanised sheet mfr*)
530	5211	Stamper (*metal trades: rolling mill*)
530	5211	Stamper (*metal trades: tube fittings mfr*)
841	8125	Stamper (*metal trades*)
890	8123	Stamper (*mine: not coal*)
569	9133	Stamper (*paper goods mfr*)
940	9211	Stamper (*PO*)
569	9133	Stamper (*tannery*)
569	9133	Stamper (*textile mfr*)
859	8139	Stapler, box (*cardboard box mfr*)
859	8139	Stapler, slipper
552	8113	Stapler, wool (*textile mfr*)
851	8132	Stapler (*bedding mfr*)
859	8139	Stapler (*footwear mfr*)
859	8139	Stapler (*leather goods mfr*)
673	9234	Starcher (*laundry, launderette, dry cleaning*)
552	8114	Starcher (*textile finishing*)
559	5419	Starrer
699	9229	Starter, golf
569	5422	Stationer (*paper goods mfr*)
569	S 9133	Stationer (*printing warehouse: Scotland*)
179	1234	Stationer
561	5422	Stationer and printer
631	6215	Stationman, railway
140	1161	Stationmaster
252	2423	Statistician
839	8117	Staver (*tube mfr*)
569	8121	Stayer (*cardboard box mfr*)
559	5419	Steamer, hat
829	8119	Steamer, pipe, spun
552	8113	Steamer, silk
673	9234	Steamer (*dyeing and cleaning*)
559	5419	Steamer (*felt hat mfr*)
552	8113	Steamer (*straw hat mfr*)
552	8113	Steamer (*textile finishing*)
534	5214	Steelworker (*shipbuilding*)
535	5311	Steelworker (*structural engineering*)

SOC 1990	SOC 2000	
912	9139	Steelworker
809	8111	Steephouseman (*starch mfr*)
505	5319	Steeplejack
505	5319	Steeplepeter
809	8111	Steepsman (*starch mfr*)
880	8217	Steerer (*boat, barge*)
889	8219	Steersman, bridge
880	8217	Steersman
802	8111	Stemmer, leaf
597	8122	Stemmer (*coal mine*)
802	8111	Stemmer (*tobacco mfr*)
859	8139	Stemmer and waxer (*battery carbon mfr*)
591	5491	Stenciller, aerographing (*ceramics mfr*)
869	8139	Stenciller, box
559	5419	Stenciller (*art needlework mfr*)
869	8139	Stenciller
452	4217	Stenographer
552	8113	Stenter
552	8113	Stenterer
560	5421	Stereographer
560	5421	Stereotyper
809	8111	Steriliser, milk
809	8111	Steriliser (*canned foods mfr*)
641	6111	Steriliser (*hospital service*)
552	8113	Steriliser (*surgical dressing mfr*)
958	9233	Steriliser (*telephone sterilising service*)
552	8113	Steriliser (*textile mfr*)
142	S 9141	Stevedore, superintendent
930	9141	Stevedore
630	6214	Steward, air
630	6214	Steward, aircraft
630	6214	Steward, airline
622	9225	Steward, bar
630	6214	Steward, cabin (*airlines*)
630	6219	Steward, cabin (*shipping*)
621	9224	Steward, canteen
621	9224	Steward, car, dining
621	9224	Steward, catering
630	S 6214	Steward, chief (*airlines*)
175	1224	Steward, chief (*club*)
621	S 9224	Steward, chief (*railways*)
630	S 6219	Steward, chief (*shipping*)
621	S 9224	Steward, chief
175	1224	Steward, club
173	1221	Steward, college
699	9226	Steward, concert
160	5111	Steward, estate
160	5111	Steward, farm
672	6114	Steward, flats
630	6214	Steward, flight
699	9226	Steward, ground, sports
630	6214	Steward, ground
173	1221	Steward, hostel
958	9233	Steward, house
953	S 9223	Steward, kitchen
621	9224	Steward, mess

SOC 1990	SOC 2000	
621	9224	Steward, messroom
630	6214	Steward, officer's
952	9223	Steward, pantry
955	9245	Steward, park, car
959	9229	Steward, room, billiard
630	6219	Steward, saloon (*shipping*)
190	4114	Steward, shop
441	9149	Steward, shore
621	9224	Steward, wine
621	9224	Steward (*catering*)
387	3442	Steward (*horse racing*)
630	6214	Steward (*airlines*)
621	9224	Steward (*canteen*)
175	1224	Steward (*club*)
173	1221	Steward (*communal establishment*)
175	1224	Steward (*community centre*)
621	9224	Steward (*naval shore establishment*)
387	3442	Steward (*race course*)
621	9224	Steward (*railways*)
672	6114	Steward (*service flats*)
621	9224	Steward (*shipping: catering*)
630	6219	Steward (*shipping*)
621	9224	Steward (*university: catering*)
990	6231	Steward (*university*)
175	1224	Steward (*working men's institute*)
630	6219	Steward
959	9259	Sticker, bill
862	9134	Sticker, cloth (*needle mfr*)
859	8139	Sticker, feather
591	5491	Sticker, junction (*ceramics mfr*)
862	9134	Sticker, label
859	8139	Sticker, leaf (*artificial flower mfr*)
859	8139	Sticker, pattern (*paper pattern mfr*)
582	5433	Sticker, poultry
590	5491	Sticker, punty
555	8139	Sticker, sole
559	5419	Sticker (*clothing mfr*)
555	8139	Sticker (*footwear mfr*)
862	9134	Sticker (*needle mfr*)
581	5431	Sticker (*slaughterhouse*)
859	8139	Sticker-up (*ceramics mfr*)
552	8113	Stiffener, hat, straw
859	8139	Stiffener (*footwear mfr*)
862	9134	Stitcher, bale
555	5413	Stitcher, ball, cricket
553	8137	Stitcher, ball, tennis
859	8139	Stitcher, box
859	8139	Stitcher, carton
555	5413	Stitcher, collar
555	5413	Stitcher, football
555	5413	Stitcher, glove, boxing
553	8137	Stitcher, hem
555	5413	Stitcher, leather
555	5413	Stitcher, lock (*slipper mfr*)
553	8137	Stitcher, lock
554	5412	Stitcher, mattress
555	5413	Stitcher, rapid
555	5413	Stitcher, wire (*leather goods mfr*)
859	8139	Stitcher, wire (*paper goods mfr*)

SOC 1990	SOC 2000	
562	5423	Stitcher (*bookbinding*)
555	5413	Stitcher (*footwear mfr*)
553	8137	Stitcher (*hosiery, knitwear mfr*)
555	5413	Stitcher (*leather goods mfr*)
859	8139	Stitcher (*paper goods mfr*)
562	5423	Stitcher (*printing*)
899	8129	Stitcher (*wire goods mfr*)
553	8137	Stitcher
361	3532	Stockbroker
954	9251	Stocker, shelf
555	5413	Stocker, whip
579	5492	Stocker (*gun mfr*)
912	9139	Stocker (*steel mfr*)
441	9149	Stocker (*tinplate mfr*)
889	9139	Stocker-up
179	1234	Stockholder, steel
551	5411	Stockinger
954	9251	Stockist (shelf filling)
900	9111	Stockman (*farming*)
889	9139	Stockman (*manufacturing: blast furnace*)
810	8114	Stockman (*manufacturing: leather dressing*)
889	9139	Stockman (*manufacturing: rolling mill*)
441	9149	Stockman (*manufacturing*)
900	9111	Stocksman (*farming*)
810	8114	Stocksman
440	S 4133	Stocktaker, chief (*steelworks*)
441	9149	Stocktaker (*rolling mill*)
441	S 9149	Stocktaker (*steel smelting*)
410	4133	Stocktaker
893	8124	Stoker, boiler
999	9131	Stoker, destructor
880	8217	Stoker, drifter
880	8217	Stoker, engine (*boat, barge*)
882	8216	Stoker, engine (*railways*)
880	8217	Stoker, engine (*shipping*)
893	8124	Stoker, engine
823	8112	Stoker, furnace (*ceramics mfr*)
830	8117	Stoker, furnace (*metal mfr*)
893	8124	Stoker, furnace
820	8114	Stoker, gas
823	8112	Stoker, kiln, brick
829	8119	Stoker, kiln, lime
893	S 8124	Stoker, leading
820	8114	Stoker, plant, gas
893	8124	Stoker, pressure, high
820	8114	Stoker, retort (*coal gas production*)
820	8114	Stoker (*coal gas, coke ovens*)
880	8217	Stoker (*fishing*)
823	8112	Stoker (*glass mfr*)
830	8117	Stoker (*metal mfr*)
830	8117	Stoker (*shipbuilding*)
880	8217	Stoker (*shipping*)
893	8124	Stoker
893	8124	Stoker-cleaner
893	8124	Stoker-engineer
880	8217	Stoker-mechanic (*shipping*)
893	8124	Stoker-mechanic
893	8124	Stoker-porter
597	8122	Stoneman (*coal mine*)
500	5312	Stoneman (*stone dressing*)
591	5491	Stopper, glaze
591	5491	Stopper (*ceramics mfr*)
931	9149	Storehand
441	9149	Storehouseman
441	S 9149	Storeman, chief
441	S 9149	Storeman, head
441	9149	Storeman, ordnance
441	9149	Storeman
441	9149	Storeman-clerk
441	9149	Storeman-driver
441	9149	Storer
441	9149	Storesman
441	9149	Storesperson
441	S 9149	Storewoman, superintendent (*PO*)
		Stoveman - *see* Stover ( )
829	8114	Stover, seasoning
809	8111	Stover (*bacon, ham, meat curing*)
830	8117	Stover (*blast furnace*)
809	8111	Stover (*food products mfr*)
552	8113	Stover (*hat mfr*)
839	8117	Stover (*iron foundry*)
810	8114	Stover (*leather dressing*)
809	8111	Stover (*starch mfr*)
552	8113	Stover (*textile mfr*)
802	8111	Stover (*tobacco mfr*)
829	8119	Stover
889	9139	Stower, cake
889	9139	Stower, cement
889	8122	Stower, coal
597	8122	Stower, power
930	9141	Stower, ship
597	8122	Stower (*coal mine*)
889	9139	Stower (*grain milling*)
631	8216	Stower (*railways*)
530	5211	Straightener, axle
839	8117	Straightener, bar
899	8129	Straightener, barrel
516	5223	Straightener, carriage (*textile machinery mfr*)
899	8129	Straightener, comb
839	8117	Straightener, drill
899	8129	Straightener, hard (*needle mfr*)
839	8117	Straightener, iron
839	8117	Straightener, mills, rod
899	8129	Straightener, plate, iron
899	8129	Straightener, plate, saw
839	8117	Straightener, plate
899	8129	Straightener, prop (*coal mine*)
839	8117	Straightener, rail
839	8117	Straightener, roller
839	8117	Straightener, section
839	8117	Straightener, shaft, crank
899	8129	Straightener, steel (*coal mine*)
839	8117	Straightener, steel
839	8117	Straightener, tube

SOC 1990	SOC 2000		SOC 1990	SOC 2000	
899	8129	Straightener, wire	516	5223	Stripper, boiler, locomotive
861	8133	Straightener, yarn	516	5223	Stripper, brake
899	8129	Straightener (*coal mine*)	869	8139	Stripper, cable
839	8117	Straightener (*metal mfr*)	540	5231	Stripper, car
899	8129	Straightener (*needle mfr*)	899	8129	Stripper, card
533	5213	Straightener (*sheet metal working*)	569	8121	Stripper, cardboard
516	5223	Straightener (*textile machinery mfr*)	516	5223	Stripper, carriage and wagon
811	8113	Straightener (*textile mfr: flax, hemp mfr*)	569	8121	Stripper, carton
			811	8113	Stripper, cloth
552	8113	Straightener (*textile mfr: hosiery mfr*)	814	8113	Stripper, cop
861	8133	Straightener (*textile mfr*)	902	6139	Stripper, dog
533	5213	Straightener (*vehicle mfr*)	516	5223	Stripper, engine
899	8129	Straightener (*wire mfr*)	899	8129	Stripper, file
820	8114	Strainer (*chemical mfr*)	569	8114	Stripper, film
829	8114	Strainer (*paint mfr*)	919	9139	Stripper, frame
810	8114	Strainer (*tannery*)	*869*	8119	Stripper, furniture
829	8114	Strainer (*textile printing*)	839	8117	Stripper, gold
821	8121	Strainerman (*paper mfr*)	839	8117	Stripper, ingot
899	8129	Strander, wire	555	5413	Stripper, lace, leather
899	8129	Strander (*cable mfr*)	802	8111	Stripper, leaf
814	8113	Strander (*rope, twine mfr*)	809	8111	Stripper, liquorice
899	8129	Strander (*wire rope, cable mfr*)	516	5223	Stripper, locomotive
553	8137	Strapper (*corset mfr*)	540	5231	Stripper, motor
889	9139	Strapper (*textile mfr*)	869	8139	Stripper, paint, vehicle (*vehicle mfr*)
364	3539	Strategist	569	8121	Stripper, paper
202	2113	Stratigrapher	*869*	8119	Stripper, pine
552	8113	Stretcher, clip (*textile mfr*)	814	8113	Stripper, pirn
552	8113	Stretcher, dry (*textile mfr*)	869	8139	Stripper, polish
839	8117	Stretcher, tube	811	8113	Stripper, rag
552	8113	Stretcher, yarn	824	8115	Stripper, rubber
839	8117	Stretcher (*metal mfr*)	839	8117	Stripper, silver
810	8114	Stretcher (*tannery*)	516	5223	Stripper, spring
552	8113	Stretcher (*textile mfr*)	800	8111	Stripper, tin (*biscuit mfr*)
839	8117	Striker, anvil	824	8115	Stripper, tyre
889	8122	Striker, catch (*coal mine*)	814	8113	Stripper, wool
839	8117	Striker, chain	814	8113	Stripper, yarn
829	8114	Striker, colour	919	9139	Stripper (*candle mfr*)
839	8117	Striker, forge	591	5491	Stripper (*cast stone products mfr*)
839	8117	Striker, forger's	919	9139	Stripper (*ceramics mfr*)
839	8117	Striker, iron	597	8122	Stripper (*coal mine*)
839	8117	Striker, smith's	834	8118	Stripper (*metal trades: electroplating*)
839	8117	Striker, wheel			
839	8117	Striker (*coal mine*)	830	8117	Stripper (*metal trades: gold refining*)
839	8117	Striker (*metal trades*)	831	8117	Stripper (*metal trades: wire drawing*)
839	8117	Striker (*railways*)	843	8125	Stripper (*metal trades*)
810	8114	Striker-out	898	8123	Stripper (*mine: not coal*)
859	8139	Stringer, bag, paper	569	8121	Stripper (*paper goods mfr*)
859	8139	Stringer, bead	560	5421	Stripper (*process engraving*)
859	8139	Stringer, pearl	516	5223	Stripper (*railway workshops*)
599	5499	Stringer, racquet	814	8113	Stripper (*textile mfr*)
555	5413	Stringer (*footwear mfr*)	802	8111	Stripper (*tobacco mfr*)
593	5494	Stringer (*piano, organ mfr*)	814	8113	Stripper and buncher
825	8116	Stringer (*plastics goods mfr*)	899	8129	Stripper and grinder
859	8139	Stringer (*printing*)	820	8114	Stripper and setter (*soap, detergent mfr*)
599	5499	Stringer (*sports goods mfr*)			
810	8114	Striper (*fur dressing*)	919	9139	Stripper-assembler (*cast concrete products mfr*)
896	8149	Stripper, asbestos			
800	8111	Stripper, biscuit	899	8129	Stubber
814	8113	Stripper, bobbin	859	8139	Studder (*clothing mfr*)

SOC 1990	SOC 2000	
		Student - *see notes*
902	6139	Studhand
559	5419	Stuffer, chair
559	5419	Stuffer, cushion
559	5419	Stuffer (*mattress, upholstery mfr*)
863	8134	Stuffer (*textile bleaching, dyeing*)
559	5419	Stuffer (*toy mfr*)
814	8113	Stumper
581	5431	Stunner
382	3422	Stylist, colour (*vehicle mfr*)
791	7125	Stylist, film
660	6221	Stylist, hair
791	7125	Stylist, photographic
660	6221	Stylist (*hairdressing*)
382	3422	Stylist (*vehicle mfr*)
111	1122	Sub-agent (*building and construction*)
		Sub-contractor - *see* Contractor
380	3431	Sub-editor
		Sub-foreman - *see* Foreman ( )
		Sub-ganger - *see* Ganger ( )
152	1172	Sub-inspector (*MOD*)
922	8143	Sub-inspector (*railways: engineering*)
881	S 8216	Sub-inspector (*railways*)
		Sub-inspector - *see also* Inspector ( )
150	1171	Sub-Lieutenant
611	S 3313	Sub-officer (*fire service*)
131	1151	Sub-postmaster
810	8114	Sueder
597	8122	Sumper
410	S 4132	Superintendent, administrative (*insurance*)
140	S 8218	Superintendent, airport
699	6291	Superintendent, assistant (*cemetery, crematorium*)
		Superintendent, assistant - *see also* Superintendent ( )
699	S 9229	Superintendent, bath (*coal mine*)
176	S 9229	Superintendent, bath
699	S 9229	Superintendent, baths (*coal mine*)
176	S 9229	Superintendent, baths
113	5314	Superintendent, board, gas
719	3531	Superintendent, branch (*insurance*)
672	6232	Superintendent, building
142	S 4133	Superintendent, cargo
152	1172	Superintendent, chief (*police service*)
361	3531	Superintendent, claims
199	S 9235	Superintendent, cleansing (*local government*)
		Superintendent, departmental - *see* Manager ( )
140	S 8219	Superintendent, depot (*transport*)
142	S 4133	Superintendent, depot
113	8149	Superintendent, distribution (*gas supplier*)
113	S 8126	Superintendent, distribution (*water works*)

SOC 1990	SOC 2000	
730	7121	Superintendent, district (*clothing club*)
113	8149	Superintendent, district (*gas supplier*)
719	3531	Superintendent, district (*insurance*)
140	S 8219	Superintendent, district (*transport*)
140	S 8219	Superintendent, divisional (*railways*)
113	S 8123	Superintendent, drilling
113	8124	Superintendent, electrical (*electricity supplier*)
212	2123	Superintendent, electrical (*MOD*)
110	S 5241	Superintendent, electrical
110	S 8125	Superintendent, engineering
111	5319	Superintendent, estate
		Superintendent, factory - *see* Foreman ( )
719	3531	Superintendent, fire (*insurance*)
153	1173	Superintendent, fire
140	S 4134	Superintendent, flight
720	S 7111	Superintendent, floor (*department store*)
103	3561	Superintendent, grain (*MAFF*)
672	S 6232	Superintendent, hall, town
401	4113	Superintendent, highways (*local government*)
923	8142	Superintendent, highways
893	S 8124	Superintendent, house, boiler
672	6232	Superintendent, house, nos
113	8124	Superintendent, house, turbine (*electricity supplier*)
719	3531	Superintendent, insurance
620	S 5434	Superintendent, kitchen (*hospital service*)
673	S 9234	Superintendent, laundry (*hospital service*)
113	S 8149	Superintendent, mains
516	5223	Superintendent, maintenance (*manufacturing*)
896	S 8149	Superintendent, maintenance
140	S 8219	Superintendent, marine
199	1239	Superintendent, market
121	3543	Superintendent, marketing
220	2211	Superintendent, medical
212	2123	Superintendent, meter (*electricity supplier*)
719	3531	Superintendent, motor (*insurance*)
340	S 3211	Superintendent, night (*hospital service*)
139	S 4150	Superintendent, office
140	S 8219	Superintendent, operations (*transport*)
176	S 5113	Superintendent, park
332	3513	Superintendent, pilot
110	S 8114	Superintendent, plant (*refinery*)
820	S 8114	Superintendent, platform (*coal tar distillers*)
113	S 8124	Superintendent, power
170	6232	Superintendent, precinct

SOC 1990	SOC 2000	
		Superintendent, process - *see* Foreman
217	**2127**	Superintendent, production (*MOD*)
		Superintendent, production - *see also* Foreman ( )
420	**S 4133**	Superintendent, progress
139	**S 4142**	Superintendent, radio (*PO*)
699	**9226**	Superintendent, range
110	**S 8114**	Superintendent, refinery
401	**S 4113**	Superintendent, rents (*local government*)
896	**S 8149**	Superintendent, repairs
619	**S 3319**	Superintendent, rescue (*coal mine*)
929	**9129**	Superintendent, reservoir
199	**4142**	Superintendent, room, ambulance
121	**3542**	Superintendent, sales
199	**S 9235**	Superintendent, sanitary
672	**6232**	Superintendent, school
430	**7212**	Superintendent, services, customer
		Superintendent, shift - *see* Foreman ( )
140	**S 4134**	Superintendent, shipping
		Superintendent, shop (*manufacturing*) - *see* Foreman ( )
363	**3562**	Superintendent, staff
113	**S 8124**	Superintendent, station, power
619	**S 3319**	Superintendent, station, rescue
140	**S 6214**	Superintendent, station (*airline*)
141	**S 4133**	Superintendent, store
141	**S 4133**	Superintendent, stores
141	**S 4133**	Superintendent, supplies, chief (*PO*)
441	**S 4133**	Superintendent, supplies (*PO*)
		Superintendent, technical - *see* Foreman ( )
139	**S 4142**	Superintendent, telecommunications
139	**S 4142**	Superintendent, traffic, telecommunications
140	**S 8219**	Superintendent, traffic
140	**S 8219**	Superintendent, transport
452	**S 4217**	Superintendent, typing
452	**S 4217**	Superintendent, typist's
142	**S 4133**	Superintendent, warehouse
371	**3232**	Superintendent, welfare
113	**S 8114**	Superintendent, works, gas
113	**S 8126**	Superintendent, works, water
111	**S 8149**	Superintendent, works (*building and contracting*)
113	**S 8124**	Superintendent, works (*electricity supplier*)
113	**S 8114**	Superintendent, works (*gas supplier*)
111	**S 8149**	Superintendent, works (*local government*)
113	**S 8216**	Superintendent, works (*water company*)
		Superintendent, works - *see* Foreman ( )
		Superintendent, workshop - *see* Foreman ( )
391	**3563**	Superintendent (apprenticeship)

SOC 1990	SOC 2000	
300	**S 3111**	Superintendent (laboratory)
672	**6232**	Superintendent (residential buildings)
710	**3542**	Superintendent (sales force)
199	**1173**	Superintendent (*ambulance service*)
110	**S 5432**	Superintendent (*bakery*)
131	**S 4122**	Superintendent (*banking*)
176	**S 9229**	Superintendent (*baths*)
110	**S 5432**	Superintendent (*biscuit mfr*)
111	**S 8149**	Superintendent (*building and contracting*)
174	**S 5434**	Superintendent (*catering*)
199	**6291**	Superintendent (*cemetery, crematorium*)
370	**6114**	Superintendent (*children's home*)
730	**7121**	Superintendent (*clothing club*)
370	**6114**	Superintendent (*communal establishment*)
155	**1173**	Superintendent (*Customs and Excise*)
140	**S 8219**	Superintendent (*docks*)
173	**S 6231**	Superintendent (*domestic services*)
113	**S 8124**	Superintendent (*electricity supplier*)
111	**S 8149**	Superintendent (*engineering: civil*)
111	**S 8149**	Superintendent (*engineering: structural*)
110	**S 8125**	Superintendent (*engineering*)
110	**S 5432**	Superintendent (*flour confectionery mfr*)
171	**S 5231**	Superintendent (*garage*)
113	**S 8114**	Superintendent (*gas supplier*)
199	**1181**	Superintendent (*hospital service*)
719	**3531**	Superintendent (*insurance*)
103	**3561**	Superintendent (*Land Registry*)
270	**2451**	Superintendent (*library*)
111	**S 8142**	Superintendent (*local government: highways dept*)
110	**S 5223**	Superintendent (*metal trades*)
260	**2431**	Superintendent (*MOD (Air) designs office*)
199	**4114**	Superintendent (*motoring organisation*)
202	**2113**	Superintendent (*National Physical Laboratory*)
340	**3211**	Superintendent (*nursing association*)
370	**6114**	Superintendent (*old people's home*)
176	**S 9241**	Superintendent (*park*)
140	**S 8219**	Superintendent (*passenger transport*)
131	**S 4122**	Superintendent (*PO*)
152	**1172**	Superintendent (*police service*)
154	**1173**	Superintendent (*prison service*)
140	**S 8219**	Superintendent (*railways*)
720	**S 7111**	Superintendent (*retail trade*)
110	**S 5495**	Superintendent (*Royal Mint*)
395	**3566**	Superintendent (*RSPCA*)
153	**1173**	Superintendent (*salvage corps*)
142	**S 4133**	Superintendent (*storage*)
113	**S 8216**	Superintendent (*water company*)

SOC 1990	SOC 2000	
150	1171	Superintendent (*WRNS*)
730	7121	Superintendent of canvassers
332	3513	Superintendent of pilots
132	4111	Superintendent of Stamping (1st Class)
111	S 8149	Superintendent of works
292	2444	Superior, lady
292	2444	Superior, mother
123	3543	Supervisor, account (*advertising*)
410	4122	Supervisor, accounting
410	4122	Supervisor, accounts
430	4150	Supervisor, administration
391	3563	Supervisor, apprenticeship
896	S 8149	Supervisor, area (*building and contracting*)
532	S 5314	Supervisor, area (*gas supplier*)
883	S 8216	Supervisor, area (*railway signalling*)
710	3542	Supervisor, area
410	4122	Supervisor, audit
411	S 4123	Supervisor, banking
174	3539	Supervisor, banqueting
622	S 9225	Supervisor, bar
958	S 9233	Supervisor, bedroom
896	S 8149	Supervisor, building
581	5431	Supervisor, butchery
953	S 9223	Supervisor, canteen
371	3232	Supervisor, care, day
644	6115	Supervisor, care
441	4134	Supervisor, cargo
721	7112	Supervisor, cash (*retail trade*)
953	S 9223	Supervisor, catering
430	S 7211	Supervisor, centre, call
371	3232	Supervisor, centre, day
699	6211	Supervisor, centre, leisure
720	S 7111	Supervisor, centre, service (*electricity supplier*)
699	6211	Supervisor, centre, sports
420	6212	Supervisor, centre, travel, airline
721	7112	Supervisor, check-out
199	9211	Supervisor, chief, senior (*PO*)
199	5242	Supervisor, chief, senior (*telecommunications*)
462	4141	Supervisor, chief (*PO*)
462	4142	Supervisor, chief (*telecommunications*)
659	9244	Supervisor, children's
411	S 4123	Supervisor, claims
958	S 9233	Supervisor, cleaning
430	S 4150	Supervisor, clerical
420	4131	Supervisor, coding, clinical
410	S 4122	Supervisor, commercial
463	S 4142	Supervisor, communications (*air transport*)
111	8149	Supervisor, contract (*building and contracting*)
111	8149	Supervisor, contracts (*building and contracting*)
490	4136	Supervisor, control, computer

SOC 1990	SOC 2000	
410	4121	Supervisor, control, credit
553	S 8137	Supervisor, cotton
720	7111	Supervisor, counter (*wholesale, retail trade*)
840	S 8125	Supervisor, craft (*oil refining*)
650	6121	Supervisor, crèche
410	S 4121	Supervisor, credit
612	3314	Supervisor, custody, prison
320	3132	Supervisor, desk, help
121	3543	Supervisor, development, sales
659	9244	Supervisor, dinner
791	7125	Supervisor, display
895	S 8149	Supervisor, distribution (*water company*)
441	S 4134	Supervisor, distribution
411	4123	Supervisor, district (*betting*)
641	S 9233	Supervisor, domestic (*hospital service*)
670	S 6231	Supervisor, domestic
699	9249	Supervisor, door
896	S 8149	Supervisor, erection (*building and contracting*)
702	3536	Supervisor, export-import
430	4150	Supervisor, facilities
699	9229	Supervisor, field, playing
420	S 4137	Supervisor, field (*market research*)
420	4134	Supervisor, freight
699	6211	Supervisor, gaming
462	S 4142	Supervisor, grade, higher (*telecommunications*)
719	7129	Supervisor, hire, car
719	7129	Supervisor, hire, plant
370	6114	Supervisor, home, nursing
173	6114	Supervisor, hostel
420	4131	Supervisor, import
441	4133	Supervisor, inwards, goods
720	7111	Supervisor, kiosk (*retail trade*)
953	S 9223	Supervisor, kitchen
300	3111	Supervisor, laboratory
673	9234	Supervisor, laundry
410	4122	Supervisor, ledger
430	7212	Supervisor, liaison, customer
421	4135	Supervisor, library
931	S 8218	Supervisor, loading (*aircraft*)
441	4134	Supervisor, logistics
659	9244	Supervisor, lunchtime
940	9211	Supervisor, mail
516	5223	Supervisor, maintenance (*manufacturing*)
896	8149	Supervisor, maintenance
619	7124	Supervisor, market
659	9244	Supervisor, meals (schools)
581	S 5431	Supervisor, meat (*abattoir*)
659	9244	Supervisor, midday
881	8216	Supervisor, movements (*railways*)
320	3132	Supervisor, network (computing)
340	3211	Supervisor, nurse
595	5112	Supervisor, nursery (horticultural)
340	S 6121	Supervisor, nursery

SOC 1990	SOC 2000	
430	S 4150	Supervisor, office
441	S 4133	Supervisor, order
862	9134	Supervisor, packing
615	S 9241	Supervisor, park
441	S 4133	Supervisor, parts
410	S 4122	Supervisor, payroll
392	3564	Supervisor, placement
420	S 4131	Supervisor, planning, production
659	9244	Supervisor, playground
651	6123	Supervisor, playgroup
532	5314	Supervisor, plumbing
699	S 6211	Supervisor, pool, swimming
430	S 4150	Supervisor, pools, football
950	S 9221	Supervisor, portering (*hospital services*)
940	S 9211	Supervisor, postal
410	S 4122	Supervisor, pricing
561	S 5422	Supervisor, print
820	S 8114	Supervisor, process (*explosives mfr*)
820	S 8114	Supervisor, process (*oil refining*)
490	S 4136	Supervisor, processing, data
452	S 4217	Supervisor, processing, word
720	7111	Supervisor, produce
		Supervisor, production - *see* Assembler ( )
420	S 4131	Supervisor, progress
420	4131	Supervisor, purchasing
430	4150	Supervisor, QA
881	8216	Supervisor, railway, area
931	S 8218	Supervisor, ramp
121	3543	Supervisor, research, market
420	S 6212	Supervisor, reservations (*air transport*)
953	9223	Supervisor, restaurant
720	S 7111	Supervisor, retail
953	S 9223	Supervisor, room, dining (*hospital service*)
671	S 6231	Supervisor, room, linen (*hospital service*)
940	S 9211	Supervisor, room, mail
940	S 9211	Supervisor, room, post
490	S 9133	Supervisor, room, print
553	S 8137	Supervisor, room, sewing
720	S 7111	Supervisor, room, show
441	S 4133	Supervisor, room, stock
		Supervisor, room - *see also* Foreman, room
889	9139	Supervisor, rope, trot
731	7123	Supervisor, round (*retail trade: delivery round*)
731	7123	Supervisor, rounds (*retail trade: delivery round*)
396	3567	Supervisor, safety
731	S 7123	Supervisor, sales (*retail trade: delivery round*)
720	S 7111	Supervisor, sales (*retail trade*)
710	3542	Supervisor, sales
651	6123	Supervisor, school, play
659	9244	Supervisor, school

SOC 1990	SOC 2000	
615	S 9241	Supervisor, security
411	S 4123	Supervisor, service, customer (*bank, building society*)
430	S 7212	Supervisor, service, customer
517	S 5224	Supervisor, service (instruments)
521	S 5249	Supervisor, service (*electrical engineering*)
516	S 5314	Supervisor, service (*gas supplier*)
411	S 4123	Supervisor, services, customer (*bank, building society*)
430	S 7212	Supervisor, services, customer
720	7111	Supervisor, shop (*retail trade*)
		Supervisor, shop - *see also* Foreman, shop
883	S 8216	Supervisor, signalling (*railways*)
672	6232	Supervisor, site (*educational establishments*)
631	6215	Supervisor, station
899	8129	Supervisor, steel (*coal mine*)
441	S 4133	Supervisor, stock
720	S 7111	Supervisor, store (*retail trade*)
441	S 9149	Supervisor, store
430	7212	Supervisor, support, customer
320	3132	Supervisor, support, technical
361	3532	Supervisor, swaps
462	4141	Supervisor, switchboard
362	3535	Supervisor, tax
362	3535	Supervisor, taxation
792	7113	Supervisor, telesales
619	9244	Supervisor, time, dinner
441	4133	Supervisor, tool
720	S 7111	Supervisor, trade (*retail trade*)
420	4134	Supervisor, traffic
391	3563	Supervisor, trainee (*coal mine*)
391	3563	Supervisor, training
870	S 8219	Supervisor, transport (*public road transport*)
881	S 8216	Supervisor, transport (*railways*)
871	S 8219	Supervisor, transport
420	S 6212	Supervisor, travel
590	5421	Supervisor, typesetting
452	S 4217	Supervisor, typing
900	S 9111	Supervisor, unit, poultry
386	3434	Supervisor, vision (*broadcasting*)
410	S 4122	Supervisor, wages
441	S 9149	Supervisor, warehouse
420	4131	Supervisor, warranty
320	3131	Supervisor, web
371	3232	Supervisor, welfare
410	S 4122	Supervisor (accountancy)
370	6114	Supervisor (institutions)
490	S 9219	Supervisor (office machines)
391	3563	Supervisor (training)
642	S 6112	Supervisor (*ambulance service*)
809	S 8111	Supervisor (*animal feeds mfr*)
411	S 4123	Supervisor (*bank, building society*)
132	S 4111	Supervisor (*Benefits Agency*)
411	S 4123	Supervisor (*betting*)
955	9245	Supervisor (*car park*)

SOC 1990	SOC 2000	
650	**6121**	Supervisor (*children's nursery*)
532	**5314**	Supervisor (*gas supplier*)
719	**4132**	Supervisor (*insurance*)
401	**S 4113**	Supervisor (*local government*)
440	**S 9149**	Supervisor (*mail order house*)
110	**8114**	Supervisor (*oil refining*)
940	**S 9211**	Supervisor (*PO: sorting office*)
659	**9244**	Supervisor (*school meals service*)
889	**S 9139**	Supervisor (*Stationery Office*)
462	**4142**	Supervisor (*telecommunications*)
462	**S 4141**	Supervisor (*telephone service*)
		Supervisor - *see also notes*
940	**S 9211**	Supervisor of sorting assistants (*PO*)
391	**3563**	Supervisor-instructor (*government*)
802	**8111**	Supplier, leaf
440	**4133**	Supplier, material
440	**4133**	Supplier, parts
889	**8122**	Supplier, timber (*coal mine*)
594	**5113**	Supplier, turf
179	**1234**	Supplier (*retail trade*)
420	**4131**	Supporter, court
899	**8129**	Supporter (*lamp, valve mfr*)
597	**8122**	Suppressor, dust (*coal mine*)
591	**5491**	Surfacer, lens, optical
591	**5491**	Surfacer, optical
923	**8142**	Surfacer, road
599	**5499**	Surfacer, shot, steel
220	**2211**	Surgeon, consultant
223	**2215**	Surgeon, dental
169	**5119**	Surgeon, tree
224	**2216**	Surgeon, veterinary
220	**2211**	Surgeon
170	**1231**	Surveyor, agricultural
211	**2122**	Surveyor, aircraft
313	**3531**	Surveyor, boiler and engine (*insurance*)
312	**2433**	Surveyor, bonus
210	**2121**	Surveyor, borough
262	**2434**	Surveyor, building
262	**2434**	Surveyor, cartographic
262	**2434**	Surveyor, chartered
210	**2121**	Surveyor, city
262	**2434**	Surveyor, colliery
699	**S 6292**	Surveyor, control, pest
210	**2121**	Surveyor, county
211	**2122**	Surveyor, design (*Air Registration Board*)
210	**2121**	Surveyor, district
210	**2121**	Surveyor, divisional, county
509	**5319**	Surveyor, drainage
212	**2123**	Surveyor, electrical
170	**1231**	Surveyor, estate
201	**3551**	Surveyor, field, biological
313	**3531**	Surveyor, fire
262	**2434**	Surveyor, group (*coal mine*)
313	**2434**	Surveyor, hydrographic
699	**6292**	Surveyor, infestation, timber
360	**3531**	Surveyor, insulation
313	**3531**	Surveyor, insurance

SOC 1990	SOC 2000	
262	**2434**	Surveyor, land
395	**3566**	Surveyor, Lloyd's
313	**3531**	Surveyor, marine
312	**2433**	Surveyor, measuring
262	**2434**	Surveyor, mineral
262	**2434**	Surveyor, mining
313	**3531**	Surveyor, nautical
313	**3531**	Surveyor, naval
262	**2434**	Surveyor, photogrammetric
262	**2434**	Surveyor, photographic
262	**2434**	Surveyor, property
312	**2433**	Surveyor, quantity
360	**3531**	Surveyor, rating
313	**2434**	Surveyor, river
395	**3566**	Surveyor, ship
262	**2434**	Surveyor, topographic
360	**3531**	Surveyor, valuation
360	**3531**	Surveyor, window
360	**3531**	Surveyor (*double glazing*)
155	**1173**	Surveyor (*Customs and Excise*)
313	**3531**	Surveyor (*insurance*)
699	**S 6292**	Surveyor (*pest control*)
312	**2433**	Surveyor (*quantity surveying*)
313	**2434**	Surveyor (*river, water authority*)
262	**2434**	Surveyor
262	**2434**	Surveyor and estimator
360	**3531**	Surveyor and valuer
262	**2434**	Surveyor and water engineer
155	**1173**	Surveyor of Customs and Excise
262	**2434**	Surveyor-engineer
810	**8114**	Suspender, butt
559	**5419**	Swabber
899	**8129**	Swager (*cutlery mfr*)
899	**8129**	Swarfer (*tube mfr*)
559	**5419**	Sweater (*hat mfr*)
537	**5215**	Sweater (*metal trades*)
957	**9232**	Sweep (chimney)
957	**9232**	Sweeper, chimney
919	**9139**	Sweeper, cotton (*textile mfr*)
814	**8113**	Sweeper, loom
874	**8229**	Sweeper, road, mechanical
957	**9232**	Sweeper, road
957	**9232**	Sweeper, street
958	**9233**	Sweeper, tube
958	**9233**	Sweeper
958	**9233**	Sweeper-up
839	**8117**	Swiftman
869	**8139**	Swiller (*enamelling*)
912	**9139**	Swiller (*tinplate mfr*)
814	**8113**	Swinger
889	**8122**	Switchman (*coal mine*)
893	**8124**	Switchman (*electricity supplier*)
569	**5423**	Synchroniser (*film, television production*)
201	**2112**	Systematist

ALPHABETICAL INDEX FOR CODING OCCUPATIONS

T

SOC 1990	**SOC 2000**		SOC 1990	**SOC 2000**	
523	**5242**	T1 (*telecommunications*)	569	**8121**	Taker-off, bag, paper
523	**5242**	T2A (*telecommunications*)	814	**8113**	Taker-off, bobbin
524	**5243**	T2B (*telecommunications*)	869	**8139**	Taker-off, dipper's
239	**2319**	TEFL	891	**9133**	Taker-off, machine (*printing*)
529	**5249**	TTO (*Civil Aviation Authority*)	312	**2433**	Taker-off (quantity surveying)
462	**S 4142**	TTO (*telecommunications*)	599	**8119**	Taker-off (*cast concrete products mfr*)
553	**8137**	Tabber (*corset mfr*)	569	**9133**	Taker-off (*ceramic transfer mfr*)
862	**9134**	Tabber (*glove mfr*)	869	**8139**	Taker-off (*ceramics mfr*)
862	**9134**	Tabber (*hosiery, knitwear mfr*)	559	**5419**	Taker-off (*clothing mfr*)
569	**9234**	Tabber (*laundry, launderette, dry cleaning*)	590	**5491**	Taker-off (*glass mfr*)
			889	**9139**	Taker-off (*metal trades*)
896	**9129**	Tacker, board	829	**8119**	Taker-off (*plasterboard mfr*)
559	**5419**	Tacker (*corset mfr*)	673	**9234**	Taker-off (*textile mfr: lace finishing*)
555	**8139**	Tacker (*footwear mfr*)	863	**8134**	Taker-off (*textile mfr: wool sorting*)
553	**8137**	Tacker (*hosiery, knitwear mfr*)	814	**8113**	Taker-off (*textile mfr*)
841	**8125**	Tacker (*tack mfr*)	811	**8113**	Taker-out, can (*textile mfr*)
556	**5414**	Tacker (*tailoring*)	889	**9139**	Taker-out (*ceramics mfr*)
930	**9141**	Tackleman (*docks*)	990	**8139**	Taker-out
505	**8141**	Tackleman (*steelworks*)	441	**9149**	Tallyman, timber
869	**8139**	Tackler, bag	412	**7122**	Tallyman
516	**5223**	Tackler, dobby	553	**5419**	Tambourer (*textile making-up*)
516	**5223**	Tackler, jacquard	384	**3413**	Tamer (*animal*)
516	**5223**	Tackler, loom	923	**8142**	Tamperman
516	**5223**	Tackler, machine, braid	834	**8118**	Tanker (*galvanised sheet mfr*)
519	**5221**	Tackler (*wire weaving*)	801	**8111**	Tankerman (*whisky distilling*)
569	**8121**	Tackler (*paper goods mfr*)	821	**8121**	Tankhand (*vulcanised fibre*)
516	**5223**	Tackler (*textile weaving*)	809	**8111**	Tankman, seed (yeast)
859	**8139**	Tagger, label	999	**9139**	Tankman, storage
859	**8139**	Tagger (*lace mfr*)	823	**8112**	Tankman (*glass mfr*)
839	**8117**	Tagger (*steel mfr*)	830	**8117**	Tankman (*non-ferrous metal mfr*)
839	**8117**	Tagger (*tube mfr*)	*814*	**8113**	Tankman (*textile mfr*)
959	**9259**	Tagger (*wholesale, retail trade*)	552	**8113**	Tanner (*net, rope mfr*)
551	**5411**	Tailer (*beret*)	810	**8114**	Tanner
179	**1234**	Tailor, merchant	896	**8149**	Taper, Ames
556	**5414**	Tailor	599	**5499**	Taper, coil
556	**5414**	Tailor and outfitter	850	**8131**	Taper (*wiring*)
556	**5414**	Tailoress	899	**8129**	Taper (*cable mfr*)
672	**6232**	Taker, care (cemetery)	569	**8139**	Taper (*cardboard box mfr*)
929	**9129**	Taker, care (reservoir)	899	**8129**	Taper (*electrical goods mfr*)
904	**9112**	Taker, care (woodlands)	555	**8139**	Taper (*footwear mfr*)
672	**6232**	Taker, care	552	**8113**	Taper (*textile mfr*)
941	**9211**	Taker, copy (*publishing*)	840	**8125**	Taperer (*metal trades*)
569	**9133**	Taker, impression (*printing*)	841	**8125**	Tapper, nut and socket (*tube fittings mfr*)
441	**9149**	Taker, number			
440	**S 9149**	Taker, stock, chief (*steelworks*)	534	**5214**	Tapper, stay
441	**9149**	Taker, stock (*rolling mill*)	860	**8133**	Tapper, wheel (*railways*)
441	**S 9149**	Taker, stock (*steel smelting*)	841	**8125**	Tapper (*bolt, nail, nut, rivet, screw mfr*)
410	**4122**	Taker, stock (*valuers*)			
410	**4133**	Taker, stock	820	**8114**	Tapper (*carbide mfr*)
830	**8117**	Taker, temperature	555	**5413**	Tapper (*footwear mfr*)
863	**8134**	Taker, weight	830	**8117**	Tapper (*iron and steelworks*)
912	**S 9139**	Taker, work	860	**8133**	Tapper (*railways*)
441	**9149**	Taker-in, piece (*textile mfr*)	830	**8117**	Tapper-out
823	**8112**	Taker-in (*glass mfr*)	811	**8113**	Targer (*flax, hemp mfr*)
552	**8113**	Taker-in (*textile weaving*)	552	**8113**	Tarrer, bag

SOC 1990	SOC 2000	
552	8113	Tarrer, sack
863	8134	Taster, coffee
863	8134	Taster, tea
863	8134	Taster, wine
863	8134	Taster (*food products mfr*)
990	9235	Tatter (waste)
381	6222	Tattooist
699	6291	Taxidermist
201	2112	Taxonomist
239	3443	Teacher, aerobics
239	3414	Teacher, ballet
340	S 3211	Teacher, clinical
231	2312	Teacher, dance (*further education*)
234	2315	Teacher, dance (*primary school*)
233	2314	Teacher, dance (*secondary school*)
235	2316	Teacher, dance (*special school*)
239	2319	Teacher, dance
239	2319	Teacher, dancing
239	2319	Teacher, education, adult
387	3443	Teacher, fit, keep
234	2315	Teacher, head (*nursery school*)
234	2315	Teacher, head (*primary school*)
233	2314	Teacher, head (*secondary school*)
233	2314	Teacher, head (*sixth form college*)
235	2316	Teacher, head (*special school*)
234	2315	Teacher, infant
239	2319	Teacher, music, peripatetic
231	2312	Teacher, music (*further education*)
234	2315	Teacher, music (*primary school*)
233	2314	Teacher, music (*secondary school*)
239	2319	Teacher, music
235	2316	Teacher, needs, special
387	3442	Teacher, riding
391	3563	Teacher, sales
651	6123	Teacher, school, play
239	3413	Teacher, singing
387	3442	Teacher, swimming (*leisure centre*)
387	3442	Teacher, swimming
347	3229	Teacher, technique, Alexander
239	2319	Teacher (*musical instruments*)
239	2319	Teacher (*private*)
235	2316	Teacher (*special needs*)
239	2319	Teacher (*adult education centre*)
239	2319	Teacher (*evening institute*)
231	2312	Teacher (*further education*)
230	2311	Teacher (*higher education, university*)
234	2315	Teacher (*junior school*)
234	2315	Teacher (*kindergarten*)
234	2315	Teacher (*nursery school*)
387	3449	Teacher (*outdoor recreational activities*)
234	2315	Teacher (*primary school*)
233	2314	Teacher (*secondary school*)
233	2314	Teacher (*sixth form college*)
235	2316	Teacher (*special school*)
231	2312	Teacher (*tertiary college*)
239	2319	Teacher of English as a foreign language
235	2316	Teacher of the deaf
		Teacher - *see also notes*
802	8111	Teamer (*tobacco mfr*)
902	9119	Teamsman (*farming*)
902	9119	Teamster (*farming*)
889	8219	Teamster
		Teaser - *see* Teazer
		Teaserman - *see* Teazer
811	8113	Teazer, shoddy
823	8112	Teazer (*glass mfr*)
830	8117	Teazer (*metal trades*)
811	8113	Teazer (*textile mfr*)
		Teazerman - *see* Teazer
552	8113	Teazler
309	3119	Technical Class, grade I (*government*)
309	3119	Technical Class, grade II (*government*)
309	3119	Technical grade (*government*)
523	5242	Technician, 1 (*telecommunications*)
523	5242	Technician, 2A (*telecommunications*)
524	5243	Technician, 2B (*telecommunications*)
399	3537	Technician, account
399	3537	Technician, accounting
386	3434	Technician, aids, visual
301	3113	Technician, airframe
642	6112	Technician, ambulance
300	3111	Technician, analytical
300	3111	Technician, anatomy
349	6131	Technician, animal
303	3121	Technician, architectural
529	5249	Technician, assistant (*railway signalling*)
309	3115	Technician, assurance, quality
346	3218	Technician, audiologist
399	3537	Technician, audit
310	3122	Technician, autocad
302	3112	Technician, avionics
300	3111	Technician, botanical
304	3114	Technician, building
517	5224	Technician, calibration
386	3434	Technician, camera, video
517	5224	Technician, camera
346	3218	Technician, cardiac
346	3218	Technician, cardiological
506	5322	Technician, carpet
953	9223	Technician, catering
346	3218	Technician, cephalographic
386	3434	Technician, cine
410	4132	Technician, claims (*insurance*)
840	5221	Technician, cnc
320	3131	Technician, computer
320	3131	Technician, computing
509	5319	Technician, concrete
699	6292	Technician, control, pest
309	3115	Technician, control, quality
300	3111	Technician, cytological

SOC 1990	SOC 2000		SOC 1990	SOC 2000	
569	5423	Technician, darkroom	540	5231	Technician, motor
592	3218	Technician, dental	661	6222	Technician, nail
309	3119	Technician, development	301	3115	Technician, ndt
346	3217	Technician, dispensing	320	3131	Technician, network
310	3122	Technician, draughting	517	5224	Technician, optical
346	3218	Technician, ecg	599	3218	Technician, orthodontic
523	5242	Technician, electrical (*telecommunications*)	599	3218	Technician, orthopaedic
			596	5234	Technician, paint (motor vehicles)
302	3112	Technician, electrical	642	3213	Technician, paramedic
302	3112	Technician, electronics	720	7111	Technician, parts
304	3114	Technician, engineering, civil	346	3218	Technician, pathology, anatomical
302	3113	Technician, engineering, electrical	346	3218	Technician, pathology
301	3113	Technician, engineering, mechanical	410	4132	Technician, pensions
304	3114	Technician, engineering, structural	346	3217	Technician, pharmacy
301	3113	Technician, engineering	386	3434	Technician, photographic
520	5242	Technician, factory (*telecommunications*)	346	3218	Technician, physics, medical
			300	3111	Technician, physics (*hospital service*)
900	5111	Technician, farm			
386	3434	Technician, film	593	5494	Technician, piano
532	5314	Technician, gas	303	3121	Technician, planning, town
300	3111	Technician, geology	346	3218	Technician, plaster (*hospital service*)
348	3568	Technician, health, environmental	532	5314	Technician, plumbing
300	3111	Technician, histological	561	5422	Technician, print
595	5112	Technician, horticultural	309	2127	Technician, process
346	3218	Technician, hospital (audiology)	309	3115	Technician, quality
346	3218	Technician, hospital (cardiography)	529	5249	Technician, radar
346	3218	Technician, hospital (encephalography)	525	5244	Technician, radio
			309	3119	Technician, research
300	3111	Technician, hospital (laboratory)	309	3119	Technician, research and development
300	3111	Technician, hospital (pathology)			
300	3111	Technician, hospital	820	8114	Technician, room, control (*gas supplier*)
516	5223	Technician, hydraulic			
902	9119	Technician, insemination, artificial	300	3111	Technician, rubber
529	5249	Technician, installation (electrical, electronics)	300	3111	Technician, scientific
			526	5245	Technician, service, computer
301	3113	Technician, installation	699	6292	Technician, service, prevention, pest
593	5494	Technician, instrument, musical	540	5231	Technician, service (motor vehicles)
301	3113	Technician, instrument (*steelworks*)			
517	5224	Technician, instrument	598	5249	Technician, service (office machines)
410	4132	Technician, insurance	309	3119	Technician, service
320	3131	Technician, IS	529	5249	Technician, signal (*railways*)
320	3131	Technician, IT	320	3131	Technician, software
349	6131	Technician, laboratory, care, animal	386	3434	Technician, sound
300	3111	Technician, laboratory, medical	516	5223	Technician, stock, rolling
300	3111	Technician, laboratory	599	5319	Technician, support, life (*diving*)
506	5322	Technician, laying, floor	346	3218	Technician, support, life (*hospital service*)
591	5491	Technician, lens, contact			
521	5241	Technician, lighting, stage	320	3132	Technician, support (computing)
346	3218	Technician, limb, artificial	346	3218	Technician, surgical
540	5231	Technician, maintenance, vehicle	312	2433	Technician, survey (quantity surveying)
309	5223	Technician, maintenance			
309	3119	Technician, materials	309	3114	Technician, survey
599	3218	Technician, maxillo-facial	312	2433	Technician, surveying, quantity
301	3113	Technician, mechanical	309	3114	Technician, surveying
386	3434	Technician, media	320	3131	Technician, systems, information
346	3218	Technician, medical	320	3131	Technician, systems
521	5241	Technician, meter (electricity)	362	3535	Technician, tax
699	6291	Technician, mortuary	362	3535	Technician, taxation
410	4132	Technician, motor (*insurance*)	529	5242	Technician, telecommunications

SOC 1990	SOC 2000	
302	**3112**	Technician, telemetry
523	**5242**	Technician, telephone
525	**5244**	Technician, television
309	**3119**	Technician, test
301	**3115**	Technician, testing, non-destructive
346	**3218**	Technician, theatre, hospital
346	**3218**	Technician, theatre, operating
386	**3434**	Technician, theatre (*entertainment*)
346	**3218**	Technician, trauma
544	**8135**	Technician, tyre
360	**3531**	Technician, valuation
540	**5231**	Technician, vehicle, motor
301	**5231**	Technician, vehicle
525	**5244**	Technician, video
386	**3434**	Technician, visual, audio
896	**8149**	Technician, wall, cavity
600	**3311**	Technician, weapons (*armed forces*)
320	**3131**	Technician, web
309	**3119**	Technician, workshop
516	**3113**	Technician (aircraft)
521	**3112**	Technician (electrical equipment)
529	**5249**	Technician (electronic equipment, maintenance)
520	**3112**	Technician (electronic equipment)
304	**3114**	Technician (engineering, civil)
301	**3113**	Technician (engineering, mechanical)
304	**3114**	Technician (engineering, structural)
301	**3113**	Technician (engineering)
301	**3113**	Technician (flight test)
301	**3113**	Technician (instrument: *steelworks*)
349	**6131**	Technician (laboratory, animal care)
592	**3218**	Technician (laboratory, dental)
300	**3111**	Technician (laboratory)
346	**3218**	Technician (medical)
540	**5231**	Technician (motor vehicles)
309	**3119**	Technician (plastics)
525	**5244**	Technician (radio, television and video equipment)
599	**3218**	Technician (surgical, dental appliances)
523	**5242**	Technician (telegraph, telephone equipment)
300	**3111**	Technician (textile)
301	**3113**	Technician (wind tunnel)
399	**3537**	Technician (*accountancy*)
600	**3311**	Technician (*armed forces*)
592	**3218**	Technician (*dental practice*)
386	**3434**	Technician (*film studio*)
300	**3111**	Technician (*hospital service*)
524	**5243**	Technician (*telecommunications*: 2B)
523	**5242**	Technician (*telecommunications*)
309	**3119**	Technician
303	**3121**	Technologist, architectural
219	**2129**	Technologist, food
300	**3111**	Technologist, laboratory, medical
300	**3111**	Technologist, medical
382	**3422**	Technologist, packaging
219	**2129**	Technologist, scientific (*coal mine*)

SOC 1990	SOC 2000	
219	**2129**	Technologist
889	**8122**	Teemer, coal (*coal mine*: *above ground*)
930	**9141**	Teemer, coal
839	**8117**	Teemer, ladle
889	**9139**	Teemer (*coke ovens*)
839	**8117**	Teemer (*steelworks*)
569	**9133**	Teerer (*textile printing*)
792	**7113**	Telecanvasser
463	**4142**	Telegraphist
792	**7113**	Telemarketer
792	**7113**	Telephonist, marketing
792	**7113**	Telephonist, sales
459	**4141**	Telephonist, shorthand
462	**4141**	Telephonist
430	**4141**	Telephonist-clerk
461	**4141**	Telephonist-receptionist
452	**4141**	Telephonist-typist
699	**6222**	Teller, fortune
411	**4123**	Teller (*banking*)
863	**8134**	Teller (*printing*)
833	**8117**	Temperer, wire
829	**8112**	Temperer (*ceramics mfr*)
829	**8119**	Temperer (*metal trades*: *blast furnace*)
833	**8117**	Temperer (*metal trades*)
515	**5222**	Templater
175	**1224**	Tenant, house, public
370	**6114**	Tenant, responsible
		Tender, back - *see* Tenter, back
622	**9225**	Tender, bar
929	**9129**	Tender, diver's
893	**8124**	Tender, engine
830	**8117**	Tender, furnace (*metal trades*)
889	**8219**	Tender, lock
550	**5411**	Tender, loom
821	**8121**	Tender, machine, pasteboard
811	**8113**	Tenter, back, frame (*textile mfr*)
821	**8121**	Tenter, back, machine, linen
811	**8113**	Tenter, back, roving
821	**8121**	Tenter, back (*paper mfr*)
821	**8121**	Tenter, back (*paper staining*)
569	**9133**	Tenter, back (*textile mfr*: *textile printing*)
552	**8113**	Tenter, back (*textile mfr*)
569	**9133**	Tenter, back (*wallpaper printing*)
893	**8124**	Tenter, boiler
814	**8113**	Tenter, box (*silk mfr*)
811	**8113**	Tenter, box
814	**8113**	Tenter, braid (*silk mfr*)
811	**8113**	Tenter, can
811	**8113**	Tenter, card
811	**8113**	Tenter, comb
811	**8113**	Tenter, comber
516	**5223**	Tenter, conant
811	**8113**	Tenter, condenser
811	**8113**	Tenter, cotton
886	**8221**	Tenter, crane
830	**8117**	Tenter, cupola

SOC 1990	SOC 2000		SOC 1990	SOC 2000	
811	**8113**	Tenter, derby	864	**8138**	Tester, acid
811	**8113**	Tenter, devil	860	**8133**	Tester, aircraft
929	**9129**	Tenter, diver's	864	**8138**	Tester, alkali
811	**8113**	Tenter, double	861	**8133**	Tester, balloon
811	**8113**	Tenter, draw	860	**8133**	Tester, bench (motors, motor cycles)
811	**8113**	Tenter, drawing	869	**8133**	Tester, bobbin
893	**8124**	Tenter, engine, blowing (*metal mfr*)	860	**8133**	Tester, boiler
811	**8113**	Tenter, engine (*textile mfr*)	516	**8133**	Tester, brake
893	**8124**	Tenter, engine	860	**8133**	Tester, cable
811	**8113**	Tenter, fly	860	**8133**	Tester, can
813	**8113**	Tenter, frame, cheesing	540	**5231**	Tester, car
812	**8113**	Tenter, frame, clearing	864	**8138**	Tester, carbon (*steelworks*)
813	**8113**	Tenter, frame, copping	860	**8133**	Tester, carburettor
812	**8113**	Tenter, frame, doubling	861	**8133**	Tester, cask
811	**8113**	Tenter, frame, draw	860	**8133**	Tester, cell (*dry battery mfr*)
812	**8113**	Tenter, frame, flyer	869	**8133**	Tester, cement
516	**5223**	Tenter, frame, jacquard	864	**8138**	Tester, chemical
812	**8113**	Tenter, frame, ring	861	**8133**	Tester, cloth (*textile merchants*)
812	**8113**	Tenter, frame, twisting	860	**8133**	Tester, coil
811	**8113**	Tenter, frame	869	**8133**	Tester, coke (*coal gas, coke ovens*)
811	**8113**	Tenter, front	864	**8138**	Tester, coke
830	**8117**	Tenter, furnace	864	**8138**	Tester, conditioning, air
811	**8113**	Tenter, gill	860	**8133**	Tester, cylinder
814	**8113**	Tenter, hardener, flat	861	**8133**	Tester, denier
814	**8113**	Tenter, hardener, roller	869	**8133**	Tester, disc, compact
811	S **8113**	Tenter, head, engine	929	**9129**	Tester, drain
886	**8221**	Tenter, hoist	861	**8133**	Tester, dye (*textile bleaching, dyeing*)
516	**5223**	Tenter, hosepipe	860	**8133**	Tester, dynamo
811	**8113**	Tenter, inter	861	**8133**	Tester, egg
811	**8113**	Tenter, jack	860	**8133**	Tester, electrical
552	**8114**	Tenter, jig	860	**8133**	Tester, engine
811	**8113**	Tenter, joiner	860	**8133**	Tester, furnace (*furnace mfr*)
811	**8113**	Tenter, lap	830	**8117**	Tester, furnace
		Tenter, machine - *see* Machinist	864	**8138**	Tester, gas (*chemical mfr*)
812	**8113**	Tenter, mule	864	**8138**	Tester, gas (*gas works*)
811	**8113**	Tenter, opener	395	**3566**	Tester, gear, chain and suspension
552	**8113**	Tenter, padding	860	**8133**	Tester, gear (*engineering*)
814	**8113**	Tenter, picker	864	**8138**	Tester, glass
912	**9139**	Tenter, press (*metal trades*)	864	**8138**	Tester, head, section (*oil refining*)
999	**9139**	Tenter, pump	860	**8133**	Tester, hollow-ware
811	**8113**	Tenter, ribbon	521	**5241**	Tester, installation (electrical)
811	**8113**	Tenter, rover	860	**8133**	Tester, instrument
811	**8113**	Tenter, roving	860	**8133**	Tester, insulation
811	**8113**	Tenter, scutcher	860	**8133**	Tester, lamp, arc
811	**8113**	Tenter, slub	860	**8133**	Tester, machine
811	**8113**	Tenter, slubber	860	**8133**	Tester, matrix (*type foundry*)
811	**8113**	Tenter, slubbing	860	**8133**	Tester, meter
811	**8113**	Tenter, spare	861	**8133**	Tester, milk
811	**8113**	Tenter, speed	869	**8133**	Tester, moisture
812	**8113**	Tenter, throstle	540	**5231**	Tester, MOT
811	**8113**	Tenter, waste, hard	860	**8133**	Tester, motor
516	**5223**	Tenter, weaver's	999	**8133**	Tester, music
813	**8113**	Tenter, weilds	*860*	**8133**	Tester, ndt
516	**5223**	Tenter (*carpet, rug mfr*)	*860*	**8133**	Tester, non-destructive
516	**5223**	Tenter (*lace mfr*)	864	**8138**	Tester, oil
552	**8113**	Tenter (*textile finishing*)	861	**8133**	Tester, paper
516	**5223**	Tenter (*textile weaving*)	869	**8133**	Tester, pipe, concrete
552	**8113**	Tenterer, woollen	929	**9129**	Tester, pipe (*main laying*)
552	**8113**	Tenterer (*textile mfr*)	860	**8133**	Tester, pipe (*metal mfr*)

SOC 1990	SOC 2000	
861	8133	Tester, pole (telephone)
860	8133	Tester, pump
869	8133	Tester, quality
525	5244	Tester, radio
869	8133	Tester, record
516	8133	Tester, road (*vehicle mfr*)
861	8133	Tester, roller (*printing roller mfr*)
860	8133	Tester, roller
860	8133	Tester, rope (metal)
505	8141	Tester, rope (*coal mine*)
861	8133	Tester, rope
864	8138	Tester, seed
869	8133	Tester, shift (*chemical mfr*)
861	8133	Tester, silk (*man-made fibre mfr*)
869	8133	Tester, slow, bobbin
214	2132	Tester, software, computer
864	8138	Tester, soil
860	8133	Tester, spring
860	8133	Tester, stove
860	8133	Tester, systems (electronic)
860	8133	Tester, tank
516	8133	Tester, tractor
860	8133	Tester, tube, ray, cathode
860	8133	Tester, valve
869	3566	Tester, vehicle (*DETR*)
516	8133	Tester, vehicle
864	8138	Tester, water
517	5224	Tester, weight (*balance mfr*)
860	8133	Tester, wire
861	8133	Tester, yarn
869	8133	Tester (*abrasive wheel mfr*)
869	8133	Tester (*asbestos-cement goods mfr*)
869	8133	Tester (*cast concrete products mfr*)
869	8133	Tester (*ceramics mfr*)
521	5241	Tester (*electrical contracting*)
860	8133	Tester (*electrical, electronic equipment mfr*)
861	8133	Tester (*food canning*)
869	8133	Tester (*glass mfr*)
869	8133	Tester (*lens mfr*)
869	8133	Tester (*match mfr*)
517	5224	Tester (*metal trades: balance mfr*)
860	8133	Tester (*metal trades*)
593	5494	Tester (*musical instruments mfr*)
864	8138	Tester (*paint mfr*)
861	8133	Tester (*plastics goods mfr*)
869	8133	Tester (*record mfr*)
861	8133	Tester (*rubber goods mfr*)
869	8133	Tester (*safety fuse mfr*)
516	5223	Tester-fitter
516	5223	Tester-mechanic
899	8129	Tester-rectifier, cylinder
516	5223	Tester-rectifier, engine, combustion, internal
516	5223	Tester-rectifier, engine, jet
850	8131	Tester-rectifier, equipment, electrical
850	8131	Tester-rectifier, equipment, electronic

SOC 1990	SOC 2000	
593	5494	Tester-rectifier, instrument, musical
517	5224	Tester-rectifier, instrument, precision
507	5323	Texturer, ceiling
812	8113	Texturer, yarn
501	5313	Thatcher
292	2444	Theologian
347	3229	Therapist, art
661	6222	Therapist, beauty
347	3223	Therapist, communication
346	3218	Therapist, dental
347	3229	Therapist, diversional
347	3229	Therapist, family
644	6115	Therapist, hobby
347	3229	Therapist, holistic
347	3223	Therapist, language
347	3229	Therapist, massage
347	3229	Therapist, movement
347	3229	Therapist, music
347	3222	Therapist, occupational
346	3229	Therapist, play
347	3229	Therapist, remedial
347	3223	Therapist, speech
347	3223	Therapist, speech and language
347	3229	Therapist, stress
202	2113	Thermodynamicist
820	8114	Thinner (*varnish mfr*)
813	8113	Threader, bobbin
814	8113	Threader, brass (*lace mfr*)
559	5419	Threader, draw
552	8113	Threader, frame
899	8129	Threader, heald, wire
552	8113	Threader, heald
859	8139	Threader, pearl
552	8113	Threader, warp (*hosiery, knitwear mfr*)
841	8125	Threader (*bolt, nail, nut, rivet, screw mfr*)
552	8113	Threader (*carpet, rug mfr*)
559	5419	Threader (*embroidery mfr*)
814	8113	Threader (*lace mfr*)
850	8131	Threader (*lamp, valve mfr*)
839	8117	Threader (*needle mfr*)
812	8113	Thrower, rayon
919	9139	Thrower (*brewery*)
590	5491	Thrower (*ceramics mfr*)
919	9139	Thrower (*distillery*)
812	8113	Throwster (*textile mfr*)
553	8137	Thumber (*glove mfr*)
862	9134	Ticketer
862	9134	Tier, bag
899	8129	Tier, battery
862	9134	Tier, hook, cork
859	8139	Tier, hook
862	9134	Tier, ream
859	8139	Tier, ring
809	8111	Tier, sausage
550	5411	Tier, smash

SOC 1990	SOC 2000	
859	8139	Tier, tackle (fishing tackle)
552	8113	Tier, warp
814	8113	Tier-in (textile mfr)
552	8113	Tier-on, warp
859	8139	Tier-on (fish hook mfr)
814	8113	Tier-on (textile mfr)
859	8139	Tier-up (cloth hat mfr)
569	9133	Tierer
506	5322	Tiler, ceramic
506	5322	Tiler, cork
506	5322	Tiler, floor
506	5322	Tiler, glaze
506	5322	Tiler, range
501	5313	Tiler, roof
506	5322	Tiler, wall
501	5313	Tiler
506	5322	Tiler and plasterer
830	8117	Tilter
830	8117	Tilterman
597	8122	Timberer (coal mine)
410	4122	Timekeeper
517	5224	Timer
880	S 8217	Tindal, first (shipping)
533	5213	Tinker
834	8118	Tinner, coil
834	8118	Tinner, copper
862	9134	Tinner, fruit
834	8118	Tinner, grease
834	8118	Tinner, wire
862	9134	Tinner (food canning)
834	8118	Tinner (metal trades)
834	8118	Tinplater (tinplate mfr)
552	8113	Tinsman, drying (textile mfr)
533	5213	Tinsmith
829	8114	Tinter, enamel (enamel mfr)
829	8114	Tinter, paint
829	8114	Tinter (chemical mfr)
569	5423	Tinter (film processing)
552	8113	Tinter (textile mfr)
990	9235	Tipman, refuse
889	9139	Tipman (mine: not coal)
930	9141	Tipper, ballast
930	9141	Tipper, coal (docks)
889	9139	Tipper, coal (patent fuel mfr)
889	9139	Tipper, coal (steelworks)
841	8125	Tipper, metal
889	9139	Tipper, ore (steelworks)
889	9139	Tipper, scrap
889	9139	Tipper, shale
889	9139	Tipper, slag
553	8137	Tipper, umbrella
889	8122	Tipper (coal mine)
930	9141	Tipper (docks)
869	8139	Tipper (enamelling)
889	9139	Tipper (mine: not coal)
814	8113	Tippler (flax, hemp mfr)
889	9139	Tippler (steelworks)
889	8122	Tipplerman (coal mine)
699	6211	Tipster

SOC 1990	SOC 2000	
179	1234	Tobacconist
810	8114	Toggler (leather dressing)
839	8117	Tonger (wire)
839	8117	Tongsman, back
839	8117	Tongsman (rolling mill)
839	8117	Tongsman (steel hoop mill)
839	8117	Tongsman (wrought iron mfr)
839	8117	Tonguer
590	5491	Tooler, glass
500	5312	Tooler, stone
552	8113	Tooler (fustian, velvet mfr)
519	5221	Toolsetter
899	8129	Toother (saw mfr)
919	9139	Topman, battery (coke ovens)
809	8111	Topman (bacon, ham, meat curing)
919	9139	Topman (coal gas, coke ovens)
910	8122	Topman (coal mine)
896	8149	Topman (demolition)
885	8229	Topman (pile driving)
262	2434	Topographer
809	8111	Topper, beet (sugar mfr)
862	9134	Topper, jam
862	9134	Topper (boot polish mfr)
553	8137	Topper (clothing mfr)
814	8113	Topper (cord mfr)
869	8139	Topper (fur dyeing)
551	5411	Topper (hosiery, knitwear mfr)
551	5411	Topper and tailer
733	1235	Totter
591	5491	Toucher-up (ceramics decorating)
869	8139	Toucher-up (vehicle mfr)
823	8112	Toughener (glass)
591	5491	Tower (ceramics mfr)
999	9139	Towerman (paper mfr)
820	8114	Towerman
719	7129	Townsman
221	2213	Toxicologist
809	8111	Tracer (chocolate mfr)
559	5419	Tracer (embroidery mfr)
555	5413	Tracer (footwear mfr)
430	3122	Tracer (printing)
491	3122	Tracer
841	8125	Tracker (ball bearing mfr)
597	8122	Tracker (coal mine)
922	8143	Trackman (mine: not coal)
922	8143	Trackman (railways)
851	8132	Trackworker (vehicle mfr)
901	8223	Tractorman (agriculture)
361	3532	Trader, bond
361	3532	Trader, commodity
730	7121	Trader, credit
361	3532	Trader, derivatives
361	3532	Trader, equity
361	3532	Trader, exchange, foreign
361	3532	Trader, futures
732	7124	Trader, market
179	1234	Trader, motor
361	3532	Trader, options
361	3532	Trader, securities

SOC 1990	SOC 2000	
732	7124	Trader, street
731	7123	Trader (mobile shop)
732	**7124**	Trader (*market trading*)
179	**1234**	Trader (*retail trade*)
839	**8117**	Trailer-down (*rolling mill*)
		Trainee - *see notes*
641	**6111**	Trainer, aid, first
384	**3413**	Trainer, animal (performing animals)
169	**5119**	Trainer, animal
391	**3563**	Trainer, computer
387	**3449**	Trainer, development, outdoors
169	**5119**	Trainer, dog
239	**3443**	Trainer, fitness
331	**3512**	Trainer, flight
169	**5119**	Trainer, greyhound
169	**1219**	Trainer, horse, race
169	**5119**	Trainer, horse
391	**3563**	Trainer, industrial
169	**5119**	Trainer, pony
169	**1219**	Trainer, racehorse
391	**3563**	Trainer, staff
391	**3563**	Trainer, technology, information
387	**3442**	Trainer (sports)
391	**3563**	Trainer (*training provider*)
391	**3563**	Trainer
882	**8216**	Trainman (*railways*)
889	**9139**	Trammer
400	**4112**	Transcriber, communications (*government*)
385	**3415**	Transcriber, music
452	**4217**	Transcriber
551	**5411**	Transferer, hosiery
591	**5491**	Transferer, lithograph (*ceramics mfr*)
560	**5421**	Transferer, lithograph (*printing*)
591	**5491**	Transferer (*ceramics mfr*)
590	**5491**	Transferer (*glass mfr*)
869	**8139**	Transferer (*japanning, enamelling*)
891	**9133**	Transferer (*tinplate mfr*)
869	**8139**	Transferer
555	**5413**	Translator (*footwear mfr*)
553	**8137**	Translator (*umbrella, parasol mfr*)
380	**3412**	Translator
889	**8122**	Transporter, cable (*coal mine*)
872	**8211**	Transporter, cattle
872	**8211**	Transporter, livestock
889	**8122**	Transporter, supplies (*coal mine*)
902	**9119**	Trapper, rabbit
811	**8113**	Trapper, wool
902	**9119**	Trapper (*forestry*)
811	**8113**	Trapper (*textile mfr*)
719	**7129**	Traveller, advertisement
719	**7129**	Traveller, advertising
730	**7121**	Traveller, commercial (drapers, credit)
719	**7129**	Traveller, commercial (services)
710	**3542**	Traveller, commercial
730	**7121**	Traveller, drapers, credit
731	**7123**	Traveller, grocers
719	**7129**	Traveller, insurance

SOC 1990	SOC 2000	
731	**7123**	Traveller, van
730	**7121**	Traveller (*retail trade*)
710	**3542**	Traveller
730	**7121**	Traveller-salesman (*credit trade*)
120	**1131**	Treasurer, company
120	**1131**	Treasurer, county
120	**1131**	Treasurer (qualified)
410	**4122**	Treasurer
833	**8117**	Treater, heat
821	**8121**	Treater, timber
555	**5413**	Treer
929	**9129**	Trenchman
350	**3520**	Tribunalist
346	**3218**	Trichologist
829	**8114**	Trimmer, asbestos
825	**8116**	Trimmer, Bakelite
930	**9141**	Trimmer, ballast
930	**9141**	Trimmer, barge
843	**8125**	Trimmer, blade (*aircraft mfr*)
824	**8115**	Trimmer, block (*rubber goods mfr*)
554	**5412**	Trimmer, board, floor (*coach trimming*)
930	**9141**	Trimmer, boat
554	**5412**	Trimmer, body, car
990	**9139**	Trimmer, boiler
555	**5413**	Trimmer, boot
843	**8125**	Trimmer, box (*steelworks*)
811	**8113**	Trimmer, bristle
899	**8129**	Trimmer, bullet
899	**8129**	Trimmer, cable
800	**8111**	Trimmer, cake
554	**5412**	Trimmer, car
822	**8121**	Trimmer, card
554	**5412**	Trimmer, carriage
552	**8113**	Trimmer, cloth
554	**5412**	Trimmer, coach
889	**8122**	Trimmer, coal (*coal mine*)
930	**9141**	Trimmer, coal (*docks*)
880	**8217**	Trimmer, coal (*shipping*)
990	**9139**	Trimmer, coal
559	**5419**	Trimmer, coffin
990	**9235**	Trimmer, disposal, refuse
597	**8122**	Trimmer, face (*coal mine*)
811	**8113**	Trimmer, fancy (*broom, brush mfr*)
811	**8113**	Trimmer, fibre
555	**5413**	Trimmer, heel
552	**8113**	Trimmer, hosiery (*textile finishing*)
990	**9139**	Trimmer, house, boiler
880	**8217**	Trimmer, lamp (*shipping*)
554	**5412**	Trimmer, leather (*vehicle mfr*)
890	**8123**	Trimmer, lime
581	**5431**	Trimmer, meat
554	**5412**	Trimmer, motor
841	**8125**	Trimmer, needle
824	**8115**	Trimmer, pad, heel
822	**8121**	Trimmer, paper (*printing*)
825	**8116**	Trimmer, plastic
825	**8116**	Trimmer, plastics
899	**8129**	Trimmer, plate (*metal trades*)

SOC 1990	SOC 2000		SOC 1990	SOC 2000	
822	8121	Trimmer, print, photographic	385	3415	Trombonist
824	8115	Trimmer, rubber	899	8129	Trouncer (*metal trades*)
582	5433	Trimmer, salmon	887	8229	Trucker
554	5412	Trimmer, seat, car	889	9139	Truckman (*blast furnace*)
822	8121	Trimmer, sheet (*paper goods mfr*)	889	8122	Truckman (*coal mine*)
599	5499	Trimmer, soap	872	8211	Truckman (*road transport*)
829	8114	Trimmer, sponge	899	8129	Truer, wheel (*cycle mfr*)
843	8125	Trimmer, steel	899	8129	Truer-up, wheel (*cycle mfr*)
599	5499	Trimmer, tooth	582	5433	Trusser, fowl
824	8115	Trimmer, tyre, solid	902	9119	Trusser (*farming*)
554	5412	Trimmer, upholsterer's	*582*	5433	Trusser (*poultry dressing*)
809	8111	Trimmer, vegetable	860	8133	Tryer (*metal and electrical goods mfr*)
897	8121	Trimmer, veneer	810	8114	Tubber (*leather dressing*)
889	9139	Trimmer, wagon	534	5214	Tuber, engine (*railways*)
822	8121	Trimmer, wallpaper	812	8113	Tuber, mule
791	7125	Trimmer, window	833	8117	Tuber, wire (*wire mfr*)
599	5499	Trimmer (*artificial teeth mfr*)	534	5214	Tuber (*boiler mfr*)
990	9139	Trimmer (*boiler house*)	534	5214	Tuber (*locomotive mfr*)
562	5423	Trimmer (*bookbinding*)	814	8113	Tuber (*rope, twine mfr*)
599	5499	Trimmer (*broom, brush mfr*)	814	8113	Tuber (*textile mfr*)
599	8119	Trimmer (*cement mfr*)	833	8117	Tuber (*wire mfr*)
553	8137	Trimmer (*clothing mfr*)	552	8113	Tucker (*blanket mfr*)
919	9139	Trimmer (*coal gas, coke ovens*)	553	5419	Tucker (*clothing mfr*)
889	8122	Trimmer (*coal mine*)	814	8113	Tucker (*textile mfr*)
930	9141	Trimmer (*docks*)	814	8113	Tufter (*carpet, rug mfr*)
990	9139	Trimmer (*electricity supplier*)	559	5419	Tufter (*mattress, upholstery mfr*)
559	5419	Trimmer (*embroidery mfr*)	559	5419	Tufter (*soft furnishings mfr*)
880	8217	Trimmer (*fishing*)	880	8217	Tugboatman
555	5413	Trimmer (*footwear mfr*)	880	8217	Tugman
554	5412	Trimmer (*furniture mfr*)	842	8125	Tumbler (*metal trades*)
590	5491	Trimmer (*glass mfr*)	516	S 5223	Tuner, head
559	5419	Trimmer (*glove mfr*)	516	5223	Tuner (*looms*)
553	5419	Trimmer (*hat mfr*)	593	5494	Tuner (*musical instruments*)
559	5419	Trimmer (*knitwear mfr*)	525	5244	Tuner (*television*)
810	8114	Trimmer (*leather dressing*)	540	5231	Tuner (*vehicles*)
555	5413	Trimmer (*leather goods mfr*)	516	5223	Tuner (*textile mfr*)
554	5412	Trimmer (*metal trades: aircraft mfr*)	597	8122	Tunneller (*coal mine*)
841	8125	Trimmer (*metal trades: bolt, nail, nut, rivet, screw mfr*)	509	8149	Tunneller
			929	9129	Tupper (*building and contracting*)
899	8129	Trimmer (*metal trades: gold, silver wire mfr*)	839	8117	Tupper (*steel mfr*)
			892	8126	Turncock
841	8125	Trimmer (*metal trades: needle mfr*)	599	5499	Turner, asbestos
841	8125	Trimmer (*metal trades: tin box mfr*)	510	5221	Turner, axle
554	5412	Trimmer (*metal trades: vehicle body building*)	825	8116	Turner, ball, billiard
			510	5221	Turner, band, copper
554	5412	Trimmer (*metal trades: vehicle mfr*)	899	8129	Turner, belt (*coal mine*)
843	8125	Trimmer (*metal trades*)	800	8111	Turner, biscuit
500	5312	Trimmer (*mine: not coal*)	897	8121	Turner, block, wood
825	8116	Trimmer (*plastics mfr*)	510	5221	Turner, bobbin (metal)
599	5499	Trimmer (*powder puff mfr*)	897	8121	Turner, bobbin
990	9139	Trimmer (*power station*)	510	5221	Turner, boss, centre
554	5412	Trimmer (*railway workshops*)	897	8121	Turner, bowl (*tobacco pipe mfr*)
824	8115	Trimmer (*rubber mfr*)	840	8125	Turner, brass
880	8217	Trimmer (*shipping*)	510	5221	Turner, bush, axle
552	8113	Trimmer (*textile mfr*)	899	8129	Turner, button
552	8113	Trimmer and finisher (*hosiery, knitwear mfr*)	510	5221	Turner, capstan
			559	5419	Turner, collar
953	9223	Trolleyman, refreshments	510	5221	Turner, commutator
889	9139	Trolleyman	899	8129	Turner, conveyor (*coal mine*)

SOC 1990	SOC 2000	
839	8117	Turner, core
599	5499	Turner, cork
897	8121	Turner, counter
510	5221	Turner, crank
510	5221	Turner, crankshaft
510	5221	Turner, cutter
510	5221	Turner, die
824	8115	Turner, ebonite
518	5495	Turner, engine, rose
518	5495	Turner, engine (*jewellery, plate mfr*)
510	5221	Turner, engine
510	5221	Turner, engraver's
899	8129	Turner, frame (*shipbuilding*)
510	5221	Turner, general
559	5419	Turner, glove
899	8129	Turner, graphite
510	5221	Turner, gun
510	5221	Turner, hand (*metal trades*)
897	8121	Turner, handle
897	8121	Turner, heel (wood heels)
599	5499	Turner, ivory
510	5221	Turner, lathe, capstan
510	5221	Turner, lathe, centre
510	5221	Turner, lathe, cnc
510	5221	Turner, lathe, nc
510	5221	Turner, lathe, turret
510	5221	Turner, lathe (*metal trades*)
510	5221	Turner, locomotive
510	5221	Turner, loom
590	5491	Turner, machine, pottery
510	5221	Turner, maintenance
510	5221	Turner, marine
897	8121	Turner, mould, fringe
510	5221	Turner, mould (*glass mfr*)
840	8125	Turner, optical
897	8121	Turner, pipe (*tobacco pipe mfr*)
532	5216	Turner, pipe
897	8121	Turner, pirn
590	5491	Turner, porcelain, electric
510	5221	Turner, ring
897	8121	Turner, rod (fishing rods)
510	5221	Turner, roll
510	5221	Turner, roller (metal)
824	8115	Turner, roller (rubber)
897	8121	Turner, roller (wood)
510	5221	Turner, roller (*textile machinery mfr*)
510	5221	Turner, room, tool
510	5221	Turner, rough
824	8115	Turner, rubber
912	9139	Turner, sheet (*galvanised sheet mfr*)
869	8139	Turner, sheet (*rolling mill*)
840	8125	Turner, shell
897	8121	Turner, shive
555	5413	Turner, slipper
897	8121	Turner, spiral
897	8121	Turner, spool
510	5221	Turner, textile
510	5221	Turner, tool
510	5221	Turner, tube, steel
510	5221	Turner, tyre (metal)
510	5221	Turner, valve
824	8115	Turner, vulcanite
599	5499	Turner, wheel (*abrasives mfr*)
919	9139	Turner, wheel (*ceramics mfr*)
510	5221	Turner, wheel (*metal trades*)
899	8129	Turner, wire
897	8121	Turner, wood
510	5221	Turner (metal)
825	8116	Turner (plastics)
824	8115	Turner (rubber)
500	5312	Turner (stone)
897	8121	Turner (wood)
599	8119	Turner (*asbestos-cement goods mfr*)
801	8111	Turner (*brewery*)
559	5419	Turner (*canvas goods mfr*)
899	8129	Turner (*cemented carbide goods mfr*)
590	5491	Turner (*ceramics mfr*)
559	5419	Turner (*clothing mfr*)
510	5221	Turner (*coal mine*)
555	5413	Turner (*footwear mfr*)
559	5419	Turner (*hosiery, knitwear mfr*)
810	8114	Turner (*leather dressing*)
510	5221	Turner (*metal trades*)
825	8116	Turner (*plastics goods mfr*)
518	5495	Turner (*precious metal, plate mfr*)
560	5421	Turner (*process engraving*)
824	8115	Turner (*rubber goods mfr*)
500	5312	Turner (*stone dressing*)
897	8121	Turner (*wood products mfr*)
897	8121	Turner (*woodwind instruments mfr*)
510	5221	Turner
516	5223	Turner and fitter
559	5419	Turner-down (*glove mfr*)
510	5221	Turner-engineer
516	5223	Turner-fitter
869	8139	Turner-in (*steel mfr*)
590	5491	Turner-out (*glass mfr*)
869	8139	Turner-over (*rolling mill*)
869	8139	Turner-up (*rolling mill*)
612	3314	Turnkey
387	3449	Tutor, bound, outward
230	2311	Tutor, course (*higher education, university*)
392	3564	Tutor, guidance, graduate
239	2319	Tutor, home
341	S 3212	Tutor, midwife
235	2316	Tutor, needs, special
239	2319	Tutor, private
239	3443	Tutor, yoga
239	2319	Tutor (*private*)
235	2316	Tutor (*special needs*)
239	2319	Tutor (*adult education centre*)
239	2319	Tutor (*evening institute*)
231	2312	Tutor (*further education*)
230	2311	Tutor (*higher education, university*)
340	S 3211	Tutor (*hospital service*)
233	2314	Tutor (*secondary school*)

SOC 1990	SOC 2000	
233	**2314**	Tutor (*sixth form college*)
		Tutor - *see also notes*
813	**8113**	Twinder
812	**8113**	Twiner (*textile mfr*)
812	**8113**	Twiner-joiner-minder
812	**8113**	Twister, cap (*textile mfr*)
812	**8113**	Twister, cop
812	**8113**	Twister, cotton
812	**8113**	Twister, doubling
812	**8113**	Twister, false
812	**8113**	Twister, fly
829	**8119**	Twister, gut
814	**8113**	Twister, machine
812	**8113**	Twister, patent
812	**8113**	Twister, ring
812	**8113**	Twister, silk
812	**8113**	Twister, single
812	**8113**	Twister, spinning
812	**8113**	Twister, sprig
809	**8111**	Twister, sugar, barley
825	**8116**	Twister, tube
814	**8113**	Twister, twine
552	**8113**	Twister, warp
841	**8125**	Twister, wire, hat
812	**8113**	Twister, wool
812	**8113**	Twister, worsted
812	**8113**	Twister, yarn
899	**8129**	Twister (*broom, brush mfr*)
814	**8113**	Twister (*textile mfr: rope, cord, twine mfr*)
812	**8113**	Twister (*textile mfr*)
552	**8113**	Twister and drawer
552	**8113**	Twister-in (*textile mfr*)
552	**8113**	Twister-on (*textile mfr*)
552	**8113**	Twister-up (*textile mfr*)
		Tyer - *see* Tier
		Tyer-on - *see* Tier-on
		Tyer-up - *see* Tier-up
385	**3415**	Tympanist
569	**8139**	Typer (*textile mfr*)
452	**4217**	Typist, audio
452	**4217**	Typist, copy
452	**4217**	Typist, shorthand
452	S **4217**	Typist, superintendent
560	**5421**	Typist, vari
452	**4217**	Typist
420	**4217**	Typist-clerk (*college*)
420	**4217**	Typist-clerk (*schools*)
420	**4217**	Typist-clerk (*university*)
430	**4217**	Typist-clerk
452	**4217**	Typist-receptionist
560	**5421**	Typographer
530	**5211**	Tyreman (*railways*)

ALPHABETICAL INDEX FOR CODING OCCUPATIONS

U

SOC 1990	SOC 2000	
342	3214	Ultrasonographer
387	3442	Umpire (sports)
839	8117	Uncoiler (*tinplate mfr*)
552	8113	Uncurler (*textile mfr*)
		Under-manager - *see* Manager ( )
509	5319	Underpinner
673	9234	Underpresser
596	5234	Undersealer (vehicles)
384	3413	Understudy
690	6291	Undertaker
361	3533	Underwriter, insurance
361	3533	Underwriter
889	9139	Unloader, autoclave (ceramics)
889	9139	Unloader, kiln (ceramics)
930	9141	Unloader (*docks*)
931	9149	Unloader
839	8117	Unreeler (*steel mfr*)
813	8113	Unwinder
554	5412	Upholsterer
220	2211	Urologist
699	9249	Usher, court
699	9226	Usher
699	9226	Usherette

ALPHABETICAL INDEX FOR CODING OCCUPATIONS

V

SOC 1990	SOC 2000	
902	9119	Vaccinator (poultry)
958	9233	Valet (vehicles)
670	6231	Valet
958	9233	Valeter, car
958	9233	Valeter (vehicles)
360	3531	Valuer
516	5223	Valveman, hydraulic
899	8129	Valveman (*cartridge mfr*)
999	9139	Valveman (*coal gas, coke ovens*)
516	5223	Valveman (*steelworks*)
892	8126	Valveman (*water works*)
569	9133	Valver
555	5413	Vamper
821	8121	Varnisher, paper
596	5499	Varnisher, spray
821	8121	Varnisher (*wallpaper mfr*)
869	8139	Varnisher
801	8111	Vatman (*brewery*)
801	8111	Vatman (*cider mfr*)
821	8121	Vatman (*paper mfr*)
809	8111	Vatman (*soft drinks mfr*)
801	8111	Vatman (*vinegar mfr*)
834	8118	Vatman (*wire mfr*)
899	8129	Veiner
899	8129	Veiner and marker (*artificial flower mfr*)
559	5419	Velourer
731	7123	Vendor, cream, ice
178	1234	Vendor, horsemeat
731	7123	Vendor, ice-cream
732	7124	Vendor, market
731	7123	Vendor, milk
732	7124	Vendor, news
732	7124	Vendor, newspaper
732	7124	Vendor, street
824	8115	Veneerer, tyre
821	8121	Veneerer, wood
640	6111	Venepuncturist
220	2211	Venereologist
641	6111	Venesectionist
641	6111	Venesector
384	3413	Ventriloquist
904	9112	Verderer
904	9112	Verderor
840	8125	Verger (*lace machine mfr*)
672	6232	Verger
410	4122	Verifier, stock
861	8133	Verifier (*rubber tyre mfr*)
224	2216	Veterinarian
292	2444	Vicar
292	2444	Vicar-general
230	2311	Vice-chancellor (*university*)
179	1234	Victualler, licensed (off-licence)
175	1224	Victualler, licensed
386	3434	Videographer

SOC 1990	SOC 2000	
869	8133	Viewer, ammunition
860	8133	Viewer, barrel (gun)
860	8133	Viewer, bearings, ball
861	8133	Viewer, cloth
860	8133	Viewer, component (*metal trades*)
860	8133	Viewer, cycle
861	8133	Viewer, garment
869	8133	Viewer, glass
719	7129	Viewer, house
860	8133	Viewer, patrol (*metal trades*)
861	8133	Viewer, plastics
869	8133	Viewer (*cartridge mfr*)
861	8133	Viewer (*chocolate mfr*)
861	8133	Viewer (*clothing mfr*)
860	8133	Viewer (*electrical goods mfr*)
719	7129	Viewer (*estate agents*)
869	8133	Viewer (*film, television production*)
861	8133	Viewer (*food products mfr*)
861	8133	Viewer (*hat mfr*)
860	8133	Viewer (*metal trades*)
861	8133	Viewer (*plastics goods mfr*)
861	8133	Viewer (*rubber goods mfr*)
869	8133	Viewer (*sports goods mfr*)
861	8133	Viewer (*textile mfr*)
861	8133	Viewer (*wood products mfr*)
860	8133	Viewer of bullets
385	3415	Violinist
385	3415	Violoncellist
201	2112	Virologist
644	6115	Visitor, care
340	3211	Visitor, district
340	S 3211	Visitor, health, superintendent
340	3211	Visitor, health
340	3211	Visitor, home
371	3232	Visitor, welfare
381	3421	Visualiser (*advertising*)
160	1211	Viticulturist
823	8112	Vitrifier (*artificial teeth mfr*)
384	3413	Vocalist
593	5494	Voicer (organ)
829	8115	Vulcanizer

ALPHABETICAL INDEX FOR CODING OCCUPATIONS

W

SOC 1990	SOC 2000		SOC 1990	SOC 2000	
610	3312	WPC	619	9249	Warden (*museum*)
823	8112	Wadder	173	1221	Warden (*nurse's home*)
		Wageman, day - *see* Hand, datal	370	6114	Warden (*old people's home*)
910	8122	Wageman (*coal mine*)	173	1221	Warden (*police service*)
889	9139	Wagoner (*coal mine: aboveground*)	619	9249	Warden (*schools*)
886	8221	Wagoner (*coal mine*)	*619*	9249	Warden (*tourism*)
922	8143	Wagonwayman	371	3231	Warden (*youth club*)
541	5232	Wagonwright	154	1173	Warder, chief
621	S 9224	Waiter, head	902	9119	Warder, river
941	9211	Waiter (*stock exchange*)	619	9249	Warder, yeoman
621	9224	Waiter	619	9249	Warder (*museum*)
621	S 9224	Waitress, head	612	3314	Warder (*prison service*)
621	9224	Waitress	823	8112	Warehouseman, black
902	6139	Walker, dog	441	S 9149	Warehouseman, chief
720	S 7111	Walker, floor	931	9149	Warehouseman (loading, unloading)
720	S 7111	Walker, shop	441	9149	Warehouseman
509	5319	Waller, curtain	441	9149	Warehouseman-clerk
500	5312	Waller, dry	*931*	9149	Warehouseman-driver
820	8114	Waller (*salt mfr*)	441	9149	Warehouseman-packer
500	5312	Waller	441	9149	Warehouser
672	6232	Warden, barrack	899	8129	Warmer, rivet
672	6232	Warden, camp	552	8113	Warper
672	6232	Warden, castle	814	8113	Washer, back (*textile mfr*)
371	3231	Warden, centre, community	999	9132	Washer, barrel
371	3231	Warden, club, youth	990	9132	Washer, basket (*docks*)
370	6114	Warden, community	809	8111	Washer, beet, sugar
904	3552	Warden, countryside	820	8114	Washer, benzol
619	9243	Warden, crossing (schools)	820	8114	Washer, benzole
659	9244	Warden, dinner (schools)	814	8113	Washer, blanket (*blanket mfr*)
699	6139	Warden, dog	919	9139	Washer, board
619	3552	Warden, environmental	814	8113	Washer, body (*hat mfr*)
619	3552	Warden, estate	899	8129	Washer, boiler
902	5119	Warden, game	999	9132	Washer, bottle
619	9249	Warden, garage	999	9132	Washer, box
370	6114	Warden, housing (*local government*)	814	8113	Washer, brush
370	6114	Warden, mobile	999	9132	Washer, bulb (*lamp mfr*)
615	3552	Warden, park, national	958	9233	Washer, cab
619	9243	Warden, patrol, crossing, school	829	8114	Washer, cake (*man-made fibre mfr*)
612	3314	Warden, prison	958	9233	Washer, car
699	3552	Warden, range	999	9132	Washer, carriage
619	3552	Warden, reserve, nature	999	9132	Washer, cask
370	6114	Warden, resident	814	8113	Washer, cloth (*textile mfr*)
615	9241	Warden, security	890	8123	Washer, coal (*coal mine*)
672	6232	Warden, station	829	8114	Washer, coke
614	9242	Warden, traffic	863	8134	Washer, cullet
904	S 9112	Warden, wood	952	9223	Washer, dish (*hotels, catering, public houses*)
370	6114	Warden (sheltered housing)			
672	6232	Warden (*caravan site*)	999	9132	Washer, drum
370	6114	Warden (*communal establishment*)	814	8113	Washer, feather
650	6121	Warden (*day nursery*)	814	8113	Washer, felt
904	S 9112	Warden (*forestry*)	809	8111	Washer, fruit
672	6232	Warden (*government*)	952	9223	Washer, glass (*hotels, catering, public houses*)
173	1221	Warden (*hostel*)			
173	1221	Warden (*lodging house*)	919	9139	Washer, glass
619	9249	Warden (*manufacturing*)	*890*	8123	Washer, gravel

SOC 1990	SOC 2000		SOC 1990	SOC 2000	
890	8123	Washer, grit	400	4112	Watcher (*Customs and Excise*)
814	8113	Washer, hair, horse	830	8117	Watcher (*metal mfr*)
890	8123	Washer, hand (*coal mine*)	*517*	5224	Watchmaker
999	9132	Washer, jar	517	5224	Watchmaker and jeweller
999	9132	Washer, keg	880	8217	Watchman (*barge*)
890	8123	Washer, lime	615	9241	Watchman
958	9233	Washer, lorry	889	9139	Watchman-operator (*petroleum distribution*)
809	8111	Washer, meat			
919	9139	Washer, metal	613	3319	Waterguard (*Customs and Excise*)
952	9223	Washer, plate	930	9141	Waterman, dock
990	9132	Washer, pot	999	9131	Waterman, furnace, blast
814	8113	Washer, rag (*textile mfr*)	919	9139	Waterman (*coal gas, coke ovens*)
829	8115	Washer, rubber	910	8122	Waterman (*coal mine*)
814	8113	Washer, silk	892	8126	Waterman (*local government*)
810	8114	Washer, skin (*fellmongering*)	821	8121	Waterman (*paper mfr*)
919	9139	Washer, stencil	999	8126	Waterman (*sewage disposal*)
890	8123	Washer, stone	999	9139	Waterman (*steel mfr*)
919	9139	Washer, tin, biscuit	552	8113	Waterman (*textile mfr*)
919	9139	Washer, tray	880	8217	Waterman (*water transport*)
958	9233	Washer, van	892	8126	Waterman (*water works*)
814	8113	Washer, wool	824	8115	Waxer, block, thread
814	8113	Washer, yarn	552	8113	Waxer, cord
591	5491	Washer (*ceramics mfr*)	821	8121	Waxer, paper, stencil
820	8114	Washer (*chemical mfr*)	899	8129	Waxer (*battery mfr*)
810	8114	Washer (*fellmongering*)	810	8114	Waxer (*leather dressing*)
809	8111	Washer (*fish curing*)	821	8121	Waxer (*paper mfr*)
919	9139	Washer (*flour confectionery mfr*)	550	5411	Weaver, asbestos
902	9119	Washer (*fruit, vegetable growing*)	599	5499	Weaver, cane
809	8111	Washer (*grain milling*)	550	5411	Weaver, carpet
814	8113	Washer (*hat mfr*)	841	8125	Weaver, cloth, wire
673	9234	Washer (*laundry, launderette, dry cleaning*)	550	5411	Weaver, contour
			599	5499	Weaver, hair (*wig mfr*)
839	8117	Washer (*metal trades*)	550	5411	Weaver, lace
890	8123	Washer (*mine: not coal*)	550	5411	Weaver, loom, pattern
821	8121	Washer (*paper mfr*)	550	5411	Weaver, pattern
569	5423	Washer (*photographic film processing*)	899	8129	Weaver, spring
			550	5411	Weaver, textile
810	8114	Washer (*tannery*)	599	5499	Weaver, withy
814	8113	Washer (*textile mfr*)	599	5499	Weaver (*basketry mfr*)
999	9132	Washer (*transport*)	599	5499	Weaver (*wig mfr*)
952	9223	Washer-up (*hotels, catering, public houses*)	841	8125	Weaver (*wire goods mfr*)
			550	5411	Weaver
809	8111	Washerman (*grain milling*)	557	8136	Webber
673	9234	Washerman (*laundry, launderette, dry cleaning*)	*320*	3131	Webmaster, online, education
			320	3131	Webmaster
821	8121	Washerman (*paper mfr*)	590	5491	Wedger, clay
814	8113	Washerman (*textile mfr*)	902	9119	Weeder
814	8113	Washhouseman, wool	863	8134	Weighbridgeman
699	9229	Washhouseman (*baths*)	814	8113	Weigher, coiler
814	8113	Washhouseman (*raw silk processing*)	863	8134	Weigher
			814	8113	Weigher and finisher, coil (*asbestos rope mfr*)
673	9234	Washman (*laundry, launderette, dry cleaning*)			
			863	8134	Weigher and mixer, colour
829	8114	Watcher, calciner	809	8111	Weigher and mixer (*sugar, sugar confectionery mfr*)
400	4112	Watcher, customs			
830	8117	Watcher, furnace	441	8134	Weigherman (*card, paste board mfr*)
615	9241	Watcher, night	889	9131	Weighman, charge (*foundry*)
902	9119	Watcher, river	863	8134	Weighman
615	9241	Watcher, ship	579	5492	Weighter (golf club heads)

SOC 1990	SOC 2000		SOC 1990	SOC 2000	
310	3122	Weightsman	886	8221	Winchman
537	5215	Welder, arc	850	8131	Winder, armature
537	5215	Welder, chain	824	8115	Winder, ball, golf
537	5215	Welder, CO_2	813	8113	Winder, ball (*textile mfr*)
537	5215	Welder, electric	552	8113	Winder, beam
537	5215	Welder, fabricator	824	8115	Winder, belt, rubber
537	5215	Welder, maintenance	813	8113	Winder, bit (*textile mfr*)
859	8139	Welder, plastic	813	8113	Winder, bobbin, brass
537	5215	Welder, spot (metal)	813	8113	Winder, bobbin, ring
590	5316	Welder (double glazing units)	850	8131	Winder, bobbin (*electrical goods mfr*)
859	8139	Welder (*footwear mfr*)	813	8113	Winder, bobbin (*textile mfr*)
859	8139	Welder (*plastics goods mfr*)	899	8129	Winder, bobbin (*wire mfr*)
537	5215	Welder	899	8129	Winder, cable
537	5215	Welder and cutter	886	8221	Winder, cage (*coal mine*)
537	5215	Welder-fabricator	813	8113	Winder, card
537	5215	Welder-fitter	813	8113	Winder, cheese
555	5413	Welter (*footwear mfr*)	813	8113	Winder, clear
553	8137	Welter (*hosiery, knitwear mfr*)	699	9249	Winder, clock
555	5413	Wetter (*footwear mfr*)	814	8113	Winder, cloth (*oil cloth mfr*)
551	5411	Whaler, hosiery	850	8131	Winder, coil
930	S 9141	Wharfinger	813	8113	Winder, coloured
844	8125	Wheelabrator	813	8113	Winder, cone
889	9139	Wheeler, frit	813	8113	Winder, cop
889	9139	Wheeler, metal (*metal mfr*)	899	8129	Winder, copper (*cable mfr*)
889	9139	Wheeler, pick (*mine: not coal*)	899	8129	Winder, core (*cable mfr*)
555	5413	Wheeler, welt	824	8115	Winder, core (*golf ball mfr*)
810	8114	Wheeler, wet (*leather dressing*)	813	8113	Winder, cotton
555	5413	Wheeler (*footwear mfr*)	850	8131	Winder, disc, armature
810	8114	Wheeler (*leather dressing*)	813	8113	Winder, double (*textile mfr*)
516	5223	Wheeler (*railway rolling stock mfr*)	813	8113	Winder, doubler (*textile mfr*)
533	5213	Wheeler (*sheet metal working*)	813	8113	Winder, doubling
899	8129	Wheeler (*silver, plate mfr*)	813	8113	Winder, drum
869	8139	Wheeler (*vitreous enamelling*)	850	8131	Winder, dynamo
579	5492	Wheeler (*wheelwrights*)	850	8131	Winder, electrical
889	9139	Wheeler	850	8131	Winder, element
889	9139	Wheeler-in	886	8221	Winder, engine (*mining*)
894	8129	Wheelman (*coal mine*)	813	8113	Winder, engine (*textile mfr*)
839	8117	Wheelman (*copper refining*)	899	8129	Winder, filament
579	5492	Wheelwright	552	8113	Winder, gas
880	8217	Wherryman	813	8113	Winder, hank
899	8129	Whetter (cutlery)	886	8221	Winder, incline
811	8113	Whimseyer	899	8129	Winder, insulating (*electrical engineering*)
902	6139	Whip (*hunting*)			
553	8137	Whipper, blanket	813	8113	Winder, jute
869	8139	Whipper (*footwear mfr*)	814	8113	Winder, machine (*surgical dressing mfr*)
902	6139	Whipper-in (*hunting*)			
533	5213	Whitesmith	850	8131	Winder, mesh
820	8114	Whizzerman (*chemical mfr*)	813	8113	Winder, mohair
179	1163	Wholesaler	850	8131	Winder, motor, induction
859	8139	Wicker	813	8113	Winder, pin
900	9111	Wife, farmer's	813	8113	Winder, pirn
811	8113	Willeyer	886	8221	Winder, pit, staple
811	8113	Willier	813	8113	Winder, rayon
811	8121	Willower (*paper mfr*)	813	8113	Winder, reel
811	8113	Willower (*textile mfr*)	814	8113	Winder, ribbon
811	8113	Willowyer	813	8113	Winder, ring
811	8113	Willyer	899	8129	Winder, rope, wire
880	S 8217	Winchman (*shipping*)	850	8131	Winder, rotor
552	8113	Winchman (*textile mfr*)	813	8113	Winder, rubber

SOC 1990	SOC 2000		SOC 1990	SOC 2000	
813	8113	Winder, silk, raw	850	8131	Wirer (*metal trades: electronic apparatus mfr*)
886	8221	Winder, skip (*coal mine*)			
813	8113	Winder, slip	521	5242	Wirer (*metal trades: telephone mfr*)
569	8121	Winder, spiral (*paper tube mfr*)	913	9139	Wirer (*metal trades*)
850	8131	Winder, spool (*electrical goods mfr*)	859	8139	Wirer and paperer
813	8113	Winder, spool (*textile mfr*)	850	8131	Wirer and solderer (*radio, television, video mfr*)
850	8131	Winder, stator			
814	8113	Winder, tape (*electrical engineering*)	839	8117	Wirer-up (*electroplating*)
813	8113	Winder, thread (*textile mfr*)	*619*	9249	Witness (*debt collection*)
673	9234	Winder, towel (*laundry, launderette, dry cleaning*)	553	8137	Woman, needle
			699	6211	Woman, wardrobe (*theatre*)
850	8131	Winder, transformer	898	8123	Woodman (*mine: not coal*)
569	8121	Winder, tube (*paper tube mfr*)	904	9112	Woodman
813	8113	Winder, tube (*textile mfr*)	904	9112	Woodsman
850	8131	Winder, turbo	570	5315	Woodworker (aircraft)
813	8113	Winder, twist	579	5492	Woodworker
821	8121	Winder, wallpaper	*571*	5492	Woodwright
813	8113	Winder, warp	811	8113	Woolleyer
813	8113	Winder, weft	581	5431	Worker, abattoir
813	8113	Winder, weight	591	5491	Worker, acid (*ceramics mfr*)
813	8113	Winder, wheel (*lace mfr*)	820	8114	Worker, acid
899	8129	Winder, wire	*430*	4150	Worker, administration
813	8113	Winder, wool	*430*	4150	Worker, administrative
813	8113	Winder, yarn	371	3232	Worker, advice
899	8129	Winder (*cable mfr*)	901	8223	Worker, agricultural (*agricultural contracting*)
850	8131	Winder (*electrical goods mfr*)			
886	8221	Winder (*mining*)	900	9111	Worker, agricultural
821	8121	Winder (*paper mfr*)	*371*	3232	Worker, aid, family
813	8113	Winder (*textile mfr*)	912	9139	Worker, aircraft
814	8113	Winder (*textile smallwares mfr*)	839	8117	Worker, aluminium
814	8113	Winder (*typewriter ribbon mfr*)	919	9139	Worker, ammunition
821	8121	Winder (*wallpaper mfr*)	652	6124	Worker, ancillary (*education*)
899	8129	Winder (*wire goods mfr*)	641	6111	Worker, ancillary (*hospital service*)
886	8221	Winderman (*coal mine*)	293	3232	Worker, ancillary (*probation service*)
821	8121	Winderman (*paper mfr*)			
814	8113	Wiper, bobbin	292	2444	Worker, army, Church
912	9139	Wiper, cutlery (*cutlery mfr*)	507	5323	Worker, artex
912	9139	Wiper, scissors	919	9139	Worker, asbestos
919	9139	Wiper (*glass mfr*)			Worker, assembly - *see* Assembler
521	5241	Wireman, electrical	820	8114	Worker, autoclave (*aluminium refining*)
850	8131	Wireman, electronic			
850	8131	Wireman, indoor	553	8137	Worker, badge
850	8131	Wireman, instrument	800	8111	Worker, bakehouse
524	5243	Wireman, overhead	800	8111	Worker, bakery
850	8131	Wireman, radar	824	8115	Worker, ball, golf
524	5243	Wireman, telephone	622	9225	Worker, bar
851	8132	Wireman (*cycle mfr*)	897	8121	Worker, bark
524	5243	Wireman (*railways*)	599	5499	Worker, basket
524	5243	Wireman (*telecommunications*)	990	9139	Worker, battery
850	8131	Wireman	903	9119	Worker, bed, oyster
850	8131	Wireman-assembler	889	9139	Worker, belt, conveyor
841	8125	Wirer, box	889	9139	Worker, belt
814	8113	Wirer, card (*carpet, rug mfr*)	571	5492	Worker, bench (*cabinet making*)
521	5241	Wirer, electrical	899	8129	Worker, bench (*engineering*)
850	8131	Wirer, panel	555	8139	Worker, bench (*footwear mfr*)
824	8115	Wirer, tyre	590	8112	Worker, bench (*glass mfr*)
599	5499	Wirer (*artificial flower mfr*)	517	5224	Worker, bench (*instrument mfr*)
521	5241	Wirer (*metal trades: electrical engineering*)	825	8116	Worker, bench (*laminated plastics mfr*)

SOC 1990	SOC 2000		SOC 1990	SOC 2000	
555	8139	Worker, bench (*leather goods mfr*)	292	2444	Worker, church
862	9134	Worker, bench (*newspaper printing*)	801	8111	Worker, cider
			699	9229	Worker, cinema
562	5423	Worker, bindery	590	8112	Worker, clay (*ceramics mfr*)
820	8114	Worker, bitumen	898	8123	Worker, clay (*clay pit*)
552	8114	Worker, bleach (*textile mfr*)	401	4113	Worker, clerical (*local government*)
599	8119	Worker, block, concrete	430	4150	Worker, clerical
534	5214	Worker, blowlamp (*shipbuilding*)	552	8113	Worker, cloth (*textile finishing*)
590	5491	Worker, blowpipe (quartz glass)	820	8114	Worker, coke (*coke ovens*)
892	8126	Worker, board, water	910	8122	Worker, colliery
813	8113	Worker, bobbin, bottle	829	8114	Worker, colour (*paint mfr*)
441	9149	Worker, bond	569	5422	Worker, colour (*printing*)
555	5413	Worker, boot and shoe	371	3231	Worker, community
569	8121	Worker, box, cardboard	599	8119	Worker, concrete, pre-cast
841	8125	Worker, box, metal	599	8119	Worker, concrete (*concrete products mfr*)
899	8125	Worker, brass			
801	8111	Worker, brewery	923	8142	Worker, concrete
590	8112	Worker, brick	800	8111	Worker, confectionery (*bakery*)
899	8125	Worker, bronze, architectural	809	8111	Worker, confectionery (*sugar, sugar confectionery mfr*)
899	8125	Worker, bronze, ornamental			
599	5499	Worker, brush	904	3551	Worker, conservation
509	9121	Worker, building	929	9121	Worker, construction
595	9119	Worker, bulb (*horticulture*)	597	8122	Worker, contract (*coal mine*)
809	8111	Worker, butter	569	5423	Worker, copper, electro (*textile printing*)
899	8129	Worker, button			
553	8137	Worker, buttonhole	912	9139	Worker, copper (*refining*)
571	5492	Worker, cabinet	801	8111	Worker, copperhead
899	8129	Worker, cable (*cable mfr*)	904	9112	Worker, coppice
953	9223	Worker, café	820	8114	Worker, cordite
699	9226	Worker, camp, holiday	919	9139	Worker, cotton
929	9129	Worker, canal	*555*	5413	Worker, craft, leather
599	5499	Worker, cane	*599*	5499	Worker, craft
862	9134	Worker, cannery	809	8111	Worker, creamery
952	9223	Worker, canteen	650	6121	Worker, crèche
851	8132	Worker, car	551	5411	Worker, crochet
820	8114	Worker, carbide	*902*	9119	Worker, crop (*horticulture*)
599	5499	Worker, carbon	590	8112	Worker, crucible
902	6139	Worker, care, animal	518	5495	Worker, crystal, quartz
370	6114	Worker, care, child	899	8129	Worker, cutlery
640	6111	Worker, care (*hospital service*)	851	8132	Worker, cycle
644	6115	Worker, care (*welfare services*)			Worker, dairy - *see* Dairyman
930	9141	Worker, cargo			Worker, datal - *see* Hand, datal
550	5411	Worker, carpet			Worker, day - *see* Hand, datal
293	2442	Worker, case, family	*940*	9211	Worker, delivery, postal
400	4112	Worker, case (*government*)	896	8149	Worker, demolition
571	5492	Worker, case (*piano, organ mfr*)	931	9149	Worker, depot
293	3232	Worker, case (*social services*)	441	9149	Worker, despatch
293	3232	Worker, case (*social, welfare services*)	599	5499	Worker, detonator (*chemical mfr*)
			371	3231	Worker, development, community
809	8111	Worker, casein (*food products mfr*)	597	8122	Worker, development (*coal mine*)
952	9223	Worker, catering	371	3232	Worker, development (*welfare services*)
829	8119	Worker, cement			
990	6291	Worker, cemetery	820	8114	Worker, digester
371	3231	Worker, centre, family	441	9149	Worker, dispatch
699	9226	Worker, centre, leisure	895	8149	Worker, distribution (*mains services*)
809	8111	Worker, cheese	912	9139	Worker, dock, dry
820	8114	Worker, chemical	912	9139	Worker, dock (dry dock)
820	8114	Worker, chlorine, electrolytic	930	9141	Worker, dock
809	8111	Worker, chocolate	930	9141	Worker, dockside

SOC 1990	SOC 2000	
912	**9139**	Worker, dockyard
958	**9233**	Worker, domestic
929	**9129**	Worker, drainage
821	**8121**	Worker, dry (*paper mfr*)
820	**8114**	Worker, dye, natural
824	**8115**	Worker, ebonite
371	**3231**	Worker, education, community
869	**8139**	Worker, enamel
893	**8124**	Worker, engine
912	**9139**	Worker, engineering
990	**9119**	Worker, estate
309	**3119**	Worker, experimental
820	**8114**	Worker, explosive
810	**8114**	Worker, extract (*tannery*)
553	**8137**	Worker, fabric
597	**8122**	Worker, face (*coal mine*)
621	**9224**	Worker, factory, fun
862	**9134**	Worker, factory (packing)
801	**8111**	Worker, factory (*brewery*)
559	**8113**	Worker, factory (*clothing mfr*)
801	**8111**	Worker, factory (*distillery*)
850	**8131**	Worker, factory (*electrical goods mfr: assembling, soldering*)
912	**9139**	Worker, factory (*engineering*)
809	**8111**	Worker, factory (*food products mfr*)
555	**8139**	Worker, factory (*footwear mfr*)
825	**8116**	Worker, factory (*plastics goods mfr*)
809	**8111**	Worker, factory (*soft drinks mfr*)
802	**8111**	Worker, factory (*tobacco mfr*)
919	**9139**	Worker, factory
506	**5322**	Worker, faience
699	**9226**	Worker, fairground
903	**9119**	Worker, farm, fish
903	**9119**	Worker, farm, salmon
892	**8126**	Worker, farm, sewage
903	**9119**	Worker, farm, trout
903	**9119**	Worker, farm (*fish farm, hatchery*)
900	**9111**	Worker, farm
814	**8113**	Worker, feather
814	**8113**	Worker, felt
821	**8121**	Worker, fibre (*paper mfr*)
824	**8115**	Worker, fibre (*rubber goods mfr*)
590	**8112**	Worker, fibreglass
591	**5491**	Worker, field, brick
293	**2442**	Worker, field (*social services*)
900	**9111**	Worker, field
569	**5423**	Worker, film, colour
820	**8114**	Worker, filtration, red (*aluminium refining*)
930	**9141**	Worker, fish (*docks*)
582	**5433**	Worker, fish (*food processing*)
809	**8111**	Worker, food
904	**9112**	Worker, forest
904	**9112**	Worker, forestry
839	**8117**	Worker, forge
911	**9131**	Worker, foundry
551	**8113**	Worker, frame, hand
551	**8113**	Worker, frame, knitting
814	**8113**	Worker, frame (*rope, twine mfr*)

SOC 1990	SOC 2000	
830	**8117**	Worker, furnace, blast
830	**8117**	Worker, furnace (*metal trades*)
820	**8114**	Worker, fuseroom (*chemical mfr*)
820	**8114**	Worker, galenical
990	**8135**	Worker, garage (*PO*)
902	**9119**	Worker, garden, market
811	**8113**	Worker, garnet
820	**8114**	Worker, gas, chlorine
532	**5314**	Worker, gas, maintenance
820	**8114**	Worker, gas (industrial gas)
919	**9139**	Worker, gas
809	**8111**	Worker, gelatine
910	**8122**	Worker, general (*coal mine*)
900	**9111**	Worker, general (*farming*)
809	**8111**	Worker, general (*food products mfr*)
902	**9119**	Worker, general (*horticulture*)
503	**5316**	Worker, glass, decorative
590	**8112**	Worker, glass, fibre
595	**9119**	Worker, glass (*agriculture*)
590	**8112**	Worker, glass (*glass mfr*)
590	**8112**	Worker, glass (*lamp, valve mfr*)
590	**8112**	Worker, glass
595	**9119**	Worker, glasshouse
557	**8136**	Worker, glove
820	**8114**	Worker, glycerine
591	**5491**	Worker, gold
555	**5413**	Worker, goods, leather
631	**8216**	Worker, goods, railways
824	**8115**	Worker, goods, rubber
898	**8123**	Worker, gravel (*gravel extraction*)
595	**9119**	Worker, greenhouse (*agriculture*)
910	**8122**	Worker, ground, above (*coal mine*)
990	**8123**	Worker, ground, above (*mine: not coal*)
910	**8122**	Worker, ground, under (*coal mine*)
898	**8123**	Worker, ground, under (*mine: not coal*)
929	**9121**	Worker, ground (*building and contracting*)
371	**3232**	Worker, group (*social services*)
		Worker, guillotine - see Hand, guillotine ( )
811	**8113**	Worker, hair
839	**8117**	Worker, hammer, power
557	**8136**	Worker, hat
902	**9119**	Worker, hatchery (*agriculture*)
903	**9119**	Worker, hatchery (*fishing*)
889	**8122**	Worker, haulage (*coal mine*)
640	**6111**	Worker, healthcare (*hospital service*)
644	**6115**	Worker, healthcare (*nursing home*)
644	**6115**	Worker, healthcare (*welfare services*)
582	**5433**	Worker, herring
595	**9119**	Worker, horticultural
551	**8113**	Worker, hosiery
641	**6111**	Worker, hospital
958	**9229**	Worker, hotel
552	**8114**	Worker, house, dye (*textile mfr*)
582	**5433**	Worker, house, fish
893	**8124**	Worker, house, power

SOC 1990	SOC 2000	
821	8121	Worker, house, rag
820	8114	Worker, house, retort (*coal gas, coke ovens*)
581	5431	Worker, house, slaughter
829	8119	Worker, house, slip
958	9233	Worker, house (*domestic service*)
990	9132	Worker, hygiene
869	8133	Worker, inspection
820	8114	Worker, installation (*oil refining*)
899	8125	Worker, iron, art
530	5211	Worker, iron, ornamental
533	5213	Worker, iron, sheet
530	5211	Worker, iron, wrought
535	5311	Worker, iron (*constructional engineering*)
912	9139	Worker, iron (*iron and steelworks*)
898	8123	Worker, ironstone
518	5495	Worker, jet
371	3232	Worker, key (*welfare services*)
823	8112	Worker, kiln (*ceramics mfr*)
821	8121	Worker, kiln (*furniture mfr*)
829	8119	Worker, kiln (*lime burning*)
952	9223	Worker, kitchen
864	8138	Worker, laboratory
550	5411	Worker, lace
590	5491	Worker, lamp (*glass mfr*)
900	9111	Worker, land
590	5491	Worker, lathe (*glass mfr*)
840	8125	Worker, lathe
673	9234	Worker, launderette
673	9234	Worker, laundry
371	3232	Worker, lay
839	8117	Worker, lead, tea
503	5316	Worker, lead (*stained glass*)
899	8129	Worker, lead (*accumulator mfr*)
555	5413	Worker, leather, fancy
555	5413	Worker, leather, hydraulic and mechanical
555	5413	Worker, leather, orthopaedic
555	5413	Worker, leather (*artificial limb mfr*)
810	8114	Worker, leather (*leather dressing*)
555	5413	Worker, leather (*leather goods mfr*)
554	5412	Worker, leather (*railways*)
554	5412	Worker, leather (*vehicle mfr*)
590	5491	Worker, lens
955	9245	Worker, lift
810	8114	Worker, lime
899	8129	Worker, lino
899	8129	Worker, linoleum
550	5411	Worker, loom, hand
		Worker, machine - *see* Machinist
820	8114	Worker, magazine (explosives)
		Worker, maintenance - *see* Hand, maintenance
500	5312	Worker, marble
809	8111	Worker, margarine
809	8111	Worker, marzipan
899	8125	Worker, metal, architectural
899	8125	Worker, metal, art

SOC 1990	SOC 2000	
899	8125	Worker, metal, ornamental
518	5495	Worker, metal, precious
533	5213	Worker, metal, sheet
518	5495	Worker, metal, white
516	5223	Worker, metal (*hospital service*)
599	5499	Worker, metal (*linoleum mfr*)
912	9139	Worker, metal
829	8112	Worker, mica
829	8112	Worker, micanite
811	8113	Worker, mill, asbestos
919	9139	Worker, mill, corn
919	9139	Worker, mill, cotton
919	9139	Worker, mill, flour
829	8119	Worker, mill, grog
821	8121	Worker, mill, paper
839	8117	Worker, mill, rolling
839	8117	Worker, mill, rubber
897	8121	Worker, mill, saw
839	8117	Worker, mill, sheet
500	5312	Worker, mill, slate
919	9139	Worker, mill, woollen
809	8111	Worker, mill (*animal feeds mfr*)
839	8117	Worker, mill (*metal mfr*)
897	8121	Worker, mill (*timber merchants*)
919	9139	Worker, mill
910	8122	Worker, mine (*coal mine*)
898	8123	Worker, mine (*mine: not coal*)
506	5322	Worker, mosaic
830	8117	Worker, muffle, foundry
833	8117	Worker, muffle (*annealing*)
912	9139	Worker, munitions
553	8137	Worker, needle
834	8118	Worker, nickel (*electroplating*)
650	6121	Worker, nursery (*day nursery*)
595	9119	Worker, nursery
826	8114	Worker, nylon (*nylon mfr*)
910	8122	Worker, odd (*coal mine*)
899	8129	Worker, odd (*engineering*)
940	9211	Worker, office, post
400	4112	Worker, office (*government*)
430	9219	Worker, office
898	8123	Worker, opencast
590	5491	Worker, optical
518	5495	Worker, ornament, black
371	3231	Worker, outreach, community
371	3232	Worker, outreach (*welfare services*)
371	3231	Worker, outreach
820	8114	Worker, oven, coke
820	8114	Worker, paint (*paint mfr*)
596	5234	Worker, paint (*vehicle mfr*)
809	8111	Worker, pan, revolving (*sugar, sugar confectionery mfr*)
821	8121	Worker, paper (*paper mfr*)
919	9139	Worker, paper (*printing*)
371	3231	Worker, parish
371	3231	Worker, parochial
902	9119	Worker, peat
820	8114	Worker, pharmaceutical
560	5421	Worker, photogravure

SOC 1990	SOC 2000		SOC 1990	SOC 2000	
809	**8111**	Worker, pickle	850	**8131**	Worker, process (*electrical, electronic equipment mfr*)
597	**8122**	Worker, piece (*coal mine*)			
		Worker, piece - *see also* Assembler	820	**8114**	Worker, process (*explosives mfr*)
518	**5495**	Worker, pierce	829	**8114**	Worker, process (*fat recovery*)
910	**8122**	Worker, pit (*coal mine*)	814	**8113**	Worker, process (*felt mfr*)
820	**8114**	Worker, plant, gas	590	**8112**	Worker, process (*fibre glass mfr*)
890	**8123**	Worker, plant, hydrating, lime	569	**5423**	Worker, process (*film processing*)
890	**8123**	Worker, plant, screening	800	**8111**	Worker, process (*flour confectionery mfr*)
839	**8117**	Worker, plant, sinter			
800	**8111**	Worker, plant (*bakery*)	809	**8111**	Worker, process (*food products mfr*)
820	**8114**	Worker, plant (*chemical mfr*)	590	**8112**	Worker, process (*glass mfr*)
820	**8114**	Worker, plant (*coke ovens*)	899	**8119**	Worker, process (*jewellery, plate mfr*)
825	**8116**	Worker, plastics	850	**8131**	Worker, process (*lamp, valve mfr*)
534	**5214**	Worker, plate, iron	673	**9234**	Worker, process (*laundry, launderette, dry cleaning*)
534	**5214**	Worker, plate, metal			
839	**8117**	Worker, plate, tin (*tinplate mfr*)	810	**8114**	Worker, process (*leather mfr*)
533	**5213**	Worker, plate, tin	899	**8113**	Worker, process (*leathercloth mfr*)
533	**5213**	Worker, plate, zinc	899	**8119**	Worker, process (*linoleum mfr*)
659	**6123**	Worker, play	820	**8114**	Worker, process (*lubricating oil mfr*)
659	**6123**	Worker, playgroup	809	**8111**	Worker, process (*meat products mfr*)
659	**6123**	Worker, playscheme	839	**8117**	Worker, process (*metal trades: steelworks*)
651	**6123**	Worker, playschool			
930	**9141**	Worker, port	851	**8132**	Worker, process (*metal trades: vehicle mfr*)
940	**9211**	Worker, postal			
590	**5491**	Worker, pottery	899	**8125**	Worker, process (*metal trades*)
900	**9111**	Worker, poultry	829	**8112**	Worker, process (*mica, micanite goods mfr*)
893	**8124**	Worker, power			
841	**8125**	Worker, press (*metal trades*)	830	**8117**	Worker, process (*nickel mfr*)
		Worker, press - *see also* Presser ( )	820	**8114**	Worker, process (*nuclear fuel production*)
891	**9133**	Worker, print			
590	**5491**	Worker, prism	820	**8114**	Worker, process (*oil refining*)
599	**8119**	Worker, process (*abrasives mfr*)	820	**8114**	Worker, process (*ordnance factory*)
820	**8114**	Worker, process (*adhesive and sealants mfr*)	809	**8111**	Worker, process (*organic oil and fat processing*)
809	**8111**	Worker, process (*animal feeds mfr*)	820	**8114**	Worker, process (*paint mfr*)
811	**8113**	Worker, process (*asbestos mfr*)	569	**8121**	Worker, process (*paper and board products mfr*)
829	**8114**	Worker, process (*asbestos-cement goods mfr*)			
			821	**8121**	Worker, process (*paper mfr*)
820	**8114**	Worker, process (*Atomic Energy Authority*)	820	**8114**	Worker, process (*patent fuel mfr*)
			820	**8114**	Worker, process (*pharmaceutical mfr*)
800	**8111**	Worker, process (*bakery*)			
801	**8111**	Worker, process (*brewery*)	569	**8114**	Worker, process (*photographic film mfr*)
899	**8119**	Worker, process (*cable mfr*)			
599	**8119**	Worker, process (*cast concrete products mfr*)	825	**8116**	Worker, process (*plastics goods mfr*)
			820	**8114**	Worker, process (*plastics mfr*)
820	**8114**	Worker, process (*cellulose film mfr*)	820	**8114**	Worker, process (*polish mfr*)
820	**8114**	Worker, process (*cement mfr*)	569	**9133**	Worker, process (*printing*)
599	**8119**	Worker, process (*cemented carbide goods mfr*)	820	**8114**	Worker, process (*printing ink mfr*)
			824	**8115**	Worker, process (*rubber goods mfr*)
590	**8112**	Worker, process (*ceramics mfr*)	829	**8115**	Worker, process (*rubber reclamation*)
820	**8114**	Worker, process (*chemical mfr*)			
809	**8111**	Worker, process (*chocolate mfr*)	581	**5431**	Worker, process (*slaughterhouse*)
890	**8123**	Worker, process (*clay extraction*)	820	**8114**	Worker, process (*soap, detergent mfr*)
820	**8114**	Worker, process (*coal gas, coke ovens*)			
			809	**8111**	Worker, process (*soft drinks mfr*)
809	**8111**	Worker, process (*dairy*)	809	**8111**	Worker, process (*starch mfr*)
801	**8111**	Worker, process (*distillery*)	809	**8111**	Worker, process (*sugar, sugar confectionery mfr*)
899	**8119**	Worker, process (*electrical engineering*)			
			810	**8114**	Worker, process (*tannery*)

SOC 1990	SOC 2000	
811	8113	Worker, process (*textile mfr: fibre preparing*)
826	8114	Worker, process (*textile mfr: man-made fibre mfr*)
552	8113	Worker, process (*textile mfr: textile finishing*)
569	9133	Worker, process (*textile mfr: textile printing*)
814	8113	Worker, process (*textile mfr*)
802	8111	Worker, process (*tobacco mfr*)
820	8114	Worker, process (*toilet preparations mfr*)
801	8111	Worker, process (*vinery*)
821	8121	Worker, process (*wood products mfr*)
801	8111	Worker, process (*yeast mfr*)
		Worker, production - *see* Worker, process ( )
820	8114	Worker, products, medicinal
420	9219	Worker, progress
371	3232	Worker, project (*welfare services*)
809	8111	Worker, pudding
898	8123	Worker, quarry
631	8216	Worker, railway
931	8218	Worker, ramp
699	9226	Worker, range, driving
699	9226	Worker, range, firing
699	9226	Worker, range, shooting
826	8114	Worker, rayon
		Worker, recovery - *see* Recoverer
933	9235	Worker, recycling
820	8114	Worker, refinery, oil
919	9139	Worker, refractory
371	3232	Worker, refuge (*welfare services*)
923	8142	Worker, reinstatement (road)
534	5214	Worker, repair (*coal mine: above ground*)
597	8122	Worker, repair (*coal mine*)
371	3232	Worker, rescue
201	2112	Worker, research (agricultural)
201	2112	Worker, research (biochemical)
201	2112	Worker, research (biological)
201	2112	Worker, research (botanical)
200	2111	Worker, research (chemical)
252	2322	Worker, research (economic)
399	2329	Worker, research (fire protection)
300	2329	Worker, research (fuel)
202	2113	Worker, research (geological)
399	2322	Worker, research (historical)
201	2112	Worker, research (horticultural)
300	3111	Worker, research (medical)
202	2113	Worker, research (meteorological)
202	2113	Worker, research (mining)
300	2329	Worker, research (photographic)
202	2113	Worker, research (physical science)
300	2329	Worker, research (plastics)
300	2329	Worker, research (textile)
201	2112	Worker, research (zoological)
209	2329	Worker, research
371	3232	Worker, resettlement (*welfare services*)
644	6115	Worker, residential (*welfare services*)
371	3231	Worker, resource
953	9223	Worker, restaurant
		Worker, retort - *see* Man, retort ( )
534	5214	Worker, rig, oil (oil rig construction)
898	8123	Worker, rig, oil (*well drilling*)
898	8123	Worker, rig, oil
929	9129	Worker, river
923	8142	Worker, road
811	8113	Worker, room, card
441	9149	Worker, room, cotton
441	9149	Worker, room, grey (*textile mfr*)
800	8111	Worker, room, icing
809	8111	Worker, room, nut
569	8121	Worker, room, pattern (*wallpaper mfr*)
441	9149	Worker, room, pattern
809	8111	Worker, room, sausage
555	8139	Worker, room, shoe
809	8111	Worker, room, starch
953	9223	Worker, room, still
441	9149	Worker, room, stock
889	9139	Worker, room, ware
814	8113	Worker, rope (*rope, twine mfr*)
824	8115	Worker, rubber
555	5413	Worker, saddle
396	3567	Worker, safety (*UKAEA*)
861	8133	Worker, salle
820	8114	Worker, salt
597	8122	Worker, salvage (*coal mine*)
990	9235	Worker, salvage
898	8123	Worker, sand (*quarry*)
899	8129	Worker, saw, hot
890	8123	Worker, screen (*coal mine*)
902	9119	Worker, seasonal (*agriculture, market gardening*)
801	8111	Worker, sediment (*whisky distilling*)
595	5112	Worker, seed
500	5312	Worker, serpentine
953	9223	Worker, service (*school meals*)
889	9139	Worker, service (*textile mfr*)
371	3231	Worker, sessional
371	3232	Worker, settlement
892	8126	Worker, sewage
990	8216	Worker, shed (*railways*)
810	8114	Worker, shed (*tannery*)
810	8114	Worker, sheepskin
533	5213	Worker, sheet (metal)
644	6115	Worker, shelter (*welfare services*)
910	8122	Worker, shift (*coal mine*)
930	9141	Worker, ship
555	5413	Worker, shoe
555	5413	Worker, shoeroom
531	5212	Worker, shop, core (*metal trades*)
596	5234	Worker, shop, paint (*vehicle mfr*)
990	9139	Worker, shop, paint
919	9139	Worker, shop, scrap (*celluloid*)
720	7111	Worker, shop (fried fish)

Standard Occupational Classification 2000 Volume 2   245

SOC 1990	SOC 2000		SOC 1990	SOC 2000	
720	**7111**	Worker, shop (*retail trade*)	825	**8116**	Worker, tile (*plastics goods mfr*)
720	**7111**	Worker, shop (*take-away food shop*)	889	**9139**	Worker, timber
411	**4123**	Worker, shop (*turf accountants*)	841	**8125**	Worker, tin, fancy
553	**8137**	Worker, silk (*greetings cards mfr*)	533	**5213**	Worker, tin (*sheet metal working*)
919	**9139**	Worker, silk	839	**8117**	Worker, tinplate (*tinplate mfr*)
441	**9149**	Worker, silo	802	**8111**	Worker, tobacco
518	**5495**	Worker, silver	899	**8129**	Worker, tool, edge
500	**5312**	Worker, slate, enamelled	889	**8122**	Worker, transit (*coal mine*)
581	**5431**	Worker, slaughterhouse	930	**9141**	Worker, transport (*docks*)
555	**5413**	Worker, slipper	930	**9141**	Worker, transport (*waterways*)
890	**8123**	Worker, slurry (*coal mine*)	889	**8219**	Worker, transport
820	**8114**	Worker, soap	833	**8117**	Worker, treatment, heat (metal)
293	**2442**	Worker, social, forensic	833	**8117**	Worker, treatment, heat (*metal trades*)
293	**2442**	Worker, social, medical			
644	**6115**	Worker, social, residential	892	**8126**	Worker, treatment, water
293	**2442**	Worker, social	500	**5312**	Worker, trowel
841	**8125**	Worker, spoon and fork	569	**8121**	Worker, tube (paper)
899	**8129**	Worker, spring	839	**8117**	Worker, tube (steel)
534	**5214**	Worker, steel (*shipbuilding*)	594	**9119**	Worker, turf
535	**5311**	Worker, steel (*structural engineering*)	544	**8135**	Worker, tyre (*garage*)
			824	**8114**	Worker, tyre
912	**9139**	Worker, steel	910	**8122**	Worker, underground (*coal mine*)
569	**8139**	Worker, stencil	898	**8123**	Worker, underground (*mine: not coal*)
599	**5499**	Worker, stone, artificial			
518	**5495**	Worker, stone, precious	441	**9149**	Worker, warehouse
599	**8119**	Worker, stone (*cast concrete products mfr*)	597	**8122**	Worker, waste (*coal mine*)
			595	**9119**	Worker, watercress
597	**8122**	Worker, stone (*coal mine*)	652	**6124**	Worker, welfare (*schools*)
898	**8123**	Worker, stone (*mine: not coal*)	371	**3232**	Worker, welfare
441	**9149**	Worker, store, cold	820	**8114**	Worker, whiting
559	**5419**	Worker, straw (*hat mfr*)	599	**5499**	Worker, willow
839	**8117**	Worker, strip, copper	839	**8117**	Worker, wire, tungsten
809	**8111**	Worker, sugar	899	**8129**	Worker, wire (*cable mfr*)
441	**9149**	Worker, supply (*retail trade*)	900	**9111**	Worker, wire (*hop growing*)
652	**6124**	Worker, support, learning	518	**5495**	Worker, wire (*silver, plate mfr*)
650	**6121**	Worker, support, nursery	899	**8129**	Worker, wire
652	**6124**	Worker, support, teacher's	810	**8114**	Worker, yard, lime
652	**6124**	Worker, support (*education*)	810	**8114**	Worker, yard, tan
640	**6111**	Worker, support (*hospital service*)	990	**9149**	Worker, yard
644	**6115**	Worker, support (*nursing home*)	371	**3231**	Worker, youth
371	**6115**	Worker, support (*welfare services*)	533	**5213**	Worker, zinc
923	**8142**	Worker, surface, road	809	**8111**	Worker-off (*sugar, sugar confectionery mfr*)
910	**8122**	Worker, surface (*coal mine*)			
990	**8123**	Worker, surface (*mine: not coal*)	912	**9139**	Worker-round (*iron and steelworks*)
802	**8111**	Worker, table (*cigar mfr*)			
569	**9133**	Worker, table (*printing*)	312	**2433**	Worker-up (quantity surveying)
559	**5419**	Worker, table (*textile mfr*)	904	**9112**	Workman, forest
859	**8139**	Worker, tackle, fishing	523	**5242**	Workman, skilled (*telecommunications*)
821	**8121**	Worker, tank, wax (*cardboard box mfr*)			
			899	**8129**	Worksetter
810	**8114**	Worker, tannery	824	**8115**	Wrapper, bead (*tyre mfr*)
553	**5419**	Worker, tapestry	899	**8129**	Wrapper, cable
923	**8142**	Worker, tarmac	824	**8115**	Wrapper, tube (*rubber goods mfr*)
910	**8122**	Worker, task (*coal mine*)	569	**8121**	Wrapper (*cardboard box mfr*)
506	**5322**	Worker, terrazzo	824	**8115**	Wrapper (*inner tube mfr*)
919	**9139**	Worker, textile	862	**9134**	Wrapper
599	**8119**	Worker, tile (*cast concrete products mfr*)	862	**9134**	Wrapper-up
			600	**3311**	Wren
590	**5491**	Worker, tile (*ceramics mfr*)	387	**3441**	Wrestler

SOC 1990	SOC 2000	
552	8113	Wringman
380	3543	Writer, advertisement
380	**3412**	Writer, communications, corporate
380	3412	Writer, copy
380	**3412**	Writer, creative
869	8139	Writer, dial
380	**3431**	Writer, feature
380	**3431**	Writer, features
380	**3431**	Writer, freelance (*newspaper, magazines*)
380	3412	Writer, freelance
507	5323	Writer, glass
380	3431	Writer, leader
507	5323	Writer, letter (*signwriting*)
380	3412	Writer, lyric
385	**3415**	Writer, music
380	3431	Writer, news
507	5323	Writer, poster
380	3543	Writer, publicity
380	**3412**	Writer, report
380	3432	Writer, reports, senior (*broadcasting*)
380	3412	Writer, script
452	4217	Writer, shorthand
507	5323	Writer, sign
214	**2132**	Writer, software
385	3415	Writer, song
380	3412	Writer, specialist
381	**3412**	Writer, specifications
380	3431	Writer, sports (*newspaper*)
386	3434	Writer, subtitle
380	3412	Writer, technical, senior
399	3412	Writer, technical (patents)
380	3412	Writer, technical
507	5323	Writer, ticket
380	**3431**	Writer, travel (*newspapers, magazines*)
380	3412	Writer, travel
350	3520	Writer, will
400	**4112**	Writer (*armed forces*)
380	3412	Writer (*authorship*)
507	5323	Writer (*coach building*)
380	3431	Writer (*journalism*)
400	4112	Writer (*MOD*)
380	3431	Writer (*newspaper publishing*)
507	5323	Writer (*signwriting*)
380	**3412**	Writer
380	**3412**	Writer and creator
380	**3431**	Writer and editor
240	2419	Writer to the Signet
507	5323	Writer to the trade

ALPHABETICAL INDEX FOR CODING OCCUPATIONS
XYZ

SOC 1990	SOC 2000	
880	**8217**	Yachtsman
884	**8216**	Yardsman (*blast furnace*)
919	**9139**	Yardsman (*dairy*)
900	**9111**	Yardsman (*farming*)
201	**2112**	Zoologist

Printed in the United Kingdom by The Stationery Office Limited
TJ1613 C30 5/00 19585 513212